Springer-Lehrbuch

Christoph Berger

Teilchenphysik

Eine Einführung

Mit 156 Abbildungen
und 38 Tabellen

Springer-Verlag

Berlin Heidelberg New York
London Paris Tokyo
Hong Kong Barcelona
Budapest

Professor Dr. Christoph Berger
I. Physikalisches Institut
RWTH Aachen
Sommerfeldstraße
W-5100 Aachen 1

ISBN-13: 978-3-540-54218-6   e-ISBN-13: 978-3-642-95661-4
DOI: 10.1007/978-3-642-95661-4

Die Deutsche Bibliothek – CIP-Einheitsaufnahme
Berger, Christoph:
Teilchenphysik: eine Einführung; mit 38 Tabellen / Christoph Berger. –
Berlin; Heidelberg; New York; London; Paris; Tokyo; Hong Kong; Barcelona; Budapest:
Springer, 1992
(Springer-Lehrbuch)

Hersteller: C.-D. Bachem
Datenkonvertierung durch Springer-Verlag
Einbandgestaltung: W. Eisenschink, W-6805 Heddesheim
Druck und Einband: Druckhaus Beltz, W-6944 Hemsbach/Bergstraße

54/3140- 5 4 3 2 1 0 – Gedruckt auf säurefreiem Papier

Vorwort

You can't learn anything without
teaching.

J. A. Wheeler

Dieses Lehrbuch ist – wie viele andere auch – aus Vorlesungen entstanden. An der Technischen Hochschule Aachen habe ich den Kurs Teilchenphysik I/II mehrfach gehalten. Naturgemäß wuchs der Umfang des sich daraus entwickelnden Lehrbuchs weit über den Rahmen der Vorlesung hinaus, obwohl die grundsätzliche Struktur übernommen wurde.

Die Hörer der Vorlesung sind Studenten im 6. und 7. Semester. Ich versuche daher, ein konsistentes Bild der modernen Teilchenphysik auf der Grundlage vorhandener Kenntnisse der nichtrelativistischen Quantenmechanik sowie der Atom- und Kernphysik zu vermitteln. Alle anderen benötigten Hilfsmittel wie z.B. Dirac-Gleichung und Feynman-Graphen werden im Buch bereitgestellt. Insbesondere die Behandlung der Feynman-Graphen ist hierin beispielhaft für eine moderne Form des Lernens. Es ist manchmal unumgänglich, zunächst die Anwendung von intuitiv ansprechenden Regeln zu üben, und erst in einem späteren Teil des Studiums deren exakte Begründung zu erlernen. Jeder wendet heute Computer zum Berechnen von Funktionen an, ohne etwas über Turing-Maschinen oder Digitalelektronik usw. zu wissen.

Die Experimente der Teilchenphysik werden zur Zeit immer mit den Vorhersagen des sog. Standard-Modells verglichen. In diesem Sinne ist auch das vorliegende Buch eine Abhandlung über das Standard-Modell. Da Physik keine historische Wissenschaft ist, folge ich in der Entwicklung des Modells nicht dem geschichtlichen Weg. Es erschien mir richtiger, gleich zu Beginn die qualitativen Grundlagen zu beschreiben und die ausführliche Behandlung den späteren Abschnitten zu überlassen. Es ist ganz im Sinne dieses unhistorischen Ansatzes, daß z.B. die Gruppe $SU3$ nicht anhand der Quark-Arten, sondern über ihre Farben eingeführt wird.

Die Entwicklung des Standard-Modells ist untrennbar mit dem überwältigenden Erfolg der Eichtheorien verbunden. Glücklicherweise konnte ich aber der Versuchung widerstehen, ein Buch über Eichtheorien zu schreiben. Meine mangelnde Kompetenz als Experimentalphysiker traf sich hier mit dem Umstand, daß es einige ausgezeichnete Bücher über das genannte Gebiet gibt. Hinzu kommt, daß viele der in diesem formalen Rahmen erzielten Resultate auch mittels der weit anschaulicheren Diskussion des Verhaltens von Wirkungsquerschnitten bei hohen Energien gewonnen werden können. Diese Ergebnisse bleiben auch dann richtig, wenn sich herausstellen sollte, daß die spontane Symmetriebrechung nicht der in der Natur verwirklichte Weg zur Erzeugung von Massen ist.

Die Erfolge des Standard-Modells beim Berechnen der Reaktionswahrscheinlichkeiten für die verschiedensten Prozesse verstellen manchmal den Blick darauf, daß sich wichtige Resultate auch ohne ein spezifisches Modell erreichen lassen. Daher nimmt im zweiten Kapitel des Buches die Betrachtung von Symmetrieoperationen der Teilchenphysik einen breiten Raum ein. Besonderer Wert wird hierbei noch auf den Helizitätsformalismus, d.h. auf eine konsistente Beschreibung des Spins gelegt. Dieser Formalismus ist gerade für den Experimentalphysiker von unschätzbarem Wert, wenn es z.B. darum geht, aus Winkelverteilungen der Reaktionsprodukte auf den Spin von Teilchen zu schließen. Es ist dann nur konsequent, die Ergebnisse des vierten und fünften Kapitels über elektromagnetische und elektroschwache Prozesse ebenso mit Hilfe des Helizitätsformalismus zu diskutieren.

Der vorliegende Text ist auch aus vielen Diskussionen hervorgegangen, die ich mit jungen Physikern im Rahmen der Anfertigung ihrer Diplom- und Doktorarbeiten führen konnte. Es wurde deshalb versucht, die meisten der Begriffe und Formeln, die in der täglichen Arbeit benötigt werden, bereitzustellen. In einem einführenden Buch ist dies natürlich nur in einem beschränkten Umfang möglich. Nichtsdestoweniger habe ich das Buch in diesem Sinne auch für mich selbst geschrieben.

Das Studium der Physik ist sicherlich relativ schwierig. Es ist ganz natürlich, daß der Anfänger den Text nicht einfach lesen kann, sondern sich den Inhalt mit Papier und Bleistift in der Hand erarbeiten muß. Ich hoffe inständig, daß es mir gelungen ist, die Korrekturen und Verbesserungen am Text soweit voranzutreiben, daß wenigstens keine groben Fehler übrig geblieben sind.

Aachen, Januar 1992   *Christoph Berger*

Inhaltsverzeichnis

1. Überblick und Hilfsmittel

1.1 Strukturen der Materie

1.1.1 Teilchen und Kräfte

Das endgültige Ziel physikalischer Forschung ist die Aufstellung einer Theorie der Materie. Als leitendes Prinzip in diesem Zusammenhang hat sich die Hypothese vom diskontinuierlichen Aufbau der Materie durchgesetzt. Nach Feynman ist diese Hypothese sogar die wichtigste wissenschaftliche Erkenntnis überhaupt [1.1]. Etwas salopp ausgedrückt bedeutet sie, daß von den größten bis zu den kleinsten Abständen Materie in Klumpen auftritt. Der Erfolg war keineswegs *a priori* klar, hatte doch gerade im Bereich der Atome diese Idee große Schwierigkeiten, endgültig anerkannt zu werden. Wir wissen zwar, daß schon die griechische Naturphilosophie (Demokrit) die Überlegung äußerte, die materielle Welt sei aus winzigen, unteilbaren Bausteinen, den „Atomen", aufgebaut. Aber noch gegen Ende des 19. Jahrhunderts standen besonders in der deutschen physikalischen Tradition manche prominente Forscher (z. B. E. Mach[1]) dem atomistischen Weltbild sehr skeptisch gegenüber.

Im Rahmen der Teilchenphysik untersucht man die kleinsten Strukturen. Nach einer Krise der atomaren Vorstellungen in den 60er Jahren beschreiben wir heute im sog. Standard-Modell den Aufbau der Materie aus einfachen, sehr kleinen ($< 10^{-18}$ m) Konstituenten, den eigentlichen Elementarteilchen. Diese Konstituenten teilen wir in 2 Klassen ein:

1. Die Leptonen. Der bekannteste Vertreter dieser Klasse von Teilchen ist das Elektron, e^-.
2. Die Quarks.[2] Die beiden wichtigsten Verteter sind das u- (*up*) und das d- (*down*) Quark.

Die Konstituenten üben aufgrund verschiedener Wechselwirkungen Kräfte aufeinander aus. Die Kräfte können zu Bindungen führen. Wir kennen zur Zeit drei Arten von Wechselwirkungen:

1. Die starke Wechselwirkung,
2. Die elektroschwache Wechselwirkung,
3. Die Gravitation.

Die Erklärung aller Naturerscheinungen durch möglichst wenige fundamentale Wechselwirkungen gehört zum Wesen der modernen Physik. Newton deutete Schwerkraft und Planetenbewegung durch sein Gravitationsgesetz. Elektri-

[1]E. Mach (1838–1916) war ein berühmter und einflußreicher österreichischer Physiker und Philosoph.

[2]Der im Deutschen an Weichkäse erinnernde Name Quark wurde von dem amerikanischen Physiker M. Gell-Mann (geb. 1929) geprägt und der Überlieferung zufolge aus dem Buch „Finnegans Wake" von James Joyce entnommen.

zität und Magnetismus wurden durch Maxwell zum Elektromagnetismus zusammengefaßt. In jüngster Zeit gelang die Erklärung der Radioaktivität und der elektromagnetischen Erscheinungen in einer vereinheitlichten Theorie der elektroschwachen Wechselwirkung (Glashow, Salam, Weinberg). Aus praktischen und manchmal auch aus pädagogischen Gründen werden wir aber in diesem Buch elektromagnetische und schwache Kräfte weitgehend getrennt diskutieren. Es ist zur Zeit noch offen, ob es gelingt, alle 3 fundamentalen Wechselwirkungen zu vereinheitlichen. Am weitesten ist man bei dem Versuch gekommen, starke und elektroschwache Wechselwirkungen aus einem gemeinsamen Prinzip zu erklären (sog. *grand unified theories*, GUT's).

Im Alltagsleben und in der Technik sind eine Vielzahl weiterer Kräfte (elastische Kräfte, Reibung, Adhäsion usw.) bekannt. Sie lassen sich aber auf eine der genannten Wechselwirkungen zurückführen. So sind z. B. die für die Reibung verantwortlichen Anziehungskräfte zwischen elektrisch neutralen Molekülen (van der Waals-Kräfte) elektromagnetischen Ursprungs. Ebenso glaubt man heute, daß die technisch sehr wichtige Kernkraft d. h. die Kraft, welche die Nukleonen Proton (p) und Neutron (n) zu größeren Kernen bindet, sich auf die elementare starke Wechselwirkung zwischen den Quarks zurückführen läßt. Hiermit ergibt sich das folgende vereinfachte Bild:

- Die starke Wechselwirkung bindet Quarks zu Nukleonen und Nukleonen zu Kernen.
- Die elektromagnetische Wechselwirkung bindet Elektronen und Kerne zu Atomen, Atome zu Molekülen und Moleküle zu Molekülverbänden (z. B. Kristalle).
- Große, massive Körper wie die Sterne werden im Wechselspiel aller drei Naturkräfte gebildet. Zwischen den Sternen einer Galaxie und zwischen den Galaxien selbst gibt es aber nur die Gravitationskraft.

Abbildung 1.1 zeigt in logarithmischer Darstellung einen Längenmaßstab, der von 10^{-20} m bis zu 10^{26} m reicht. Gleichzeitig sind ungefähre Dimensionen (Abstände, Durchmesser) für typische Strukturen der Materie angegeben. Die eigentliche Teilchenphysik beschreibt nur die untersten 5 Dekaden dieser Skala, jedoch ist in den letzten Jahren das Verständnis für den inneren Zusammenhang der Physik außerordentlich gewachsen.

Atomphysik, Kernphysik und Teilchenphysik untersuchen den Mikrokosmos, während der Makrokosmos außerhalb unserer Erde durch Astronomie und Astrophysik erforscht wird. Fortschritte in der Astronomie und Astrophysik waren aber schon immer eng an neue Erkenntnisse der Mikrophysik geknüpft. Es seien drei Beispiele genannt:

- Die Theorie der Spektrallinien in der Atomphysik eröffnete den Weg zum Verständnis der Sternspektren und Sternatmosphären.
- Mit Hilfe der Kernphysik läßt sich die Energieerzeugung im Sterninnern verstehen. Dies führte letztlich zu unserer heutigen Theorie der Sternentstehung.

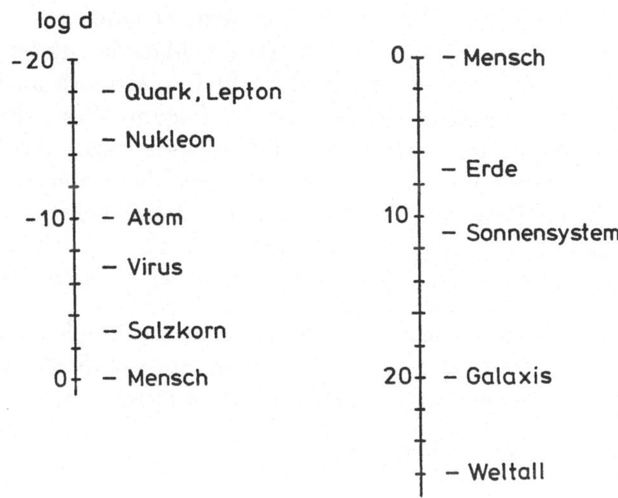

Abb. 1.1. Strukturen der Materie und ihre Abmessungen. Angegeben ist der Logarithmus ($\log_{10}$) des Durchmessers in Metern.

– Eine immer noch offene Frage der Teilchenphysik ist, ob die Masse der Neutrinos (Abschn. 2) einen von Null verschiedenen Wert hat. Eine endliche Neutrinomasse liefert eine attraktive Erklärung des Problems der „dunklen Materie", d. h. der Tatsache, daß die in den Sternen sichtbare Masse weniger als 10% der Masse des Weltalls beträgt [1.2].

Die Beispiele sind aus der Atomphysik, Kernphysik und Teilchenphysik gewählt. Es ist ersichtlich, daß die Teilchenphysik besonders wichtig ist für die Kosmologie, d. h. für die Beschreibung der Dynamik des Weltalls im Großen. Im derzeit gültigen Modell der Kosmologie ist die Welt aus einem Urknall, dem *big bang*, entstanden. In den Labors der Hochenergiephysik kann man im Kleinen die Verhältnisse kurz nach dem Urknall untersuchen. Mit den größten Teilchenbeschleunigern lassen sich Reaktionen erzeugen, wie sie etwa 10^{-9} Sekunden nach dem Urknall stattgefunden haben. Auf der anderen Seite blicken die Astronomen mit ihren leistungsfähigsten Teleskopen heute an den Rand des Weltalls. Da die von dort empfangenen Signale aus der Zeit kurz nach dem Urknall stammen, ist dieser Blick an den Rand des Weltalls zugleich ein Blick in das Innere des Atoms.

Ein großer Teil dieses Buches befaßt sich mit dem Standard-Modell der Teilchenphysik. Nach unserem heutigen Wissen wird das gesamte Erfahrungsmaterial der subnuklearen Physik durch diese Theorie mit erstaunlicher Präzision beschrieben. Da Kernphysik und Atomphysik auf dem Standard-Modell aufbauen, spielt es eine überragende Rolle in der Erklärung unserer Welt. Zu diesem Modell gehört eine endliche Zahl nicht weiter gedeuteter Parameter, z. B. die Elementarladung oder die Elektronenmasse. Vielleicht stehen wir am Beginn einer völlig neuen Ära der Physik, in der wir endlich die Frage nach der Größe dieser Parameter beantworten können. Warum hat die Elementarladung den Wert 1.6×10^{-19} Amperesekunden, warum ist sie nicht z. B. 10% kleiner? Warum gibt es 6 Leptonen, usw.?

Wir können hoffen, daß aus dem Zusammenwirken aller Teilgebiete der Physik eines Tages eine Theorie der Materie entsteht, die nicht nur die Natur erklärt, wie wir sie jetzt vorfinden, sondern auch zeigt, warum alles so und nicht anders ist. Bei der Verfolgung dieser Probleme stößt man auf die erstaunliche Erkenntnis, daß Abänderungen der Naturkonstanten in der Größenordnung von wenigen Prozent die Entstehung von Leben und damit das Erkennen der Naturgesetze unmöglich machen. Als Platzhalter für zukünftige dynamische Erklärungen kann man somit das „anthropische Prinzip" ansehen, das wir hier in der abgeschwächten Form

> „Die möglichen Werte physikalischer Größen sind nicht völlig frei, sondern durch die Bedingung eingeschränkt, daß sie einer Beobachtung durch uns zugänglich sein müssen."

wiedergeben wollen [1.3].

1.1.2 Abstandsskalen und Energieskalen

Zur Ausmessung der Abstände im atomaren und subatomaren Bereich kann man sich einer Abwandlung des klassischen Rutherfordschen Streuexperiments bedienen, der Elektronenstreuung (Abb. 1.2). Ein Elektronenstrahl mit dem Impuls p werde z. B. an einem Atomkern gestreut. Die Ablenkung der gestreuten Elektronen kann man durch Δp_x ausdrücken. Die transversale Auflösung Δx ist dann durch die Heisenbergsche Unschärferelation[3] gegeben:

$$\Delta p_x \Delta x \approx \hbar \tag{1.1}$$

Anstelle des genauen Zahlenwertes (c steht für die Lichtgeschwindigkeit)

$$\hbar c = 197.33 \ \text{MeV fm} \tag{1.2}$$

merkt man sich einfacher $\hbar c \approx 200\,\text{MeV fm}$, wobei „fm" die Abkürzung für die Maßeinheit Femtometer oder Fermi[4], also 10^{-15} m ist.

Für Kerne mit dem Radius $R \approx 10^{-14}$ m ergibt sich $\Delta p_x = 20$ MeV/c. Also muß der Impuls der einfallenden Elektronen mindestens gleich groß sein. Um die Energie der Elektronen zu bekommen, müssen wir relativistisch rechnen.

Energie und Impuls werden wie üblich zu einem Vierervektor zusammengefaßt, dessen Komponenten p^μ durch

$$(p^0, p^1, p^2, p^3) = (E, p_x c, p_y c, p_z c) \tag{1.3}$$

festgelegt sind. Vierervektoren werden oft in einem Spaltenschema

$$p \equiv (p^\mu) = \begin{pmatrix} E \\ \boldsymbol{p}c \end{pmatrix} \qquad \mu = 0, 1, 2, 3 \tag{1.4}$$

angegeben. Das Skalarprodukt von zwei Vierervektoren a, b ist über

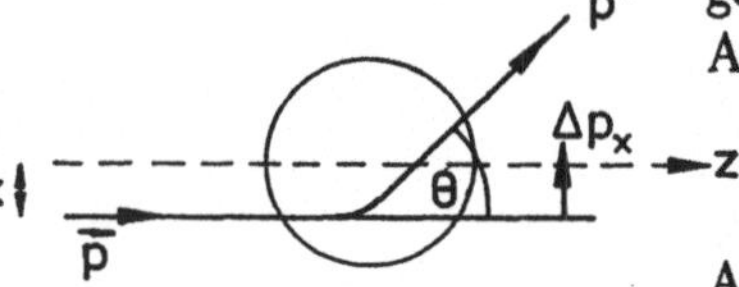

Abb. 1.2. Prinzip eines Elektronen–Streuexperiments.

[3]W. Heisenberg (1901–1976) fand dieses Grundgesetz der Quantenmechanik mit 26 Jahren!

[4]Physiker ehren ihre Heroen oft durch Namensgebung von Maßeinheiten. Im Falle des italienischen Physikers E. Fermi (1901–1954) war dies naheliegenderweise die Längeneinheit der Kernphysik.

$$a \cdot b = a^0 b^0 - \boldsymbol{ab} \tag{1.5}$$

definiert, woraus sich für das Quadrat des Betrages von p die relativistische Beziehung zwischen Energie und Impuls

$$p^2 = E^2 - \boldsymbol{p}^2 c^2 = m^2 c^4 \tag{1.6}$$

ergibt.

Mit $|\boldsymbol{p}| = 20$ MeV/c dürfen wir die Elektronenmasse m vernachlässigen und erhalten also $E = 20$ MeV. Wir können versuchen, die benötigte Energie noch etwas sorgfältiger abzuschätzen. Dazu betrachten wir den Viererimpuls-Übertrag $q^\mu = p^\mu - p'^\mu$. Bei verschwindend kleiner Elektronenmasse m erhalten wir mit

$$p' = \begin{pmatrix} E' \\ \boldsymbol{p}'c \end{pmatrix} \tag{1.7}$$

das Resultat

$$q^2 = -2EE'(1 - \cos\Theta) \ . \tag{1.8}$$

Für genügend kleine Streuwinkel, sagen wir $\Theta < 30°$, gilt aber mit der zusätzlichen, sicherlich relativ groben Näherung $E = E'$

$$\sqrt{-q^2} \approx E\Theta \approx c\Delta p_x \ . \tag{1.9}$$

Die daraus folgende Abschätzung $\Delta x \approx \hbar c / \sqrt{-q^2}$ für die Ortsauflösung eines Streuexperiments gilt aber viel allgemeiner. Sie ist sogar für longitudinale Abstände richtig, mit einer allerdings viel komplizierteren Herleitung [1.4]. Wir dürfen daher in Zukunft die Unterscheidung zwischen longitutinalen und transversalen Dimensionen weglassen, und werden die Ortsauflösung eines Experimentes mit R oder ΔR bezeichnen. Der Wirkungsquerschnitt der Elektron-Nukleon-Streuung fällt bekanntlich sehr stark mit dem Winkel ab, wir können aber $\Theta_{\mathrm{max}} \approx 60°$ durchaus als eine brauchbare Näherung ansehen und erhalten damit $E \approx \hbar c / R$ für die minimale Energie der einfallenden Elektronen in einem Streuexperiment an ruhenden Teilchen. In der Tabelle 1.1 sind typische Zahlenwerte angegeben. In der Tat wurde die Existenz von Quarks im Nukleon mit einem Elektronen-Streuexperiment am *Stanford Linear Accelerator Center* (SLAC) nachgewiesen. Dieser Beschleuniger hat eine Energie von 20 GeV. Die obere Schranke für den Quarkradius ist allerdings nicht in einem Elektronen-Streuexperiment erzielt worden.

Man sieht also, daß man zur Erzielung einer hohen Ortsauflösung große Energien benötigt. Vielleicht kommt manchem Leser die Begründung des

Tabelle 1.1. Radien und Energien

	R	E
Kerne	10^{-14} m	20 MeV
Nukleonen	10^{-15} m	200 MeV
Quarks im Nukleon	$< 10^{-16}$ m	> 2 GeV
Quarks	$< 10^{-18}$ m	> 200 GeV

Zusammenhangs zwischen Ortsauflösung und Energie etwas langatmig vor. Häufig findet man das Argument, daß die Auflösung eines Mikroskops im wesentlichen durch die Wellenlänge des verwendeten Lichts gegeben ist, und für Materiewellen gilt eben $\lambda = h/|p|$. Leider ist dieses simple Argument nicht anwendbar [1.4], da es die von der Relativitätstheorie geforderte Längenkontraktion des untersuchten Objektes außer acht läßt.

Auch mit einer anderen Überlegung stößt man wieder auf den Zusammenhang $E \sim 1/R$. Betrachten wir die elektromagnetische Wechselwirkung z. B. bei der Elektron-Proton-Streuung. Für langsam bewegte Teilchen kann man sie durch Angabe der elektrostatischen Kraft aufgrund des elektrischen Feldes zwischen Proton und Elektron beschreiben. Die elektrische Feldstärke bestimmt sich aus dem Potential φ. Im cgs-System, das in der Atomphysik viel gebraucht wurde, ist das Potential im Abstand r von einer positiven Punktladung e durch

$$\varphi = \frac{e}{r} \tag{1.10}$$

gegeben und genügt der Potentialgleichung

$$\Delta\varphi = 0 \ . \tag{1.11}$$

Für schnell bewegte Ladungen muß diese statische Potentialgleichung durch die Wellengleichung ersetzt werden. Diese lautet im Vakuum

$$\left(\Delta - \frac{1}{c^2}\frac{\partial^2}{\partial t^2}\right)\varphi = 0 \ . \tag{1.12}$$

Eine mögliche Lösung ist

$$\varphi = \varphi_0 e^{-\imath(\omega t - \boldsymbol{k}\boldsymbol{r})} \ , \tag{1.13}$$

wobei die Wellenzahl $|\boldsymbol{k}|$ und die Kreisfrequenz ω mit der Wellenlänge λ und der Frequenz ν der Welle durch die bekannten Beziehungen

$$|\boldsymbol{k}| = \frac{2\pi}{\lambda}, \qquad \omega = 2\pi\nu \tag{1.14}$$

verknüpft sind. Es ist wohlbekannt, daß (1.12) elektromagnetische Wellen nicht vollständig beschreibt, da sie den Magnetismus nicht enthält. In der Elektrodynamik wird gezeigt, daß man dazu die Gleichung (1.12) durch ihre vierdimensionale Verallgemeinerung ersetzen muß. Unter Zuhilfenahme des Vektorpotentials $\boldsymbol{A}$ des magnetischen Feldes definiert man zunächst das Viererpotential A^μ

$$(A^\mu) = \begin{pmatrix} \varphi \\ \boldsymbol{A} \end{pmatrix} \ . \tag{1.15}$$

Für dieses Potential gilt nun im Vakuum die Potentialgleichung

$$\left(\Delta - \frac{1}{c^2}\frac{\partial^2}{\partial t^2}\right)A^\mu = 0 \ . \tag{1.16}$$

Als ebene Wellenlösung bekommt man im Rahmen der sog. Coulomb-Eichung

$$\varphi = 0 \quad \text{und} \quad \boldsymbol{A} = \boldsymbol{A}_0 e^{-i(\omega t - \boldsymbol{k}\boldsymbol{r})} \ . \tag{1.17}$$

Einsetzen in (1.16) zeigt, daß diese Lösungen der Bedingung

$$-|\boldsymbol{k}|^2 + \frac{\omega^2}{c^2} = 0 \tag{1.18}$$

genügen.

In der Quantenfeldtheorie (QFT) wird bewiesen, daß diesen klassischen Lösungen Feldquanten – die Photonen – mit im Prinzip 3 Polarisationsrichtungen entsprechen. Die elektromagnetische Wechselwirkung wird durch Austausch von Photonen zwischen den elektrisch geladenen Teilchen beschrieben. In unserer vereinfachten Betrachtungsweise quantisieren wir durch die bekannte Zuordnung

$$E = \hbar\omega \quad \text{und} \quad \boldsymbol{p} = \hbar\boldsymbol{k} \ . \tag{1.19}$$

Durch Einsetzen in (1.18) und Vergleich mit (1.6) folgt dann sofort für die Masse der Photonen $m_{\text{ph}} = 0$. Der unendlichen Reichweite der elektromagnetischen Wechselwirkung entspricht also die verschwindende Masse der ausgetauschten Feldquanten.

Wenden wir uns nun der Kernkraft zu. Sie läßt sich empirisch für viele Anwendungen gut durch das sog. Yukawa[5]-Potential

$$\phi = -\frac{g}{r} e^{-r/R} \tag{1.20}$$

beschreiben. Hierin bestimmt g die Stärke der Kopplung. Das Vorzeichen des Potentials ist so gewählt, daß die potentielle Energie $g\phi$ zweier Nukleonen negativ wird. Verglichen mit dem Coulomb-Potential (1.10) fällt das Yukawa-Potential sehr viel stärker ab. Der Abschneideparameter R in der Exponentialfunktion gibt die Reichweite der Wechselwirkung an, $R \approx 2$ fm. Das Potential ϕ der Beziehung (1.20) ist eine Lösung der Potentialgleichung

$$\left(\Delta - \frac{1}{R^2}\right)\phi = 0 \ . \tag{1.21}$$

Ganz entsprechend zum Vorgehen weiter oben schließen wir nun, daß die Wellengleichung für das einkomponentige Kernkraftpotential

$$\left(\Delta - \frac{1}{c^2}\frac{\partial^2}{\partial t^2} - \frac{1}{R^2}\right)\phi = 0 \tag{1.22}$$

lautet. Auch hier prüft man durch Einsetzen leicht nach, daß

$$\phi = \phi_0 e^{-i(\omega t - \boldsymbol{k}\boldsymbol{r})} \tag{1.23}$$

eine Lösung der Wellengleichung mit der Bedingung

$$-|\boldsymbol{k}|^2 + \frac{\omega^2}{c^2} - \frac{1}{R^2} = 0 \tag{1.24}$$

[5]Der japanische Physiker H. Yukawa (geb. 1907) postulierte 1935 die Pionen als Quanten der Kernkraft.

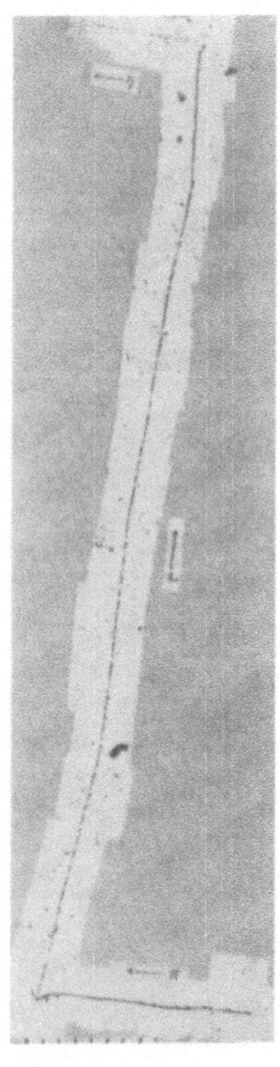

Abb. 1.3. Die Entdeckung der π-Mesonen in der kosmischen Strahlung. Die kurze Spur ist das stark wechselwirkende Pion. Die lange Spur gehört zum Myon aus dem $\pi\mu$-Zerfall. Am Ende der Myon-Spur sieht man das Elektron aus dem μ-Zerfall.

Abb. 1.4. Das Experiment zum Nachweis der neutralen π-Mesonen (Maße in Zoll). Die im Beryllium Target durch Protonenbeschuß erzeugten π^0-Mesonen zerfallen in 2 Photonen. In den Bleiplatten konvertieren die Photonen in Elektron-Positron-Paare, die in den Szintillationszählern nachgewiesen werden.

ist. Durch Vergleich mit (1.6) folgt dann aber unter Verwendung von (1.19) für die Masse m_K der Kernkraftquanten

$$m_K = \frac{\hbar}{Rc} \; . \tag{1.25}$$

Der oben angegebene Wert von 2 fm für R ergibt $m_K \approx 100$ MeV/c².

Die hiermit eingeführten Quanten der Kernkraft wurden tatsächlich gefunden, es sind die sog. π-Mesonen. Die Abb. 1.3 beschreibt die Entdeckung der geladenen π-Mesonen in der kosmischen Strahlung, während Abb. 1.4 das berühmte Beschleuniger-Eperiment zum Nachweis des neutralen Pions (π^0) erläutert.

Auch die schwache Wechselwirkung führen wir heute auf den Austausch dazugehöriger Feldquanten (die W- und Z-Bosonen) zurück. Dies ist natürlich eine notwendige Voraussetzung für die Vereinheitlichung mit der elektromagnetischen Wechselwirkung. Der kurzen Reichweite der schwachen Wechselwirkung von etwa 2×10^{-18} m entspricht eine Masse dieser Teilchen von ~ 100 GeV/c².

Gleichung (1.25) stellt den fundamentalen Zusammenhang $R \sim 1/m$ zwischen der Reichweite R einer Wechselwirkung und der Masse m der ausgetauschten Quanten her. Hierbei ist es unwichtig, ob das Potentialfeld ein Skalarfeld wie bei der Kernkraft oder ein Vektorfeld wie beim Elektromagnetismus und bei der schwachen Wechselwirkung ist. Wenn man also die Kraftquanten kurzreichweitiger Felder im Labor erzeugen will, braucht man hochenergetische Teilchenstrahlen d. h. Teilchenbeschleuniger.

Im Prinzip ist natürlich die kosmische Strahlung eine billige, immer zur Verfügung stehende Quelle hochenergetischer Teilchen. In der Tat sind auch in der Anfangsphase der Teilchenphysik alle wichtigen Entdeckungen in Experimenten der kosmischen Strahlung gemacht worden. Jedoch wurde mit dem Bau der ersten großen Beschleuniger nach dem Krieg in den USA die enorme Überlegenheit des Experimentierens mit künstlichen Teilchenstrahlen klar.

Ursprünglich wurden diese Strahlen immer mit ruhender Materie zur Kollision gebracht. Die für die Produktion neuer Teilchen zur Verfügung stehende Energie bestimmt sich aber aus der Gesamtenergie E_{CM} im Schwerpunktsy-

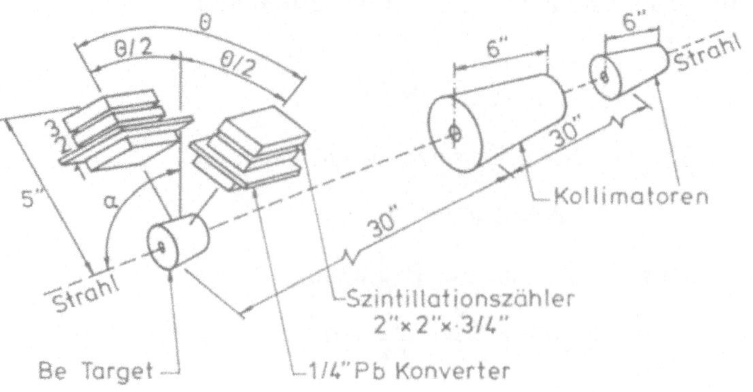

stem (*center of mass system*, „CM") des Prozesses. Sie ist gleich der aus den Viererimpulsen der einlaufenden Teilchen gebildeten invarianten Masse und berechnet sich daher nach der Vorschrift der Gleichung (1.6) für eine 2-Körperreaktion aus

$$E_{\mathrm{CM}}^2 = (E_1 + E_2)^2 - c^2(\boldsymbol{p}_1 + \boldsymbol{p}_2)^2 \ . \tag{1.26}$$

Für eine Streuung am ruhenden Zielteilchen (*Target*) gilt $\boldsymbol{p}_2 = 0$ und $E_2 = m_2 c^2$, also

$$E_{\mathrm{CM}} = \sqrt{2E_1 m_2 c^2 + m_1^2 c^4 + m_2^2 c^4} \tag{1.27}$$

d. h. die Schwerpunktsenergie steigt nur mit der Wurzel der Strahlenergie an. Alle modernen Beschleuniger benutzen daher das sog. Speicherringprinzip, bei dem im einfachsten Fall in *einem* Ring Teilchen entgegengesetzter Ladung (z. B. Elektronen und Positronen) und mit entgegengesetzt gleichen Impulsen umlaufen, die an bestimmten Stellen der Anlage zur Kollision kommen. Hier ist nun wegen $\boldsymbol{p}_1 = -\boldsymbol{p}_2$

$$E_{\mathrm{CM}} = 2E_1 \ , \tag{1.28}$$

also liegt ein linearer Anstieg der Schwerpunktsenergie mit der Strahlenergie vor.

Detektoren an Speicherringen umschließen den gesamten Raumwinkel (4π-Detektoren.) Die Abb. 1.5 zeigt die Auslegung des H1-Detektors am Elektron-Proton-Speicherring HERA des Deutschen Elektronen Synchrotrons (DESY) in Hamburg. In der Abb. 1.6 ist dieses Nachweisgerät in der Aufbauphase zu sehen. Beim Vergleich mit der Abb. 1.4 sollte dem Leser sofort klar werden, welche enorme Entwicklung der Bau von Detektoren der Teilchenphysik in den letzten 40 Jahren genommen hat.

1.1.3 Schreibweise und Maßsysteme

Die in diesem Buch verwendete Schreibweise haben wir zum großen Teil schon in den vergangenen Abschnitten eingeführt, wir wollen aber der Vollständigkeit halber die wichtigsten Regeln nochmals zusammenstellen. Zahlen oder Veränderliche z. B. a, b werden nicht weiter gekennzeichnet, Dreiervektoren erscheinen im Text in Fettschrift wie in $\boldsymbol{p}$, für den Betrag schreiben wir $|\boldsymbol{p}|$. Die Komponenten werden immer durch lateinische Indizes bezeichnet wie in p_i aber auch durch p_x usw. Für die Komponenten des Ortsvektors schreiben wir natürlich auch manchmal explizit die Koordinaten x, y, z an. Vierervektoren werden wo immer möglich durch ihre Komponenten gekennzeichnet, man erkennt sie an den griechischen Indizes z. B. p^μ. Der Index kann die Werte $0, 1, 2, 3$ annehmen. Produkte von Vierervektoren schreiben wir in der Form $k \cdot p$. Ob eine Größe wie q^2 das Betragsquadrat eines Vierervektors oder das Quadrat einer Zahl darstellt, wird aus dem Kontext klar. Operatoren der Quantenmechanik werden an Stellen, wo eine Verwechslungsgefahr besteht, durch das Hut-Symbol wie in $\hat{H}$ identifiziert.

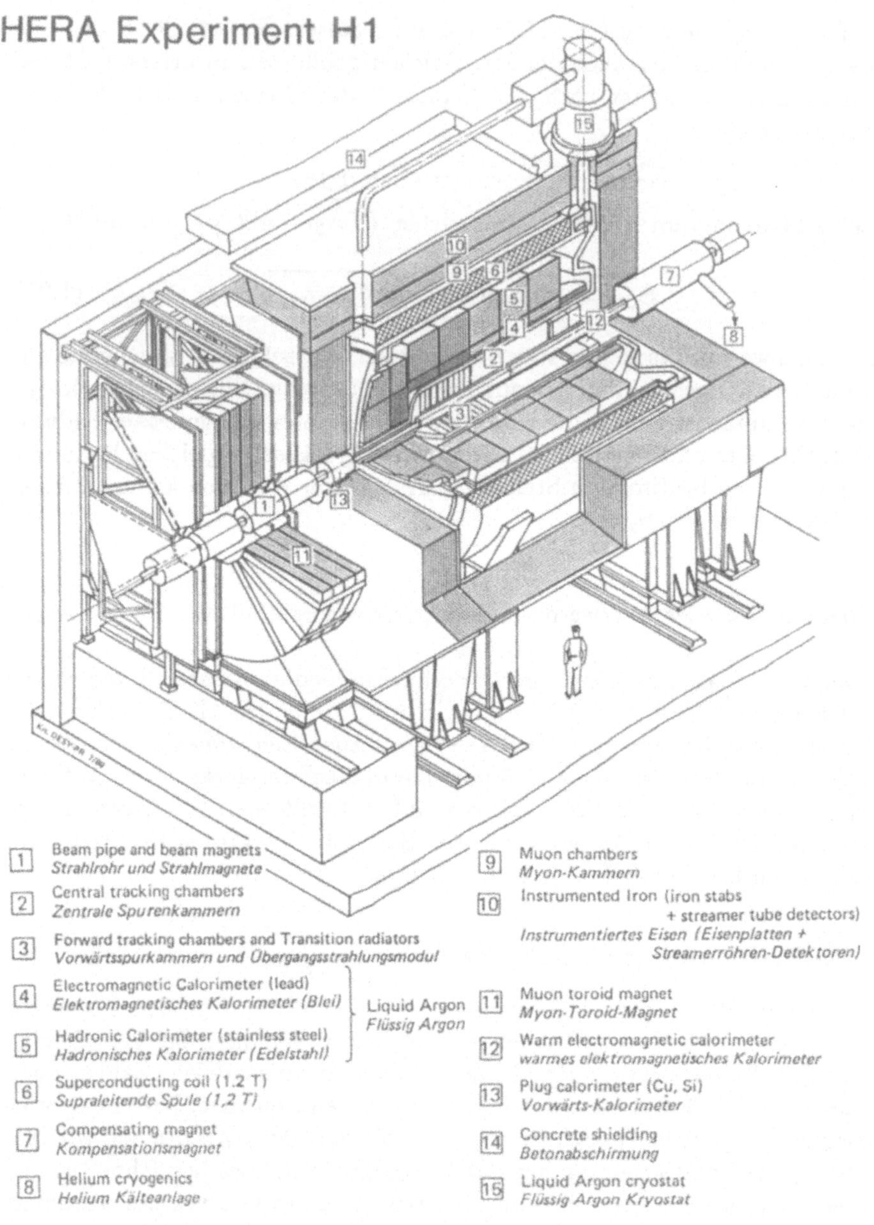

1	Beam pipe and beam magnets *Strahlrohr und Strahlmagnete*		9	Muon chambers *Myon-Kammern*	
2	Central tracking chambers *Zentrale Spurenkammern*		10	Instrumented Iron (iron stabs + streamer tube detectors) *Instrumentiertes Eisen (Eisenplatten + Streamerröhren-Detektoren)*	
3	Forward tracking chambers and Transition radiators *Vorwärtsspurkammern und Übergangsstrahlungsmodul*				
4	Electromagnetic Calorimeter (lead) *Elektromagnetisches Kalorimeter (Blei)*	Liquid Argon *Flüssig Argon*	11	Muon toroid magnet *Myon-Toroid-Magnet*	
5	Hadronic Calorimeter (stainless steel) *Hadronisches Kalorimeter (Edelstahl)*		12	Warm electromagnetic calorimeter *warmes elektromagnetisches Kalorimeter*	
6	Superconducting coil (1.2 T) *Supraleitende Spule (1,2 T)*		13	Plug calorimeter (Cu, Si) *Vorwärts-Kalorimeter*	
7	Compensating magnet *Kompensationsmagnet*		14	Concrete shielding *Betonabschirmung*	
8	Helium cryogenics *Helium Kälteanlage*		15	Liquid Argon cryostat *Flüssig Argon Kryostat*	

Beim Rechnen mit den Vierervektoren der Teilchenphysik muß man sorgfältig mit den Dimensionen umgehen, die sich i. allg. durch verschiedene Potenzen von c und $\hbar$ voneinander unterscheiden, siehe z. B. (1.4) und (1.6). Um diese Komplikationen zu vermeiden, ist es heute allgemein üblich, in einem speziellen Maßsystem zu arbeiten, in dem

$$\hbar = 1 \qquad \text{und} \qquad c = 1 \tag{1.29}$$

Abb. 1.6. Fotografie des H1-Detektors in der Aufbauphase. Gezeigt ist eine Ansicht der supraleitenden Spule nach der Montage auf der Basisstruktur.

gesetzt wird. Dies heißt anschaulich, man mißt alle Geschwindigkeiten in Bruchteilen der Lichtgeschwindigkeit und alle Wirkungen in Vielfachen von $\hbar$. Die Geschwindigkeit $v = 150\,000$ km/s wird so zu $v = 1/2$. Energien, Impulse und Massen werden alle dimensionsgleich und i. allg. in der Einheit GeV angegeben. Die relativistische Energie-Impuls-Beziehung (1.6) liest sich besonders einfach:

$$E^2 = \boldsymbol{p}^2 + m^2 \ . \tag{1.30}$$

Längen und Zeiten haben dann beide die Dimension 1/Energie. Zur Umrechnung benutzt man zweckmäßigerweise wegen $\hbar c = 1$

$$197.33 \ \text{MeV} = 1 \ \text{fm}^{-1} \ . \tag{1.31}$$

Die Feinstrukturkonstante $\alpha = 1/137.04$ ist in allen Maßsystemen gleich groß. Im cgs-System ist sie durch $\alpha = e^2/\hbar c$ definiert. In der Teilchenphysik bevorzugen wir aber die sog. Heaviside[6]-Konvention, in dem

$$\alpha = \frac{e^2}{4\pi\hbar c} \tag{1.32}$$

und daher wegen $\hbar c = 1$

$$\alpha = \frac{e^2}{4\pi} \tag{1.33}$$

gilt. Damit fallen dann lästige Faktoren 4π aus den Gleichungen der Elektrodynamik weg, z. B. schreibt sich die Potentialgleichung in Anwesenheit einer Ladungsdichte ϱ einfach

$$\Delta\varphi = -\varrho \ . \tag{1.34}$$

[6]Das nach dem englischen Physiker O. Heaviside (1850–1925) benannte Einheitensystem der Elektrodynamik unterscheidet sich vom cgs-System nur durch bestimmte Faktoren 4π.

Auf jeden Fall ist wegen (1.33) die Ladung dimensionslos. Dies ist ein großes Glück, wenn man etwa an die Dimension der Ladung im cgs-System denkt. Zum praktischen Rechnen ist es besonders günstig, in allen Formeln e durch $\sqrt{4\pi\alpha}$ zu ersetzen. Die Ladungen der Elementarteilchen werden immer als Vielfache oder Bruchteile der absoluten Elementarladung e angegeben und meistens mit dem Buchstaben Q gekennzeichnet. Das Elektron hat also die Ladung $Q = -1$.

1.2 Die Elementarteilchen

Im folgenden stellen wir einige Elementarteilchen kurz vor. Ihre wichtigsten, auch für den Nichtteilchenphysiker interessanten Eigenschaften Masse, Ladung, Spin und Lebensdauer geben wir in Form von Kurztabellen an.

Der Eigendrehimpuls der Teilchen wird durch die Hauptquantenzahl des Spins charakterisiert. Dem Brauch der „Particle Data Group" (PDG) folgend [1.5], werden wir sie mit J bezeichnen. Dadurch wird angedeutet, daß der Spin eines Teilchens aus Bahndrehimpuls L und Spin S eventueller Konstituenten aufgebaut sein kann. Teilchen mit $J = 1/2$ heißen Fermionen, solche mit ganzzahligem Spin Bosonen. Die Lebensdauer ist analog zur Kernphysik als das Inverse der Zerfallskonstanten des radioaktiven Zerfallsgesetzes definiert,

$$\tau = \frac{1}{\Gamma} \ . \tag{1.35}$$

Die gemessenen Lebensdauern reichen etwa von 1000 s bis 10^{-25} s. Dennoch bezeichnen wir diejenigen Teilchen, die nur auf Grund der elektromagnetischen und schwachen Wechselwirkung zerfallen als „stabil". Von allen Teilchen mit endlicher Masse sind nur das Elektron und das Proton stabil in engerem Sinne, es ist noch nie ein Elektron- bzw. Protonzerfall beobachtet worden. Dies führt zur Angabe von unteren Grenzen für die Lebensdauer.

Viele Elementarteilchen treten als Ladungsmultipletts auf, d. h. als Mitglieder einer Teilchengruppe praktisch gleicher Masse, die sich zunächst *nur* durch ihre Ladung unterscheiden. Proton und Neutron lassen sich so als Mitglieder eines Dubletts von Nukleonen auffassen. Die Pionen bilden ein Ladungstriplett π^+, π^0, π^-. Durch diese Ladungsmultipletts wird die Zahl der unabhängigen Teilchen reduziert.

1.2.1 Antimaterie

Grundsätzlich gibt es zu jedem Teilchen ein Teilchen mit exakt gleicher Masse und entgegengesetzt gleicher Ladung, das Antiteilchen. Da die Ladung eines Systems gleich der Summe der Einzelladungen ist, nennt man Q eine additive Quantenzahl. Antifermionen unterscheiden sich nun in mindestens einer weiteren additiven Quantenzahl von den Fermionen. Diese Quantenzahlen sind z. B. die Leptonenzahl oder die Baryonenzahl, die wir weiter unten einführen werden. Bei Bosonen hingegen können in einem Ladungsmultiplett das Teilchen und das Antiteilchen enthalten sein.

Der Begriff der Antimaterie ist so wichtig, daß wir noch einige weitere Erläuterungen anschließen müssen. Theoretisch wurde die Existenz von Antimaterie von Dirac[7] begründet. Die Dirac-Gleichung ist eine relativistische Wellengleichung für Elektronen oder allgemeiner für Fermionen. Ihre Lösungen sind daher in Übereinstimmung mit der relativistischen Energie-Impuls-Beziehung:

$$E^2 = \boldsymbol{p}^2 + m^2 \ . \tag{1.36}$$

Diese Gleichung hat Lösungen positiver und negativer Energie

$$E = \pm\sqrt{\boldsymbol{p}^2 + m^2} \ , \tag{1.37}$$

und daher hat auch die Dirac-Gleichung solche Lösungen. Anstatt diese einfach als unphysikalisch abzutun, schlug Dirac eine höchst elegante aber auch problematische Interpretation vor. Es sind grundsätzlich beide Lösungen erlaubt, aber der Grundzustand der Theorie, das Vakuum, ist so konstruiert, daß alle erlaubten Zustände negativer Energie entsprechend dem Pauli-Prinzip[8] mit Elektronen aufgefüllt sind (sog. Dirac-See). Die positiven Energieniveaus sind leer. Ein physikalisches System mit einem Elektron hat demgegenüber zusätzlich ein besetztes Niveau positiver Energie, siehe hierzu Abb. 1.7. Entsprechendes gilt für Mehrelektronen-Systeme. Das Vakuum ist also durch eine unendliche negative Ladung und unendliche negative Energie gekennzeichnet. Diese vollständig besetzten Zustände negativer Energie sind jedoch grundsätzlich unbeobachtbar, da in sie nach dem Pauli-Prinzip keine Übergänge möglich sind. Durch Energiezufuhr kann ein Elektron aus den Energieniveaus negativer Energie in positive Niveaus gehoben werden. Die minimal benötigte Energie ist $2m_e$. Diese Energiezufuhr kann z. B. durch Absorption eines Photons geschehen. Als Endzustand hat man dann also ein Elektron positiver Energie und ein Loch im See der Elektronen mit negativen Energien. Dieses Loch wird aber als ein Teilchen positiver Energie und positiver Ladung gedeutet. Man nennt es Positron, das Antiteilchen zum Elektron. Der beschriebene Prozeß ist die Elektron-Positron-Paarbildung. Unter Beachtung der Energie-Impulserhaltung kann sie allerdings nicht durch ein freies Photon allein erfolgen, aber z. B. im Feld eines Atomkerns A:

$$\gamma + A \rightarrow A + e^- + e^+ \ . \tag{1.38}$$

Die Zerstrahlung

$$e^- + e^+ \rightarrow 2\gamma \tag{1.39}$$

wird dann als ein Übergang eines Elektrons positiver Energie in ein Loch negativer Energie beschrieben.

Die Zuordnung der positiven Ladung zum Antiteilchen ist zwingend, weil sonst die den Beziehungen (1.38) und (1.39) entsprechenden Reaktionen im Widerspruch zur Ladungserhaltung stünden. Die Ladungserhaltung ist eines der am besten gesicherten Naturgesetze.

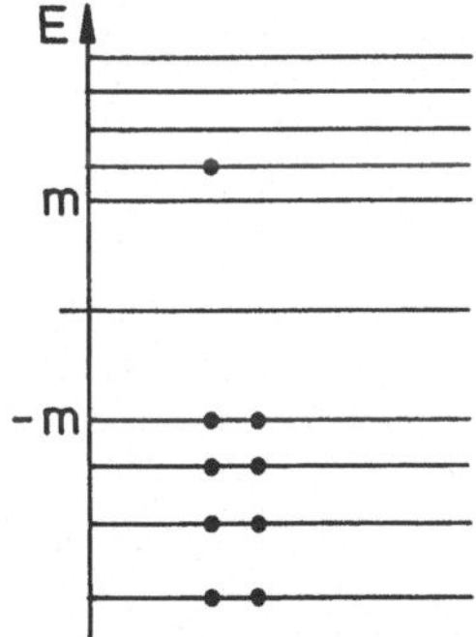

Abb. 1.7. Energieschema eines Einelektronensystems in der Dirac-Theorie.

[7]Der englische Physiker P.A.M. Dirac (1902–1984) machte diesen Vorschlag 1928! Die von ihm gefundene Gleichung ist das Musterbeispiel einer weitreichenden theoretischen Entdeckung.

[8]Auch der Schweizer W. Pauli (1900–1959) gehört zu der Reihe junger Genies, die zwischen 1920 und 1930 die Physik revolutionierten. Sein Ausschließungsprinzip bildet zusammen mit der Unschärferelation Heisenbergs das Fundament der Quantenmechanik.

Das Positron wurde 1932 von Anderson in der Höhenstrahlung entdeckt. Weitere wesentliche Meilensteine auf dem Weg zum Beweis der Existenz der Antimaterie waren die Entdeckung des Antiprotons und des Antideuterons als einfachstem zusammengesetzen Antiatomkern.

Ganz analog zur Ladung kehren auch die anderen erhaltenen, additiven Quantenzahlen ihr Vorzeichen für die Antiteilchen um. So hat z. B. das Proton die Baryonenzahl $B = 1$, das Antiproton die Baryonenzahl $B = -1$. Die Spiegelung der Quantenzahlen kommt in der häufig benutzten Kennzeichnung der Antiteilchen durch einen Querstrich über dem Teilchensymbol zum Ausdruck. Es fällt auf, daß die Bosonen in der Diracschen Theorie der Antiteilchen nicht enthalten sind, da sie nicht dem Pauli-Prinzip unterliegen. In der Tat bilden die Pi-Mesonen keine neuen Antiteilchen. Das π^- ist das Antiteilchen zum π^+ und umgekehrt. Das π^0-Meson ist sogar sein eigenes Antiteilchen. Wir werden aber gleich Mesonen mit zusätzlichen additiven Quantenzahlen kennenlernen. Von Feynman stammt eine neue Interpretation der Antimaterie, die keinen Unterschied zwischen Bosonen und Fermionen macht. Auch diese werden wir später diskutieren.

1.2.2 Die Leptonen

Das Elektron. Das vielleicht bekannteste Elementarteilchen ist das Elektron, e^-. Es ist einer der 3 Bausteine der Atome. Elektronen nehmen an der elektromagnetischen und schwachen Wechselwirkung teil.

Das Elektron ist das leichteste geladene Teilchen. Es kann daher nicht ohne eine Verletzung des Satzes von der Ladungserhaltung zerfallen. Letztlich ist dies natürlich eine experimentelle Frage von grundsätzlicher Bedeutung, und deshalb wurden in den letzten Jahren große Anstrengungen unternommen, die unteren Grenzen für die gemessenen Lebensdauern zu verbessern. Sie liegen bei 10^{22} Jahren. Mit dem Symbol ∞ in der Tabelle 1.2 deuten wir an, daß wir das Elektron als wirklich stabil ansehen.

Tabelle 1.2. Das Elektron

Symbol	e^-
Masse [GeV]	0.511×10^{-3}
Q	-1
J	$1/2$
Lebensdauer	∞

Das Myon. Die Erdoberfläche wird ständig von einer hohen Rate Strahlung aus der Atmosphäre getroffen mit einem typischen Fluß von ungefähr 1 Teilchen/(cm² min). Diese Strahlung hat eine sog. „harte Komponente", d. h. Teilchen mit einer großen Reichweite in Materie. Es sind die Myonen (Tabelle 1.3).

Die Reichweite von Myonen in Materie wird vollständig durch die elektromagnetische Theorie beschrieben. Daraus schließen wir, daß das Myon nicht an der starken Wechselwirkung teilnimmt. Die verglichen mit dem Elektron große Masse erklärt das hohe Durchdringungsvermögen. Die Wahrscheinlichkeit für Abstrahlung von Photonen ist $\sim 1/\text{Masse}^2$, und daher erfolgt der elektromagnetische Energieverlust in Materie praktisch nur durch Ionisation und Anregung und nicht durch Bremsstrahlung. Das Myon zerfällt schwach (d. h. über die schwache Wechselwirkung) in ein Elektron und Neutrinos. Alle Untersuchungen der Eigenschaften und Wechselwirkungen der Myonen zeigen

Tabelle 1.3. Das Myon

Symbol	μ^-
Masse [GeV]	0.1056
Q	-1
J	$1/2$
Lebensdauer [s]	2.197×10^{-6}

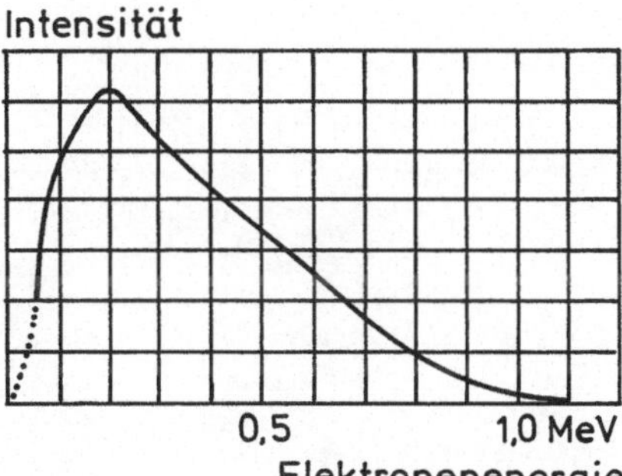

Abb. 1.8. Das Energiespektrum der Elektronen im β-Zerfall ($^{222}_{86}$Ra).

uns, daß sie sich wie schwere Elektronen verhalten. Damit haben wir das erstemal ein Teilchen kennengelernt, das als Komponente der Höhenstrahlung die Erde in großer Anzahl trifft, im Labor leicht herzustellen ist, aber dennoch als Baustein unserer stabilen Materie nicht benötigt wird. Rabis[9] berühmte Frage „*Who ordered that?*" ist bis heute ohne rechte Antwort geblieben.

Neutrinos. Eines der aufregendsten Kapitel der Physik begann mit der Entdeckung der Radioaktivität durch Becquerel[10] (1896). Schon bald erkannte man, daß der zugrunde liegende Elementarprozeß der Zerfall des Neutrons in Proton und Elektron ist. Die Hypothese

$$n \to p + e^- \tag{1.40}$$

stößt aber auf fundamentale Schwierigkeiten:

1. Beim 2-Körperzerfall erwartet man eine feste Energie der Zerfallsprodukte, beobachtet wird jedoch ein kontinuierliches Spektrum, dessen Grenzenergie der aus dem 2 Körperzerfall berechneten Linienenergie entspricht (siehe Abb. 1.8).
2. Proton und Elektron haben halbzahligen Spin. Nach den Regeln der Drehimpulsaddition ist der Spin des p, e^- Systems ganzzahlig. Da der Bahndrehimpuls zwischen p und e^- auch nur ganzzahlige Werte annehmen kann, muß also der Gesamtdrehimpuls des p, e^- Systems ganzzahlig sein. Dies ist aber bei Gültigkeit der Drehimpulserhaltung im Widerspruch zum halbzahligen Spin des Neutrons.

Tabelle 1.4. Das Elektron-Neutrino

Symbol	ν_e
Masse [eV]	< 17
Q	0
J	1/2
Lebensdauer	∞

Aus beiden Schwierigkeiten befreite W. Paulis Neutrinohypothese. Im Beta-Zerfall wird ein zusätzliches Teilchen, das Neutrino (ν) ausgesandt, das wir in Übereinstimmung mit den noch folgenden Diskussionen schon jetzt als Antielektron-Neutrino bezeichnen,

$$n \to p + e^- + \bar{\nu}_e \; . \tag{1.41}$$

Die Eigenschaften des Elektron-Neutrinos sind in Tabelle 1.4 angegeben. Die Ladung 0 ergibt sich aus der Ladungserhaltung im Prozeß. Der Spin 1/2 garantiert die Drehimpulserhaltung. Die Masse der Neutrinos nehmen wir im

[9]I.I. Rabi, amerikanischer Physiker (1898–1988), wurde vor allem durch seine Verfahren zur Messung der magnetischen Momente von Kernen bekannt.

[10]H.A. Becquerel, französischer Physiker (1852–1909).

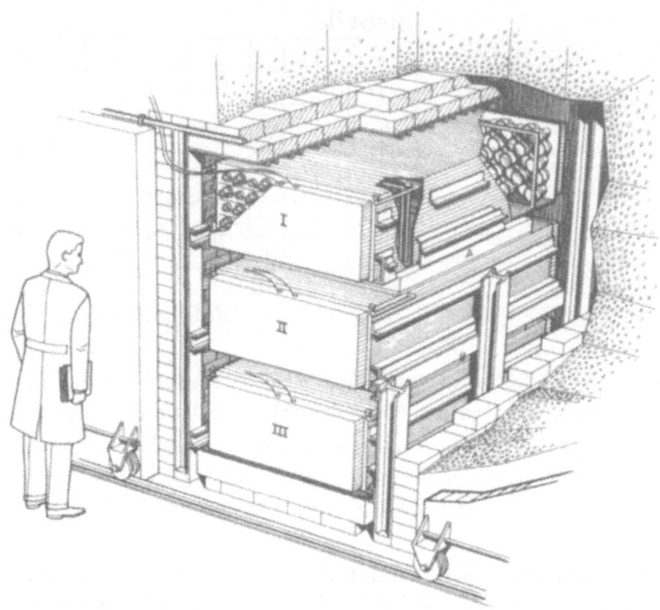

Abb. 1.9. Das Experiment von Reines und Cowan zum Nachweis der Neutrinos. Man wählte große Tanks mit Szintillatorflüssigkeit zum Nachweis der Positronen über die prompte Zerstrahlung $e^- + e^+ \to 2\gamma$. Zum Nachweis der Neutronen wurde die Flüssigkeit mit Cadmium angereichert. Die bei der Einfangreaktion der Neutronen $Cd(n,\gamma)Cd$ emittierten Photonen haben eine Energie von 9.1 MeV. Da sie erst nach einer Verzögerungszeit von $0.3\,\mu s$ auftreten, besteht das Signal für die Reaktion (1.43) im Auftreten eines prompten und eines dazu verzögerten Lichtblitzes. Die Lichtmengen müssen deponierten Energien von jeweils 1.02 MeV und 9.1 MeV entsprechen. Dieses charakteristische Signal hilft natürlich sehr zur Unterdrückung von Untergrundreaktionen. (Abbildung aus dem Buch „Physik"von I. Orear mit freundlicher Genehmigung der Macmillan Publ. Comp.)

Standardmodell als exakt 0 an. Experimentell ist eine genaue Bestimmung äußerst schwierig. Sie wird z.B. durch eine Messung des sog. Endpunktes des Spektrums der Abb. 1.8 versucht. Als bester Wert gilt heute $m_{\nu_e} < 17$ eV.

Ein direkter Beweis des Auftretens von Neutrinos im Beta-Zerfall ist natürlich nicht einfach. Grundsätzlich kann man Teilchen durch ihre Wechselwirkung mit Materie nachweisen, d. h. das ν_e durch die Umkehrreaktion zum β-Zerfall

$$\nu_e + n \to p + e^- \tag{1.42}$$

Von Reines und Cowan [1.6] wurde die Reaktion

$$\bar{\nu}_e + p \to n + e^+ \tag{1.43}$$

benutzt (Abb. 1.9).

Der Wirkungsquerschnitt[11] der betrachteten Reaktion ist äußerst klein. Von den Experimentatoren wurde ein Wert von

$$\sigma_{\bar{\nu}p} = 6 \times 10^{-43}\text{cm}^2 \tag{1.44}$$

angegeben. Der Name „schwache Wechselwirkung" ist hier nur zu wahr.

Die im Zerfall des Myons auftretenden Elektronen haben ein kontinuierliches Energiespektrum. Da sich außer dem Elektron kein weiteres Zerfallsteilchen nachweisen läßt, liegt es nahe, auch hier die restliche Energie durch Neutrinos wegtragen zu lassen. Es müssen aber 2 Neutrinos sein, weil sonst der Zerfall wieder offenbar im Widerspruch zur Drehimpulserhaltung steht. Nun wird man sich sofort fragen, warum gerade bei der großen Ähnlichkeit von Elektronen und Myonen diese nicht gemäß

[11]Den mit dem Begriff des Wirkungsquerschnitts noch nicht so vertrauten Leser muß ich auf den nächsten Abschnitt verweisen.

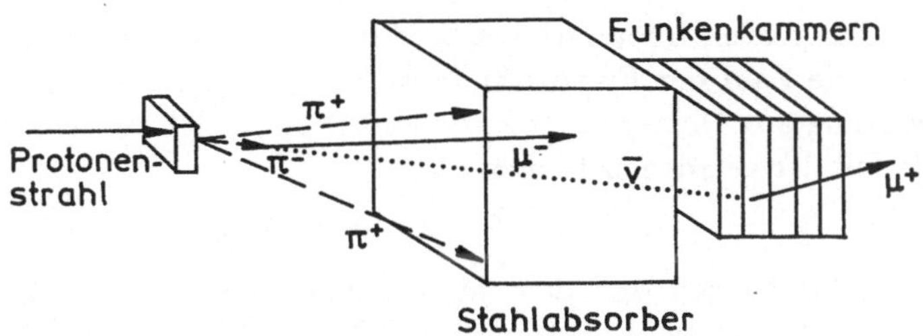

$$\mu^{\pm} \to e^{\pm} + \gamma \qquad (1.45)$$

zerfallen. Die obere Schranke für den Anteil dieser Zerfälle (Verzweigungs-verhältnis) beträgt nur 5×10^{-11}! Daraus folgt, daß die Zahl der Elektronen oder die Zahl der Myonen einem Erhaltungssatz genügen muß. Wir ordnen nun versuchsweise den Elektronen eine erhaltene elektronische Leptonenzahl $L_e = 1$ zu. Dann verlangt der β-Zerfall des Neutrons, daß die auf der rechten Seite von (1.41) auftretenden Neutrinos $L_e = -1$ haben. Dies läßt sich am elegantesten dadurch erreichen, daß zum Elektron ein Neutrino ν_e mit $L_e = 1$ gehört, und beim Zerfall der Neutronen ein e^- und ein $\bar{\nu}_e$ emmittiert werden. Der β-Zerfall des Myons

$$\mu^- \to e^- + \bar{\nu}_e + \nu_\mu \qquad (1.46)$$

erzwingt aber nun, daß das zweite Neutrino dem Myon zugeordnet wird, am besten durch $L_\mu = 1$ für μ und ν_μ.

Die Neutrinohypothese wurde von den Physikern nur relativ zögernd akzeptiert. Die Forderung nach der Existenz eines neuen neutralen Teilchens der Masse 0 und mit verschwindender Reaktionswahrscheinlichkeit in Materie erschien vielen Forschern als allzu künstlich. Umso fremdartiger mutete daher die gerade skizzierte Überlegung Pontecorvos an, daß es zwei Sorten Neutrinos geben sollte[12]. Heute hingegen hat man sich vollständig daran gewöhnt, dynamische Schwierigkeiten mit dem Postulat der Existenz neuer Teilchen zu beheben.

Zur Klärung des Problems einer 2. Sorte Neutrinos wurden in Amerika (BNL, Brookhaven) und Europa (CERN, Genf) Experimente eines völlig neuen Typs (Abb. 1.10) [1.7] durchgeführt. Die im Abschn. 1.1 eingeführten geladenen Pionen zerfallen über die schwache Wechselwirkung fast immer in ein Myon und ein Neutrino. Mit Hilfe dieser Neutrinos kann man nun nach Reaktionen der Art

$$\nu + Nukleon \to Nukleon + Lepton \qquad (1.47)$$

also z.B.

$$\nu + n \to p + e^- \qquad (1.48)$$

oder

$$\nu + n \to p + \mu^- \qquad (1.49)$$

suchen.

Abb. 1.10. Das Brookhaven-Experiment zur Identität der Neutrinos. Ein Protonenstrahl hoher Energie (~ 20 GeV) trifft ein Kupfertarget. Die Dicke des Targets wird so gewählt, daß nur wenige der erzeugten Pionen wieder durch Prozesse der starken Wechselwirkung reabsorbiert werden. Die meisten Pionen zerfallen im Raum hinter dem Target. Ein Absorber aus Eisen oder Beton stoppt die Myonen, d. h. hinter dem Absorber hat man einen fast reinen Neutrinostrahl. Dieser Strahl trifft nun Detektoren, in denen nach Reaktionen der Art (1.47) gesucht wird.

[12]Es wird erzählt, daß ein prominenter Theoretiker am CERN die Theorie seines italienischen Kollegen Pontecorvo mit dem Ausruf „Gott ist nicht so verrückt wie Pontecorvo" kommentierte.

Tabelle 1.5. Das Myon-Neutrino

Symbol	ν_μ
Masse [MeV]	< 0.27
Q	0
J	1/2
Lebensdauer	∞

Zur großen Überraschung fand man praktisch nur Endzustände mit Myonen, die Zahl der Endzustände mit Elektronen war verträglich mit der Erwartung aus Untergrundreaktionen. Dies zwingt zu dem Schluß, daß das im Zerfall der geladenen Pionen

$$\pi^- \to \mu^- + \bar{\nu}_\mu \tag{1.50}$$

entstehende Neutrino dem Myon zugeordnet (Tabelle 1.5) und durch eine eigene Quantenzahl von dem im β-Zerfall des Neutrons entstehenden $\bar{\nu}_e$ unterschieden ist. Die beste experimentelle Massenschranke für das ν_μ ist viel höher als beim ν_e. Im allgemeinen ordnen wir auch dem Myon-Neutrino die Masse 0 zu.

Leptonfamilien. Das Ergebnis der im letzten Unterabschnitt besprochenen Experimente läßt sich, wie wir gesehen haben, durch Einführung von Leptonfamilien deuten. Danach sind e^- und ν_e elektronartige Leptonen, μ^- und ν_μ myonartige Leptonen. Die Leptonfamilien bilden Teilchendubletts

$$\begin{pmatrix} \nu_e \\ e^- \end{pmatrix}, \begin{pmatrix} \nu_\mu \\ \mu^- \end{pmatrix} , \tag{1.51}$$

wobei das unten stehende Mitglied gegenüber dem oben stehenden Mitglied eine um eine Einheit geringere elektrische Ladung hat. Es existiert eine in allen Wechselwirkungen erhaltene additive Familienquantenzahl, mit den Werten $L_e = 1$ für e^- und ν_e beziehungsweise $L_\mu = 1$ für μ^- und ν_μ. Die Antiteilchen tragen die Quantenzahlen $L_{e,\mu} = -1$.

Tabelle 1.6. Das Tau-Lepton

Symbol	τ
Masse [GeV]	1.784
Q	-1
J	1/2
Lebensdauer [s]	3.03×10^{-13}

Wenn man einmal soweit ist, taucht natürlich sofort die Frage auf, ob es noch weitere Leptonfamilien gibt. Trotz intensiver Suche ist bis heute nur ein weiteres Lepton gefunden worden, das Tau-Lepton, τ^-. Es wurde im Jahre 1975 am Elektron-Positron-Speicherring SPEAR im SLAC in der Reaktion

$$e^- + e^+ \to \tau^- + \tau^+ \tag{1.52}$$

entdeckt. Seine Eigenschaften sind in Tabelle 1.6 zusammengefaßt.

An der Masse der Tau-Leptonen kann man sehen, daß der Name Lepton (griechisch „leicht") nur noch historische Bedeutung hat. Auch das τ zerfällt aufgrund der schwachen Wechselwirkung. Wegen seiner großen Masse existiert eine Fülle von Zerfallskanälen. Im Standard-Modell nimmt man ohne weiteres an, daß das τ^- zusammen mit einem dazugehörigen eigenen Neutrino eine weitere Familie

$$\begin{pmatrix} \nu_\tau \\ \tau^- \end{pmatrix} \tag{1.53}$$

bildet. Bis heute ist jedoch ein direkter Nachweis des τ-Neutrinos nicht gelungen.

Das neue Leptonendublett hat die Familienquantenzahl $L_\tau = 1$. Als Leptonenzahl L wird nun die Summe

$$L = L_e + L_\mu + L_\tau \tag{1.54}$$

bezeichnet. Da die Familienquantenzahlen einzeln erhalten sind, ist natürlich auch L erhalten.

1.2.3 Hadronen

Als Hadronen bezeichnen wir im folgenden frei beobachtbare Elementarteilchen, die an der starken Wechselwirkung teilnehmen. Damit unterscheiden sie sich grundsätzlich von den Leptonen, die ja nur elektromagnetisch und schwach wechselwirken. Auch sind nach unserem jetzigen Wissen Leptonen punktförmig, d. h. es existieren nur obere Grenzen für einen möglichen Radius dieser Teilchen. Im Gegensatz dazu haben Hadronen typische Radien von $\sim 10^{-15}$ m, also etwa 1000mal mehr als die heutige Grenze des Elektronenradius. Die Hadronen werden in 2 Klassen eingeteilt: Baryonen und Mesonen. Baryonen haben halbzahligen ($J = 1/2, 3/2, ...$), die Mesonen ganzzahligen ($J = 0, 1, ...$) Spin.

Die leichtesten Baryonen. Der Kern des Wasserstoffatoms ist das Proton, p (Tabelle 1.7). Das Wasserstoffatom ist stabil. Der mit der Ladungserhaltung verträgliche Prozeß

$$p + e^- \to 2\gamma \tag{1.55}$$

wurde nicht beobachtet. Ebenso wurde bisher trotz intensiver Suche der direkte Zerfall des Protons, etwa in dem Prozeß

$$p \to e^+ + \pi^0 \tag{1.56}$$

nicht nachgewiesen. Die derzeitige untere Grenze für die Lebensdauer des Protons ist durch

$$\tau_p > 10^{32} \,\text{Jahre} \tag{1.57}$$

gegeben. Vergleichen Sie hierzu das Alter des Weltalls von etwa 10^{10} Jahren.

Die Stabilität des Protons kann man durch einen Erhaltungssatz der Baryonenzahl B beschreiben, wobei dem Proton $B = 1$ zugeordnet wird. Die Einführung einer neuen erhaltenen Quantenzahl ist jedoch an dieser Stelle noch nicht zwingend, da die Reaktionen (1.55) und (1.56) auch durch die Erhaltung der Leptonenzahl verboten sind.

Mit Ausnahme des Wasserstoffs bestehen Kerne aber nicht allein aus Protonen sondern auch aus Neutronen (Tabelle 1.8). Der augenfälligste Unterschied zwischen Proton und Neutron liegt in der Ladung. Auch dem Neutron ordnen wir die Baryonenzahl $B = 1$ zu. Das ist sinnvoll, da sich in Kernreaktionen die Neutronenzahl und Protonenzahl durchaus ändern kann, ihre Summe aber immer konstant ist. In hochenergetischen Nukleon-Nukleon-Stößen läßt sich eine beliebige Anzahl von Pionen erzeugen, z. B.

$$p + p \to \pi^0 + \pi^0 + p + p \tag{1.58}$$

oder

$$p + p \to \pi^+ + \pi^+ + n + n \ . \tag{1.59}$$

Es wurde jedoch nie ein Prozeß der Art

$$p + p \to \pi^+ + \pi^+ + \pi^0 \tag{1.60}$$

Tabelle 1.7. Das Proton

Symbol	p
Masse [GeV]	0.9383
Q	+1
J	1/2
Lebensdauer	∞

Tabelle 1.8. Das Neutron

Symbol	n
Masse [GeV]	0.9396
Q	0
J	1/2
Lebensdauer [s]	889

Tabelle 1.9. Die geladenen Pionen

Symbol	$\pi^{\pm}$
Masse [GeV]	0.1396
Q	± 1
J	0
Lebensdauer [s]	2.60×10^{-8}

beobachtet, d. h. eine Zerstrahlung von Nukleonen in Pionen ist verboten. Zur Erklärung dieser Auswahlregeln braucht man offenbar eine von der Leptonenzahl unabhängige, erhaltene Quantenzahl, eben die Baryonenzahl B.

Die Ladung des Protons ist entgegengesetzt gleich der Ladung des Elektrons. Diese exakte Gleichheit garantiert natürlich die Neutralität der Atome. Andererseits erscheint eine so genaue Quantisierung der Ladung für so ungleiche Teilchen wie Elektron und Proton rätselhaft und verlangt nach einer dynamischen Erklärung. Ein Ansatz dazu ist in den vereinheitlichten Theorien (GUT's) zu finden.

Das Neutron ist geringfügig schwerer als das Proton. Der Beta-Zerfall des Neutrons (1.41) verläuft ersichtlich in Übereinstimmung mit der Erhaltung der Leptonen- und Baryonenzahl ($\Delta B = 0$, $\Delta L = 0$).

Pi-Mesonen. Jetzt wollen wir uns etwas genauer mit den π-Mesonen befassen (Tabelle 1.9, 10). Schon in Abschn. 1.1.2 hatten wir ihre Masse aus der Reichweite der Kernkraft zu etwa 100 MeV abgeschätzt. Die einfachste Reaktionsgleichung zur Erzeugung eines π^+ ist

$$p + p \rightarrow p + n + \pi^+ \; . \tag{1.61}$$

Im pp-Schwerpunktsystem muß dafür mindestens die Gesamtenergie

$$E_{\mathrm{CM}} = M_p + M_n + M_\pi \tag{1.62}$$

also etwa 2020 MeV für eine Erzeugung von Massen bis zu 140 MeV zur Verfügung stehen. Diese Energie wollen wir durch Stoß eines Protons auf ein ruhendes Targetproton herstellen. Zur Berechnung der Gesamtenergie E_1 der einfallenden Protonen muß also die Formel (1.27) benutzt werden. Die kinetische Energie T ist durch $T = E - M_p$ definiert und daher gilt, falls wir keinen Unterschied zwischen der Masse eines Protons und eines Neutrons machen,

$$T_p = \frac{E_{\mathrm{CM}}^2 - 4M_p^2}{2M_p} \tag{1.63}$$

d. h. $T_{p,\mathrm{min}} = 298$ MeV zur Erzeugung eines Teilchens mit einer Masse von 140 MeV.

In dem im Jahre 1947 durchgeführten Experiment am Berkeley-Synchrozyklotron reichte eine kinetische Energie von etwas weniger als 200 MeV. Als Protonentarget wurde eine Platte aus Kohlenstoff gewählt. Durch die Fermi-Bewegung der Protonen im Kohlenstoffkern wird die Schwerpunktenergie erhöht.

Tabelle 1.10. Das neutrale Pion

Symbol	π^0
Masse [GeV]	0.1349
Q	0
J	0
Lebensdauer [s]	8.4×10^{-17}

Pionen treten in 3 Ladungszuständen, π^+, π^0, π^- auf. Das π^- ist das Antiteilchen des π^+ und hat daher exakt die gleiche Masse und Lebensdauer. Das π^0-Meson hat eine geringfügig andere Masse (siehe Tabelle 1.10). Seine Lebensdauer ist um 8 Größenordnungen geringer als die Lebensdauer der geladenen Pionen, da der vorherrschende Zerfall des π^0-Mesons in 2 Photonen elektromagnetischer Natur ist, während die $\pi^{\pm}$ nur aufgrund der schwachen Wechselwirkung zerfallen können.

Weitere Hadronen. Neben den bisher besprochenen Hadronen wurden eine Reihe weiterer hadronischer Teilchen gefunden. Zunächst ließen sich aber alle diese Teilchen als angeregte Zustände der einfachsten Baryonen und Mesonen deuten. Als erstes Beispiel besprechen wir die sog. Δ-Resonanz.

Die Delta-Teilchen werden mit hoher Rate in Pion-Nukleon-Streuexperimenten erzeugt. Sie treten in 4 Ladungszuständen auf, die wir alle in einer Tabelle (1.11) zusammengefaßt haben. Für Erzeugung und Zerfall der Δ^{++}-Resonanz z. B. gilt die Reaktionsgleichung

$$\pi^+ + p \to \Delta^{++} \to \pi^+ + p \ . \tag{1.64}$$

Sie zeigt sofort, daß der neue Zustand ein Baryon sein muß, das aufgrund der starken Wechselwirkung erzeugt wird und zerfällt. Die Analogie zur Bildung von angeregten Atomzuständen in der Resonanzabsorption der Atomphysik

$$\gamma + H \to H^* \to \gamma + H \tag{1.65}$$

legt die Deutung als angeregten Zustand des Protons bzw. der Nukleonen nahe. Der große Erzeugungsquerschnitt von 2×10^{-25} cm^2 und damit zusammenhängend die extrem kurze Lebensdauer des angeregten Niveaus sind bezeichnend für die starke Wechselwirkung.

Die Gleichung (1.64) beschreibt die für die Hochenergiephysik typische Erzeugung eines neuen Teilchens in einem *Formations*experiment, bei dem die Schwerpunktsenergie den Wert

$$E_{\text{CM}} = M \tag{1.66}$$

also hier $M_\Delta = 1232$ MeV annimmt. Wir bezeichnen das Quadrat der Schwerpunktsenergie mit s und erhalten aus (1.26)

$$s = m_1^2 + m_2^2 + 2|\boldsymbol{p}|^2 + 2\sqrt{(|\boldsymbol{p}|^2 + m_1^2)(|\boldsymbol{p}|^2 + m_2^2)} \ , \tag{1.67}$$

worin $|\boldsymbol{p}|$ der Betrag des Impulses der beiden einlaufenden oder auslaufenden Teilchen im Schwerpunktsystem ist. Daraus gewinnen wir die sehr nützliche Beziehung für $|\boldsymbol{p}|$

$$|\boldsymbol{p}| = \frac{S_{12}}{2\sqrt{s}} \tag{1.68}$$

mit der Abkürzung

$$S_{12} = \sqrt{(s - (m_1 + m_2)^2)(s - (m_1 - m_2)^2)} \ , \tag{1.69}$$

die nur noch von s und den Massen der beteiligten Teilchen abhängt. Wegen (1.66) gilt (1.68) auch zur Berechnung der Impulsbeträge der Zerfallsteilchen im Ruhsystem eines Teilchens der Masse M, das in zwei andere Teilchen zerfällt.

Es wurden auch angeregte Mesonenzustände gefunden, die sog. Mesonresonanzen. Die bekannteste solche Resonanz ist das ϱ-Meson (Tabelle 1.12). Es tritt in 3 Ladungszuständen auf und zerfällt fast ausschließlich in 2 Pionen.

Tabelle 1.11.	Die Delta-Resonanzen
Symbol	Δ
Masse [GeV]	1.232
Q	$+2, +1, 0, -1$
J	$3/2$
Lebensdauer [s]	$\approx 6 \times 10^{-24}$

Tabelle 1.12. Die ρ-Mesonen	
Symbol	ρ
Masse [GeV]	0.77
Q	$+1, 0, -1$
J	1
Lebensdauer [s]	4.3×10^{-24}

Neben den Teilchen, die man zwanglos als angeregte Zustände der Nukleonen und Pionen deuten kann, gibt es auch andere völlig neuartige Teilchen. Um dies besser zu verstehen, diskutieren wir die Streureaktion

$$\pi^- + p \rightarrow \pi^- + \pi^+ + \pi^- + p \tag{1.70}$$

bei kinetischen Energien des einlaufenden Pions oberhalb von 820 MeV. Eine beliebte Strategie der Suche nach neuen Zuständen in einem solchen *Produktions*experiment ist es, die Masse bestimmter Teilchenkombinationen des Endzustandes zu messen. Für ein $p\pi$-System ist diese durch

$$M_{p\pi}^2 = (E_p + E_\pi)^2 - (\boldsymbol{p}_p + \boldsymbol{p}_\pi)^2 \tag{1.71}$$

gegeben. Wenn man nun bei einer Berechnung dieser sog. *invarianten* Masse aus den gemessenen Impulsen und Energien innerhalb der experimentellen Auflösung immer den gleichen Wert (oder eine Anhäufung bei diesem Wert) findet, interpretiert man dies als ein Teilchen mit der Masse $M_{p\pi}$. Ein solches Teilchen, das Λ-Baryon mit der Masse 1116 MeV, ist in der Reaktion (1.70) im System $p\pi^-$ entdeckt worden.

In dem betrachteten Beispiel wird die Analyse offenbar dadurch erschwert, daß man nicht weiß, welches der beiden negativen Pionen zum Λ gehört. Ein Histogramm der aus den beiden Möglichkeiten errechneten invarianten Massen zeigt also (schon aus diesem Grund) eine Anhäufung bei einem festen Wert über einem Kontinuum.

Überraschenderweise findet man aber nun in allen Fällen, in denen ein π^- mit einem p ein Λ bildet, auch in dem System der beiden übrigen Pionen einen neuen Zustand fester Masse, das K^0-Meson. Es gelingt praktisch nie, das Λ isoliert zu produzieren, etwa in

$$\pi^- + p \rightarrow \Lambda + \pi^0 \ , \tag{1.72}$$

sondern immer nur assoziiert mit einem neuartigen Teilchen.

Ebenso seltsam sind die Lebensdauern dieser Zustände. Das Λ und das K^0 können natürlich auch wieder in die Teilchen zerfallen, aus denen sie entstanden sind, also

$$\Lambda \rightarrow p + \pi^- \tag{1.73}$$

und

$$K^0 \rightarrow \pi^+ + \pi^-. \tag{1.74}$$

Die Lebensdauern (siehe Tabellen 1.13 und 1.14) sind aber im Bereich von 10^{-10} s also 13 Größenordnungen über denen der Baryon- und Pionresonanzen. Man sieht das ganz anschaulich an den Zerfallsvertices, die diese Teilchen erst in einer gewissen Entfernung vom Wechselwirkungspunkt (WWP), an dem sie erzeugt wurden, bilden (Abb. 1.11). Dies zwingt im Vergleich mit der Lebensdauer des geladenen π-Mesons zu dem Schluß, daß die Zerfälle aufgrund der schwachen Wechselwirkung erfolgen.

Tabelle 1.13. Das Λ-Baryon

Symbol	Λ
Masse [GeV]	1.116
Q	0
J	1/2
Lebensdauer [s]	2.63×10^{-10}

Tabelle 1.14. Das K^0-Meson

Symbol	K^0
Masse [GeV]	0.4977
Q	0
J	0
Lebensdauer [s]	$K_S^0:$ 8.9×10^{-11}

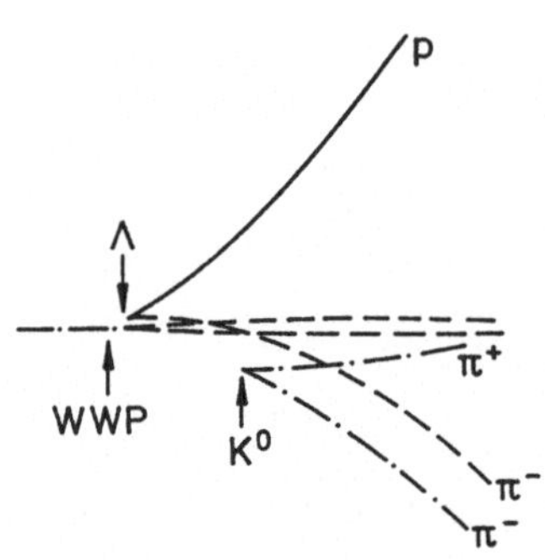

Abb. 1.11. Assoziierte Produktion eines Λ und eines K^0 in einer πp-Reaktion. Das Bild ist das Faksimile einer Blasenkammeraufnahme. Die Teilchen werden am Wechselwirkungspunkt (WWP) erzeugt und zerfallen nach einer kurzen Laufstrecke.

Die beiden Phänomene der assoziierten Produktion in einem Prozeß der
starken Wechselwirkung und des schwachen Zerfalls erschienen den beteilig-
ten Forschern so merkwürdig, daß die neuen Teilchen den Namen „Seltsame
Teilchen" oder *strange particles* bekamen. Eine zwanglose Erklärung beider
Tatsachen bekommt man, wenn man diesen Zuständen eine neue additive
Quantenzahl S (für „*Strangeness*") zuordnet, die in der starken und elek-
tromagnetischen, aber nicht in der schwachen Wechselwirkung erhalten ist.
Historisch wurde die Zuordnung

$$
\begin{aligned}
\Lambda \quad &: \quad S = -1 \\
K^0 \quad &: \quad S = +1
\end{aligned}
\tag{1.75}
$$

gewählt. Ganz offenbar gilt Erhaltung von S in der Reaktion

$$
\pi^- + p \to K^0 + \Lambda \; ,
\tag{1.76}
$$

während S sich in der nicht beobachteten Erzeugungsreaktion (1.72) und in
den Zerfällen (1.73) und (1.74) um eine Einheit ändert. Diese sind daher nur
über die schwache Wechselwirkung möglich.

Das K^0-Meson ist eines der interessantesten Elementarteilchen. Es tritt
in einer kurzlebigen und langlebigen Variante (K_S^0, K_L^0) auf. In der Tabelle
1.14 haben wir die Lebensdauer des K_S^0 angegeben. Das Antiteilchen zum K^0
ist das $\bar{K}^0$ mit $S = -1$. Zusammmen mit dem geladenen K^+-Meson (Tabelle
1.15) bildet das K^0 ein Ladungsdublett. In Kapitel 2 werden wir das $K^0, \bar{K}^0$-
System noch ausführlich diskutieren.

Tabelle 1.15. Das K^+-Meson

Symbol	K^+
Masse [GeV]	0.4937
Q	+1
J	0
Lebensdauer [s]	1.24×10^{-8}

1.2.4 Quarks

Neben den seltsamen Teilchen wurden bisher noch 2 weitere neue Arten hadronischer Materie gefunden. Es gibt also neben den Hadronen mit der *Flavor-*
oder Sorten-Quantenzahl S noch Hadronen mit den Flavor-Zahlen *Charm* (C)
und *Bottom* (B). Auch diese neuen additiven Quantenzahlen sind in Prozessen
der elektromagnetischen und starken Wechselwirkung erhalten und können
beim schwachen Zerfall verletzt werden. Ganz ähnlich wie bei den Teilchen
mit *Strangeness* ist daher die Erzeugung dieser Materiearten gekennzeichnet
durch assoziierte Produktion schwerer langlebiger Hadronen. Das leichteste
Hadron mit *Charm*, das D^0-Meson hat eine Masse von 1864 MeV und das
leichteste *Bottom*-Hadron (B^+-Meson) eine Masse von 5271 MeV.[13]

Die von der PDG herausgegebene Tabelle der Elementarteilchen enthält
zur Zeit etwa 120 Hadronen ohne Mitzählen der Ladung als Unterscheidungs-
kriterium [1.5]. Ein großer Teil dieses Buchs wird sich mit der Bestimmung
der Quantenzahlen dieser Teilchen befassen. Man kann aber schon an dieser Stelle versuchen, die Vielzahl der Hadronen auf wenige Konstituenten
zurückzuführen. Die entscheidende Hypothese ist, daß die ausgedehnten Hadronen aus punktförmigen Konstituenten, den Quarks, aufgebaut sind.

[13]Der aufmerksame Leser hat sicherlich gesehen, daß wir die Buchstaben B und S jetzt schon zweimal verge-ben haben. B steht für für Baryonenzahl und *Bottom*, S für *Strangeness* und manchmal auch Spin. Die jeweilige Bedeutung muß man aus dem Kontext erkennen, das ist am Ende einfacher als die Einführung neuer, in der wissenschaftlichen Literatur nicht gebräuchlicher Bezeich-nungen. Ebenso ist die reich-liche Verwendung von Ang-lizismen unvermeidbar. Nach ihrer Einführung werden sie auch ohne Verwendung der Kursivschrift gebraucht.

Um den ganzzahligen Spin der Mesonen und den halbzahligen Spin der Baryonen zu erklären, muß es Konstituenten mit Spin 1/2 geben. Im Quarkmodell sind *alle* Quarks Fermionen, also Spin 1/2 Teilchen. Mesonen kann man dann aus Quark-Antiquark-Paaren aufbauen,

$$|Meson\rangle = |q\bar{q}\rangle \tag{1.77}$$

während Baryonen am einfachsten durch

$$|Baryon\rangle = |qqq\rangle \tag{1.78}$$

beschrieben werden. Für den Spin der Mesonen folgt aus (1.77)

$$J = 0, 1 \ , \tag{1.79}$$

falls das q und das $\bar{q}$ sich in einer s-Welle, d. h. in einem Zustand mit dem Bahndrehimpuls $L = 0$ befinden. Höhere Spins erhält man dann durch $L = 1, 2, \ldots$ im $q\bar{q}$-System. Ebenso ist der Spin der Baryonen für verschwindende Bahndrehimpulse der Quarks durch

$$J = \frac{1}{2}, \frac{3}{2} \tag{1.80}$$

gegeben, während Teilchen mit Spin $5/2, 7/2 \ldots$ durch 3-Quark-Systeme in höheren Zuständen des Bahndrehimpulses zusammengesetzt werden können.

Aus dem Aufbau der Baryonen aus 3 Quarks folgt $B = 1/3$ für die Baryonenzahl der Quarks. Dies ist sicher eine etwas ungewöhnliche Festlegung, die man durch Einführung von unterschiedlichen Quarksorten mit ganzzahliger Baryonenzahl umgehen könnte. Andererseits folgt aus $B = 1/3$ für alle Quarks und aus (1.77) sehr einfach der wesentliche Unterschied zwischen Baryonen und Mesonen: Mesonen sind Hadronen mit $B = 0$. Erst über das Merkmal der Baryonenzahl werden (1.77) und (1.78) also wirklich zu den einfachsten Bauregeln für Hadronen.

Wieviele Quarksorten gibt es? Um diese Frage zu beantworten, studieren wir zunächst die Nukleonen (und ihre Resonanzen) und die Mesonen ohne neue Sorten-Quantenzahl. Da diese Hadronen in Ladungsmultipletts auftreten, muß es mindestens 2 Arten Quarks mit unterschiedlicher Ladung geben. Wir nennen sie u- und d-Quarks oder *up*- und *down*-Quarks. Die maximale Ladungsmultiplizität für Baryonen ist 4, ein typisches Beispiel ist das Quartett der Δ-Resonanz mit den Ladungen $2, 1, 0, -1$. Diese Multiplizität entspricht genau den 4 kombinatorischen Möglichkeiten

$$uuu, uud, udd, ddd \ . \tag{1.81}$$

Daraus folgt aber dann, daß eines der beiden Quarks die Ladung 2/3 und das andere die Ladung $-1/3$ haben muß. Wir wählen $Q = 2/3$ für das u-Quark, $Q = -1/3$ für das d-Quark und ordnen beide Quarks in einem Dublett

$$\begin{pmatrix} u \\ d \end{pmatrix} \tag{1.82}$$

an. Damit haben wir eine erste Quarkfamilie ganz ähnlich den Leptonfamilien gefunden. Wie bei den Leptonen hat das oben stehende Mitglied der Familie eine um eine Einheit größere Ladung als das unten stehene Mitglied.

Für die Zusammensetzung von Proton und Neutron gilt offenbar

$$|p\rangle = |uud\rangle \qquad (1.83)$$

und

$$|n\rangle = |udd\rangle \ . \qquad (1.84)$$

Ein ganz wesentlicher Erfolg des Quarkmodells beruht auf einer einfachen Erklärung der Tatsache, daß für den Grundzustand der Baryonen nur diese beiden Wellenfunktionen erlaubt sind, während die Kombinationen uuu und ddd fehlen. Dies wird in Kapitel 3 besprochen.

Für Mesonen haben wir die kombinatorischen Möglichkeiten

$$\begin{aligned} u\bar{d}: \quad & Q \ = \ 1 \\ u\bar{u}, d\bar{d}: \quad & Q \ = \ 0 \\ d\bar{u}: \quad & Q \ = \ -1 \end{aligned} \qquad (1.85)$$

in Übereinstimmung mit der Erfahrung, daß es im Bereich der Mesonen ohne eigene Sorten-Quantenzahl Ladungs-Tripletts und -Singuletts gibt.

Die Existenz von Hadronen mit neuen Sorten-Quantenzahlen läßt sich nun ganz zwanglos durch Hinzunahme weiterer Quarkarten deuten. Dem seltsamen Quark s geben wir die *Strangeness* $S = -1$ und daher kann man das Λ durch

$$|\Lambda\rangle = |uds\rangle \qquad (1.86)$$

beschreiben. Daraus folgt aber sofort $Q = -1/3$ für das s-Quark. Infolge der Regel (1.78) muß es dann auch Baryonen mit zwei s-Quarks also mit $S = -2$ geben und insbesondere ein Baryon mit $S = -3$ und $Q = -1$. Alle diese spektroskopischen Vorhersagen des Quarkmodells sind erfüllt.

Aus der Untersuchung der Hadronen mit *Charm* folgt für das c-Quark die Ladung $Q = 2/3$ und die Charm-Quantenzahl $C = 1$. Das Vorzeichen der Sorten-Quantenzahl entspricht dem Vorzeichen der Ladung.

Die spätere Diskussion in diesem Buch wird zeigen, daß auch c- und s-Quarks wieder in eine Familie

$$\begin{pmatrix} c \\ s \end{pmatrix} \qquad (1.87)$$

eingeordnet werden.

Hadronen mit der Eigenschaft *Bottom* enthalten b-Quarks. Diese Quarks haben die Ladung $-1/3$. Jetzt liegt der Schluß nahe, daß es noch ein weiteres Quark, das t mit der Ladung $2/3$ geben muß, und daß man es mit dem b zu einer neuen Familie

$$\begin{pmatrix} t \\ b \end{pmatrix} \qquad (1.88)$$

zusammenfassen kann. Hadronen mit der neuen Quantenzahl *top* sind jedoch bis heute nicht gefunden worden. Im Standard-Modell nimmt man allerdings ihre Existenz als gesichert an und vermutet, daß sie aufgrund ihrer großen Masse an den derzeitigen Beschleunigern noch nicht erzeugt werden können.

Mit den Quarks als Konstituenten der Hadronen haben wir nur noch punktförmige Fermionen als elementare Bausteine der Materie. Mit 3 Familien Leptonen und 3 Familien Quarks weist das Standard-Modell eine bemerkenswerte Symmetrie auf. Eine Familie von Quarks und Leptonen wird oft unter dem Begriff einer *Generation* von Teilchen zusammengefaßt. Offensichtlich gibt es einen ganz wesentlichen Unterschied zwischen Quarks und Leptonen: es ist noch nie gelungen, ein freies Quark im Labor zu erzeugen. Diese experimentelle Tatsache widerspricht ganz entschieden dem gewohnten Bild von Konstituenten. Das völlige Fehlschlagen aller Experimente, Teilchen mit drittelzahliger Ladung im Labor herzustellen, oder in der Art von Millikan-Versuchen[14] in Materieproben zu finden, führte im Laufe der Zeit zur Entwicklung von „asymptotisch freien" Theorien und insbesondere der Quanten-Chromodynamik (QCD). Diese Theorie liefert eine dynamische Erklärung für die Tatsache, daß Quarks sich nur auf Abständen unterhalb 10^{-15}m frei bewegen können (*asymptotic freedom*), während sie oberhalb dieser Abstände also innerhalb der Hadronen gefangen sind, das ist der sogenannte Quark-Einschluß (*quark confinement*).

Ohne Vorbelastung durch die historische Entwicklung der Teilchenphysik könnte man *jeder* Quarksorte eine Flavor-Quantenzahl (U, D, C, S, T, B) zuordnen, wobei die Ladung des Quarks mit dieser Zahl dann über

$$Q = \frac{F}{2} + \frac{1}{6} \tag{1.89}$$

zusammenhängt. Die erlaubten Reaktionen der Quarks lassen sich aber allein mit Hilfe der Ladung und der 4 Quantenzahlen (C, S, T, B) diskutieren. In den Tabellen der Elementarteilchen werden die Pionen und Rho-Mesonen als Mesonen ohne *Flavor* aufgeführt. Vom Standpunkt des Quarkmodells aus ist dies natürlich etwas künstlich.

In Reaktionen der starken und elektromagnetischen Wechselwirkung können alle Quarkarten nur paarweise $(\bar{q}q)$ erzeugt und vernichtet werden, und allein die schwache Wechselwirkung erlaubt Übergänge zwischen den Quarksorten. Weiter oben haben wir gezeigt, daß die schwache Wechselwirkung die Familienquantenzahl der Leptonen erhält, d. h. daß nur Reaktionen mit $\Delta L_i = 0$ erlaubt sind. Auch die Quarks könnten wir durch Familienquantenzahlen charakterisieren. Im Quark-Sektor ist aber die Regel von der erhaltenen Familienquantenzahl nur „fast" richtig. Wir werden sie später etwas modifizieren müssen (Kap. 5).

1.2.5 Feldteilchen

Als elementare Konstituenten der Materie treten nur noch Quarks und Leptonen auf. Neben diesen Konstituenten müssen wir jetzt noch die zu den einzelnen Wechselwirkungen gehörenden Austauschteilchen etwas näher diskutieren.

[14]Der amerikanische Physiker R.A. Millikan (1868–1933) erfand die klassische Versuchsanordnung zum Nachweis der Ladungsquantisierung. Moderne Varianten dieses Verfahrens wurden zur Suche nach drittelzahligen Ladungen benutzt.

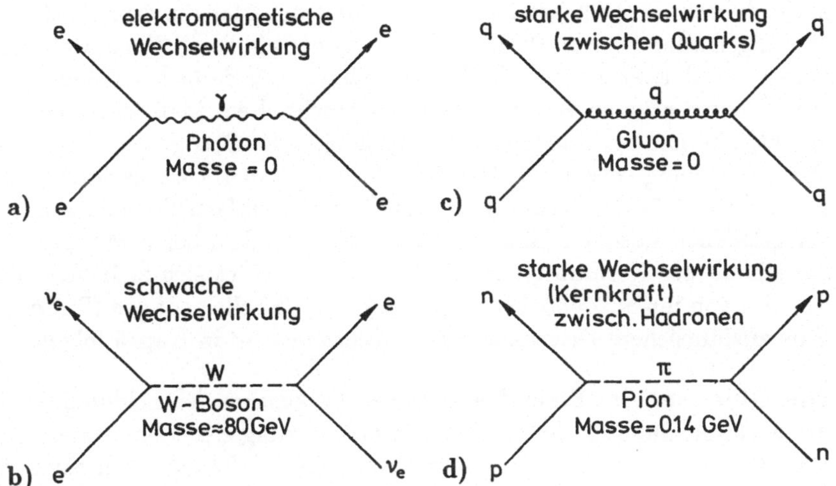

Abb. 1.12. (a) Elektromagnetische Wechselwirkung zwischen geladenen Teilchen durch Austausch von Photonen. **(b)** Schwache Wechselwirkung durch Austausch eines W-Bosons. **(c)** Starke Wechselwirkung zwischen Quarks durch Austausch von Gluonen. **(d)** Kernkraft zwischen Nukleonen durch Austausch von Pionen. Diese Diagramme lassen sich im Prinzip auf Quark-Gluon-Diagramme zurückführen.

Das Konzept, Wechselwirkungen auf den Austausch von Feldquanten zurückzuführen, ist die Grundlage aller lokalen Feldtheorien. An einem Raum-Zeit Punkt $(\boldsymbol{x}_1, t_1)$ sendet das Teilchen a ein Feldquant aus, welches zu einem Raum-Zeit Punkt $(\boldsymbol{x}_2, t_2)$ von einem Teilchen b absorbiert wird. Dies kann man ganz anschaulich durch die sog. Feynman-Graphen (Abb. 1.12) beschreiben. In der Quanten-Feldtheorie wird gezeigt, wie man diesen Feynman-Graphen Rechenregeln zuordnen kann, mit deren Hilfe ein solcher Graph zu Abkürzung einer Rechenvorschrift für eine quantenmechanische Übergangsamplitude wird.

Das Photon. Das Feldquant der elektromagnetischen Wechselwirkung ist das Photon. Man kann gut sagen, daß das Photon (Tabelle 1.16) exakt die Masse 0 hat. Die beste experimentelle Schranke, $m_\gamma < 3 \times 10^{-33}$ MeV wurde durch Überprüfen des Coulombschen Gesetzes festgestellt. Der Spin 1 folgt theoretisch aus der Untersuchung des Transformationsverhaltens von Vektorfeldern. Die Auswahlregeln der Strahlungsübergänge der Atomphysik führen ebenfalls zu dieser Festlegung.

Tabelle 1.16. Das Photon

Symbol	γ
Masse	0
Q	0
J	1
Lebensdauer	∞

W- und Z-Bosonen. Schon im Abschn. 1.1 haben wir die W-Bosonen als Feldquanten der schwachen Wechselwirkung eingeführt. Mit ihrer Hilfe läßt sich der β-Zerfall des Neutrons als Austauschreaktion deuten (Abb. 1.13a). Alle Reaktionen zwischen Hadronen lassen sich auf das Quark-Lepton-Niveau

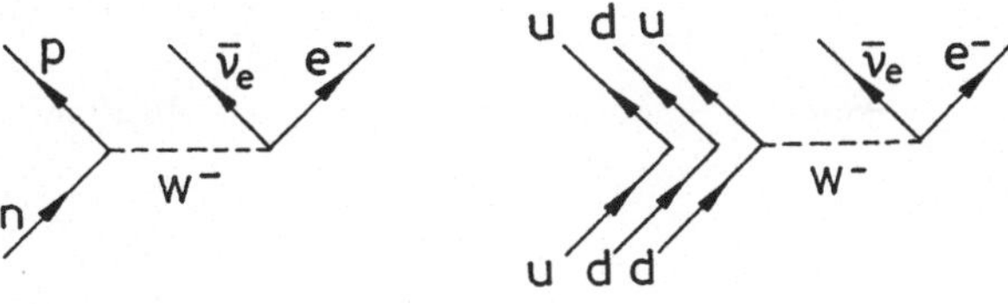

Abb. 1.13. (a) Der β-Zerfall des Neutrons. **(b)** Der β-Zerfall des Neutrons im Quarkmodell.

Tabelle 1.17. Die W-Bosonen

Symbol	$W^\pm$
Masse [GeV]	80.6
Q	$+1, -1$
J	1
Lebensdauer [s]	2.92×10^{-25}

Tabelle 1.18. Das Z^0-Boson

Symbol	Z^0
Masse [GeV]	91.16
Q	0
J	1
Lebensdauer [s]	2.60×10^{-25}

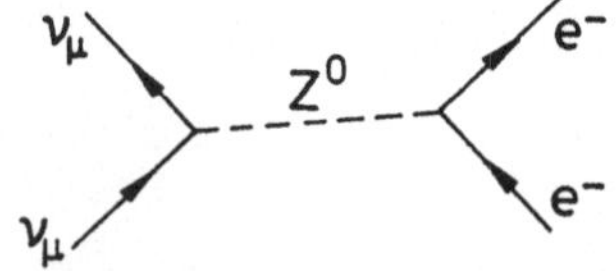

Abb. 1.14. Neutrino-Reaktion unter Austausch eines neutralen Bosons.

zurückführen. Dies ist am Beispiel des Neutronzerfalls in Abb. 1.13b gezeigt. Die Eigenschaften der W-Bosonen sind in Tabelle 1.17 zusammengefaßt. Durch den Austausch von W-Bosonen lassen sich dann auch Neutrino-Elektron-Streureaktionen wie in Abb. 1.12b beschreiben. Man hat lange Zeit geglaubt, daß nur der Austausch von geladenen W-Bosonen in der schwachen Wechselwirkung vorkommt. Es gibt jedoch auch den Austausch neutraler Bosonen (Abb. 1.14). Allerdings ist das Z^0 nicht einfach der neutrale Partner der geladenen Bosonen (ähnlich dem Ladungstriplett der π-Mesonen zur Beschreibung der Kernkraft), sondern es unterscheidet sich z. B. in der Masse deutlich von ihnen. Zunächst soll wieder eine Tabelle genügen (Tabelle 1.18). Eine ausführlichere Diskussion dieser Teilchen wird in Kap. 5 folgen.

Die Gluonen. Am Ende dieser kurzen Diskussion der Feldquanten führen wir noch die Quanten der starken Wechselwirkung ein. Wir nennen sie Gluonen. Sie sind vor allem verantwortlich für die Kräfte zwischen asymptotisch freien Quarks, d. h. für Quarks, die sich in Abständen $< 10^{-15}$m zueinander bewegen. Aber auch die Kernkräfte bei Abständen $> 10^{-15}$m der Hadronen kann man qualitativ auf Quark-Gluon-Diagramme zurückführen. Ein Beispiel zeigt die Abb. 1.15. Es gibt jedoch für jede betrachtete Reaktion eine so große Menge von beitragenden Diagrammen, daß eine quantitative Berechnung sinnlos wird, und man in vielen Fällen den Prozeß besser durch den Austausch von Mesonen (Abb. 1.12d) beschreibt. Die Gluonen sind ebenso wie die Quarks nicht frei beobachtbar. Für eine genauere Diskussion der Quark-Gluon-Wechselwirkung muß ich auch hier den Leser auf ein späteres Kapitel verweisen.

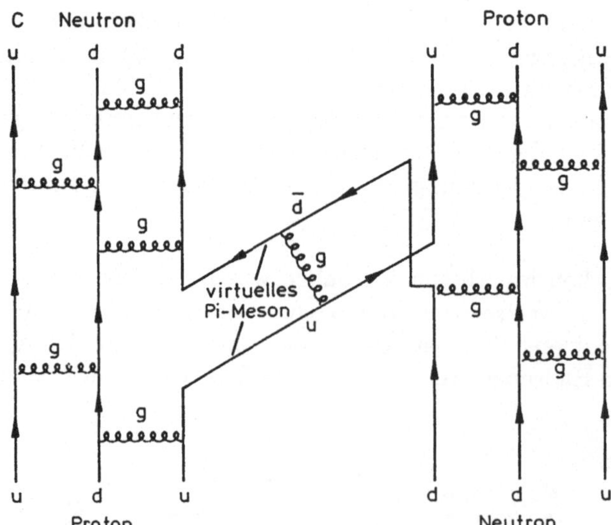

Abb. 1.15. Ein mögliches Quark-Gluon-Diagramm zur pn Streuung.

1.3 Wirkungsquerschnitte und Zerfallsraten

1.3.1 Der Wirkungsquerschnitt

Der überwiegende Teil der Informationen der Teilchenphysik wird aus Streu-
experimenten gewonnen. Ihre Ergebnisse werden in Form von differentiellen
oder totalen Wirkungsquerschnitten angegeben. Als einfachstes Beispiel diskutieren wir zunächst die elastische Pion-Proton-Streuung (Abb. 1.16), also

$$\pi^- + p \to \pi^- + p \ . \tag{1.90}$$

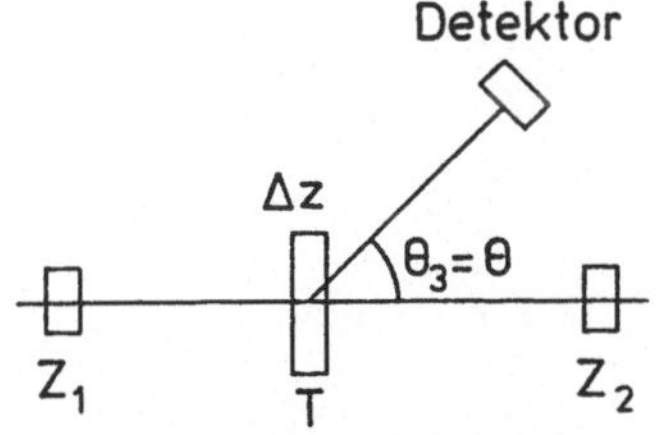

Abb. 1.16. Schema eines Pion-Nukleon-Streuexperiments.

Die Zahl N_i der einfallenden Pionen wird im Zähler Z_1 gemessen und die Zahl
N_{out} der auslaufenden Pionen im Zähler Z_2. Durch die Streureaktionen im
Target werden Pionen aus dem einfallenden Strahl abgelenkt, und es erreichen
dN_i weniger Teilchen den Zähler Z_2. Für ein Target mit der geringen Dicke
dz gilt die Beziehung

$$dN_i = -N_i \kappa \, dz \ . \tag{1.91}$$

Hierin ist κ der Absorptionskoeffizient mit der Dimension Länge^{-1}. Sein Kehr-
wert trägt den Namen Absorptionslänge und wird oft mit dem Symbol λ bezeichnet. Als Target stellen wir uns ein Gefäß mit gasförmigem oder flüssigem
Wasserstoff vor. Dann leuchtet ein, daß der Absorptionskoeffizient proportional zur Anzahldichte n_0 der Protonen sein muß. Diese berechnen wir aus der
allgemeinen Formel

$$n_0 = \varrho_M A_0 \tag{1.92}$$

für die Anzahldichte der Atome eines beliebigen Materials, wobei ϱ_M die
molare Dichte und $A_0 = 6.02 \times 10^{23}/\mathrm{mol}$ die Avogadro-Konstante ist. Damit
haben wir also

$$\kappa = n_0 \sigma \ . \tag{1.93}$$

Die Größe σ hat die Dimension einer Fläche und wird daher Wirkungsquerschnitt oder besser totaler Wirkungsquerschnitt genannt. Die gebräuchliche
Maßeinheit ist

$$1 \, \mathrm{barn} = 10^{-24} \, \mathrm{cm}^2 \tag{1.94}$$

mit der Abkürzung „b" für barn. Wichtige Untereinheiten sind millibarn (mb)
für 10^{-27} cm^2 bzw. picobarn (pb) für 10^{-36} cm^2. Zur Umrechnung in unsere
Einheiten benötigen wir die Beziehung:

$$1/\mathrm{GeV}^2 = 0.3894 \, \mathrm{mb} \ . \tag{1.95}$$

Mit (1.93) folgt für dN_i

$$dN_i = -N_i n_0 \sigma \, dz \ . \tag{1.96}$$

Für größere Targetdicken Δz gilt in jeder Schicht $dN_i = dN$, $N_i = N(z)$ und
daher:

$$N_{\mathrm{out}} = N_i e^{-n_0 \sigma \Delta z} \ . \tag{1.97}$$

Diese Betrachtungen bleiben auch richtig, falls man nicht nur die elastische Reaktion (1.90) sondern auch inelastische Reaktionen im einfachsten Fall also

$$\pi^- + p \to \pi^0 + n \qquad (1.98)$$

zuläßt.[15] Der gesamte Wirkungsquerschnitt setzt sich dann aus der Summe

$$\sigma = \sigma^{\text{el}} + \sigma^{\text{inel}} \qquad (1.99)$$

von elastischem und inelastischem Querschnitt zusammen. Anstelle einer Messung der Abschwächung des einfallendem Strahls wird der totale Querschnitt meistens durch Nachweis der Streuereignisse (*events*) in einem den gesamten Raumwinkel überspannenden sog. 4π-Detektor bestimmt. (In einer Blasenkammer z. B. sind Target und 4π-Detektor in einem Gerät zusammengefaßt.) Für die Zahl N_f der Ereignisse gilt mit $N_f = -dN_i$ bei nicht zu großen Werten von Δz

$$N_f = N_i n_0 \Delta z \sigma \ . \qquad (1.100)$$

Man erhält detailliertere Informationen durch das Messen von Winkelverteilungen. Diese beschreibt man durch den differentiellen Wirkungsquerschnitt $d\sigma/d\Omega$, wobei $d\Omega$ das Raumwinkelelement ist. In unserem Beispielexperiment mißt man die Zahl N_f der gestreuten Pionen als Funktion des Streuwinkels Θ (Abb. 1.16). Es ist dann

$$\frac{dN_f}{d\Omega} = N_i n_0 \Delta z \frac{d\sigma}{d\Omega} \ . \qquad (1.101)$$

Den Faktor

$$L_{\text{int}} = N_i n_0 \Delta z \qquad (1.102)$$

bezeichnen wir als die integrierte Luminosität eines Experimentes mit ruhendem Target. Falls man Zählraten $\dot{N}_f$ (also Zahl der gestreuten Teilchen pro Zeiteinheit) erhalten will, muß die integrierte Luminosität durch die Luminosität

$$L = \dot{N}_i n_0 \Delta z \qquad (1.103)$$

ersetzt werden, worin $\dot{N}_i$ die Zahl der einlaufenden Teilchen pro Zeiteinheit ist.

In einem Speicherringexperiment ist die Luminosität natürlich nicht mehr durch (1.103) gegeben. Wenn man die Teilchenzahlen n_1, n_2 in den zur Kollision gebrachten Paketen mit der Fläche A kennt, läßt sich die Luminosität aus

$$L = n_1 n_2 f / A \qquad (1.104)$$

berechnen. In (1.104) bedeutet f die Zahl der umlaufenden Pakete pro Zeiteinheit. Bei $e^- e^+$-Speicherringen bestimmt man in der Praxis die Luminosität aus der Messung eines theoretisch genau bekannten Referenzquerschnittes, z. B. der elastischen $e^- e^+$-Streuung (Bhabha-Streuung[16]):

$$L = \frac{d\dot{N}_f}{d\Omega} \bigg/ \frac{d\sigma^{\text{Bh}}}{d\Omega} \ . \qquad (1.105)$$

[15]Diese inelastische 2-Körperstreuung wird zur besseren Unterscheidung von Reaktionen wie (1.61) oft quasielastisch genannt.

[16]Der indische Physiker Bhabha (1909–1966) berechnete als erster den Wirkungsquerschnitt für diese Reaktion.

Die Berechnung eines Wirkungsquerschnitts aus der Zählrate ist nicht trivial. Die Gleichung (1.101) kann i. a. nicht direkt nach $d\sigma/d\Omega$ aufgelöst werden, da im Detektor über ein endliches Intervall der Variablen integriert wird,

$$\Delta N_f = L_{\text{int}} \int_{\Delta\Omega} \frac{d\sigma}{d\Omega} d\Omega \ . \tag{1.106}$$

Nach dem Mittelwertsatz der Integralrechnung gilt zwar immer

$$\Delta N_f = L_{\text{int}} \overline{\frac{d\sigma}{d\Omega}} \int_{\Delta\Omega} d\Omega \ , \tag{1.107}$$

aber nur in besonders einfachen Fällen wird der so festgelegte Mittelwert des Wirkungsquerschnitts mit dem Wert an der Mitte des Integrationsintervalls zusammenfallen, so daß man (1.107) direkt benutzen kann. In den meisten Experimenten müssen Auflösungskorrekturen berechnet werden.

Bei der bisherigen Diskussion haben wir vorausgesetzt, daß die Ansprechwahrscheinlichkeit des Detektors im gesamten Integrationsbereich den konstanten Wert von 100% hat. Dies ist natürlich fast nie der Fall. Unter Berücksichtigung einer vom Winkel und anderen Parametern r abhängigen Akzeptanzfunktion $\varepsilon(\Omega, r)$ ist der Zusammenhang zwischen Teilchenzahl im Detektor ΔN_f und differentiellem Wirkungsquerschnitt durch

$$\Delta N_f = L_{\text{int}} \int_{\Delta\Omega} \frac{d\sigma}{d\Omega} \varepsilon(\Omega, r) d\Omega \tag{1.108}$$

gegeben. Die Berechnung des differentiellen Wirkungsquerschnitts in Abhängigkeit vom Streuwinkel Θ aus (1.108) gehört zu den schwierigen Aufgaben des Experimentalphysikers.

1.3.2 Die Streumatrix

Auch bei der theoretischen Behandlung eines Streuexperimentes zwischen 2 einlaufenden und 2 auslaufenden Teilchen (Abb. 1.17) halten wir uns immer das Beispiel der πp-Streuung vor Augen. Das Pion-Nukleon-System vor der Streuung beschreiben wir durch den quantenmechanischen Zustandsvektor $|i\rangle$. In $|i\rangle$ ($i=initial$) sind also alle Quantenzahlen des Systems zur Zeit $t \to -\infty$ enthalten. Zur Zeit $t \to +\infty$ sei das System im Zustand $|i'\rangle$. Der Übergang wird durch den Streuoperator S beschrieben:

$$|i'\rangle = S|i\rangle \ . \tag{1.109}$$

Der Detektor präpariert aus allen möglichen in $|i'\rangle$ enthaltenen Zuständen einen bestimmten Endzustand $|f\rangle$ ($f=final$) heraus. Die Wahrscheinlichkeitsamplitude, $|f\rangle$ in $|i'\rangle$ zu finden, ist durch das Skalarprodukt

$$\langle f|i'\rangle = \langle f|S|i\rangle = S_{fi} \tag{1.110}$$

also durch die Matrixelemente des S-Operators gegeben.

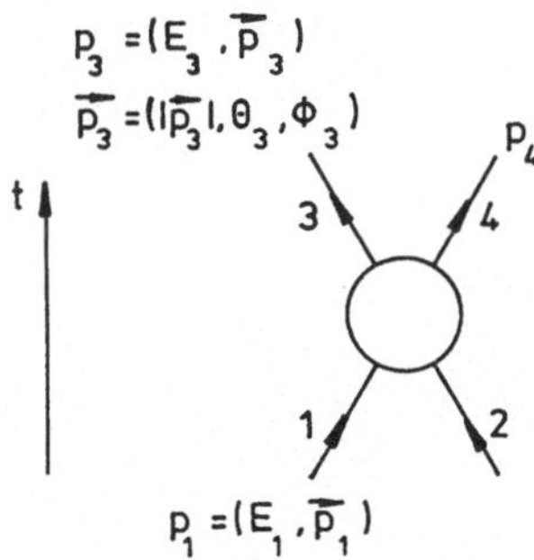

Abb. 1.17. Eine 2-Körper-Streureaktion. Die Zeichnung enthält die im Text gebrauchten Symbole der kinematischen Variablen. Energien, Impulse und Winkel sind, wenn nicht anders vermerkt, im Schwerpunktsystem der Reaktion zu verstehen. Beachten Sie nochmals, daß in den Zeichnungen Vektoren durch einen Pfeil kenntlich gemacht werden. Im Text geschieht dies durch kursive Fettschrift.

In $|i'\rangle$ sind natürlich auch die ohne Wechselwirkung durchlaufenden Zustände enthalten, wir können daher einen Reaktionsoperator R über

$$S = 1 + R \tag{1.111}$$

einführen. Der Konvention folgend definieren wir die Übergangsamplitude oder Streuamplitude T_{fi} durch Abspalten weiterer Faktoren von $R_{fi} = \langle f|R|i\rangle$ gemäß

$$R_{fi} = -i(2\pi)^4 N_1 N_2 N_3 N_4 \delta^4(p_1 + p_2 - p_3 - p_4)T_{fi} \; . \tag{1.112}$$

Hierin sind p_n die Viererimpulse der beteiligten Teilchen ($n = 1, 2, 3, 4$) und N_n die Normierungsfaktoren ihrer Wellenfunktionen, die man an dieser Stelle nicht mit den Symbolen N_i, N_f für die Anzahl der ein- und auslaufenden Teilchen verwechseln sollte.

Das Symbol δ^4 bezeichnet das Produkt von 4 Diracschen δ-Funktionen mit den Komponenten der Viererimpulse als Argument. Damit wird explizit die Energie- Impulserhaltung im Prozeß zum Ausdruck gebracht. Die δ-Funktion ist ein enorm nützliches Hilfsmittel bei quantenmechanischen Rechnungen. In *einer* Dimension (z. B. der Kreisfrequenz ω) ist sie definiert als

$$\delta(\omega) = \frac{1}{2\pi} \int_{-\infty}^{+\infty} e^{i\omega t} dt \; . \tag{1.113}$$

Sie wird unendlich groß bei $\omega = 0$ und verschwindet für alle anderen Werte von ω, aber so daß

$$\int_{-\infty}^{+\infty} \delta(\omega)d\omega = 1 \; , \tag{1.114}$$

und für eine beliebige Funktion $g(\omega)$

$$\int_{-\infty}^{+\infty} \delta(\omega)g(\omega)d\omega = g(0) \tag{1.115}$$

gilt. Der damit arg strapazierte Funktionsbegriff zeigt den lockeren Umgang der Physiker mit unendlichen Größen, aber in der mathematischen Distributionstheorie wird die Gültigkeit der Rechenregeln (1.114) und (1.115) streng bewiesen [1.8]. Für sehr große Werte von $t = \pm T/2$ kann man die δ-Funktion durch

$$\frac{1}{2\pi} \int_{-T/2}^{+T/2} e^{i\omega t} dt = \frac{\sin(\omega T/2)}{\pi\omega} \tag{1.116}$$

annähern und gewinnt damit

$$2\pi\delta(0) = T \; . \tag{1.117}$$

Auch diese Beziehung läßt sich rigoros beweisen [1.9].

1.3.3 Feynman-Graphen

Feynman-Graphen[17] sind bildliche Regeln zur Berechnung von T_{fi}. In Störungstheorie niedrigster Ordnung wird die Blase der Abb. 1.17 durch Graphen, wie sie in Abb. 1.12 gezeigt sind, ersetzt. Auch ohne Angabe der dazu gehörenden Rechenregeln und ohne Durchführung der Rechnung kann man schon viel aus der Topologie der Feynman-Graphen eines Prozesses lernen.

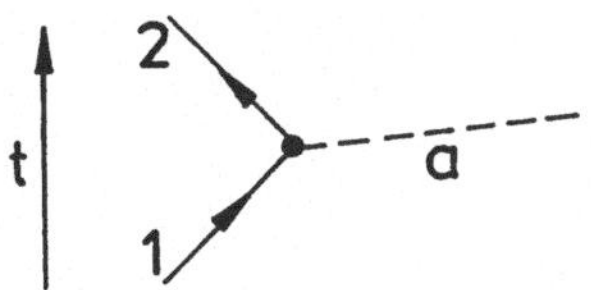

Abb. 1.18. Ein Vertex.

Die meisten Feynman-Graphen sind vom „Strom-Feld" Typ, d. h. sie enthalten nur Vertices, bei denen ein Austauschquant an ein Teilchen koppelt. An jedem Vertex gelten die Erhaltungsätze, also z. B. Erhaltung der Flavor-Quantenzahlen und Impulserhaltung (Abb 1.18). Unter Beachtung dieser Regeln sieht man leicht ein, daß der Prozeß

$$e^- + e^+ \rightarrow e^- + e^+ \tag{1.118}$$

in niedrigster Ordnung durch die beiden Graphen der Abb. 1.19 beschrieben wird. In Abb. 1.19a wird das Photon zwischen dem Elektron und dem Positron ausgetauscht, während in Abb 1.19b (Annihilation) das Photon als Zwischenzustand des $e^- e^+$-Systems auftritt. Da Wirkungsquerschnitte proportional zum Betragsquadrat der Streuamplitude sind, erwartet man Interferenzeffekte zwischen den beiden Graphen der Abb. 1.19. Für den der Elektron-Positron-Streuung verwandten Prozeß

$$e^- + \mu^- \rightarrow e^- + \mu^- \tag{1.119}$$

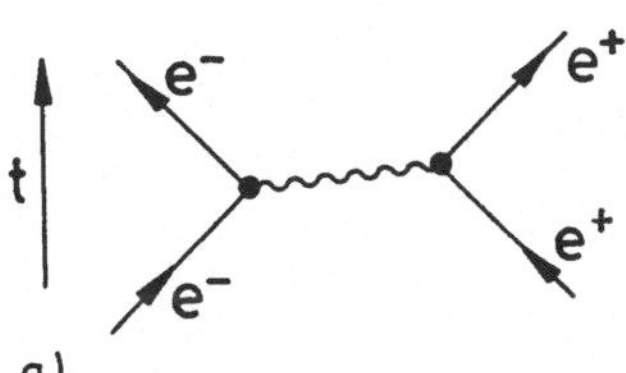

a)

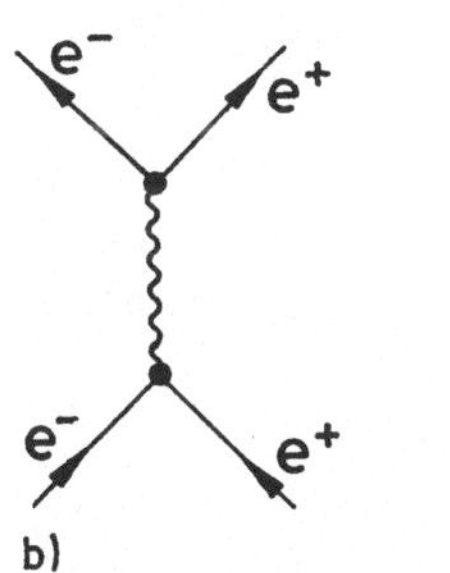

b)

Abb. 1.19. Die Elektron-Positron-Streuung in erster Ordnung Störungstheorie.

ist hingegen der Annihilationsgraph wegen der Elektronen- bzw. Myonzahl-Erhaltung verboten, und daher ist die Winkelverteilung in dieser Reaktion grundsätzlich von der Winkelverteilung der Elektron-Positron-Streuung verschieden.

In einem wesentlichen Punkt unterscheiden sich die Austauschteilchen von den freien Teilchen. An jedem Vertex soll ja Energie-Impulserhaltung gelten, dann kann aber die Masse des Austauschteilchens nicht gleich der Masse des freien Teilchens sein. Im Beispiel der Abb. 1.19a berechnet man die Masse des ausgetauschten Photons ($m_{\mathrm{ph}}^2 = q^2$) aus Formel (1.8), d. h. die Photonenmasse wird imaginär. Für Annihilationsprozesse (Abb. 1.19b) gilt $q^2 > 0$. Man spricht auch von raum- bzw. zeitartigen Graphen. Allgemein bezeichnet man Teilchen, die zwischen 2 Vertices eines Feynman-Graphen ausgetauscht werden, als virtuelle Teilchen. Sie befinden sich nicht auf der durch die quadratische Beziehung (1.6) definierten „Massenschale". Ihre Masse ist nicht gleich der Masse eines freien Teilchens.

Anstelle vom Austausch virtueller Teilchen zu sprechen, lassen sich die Feynman-Graphen auch so interpretieren, daß reelle Teilchen zwischen den Vertices laufen. Dann ist aber an jedem Vertex (Abb. 1.18) der Energiesatz um einen Betrag

$$\Delta E = E_a - E_1 + E_2 \tag{1.120}$$

verletzt. Dies ist jedoch nach den Regeln der Quantenmechanik (Heisenbergsche Unschärferelation) für eine Zeit

[17]Der amerikanische Theoretiker R.P. Feynman (1918–1989) gehört sicher zu den einflußreichsten Physikern des Jahrhunderts. Ohne seine Rechenregeln wäre die Quantenfeldtheorie ein Gebiet für ganz wenige Spezialisten geblieben. Er selbst hat allerdings die damit zusammenhängenden Arbeiten nicht als seinen wichtigsten Beitrag zur Physik angesehen.

$$\Delta t \approx 1/\Delta E \qquad (1.121)$$

erlaubt. Nach dieser Zeit muß das Austauschteilchen wieder am nächsten Vertex absorbiert sein. Eine kurze Rechnung zeigt für die Zerstrahlung eines reellen Photons der Energie k in ein $e^- e^+$-Paar der Masse $\sqrt{q^2}$

$$|\Delta E| \approx \frac{q^2}{2k} \; . \qquad (1.122)$$

In den Feynman-Graphen ist weiter eine neue Interpretation der Antimaterie enthalten. In dem zur Compton-Streuung

$$\gamma + e^- \to \gamma + e^- \qquad (1.123)$$

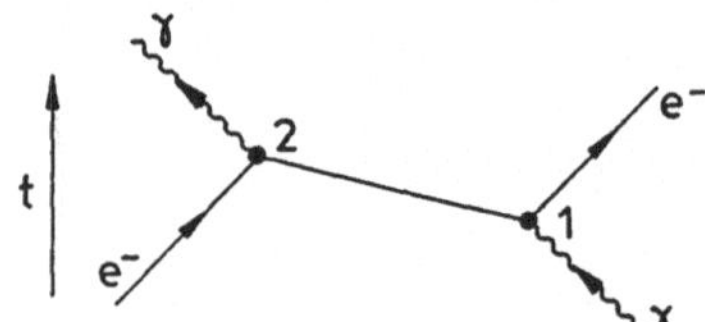

Abb. 1.20. Ein Feynman-Graph zur Compton-Streuung.

gehörenden Graphen der Abb 1.20 strahlt das Elektron am Raum-Zeit-Punkt 2 ein Photon ab, läuft dann zum *früher* liegenden Punkt 1 und absorbiert das einlaufende Photon. Eine andere Interpretation ist, daß das einlaufende Photon am Punkt 1 ein $e^- e^+$-Paar erzeugt, und daß danach bei 2 eine Elektron-Positron-Annihilation stattfindet. Nach Feynman werden also Positronen als Elektronen, die in der Zeit rückwärts laufen beschrieben. Etwas präziser können wir formulieren, daß den in der Zeit vorwärts laufenden Positronen rückwärtslaufende Lösungen der Dirac-Gleichung mit negativer Energie entsprechen. In den Feynman-Graphen werden wir häufig Antiteilchen an der Pfeilrichtung erkennen: Ein gegen die Zeit laufendes Teilchen ist das Antiteilchen zu einem mit der Zeit laufenden Teilchen. Der große Vorteil der Feynmanschen Interpretation liegt in der Tatsache, daß man damit auch Antibosonen beschreiben kann. Das von Dirac herangezogene Pauli-Prinzip zum Verbot des Übergangs in den See negativer Energien gilt ja nur für Fermionen.

1.3.4 Wirkungsquerschnitte und Streuamplitude

Zur weiteren theoretischen Behandlung unseres Streuexperimentes stellen wir uns einen großen Kasten mit dem Volumen V, der Länge Δz und dem Querschnitt A vor. In seiner Mitte liege das Target-Proton, und während des Zeitintervalls T trete ein Pion in den Kasten ein. Es handelt sich bei diesem Kasten um das Target der Abb. 1.16, aber mit nur noch einem Proton als Inhalt. Die benutzten kinematischen Symbole werden in Abb. 1.17 erklärt. Die abgeleiteten Formeln gelten für alle Reaktionen mit 2 einlaufenden und 2 auslaufenden Teilchen, also z. B. für die elastische Streuung (1.90) und die inelastische Reaktion (1.98). Der Einfachheit halber sehen wir zuerst einmal vom Spin des Protons ab, und behandeln also alle Teilchen als Bosonen.

Aus (1.101) berechnen wir zunächst

$$d\sigma = \frac{dN_f}{N_i n_0 \Delta z} \qquad (1.124)$$

und drücken dann N_i durch

$$N_i = j_i A T \qquad (1.125)$$

aus, wobei j_i die Stromdichte der einlaufenden Teilchen ist. Damit folgt

$$d\sigma = \frac{1}{j_i n_0}\frac{dN_f}{VT} \; . \tag{1.126}$$

Die Zahl der Ereignisse berechnen wir nach der „goldenen Regel" der Quantenmechanik:

$$dN_f = |R_{fi}|^2 \times (\text{Zahl der Endzustände}) \; . \tag{1.127}$$

Ein Teilchen in einem Kasten mit dem Volumen V und mit Impulsen zwischen $\boldsymbol{p}$ und $\boldsymbol{p} + d\boldsymbol{p}$ kann

$$Z = \frac{V d^3 \boldsymbol{p}}{(2\pi)^3} \tag{1.128}$$

Zustände einnehmen, wie sich in den Lehrbüchern der Quantenmechanik oder Kernphysik [1.10] nachlesen läßt. Für die untersuchte Streureaktion gelangen wir so zu

$$dN_f = |R_{fi}|^2 \frac{V d^3 \boldsymbol{p}_3}{(2\pi)^3}\frac{V d^3 \boldsymbol{p}_4}{(2\pi)^3} \; . \tag{1.129}$$

Ein Vergleich mit (1.112) zeigt, daß in $|R_{fi}|^2$ das Quadrat einer δ-Funktion enthalten ist. In *einer* Dimension kann man unter Benutzung von (1.114) und (1.115)

$$(\delta(\omega))^2 = \delta(\omega)\delta(0) \tag{1.130}$$

schreiben, und daher erhält man mit (1.117) für die 4-dimensionale δ-Funktion die Beziehung

$$(\delta^4)^2 = \frac{VT}{(2\pi)^4}\delta^4 \tag{1.131}$$

und damit schließlich

$$\frac{|R_{fi}|^2}{VT} = (2\pi)^4\delta^4(p_1 + p_2 - p_3 - p_4)(N_1 N_2 N_3 N_4)^2 |T_{fi}|^2 \; . \tag{1.132}$$

Von der nichtrelativistischen Quantenmechanik sind wir gewohnt, für die Normierungskonstanten N_n ebener Wellen in einem Kasten $1/\sqrt{V}$ anzusetzen. In der relativistischen Quantenmechanik wird aber die Schrödinger-Gleichung[18] für freie Bosonen durch

$$(\Delta - m^2)\psi = \frac{\partial^2 \psi}{\partial t^2} \tag{1.133}$$

ersetzt. Diese sog. Klein-Gordon-Gleichung[19] entspricht der relativistischen Energie-Impuls-Beziehung (1.30). Sie ist auch in der Ableitung nach der Zeit von 2. Ordnung, und daher muß der nichtrelativistische Ausdruck für die Wahrscheinlichkeitsdichte durch

$$\varrho = \imath \left(\psi^* \frac{\partial \psi}{\partial t} - \frac{\partial \psi^*}{\partial t}\psi\right) \tag{1.134}$$

[18]Der Österreicher E. Schrödinger (1887–1961) schuf mit seiner Gleichung die Grundlage zur Berechnung von Zuständen und Übergangswahrscheinlichkeiten in der nichtrelativistischen Quantenmechanik. In diesem Buch wird eine gewisse Vertrautheit im Umgang mit dieser Gleichung vorausgesetzt.

[19]Benannt nach den Schweden O. Klein und W. Gordon, die diese Gleichung unabhängig voneinander fanden.

ersetzt werden, wobei das Symbol „*"wie üblich „konjugiert komplex" bedeutet. Die Lösung für ebene Wellen lautet

$$\psi = N e^{-ip \cdot x} \tag{1.135}$$

mit dem aus dem Energie-Impuls-Vektor p^μ der Gleichung (1.3) und dem Ortsvektor

$$x^\mu = \begin{pmatrix} t \\ \boldsymbol{x} \end{pmatrix} \tag{1.136}$$

gebildeten Skalarprodukt

$$p \cdot x = Et - \boldsymbol{p}\boldsymbol{x} \ . \tag{1.137}$$

Für die Normierungskonstanten lesen wir aus dieser Lösung sofort

$$N_n = \frac{1}{\sqrt{2E_n V}} \tag{1.138}$$

ab. Die Zahl der Ereignisse pro Volumen und Zeit berechnen wir damit aus der Streuamplitude T_{fi} gemäß

$$\frac{dN_f}{VT} = \frac{1}{4E_1 E_2 V^2}|T_{fi}|^2 (2\pi)^4 \delta^4(p_1 + p_2 - p_3 - p_4)\frac{d^3\boldsymbol{p}_3}{2E_3(2\pi)^3}\frac{d^3\boldsymbol{p}_4}{2E_4(2\pi)^3} \ . \tag{1.139}$$

Da

$$j_i = \frac{|\boldsymbol{v}_1|}{V} \tag{1.140}$$

und

$$n_0 = \frac{1}{V} \tag{1.141}$$

ist, folgt

$$j_i n_0 = \frac{|\boldsymbol{v}_1|}{V^2} \tag{1.142}$$

und

$$4E_1 E_2 j_i n_0 = \frac{4}{V^2}|\boldsymbol{p}_1|m_2 \tag{1.143}$$

bei Auswertung in einem System mit ruhendem Target. In einer vom Bezugsystem unabhängigen (d. h. relativistisch invarianten) Form läßt sich der letzte Ausdruck mit Hilfe der in (1.69) definierten Größe S_{12} ebenfalls einfach angeben:

$$4E_1 E_2 j_i n_0 = \frac{2}{V^2}S_{12} \ . \tag{1.144}$$

Die Formel für den differentiellen Wirkungsquerschnitt lautet daher schließlich

$$d\sigma = \frac{1}{2S_{12}}|T_{fi}|^2 dLIP \ , \tag{1.145}$$

worin das sog. Lorentz-invariante Phasenraumelement $dLIP$ durch

$$dLIP = (2\pi)^4 \delta^4(p_1 + p_2 - p_3 - p_4)\frac{d^3\boldsymbol{p}_3}{(2\pi)^3 2E_3}\frac{d^3\boldsymbol{p}_4}{(2\pi)^3 2E_4} \tag{1.146}$$

definiert ist. Der Beweis der Lorentz-Invarianz von $d^3\boldsymbol{p}/E$, d. h. der Unabhängigkeit von der Wahl des Bezugsystems wird einer späteren Übungsaufgabe vorbehalten.

Um weiter zu kommen, müssen wir jetzt noch über nicht benötigte Variablen integrieren. Dazu überlegen wir uns zunächst, von welchen Größen das Matrixelement T_{fi} abhängen kann. Da der Wirkungsquerschnitt $d\sigma$ vom Bezugsystem unabhängig ist, kann für ein- und auslaufende Bosonen das Matrixelement nur eine Funktion von Skalarprodukten der Impulse p_i^μ, also von

$$p_1^2, p_2^2, p_3^2, p_4^2, \quad p_1 \cdot p_2, \ p_1 \cdot p_3, \ p_1 \cdot p_4, \ p_2 \cdot p_3, \ p_2 \cdot p_4, \ p_3 \cdot p_4 \qquad (1.147)$$

sein. Die ersten 4 Größen sind die Massen der beteiligten Teilchen. Wir fassen diese nicht als Variable auf, sondern als diskrete Parameter der Reaktion. Von den verbleibenden 6 Skalarprodukten sind wegen der Energie- und Impulserhaltung nur 2 linear unabhängig, wir wählen $p_1 \cdot p_2$ und $p_1 \cdot p_3$, oder das Quadrat der Schwerpunktsenergie

$$s = (p_1 + p_2)^2 \qquad (1.148)$$

und das Quadrat des Viererimpuls-Übertrags

$$t = q^2 = (p_1 - p_3)^2 \ . \qquad (1.149)$$

Der Viererimpuls-Übertrag auf das Rückstoßteilchen

$$u = (p_1 - p_4)^2 \qquad (1.150)$$

ist davon nach Voraussetzung nicht unabhängig. Zwischen den sog. Mandelstam-Variablen[20] gilt die schöne Beziehung

$$s + t + u = \sum_i m_i^2 \ . \qquad (1.151)$$

Im Schwerpunktsystem und in einem System mit ruhendem Target lassen sich s und t als Funktionen von E_1 und dem Streuwinkel Θ_3 angeben, man schreibt daher oft

$$T_{fi} = f(E_1, \Theta_3) \ . \qquad (1.152)$$

Für die weitere Auswertung gehen wir wieder in das *Schwerpunktsystem* der Reaktion. Nach Integration über $\boldsymbol{p}_4$ wird aus (1.146)[21]

$$\int dLIP = d\Omega_3 \int \frac{1}{4(2\pi)^2} \delta(E_1 + E_2 - E_3 - E_4) \frac{|\boldsymbol{p}_3|^2 d|\boldsymbol{p}_3|}{E_3 E_4} \ . \qquad (1.153)$$

Jetzt müssen wir noch über den Impulsbetrag des auslaufenden Pions integrieren. Dies ist insofern nicht ganz einfach als die übrigbleibende δ-Funktion

[20] Der amerikanische Theoretiker suchte in den 60er Jahren nach möglichst allgemeinen Aussagen, die sich über die S-Matrix z.B. mit Hilfe der Funktionentheorie machen lassen.

[21] Eine kleine Nachlässigkeit in der Bezeichnungsweise sei hier erlaubt: Das Integralzeichen auf der linken Seite der Gleichung verlangt nur die Integration über nicht mehr benötigte Variable.

nur implizit vom Pionimpuls abhängt. Unter Heranziehung der analog zum Rechnen mit gewöhnlichen Funktionen gebildeten Regel

$$\int \delta(f(\omega))g(\omega)d\omega = \left(g\left|\frac{df}{d\omega}\right|^{-1}\right)_{f=0} \tag{1.154}$$

läßt sich mit

$$f = \sqrt{s} - \sqrt{\boldsymbol{p}_3^2 + m_3^2} - \sqrt{\boldsymbol{p}_3^2 + m_4^2} \tag{1.155}$$

die Relation

$$\left|\frac{df}{d|\boldsymbol{p}_3|}\right|_{f=0} = \frac{|\boldsymbol{p}_3|\sqrt{s}}{E_3 E_4} \tag{1.156}$$

ableiten, d. h. der zur Verfügung stehende Phasenraum nimmt den Wert

$$\int dLIP = d\Omega_3 \frac{1}{16\pi^2} \frac{|\boldsymbol{p}_3|}{\sqrt{s}} \tag{1.157}$$

an. Dieses Ergebnis hat eine klare anschauliche Bedeutung, die wir sofort aus

$$|\boldsymbol{p}_3| = \frac{S_{34}}{2\sqrt{s}} \tag{1.158}$$

sehen: die Produktion schwerer Teilchen ist „Phasenraum-unterdrückt".

Wenn wir auch S_{12} in (1.145) durch $|\boldsymbol{p}_1|$ ausdrücken, lautet die endgültige Formel für den differentiellen Wirkungsquerschnitt

$$\frac{d\sigma(E_1, \Theta_3)}{d\Omega_3} = \frac{1}{64\pi^2 s} \frac{|\boldsymbol{p}_3|}{|\boldsymbol{p}_1|} |T_{fi}(E_1, \Theta_3)|^2 \ , \tag{1.159}$$

woraus für elastische Streuung einfach

$$\frac{d\sigma^{\mathrm{el}}}{d\Omega_3} = \frac{1}{64\pi^2 s} |T_{fi}|^2 \tag{1.160}$$

folgt. Mit Hilfe von

$$dt = 2|\boldsymbol{p}_1||\boldsymbol{p}_3|d\cos\Theta \tag{1.161}$$

formen wir (1.159) und (1.160) schließlich in die vielbenutzte Beziehung

$$\frac{d\sigma}{dt} = \frac{1}{16\pi S_{12}^2} |T_{fi}(s, t)|^2 \tag{1.162}$$

um.[22]

Nun diskutieren wir noch die Erweiterung auf Fermionen und andere Teilchen mit Spin. Die „magnetischen" Spinquantenzahlen der ein- und auslaufenden Teilchen bezeichnen wir mit $j_{(n),z}$ oder $j_{(n),3}$. Sie bilden im Gegensatz zu den Energien und Impulsen einen Satz von diskreten Quantenzahlen. Die z- oder 3-Achse soll hier z. B. die Quantisierungsachse im Ruhsystem der Teilchen sein. Für jede erlaubte Kombination dieser Zahlen müssen wir $T_{fi}(j_{(n),z}, E_1, \Theta_3, \phi_3)$ berechnen, wobei die Amplitude jetzt auch vom Azimutwinkel ϕ_3 abhängen kann.

[22]Eine von den meisten Physikern gemiedene pedantische Genauigkeit in der Behandlung der Vorzeichen verlangt die Anschrift $d\sigma/d|t|$ auf der linken Seite der Gleichung, da $d\Omega$ durch $\sin\Theta d\Theta d\phi$ definiert ist. Dies ist ein schönes Beispiel dafür, daß Pedanterie die Kommunikation mit anderen erschwert.

Wir werden später die Normierfaktoren der Fermionwellenfunktionen so wählen, daß (1.159) auch für Fermionen einer gegebenen Orientierung der Spins den Zusammenhang zwischen Streuamplitude und Wirkungsquerschnitt wiedergibt. Eine sehr häufig vorkommende experimentelle Anordnung ist nun, daß die einlaufenden Teilchen unpolarisiert sind, und die Spineinstellungen der auslaufenden Teilchen nicht gemessen werden. Nach den Regeln der Quantenmechanik wird dann der Wirkungsquerschnitt durch Mittelung über die einlaufenden und Summation über die auslaufenden Spins berechnet, wobei der so erhaltene Querschnitt natürlich wieder nur noch von E_1 und Θ_3 abhängen kann,

$$\frac{d\sigma}{d\Omega_3} = \frac{1}{64\pi^2 s} \frac{|\boldsymbol{p}_3|}{|\boldsymbol{p}_1|} \overline{\sum |T_{fi}|^2} \ . \tag{1.163}$$

Die Mittelung kann durch ein statistisches Gewicht g in

$$\overline{\sum |T_{fi}|^2} = g \sum_{j(n),z} |T_{fi}|^2 \tag{1.164}$$

berücksichtigt werden. Die Summe auf der rechten Seite läuft über alle kombinatorischen Möglichkeiten der Spineinstellungen der Reaktionspartner. Das Gewicht g berechnet man durch Abzählen der Spineinstellungen der *einlaufenden* Teilchen, also

$$g = 1/2 \tag{1.165}$$

für die Pion-Nukleon-Streuung und

$$g = 1/4 \tag{1.166}$$

für die besonders häufig vorkommenden $e^- e^+$- und pp-Reaktionen, aber auch für die Streung von Photonen an Photonen.

1.3.5 Zerfallsraten

Zunächst betrachten wir für ein Teilchen der Masse M die sog. 2-Körperzerfälle mit dem Energie-Impulssatz

$$p_M = p_1 + p_2 \ . \tag{1.167}$$

Die Zahl der Ereignisse pro Volumen und Zeit finden wir analog zu (1.139),

$$\frac{dN_f}{VT} = \frac{1}{2E_M V} |T_{fi}|^2 (2\pi)^4 \delta^4(p_M - p_1 - p_2) \frac{d^3 \boldsymbol{p}_1}{2E_1 (2\pi)^3} \frac{d^3 \boldsymbol{p}_2}{2E_2 (2\pi)^3} \ . \tag{1.168}$$

Die differentielle Zerfallsbreite ist durch

$$d\Gamma = \frac{dN_f}{VT\, n_0} \tag{1.169}$$

definiert, und bei Auswertung im Ruhsystem des Zerfallsteilchens findet man mit

$$(p_M^\mu) = \begin{pmatrix} M \\ 0 \end{pmatrix} \tag{1.170}$$

aus

$$d\Gamma = \frac{1}{2M}|T_{fi}|^2 dLIP \tag{1.171}$$

sofort

$$\frac{d\Gamma}{d\Omega_1} = \frac{1}{32\pi^2}\frac{|\boldsymbol{p}_1|}{M^2}|T_{fi}|^2 \ , \tag{1.172}$$

worin natürlich $|\boldsymbol{p}_1| = |\boldsymbol{p}_2|$, der Impuls eines der auslaufenden Teilchen im Ruhsystem des Zerfallsteilchens, wieder aus (1.68) berechnet wird. Falls das zerfallende Teilchen keinen Spin hat, oder falls man nur den Zerfall unpolarisierter Teilchen mit Spin J betrachtet, ist keine Achse im Ruhsystem ausgezeichnet, und $d\Gamma$ kann daher nicht von einem Winkel abhängen. Wir dürfen deshalb die Integration über $d\Omega$ sofort ausführen und erhalten als allgemeines Ergebnis

$$\Gamma = \frac{|\boldsymbol{p}_1|}{8\pi M^2}\overline{\sum}|T_{fi}|^2 \ . \tag{1.173}$$

Das zur Ausführung der rechten Seite benötigte statistische Gewicht für ein zerfallendes Teilchen mit dem Spin J ist klarerweise durch

$$g = \frac{1}{2J+1} \tag{1.174}$$

definiert.

Besonders wichtig sind auch die 3 Körperzerfälle,

$$p_M = p_1 + p_2 + p_3 \ , \tag{1.175}$$

die wir deshalb noch etwas erläutern wollen. Das Phasenraumelement in (1.171) lautet nun

$$dLIP = (2\pi)^4\delta^4(p_M - p_1 - p_2 - p_3)\frac{d^3\boldsymbol{p}_1}{(2\pi)^3 2E_1}\frac{d^3\boldsymbol{p}_2}{(2\pi)^3 2E_2}\frac{d^3\boldsymbol{p}_3}{(2\pi)^3 2E_3} \ . \tag{1.176}$$

Bevor wir mit der Integraton von $d\Gamma$ beginnen, müssen wir wieder prüfen, von welchen Variablen T_{fi} abhängen kann. Ganz analog zum letzten Abschnitt läßt sich ableiten, daß das Matrixelement für den Zerfall spinloser oder unpolarisierter Teilchen wieder nur eine Funktion von 2 Invarianten ist, als die wir diesmal zweckmäßigerweise $p_M \cdot p_1$ und $p_M \cdot p_2$ also E_1, E_2 im Ruhsystem des zerfallenden Teilchens wählen.

Über die restlichen Variablen in $dLIP$ können wir sofort integrieren. Die Integration über $d\boldsymbol{p}_3$ ist trivial und liefert

$$\int dLIP = dE_1 dE_2 \frac{|\boldsymbol{p}_1||\boldsymbol{p}_2|}{8(2\pi)^5}\int \delta(M - E_1 - E_2 - E_3)\frac{1}{E_3}d\Omega_1 d\Omega_2 \ , \tag{1.177}$$

wobei noch

$$d|\boldsymbol{p}| = \frac{E}{|\boldsymbol{p}|}dE \tag{1.178}$$

benutzt wurde. Wir legen nun den Impuls $\boldsymbol{p}_1$ in die z-Achse eines Koordinatensystems und integrieren über alle möglichen Orientierungen der z-Achse d. h. über $d\Omega_1$ und anschließend über den Azimuthwinkel des 2. Teilchens. Insgesamt ergibt dies einen Faktor $8\pi^2$. Die verbleibende Integration über $d\cos\Theta_2$ ist nicht so einfach, weil die δ-Funktion nur implizit von Θ_2 abhängt. Hier hilft wieder die Formel (1.154), deren Anwendung das Endergebnis

$$\int dLIP = \frac{1}{32\pi^3} dE_1 dE_2 \tag{1.179}$$

für den 3-Teilchen-Phasenraum liefert. Mit der oben beschriebene Summation und Mittelung über die Spins erhalten wir somit das bemerkenswerte Resultat

$$\frac{d\Gamma(E_1, E_2)}{dE_1 dE_2} = \frac{1}{64\pi^3 M} \overline{\sum} |T_{fi}(E_1, E_2)|^2 \ . \tag{1.180}$$

Jedes Zerfallsereignis läßt sich als Punkt in der E_1, E_2-Ebene darstellen. Die Punktdichte in dieser Ebene ist offenbar ein direktes Maß für das Betragsquadrat des Matrixelements. Diese Auftragung nach Dalitz[23] oder „Dalitz-Plot"-Methode hat sich als enorm nützlich in der Untersuchung der 3-Körperzerfälle erwiesen. Die Abb. 1.21 demonstriert, wie die höhere Punktdichte an bestimmten Stellen direkt die Bildung neuer Resonanzen anzeigt.

Im Fall verschwindender Masse der Teilchen im Endzustand sind die Grenzen des Dalitz-Plots einfach durch das Dreieck der Abb. 1.22 gegeben, im allgemeinen ist aber die Berechnung der Grenzen ziemlich kompliziert. Man erhält sie durch Auswertung der Bedingung

$$|\cos\Theta_2| \leq 1 \tag{1.181}$$

wobei $\cos\Theta_2$ sich wegen $\sum \boldsymbol{p}_n = 0$ aus

$$2|\boldsymbol{p}_1||\boldsymbol{p}_2|\cos\Theta_2 = \boldsymbol{p}_3^2 - \boldsymbol{p}_1^2 - \boldsymbol{p}_2^2 \tag{1.182}$$

ermitteln läßt.

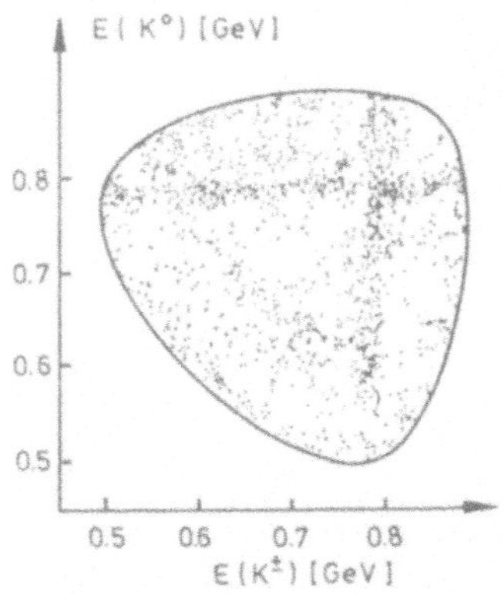

Abb. 1.21. Beispiel für eine Dalitz-Auftragung. Untersucht wurde die Reaktion $p + \bar{p} \rightarrow \overset{(-)}{K}{}^0 + K^{\mp} + \pi^{\pm}$. Die erhöhte Punktdichte beweist die Bildung von Kaon-Resonanzen.

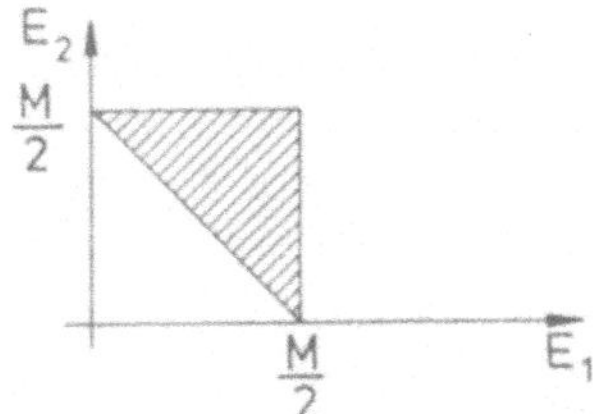

Abb. 1.22. Grenzen des Dalitz-Plots für masselose Teilchen.

Übungen

1.1: Beweisen Sie die Beziehung (1.8).

1.2: Drücken Sie die Gravitationskonstante $G = 6.67 \times 10^{-11}$ m³kg⁻¹s⁻² in Einheiten von „GeV" aus. Man bezeichnet $\sqrt{G^{-1}}$ als Planck-Masse. Wie groß ist diese?

1.3: Bei der Zerstrahlung von Elektron-Positron-Paaren befinden sich diese in einem Zustand mit der Drehimpulsquantenzahl $J = 1$. Gewinnen Sie eine Beziehung zwischen dem Abstand der beiden Teilchen und ihrer Energie im Schwerpunktsystem der Reaktion. Berechnen Sie die Energiedichte des Prozesses.

1.4: Die seit dem Urknall vergangene Zeit kann durch

[23]Englischer Theoretiker, geb. 1925.

$$t_0 = \frac{1}{2}\sqrt{\frac{3c^2}{8\pi G\varrho}} \qquad\qquad (1.183)$$

angenähert werden, wobei ϱ die Energiedichte ist. Welchem t_0 entspricht die Elektron-Positron-Paarvernichtung bei Strahlenergien von 50 GeV?

1.5: Berechnen Sie die Gesamtenergie, kinetische Energie und die Geschwindigkeit eines Protons für Impulse zwischen 100 MeV und 1 GeV in Form einer Grafik oder einer Tabelle.

1.6: Welche maximale Schwerpunktsenergie im pp-System kann beim Stoß eines Protons der kinetischen Energie 200 MeV mit einem Kohlenstoffkern aufgrund der Fermi-Bewegung erzielt werden?

1.7: Wie groß sind die Impulsbeträge von Pion und Nukleon beim Zerfall der Δ-Resonanz im Ruhsystem der Resonanz?

1.8: In welche Teilchen kann das π^+ zerfallen?

1.9: Schätzen Sie die Reichweite niederenergetischer Neutrinos in Eisen ab. Benutzen Sie dazu die Definition $\lambda = 1/\kappa$. Diskutieren Sie nun die Reichweite von Pionen der Energie $E = 320$ MeV in Kernmaterie und in Eisen.

1.10: Für welche Zeitdauer ist die Fluktuation eines Photons der Energie 1 GeV in ein ϱ-Meson erlaubt?

1.11: Zeigen Sie, daß die Lösungen der Klein-Gordon-Gleichung Normierungskonstanten $N = 1/\sqrt{2EV}$ haben, falls man $\varrho = 1/V$ verlangt.

1.12: Beweisen Sie die Relation $s + t + u = \sum m_i^2$.

1.13: Führen Sie die im Text fehlenden Rechnungen zum Beweis der Formel 1.179 aus.

Literatur

1.1   R.P. Feynman: Vorlesungen über Physik. Oldenbourg, München 1987

1.2   E. Kolb, M. Turner: The Early Universe. Addison-Wesley, Redding MA 1988

1.3   J.D. Barrow, F.D. Tipler: The Anthropic Cosmological Principle. Clarendon Press, Oxford 1986

1.4   S.M. Berman, J.D. Bjorken, J. Kogut: Inclusive Processes at High Transverse Momentum. Phys. Rev. **D4** (1971) 3388

1.5   Particle Data Group: Review of Particle Properties. Phys. Lett. **B239** (1990) 1 (siehe auch Anhang des Buches)

1.6   F. Reines, C.L. Cowan: Measurement of the Free Antineutrino Absorption Cross Section by Protons. Phys. Rev. **113** (1959) 273

1.7   G. Danby et al.: Observation of High-Energy Neutrino Reactions and the Existence of Two Kinds of Neutrinos. Phys. Rev. Lett. **9** (1962) 36

1.8   G. Berendt, E. Weimar: Mathematik für Physiker. Physik, Weinheim 1980

1.9   F. Low: Brandeis University Summer School 1959

1.10   T. Mayer-Kuckuk: Kernphysik. Teubner, Stuttgart 1979

2. Symmetrien und Erhaltungssätze

Die Erforschung von Symmetrien in den Naturgesetzen ist einer der schönsten
Zweige der Physik. Die Symmetrien führen uns zu Erhaltungssätzen, deren
Gültigkeit nicht an ein bestimmtes Modell einer Wechselwirkung geknüpft
ist. In der Teilchenphysik besteht ein besonders einfacher Zugang zu diesen
Überlegungen, indem man von der in Abschn. 1.3 eingeführten S-Matrix aus-
geht.

2.1 Die unitäre S-Matrix

Die S-Matrix (bzw. der S-Operator) ist unitär, d.h. es gilt

$$SS^\dagger = S^\dagger S = 1 \qquad (2.1)$$

oder

$$S^{-1} = S^\dagger \ . \qquad (2.2)$$

Die Matrixelemente des adjungierten Operators $S^\dagger$ sind hierbei wie üblich
durch

$$S_{fi}^* = S_{if}^\dagger \qquad (2.3)$$

definiert, wobei das Symbol „*" auf der linken Seite der Gleichung das konjugiert komplexe Matrixelement bezeichnet. Für das System zur Zeit $t \to -\infty$
bzw. $t \to +\infty$ folgt damit

$$\langle i'|i'\rangle = \langle i|S^\dagger S|i\rangle = \langle i|i\rangle \ . \qquad (2.4)$$

Physikalisch bedeutet die Unitarität der S-Matrix die Erhaltung der Wahrscheinlichkeit im Streuprozess: „Was hineinläuft, muß auch wieder heraus-
kommen".

Im Hilbertraum der Zustände $|i\rangle$ und $|f\rangle$ betrachten wir nun die Wirkung
einer unitären Transformation U:

$$\begin{aligned} U|i\rangle &= |\tilde{i}\rangle \ , \\ U|f\rangle &= |\tilde{f}\rangle \ . \end{aligned} \qquad (2.5)$$

Der S-Operator transformiert sich unter U gemäß der allgemeinen Transformationsregel für Operatoren

$$\tilde{S} = USU^\dagger \ , \qquad (2.6)$$

und daher gilt trivialerweise

$$\langle \tilde{f}|\tilde{S}|\tilde{i}\rangle = \langle f|U^\dagger U S U^\dagger U|i\rangle = \langle f|S|i\rangle \ . \tag{2.7}$$

Uns interessieren besonders die Fälle, bei denen S invariant unter U ist:

$$USU^\dagger = S \ . \tag{2.8}$$

Nach Multiplikation von rechts mit U und Subtraktion der rechten von der linken Seite folgt hieraus wegen $U^\dagger U = 1$

$$SU - US = 0 \ , \tag{2.9}$$

was mit

$$[S, U] = 0 \tag{2.10}$$

abgekürzt wird. Um die Bedeutung dieses Resultats zu verstehen, untersuchen wir infinitesimale Transformationen. Eine infinitesimale unitäre Transformation läßt sich als Abweichung von der Einheitsmatrix 1 schreiben,

$$U = 1 - \imath\, d\alpha F \ , \tag{2.11}$$

wobei (2.11) den einfachsten Fall mit *einem* reellen Parameter $d\alpha$ und *einem* sog. Generator F der unitären Transformation U darstellt. Kompliziertere Beispiele werden wir später kennenlernen, aber das wesentliche sieht man schon bei der Beschränkung auf (2.11). Beim Sammeln der in $d\alpha$ linearen Terme gilt nämlich

$$
\begin{aligned}
U^\dagger U &= (1 + \imath\, d\alpha F^\dagger)(1 - \imath\, d\alpha F) \\
&\approx 1 + \imath\, d\alpha (F^\dagger - F)
\end{aligned}
\tag{2.12}
$$

und daher

$$F^\dagger = F \ . \tag{2.13}$$

Das heißt, die Generatoren F sind Hermitesche Operatoren. Solche Operatoren repräsentieren die meßbaren Größen in der Quantenmechanik. Aus (2.10) folgt dann mit (2.11) sofort

$$[S, F] = 0 \ , \tag{2.14}$$

und dies ist ein höchst wichtiges Resultat. Es bedeutet, daß die Eigenwerte von F im Streuprozeß erhalten bleiben, d.h. es gibt einen Erhaltungssatz für die durch die Operatoren F repräsentierten Meßgrößen.

Am einfachsten sehen wir das an einem Beispiel ein. Es sei F die z-- Komponente des Gesamtimpulses der in der Reaktion beteiligten Teilchen, $F = P_z$, mit den Eigenwerten $P_{i,z}$ und $P_{f,z}$ im Anfangs- bzw. Endzustand der Reaktion. Dann gilt

$$\langle f|[S, P_z]|i\rangle = (P_{i,z} - P_{f,z}) S_{fi} \tag{2.15}$$

und wegen (2.14)

$$P_{f,z} = P_{i,z} \ .\tag{2.16}$$

Wir haben also gezeigt, daß die Impulserhaltung identisch zu einer Symmetrie der S-Matrix unter der Transformation

$$U = 1 - \imath d\alpha P_z\tag{2.17}$$

ist. Jetzt wollen wir die physikalische Bedeutung dieser Transformation noch etwas näher untersuchen.[1] Wir werden zeigen, daß U die durch eine Verschiebung des Koordinatensystems induzierte Transformation ist. Ein Teilchen mit der Ortskoordinate z wird durch einen Zustandsvektor $|z\rangle$ beschrieben. In $|i\rangle$ sind natürlich auch die Ortskoordinaten aller Teilchen enthalten, $|i\rangle = |...z_1, z_2...\rangle$, wofür wir vereinfachend $|z\rangle$ schreiben. Wenn wir nun unsere Apparatur um ein Stück Δz verschieben, wird der Zustandsvektor zu $|z+\Delta z\rangle$ mit der Verknüpfung

$$|z + \Delta z\rangle = U_z(\Delta z)|z\rangle \ .\tag{2.18}$$

Wegen (2.11) gilt für den Generator F_z der Verschiebung

$$F_z|z\rangle = \frac{-\imath}{\Delta z}(|z + dz\rangle - |z\rangle).\tag{2.19}$$

Hierbei haben wir $d\alpha = -\Delta z$ gesetzt. Im Grenzfall $\Delta z \to 0$ folgt

$$F_z|z\rangle = -\imath\frac{d}{dz}|z\rangle\tag{2.20}$$

also

$$F_z = P_z \ ,\tag{2.21}$$

wobei die Operatorbeziehung

$$P_z = -\imath\frac{d}{dz}\tag{2.22}$$

schon aus der elementaren Quantenmechanik geläufig ist.

Mit den einfachen Mitteln des S-Matrix Formalismus haben wir so das berühmte Noethersche Theorem[2] der Feldtheorie gefunden: Einer Symmetrie der Wechselwirkung entspricht ein Erhaltungssatz physikalischer Observablen. Beispielsweise folgt die Impulserhaltung aus der Invarianz der Theorie gegenüber räumlichen Verschiebungen, Energieerhaltung aus der Invarianz gegenüber zeitlichen Verschiebungen, Drehimpulserhaltung aus der Invarianz unter Drehungen. Die Zustände $|i\rangle$ und $|f\rangle$ geben wir als Eigenzustände zu den erhaltenen Operatoren an. Im einfachsten Fall sind es die Teilchen selbst oder eine Kombination aus ihnen. Das Studium der Symmetrien führt uns also auf einen geeigneten Satz von Quantenzahlen der Elementarteilchen. Mit diesen Quantenzahlen und den Methoden ihrer experimentellen Bestimmung müssen wir uns daher noch eine Weile beschäftigen.

[1]Immer wieder lesenswert in diesem Zusammenhang ist Diracs Buch über Quantenmechanik [2.1].

[2]E. Noether, deutsche Physikerin (1882–1935) und Mathematikerin.

2.2 Die Drehgruppe und ihre Darstellungen

Die in Abschn. 2.1 begonnenen Überlegungen werden wir nun am Beispiel der Drehgruppe fortsetzen und präzisieren. Dabei ist es unvermeidlich, daß einige neue Begriffe eingeführt werden. Sie werden sich für die Diskussion komplizierterer Transformationsgruppen aber als unentbehrlich erweisen.

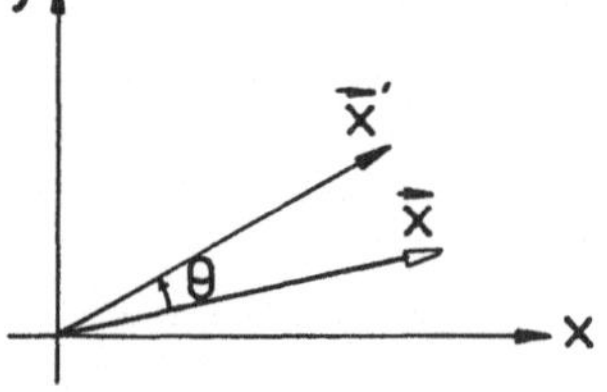

2.2.1 Drehungen

Abb. 2.1. Aktive Drehung eines Vektors.

Für die weiteren Diskussionen ist es nützlich, alle Transformationen aktiv aufzufassen, d.h. wir verschieben oder drehen Objekte in einem festen Koordinatensystem. Betrachten wir z.B. die Drehung des Ortsvektors x in Abb. 2.1. Die z-Achse des Koordinatensystems bildet die Drehachse. Nach der Drehung um einen Winkel Θ haben wir den neuen Vektor x'. Die Komponenten des neuen Vektors lassen sich aus den alten Komponenten durch

$$x'_k = R_{kl} x_l \tag{2.23}$$

berechnen. Hierin sind R_{kl} die Komponenten der Drehmatrix R. Im euklidischen Raum gibt es keinen Unterschied zwischen oberen und unteren Indizes, und wie üblich wird über gleichlautende Indizes summiert.

Für den Fall einer aktiven Drehung um die z-Achse (3-Achse) des Koordinatensystems hat R die einfache Form

$$R^{(3)} = \begin{pmatrix} \cos\Theta_3 & -\sin\Theta_3 & 0 \\ \sin\Theta_3 & \cos\Theta_3 & 0 \\ 0 & 0 & 1 \end{pmatrix} . \tag{2.24}$$

Für beliebige Drehungen ist die explizite Form von R natürlich viel komplizierter, aber alle Drehmatrizen erfüllen die Orthogonalitätsrelationen

$$R^{-1} = R^{\text{tr}} , \tag{2.25}$$

wobei das Symbol „tr" Transponieren also Vertauschen von Zeilen- und Spaltenindizes bedeutet. Wegen $R^{-1}R = 1$ (1 steht wieder für die Einheitsmatrix) lassen sich die Orthogonalitätsrelationen auch in Komponentenform angeben,

$$R_{ik}R_{il} = \delta_{kl} . \tag{2.26}$$

Anschaulich besagen die Orthogonalitätsrelationen, daß die Länge eines Vektors, oder allgemeiner das Skalarprodukt zweier Vektoren, sich bei Drehungen nicht ändert. Das kann man mit Hilfe von (2.26) auch leicht formal beweisen.

Für die spätere Verwendung geben wir noch die Drehmatrizen für Drehungen um die 1- bzw. 2-Achse des Koordinatensystems an:

$$R^{(1)} = \begin{pmatrix} 1 & 0 & 0 \\ 0 & \cos\Theta_1 & -\sin\Theta_1 \\ 0 & \sin\Theta_1 & \cos\Theta_1 \end{pmatrix} , \tag{2.27}$$

und

$$R^{(2)} = \begin{pmatrix} \cos\Theta_2 & 0 & \sin\Theta_2 \\ 0 & 1 & 0 \\ -\sin\Theta_2 & 0 & \cos\Theta_2 \end{pmatrix} \ . \qquad (2.28)$$

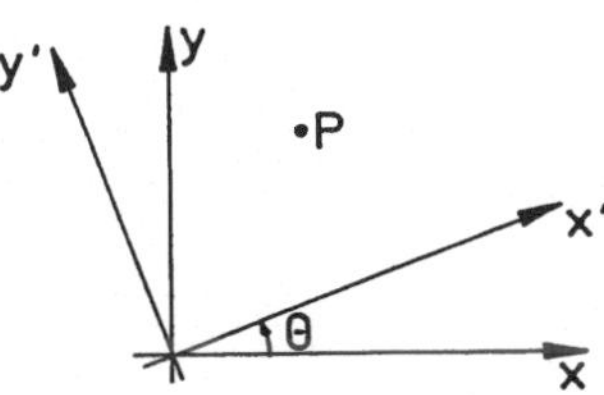

Abb. 2.2. Passive Drehung.

Für praktische Rechnungen braucht man manchmal die passiven Transformationen also z.B. die Koordinaten des Punktes P in einem gedrehten Koordinatensystem (Abb. 2.2). Die zugehörigen Matrizen hängen auf elementare Weise miteinander zusammen,

$$R^{\mathrm{pass}} = R^{\mathrm{tr}} \ . \qquad (2.29)$$

Wir haben bisher als Beispiel immer die Drehung des Ortsvektors behandelt, es ist aber ohne weiteres klar, daß ein zu (2.23) analoges Transformationsgesetz mit der gleichen Drehmatrix für alle Vektoren des euklidischen Raumes (also z.B. Teilchenimpulse) gilt.

2.2.2 Die Drehgruppe

Die gerade definierten Matrizen bilden eine Gruppe. Es läßt sich einfach beweisen, daß sie die Gruppenaxiome erfüllen d. h. im wesentlichen:

1. Es existiert ein Produkt: Das Produkt zweier Drehmatrizen ist wieder eine Drehmatrix. Anschaulich entsprechen ihm 2 hintereinander ausgeführte Drehungen.
2. Es existiert ein Einselement, die Einheitsmatrix. Anschaulich entspricht ihr eine Drehung um 2π.
3. Es existiert das inverse Element $R^{-1} = R^{\mathrm{tr}}$. Anschaulich gehört hierzu die Drehung zurück um den gleichen Winkel.

Aus den Orthogonalitätsrelationen läßt sich für die Determinante der orthogonalen Matrizen R die Relation

$$\det R = \pm 1 \qquad (2.30)$$

ableiten. Matrizen mit $\det R = -1$ beschreiben Drehungen mit einer zusätzlichen Spiegelung am Koordinatenursprung. Diese schließen wir zunächst aus, und bezeichnen als Drehgruppe die Gruppe der speziellen ($\det R = +1$) orthogonalen Matrizen in 3 Dimensionen. Sie hat die Bezeichnung $SO3$.

$SO3$ ist nicht kommutativ. Das Resultat zweier hintereinander ausgeführter Transformationen ist im allgemeinen von ihrer Reihenfolge bestimmt. Solche Gruppen bezeichnet man als Nicht-Abelsche Gruppen. $SO3$ hängt von 3 kontinuierlichen Parametern ab. Wegen der geometrischen Bedeutung der Drehungen ist dies sofort klar. Formal folgt die Behauptung aus der Tatsache, daß es 6 linear unabhängige Orthogonalitätsrelationen für die 9 Matrixelemente gibt. Als Parameter kann man z.B. die Richtung der Drehachse (2 Richtungswinkel) und den Drehwinkel um diese Achse wählen. Manchmal ist es aber auch vorteilhaft, die 3 sog. Eulerschen Winkel zu nehmen. Gruppen, die von endlich vielen kontinuierlichen Parametern abhängen, heißen Lie-Gruppen. $SO3$ ist also eine Nicht-Abelsche Lie-Gruppe.

Wir betrachten nun infinitesimale Drehungen, z.B. eine infinitesimale Drehung um die 3-Achse:

$$R^{(3)}(d\Theta) = 1 - \imath\, d\Theta\, D_3 \ . \tag{2.31}$$

Wir bezeichnen D_3 als Generator der Drehung. Durch Anwendung der Kleinwinkel-Näherung kann man durch Vergleich mit (2.24) sofort die Relation

$$D_3 = \imath \begin{pmatrix} 0 & -1 & 0 \\ 1 & 0 & 0 \\ 0 & 0 & 0 \end{pmatrix} \tag{2.32}$$

ableiten. Ähnlich folgt für die Generatoren D_1, D_2

$$D_1 = \imath \begin{pmatrix} 0 & 0 & 0 \\ 0 & 0 & -1 \\ 0 & 1 & 0 \end{pmatrix} \tag{2.33}$$

und

$$D_2 = \imath \begin{pmatrix} 0 & 0 & 1 \\ 0 & 0 & 0 \\ -1 & 0 & 0 \end{pmatrix} \ . \tag{2.34}$$

Eine infinitesimale Drehung um eine beliebige Achse, die durch den Richtungsvektor $\boldsymbol{n}$ gegeben ist, schreibt sich dann

$$\begin{aligned} R^{(n)}(d\Theta) &= 1 - \imath d\Theta n_i D_i \\ &= 1 - \imath d\Theta \boldsymbol{n} \boldsymbol{D} \ . \end{aligned} \tag{2.35}$$

In (2.35) sind die $d\Theta n_i = d\Theta_i$ die 3 Parameter der Drehung. Wenn wir m infinitesimale Drehungen hintereinander ausführen, ist die zugehörige Drehmatrix durch $R^{(n)}(m\, d\Theta) = (R^{(n)}(d\Theta))^m$ gegeben. Man erhält so im Grenzfall $m \to \infty$, $d\Theta \to 0$ das Resultat für eine endliche Drehung um den Winkel $\Theta = m d\Theta$

$$R^{(n)}(\Theta) = e^{-\imath \Theta \boldsymbol{n} \boldsymbol{D}} \ . \tag{2.36}$$

Da $SO3$ keine Abelsche Gruppe ist, sind auch die Matrizen D_i nicht vertauschbar. Sie genügen aber einfachen Vertauschungsrelationen

$$[D_i, D_j] = \imath\varepsilon_{ijk} D_k \ , \tag{2.37}$$

wobei ε_{ijk} der total antisymmetrische Tensor ist d.h. $\varepsilon_{ijk} = 0$, wenn 2 Indizes gleich sind, $\varepsilon_{ijk} = 1$ bei einer geraden Permutation von $(1,2,3)$ und $\varepsilon_{ijk} = -1$ bei einer ungeraden Permutation von $(1,2,3)$. Damit gilt z.B.

$$\begin{aligned} [D_1, D_2] &= D_1 D_2 - D_2 D_1 \\ &= \imath D_3 \ . \end{aligned} \tag{2.38}$$

Wegen der Nichtvertauschbarkeit der D_i ist auch die vom Rechnen mit gewöhnlichen Zahlen geläufige Regel $e^{a+b} = e^a e^b$ *nicht* erfüllt, also

$$e^{-\imath(\Theta_1 D_1 + \Theta_2 D_2)} \neq e^{-\imath\Theta_1 D_1} e^{-\imath\Theta_2 D_2} \ . \tag{2.39}$$

2.2.3 Darstellungen der Drehgruppe

Ein System von Teilchen, das wir z.B. durch die Angabe seiner Ortskoordinaten $\boldsymbol{x}_i$ kennzeichnen, wird im quantenmechanischen Zustandsraum durch einen Vektor beschrieben, der unter anderem auch die Information über diese Koordinaten enthält,

$$|\psi\rangle = |..., \boldsymbol{x}_i, ...\rangle \ . \tag{2.40}$$

Nach einer Drehung R gehört zu dem System ein neuer Zustandsvektor $|\psi'\rangle$ mit

$$|\psi'\rangle = U(R)|\psi\rangle \ . \tag{2.41}$$

Man sagt, durch R wird eine unitäre Transformation $U(R)$ induziert. Insbesondere gelten folgende Abbildungsregeln:
Aus

$$R \to U(R) \tag{2.42}$$

folgt

$$\begin{aligned}
R_1 R_2 &\ \to\ U(R_1)U(R_2) \\
R^{-1} &\ \to\ U(R^{-1}) = U^{-1}(R) \\
1 &\ \to\ 1 \ .
\end{aligned} \tag{2.43}$$

Die letzte Beziehung besagt, daß die Einheitsmatrix im Ortsraum auf die Einheitsmatrix im quantenmechanischen Zustandsraum abgebildet wird.

Die Gesamtheit der unitären Matrizen U bildet eine Darstellung der Drehgruppe $SO3$. Die Basisvektoren des Vektorraums, in dem U wirkt, spannen den Darstellungsraum auf. Wir wollen nun zunächst diese Basisvektoren finden.

Aus der Isomorphie der oben definierten Abbildung folgt für eine infinitesimale Drehung

$$U(\boldsymbol{n}, d\Theta) = 1 - \imath d\Theta n_i \hat{\jmath}_i \tag{2.44}$$

und für die Generatoren $\hat{\jmath}_i$ der Transformation U

$$[\hat{\jmath}_i, \hat{\jmath}_j] = i\varepsilon_{ijk}\hat{\jmath}_k \ . \tag{2.45}$$

Die physikalische Bedeutung der Operatoren $\hat{\jmath}_i$ kann man sofort erkennen. Da (2.45) die wohlbekannten Vertauschungsrelationen des Drehimpulses sind, identifizieren wir die $\hat{\jmath}_i$ mit den 3 Komponenten des Drehimpulsoperators $\hat{\jmath}$. Um Verwechslungen zu vermeiden, kennzeichnen wir Drehimpulsoperatoren mit dem Hut-Symbol und ihre Eigenwerte mit Normalschrift. Zur Konstruktion der möglichen Darstellungsräume können wir die Ergebnisse der Quantenmechanik des Drehimpulses übernehmen. Da der Operator

$$\hat{\jmath}^2 = \hat{\jmath}_1^2 + \hat{\jmath}_2^2 + \hat{\jmath}_3^2 \tag{2.46}$$

mit jeder seiner kartesischen Komponenten $\hat{\jmath}_i$ kommutiert, lassen sich zu $\hat{\jmath}^2$ und *einer* der miteinander nicht vertauschbaren Komponenten, (wir wählen $\hat{\jmath}_3$), gemeinsame Eigenvektoren $|j; j_3\rangle$ finden. Diese Eigenvektoren spannen den Darstellungsraum auf. Die Dimension d des Vektorraumes bzw. der Darstellung ist durch

$$d = 2j + 1 \tag{2.47}$$

gegeben, wobei j die Werte

$$j = 0, \frac{1}{2}, 1, \frac{3}{2} \ldots \tag{2.48}$$

annehmen kann. Das zu einem festen Wert von j gehörende *Multiplett* von Vektoren $|j; j_3\rangle$ enthält die die $2j + 1$ möglichen Werte von j_3,

$$j_3 = -j, -j + 1, \ldots j \ . \tag{2.49}$$

Die Eigenwertsgleichungen lauten für den Operator des Betragsquadrats des Drehimpulses

$$\hat{\jmath}^2 |j; j_3\rangle = j(j + 1)|j; j_3\rangle \tag{2.50}$$

und für die z-Komponente

$$\hat{\jmath}_3 |j; j_3\rangle = j_3 |j; j_3\rangle \ . \tag{2.51}$$

Aus den beiden übrig bleibenden Operatoren $\hat{\jmath}_1$ und $\hat{\jmath}_2$ bildet man die Linearkombinationen

$$\hat{\jmath}_\pm = \hat{\jmath}_1 \pm i\hat{\jmath}_2 \ . \tag{2.52}$$

Diese haben die schöne Eigenschaft als „Leiteroperatoren" im Multiplett zu wirken, d.h. sie transformieren die einzelnen Basisvektoren eines gegebenen Vektorraumes ineinander. Physikalisch sind sie daher unentbehrlich zur Beschreibung von Wechselwirkungen. Im einzelnen gilt für den Drehimpuls

$$\hat{\jmath}_\pm |j; j_3\rangle = \alpha_\pm |j; j_3 \pm 1\rangle \tag{2.53}$$

mit

$$\alpha_\pm = \sqrt{(j \mp j_3)(j \pm j_3 + 1)} \ , \tag{2.54}$$

wie man den Lehrbüchern der Quantenmechanik [2.2] entnehmen kann.

Die Gleichungen (2.44) bis (2.54) gelten in ähnlicher Form für viel komplizietere Lie-Gruppen, insbesondere für $SU2, SU3, SU5$. Dies sind die Gruppen spezieller unitärer Transformationen in $2, 3$ und 5 Dimensionen. Sie spielen in der Teilchenphysik eine zentrale Rolle. Ausgehend von der infinitesimalen Transformation

$$U = 1 - \imath d\alpha_k F_k \qquad (2.55)$$

gewinnt man die Vertauschungsrelationen

$$[F_i, F_j] = c_{ijk} F_k \qquad (2.56)$$

der Generatoren F_k. In (2.55) und (2.56) kann k die Werte $1, 2...p$ annehmen, wobei p die Anzahl der reellen Parameter α_k ist, von denen die Gruppe abhängt. (Für $SO3$ gilt $p = 3$.)

Durch (2.56) ist eine Lie-Algebra der p Generatoren F_k definiert, die c_{ijk} sind die Strukturkonstanten der Lie-Algebra. Für die von uns betrachteten Beispiele sind sie total antisymmetrisch, solche Lie-Algebren und die dazugehörigen Gruppen heißen halbeinfach und kompakt. Der Begriff „kompakt" bezieht sich auf die Tatsache, daß die Parameter der Gruppe reell und beschränkt sind.

Von den p Generatoren werden im allgemeinen r miteinander vertauschbar sein, d.h. die rechte Seite der Gleichung (2.56) verschwindet. Wir bezeichnen diese Generatoren, die physikalisch wieder die gleichzeitig meßbaren Größen repräsentieren, mit $F_q, q = 1, ...r$. Die Zahl r heißt der Rang der Lie-Algebra ($r = 1$ für $SO3$). Das Racah-Theorem der Gruppentheorie sagt aus, daß halbeinfache und kompakte Gruppen daneben r sog. Casimir-Operatoren C_q besitzen. Diese Casimir-Operatoren sind ähnlich dem Operator $\hat{\jmath}^2$, (2.46), aus den F_k gebildete Bilinearformen, die miteinander und mit den F_q kommutieren.

Die simultanen Basisvektoren zu den C_q und den F_q spannen den Vektorraum der Darstellung auf. Wie im Fall von $SO3$ ist die Dimension des Raumes eindeutig durch die Eigenwerte der Casimir-Operatoren gegeben. Innerhalb einer gegebenen Darstellung (Multiplett) unterscheiden sich die Eigenvektoren durch die Eigenwerte zu den F_q.

Nach den allgemeinen Ausführungen der letzten 4 Absätze kehren wir nun wieder zu $SO3$ zurück. Die Abbildungsgesetze (2.43) haben die unmittelbare Konsequenz, daß eine endliche unitäre Transformation sich wegen (2.36) als

$$U(\boldsymbol{n}, \Theta) = e^{-\imath\Theta \boldsymbol{n}\hat{\jmath}} \qquad (2.57)$$

schreiben läßt. In den Gleichungen (2.44) bis (2.54) sind alle Informationen enthalten, die wir zur expliziten Berechnung der Komponenten

$$\langle j; j_3'|\psi'\rangle = \sum_{j_3} \langle j; j_3'|U(R)|j; j_3\rangle \langle j; j_3|\psi\rangle \qquad (2.58)$$

der Transformation (2.41) benötigen. Besonders einfach berechnet man die Elemente von $U(R^{(3)})$, d.h. der unitären Transformation, die durch eine Drehung um die z-Achse induziert wird:

$$\langle j; j_3'|e^{-\imath\Theta_3 \hat{\jmath}_3}|j; j_3\rangle = e^{-\imath j_3 \Theta_3} \delta_{j_3' j_3} \ . \qquad (2.59)$$

Für praktische Rechnungen werden ebenso die

$$d^j_{j'_3 j_3}(\Theta_2) = \langle j; j'_3 | e^{-i\Theta_2 \hat{j}_2} | j; j_3 \rangle \tag{2.60}$$

immer wieder benötigt. Es sind reelle Funktionen von Θ_2, die in der Zusammenstellung im Anhang des Buches zu finden sind. Sie genügen den Orthogonalitätsrelationen

$$\int d^J_{\lambda_1 \lambda_2} d^{J'}_{\lambda'_1 \lambda'_2} d\cos\Theta = \frac{2}{2J+1} \delta_{JJ'} \delta_{\lambda_1 \lambda'_1} \delta_{\lambda_2 \lambda'_2} \tag{2.61}$$

und erfüllen einfache Symmetrierelationen bei Spiegelung der unteren Indizes (siehe Anhang).

Es ist sehr beeindruckend, daß mit Hilfe dieser Funktionen alle $U(R)$ berechnet werden können. Dazu schauen wir uns die Abb. 2.3 an. Eine beliebige Rotation des ungestrichenen Koordinatensystems in das gestrichene System kann mit Hilfe der 3 Euler-Winkel (α, β, γ) in drei aufeinander folgende Rotationen zerlegt werden. Begonnen wird mit einer Drehung um den Winkel α um die z-Achse, d.h. Oy wird nach Ou gedreht. Eine Drehung um die neue Hilfsachse u mit dem Drehwinkel β bringt Oz nach OZ. Schließlich folgt die Rotation γ um die Z-Achse, diese bringt Ou nach OY. Die zugehörige unitäre Transformation

$$U(R) = e^{-i\gamma \hat{j}_Z} e^{-i\beta \hat{j}_u} e^{-i\alpha \hat{j}_z} \tag{2.62}$$

ist natürlich nicht sehr nützlich, aber nach einigen Umformungen [2.2] gelangt man zu dem schönen Resultat

$$U(R) = e^{-i\alpha \hat{j}_z} e^{-i\beta \hat{j}_y} e^{-i\gamma \hat{j}_z} \ . \tag{2.63}$$

Für die Matrixelemente von U wird die Abkürzung

$$\langle j; j'_3 | U | j; j_3 \rangle = D^j_{j'_3 j_3}(\alpha, \beta, \gamma) \tag{2.64}$$

benutzt und mit Hilfe von (2.60) ergibt sich

$$D^j_{j'_3 j_3}(\alpha, \beta, \gamma) = e^{-i\alpha j'_3} d^j_{j'_3 j_3}(\beta) e^{-i\gamma j_3} \ . \tag{2.65}$$

Besonders häufig hat man die Aufgabe, einen Vektor aus der z-Achse in die Richtung Θ, ϕ zu drehen, d.h. die Rotation $R(\phi, \Theta, \gamma)$ durchzuführen, wobei γ ersichtlich einen beliebigen Wert annehmen kann. Der Konvention folgend [2.3] setzen wir $\gamma = -\phi$ und bekommen damit

$$D^j_{j'_3 j_3}(\phi, \Theta, -\phi) = e^{-i\phi(j'_3 - j_3)} d^j_{j'_3 j_3}(\Theta) \ . \tag{2.66}$$

Für ganzahlige j und mit $j_3 = 0$ sind diese Matrizen mit den Kugelflächenfunktionen über

$$D^j_{j'_3, 0} = \sqrt{\frac{4\pi}{2j+1}} Y^{*j'_3}_j(\Theta, \phi) \tag{2.67}$$

verknüpft.

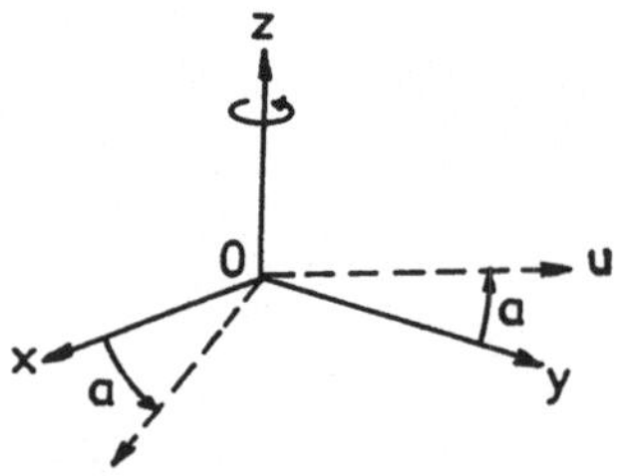

1. Schritt: $Oy \longrightarrow Ou$
Rotation um z-Achse

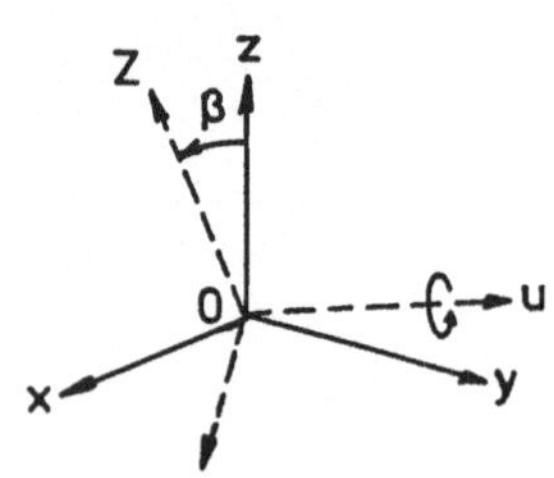

2. Schritt: $Oz \longrightarrow OZ$
Rotation um u-Achse

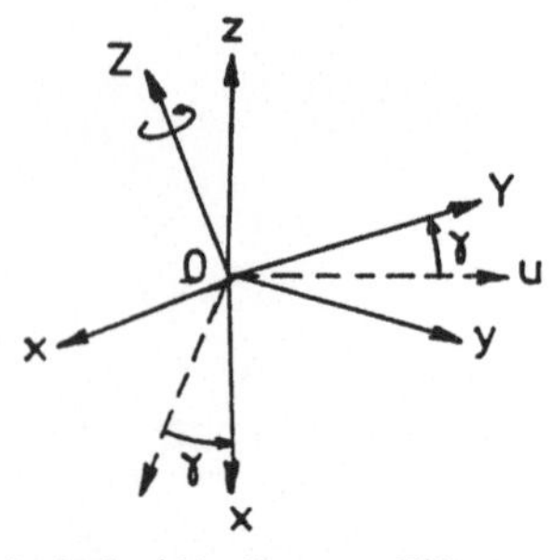

3. Schritt: $Ou \longrightarrow OY$
Rotation um Z-Achse

Abb. 2.3. Konstruktion einer beliebigen Drehung durch 3 aufeinander folgende Rotationen.

Damit sind nun einige Hilfsmittel für die in den folgenden Kapiteln durchgeführten Rechnungen zusammengestellt, und wir beweisen zum Schluß noch die bekannte Tatsache, daß alle Zustände eines Multipletts energetisch entartet sind. Wenn S mit $\hat{\jmath}$ vertauscht, gilt wegen der engen Verwandtschaft des Hamiltonoperators H mit dem Streuoperator S auch

$$[H,\hat{\jmath}] = 0 \ . \tag{2.68}$$

Energie und Drehimpuls haben also simultane Eigenvektoren $|E,j,j_3\rangle$. Für den Energieeigenwert eines Zustandes $|E',j,j_3-1\rangle$ gilt

$$H|E',j,j_3-1\rangle = \frac{1}{\alpha_-}H\hat{\jmath}_-|E,j,j_3\rangle \tag{2.69}$$

und wegen (2.68)

$$E = E' \ . \tag{2.70}$$

Ganz ähnlich läuft der Beweis auch im Fall komplizierterer Lie-Gruppen.

2.2.4 Drehgruppe und halbzahlige Spins

Die Quantisierungsbedingung (2.48) kann man allein aus den Vertauschungsrelationen (2.45) gewinnen. Dies wird in der Quantenmechanik des Drehimpulses [2.2] ausführlich diskutiert. Die unitären Transformationen (2.57) wirken also in Vektorräumen geradzahliger und ungeradzahliger Dimension, d.h. in Räumen, die zu halbzahligen bzw. ganzzahligen Werten von j gehören. Die Matrizen D^j zu halbzahligem j sind aber eigentlich gar keine Darstellungen der Drehgruppe. Dies sieht man am einfachsten durch Studium der Darstellung (2.59) für $\Theta_3 = 2\pi$,

$$\langle j; j_3' | e^{-i2\pi\hat{\jmath}_3} | j; j_3 \rangle = e^{-i2\pi j_3}\delta_{j_3'j_3} \ . \tag{2.71}$$

Für ganzahlige Werte von j_3 ist dies die Einheitsmatrix, wie es wegen der Abbildungseigenschaft (2.43) auch sein muß! Für halbzahlige j_3 tritt aber ein Vorzeichenwechsel auf, und wir müssen streng genommen die dazu gehörenden D^j als Darstellungen der Drehgruppe ausschließen. Wenn auch diese Matrizen keine Darstellungen der Drehgruppe sind, haben sie jedoch immer noch eine große physikalische Relevanz, da halbzahlige Spins ja offenbar in der Natur realisiert sind.

Als Physiker könnte man nun sagen, daß die Physik des Drehimpulses durch die Lie-Algebra (2.45) gegeben ist. Die Frage nach der Zuordnung der Matrizen (2.64) zu Darstellungen der Drehgruppe erscheint dann von zweitrangiger Bedeutung. Es ist aber trotzdem sehr interessant zu untersuchen, ob eine Gruppe existiert, zu der alle D^j eine Darstellung bilden. Eine solche Gruppe gibt es in der Tat, es ist die $SU2$, die Gruppe der speziellen unitären Transformationen in 2 Dimensionen. Wir werden sie in Abschn. 2.8 noch ausführlich diskutieren. Zur Erläuterung des Zusammenhangs zwischen $SU2$ und $SO3$ diene ohne weiteren Beweis Abb. 2.4.

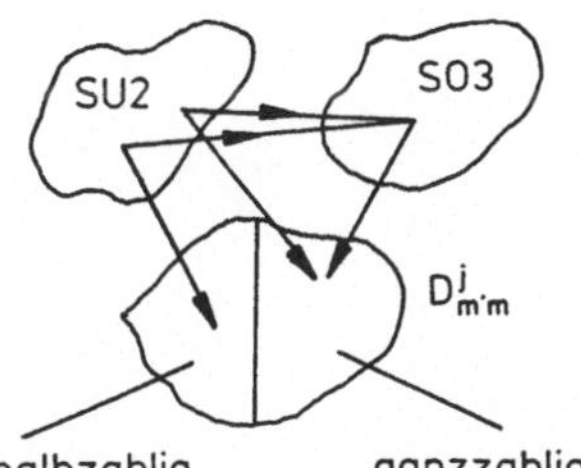

Abb. 2.4. Der Zusammenhang von $SU2$, $SO3$ und den Matrizen D^j.

Jeder Matrix aus $SU2$ wird *eindeutig* eine Drehmatrix zugeordnet, zu je einer Matrix aus $SO3$ gehören aber 2 Elemente von $SU2$. Näheres hierzu findet man in der mathematischen Literatur [2.4]. Die Zuordnung zwischen $SO3$ und den D^j zu ganzzahligem j ist umkehrbar eindeutig, ebenso die zwischen $SU2$ und den D-Matrizen zu beliebigen Werten von j.

Unentbehrlich ist die Kenntnis der Darstellungsmatrizen zu $j = 1/2$. Aus der Definition

$$\hat{\boldsymbol{j}} \equiv \frac{1}{2}\boldsymbol{\sigma} \tag{2.72}$$

lassen sich die berühmten Paulischen Spinmatrizen

$$\sigma_1 = \begin{pmatrix} 0 & 1 \\ 1 & 0 \end{pmatrix}, \sigma_2 = \begin{pmatrix} 0 & -\imath \\ \imath & 0 \end{pmatrix}, \sigma_3 = \begin{pmatrix} 1 & 0 \\ 0 & -1 \end{pmatrix} \tag{2.73}$$

gewinnen. Die Darstellung der Leiteroperatoren

$$\hat{\jmath}_{\pm} = \frac{1}{2}(\sigma_1 \pm \imath\sigma_2) \equiv \sigma_{\pm} \tag{2.74}$$

ist dann durch

$$\hat{\jmath}_+ = \begin{pmatrix} 0 & 1 \\ 0 & 0 \end{pmatrix}, \quad \hat{\jmath}_- = \begin{pmatrix} 0 & 0 \\ 1 & 0 \end{pmatrix} \tag{2.75}$$

gegeben. Die Drehmatrizen (2.57) genügen einer Form

$$e^{-\imath\frac{\Theta}{2}\boldsymbol{n}\boldsymbol{\sigma}} = \cos\frac{\Theta}{2}\mathbf{1} - \imath\sin\frac{\Theta}{2}\boldsymbol{n}\boldsymbol{\sigma} \;, \tag{2.76}$$

die sehr an das Rechnen mit gewöhnlichen komplexen Zahlen erinnert. Sie läßt sich mit Hilfe von

$$(\boldsymbol{\sigma}\boldsymbol{n})^2 = 1 \tag{2.77}$$

leicht beweisen. In diesen Formeln bedeutet 1 wieder die 2 dimensionale Einheitsmatrix. Für die Drehmatrizen (2.66) erhalten wir

$$D^{1/2} = \begin{pmatrix} \cos\Theta/2 & -e^{-\imath\phi}\sin\Theta/2 \\ e^{\imath\phi}\sin\Theta/2 & \cos\Theta/2 \end{pmatrix} \;. \tag{2.78}$$

Ein wichtiges Beispiel ist die Drehung um $\phi = 0, \Theta = \pi/2$, die einer Rotation der z-Achse in die x-Achse entspricht. Zustände, deren Spin entlang der x-Achse quantisiert ist, bezeichnen wir mit $|\pm\rangle$ und erhalten so als Zusammenhang mit den Zuständen, deren Spin entlang der z-Achse eingestellt ist,

$$\begin{aligned} |+\rangle &= \tfrac{1}{\sqrt{2}}(|\tfrac{1}{2}\rangle + |\tfrac{-1}{2}\rangle) \\ |-\rangle &= \tfrac{1}{\sqrt{2}}(-|\tfrac{1}{2}\rangle + |\tfrac{-1}{2}\rangle) \;, \end{aligned} \tag{2.79}$$

das heißt die Transformation der Basisvektoren ist durch die Spalten der Rotationsmatrix gegeben.

2.2.5 Produkte von Darstellungen

Ausgangspunkt unserer Überlegungungen war die Tatsache, daß zu einer Symmetrie der S-Matrix erhaltene Operatoren gehören. Für das Beispiel des Drehimpulses bedeutet dies, daß bei der Reaktion zweier Teilchen mit den Drehimpulsen $\hat{j}_{(1)}$ und $\hat{j}_{(2)}$ der Gesamtdrehimpuls

$$\hat{J} = \hat{j}_{(1)} + \hat{j}_{(2)} \tag{2.80}$$

in einer Reaktion erhalten ist, also gilt für die Matrixelemente T_{fi} die Bedingung

$$\langle J_f; J_{3,f}|T|J_i; J_{3,i}\rangle = \delta_{J_f J_i}\delta_{J_{3,f} J_{3,i}}\langle J; J_3|T|J; J_3\rangle \ . \tag{2.81}$$

Hierin sind die $|J; J_3\rangle$ Eigenzustände zu $\hat{J}^2$ und $\hat{J}_3$, wobei nach den Gesetzen der Drehimpulsaddition

$$J = j_{(1)} + j_{(2)}, j_{(1)} + j_{(2)} - 1, ... |j_{(1)} - j_{(2)}| \tag{2.82}$$

und

$$J_3 = j_{(1),3} + j_{(2),3} \tag{2.83}$$

erfüllt sein muß. Die Symbole $j_{(i)}$ und $j_{(i),3}$ in (2.82) und (2.83) bezeichnen die Betrags- und Richtungsquantenzahlen der Einzeldrehimpulse.

Systeme wechselwirkender Teilchen werden durch Produkte von Darstellungen beschrieben. Im Fall des Drehimpulses sind die Basisvektoren des Produktraumes durch die direkten Produkte $|j_{(1)}; j_{(1),3}\rangle|j_{(2)}; j_{(2),3}\rangle$ gegeben, die Dimension dieses Raumes ist also $d = (2j_{(1)} + 1)(2j_{(2)} + 1)$. Das Ergebnis (2.82) besagt dann, daß der Produktraum in (irreduzible) Teilräume zu festem Wert von J zerfällt. Betrachten wir als Beispiel die Streuung eines ϱ-Mesons (Spin 1) an einem Proton (Spin 1/2) bei verschwindendem Bahndrehimpuls. Da J die Werte 3/2 und 1/2 annehmen kann, zerfällt die Produktdarstellung also in eine 2 und eine 4 dimensionale Darstellung, in Formeln

$$2 \otimes 3 = 2 \oplus 4 \ . \tag{2.84}$$

Für die Darstellungsmatrizen bedeutet dies, daß sie in Blöcken diagonalisierbar sind, die Abb. 2.5 macht dies für das von uns gewählte Beispiel klar. Die zu den einzelnen Blöcken mit festem J gehörenden Transformationsmatrizen sind wieder durch (2.64) gegeben. Mit ihrer Hilfe kann man jeden Vektor im Unterraum erreichen. Auch die direkte Anwendung der Leiteroperatoren

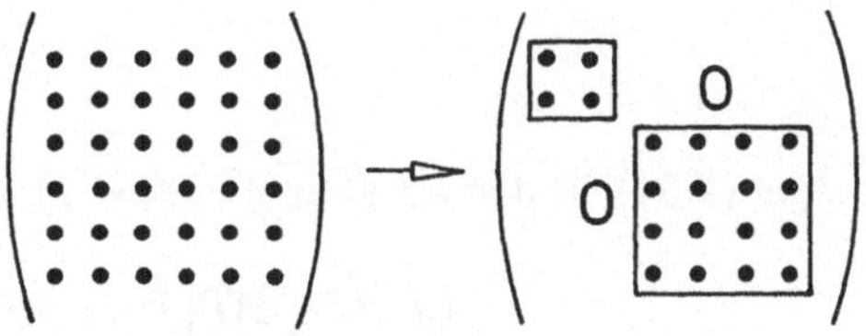

Abb. 2.5. Blockdiagonale Produktdarstellung.

auf die Basisvektoren der Darstellung ist sehr lehrreich. Die Leiteroperatoren führen konstruktionsbedingt Vektoren mit unterschiedlichen Werten von J nicht ineinander über. Die Unterräume sind irreduzibel.

Jeder Zustand $|J; J_3\rangle$ kann als Linearkombination der direkten Produkte $|j_{(1)}; j_{(1),3}\rangle |j_{(2)}; j_{(2),3}\rangle$ angegeben werden,

$$|J; J_3\rangle = \sum_{j_{(1),3}} C(J, J_3; j_{(1)}, j_{(1),3}, j_{(2)}, j_{(2),3}) |j_{(1)}; j_{(1),3}\rangle |j_{(2)}; j_{(2),3}\rangle \ , \qquad (2.85)$$

wobei $j_{(2),3}$ durch (2.83) festgelegt ist. Die Koeffizienten C sind die sog. Clebsch-Gordan-Koeffizienten, die für alle praktisch wichtigen Fälle in den Veröffentlichungen der PDG tabelliert sind. Diese Tabelle ist im Anhang wiedergegeben.

Das einfachste Beispiel ist hier natürlich die schon in der Atomphysik viel benutzte Zusammensetzung zweier Spin 1/2 Zustände zu $J = 1, 0$. Darstellungstheoretisch untersucht man die Ausreduktion

$$2 \otimes 2 = 1 \oplus 3 \ . \qquad (2.86)$$

Die Basisvektoren der irreduziblen Unterräume der Produktdarstellung sind hier durch

$$|0; 0\rangle = \tfrac{1}{\sqrt{2}}(|\tfrac{1}{2}\rangle|\tfrac{-1}{2}\rangle - |\tfrac{-1}{2}\rangle|\tfrac{1}{2}\rangle) \qquad (2.87)$$

und

$$\begin{aligned}
|1; 1\rangle &= |\tfrac{1}{2}\rangle|\tfrac{1}{2}\rangle \\
|1; 0\rangle &= \tfrac{1}{\sqrt{2}}(|\tfrac{1}{2}\rangle|\tfrac{-1}{2}\rangle + |\tfrac{-1}{2}\rangle|\tfrac{1}{2}\rangle) \\
|1; -1\rangle &= |\tfrac{-1}{2}\rangle|\tfrac{-1}{2}\rangle
\end{aligned} \qquad (2.88)$$

gegeben, wobei wir zur Vereinfachung die Spin 1/2-Zustände nur durch ihre j_3-Quantenzahl gekennzeichnet haben.

Die Ausreduktion führt zu einer starken Einschränkung der Anzahl der möglichen Matrixelemente T_{fi}. Es gilt nämlich der wichtige Satz, daß der Wert des Matrixelementes $\langle J; J_3|T|J; J_3\rangle$ in (2.81) nicht von J_3 abhängt. Es ist ja

$$\langle J; J_3 - 1|T|J; J_3 - 1\rangle = \frac{1}{\alpha_-(J_3)} \langle J; J_3 - 1|T J_-|J; J_3\rangle \qquad (2.89)$$

und wegen

$$\hat{J}_+^\dagger = \hat{J}_- \qquad (2.90)$$

$$\begin{aligned}
\frac{1}{\alpha_-(J_3)} \langle J; J_3 - 1|T J_-|J; J_3\rangle &= \frac{1}{\alpha_-(J_3)} ((\langle J; J_3 - 1|\hat{J}_+^\dagger)T|J; J_3\rangle) \\
&= \frac{\alpha_+(J_3 - 1)}{\alpha_-(J_3)} \langle J; J_3|T|J; J_3\rangle \ .
\end{aligned}$$

Aus (2.54) liest man aber $\alpha_+(J_3 - 1) = \alpha_-(J_3)$ ab und daher folgt

$$\langle J; J_3 - 1|T|J; J_3 - 1\rangle = \langle J; J_3|T|J; J_3\rangle \ . \qquad (2.91)$$

In unserem Beispiel der ϱp-Streuung braucht man also an Stelle von 6 nur 2 Matrixelemente zu berechnen. Auch für die noch zu besprechenden Gruppen SUN gilt, daß die T-Matrixelemente nur von den Eigenwerten der Casimir-Operatoren abhängen.

2.3 Die Poincaré-Gruppe und ihre Darstellungen

2.3.1 Lorentz-Transformationen

Wir betrachten ein Teilchen, das sich in einer Apparatur mit der Geschwindigkeit u entlang der x-Achse eines Koordinatensystems bewegt. Die zunächst ruhende Apparatur wird jetzt mit der Geschwindigkeit β in x-Richtung verschoben. Dadurch erfährt das Teilchen einen Geschwindigkeitszuwachs. Für die neue Geschwindigkeit u' nach diesem sog. „Lorentzboost" gilt entsprechend dem Additionstheorem der speziellen Relativitätstheorie

$$u' = \frac{u + \beta}{1 + u\beta} \ . \tag{2.92}$$

Daraus folgt dann für die Gesamtenergie E' bzw. den Impuls p'_x

$$E' = \gamma(E + \beta p_x) \tag{2.93}$$

$$p'_x = \gamma(\beta E + p_x) \tag{2.94}$$

mit

$$\gamma = \frac{1}{\sqrt{1 - \beta^2}} \ . \tag{2.95}$$

Für die anderen Impulskomponenten gilt trivialerweise

$$p'_y = p_y \tag{2.96}$$

und

$$p'_z = p_z \ . \tag{2.97}$$

Durch die Gleichungen (2.93) bis (2.97) sind die Komponenten Λ^μ_ν der Transformationsmatrix einer aktiven Lorentz-Transformation für eine Verschiebung entlang der x-Achse festgelegt. Der obere Index bezeichne die Zeile, der untere die Spalte. Für irgendeinen Vierervektor (als Beispiel nehmen wir den Viererimpuls p^μ) gilt also

$$p'^\mu = \Lambda^\mu_\nu p^\nu \tag{2.98}$$

mit

$$\Lambda = \begin{pmatrix} \gamma & \beta\gamma & 0 & 0 \\ \beta\gamma & \gamma & 0 & 0 \\ 0 & 0 & 1 & 0 \\ 0 & 0 & 0 & 1 \end{pmatrix} \ . \tag{2.99}$$

wobei l, l_3 die Quantenzahlen des Bahndrehimpulses sind. Der Übergang zwischen der durch $|p\rangle$ und $||p|, l, l_3\rangle$ gekennzeichneten Basis bedeutet physikalisch die Entwicklung einer ebenen Welle nach Drehimpulsen. Die Entwicklunskoeffizienten werden durch die Kugelflächenfunktion $Y_l^{l_3}(\Theta, \phi)$ (Tabelle im Anhang) bestimmt,

$$|p\rangle = \sum_{l, l_3} c_{ll_3} ||p|, l, l_3\rangle \qquad (2.116)$$

mit

$$c_{ll_3} = Y_l^{*l_3}(\Theta, \phi) \ . \qquad (2.117)$$

Für Teilchen mit Masse 0 existiert kein Ruhsystem. Photonen und Neutrinos beschreibt man daher immer durch die Helizitätszustände

$$|\psi\rangle = |0, j; \ p, \lambda\rangle \ . \qquad (2.118)$$

Der Helizitätsoperator

$$\lambda^{\mathrm{op}} = \frac{\hat{j}\hat{p}}{|p|} \qquad (2.119)$$

ist als Projektion des *Gesamtdrehimpulses* auf die Flugrichtung eines Teilchens definiert. Da der Bahndrehimpuls $\boldsymbol{L} = \boldsymbol{x} \times \boldsymbol{p}$ keine Komponente in Richtung von $\boldsymbol{p}$ hat, sind also die Eigenwerte λ der Helizität durch die $2j + 1$ Spinkomponenten bezüglich der Achse $\boldsymbol{p}$ gegeben. Für masselose Teichen gilt insbesondere, daß λ nur die Werte $\pm j$ annehmen kann, also $\pm 1/2$ für Neutrinos und ± 1 für Photonen. Die an sich vom Spin 1 des Photons her erwartete dritte Einstellmöglichkeit fehlt.

Natürlich kann man auch Teilchen mit Masse im Helizitätsformalismus beschreiben. Dies ist für viele Anwendungen sehr vorteilhaft, da gemäß der Definition (2.119) λ rotationsinvariant ist und auch bei der Transformation ins Ruhsystem seinen Wert nicht ändert.[3] Hinzu kommt, daß im Grenzfall hoher Energien die uns bekannten Wechselwirkungen die Helizität an den Vertices der Feynmangraphen erhalten!

Zuständen aus zwei Teilchen ohne Spin ordnen wir zunächst Wellenfunktionen $|m_1, m_2; p_1, p_2\rangle$ zu. In diesen ist aber ein Anteil $|\sqrt{s}; p\rangle$ enthalten, wobei jetzt $\boldsymbol{p}$ der Impuls eines der beiden Teilchen im Schwerpunktsystem der Reaktion ist. Die (triviale) Bewegung des Schwerpunktsystems haben wir abgespalten.

Die Zusammensetzung zweier Drehimpulse wurde schon im letzten Abschnitt besprochen. Für Zweiteilchenzustände mit Spin muß man die beiden Spins mit dem relativen Bahndrehimpuls kombinieren. Eine nützliche Alternative ist auch hier wieder der Helizitätsformalismus. Unter Weglassung der Werte der Casimir-Operatoren wird jetzt ein Einteilchenzustand durch $|p, \lambda\rangle$ und Zweiteilchenzustände durch die direkten Produkte $|p_1, \lambda_1\rangle|p_2, \lambda_2\rangle$ beschrieben. Im Schwerpunktsystem bilden die Zustände $||p|, \Theta, \phi, \lambda_1, \lambda_2\rangle$ eine geeignete Basis zur Diskussion von Systemen aus zwei Teilchen. Für viele Rechnungen ist jedoch der Wechsel zu einer Basis $|\sqrt{s}, J; |p|, J_3, \lambda_1, \lambda_2\rangle$ von

---

[3]Zu beachten ist allerdings, daß das Vorzeichen von λ wechselt, falls sich das Vorzeichen von $\boldsymbol{p}$ ändert: Wenn man ein Teilchen überholt, bekommt es eine andere Helizität.

Helizitätszuständen sinnvoll, die zusätzlich Eigenzustände des Gesamtdrehimpulses sind. Die beiden Beschreibungen sind durch [2.3]

$$||\boldsymbol{p}|,\Theta,\phi,\lambda_1,\lambda_2\rangle = \sum_{J,J_3} \sqrt{\frac{2J+1}{4\pi}} D^J_{J_3\lambda}(\phi,\Theta,-\phi)|\sqrt{s},J;|\boldsymbol{p}|,J_3,\lambda_1,\lambda_2\rangle \quad (2.120)$$

miteinander verknüpft, wobei zusätzlich

$$\lambda = \lambda_1 - \lambda_2 \quad (2.121)$$

benutzt wurde. Für ganzzahlige J und $\lambda = 0$ sind die Entwicklungskoeffizienten natürlich identisch zu den c_{ll_3} der Gleichung (2.117).

2.4 Anwendungen

Masse und Spin sind die wichtigsten Bestimmungsgrößen eines Elementarteilchens. Im letzten Abschnitt wurden sie als Casimir-Operatoren der Poincaré-Gruppe gedeutet. Wir wollen uns in diesem Abschnitt der Besprechung ausgewählter Verfahren zur experimentellen Bestimmung dieser Größen zuwenden, Hierbei wird weniger Wert auf eine systematische Behandlung gelegt, sondern es wird versucht, an konkreten Beispielen einige wichtige Methoden zu erläutern.

2.4.1 2-Körperzerfälle

Besonders einfache Verhältnisse liegen vor, falls ein Teilchen in einen 2-Körper Endzustand zerfällt. Die auslaufenden Teilchen haben im Ruhsystem des Zerfallsteilchens entgegengesetzt gleiche Impulse, $\boldsymbol{p}_1 = -\boldsymbol{p}_2$. Die Kugelkoordinaten von $\boldsymbol{p}_1$ werden wie üblich durch $|\boldsymbol{p}|,\Theta,\phi$ bezeichnet. Die Quantisierungsachse des Spins des zerfallenden Teilchens ist die z-Achse (3-Achse) im Ruhsystem.

Wenn das zerfallende Teilchen keinen Spin hat, oder sich nicht in einem definierten Polarisationszustand befindet, ist der Zerfall im Ruhsystem isotrop. Für die Zerfallswinkelverteilung in diesem System gilt dann

$$\frac{d\Gamma}{d\Omega} = \text{const} \ . \quad (2.122)$$

Meistens zerfallen die untersuchten Teilchen im Fluge. Um die isotrope Winkelverteilung im Ruhsystem nachzuweisen, muß man noch nicht einmal die Laborimpulse in dieses System transformieren, da (2.122) zu einem sog. Kastenspektrum der Energie im Laborsystem (Abb. 2.7) führt.

Man kann ja ohne Beschränkung der Allgemeinheit annehmen, daß die Lorentz-Transformation in das Laborsystem entlang der z-Achse erfolgt. Dann berechnen wir gemäß (2.93) die Energie E_1 eines der Zerfallsteilchen im Laborsystem

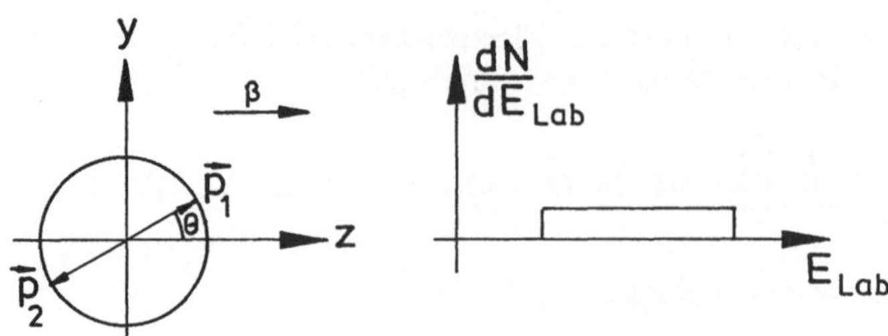

Abb. 2.7. (a) Definition des Koordinatensystems und der Lorentz-Transformation. **(b)** Energieverteilung im Laborsystem bei isotroper Winkelverteilung im Ruhsystem.

$$E_{1,\mathrm{Lab}} = \gamma E_1 + \gamma\beta|\boldsymbol{p}|\cos\Theta \ , \tag{2.123}$$

d.h.

$$dE_{1,\mathrm{Lab}} = \gamma\beta|\boldsymbol{p}|d\cos\Theta \ . \tag{2.124}$$

Damit ergibt sich

$$\frac{d\Gamma}{dE_{1,\mathrm{Lab}}} = \mathrm{const} \tag{2.125}$$

also ein Kastenspektrum innerhalb der Grenzen

$$E_{\mathrm{max,min}} = \gamma E_1 \pm \gamma\beta|\boldsymbol{p}| \ . \tag{2.126}$$

Zur Berechnung der Winkelverteilung beim Zerfall eines Teilchens, das sich im Zustand $|J;J_3\rangle$ befindet, muß man die Amplitude

$$T_{fi} = \langle|\boldsymbol{p}|,\Theta,\phi,\lambda_1,\lambda_2|T|m,J;J_3\rangle \tag{2.127}$$

kennen. Nun ziehen wir die Entwicklung (2.120) heran und erhalten mit einer geringfügig vereinfachten Bezeichnung der Zustände

$$T_{fi} = \sqrt{\frac{2J+1}{4\pi}}\,D^{*J}_{J_3\lambda}(\phi,\Theta,-\phi)\langle J_3,\lambda_1,\lambda_2|T|J_3\rangle \ . \tag{2.128}$$

Hierbei wurde schon die Drehimpulserhaltung ausgenutzt. Das Matrixelement auf der rechten Seite hängt wegen der Rotationsinvarianz nicht mehr von J_3 ab, es wird daher mit $t_{\lambda_1\lambda_2}$ abgekürzt. Normalerweise wird die Polarisation der auslaufenden Teilchen nicht beobachtet, so daß die Winkelverteilung aus

$$\frac{d\Gamma}{d\Omega} \sim \sum_{\lambda_1\lambda_2}(d^J_{J_3\lambda}(\Theta))^2|t_{\lambda_1\lambda_2}|^2 \tag{2.129}$$

berechnet werden muß. Als Beispiel betrachten wir den Zerfall in spinlose Teilchen: ihre Winkelverteilung ist zufolge der Beziehung (2.67) einfach durch $|Y_J^{J_3}|^2$ bestimmt.

Wenn man, wie schon oben angenommen, die Richtung der z-Achse im Ruhsystem mit der Flugrichtung des Teilchens im Laborsystem zusammenfallen läßt, nehmen die Transversalimpulse

$$p_T = |\boldsymbol{p}|\sin\Theta = |\boldsymbol{p}_{\mathrm{Lab}}|\sin\Theta_{\mathrm{Lab}} \tag{2.130}$$

in beiden Systemen den gleichen Wert an. Die p_T-Verteilung hat eine interessante kinematische Eigenschaft. Wegen

$$\left| \frac{dp_T}{d\cos\Theta} \right| = \frac{|\boldsymbol{p}\,^2\cos\Theta|}{p_T} = \frac{|\boldsymbol{p}|}{p_T}\sqrt{|\boldsymbol{p}|^2 - p_T^2} \tag{2.131}$$

divergiert $d\Gamma/dp_T$ an der Stelle des maximalen Transversalimpulses $p_T = |\boldsymbol{p}|$, d.h. bei $\Theta = \pi/2$, wobei die Zählrate natürlich endlich bleibt. Dieses Maximum heißt „Jacobi-Spitze" nach der Jacobi-Determinante zur Umrechnung von Differentialen in mehrdimensionalen Integralen. Da $|\boldsymbol{p}|$ nur von den Massen der beteiligten Teilchen abhängt, läßt sich aus der Lage des Maximums die Masse des instabilen Teilchens bestimmen, wenn wie z.B. im Zerfall

$$W \to e\nu \tag{2.132}$$

eines der Zerfallsprodukte nicht nachgewiesen werden kann (Abb. 2.8).

2.4.2 Partialwellenentwicklung der Streuamplitude

Der Helizitätsformalismus erlaubt eine elegante Formulierung der 2-Körperstreuung (Abb. 1.17) von Teilchen beliebiger Massen und Spins im Anfangs- und Endzustand der Reaktion. Gesucht sind die Matrixelemente

$$T_{fi} = \langle |\boldsymbol{p}_3|, \Theta, \phi, \lambda_3, \lambda_4 |T| |\boldsymbol{p}_1|, 0, 0, \lambda_1, \lambda_2 \rangle \ . \tag{2.133}$$

Aus der Anschrift geht hervor, daß die z-Achse des Koordinatensystems mit der Richtung von $\boldsymbol{p}_1$ zusammenfällt. In Kapitel 4 und 5 werden wir die Regeln zur Berechnung solcher Helizitätsamplituden für die elektromagnetische und schwache Wechselwirkung kennenlernen. Zunächst wollen wir aber studieren, welche allgemein gültigen Aussagen sich aufgrund weiterer kinematischer Überlegungen machen lassen.

Da der Drehimpuls erhalten ist, wird es sinnvoll sein, zu einer Basis von 2-Teilchenzuständen zu festem J und J_3 überzugehen. Wir setzen also zweimal die Entwicklung (2.120) ein und bekommen

$$T_{fi} = \sum_{J,J_3} \frac{2J+1}{4\pi} D^J_{J_3\lambda} D^{*J}_{J_3\mu} \langle \sqrt{s}, J; |\boldsymbol{p}_3|, \lambda_3, \lambda_4 |T| \sqrt{s}, J; |\boldsymbol{p}_1|, \lambda_1, \lambda_2 \rangle \ , \tag{2.134}$$

wobei schon die Drehimpulserhaltung ausgenutzt wurde. In (2.60) sind die d-Funktionen definiert. Hieraus läßt sich sofort die Beziehung

$$d^J_{j_3'j_3}(0) = \delta_{j_3'j_3} \tag{2.135}$$

ableiten, und daher gelangt man zu dem Resultat

$$T_{fi} = \sum_{J} \frac{2J+1}{4\pi} d^J_{\lambda\mu}(\Theta) e^{i\phi(\lambda-\mu)} T^J_{\lambda_3\lambda_4,\lambda_1\lambda_2}(\sqrt{s}) \tag{2.136}$$

für die Helizitätsamplituden. Seine Bedeutung liegt in der eindeutigen Trennung der Winkel- und Energieabhängigkeit. Bei einem festen Wert von J

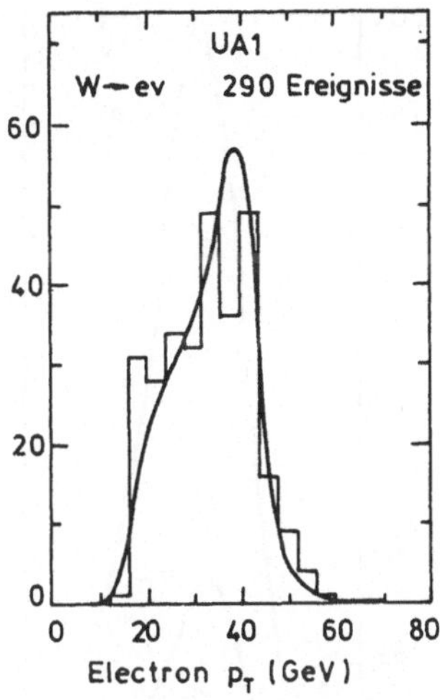

Abb. 2.8. Die p_T-Verteilung der Elektronen beim Zerfall von W-Bosonen im Fluge.

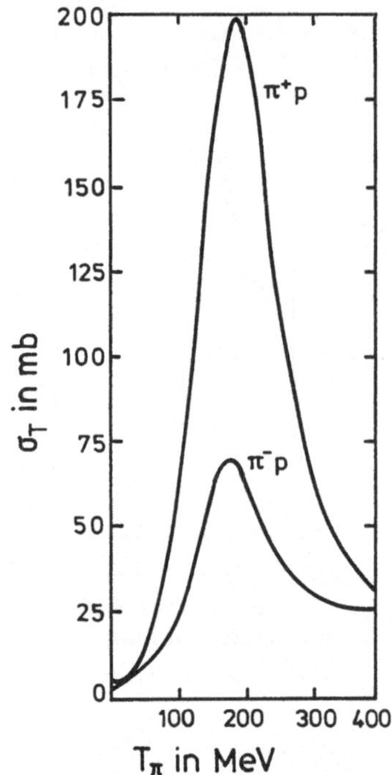

Abb. 2.9. Der totale Wirkungsquerschnitt der Pion-Proton-Streuung im Bereich der Δ- Resonanz.

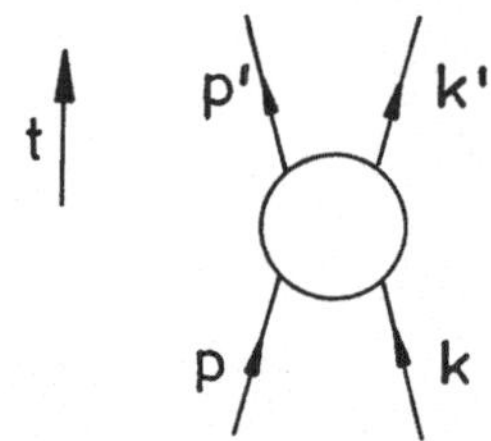

Abb. 2.10. Allgemeines Diagramm einer 2-Körper-Streureaktion mit Kurzbezeichnung der Viererimpulse der ein- und auslaufenden Reaktionspartner. Ohne weiteren Index sind alle Impulse im Schwerpunktsystem definiert.

ist die Abhängigkeit von Θ vollständig durch die Funktionen $d^J_{\lambda\mu}$ bestimmt, wobei

$$\lambda = \lambda_1 - \lambda_2 \tag{2.137}$$

und

$$\mu = \lambda_3 - \lambda_4 \tag{2.138}$$

anzusetzen ist. Das Matrixelement auf der rechten Seite hängt neben den diskreten Parametern J und λ_i nur noch von $\sqrt{s}$ ab, da bei gegebenen Massen $|\boldsymbol{p}_1|$ und $|\boldsymbol{p}_3|$ aus s berechnet werden können. In diesen Funktionen $T^J_{\lambda_1\lambda_2,\lambda_3\lambda_4}$ ist die gesamte Dynamik der Wechselwirkung enthalten. Es ist einsichtig, daß die Darstellung (2.136) besonders wichtig wird, falls nur wenige Partialwellenamplituden T^J zum Wirkungsquerschnitt beitragen.

2.4.3 Resonanzen in Formationsexperimenten

Betrachten wir nochmals die Reaktion

$$\pi^+ + p \to \pi^+ + p \tag{2.139}$$

bei kinetischen Energien des Pions im Laborsystem im Bereich von 200 MeV. Bei 180 MeV (Abb. 2.9) wird der totale Querschnitt sehr groß, und es liegt nahe, diese resonanzartige Überhöhung durch die Erzeugung (Formation) eines neuen Teilchens zu erklären:

$$\pi^+ + p \to \Delta^{++} \to \pi^+ + p \ . \tag{2.140}$$

Durch Umrechnen der Resonanzenergie in das Schwerpunktsystem findet man eine Δ^{++} Masse von 1232 MeV. Der Halbwertsbreite der Resonanzkurve entspricht im Schwerpunktsystem eine Halbwertsbreite von $\Gamma = 120$ MeV, das ist etwa 10 % des Massenwertes! Die Lebensdauer τ solcher Zustände wird über die Beziehung (1.35) ausgerechnet, deren Anwendbarkeit wir noch begründen müssen.

Wir wollen daher jetzt Energie- und Winkelabhängigkeit des Wirkungsquerschnitts etwas genauer untersuchen. Das Beispiel der Pion-Proton-Streuung läßt sich später auf andere Formationsexperimente wie z.B. die Z^0-Erzeugung in der Elektron-Positron-Annihilation übertragen. Vereinfachend sehen wir zunächst vom Spin des Protons ab, behandeln also die Resonanzstreuung zweier spinloser Teilchen. Es ist zweckmäßig, die Impulse im Schwerpunktsystem der Reaktion mit den in Abb. 2.10 definierten Symbolen zu belegen.

Der Konvention der Kernphysik folgend bezeichnen wir in diesem Abschnitt die Größe

$$f(\Theta, \sqrt{s}) = \frac{1}{8\pi\sqrt{s}} \sqrt{\frac{|\boldsymbol{p}\,'|}{|\boldsymbol{p}|}} T_{fi} \tag{2.141}$$

als Streuamplitude. Damit folgt für den differentiellen Wirkungsquerschnitt

$$\frac{d\sigma}{d\Omega} = |f(\Theta, \sqrt{s})|^2 \ . \tag{2.142}$$

Aus Gleichung (2.136) gewinnen wir im Fall der Streuung spinloser Teilchen die Entwicklung der *elastischen* Streuamplitude nach Bahndrehimpulsen l, also

$$f^{\mathrm{el}}(\Theta, \sqrt{s}) = \frac{1}{|\boldsymbol{p}|} \sum_l (2l+1) t_l(\sqrt{s}) P_l(\cos\Theta) \ , \tag{2.143}$$

wobei noch

$$d^l_{00} = P^l \tag{2.144}$$

benutzt wurde. An sich läuft die Summe über l von 0 bis ∞, aber bei der Erzeugung einer Resonanz als Zwischenzustand kann nur der Term mit $l = J$ übrigbleiben, wobei J der Spin der Resonanz ist.

Die Partialwellenamplitude $t_l(\sqrt{s})$ hängt mit T^l über

$$t_l = \frac{|\boldsymbol{p}|}{32\pi^2\sqrt{s}} T^l \tag{2.145}$$

zusammen, wodurch (2.143) die von der Kernphysik gewohnte Form annimmt. Falls nur elastische Streuprozesse möglich sind, existiert für die Partialwellenamplitude die Parametrisierung

$$t_l = \frac{e^{2i\delta_l} - 1}{2i} \ . \tag{2.146}$$

Hierin ist die Streuphase δ_l eine reelle Funktion von $\sqrt{s}$ mit einem Wertebereich zwischen 0 und π.

Bei $\sqrt{s} = 1232$ MeV kann man in der $\pi^+ p$-Streuung schon Endzustände mit mehr als einem Pion erzeugen, es sind also im Prinzip inelastische Kanäle offen. Wir wollen aber für die weitere Diskussion rein elastische Streuung annehmen, rechnen also weiter mit dem Ansatz (2.146). Dieser läßt sich zu

$$t_l = e^{i\delta_l} \sin\delta_l \tag{2.147}$$

umformen. Unter Ausnutzung der Orthogonalitätsrelation

$$\int_{-1}^{1} P_l P_{l'} d\cos\Theta = \frac{2}{2l+1} \delta_{ll'} \tag{2.148}$$

der Legendre-Polynome erhält man den einfachen Ausdruck

$$\sigma = \frac{4\pi}{|\boldsymbol{p}|^2} \sum_l (2l+1) \sin^2\delta_l \tag{2.149}$$

für den integrierten Wirkungsquerschnitt. Aus (2.147) lesen wir für den Imaginärteil der Partialwellenamplitude

$$\Im t_l = \sin^2\delta_l \tag{2.150}$$

ab, und daraus folgt das wichtige sog. „optische Theorem[4]"

[4]In der Optik bestimmt der Imaginärteil des Brechungsindex die Absorption einer Lichtwelle.

$$\sigma = \frac{4\pi}{|\boldsymbol{p}|}\Im f^{\mathrm{el}}(\Theta = 0) \ , \tag{2.151}$$

welches genau genommen eine Folge der Unitarität der S-Matrix ist. Für jede Partialwelle kann der Wirkungsquerschnitt maximal den Wert

$$\sigma^l_{\mathrm{max}} = (2l+1)\frac{4\pi}{|\boldsymbol{p}|^2} \tag{2.152}$$

für $\delta_l = \pi/2$ annehmen. Diese Unitaritätsgrenze wird bei der Bildung einer Resonanz erreicht, falls keine inelastischen Kanäle offen sind. Um die Kurvenform eines resonanten Wirkungsquerschnitts zu finden, formen wir (2.147) zu

$$t_l = \frac{1}{\cot\delta_l - i} \tag{2.153}$$

um und entwickeln den cot in der Umgebung der Resonanzstelle

$$\delta_l(M_R) = \frac{\pi}{2} \ . \tag{2.154}$$

Diese Entwicklung lautet

$$\cot\delta_l(\sqrt{s}) = \cot\delta_l(M_R) + (\sqrt{s} - M_R)\frac{d}{d\sqrt{s}}\cot\delta_l(\sqrt{s})|_{\sqrt{s}=M_R} \ . \tag{2.155}$$

Mit der Abkürzung

$$\frac{2}{\Gamma} \equiv \frac{d}{d\sqrt{s}}\cot\delta_l(\sqrt{s})|_{\sqrt{s}=M_R} \tag{2.156}$$

folgt dann für die Partialwellenamplitude

$$t_l = \frac{\Gamma/2}{(\sqrt{s} - M_R) - i\Gamma/2} \tag{2.157}$$

und daher für den differentiellen Wirkungsquerschnitt einer Partialwelle in Resonanz

$$\left.\frac{d\sigma}{d\Omega}\right|_{\mathrm{Res}} = \frac{1}{|\boldsymbol{p}|^2}(2J+1)^2 P_J^2(\cos\Theta)\frac{\Gamma^2/4}{(\sqrt{s} - M_R)^2 + \Gamma^2/4} \ . \tag{2.158}$$

Nach Integration erhalten wir für den totalen Querschnitt

$$\sigma_{\mathrm{Res}} = \frac{4\pi}{|\boldsymbol{p}|^2}(2J+1)\frac{\Gamma^2/4}{(\sqrt{s} - M_R)^2 + \Gamma^2/4} \ . \tag{2.159}$$

Dies ist die bekannte (nicht relativistische) Breit-Wigner-Formel[5], die die Energieabhängigkeit des Wirkungsquerschnitts im Bereich einer Resonanz beschreibt. Eine Kurvendiskussion überzeugt uns sehr schnell davon, daß der Parameter Γ die anschauliche Bedeutung der Halbwertsbreite der Kurve hat. Die Fourier-Analyse des radioaktiven Zerfallsgesetzes führt auf die gleiche Verteilung der Energien, die in der Atomphysik als Lorentz-Kurve bekannt

[5]G. Breit (1899–1981) und E. Wigner (geb. 1902) wirkten hauptsächlich in Amerika und haben die Entwicklung der Kernphysik entscheidend mitgestaltet.

ist. Damit ist die Gleichsetzung der Halbwertsbreite der Breit-Wigner-Kurve mit der Zerfallskonstanten Γ gerechtfertigt.

Eine Resonanz kann in unterschiedlichen Reaktionen erzeugt werden und wird meistens mehrere Zerfallsmoden haben. Das Δ^0 kann z.B. in $\pi^- p$, $\pi^0 n$ und γn zerfallen. Auch dies läßt sich leicht in den Resonanzformalismus einbauen. Die Partialbreite Γ_f definieren wir über die Zerfallswahrscheinlichkeit w_f in einen bestimmten Kanal f,

$$w_f = \frac{\Gamma_f}{\Gamma} \ . \tag{2.160}$$

Für w_f schreibt man auch oft BR als Abkürzung von *branching ratio* (Verzweigungsverhältnis). Wegen $\sum_f w_f = 1$ gilt natürlich

$$\sum_f \Gamma_f = \Gamma \ . \tag{2.161}$$

Die Wahrscheinlichkeit, daß eine Resonanz im Kanal i erzeugt wird und in den Kanal f zerfällt, ist dann durch

$$w_f w_i = \frac{\Gamma_f \Gamma_i}{\Gamma^2} \tag{2.162}$$

gegeben und daher muß (2.159) zu

$$\sigma_{\text{Res}} = \frac{4\pi}{|\boldsymbol{p}|^2}(2J+1)\Gamma_i\Gamma_f f_{\text{BW}} \tag{2.163}$$

erweitert werden, wobei noch die Abkürzung

$$f_{\text{BW}} \equiv \frac{1}{4(\sqrt{s} - M_R)^2 + \Gamma^2} \tag{2.164}$$

für die Breit-Wigner-Funktion benutzt wurde. Zu beachten ist, daß sich gegenüber (2.159) nur die Höhe der Kurve geändert hat, die Halbwertsbreite ist vollständig durch den Wert von Γ bestimmt.

Im Falle identischer Anfangs- und Endzustände entspricht die Gleichung (2.163) dem Ansatz

$$t_l = \frac{w_i}{\cot \delta_l - i} \tag{2.165}$$

für die Partialwellenamplitude der elastischen Streuung. Das optische Theorem liefert dann das Ergebnis

$$\sigma_t = \frac{4\pi}{|\boldsymbol{p}|^2}(2J+1)\Gamma\Gamma_i f_{\text{BW}} \tag{2.166}$$

für den über alle möglichen Kanäle summierten totalen Querschnitt, welches auch durch Summation von (2.163) über die Endzustände f hergeleitet werden kann.

Gleichung (2.158) legt eindeutig den Zusammenhang zwischen dem Spin der Resonanz und der Winkelverteilung des Formationsexperimentes für den

Fall der Streuung spinloser Teilchen fest. Wir wollen nun die Beschränkung auf ein- und auslaufende Teilchen ohne Spin aufgeben. Für jeden kombinatorisch erlaubten Satz der λ_i wird (2.142) durch die Beziehung

$$\frac{d\sigma}{d\Omega}(\sqrt{s},\Theta) = |f_{\lambda_3\lambda_4,\lambda_1\lambda_2}|^2 \qquad (2.167)$$

ersetzt. Bei Nichtbeobachtung der Helizitätseinstellungen wird wieder in der üblichen Weise über die einlaufenden Zustände gemittelt und über die auslaufenden summiert. Gleichung (2.167) ist für elastische und inelastische Streuprozesse, also z.B. für die Reaktion

$$\pi^- + p \rightarrow \pi^0 + n \qquad (2.168)$$

definiert. Die Erhaltung des Drehimpulses in der Reaktion erlaubt keine Reduktion der Zahl der Helizitätsamplituden $f_{\lambda_3\lambda_4,\lambda_1\lambda_2}$, wohl aber die später noch zu besprechende Spiegelinvarianz.

An Stelle von (2.143) tritt nun

$$f_{\lambda_3\lambda_4,\lambda_1\lambda_2} = \frac{1}{|\boldsymbol{p}|}\sum_J (2J+1)t^J_{\lambda_3\lambda_4,\lambda_1\lambda_2}(\sqrt{s})d^J_{\lambda\mu}(\Theta)e^{i(\lambda-\mu)\phi} \ . \qquad (2.169)$$

Im Fall der Resonanzstreuung kann J wieder nur den Wert des Spins der Resonanz annehmen.

Der Bahndrehimpuls hat keine Komponente in der Flugrichtung eines Teilchens. Die Drehimpulserhaltung verlangt daher $\lambda = \mu$ bei $\Theta = 0°$ bzw. $\lambda = -\mu$ bei $\Theta = 180°$. Diese Drehimpulserhaltung ist in die Entwicklung (2.169) eingebaut, da die durch die Drehimpulserhaltung verbotenen d-Funktionen bei $0°$ bzw. $180°$ verschwinden. Häufig wird der Spin entlang einer Achse quantisiert, die senkrecht auf der Streuebene steht (2.79). Dann kann die Interferenz zwischen den Helizitätsamplituden zu einer Abhängigkeit des Wirkungsquerschnitts vom Azimutwinkel ϕ führen (Übung 2.9).

Im Beispiel der Pion-Nukleon-Streuung gibt es offenbar 4 Helizitätsamplituden,

$$\begin{aligned}
f_{0\,\frac{1}{2},0\,\frac{1}{2}} &= f_{++} \ , \\
f_{0\,\frac{1}{2},0\,-\frac{1}{2}} &= f_{+-} \ , \\
f_{0\,-\frac{1}{2},0\,-\frac{1}{2}} &= f_{--} \ , \\
f_{0\,-\frac{1}{2},0\,\frac{1}{2}} &= f_{-+} \ .
\end{aligned} \qquad (2.170)$$

Man bezeichnet die in der ersten und dritten Gleichung definierten Größen als *helicity no flip*, und die beiden anderen als *helicity flip* Amplituden. Wir werden im Abschnitt über die Spiegelinvarianz erläutern, daß nur die beiden ersten Amplituden linear unabhänging sind, während die beiden letzten aus ihnen durch einfache Phasenbeziehungen hervorgehen. Ebenso werden wir für die zugehörigen Partialwellenamplituden die Bedingung

$$|t^J_{++}| = |t^J_{+-}| \qquad (2.171)$$

kennen lernen. Daher folgt für den differentiellen Wirkungsquerschnitt unter der Annahme, daß die Δ-Resonanz den Spin 3/2 hat, die Beziehung

$$\frac{d\sigma}{d\Omega} \sim |d^{\frac{3}{2}}_{\frac{1}{2}\frac{1}{2}}|^2 + |d^{\frac{3}{2}}_{\frac{1}{2}-\frac{1}{2}}|^2 \; , \tag{2.172}$$

wobei wir schon die Symmetrierelation

$$d^J_{\lambda\mu} = d^J_{-\mu-\lambda} \tag{2.173}$$

ausgenutzt haben. Der Tabelle des Anhangs entnimmt man

$$d^{\frac{3}{2}}_{\frac{1}{2}\frac{1}{2}} = \frac{3\cos\Theta - 1}{2}\cos\frac{\Theta}{2} \tag{2.174}$$

und

$$d^{\frac{3}{2}}_{\frac{1}{2}-\frac{1}{2}} = -\frac{3\cos\Theta + 1}{2}\sin\frac{\Theta}{2} \; , \tag{2.175}$$

woraus sich für die Winkelverteilung

$$\frac{d\sigma}{d\Omega} \sim 1 + 3\cos^2\Theta \tag{2.176}$$

ergibt. Dies entspricht sehr gut den experimentellen Resultaten (Abb. 2.11).

Für die Amplituden (2.171) machen wir im Fall der elastischen Streuung den Ansatz

$$t^J_{++} = \frac{1}{2}\frac{w_i}{\cot\delta^J_{++} - \imath} \; , \tag{2.177}$$

wobei der Faktor 1/2 die Aufteilung in den *helicity no flip* und *helicity flip* Kanal berücksichtigt.

Unter Einbeziehung des Spins ist das optische Theorem so zu verstehen, daß die elastische Streuamplitude immer die urspüngliche Spinkonfiguration beibehält, und σ_t der totale Querschnitt für die Helizitätskombination im Anfangszustand summiert über alle im Endzustand möglichen Helizitäten und Reaktionsprodukte ist.

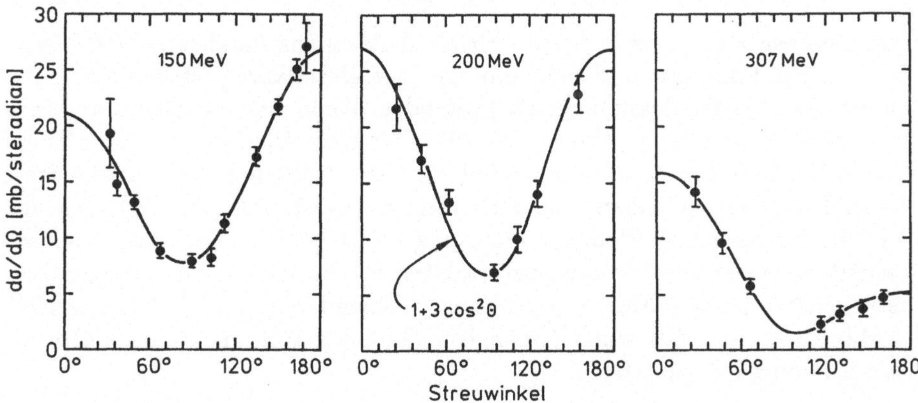

Abb. 2.11. Differentielle Wirkungsquerschnitte für πp-Streuung. Die Kurve bei einer kinetischen Energie von 200 MeV ist eine Anpassung gemäß (2.176) an die Daten, die anderen Kurven sind empirisch durch die Meßpunkte gelegt.

Aus (2.177) lassen sich nun wieder Ausdrücke für σ_{el} und σ_t gewinnen. Mit deren Hilfe berechnet man schließlich den spingemittelten Resonanzquerschnitt in einer bestimmten Reaktion zu

$$\sigma_{\text{Res}} = g(2J+1)\frac{4\pi}{|\boldsymbol{p}|^2}\Gamma_f\Gamma_i f_{\text{BW}} \ , \tag{2.178}$$

wobei g der in Kap. 1.3 eingeführte statistische Wichtungsfaktor ist, also $g = 1/2$ in unserem Beispiel. Die Formel (2.178) gilt aber allgemein.

Es gibt andere Möglichkeiten, einen resonanten Wirkungsquerschnitt zu beschreiben. Besonders häufig wird noch die sog. relativistische Breit-Wigner-Funktion

$$f_{\text{BW}}^r = \frac{1}{(s - M_R^2)^2 - M_R^2\Gamma^2} \tag{2.179}$$

benutzt, mit deren Hilfe (2.178) durch

$$\sigma_{\text{Res}} = g(2J+1)16\pi s\frac{\Gamma_f\Gamma_i}{M_R^2}f_{\text{BW}}^r \tag{2.180}$$

ersetzt wird. Auch hier wird wie bei der nichtrelativistischen Funktion angenommen, daß die Breite relativ gering verglichen mit der Masse des Zustands ist. Bei sehr „breiten" Resonanzen darf Γ nicht ohne weiteres als konstant angesetzt werden. Umgekehrt können bei genügend kleinem Γ die Breit-Wigner-Funktionen durch die sehr nützlichen Näherungen

$$f_{\text{BW}} \approx \frac{\pi}{2\Gamma}\delta(\sqrt{s} - M_R) \ , \tag{2.181}$$

beziehungsweise

$$f_{\text{BW}}^r \approx \frac{\pi}{M_R\Gamma}\delta(s - M_R^2) \tag{2.182}$$

ersetzt werden.

2.4.4 Pion-Resonanzen

Die Pion-Nukleon-Streuung dient auch als einfaches Mittel zur Erzeugung von mesonischen Resonanzen, z.B. in der Reaktion

$$\pi^- + p \rightarrow \pi^+ + \pi^- + n \ . \tag{2.183}$$

Im Gegensatz zur gerade besprochenen Δ-Resonanz handelt es sich hierbei um ein Produktionsexperiment, d.h. die Pion-Resonanzen werden nur in den Endzuständen der Reaktion (2.183) gefunden. Wenn man die invariante Masse der π-Paare berechnet, findet man z.B. eine klare Häufung bei einer Masse von 770 MeV. Die Häufigkeitsverteilung (Abb. 2.12) hat die typische Form einer Breit-Wigner-Kurve, und man kann sie tatsächlich als Wirkungsquerschnitt für resonante Pion-Pion-Streuung interpretieren. Das einlaufende π^- streut an einem vom Proton abgestrahlten π^+, bildet einen resonanten Zwischenzustand, das ϱ-Meson, welcher anschließend wieder in 2 Pionen zerfällt (Abb. 2.13). Für den winkelabhängigen Teil des Wirkungsquerschnitts der $\pi\pi$-Streuung gilt gemäß (2.158)

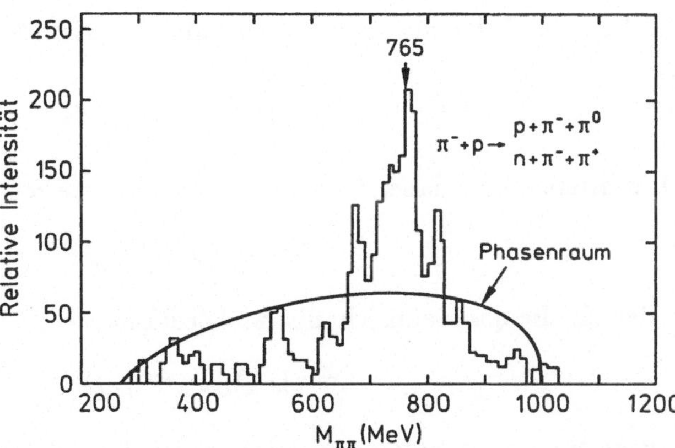

Abb. 2.12. Verteilung der invarianten Massen der Pionen im Endzustand der Reaktion (2.183).

$$\frac{d\sigma}{d\Omega} \sim |d^J_{00}|^2 = P^2_J(\Theta) \;, \tag{2.184}$$

wobei Θ der Winkel zwischen dem ein- und auslaufenden π^- im CMS des $\pi^+\pi^-$-Systems ist. Das ϱ-Meson z.B. zeigt eine zu $\cos^2\Theta$ proportionale Winkelverteilung der Zerfallspionen, hat also den Spin 1.

2.4.5 Der Spin des Photons

Aus den Auswahlregeln der Atomphysik folgt $J = 1$ für den Spin des Photons. Dies ist in Übereinstimmung mit den Transformationseigenschaften eines Vektorfeldes unter Rotationen, was wir jetzt in einer vereinfachten Form beweisen möchten.

Photonenzustände mit Impuls k und Helizität λ kann man durch $|k,\lambda\rangle$ beschreiben. Eine alternative Möglichkeit ist $|k,\varepsilon\rangle$, wobei ε der Polarisationsvektor des Photons ist. Die zu den Zuständen $|k,\varepsilon\rangle$ gehörende Wellenfunktion ist durch

$$A = \frac{1}{\sqrt{2\omega V}}\varepsilon e^{-\imath k\cdot x} \tag{2.185}$$

gegeben. Klassisch entspricht ihr die ebene Welle der Gleichung (1.17) und wegen

$$E = -\frac{1}{c}\frac{\partial A}{\partial t} \tag{2.186}$$

hat der Polarisationsvektor ε die Richtung des elektrischen Feldes E. Wir betrachten nun eine elektromagnetische Welle, die entlang der z-Achse eines Koordinatensystems läuft. Die Basisvektoren der Polarisation seien ε_x und ε_y. Dieses System von Basisvektoren wird jetzt um den Winkel Θ um die z-Achse gedreht. Für die neuen Basisvektoren gilt

$$\begin{aligned} \varepsilon'_x &= \cos\Theta\varepsilon_x + \sin\Theta\varepsilon_y \\ \varepsilon'_y &= -\sin\Theta\varepsilon_x + \cos\Theta\varepsilon_y \;, \end{aligned}$$

da man ja für die Transformation von Basisvektoren mit den Matrizen R^{tr}

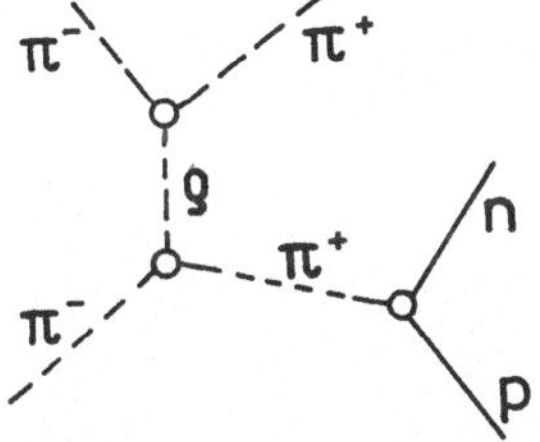

Abb. 2.13. Sog. peripheres Diagramm für die Erzeugung von 2 Pionen in der Pion-Nukleon-Streuung. In solchen Diagrammen soll die Blase am Vertex immer den Einfluß der Kernkraft andeuten.

rechnen muß. Rechts- und linkszirkular polarisierte Wellen werden durch

$$\boldsymbol{\varepsilon}_{\pm} = \frac{1}{\sqrt{2}}(\boldsymbol{\varepsilon}_x \pm i\boldsymbol{\varepsilon}_y) \tag{2.187}$$

beschrieben und daher folgt mit (2.187) für die rotierten Vektoren

$$\boldsymbol{\varepsilon}'_{\pm} = e^{\mp i\Theta}\boldsymbol{\varepsilon}_{\pm} \tag{2.188}$$

oder für die quantenmechanischen Zustände

$$|\boldsymbol{\varepsilon}'_{\pm}\rangle = e^{\mp i\Theta}|\boldsymbol{\varepsilon}_{\pm}\rangle \ . \tag{2.189}$$

Diese Beziehung entspricht aber genau dem Transformationsverhalten von Basisvektoren $|1; \pm 1\rangle$ zum Spin 1, was sich mit Hilfe von (2.57) leicht einsehen läßt. Zusätzlich folgt aus der Herleitung, daß den zirkular polarisierten Wellen der klassischen Theorie die Helizitätszustände des Photons entsprechen. Wir übernehmen diesen Sprachgebrauch auch für Spin 1/2 Teilchen und bezeichnen Fermionen mit $\lambda = \pm 1/2$ als „rechts"- bzw. „linkshändig".

2.4.6 Der Spin des neutralen Pions

Die leichtesten Mesonen haben alle den Spin $J = 0, 1$. Dies entspricht den Erfahrungen der Atom- und Kernphysik, wo auch die Zustände mit $J = 0$ energetisch am tiefsten liegen. Wir werden im folgenden Yangs Theorem[6] beweisen, das aussagt, daß ein Teilchen mit Spin 1 nicht in zwei Photonen zerfallen kann. Wenn also das π^0 nicht ein ganz ungewöhnliches Teilchen sein soll, muß für es $J = 0$ gelten.

Das Matrixelement T_{fi} für den Zerfall eines Teilchens mit Spin in zwei Photonen kann nur von den Observablen der beteiligten Teilchen abhängen, es wird also die Gestalt

$$T_{fi} \sim \boldsymbol{JM} \tag{2.190}$$

haben. Hierin ist $\boldsymbol{J}$ der Spinvektor. $\boldsymbol{M}$ ist ein Vektor, der linear aus den Polarisationen $\boldsymbol{\varepsilon}_1, \boldsymbol{\varepsilon}_2$ der beiden Photonen und $\boldsymbol{k}$, dem Impuls eines der Photonen im Ruhsystem des Pions, aufgebaut werden muß, da die Streumatrix ein linearer Operator ist. Betrachten wir nun mögliche Formen von $\boldsymbol{M}$:

$$\boldsymbol{M} = \boldsymbol{\varepsilon}_1 \times \boldsymbol{\varepsilon}_2 \tag{2.191}$$

$$\boldsymbol{M} = (\boldsymbol{\varepsilon}_1\boldsymbol{\varepsilon}_2)\boldsymbol{k} \tag{2.192}$$

und

$$\boldsymbol{M} = \boldsymbol{k} \times (\boldsymbol{\varepsilon}_1 \times \boldsymbol{\varepsilon}_2) \ . \tag{2.193}$$

Der Ansatz (2.191) scheidet aus, da sich beim Vertauschen der Photonen das Vorzeichen ändert. Die Wellenfunktion zweier Photonen muß aber unter Vertauschung gerade sein. Mit demselben Argument scheidet auch (2.192) aus. Der Vorzeichenwechsel folgt hier aus der Tatsache, daß man beim Vertauschen

[6]Der chinesisch-amerikanische Theoretiker C.N. Yang (geb. 1922) ist natürlich viel berühmter durch seine Entdeckung der Paritätsverletzung in der schwachen Wechselwirkung, die er zusammen mit seinem Landsmann T.D. Lee (geb. 1926) machte.

k durch $-k$ ersetzen muß. Die Form (2.193) schließlich ist untauglich, da die rechte Seite identisch verschwindet. Dies ist eine Folge der Identität

$$k \times (\varepsilon_1 \times \varepsilon_2) = \varepsilon_1(k\varepsilon_2) - \varepsilon_2(k\varepsilon_1) \tag{2.194}$$

und der Transversalität $k\varepsilon_i = 0$ der Photonen. Damit ist der Beweis vollständig.

2.5 Spiegelungen und Paritätsinvarianz

2.5.1 Die Paritätstransformation

Neben den Drehungen sind in der Gruppe $O3$ auch die Spiegelungen enthalten. Sie hatten wir bisher ausdrücklich ausgeschlossen. Es läßt sich leicht einsehen, daß Spiegelungen an einer Ebene sich als Produkt aus einer Drehung und einer Spiegelung am Koordinatenursprung schreiben lassen. Wir befassen uns daher nur mit den letzteren Spiegelungen und beschreiben sie formal durch

$$x'_k = R^P_{kl} x_l \tag{2.195}$$

mit

$$R^P = \begin{pmatrix} -1 & 0 & 0 \\ 0 & -1 & 0 \\ 0 & 0 & -1 \end{pmatrix} . \tag{2.196}$$

Im euklidischen Raum müssen wir zwischen polaren und axialen Vektoren unterscheiden. Polare Vektoren transformieren sich bei Drehungen gemäß (2.23) und bei Spiegelungen nach (2.195). Zu ihnen gehört neben dem Ortsvektor beispielsweise der Impuls p eines Teilchens, also $p' = -p$. Daneben gibt es aber noch die über das Kreuzprodukt definierten axialen Vektoren, z.B. den Bahndrehimpuls, $L = x \times p$. Für ihn gilt ersichtlich

$$L' = L \tag{2.197}$$

bei einer Spiegelung von x und p, während für Drehungen wieder das Gesetz (2.23) anzuwenden ist.

Eine Spiegelung induziert im quantenmechanischen Zustandsraum eine unitäre Transformation

$$U(R^P) = P . \tag{2.198}$$

Zunächst untersuchen wir die Wirkung des sog. Paritätsoperators P auf Zustände $|\psi\rangle = |m, j; j_3\rangle$, die ein Teilchen in seinem Ruhesystem beschreiben. Unter der Annahme, daß das Transformationsverhalten (2.197) für alle Drehimpulse gültig ist, folgt

$$P|m, j; j_3\rangle = \eta|m, j; j_3\rangle . \tag{2.199}$$

Hierin ist η ein (zunächst) komplexer Phasenfaktor, den wir ja immer zulassen müssen. Wegen der Abbildungseigenschaften der Spiegelung gilt aber auch

$$P^2|m,j;j_3\rangle = |m,j;j_3\rangle \tag{2.200}$$

und daher

$$\eta = \pm 1 \ . \tag{2.201}$$

Dies bedeutet, daß (2.199) eine Eigenwertsgleichung des Paritätsoperators ist. Die Eigenwerte $\eta = \pm 1$ nennen wir die innere Parität eines Teilchens. Die Eigenzustände sind gemeinsame Eigenzustände zu Spin *und* Parität und wir bezeichnen sie daher präziser mit $|m,j;j_3,\eta\rangle$. Die Tatsache, daß es gemeinsame Eigenzustände zu $\hat{\jmath}|,\hat{\jmath}_3$ und P gibt, ist eine direkte Folge der Vertauschbarkeit von Spiegelungen und Drehungen.

Man kann also jedes Teilchen in ein Spin-Paritäts-Multiplett einordnen, das wir in der Tradition der Atom- und Kernphysik durch das Symbol J^P kennzeichnen. Die Wahl des großen Buchstabens J für den Spin erinnert uns daran, daß dieser sich häufig aus der Addition der Bahndrehimpulse und der Spins der Konstituenten ergibt.

Aus den Spiegelungseigenschaften der Kugelflächenfunktionen

$$Y_l^{l_3}(\pi - \Theta, \phi + \pi) = (-1)^l Y_l^{l_3}(\Theta, \phi) \tag{2.202}$$

folgt für die Parität von Einteilchenzuständen (2.115) mit definiertem Bahndrehimpuls

$$P|m,j;l,l_3,j_3,\eta\rangle = \eta(-1)^l|m,j;l,l_3,j_3,\eta\rangle \ . \tag{2.203}$$

Die Gesamtparität ergibt sich demnach aus dem Produkt der Eigenparität des Teilchens und der Parität des Drehimpulszustandes. Die Parität ist eine multiplikative Quantenzahl. Der tiefere Grund hierfür liegt in der diskreten Natur der Spiegelungen. Im Gegensatz dazu folgt aus der Abhängigkeit der Drehungen von kontinuierlichen Parametern die Addition der Drehimpulse.

Als Konsequenz dieser Überlegungen wird die Parität eines Zustands aus 2 Teilchen mit dem relativen Bahndrehimpuls l und den inneren Paritäten η_1 und η_2 zu

$$\eta = \eta_1\eta_2(-1)^l \tag{2.204}$$

festgelegt. Paritätseigenzustände haben also einen wohl definierten Bahndrehimpuls. Das Arbeiten mit Eigenzuständen zur Parität ist natürlich deswegen nützlich, weil die Invarianz der S-Matrix unter Spiegelungen,

$$[S, P] = 0 \tag{2.205}$$

die Erhaltung des Paritätseigenwertes in Reaktionen garantiert. Der formale Beweis ist wegen der diskreten Natur der Spiegelungsoperation von dem Beweis in Abschn. 2.1 verschieden. Aus

$$\langle f|S|i\rangle \ = \ \langle f|P^{-1}SP|i\rangle \ = \ \eta_f\eta_i\langle f|S|i\rangle \tag{2.206}$$

folgt sofort

$$\eta_f = \eta_i \; .$$

(2.207)

Der Definition der Paritäten haftet eine gewisse Willkür an. Wir kennen z.B. keine Reaktion, aus der sich die Parität des Protons eindeutig ermitteln läßt, d.h. sowohl die Zuordnung $\eta_p = 1$ wie $\eta_p = -1$ ist widerspruchsfrei möglich. Wir wählen eine positive Parität für Protonen.

Eine Diskussion des Verhaltens der Lösungen der Dirac-Gleichung bei Spiegelungen zeigt nun [2.6], daß die inneren Paritäten von Fermionen und Antifermionen ein unterschiedliches Vorzeichen haben müssen, Antiprotonen bekommen daher $\eta_{\bar{p}} = -1$. Protonen und Neutronen können als zwei Erscheinungsformen des Nukleons gedeutet werden, es ist daher nur natürlich auch $\eta_n = 1$ anzusetzen. Ebenso läßt sich für die Leptonen keine Reaktion finden, die ihre Paritäten eindeutig festlegt, man gibt daher in Übereinstimung mit der Dirac-Gleichung allen Fermionen gerade ($+$) und allen Antifermionen ungerade ($-$) Parität.

Für Mesonen, die z.B. in Nukleon-Nukleon-Stößen erzeugt werden, ist die innere Parität dann nicht mehr frei wählbar. Die Tabelle 2.1 listet die niedrigsten Multipletts neben den für sie gebräuchlichen Kurzbezeichnungen auf.

Die Zustände (2.114) und Helizitätszustände sind keine Eigenzustände zum Paritätsoperator. Ihr Transformationsverhalten ist durch

$$P|\boldsymbol{p}, j_3\rangle = \eta|-\boldsymbol{p}, j_3\rangle$$

(2.208)

und

$$P|\boldsymbol{p}, \lambda\rangle = \eta|-\boldsymbol{p}, -\lambda\rangle \; .$$

(2.209)

definiert. Der Phasenfaktor kann auch hier wegen $P^2 = 1$ die Werte ± 1 annehmen.

Zweiteilchenzustände zu definiertem *Bahn*drehimpuls sind, wie wir gesehen haben gleichzeitig Eigenzustände des Paritätsoperators. Demgegenüber haben die sonst so nützlichen Helizitätszustände ein wesentlich komplizierteres Transformationsverhalten,

$$P|J; J_3, \lambda_1 \lambda_2\rangle = \eta_1 \eta_2 (-1)^{J - j_{(1)} - j_{(2)}} |J; J_3, -\lambda_1 - \lambda_2\rangle \; ,$$

(2.210)

das nicht ohne weiteres einsichtig ist. Zwar ist sofort klar, daß die Helizitäten ihr Vorzeichen ändern, und daß der Phasenfaktor die inneren Paritäten η_1, η_2 der beiden Teilchen enthält. Der weitere Phasenfaktor in (2.210) wird aber über eine etwas längliche Rechnung ermittelt, die in der Literatur [2.3] zu finden ist. Aus (2.210) läßt sich aber dann mit (2.205) ohne allzu große Schwierigkeiten die sehr wichtige Symmetriebeziehung [2.3],

$$f_{-\lambda_3 - \lambda_4, -\lambda_1 - \lambda_2}(\sqrt{s}, \Theta, \phi) = \eta_g f_{\lambda_3 \lambda_4, \lambda_1 \lambda_2}(\sqrt{s}, \Theta, \pi - \phi)$$

(2.211)

für die Helizitätsamplituden herleiten. Hierin hängt

Tabelle 2.1. J^P-Multipletts der Mesonen.

J^P	Name
0^+	Skalar
0^-	Pseudoskalar
1^-	Vektor
1^+	Axialvektor, Pseudovektor
2^+	Tensor
2^-	Tensor

$$\eta_g = \eta_1 \eta_2 \eta_3 \eta_4 (-1)^{j_{(1)} + j_{(2)} - j_{(3)} - j_{(4)}} \tag{2.212}$$

nur von den inneren Paritäten η_i und den Spin-Quantenzahlen $j_{(i)}$ der beteiligten Teilchen ab. Angewandt auf die Pion-Nukleon-Streuung erhält man sofort für die Helizitätsamplituden der Gleichung (2.170)

$$|f_{++}| = |f_{--}| \tag{2.213}$$

und

$$|f_{+-}| = |f_{-+}| \; . \tag{2.214}$$

Sehr häufig erweist sich das Rechnen mit Eigenzuständen zu Drehimpuls *und* Parität als sehr sinnvoll. Offenbar sind die Linearkombinationen

$$|J; J_3, \eta\rangle = \frac{1}{\sqrt{2}} (|J; J_3, \lambda_1, \lambda_2\rangle \pm |J; J_3, -\lambda_1, -\lambda_2\rangle) \tag{2.215}$$

Eigenzustände zu $|\hat{\boldsymbol{J}}|^2$ und $\hat{J}_3$ mit der Parität $\pm\eta$, wobei η der Phasenfaktor der Gleichung (2.212) ist. Bezogen auf die Pion-Nukleon-Streuung bedeutet dieses Ergebnis, daß die Linearkombinationen der Partialwellenamplituden

$$t^J_{++} + t^J_{+-} \equiv t^{J+} \tag{2.216}$$

und

$$t^J_{++} - t^J_{+-} \equiv t^{J-} \tag{2.217}$$

zu Zuständen mit Spin J und positiver bzw. negativer Parität führen. Da Resonanzen eine definierte Parität haben, muß eine der beiden Kombinationen verschwinden, und daraus folgt die schon benutzte Relation (2.171)

$$|t^J_{++}| = |t^J_{+-}| \; . \tag{2.218}$$

Ähnliche Beziehungen lassen sich auch für andere Streureaktionen der Teilchenphysik ableiten.

2.5.2 Die Parität des Photons, des Rho-Mesons und der Pionen

Die Parität $\eta_\gamma = -1$ des Photons folgt theoretisch aus dem Vektorcharakter des Photonfeldes $\boldsymbol{A}$. Sie ist in Übereinstimmung mit den Auswahlregeln der Atomphysik.

Die Parität des ϱ-Mesons bestimmt man am einfachsten durch Ausnutzung der Paritätserhaltung beim starken Zerfall $\varrho \to \pi^- \pi^+$. Allgemein gilt wegen (2.204)

$$P|2\pi\rangle = (-1)^l |2\pi\rangle \; , \tag{2.219}$$

und weil der Spin 1 des ϱ-Mesons durch den Bahndrehimpuls l des $\pi\pi$-Systems aufgebaut wird, folgt daraus $\eta_\varrho = -1$, da die beiden Pionen die gleiche Parität haben.

Das Vertauschen zweier Teilchen in ihrem Schwerpunktsystem ist äquivalent zu einer Spiegelung der Teilchen am Koordinatenursprung. Es existiert daher ein enger Zusammenhang zwischen der Vertauschungs- und Paritätsoperation. Gleichung (2.204) bestimmt damit auch die Symmetrie eines Zustands mit definiertem Bahndrehimpuls unter Vertauschung der Ortskoordinaten der beiden Teilchen.

$$|\psi_2, \psi_1\rangle = (-1)^l |\psi_1, \psi_2\rangle \ , \tag{2.220}$$

d.h. die Wellenfunktion von 2 identischen Teilchen ist symmetrisch unter Vertauschung bei geraden Werten von l und antisymmetrisch bei ungeraden l. Nun sind nicht mehr alle Kombinationen J^P für einen solchen Zustand erlaubt, da das grundlegende Spin-Statistik-Theorem der Quantenfeldtheorie ja aussagt, daß ein System identischer Fermionen eine unter Vertauschung zweier Teilchen antisymmetrische Wellenfunktion haben muß (Pauli-Prinzip), während identische Bosonen durch eine symmetrische Wellenfunktion beschrieben werden.

Dieses Theorem wurde schon im letzten Abschnitt benutzt, um die Matrixelemente (2.192) und (2.193) auszuschließen, und ebenso nützlich ist es zum Beweis der Tatsache, daß der Zerfall

$$\varrho \to \pi^0 + \pi^0 \tag{2.221}$$

verboten ist: da die beiden π^0-Mesonen identische Bosonen sind, müssen sie in einem unter Vertauschung geraden Zustand sein, d.h für l sind nur die Werte $0, 2, 4...$ erlaubt. Dies ist aber im Widerspruch zum Spin 1 des ϱ-Mesons.

Wir wollen uns nun der Bestimmung der Parität der (geladenen) Pionen zuwenden. Hierzu betrachten wir die Reaktion

$$\pi^- + d \to n + n \ , \tag{2.222}$$

d.h. die Deuteronspaltung beim π^- Einfang. Die Parität des $\pi^- d$ Systems berechnet sich wegen der Paritätserhaltung aus

$$\eta_{nn} = \eta_\pi \eta_d (-1)^l \ . \tag{2.223}$$

Aus langen und sorgfältigen Studien des Abbremsens von Pionen in Materie folgt $l = 0$, d.h. die Pionen werden aus der S-Schale pionischer Atome eingefangen. Dies ist die entscheidende experimentelle Information, mit deren Hilfe η_π aus (2.223) bestimmt wird. Das Deuteron ist ein pn-System mit $l = 0, J = 1$, also ist nach den gerade entwickelten Regeln $\eta_d = 1$. Insgesamt haben wir damit

$$\eta_\pi = \eta_{nn} \tag{2.224}$$

abgeleitet.

Bei den beiden Neutronen auf der rechten Seite von (2.222) handelt es sich um identische Fermionen. Nach dem Pauli-Prinzip muß ihre Wellenfunktion also antisymmetrisch bei Vertauschung sein. Die beiden Neutronen haben den

Gesamtspin $S = 0$ oder 1 und den Bahndrehimpuls l. Die Spinwellenfunktion zu $S = 0$ ist ungerade und die zu $S = 1$ gerade bei Vertauschung der beiden Teichen, wie man aus (2.87) und (2.88) direkt ablesen kann. Die Symmetrie der Bahnwellenfunktion wird durch (2.220) bestimmt, und daher muß für die Quantenzahlen des Bahndrehimpulses und des Gesamtspins im nn-System

$$(-1)^{l+S} = 1 \qquad (2.225)$$

gelten. Nur aus $l = 1$ und $S = 1$ läßt sich der Drehimpuls $J = 1$ des πd-Systems unter gleichzeitiger Erfüllung dieser Bedingung aufbauen. Wegen $\eta_{nn} = -1$ lautet also das Resultat dieser Überlegungen

$$\eta_\pi = -1 \ , \qquad (2.226)$$

die geladenen Pionen sind pseudoskalare Teilchen.

Das π^0-Meson ist das neutrale Mitglied des Pion-Ladungstripletts, und wir setzen daher $\eta_{\pi^0} = -1$ an. Ein direkter Beweis der ungeraden π^0-Parität ist aber nicht so einfach. Wir benutzen wieder die sog. Tensormethode des Abschnitts 2.4.6, um die allgemeinste Form der Wellenfunktion aufzubauen. Für ein skalares π^0 bleibt nur eine zu

$$\boldsymbol{\varepsilon}_1 \boldsymbol{\varepsilon}_2 \qquad (2.227)$$

proportionale Wellenfunktion übrig, während sie für $J^P = 0^-$ proportional zu

$$\boldsymbol{k}(\boldsymbol{\varepsilon}_1 \times \boldsymbol{\varepsilon}_2) \qquad (2.228)$$

sein muß. Daraus läßt sich ablesen, daß für skalare Pionen die Polarisationsvektoren der Photonen nicht orthogonal aufeinander und für pseudoskalare Pionen nicht parallel zueinander stehen können.

Beobachtet werden nun die Zerfälle, bei denen beide Photonen in Elektron-Positron-Paare konvertieren. Die Polarisationsvektoren der Photonen liegen bevorzugt in den durch diese Paare aufgespannten Ebenen, was der anschaulichen Vorstellung von der Ladungstrennung durch ein elektrisches Feld entspricht. Das Experiment zeigt, daß die Ebenen der Elektron-Positron-Paare senkrecht zueinander korreliert sind. Dies ist ein direkter Beweis der pseudoskalaren Natur der π^0-Mesonen.

2.5.3 Spin und Parität des K-Mesons

Kaonen zerfallen nur aufgrund der schwachen Wechselwirkung (siehe hierzu Abschn. 1.2.3). Aus dem Zerfall in 2 Pionen schließen wir unmittelbar

$$\eta_K = (-1)^J \ . \qquad (2.229)$$

Detailliertere Informationen über das K-Meson kann man aus dem Studium des 3-Körper-Zerfalls

$$K^+ \rightarrow \pi^+ + \pi^+ + \pi^- \qquad (2.230)$$

erhalten, über den 5.5% der Zerfälle erfolgen, verglichen mit $BR = 21.3\%$ für $K^+ \to 2\pi$. Das hierbei benutzte „Dalitz-Plot" Verfahren wurde schon in Abschn. 1.3.5 vorgestellt.

Beim 3π-Zerfall des Kaons haben die Pionen relativ geringe Impulse, da der Massenunterschied zwischen Anfangs- und Endzustand (die „Wärmetönung" Q des Prozesses) nur 75 MeV beträgt. Wir bezeichnen mit T_i die kinetischen Energien der Pionen und schreiben den Energiesatz in der Form

$$T_1 + T_2 + T_3 = Q \tag{2.231}$$

an. Dann ist es naheliegend, eine Variante der Dalitz-Analyse zu benutzen, bei der die kinetischen Energien als Abstände zu den Seiten eines gleichseitigen Dreiecks aufgetragen werden (Abb. 2.14). Dies ist in Übereinstimmung mit dem Energiesatz, weil für jeden Punkt innerhalb eines gleichseitigen Dreiecks $T_1 + T_2 + T_3 =$ const gilt. Eine genauere Analyse zeigt, daß solange die Pionen nichtrelativistisch behandelt werden können, die Punkte sogar innerhalb des in Abb. 2.14 gezeichneten einbeschriebenen Kreises mit dem Radius $Q/3$ liegen müssen (Übung 2.14).

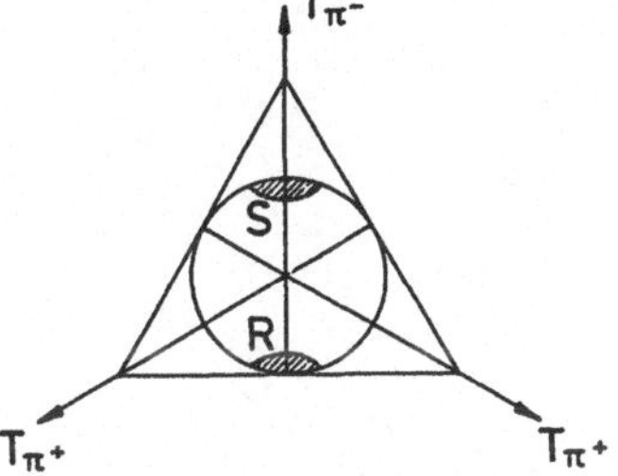

Abb. 2.14. Prinzip der Dalitz-Analyse für den Zerfall $K^+ \to \pi^+ + \pi^+ + \pi^-$.

Um die Abhängigkeit der Dichteverteilung vom Spin des Kaons zu studieren, überlegen wir uns zunächst die erlaubten J^P-Zuordnungen eines $\pi^+\pi^+\pi^-$-Systems. Der relative Bahndrehimpuls der beiden positiven Mesonen sei l_+. Die Wellenfunktion zweier identischer Bosonen muß gerade unter Vertauschung sein und daher kann l_+ nur gerade Werte annehmen. Relativ zum $\pi^+\pi^+$-System hat das π^- den Bahndrehimpuls l_- und aus beiden l Werten baut man die möglichen Spins des Kaons nach den Regeln der Drehimpulsaddition auf. Die Parität des Endzustandes errechnet sich aus

$$\begin{aligned} \eta_{3\pi} &= (\eta_\pi)^3 (-1)^{l_+} (-1)^{l_-} \\ &= (-1)^{l_- + 1} \;. \end{aligned} \tag{2.232}$$

Tabelle 2.2. Mögliche J^P-Werte bei gegebenem l_-, l_+.

	$l_+ = 0$	$l_+ = 2$
$l_- = 0$	0^-	2^-
$l_- = 1$	1^+	$3^+, 2^+, 1^+$
$l_- = 2$	2^-	$4^-, 3^-, 2^-, 1^-, 0^-$

Die Tabelle 2.2 enthält die möglichen J^P Werte für $l_+, l_- \leq 2$. Es sei T_2 die kinetische Energie des negativen Pions. Für $l_- \geq 1$ muß dann die Region R der Abb. 2.14 leer sein, da dort die Ereignisse mit verschwindendem Impuls, also auch verschwindendem Bahndrehimpuls des π^- liegen. Für $l_+ = 2$ hingegen muß die Region S weniger Einträge haben, da sie Ereignissen mit maximalem π^--Impuls entspricht, der durch kollineare π^+-Impulse kompensiert wird (Abb. 2.15). Die positiven Pionen in einer solchen Konfiguration

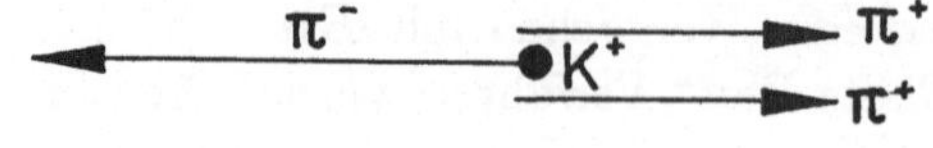

Abb. 2.15. Kollinearer Zerfall des K^+.

können aber keinen relativen Bahndrehimpuls haben. Der experimentelle Befund einer völlig homogenen Punktdichte (Abb. 2.16) erlaubt daher nur noch $l_-, l_+ = 0$ also die Zuordnung $J^P = 0^-$ für die K-Mesonen.[7]

Hiermit steht man aber vor einem ernsten Widerspruch, weil mit $J = 0$ aus (2.229) $\eta_K = 1$ folgt, d.h. die Analyse des 2π-Zerfalls führt zu einer anderen K-Parität als die Analyse des 3π-Zerfalls. Man hat lange versucht, dies durch die Existenz von 2 Arten (Θ, τ) ansonsten identischer K-Mesonen zu deuten. Dies ist natürlich sehr unbefriedigend. Eine Klärung brachte erst der radikale Vorschlag von Lee und Yang, daß die S-Matrix der schwachen Wechselwirkung nicht paritätsinvariant ist, und deswegen paritätsverletzende Zerfälle erlaubt sind. Eine Untersuchung des K^--Einfangs durch $^4_2$He, also einer Reaktion der starken Wechselwirkung, ergab $\eta_K = -1$, d.h. die K-Mesonen gehören wie die Pionen zu den pseudoskalaren Mesonen. Mit dieser Festlegung der Parität ist auch klar, daß der 2π-Zerfall die Paritätserhaltung verletzt.

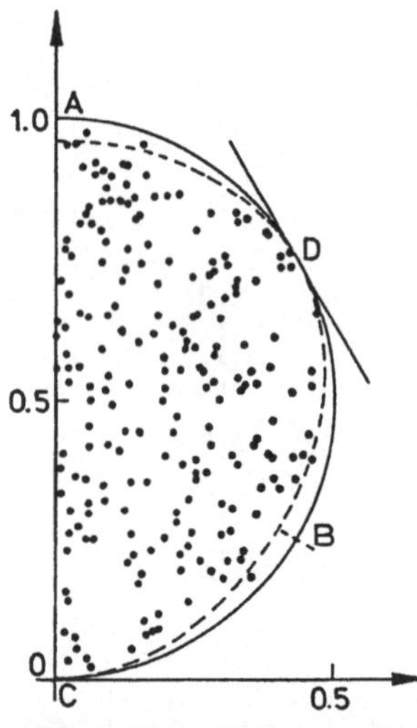

Abb. 2.16. Dalitz-Analyse des 3π-Zerfalls geladener Kaonen. Um die Punktdichte zu erhöhen wurde der Kreis der Abb. 2.14 um die vertikale durch A verlaufende Achse gefaltet. Die gestrichelte Kurve ist die Grenzlinie bei relativistischer Berechnung der Zerfallskinematik.

2.5.4 Paritätsverletzung in der schwachen Wechselwirkung

Die Verletzung der Paritätserhaltung im Zerfall der Kaonen verlangt eine Modifikation der Gleichung (2.205) für den S-bzw. T-Operator der schwachen Wechselwirkung. Am einfachsten beschreibt man das Auftreten der beiden Arten von K-Zerfällen durch Zerlegen des Übergangsoperators T^W in einen skalaren und einen pseudoskalaren Anteil

$$T^W = T^S + T^{PS} \tag{2.233}$$

mit

$$P^{-1} T^S P = T^S \tag{2.234}$$

und

$$P^{-1} T^{PS} P = -T^{PS} \ . \tag{2.235}$$

Ersichtlich gilt dann für die 2π-Zerfälle

$$\langle 2\pi | T^W | K^+ \rangle = \langle 2\pi | T^{PS} | K^+ \rangle \tag{2.236}$$

und für die 3π-Zerfälle

[7] In [2.7] findet der Leser eine weitaus ausführlichere Diskussion der Dichteverteilung im Dalitzplot für verschiedene Spin Paritätskombinationen.

$$\langle 3\pi | T^W | K^+ \rangle = \langle 3\pi | T^S | K^+ \rangle \ . \tag{2.237}$$

An der zu (2.236) gehörenden Zerfallsrate läßt sich aber die pseudoskalare Natur der Amplitude nicht nachweisen, da sie durch Quadrieren der Übergangsamplitude errechnet wird. Um zwischen der $\theta - \tau$-Hypothese und dem Vorschlag von Lee und Yang unterscheiden zu können, muß man also einen Prozeß der schwachen Wechselwirkung untersuchen, an dem beide Anteile der Amplitude mitwirken können. Wegen

$$|T_{fi}^{W}|^2 = |T_{fi}^{S}|^2 + |T_{fi}^{PS}|^2 + 2\Re(T_{fi}^{S}T_{fi}^{PS*}) \qquad (2.238)$$

wird die Verletzung der Spiegelinvarianz aus dem Auftreten des pseudoskalaren Interferenzterms in einem differentiellen Wirkungsquerschnitt oder einer differentiellen Zerfallsrate gefolgert. Wirkungsquerschnitte lassen sich immer als Funktionen der die einzelnen Teilchen kennzeichnenden Größen, also der Impulse und Spins, angeben. Der einfachste Pseudoskalar, den man daraus bilden kann, ist $\boldsymbol{jp}$. Wenn man daher in einem Prozess eine Korrelation zwischen einem Impuls und einem Spin der beteiligten Teilchen, also z.B. eine Winkelverteilung der Art

$$\frac{d\sigma}{d\Omega} = A + B\cos\Theta_{jp} \qquad (2.239)$$

findet, ist die Paritätsverletzung direkt bewiesen.

Lee und Yang schlugen die Untersuchung der Zerfallswinkelverteilung in der Reaktion

$$^{60}_{27}\mathrm{Co} \rightarrow \, ^{60}_{28}\mathrm{Ni} + e^- + \bar{\nu}_e \qquad (2.240)$$

vor. Hierbei handelt es sich um einen sog. erlaubten Gamow-Teller-Übergang[8] bei dem der Spin des Mutterkerns und des Tochterkerns sich um eine Einheit unterscheidet. ^{60}Co hat den Kernspin $J = 5$, ^{60}Ni hat $J = 4$.

In dem berühmten Experiment von Wu et. al[9] wurden die Spins eines ^{60}Co-Präparats im starken Magnetfeld einer Helmholtz-Spule ausgerichtet. Die Experimentatoren fanden tatsächlich eine asymmetrische Winkelverteilung. Die Elektronen wurden bevorzugt *entgegengesetzt* zur Spinrichtung des Mutterkerns emittiert (Abb. 2.17).

Zur Ausrichtung der Spins in der in Abb. 2.17 gezeigten Weise muß der sog. technische Strom (also die positiven Ladungen) die Spule im Sinne einer Rechtsschraube durchfließen. Damit bietet also das ^{60}Co-Experiment eine Meßvorschrift zur absoluten Bestimmung von „rechts" und „links". Ebenfalls kann aus diesem Experiment ganz anschaulich die Verletzung der Spiegelinvarianz abgelesen werden. Wir denken uns einen Spiegel parallel zur Achse der Spule. Im Spiegel betrachtet, dreht sich der Wickelsinn der Spule, also auch der Spin des Mutterkerns, um. Dies gilt nicht für die Impulskomponente in der Ebene des Spiegels. Ein Beobachter des „gespiegelten" Experimentes würde also zu dem Ergebnis kommen, daß die Elektronen bevorzugt *entlang* der Richtung des ^{60}Co-Spins emittiert werden.

Man kann noch andere Spin-Impulskorrelationen untersuchen, z.B. den Erwartungswert der Helizität des Elektrons. Für paritätsinvariante Wechselwirkungen muß er verschwinden, d.h. es gibt gleichviel rechtshändige und

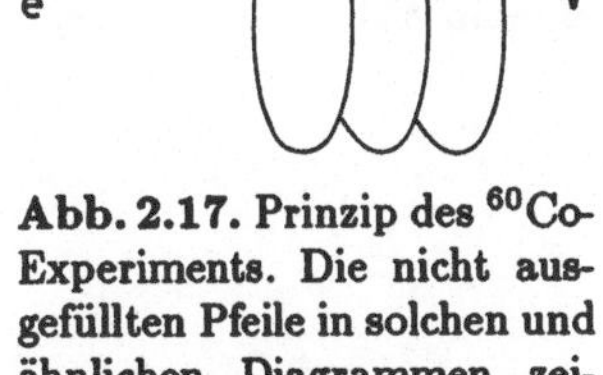

Abb. 2.17. Prinzip des ^{60}Co-Experiments. Die nicht ausgefüllten Pfeile in solchen und ähnlichen Diagrammen zeigen die Lage der Spins an. Normale Pfeile geben die Impulse wieder, und ein Punkt bedeutet, daß das Teilchen in Ruhe ist.

[8]Die Namensgebung stammt aus der Zeit, in der die Auswahlregeln des β-Zerfalls untersucht wurden. G. Gamow (1904–1968) wurde auch durch seine populärwissenschaftlichen Bücher sehr bekannt. E. Teller (geb. 1908) gilt als der Vater des amerikanischen Wasserstoffbomben-Programms.

[9]C. S. Wu, eine der wenigen prominenten Physikerinnen, arbeitete an der Columbia University in New York.

linkshändige Elektronen. Experimentell findet man jedoch den Zusammenhang

$$\langle \lambda_e \rangle = -\frac{1}{2}\beta_e \ , \tag{2.241}$$

zwischen dem Erwartungswert der Helizität und der Geschwindigkeit der Elektronen, d.h. schon bei relativ kleinen Elektronenenergien sind diese praktisch vollständig linkshändig polarisiert. Der Ausschluß einer Polarisationsrichtung bedeutet eine *maximale* Verletzung der Paritätsinvarianz, das heißt die Amplituden T^S und T^{PS} werden gleich groß,

$$|T^{PS}| = |T^S| \ . \tag{2.242}$$

Die Beziehung (2.241) gilt auch für Neutrinos. Da die Neutrinos masselos sind, haben sie immer die Helizität $\lambda = -1/2$. Experimentell wurde die Helizität der Neutrinos durch Studium der Reaktion

$$^{152}_{63}\mathrm{Eu} + e^- \rightarrow {}^{152}_{62}\mathrm{Sm}^* + \nu_e \tag{2.243}$$

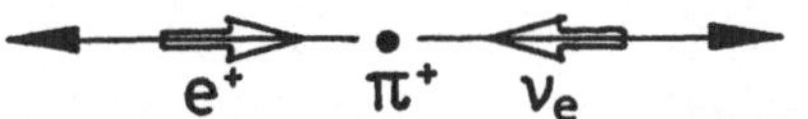

Abb. 2.18. Der $\pi \rightarrow e\nu$-Zerfall. Die Symbole sind schon in Abb. 2.17 erläutert.

bewiesen. Aus der K-Schale des Europiums ($J = 0$) wird ein Elektron eingefangen. Der angeregte Samariumkern ($J = 1$) kehrt anschließend unter Emission von ein oder zwei Photonen in den Grundzustand ($J = 0$) zurück, $\mathrm{Sm}^* \rightarrow \mathrm{Sm} + \gamma$. Aus der Polarisation der Photonen läßt sich die Helizität des Neutrinos bestimmen [2.8].

Was gilt für die Helizität von Antifermionen? Um diese Frage zu beantworten, studieren wir den Zerfall $\pi^+ \rightarrow e^+ + \nu_e$ (Abb. 2.18). Dieser Zerfall hat nur ein Verzweigungsverhältnis von 10^{-4}, ist also im Vergleich zum dominanten Kanal $\pi \rightarrow \mu\nu$ fast vollständig unterdrückt. Neutrinos sind aber immer linkshändig. Die Drehimpulserhaltung verlangt dann, daß das emittierte Positron ebenfalls linkshändig ist. Wenn nun angenommen wird, daß für die Helizität von Antifermionen

$$\langle \lambda \rangle_{\bar{f}} = \frac{1}{2}\beta_{\bar{f}} \tag{2.244}$$

gilt, also masselose Antifermionen immer rechtshändig sind, folgt die Unterdrückung aus der Drehimpulserhaltung, denn verglichen mit Myonen sind Elektronen praktisch masselos. Linkshändige Positronen werden also durch (2.244) sehr viel stärker verboten als linkshändige μ^+.

Die bevorzugte Konfiguration im Zerfall

$$\mu^- \rightarrow e^- + \nu_\mu + \bar{\nu}_e \tag{2.245}$$

läßt sich in diesem Schema qualitativ ebenfalls leicht verstehen (Abb. 2.19). Hochenergetische Elektronen werden am häufigsten entgegen der Richtung

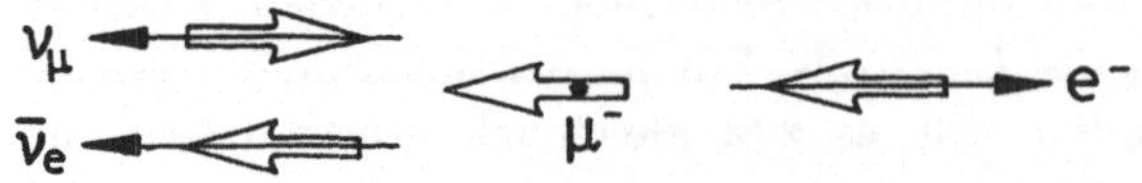

Abb. 2.19. Der μ-Zerfall in Elektron und 2 Neutrinos.

des Myon-Spins emittiert. Drehimpuls- und Impulserhaltung ist dann nur möglich, wenn Neutrino und Antineutrino kollinear laufen. Dies entspricht der kinematischen Konfiguration des 2-Körperzerfalls. Die Energieverteilung der emittierten Elektronen wird also eine Überhöhung bei der maximal möglichen Energie von ≈ 52 MeV zeigen.

Eine quantitative Diskussion des schwachen Zerfalls von Neutronen, Pionen und Myonen kann erst in Kap. 5 unternommen werden. Hier soll jedoch noch einmal das wesentliche Ergebnis dieses Abschnitts festgehalten werden:

Die P-Invarianz ist in der schwachen Wechselwirkung maximal verletzt. Im Grenzfall $\beta \to 1$ nehmen nur linkshändige Fermionen und rechtshändige Antifermionen an der schwachen Wechselwirkung teil.

2.6 Die Zeitumkehr

2.6.1 Zeitumkehr und das Prinzip des detaillierten Gleichgewichts

Als letzte Transformationsoperation der inhomogenen Lorentz-Gruppe betrachten wir die Zeitspiegelungen, also die Transformation des Ortsvektors x^μ, die durch

$$t' = -t \tag{2.246}$$

und

$$\boldsymbol{x}' = \boldsymbol{x} \tag{2.247}$$

gegeben ist. Für sie ist offenbar die Bedingung (2.112) nicht erfüllt. Aus (2.246) und (2.247) kann man ohne weiteres das Transformationsverhalten anderer Vektoren unter der Zeitumkehr ableiten, z.B. gilt wegen $\boldsymbol{p} = m d\boldsymbol{x}/dt$

$$\boldsymbol{p}' = -\boldsymbol{p} \tag{2.248}$$

und daher

$$\boldsymbol{j}' = -\boldsymbol{j} \ , \tag{2.249}$$

während aus der Definition (2.119) der Helizität unmittelbar

$$\lambda' = \lambda \tag{2.250}$$

einzusehen ist.

Im Hilbertraum der quantenmechanischen Zustände ist den Zeitspiegelungen ein Operator O^T zugeordnet. Dieser Operator kann aber nicht unitär sein. Wegen der Eindeutigkeit der Abbildung vertauschen die transformierten Operatoren nämlich gemäß der Relation

$$[\hat{\jmath}_i', \hat{\jmath}_j'] = -i\varepsilon_{ijk}\hat{\jmath}_k' \ , \tag{2.251}$$

welche sich offensichtlich von den Vertauschungsrelationen des Drehimpulses im Vorzeichen unterscheidet.

Wie kann man mit dieser Schwierigkeit fertig werden? Die Bedeutung der unitären Transformationen liegt ja darin, daß sie die Invarianz der Skalarprodukte, also

$$\langle a'|b'\rangle = \langle a|b\rangle \tag{2.252}$$

garantieren. Streng genommen reicht physikalisch aber auch

$$\langle b'|a'\rangle = \langle a|b\rangle \tag{2.253}$$

aus. Dies erreicht man durch die sogenannten antiunitären Transformationen. Diese Operationen [2.2], zu denen O^T gehört, sind zunächst wie unitäre Transformationen durch

$$(O^T)^{-1} = (O^T)^\dagger \tag{2.254}$$

definiert, aber ihre Wirkung auf Zustände wird durch

$$O^T|\psi\rangle = \langle\psi'| \tag{2.255}$$

beschrieben, woraus sofort (2.253) folgt. Einzelne Operatoren transformieren sich unter antiunitären Transformationen gemäß der allgemeinen Transformationsregel (2.6), für Operatorprodukte (z.B. $\hat{\jmath}_i\hat{\jmath}_j$) muß jedoch die etwas kompliziertere Beziehung

$$\hat{\jmath}'_j\hat{\jmath}'_i = O^T\hat{\jmath}_i\hat{\jmath}_j(O^T)^{-1} \tag{2.256}$$

angesetzt werden. Hiermit bleiben dann auch die Vertauschungsrelationen des Drehimpulses transformationsinvariant.

Wir wenden nun O^T auf Einteilchenzustände $|\boldsymbol{p}, j_3\rangle$ an,

$$O^T|\boldsymbol{p}, j_3\rangle = \langle -\boldsymbol{p}, -j_3| \ , \tag{2.257}$$

worin wir den möglichen Phasenfaktor gleich 1 gesetzt haben. Im Gegensatz zu den räumlichen Spiegelungen kann wegen (2.257) O^T natürlich keine Eigenzustände haben. Mehrteilchenzustände transformieren sich ganz entsprechend. Wir führen dies nicht explizit aus, sondern beschreiben die transformierten Zustände einfach durch $\langle\psi^T|$.

Die Invarianz der S-Matrix unter Zeitumkehr

$$[S, O^T] = 0 \tag{2.258}$$

bewirkt

$$\begin{aligned}\langle f|S|i\rangle &= \langle f|(O^T)^{-1}SO^T|i\rangle \\ &= \langle i^T|S|f^T\rangle \ .\end{aligned} \tag{2.259}$$

Diese Gleichung läßt sich aber leicht anschaulich interpretieren (Abb. 2.20). Sie bedeutet nämlich, daß die Übergangsamplitude von $|i\rangle$ nach $|f\rangle$ gleich der Amplitude von $|f\rangle$ nach $|i\rangle$ wird, falls die Koordinaten der Zustände durch ihre zeitinvertierten ersetzt werden, also z.B. aus auslaufenden Impulsen einlaufende Impulse werden.

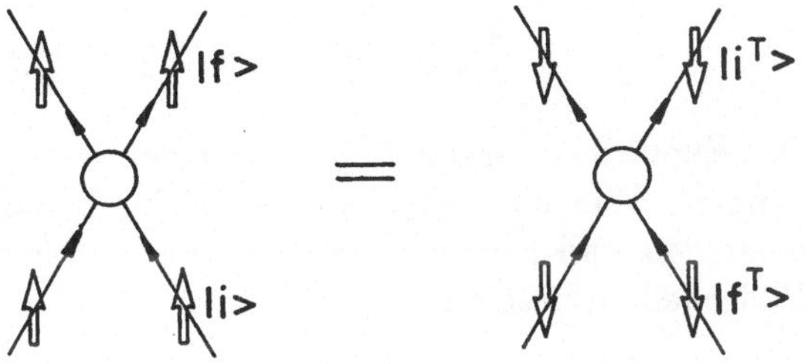

Abb. 2.20. Zur Zeitumkehr in Streureaktionen.

Aus der Abb. 2.20 geht hervor, daß auch die Spinkomponenten $j_{(i),3}$ nach der Vorschrift (2.257) umgedreht werden müssen. Demgegenüber kehren Helizitäten bei Zeitumkehr ihr Vorzeichen nicht um. Durch Studium des Transformationsverhalten der Helizitätsamplituden (2.169) konnten Jacob und Wick [2.3] die Beziehung

$$t^J_{\lambda_3\lambda_4,\lambda_1\lambda_2}(\sqrt{s}) = t^J_{\lambda_1\lambda_2,\lambda_3\lambda_4}(\sqrt{s}) \tag{2.260}$$

für die Partialwellenamplituden der ein- und auslaufenden Zustände beweisen.

Diese Beziehung wollen wir jetzt anwenden, um das Prinzip des detaillierten Gleichgewichts abzuleiten. Dazu gehen wir zurück zur Formel (1.163) und ersetzen die Streuamplituden T_{fi} durch die Helizitätsamplituden $f_{\lambda_3\lambda_4,\lambda_1\lambda_2}$. Da das statistische Gewicht g für massive Teilchen durch $(2j_{(1)}+1)(2j_{(2)}+1)$ gegeben ist, gelangen wir für die Streuung unpolarisierter Teilchen im Schwerpunktssystem zu

$$\frac{d\sigma}{d\Omega_3}(1+2\to 3+4) = \frac{1}{(2j_{(1)}+1)(2j_{(2)}+1)} \sum_{\lambda_i} |f_{\lambda_3\lambda_4,\lambda_1\lambda_2}(\sqrt{s},\Theta)|^2 \ , \tag{2.261}$$

wobei die Summe über die möglichen Helizitäten läuft. Daraus folgt dann wegen (2.260) unter Verwendung von (2.169) sogleich

$$\frac{d\sigma(1+2\to 3+4)}{d\sigma(3+4\to 1+2)} = \frac{|\boldsymbol{p}_3|^2(2j_{(3)}+1)(2j_{(4)}+1)}{|\boldsymbol{p}_1|^2(2j_{(1)}+1)(2j_{(2)}+1)} \ . \tag{2.262}$$

Hierin sind die Wirkungsquerschnitte bei der gleichen Energie $\sqrt{s}$ und dem gleichen Streuwinkel Θ im Schwerpunktssystem zwischen Teilchen 1 und 3 bzw. Teilchen 3 und 1 zu nehmen.

Die Gleichung (2.262) wird das Prinzip des detaillierten Gleichgewichts genannt. Sie beschreibt präzise, in welchem Sinne physikalische Streureaktionen umkehrbar sind. Eine sehr schöne Anwendung fand sie bei der Bestimmung des Spins geladener Pionen. Dazu wurde die Deuteronspaltung

$$\pi^+ + d \to p + p \tag{2.263}$$

und die Umkehrreaktion

$$p + p \to \pi^+ + d \tag{2.264}$$

studiert. Aus dem Prinzip des detaillierten Gleichgewichts berechnen wir für das Verhältnis der Wirkungsquerschnitte

$$\frac{d\sigma}{d\Omega}(2.263)\Big/\frac{d\sigma}{d\Omega}(2.264) = \frac{4|\boldsymbol{p}_p|^2}{3(2J_\pi + 1)|\boldsymbol{p}_\pi|^2} \; . \qquad (2.265)$$

Das Experiment ergab $J_\pi = 0$. Wir haben dieses Resultat schon in Kapitel 1 benutzt. Wie man aber wohl einsieht, bedarf es eines erheblichen experimentellen und theoretischen Aufwands, um den Spin eines der wichtigsten Hadronen zu bestimmen.

2.6.2 Invarianz der Wechselwirkungen unter Zeitspiegelungen

Gewarnt durch die Erfahrungen mit der Spiegelinvarianz nahmen die Physiker in der Folgezeit auch Invarianz unter Zeitumkehr nicht mehr kritiklos an. Soweit wir heute sehen können, gibt es nur im Sektor der K^0-Mesonen einen kleinen, Zeitumkehr verletzenden Effekt. Diese hochinteressanten Experimente werden wir im nächsten Abschnitt, der sich mit den sog. inneren Symmetrien befaßt, besprechen. Stellvertretend für viele andere Untersuchungen behandeln wir an dieser Stelle noch eine besonders raffinierte Methode zur Bestimmung der Zeitumkehr-Invarianz der S-Matrix, die Messung des elektrischen Dipolmoments des Neutrons.

Zur Vorbereitung dieser Diskussion machen wir uns zunächst einmal klar, daß Eigenzustände zu P, als welche wir ja Elementarteilchen beschreiben, kein elektrisches Dipolmoment haben dürfen. Der Operator des elektrischen Dipolmoments ist durch

$$\boldsymbol{d} = e\boldsymbol{x} \qquad (2.266)$$

definiert. Wegen

$$P\boldsymbol{d}P^{-1} = -\boldsymbol{d} \qquad (2.267)$$

führt die Identität

$$\langle\psi|\boldsymbol{d}|\psi\rangle = \langle\psi|P^{-1}P\boldsymbol{d}P^{-1}P|\psi\rangle \qquad (2.268)$$

sofort zu

$$\langle\psi|\boldsymbol{d}|\psi\rangle = 0 \; , \qquad (2.269)$$

also einem verschwindenden Erwartungswert des elektrischen Dipolmomentes in Eigenzuständen der Parität. Zusammengesetzte Systeme können i.allg. ein Dipolmoment besitzen (man denke an das für uns lebenswichtige, große elektrische Dipolmoment des Wassers), da ihr Grundzustand entartet ist, d.h. zum gleichen Energiewert gehören Zustände verschiedener Parität.

Bei spektroskopischen Untersuchungen ersetzen wir den Streuoperator durch die Wechselwirkungsenergie H_W. Die Wechselwirkungsenergie eines Dipols im elektrischen Feld ist $\boldsymbol{dE}$, wobei die Achse des Dipols für Moleküle einfach aus dem Bau der Moleküle hervorgeht. Die einzige denkbare Achse für Elementarteilchen ist aber der Spin, sodaß wir als Wechselwirkungsterm

$$H_W = d\frac{\boldsymbol{jE}}{|\boldsymbol{j}|} \qquad (2.270)$$

anzusetzen haben. Hierin ist d der Betrag eines möglichen elektrischen Dipolmomentes.

Das elektrische Feld ist ein polarer Vektor. Also ist jE pseudoskalar, und damit (2.270) paritätsverletzend. Bei Zeitumkehr gilt für das Vektorpotential

$$A' = -A \tag{2.271}$$

und wegen $E \sim \partial A/\partial t$

$$E' = E \ . \tag{2.272}$$

Da also bei Zeitumkehr wegen

$$(jE)' = -jE \tag{2.273}$$

die Wechselwirkungsenergie ihr Vorzeichen umkehrt, ist ein nicht verschwindendes elektrisches Dipolmoment eines Elementarteilchens gleichbedeutend mit einer Verletzung der Paritätsinvarianz und Invarianz unter Zeitumkehr. Wir haben gerade festgestellt, daß die schwache Wechselwirkung nicht paritätsinvariant ist. Daher stellen die hier diskutierten Messungen zusätzlich einen Test der Zeitumkehr-Invarianz der schwachen Kraft dar.

Zur Bestimmung des elektrischen Dipolmoments des Neutrons bedient man sich einer Abwandlung des Rabi-Experiments zur Messung des magnetischen Moments von Kernen. Die obere Schranke liegt heute bei

$$d_n < 6 \times 10^{-12} \tag{2.274}$$

in Einheiten von Elementarladung $\times$ fm, ein sicherlich kleiner Wert, wenn man ihn mit dem Radius des Neutrons von 1.2 fm vergleicht.

2.7 Innere Symmetrien I

Bisher haben wir nur Transformationen im Raum der quantenmechanischen Zustände betrachtet, die durch Raum-Zeit-Symmetrien induziert wurden. Man nennt sie äußere Symmetrien. In den nächsten Abschnitten werden Transformationen untersucht, die direkt im quantenmechanischen Zustandsraum definiert sind. Wir nennen sie innere Symmetrien.

2.7.1 Globale Phasentransformationen

Die einfachste Transformation, die einem in den Sinn kommt, ist die aus der elementaren Quantenmechanik geläufige Multiplikation mit einer komplexen Phase

$$|\psi'(x,t)\rangle = e^{-i\delta}|\psi(x,t)\rangle \ . \tag{2.275}$$

Die Gruppe der Transformationen

$$U = e^{-i\delta} \tag{2.276}$$

hat den Namen $U1$, genauer globale Eichtransformation $U1$. Die „1" besagt, daß die Transformation in *einer* Dimension stattfindet, und δ also ein Skalar ist, während das Wort „global" zum Ausdruck bringt, daß δ für alle Raum-Zeit Punkte den gleichen Wert annimmt.

Betrachten wir nun den Ladungsoperator $\hat{Q}$. In Einheiten der Elementarladung hat er die Eigenwerte $Q = \ldots 2, 1, 0, -1 \ldots$ Seine Eigenwertgleichung für Elektronen z.B. lautet trivialerweise

$$\hat{Q}|e^-\rangle = -1|e^-\rangle \ . \tag{2.277}$$

Der Ladungsoperator vertauscht mit allen bisher diskutierten Observablen, daher bildet die Ladung zusammen mit Masse, Spin usw. einen Satz simultaner Quantenzahlen für ein Teilchen. Wegen

$$e^{-\imath\alpha\hat{Q}}|\psi\rangle = e^{-\imath\alpha Q}|\psi\rangle \tag{2.278}$$

folgt aus dem Vergleich mit (2.276), daß $\hat{Q}$ die Erzeugende einer globalen $U1$-Transformation ist. Aus der Vertauschbarkeit von S mit U leitet man nun wie üblich

$$[S, \hat{Q}] = 0 \ , \tag{2.279}$$

also die Ladungserhaltung in Streuprozessen ab. Die experimentell sehr genau gesicherte Tatsache der Ladungserhaltung haben wir somit auf eine Invarianz der S-Matrix gegenüber einer globalen Phasentransformation zurückgeführt.

Diese Transformationen hängen von einem kontinuierlichen Parameter α ab. Dies ist in Übereinstimmung mit der Tatsache, daß die Ladung eine additive Quantenzahl ist. In Abschn. 1.2 haben wir noch andere additive Quantenzahlen wie Baryonenzahl B, Leptonenzahl L oder Strangeness S eingeführt. Auch sie können wir natürlich jetzt mit $U1$ Eichtransformationen verknüpfen.

Gibt es eine Hierarchie innerhalb dieser erhaltenen additiven Quantenzahlen? In einem wesentlichen Punkt unterscheidet sich offenbar die Ladung von L, B und S. Nur die Ladung ist zusätzlich die Quelle eines Kraftfeldes, nämlich des elektromagnetischen Feldes. Die ausgetauschten Photonen in den Feynmangraphen der Abb. 2.21 koppeln mit der Stärke $g = Qe$ an die Teilchenströme, daher ist für den Graphen der Abb. 2.21a die Übergangsamplitude $\sim e^2$, während für Abb. 2.21b $T_{fi} \sim e^4$ anzusetzen ist.

Die Erhaltung der *Strangeness* gilt nur in starken und elektromagnetischen Prozessen, sie ist also offenbar weniger streng garantiert als Baryon- und Leptonzahlerhaltung. Man vermutet nun, daß nur Quantenzahlen, die gleichzeitig die Quelle eines Feldes sind, also eine ähnlich „duale" Natur wie die Ladung haben, streng erhalten sind. Dies ist ein Hauptmotiv für die Suche nach B- und L-Erhaltung verletzenden Prozessen, wie z. B. dem Zerfall des Protons

$$p \rightarrow e^+ + \pi^0 \ . \tag{2.280}$$

Man kann zeigen, daß sich die gerade diskutierte duale Natur der Ladung mit einer sehr einfachen Variation der zugehörigen Eichtransformation verknüpfen läßt. Anstelle der globalen Transformationen wird die lokale Transformation

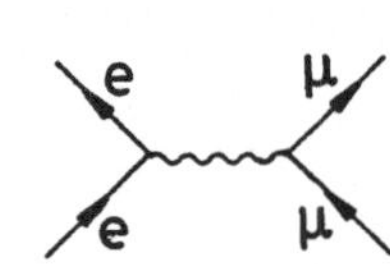

Abb. 2.21. Graphen erster und zweiter Ordnung für die $e\mu$-Streuung.

$$U = e^{-i\alpha(\boldsymbol{x},t)\hat{Q}} \tag{2.281}$$

betrachtet, bei der zu jedem Raum-Zeit Punkt x^μ eine andere Phase gehört. Aus der Forderung der Invarianz der S-Matrix gegenüber diesen *lokalen* Eichtransformationen läßt sich die Existenz der Photonen zusammen mit der richtigen Kopplung an die Ladungen ableiten. Dieses Prinzip der lokalen Eichinvarianz hat sich zu einer der wichtigsten Methoden der theoretischen Physik beim Versuch der Entwicklung einer vereinheitlichten Theorie der Materie entwickelt. Dem einführenden Charakter des Buches entsprechend, können wir diese Diskussion hier nicht vertiefen. Es gibt eine Reihe von ausgezeichneten Lehrbüchern über Eichtheorien [2.9], [2.10], die dieses Thema mit unterschiedlichem Schwierigkeitsgrad behandeln.

2.7.2 Die Teilchen-Antiteilchenkonjugation

Die Ersetzung von Teilchen durch ihre Antiteilchen in einer Streureaktion hat interessante Konsequenzen. Um sie studieren zu können, behandeln wir zunächst die Wirkung der Teilchen-Antiteilchenkonjugation C auf Einteilchen-Zustände z.B. ein einzelnes Elektron

$$C|e^-\rangle = \eta_C|e^+\rangle \tag{2.282}$$

oder ausführlicher

$$C|e^-;\boldsymbol{p},j_3\rangle = \eta_C|e^+;\boldsymbol{p},j_3\rangle \ , \tag{2.283}$$

worin η_C eine Phase ist. Man kann C als eine Spiegelungsoperation im Raum der Teilchen und Antiteilchen auffassen. Da die Impuls- und Spinkoordinaten durch die Operation C nicht geändert werden, lassen wir sie für die weitere Diskussion vereinfachend weg.

Weil eine zweifache Anwendung von C wieder auf das ursprüngliche Teilchen führt, kann η_C nur die Werte ± 1 haben. Wir wählen $\eta_C = 1$ für alle Fermionen und Antifermionen. Für geladene Pionen gilt dann

$$C|\pi^\pm\rangle = -|\pi^\mp\rangle \ , \tag{2.284}$$

wobei die negative Phase durch die im nächsten Abschnitt zu besprechende $SU2$-Symmetrie erzwungen wird. Die gleiche Phasenwahl treffen wir auch für die K-Mesonen.

Die Anwendung von C auf neutrale Bosonen ohne weitere *Flavor*-Quantenzahl z.B.

$$C|\pi^0\rangle = \eta_C(\pi^0)|\pi^0\rangle \tag{2.285}$$

ergibt offensichtlich eine Eigenwertgleichung. Das π^0 ist sein eigenes Antiteilchen. Solche Teilchen oder Teilchensysteme werden also durch eine weitere Quantenzahl, die C-Parität η_C, gekennzeichnet.

Die C-Invarianz der S-Matrix

$$[C, S] = 0 \tag{2.286}$$

führt nun zunächst zur Erhaltung der C-Parität in Streureaktionen, bei denen der Anfangszustand Eigenzustand zu C ist. Weiter folgt aus ihr, daß Wirkungsquerschnitte invariant gegenüber einer Ersetzung von Teilchen durch ihre Antiteilchen sein müssen. Diese C-Invarianz hat im Sektor der elektromagnetischen und starken Wechselwirkung einer genauen Überprüfung standgehalten. Das η-Meson z.B. zerfällt mit einem Verzweigungsverhältnis von 12% in $\pi^+\pi^-\pi^0$. Die Invarianz der S-Matrix unter Teilchen-Antiteilchenkonjugation verlangt dann, daß die π^+-Mesonen und die π^--Mesonen, das gleiche Energiespektrum aufweisen.

Wir haben in Abschn. 2.5 den schwachen Zerfall des π^+ in ein linkshändiges Neutrino und ein linkshändiges μ^+ besprochen. Die zugehörige Zerfallsamplitude wollen wir mit

$$T_{fi} = \langle \mu_L^+ \nu_{\mu,L} | T | \pi^+ \rangle \tag{2.287}$$

mit einer neuen Notation für die Händigkeiten anschreiben. Die Invarianz der schwachen Wechselwirkung unter Teilchen-Antiteilchen-Spiegelung würde nun

$$\begin{aligned} \langle \mu_L^+ \nu_{\mu,L} | T | \pi^+ \rangle &= \langle \mu_L^+ \nu_{\mu,L} | C^{-1} T C | \pi^+ \rangle \\ &= -\langle \mu_L^- \bar{\nu}_{\mu,L} | T | \pi^- \rangle \end{aligned} \tag{2.288}$$

verlangen, also den π^--Zerfall in ein linkshändiges Antineutrino. Dieser ist aber wegen der P-Verletzung verboten, es gibt keine linkshändigen Antineutrinos. Den erlaubten Zerfall in ein *rechts*händiges Antineutrino bekommt man, wenn man die Invarianz unter dem Produkt CP fordert,

$$\begin{aligned} \langle \mu_L^+ \nu_{\mu,L} | T | \pi^+ \rangle &= \langle \mu_L^+ \nu_{\mu,L} | (CP)^{-1} T (CP) | \pi^+ \rangle \\ &= \langle \mu_R^- \bar{\nu}_{\mu,R} | T | \pi^- \rangle \ . \end{aligned} \tag{2.289}$$

Eine CP-Invarianz der schwachen Wechselwirkung bei gleichzeitiger maximaler P-Verletzung ist aber nur möglich, falls die schwache Wechselwirkung auch maximal C verletzend ist. Genau das kommt in der früher gefundenen Regel „Nur linkshändige Fermionen und rechtshändige Antifermionen nehmen an der schwachen Wechselwirkung teil" zum Ausdruck.

Wir wollen nun noch die C-Paritäten einiger Teilchen und Teilchensysteme besprechen. In der Schrödinger-Gleichung wird die Wechselwirkung eines Teilchens der Ladung e mit einer elektromagnetischen Welle durch den Term $ep\mathbf{A}$ beschrieben. Beim Übergang zu Antiteilchen wechselt dieser Term also sein Vorzeichen. Für die Übergangsamplitude an einem Elektron-Photon-Vertex muß daher

$$\langle e^- | T | e^- \gamma \rangle = -\langle e^+ | T | e^+ \gamma \rangle \tag{2.290}$$

gelten. Wegen der C-Invarianz der elektromagnetischen Wechselwirkung kann man dies nur erreichen, wenn für das Photon $\eta_C(\gamma) = -1$ gilt.

Das π^0-Meson zerfällt in 2 Photonen. Auf Grund der Erhaltung der C-Parität läßt sich daraus sofort

$$\eta_C(\pi^0) = +1 \tag{2.291}$$

ableiten, wobei wieder die Tatsache ausgenutzt wurde, daß Paritäten multiplikative Quantenzahlen sind. Für n Photonen gilt also

$$\eta_C(n\gamma) = (-1)^n \ . \tag{2.292}$$

Daher kann es keinen elektromagnetischen Prozess geben, bei dem z.B. aus einem Anfangszustand mit 2 Photonen ein Endzustand mit 3 Photonen wird. Die Anzahl der an eine Schleife der Abb. 2.22 ankoppelnden Photonen muß gerade sein. Dies entspricht dem sog. Fury-Theorem der Quantenelektrodynamik.

Ein $\pi^+\pi^-$-Zustand hat die C-Parität $(-1)^l$, da die Teilchen-Antiteilchenkonjugation hier mit der Paritätsoperation (2.219) identisch ist. Etwas schwieriger ist die Bestimmung der C-Parität von Fermion-Antifermionsystemen.

Betrachten wir z.B. das e^-e^+-System auf der linken Seite der Abb. 2.23. Bei Anwenden von C geht es in den Zustand der rechten Seite über. Die zugehörigen Orts- und Spinkoordinaten werden der Einfachheit halber mit (1) und (2) bezeichnet. Mit unserer Wahl der Phasen gilt dann die Gleichung

$$\begin{aligned} C|e^-(1)e^+(2)\rangle &= |e^+(1)e^-(2)\rangle \\ &= \eta_C(e^-e^+)|e^-(1)e^+(2)\rangle \ . \end{aligned} \tag{2.293}$$

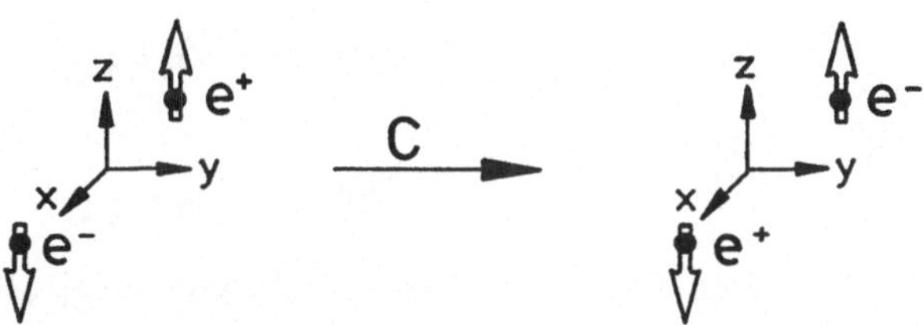

Andererseits können wir die ursprüngliche Wellenfunktion auch durch Spiegelung am Koordinatenursprung und Vertauschen der Spinkoordinaten erhalten. Die Parität eines Fermion-Antifermionsystems ist $(-1)^{l+1}$, die Vertauschung der Spins gibt einen Faktor $(-1)^{S+1}$, wie wir schon bei der Herleitung der Gleichung (2.225) gesehen haben. Zusammengefaßt folgt daraus

$$|e^+(1)e^-(2)\rangle = (-1)^{l+S}|e^-(1)e^+(2)\rangle \tag{2.294}$$

also

$$\eta_C(f\bar{f}) = (-1)^{l+S} \tag{2.295}$$

für die C-Parität eines Zustands aus Fermion und Antifermion mit dem Gesamtspin S und dem relativen Bahndrehimpuls l.

2.7.3 Lang- und kurzlebige neutrale K-Mesonen

Neutrale K-Mesonen werden als Eigenzustände der starken Wechselwirkung mit wohldefinierter *Strangeness S* erzeugt. Im Abschn. 1.2 wurde $S = +1$ für das K^0 und $S = -1$ für das $\bar{K}^0$ festgelegt. Da sie sich in der Quantenzahl S unterscheiden, sind auch die neutralen Kaonen keine Eigenzustände zu C, sondern es gilt

$$C|K^0\rangle = -|\bar{K}^0\rangle \tag{2.296}$$

und

$$C|\bar{K}^0\rangle = -|K^0\rangle \ . \tag{2.297}$$

Aus der Anschrift geht hervor, daß wir den Phasenfaktor analog zu (2.284) auf -1 festlegen.

In Prozessen der starken Wechselwirkung kann man klar zwischen K^0- und $\bar{K}^0$-Mesonen unterscheiden. Bei der Streuung relativ niederenergetischer Kaonen an Protonen z.B. gibt es für das K^0 nur die Prozesse

$$K^0 + p \to K^0 + p \tag{2.298}$$

und

$$K^0 + p \to K^+ + n \ . \tag{2.299}$$

Im Gegensatz dazu sind die durch Ladungs- und Strangenesserhaltung erlaubten Prozesse für das $\bar{K}^0$ durch

$$\bar{K}^0 + p \to \bar{K}^0 + p \tag{2.300}$$

und

$$\bar{K}^0 + p \to \pi^+ + \Lambda \tag{2.301}$$

gegeben. Das Auftreten eines Λ-Teilchens zeigt also das Vorhandensein von $\bar{K}^0$-Mesonen an.

Die schwache Wechselwirkung erhält die Strangeness nicht. Daher können beide Sorten neutraler K-Mesonen z.B. in $\pi^+\pi^-$-Paare zerfallen ($\Delta S = 1$). Damit eröffnen sich aber neue überraschende Möglichkeiten: Schwache Zerfälle wie der β-Zerfall des Neutrons oder der K^0-Zerfall in 2 Pionen lassen sich störungstheoretisch in 1. Ordnung der schwachen Wechselwirkung behandeln (Abschn. 5.2). In einem Prozeß 2. Ordnung in der schwachen Wechselwirkung kann sich ein K^0 in ein $\bar{K}^0$ verwandeln ($\Delta S = 2$).[10] Das zugehörige Diagramm ist in Abb. 2.24 gezeigt. Im Raum der neutralen K-Mesonen gibt es also Übergänge, die durch die T-Matrix

$$T = \begin{pmatrix} \langle K^0|T|K^0\rangle & \langle K^0|T|\bar{K}^0\rangle \\ \langle \bar{K}^0|T|K^0\rangle & \langle \bar{K}^0|T|\bar{K}^0\rangle \end{pmatrix} \tag{2.302}$$

beschrieben werden.

Im allgemeinsten Fall sind alle 4 Matrixelemente unabhängig voneinander. Das sog. CPT-Theorem der Quantenfeldtheorie besagt nun, daß unter noch immer sehr allgemeinen Bedingungen die S-Matrix invariant gegenüber dem

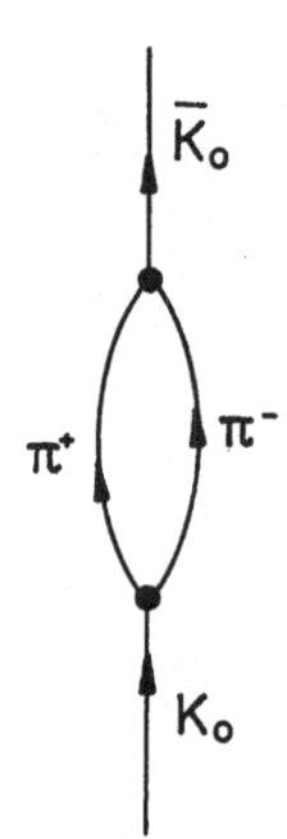

Abb. 2.24. Der Übergang $K^0 \to \bar{K}^0$.

[10]Im Abschn. 2.7 müssen wir leider wieder die Symbole S und T in verschiedenen Bedeutungen kurz hintereinander verwenden. Wie schon in der Einleitung betont, erscheint mir dies besser als die Einführung neuer ungebräuchlicher Symbole.

Produkt der Transformationen C,P,O^T ist. Eine Wechselwirkung, die eine dieser 3 Symmetrien verletzt, muß dies auch für das Produkt der beiden übrig bleibenden tun, damit insgesamt Invarianz unter CPO^T (oder kürzer CPT) garantiert ist. Verletzung der Zeitumkehr-Invarianz z.B. ist also gleichbedeutend mit der Verletzung der CP-Invarianz. Wir haben schon gesehen, daß die schwache Wechselwirkung in den bisher studierten Prozessen 1. Ordnung C und P verletzt, aber so, daß sie gegenüber dem Produkt aus räumlichen Spiegelungen und Teilchen-Antiteilchenkonjugation symmetrisch ist. Demnach ist sie in diesen Prozessen auch invariant unter O^T.

Schon aus der schwächsten Bedingung, nämlich der Gültigkeit der CPT-Invarianz folgt, daß die Diagonalelemente der Matrix (2.302) gleich sein müssen. Für die Gleichheit der beiden Elemente außerhalb der Diagonalen benötigt man Invarianz unter CP. Wir können dies für die betrachteten $\Delta S = 2$ Prozesse nicht *a priori* fordern, schreiben also die T-Matrix im Raum der Zustände

$$|K^0\rangle = \begin{pmatrix} 1 \\ 0 \end{pmatrix} \quad |\bar{K}^0\rangle = \begin{pmatrix} 0 \\ 1 \end{pmatrix} \tag{2.303}$$

in der Form

$$T = \begin{pmatrix} A & B \\ C & A \end{pmatrix} \tag{2.304}$$

an. Die Eigenwerte dieser Matrix sind durch

$$\lambda_{1,2} = A \pm \sqrt{BC} \tag{2.305}$$

und die Eigenvektoren z.B. durch

$$\begin{pmatrix} p \\ q \end{pmatrix}, \begin{pmatrix} p \\ -q \end{pmatrix} \tag{2.306}$$

mit den Abkürzungen $p^2 = B$ und $q^2 = C$ gegeben. Physikalisch entsprechen diesen Vektoren Eigenzustände der schwachen Wechselwirkung mit wohl definierten Massen und Lebensdauern. Wir wollen sie mit K_S und K_L bezeichnen, wobei die Indizes L und S für *long* und *short* stehen, also lange und kurze Lebensdauern bedeuten. Der Grund für diese Bezeichnungen wird gleich klar werden.

Für die folgenden Betrachtungen nehmen wir zunächst die CP-Invarianz der T-Matrix an. Mit $p = q$ erhalten wir besonders einfache, orthogonale normierte Eigenzustände der T-Matrix (2.304), nämlich

$$|K_1\rangle = \frac{1}{\sqrt{2}}(|K^0\rangle + |\bar{K}^0\rangle) \tag{2.307}$$

und

$$|K_2\rangle = \frac{1}{\sqrt{2}}(|K^0\rangle - |\bar{K}^0\rangle) \ , \tag{2.308}$$

wobei wir noch die Freiheit der Wahl einer gemeinsamen Phase der Zustände (2.306) ausgenutzt haben. K_1 und K_2 sind offenbar Eigenzustände zu CP mit

$$CP|K_1\rangle = +1|K_1\rangle \tag{2.309}$$

und

$$CP|K_2\rangle = -1|K_2\rangle \ . \tag{2.310}$$

Die C-Parität eines 2π-Systems mit $l = 0$ wurde weiter oben zu $\eta_C = 1$ bestimmt, daher kann nur das K_1 in $\pi^+\pi^-$ oder $\pi^0\pi^0$ zerfallen, für das K_2 ist dieser Zerfall verboten.

Das π^0 hat eine positive C-Parität. Daher hat auch ein $\pi^0\pi^+\pi^-$-System im Grundzustand, also mit verschwindenden relativen Bahndrehimpulsen l, die C-Parität $+1$ und ist Eigenzustand zu CP mit dem Eigenwert $\eta_{CP} = -1$. Nur das K_2 kann in diesen Zustand zerfallen. Da 3π-Zerfälle vom Phasenraum her unterdrückt sind, erwarten wir für das K_1-Meson eine kürzere Lebensdauer als für das K_2-Meson. Wir machen also den Ansatz

$$|K_S\rangle = |K_1\rangle \tag{2.311}$$

und

$$|K_L\rangle = |K_2\rangle \ . \tag{2.312}$$

Dieser Ansatz muß im nächsten Abschnitt nochmals modifiziert werden. Zunächst drücken wir aber K^0 und $\bar{K}^0$ durch K_S und K_L aus,

$$|K^0\rangle = \frac{1}{\sqrt{2}}(|K_S\rangle + |K_L\rangle) \tag{2.313}$$

und

$$|\bar{K}^0\rangle = \frac{1}{\sqrt{2}}(|K_S\rangle - |K_L\rangle) \ . \tag{2.314}$$

Die in Reaktionen der starken Wechselwirkung erzeugten neutralen K-Mesonen sind also Überlagerungen von K_S und K_L und daher sollte ihr 2π-Zerfall eine kürzere Lebensdauer als der 3π-Zerfall haben.

Dieses merkwürdige Phänomen des Zerfalls mit unterschiedlichen Lebensdauern ist tatsächlich beobachtet worden. Die gemessenen Lebensdauern sind

$$\tau_S = (0.8922 \pm 0.002) \times 10^{-10} \ \text{s} \tag{2.315}$$

und

$$\tau_L = (5.17 \pm 0.04) \times 10^{-8} \ \text{s} \ . \tag{2.316}$$

Das K_S zerfällt zu praktisch 100% in 2 Pionen. Der im Prinzip mögliche Zerfall in 3π mit höheren Werten der relativen Bahndrehimpulse ist also sehr stark unterdrückt. Die wichtigsten Zerfallsarten des K_L sind die semileptonischen Kanäle $\pi e\nu$ und $\pi\mu\nu$. Der Zerfall in $\pi^0\pi^0\pi^0$ hat ein Verzweigungsverhältnis (BR) von 21.6%. Für den Zerfall in $\pi^+\pi^-\pi^0$ wurde $BR = 12.4\%$ gemessen.

Die unterschiedlichen Lebensdauern der kurz- und langlebigen Kaonen bieten die Möglichkeit ein neues Phänomen, die sog. *Strangeness*-Oszillationen zu beobachten. Aus einem reinen K^0-Strahl z.B. wird nach einigen Lebensdauern τ_S ein fast reiner K_L-Strahl, d.h. ein Strahl, in dem K^0- und $\bar{K}^0$-

Mesonen gleich häufig auftreten. Wir wollen dies etwas präziser diskutieren. Die zeitliche Entwicklung eines K_L-Zustandes ist in seinem Ruhsystem durch

$$|K_L(t)\rangle = |K_L(0)\rangle e^{-iM_L t} e^{-\Gamma_L t/2} \tag{2.317}$$

gegeben. Ganz entsprechend gilt für das kurzlebige Kaon

$$|K_S(t)\rangle = |K_S(0)\rangle e^{-iM_S t} e^{-\Gamma_S t/2} \ . \tag{2.318}$$

Hierin haben wir wieder $\Gamma = 1/\tau$ benutzt und zusätzlich unterschiedliche Massen für die beiden Sorten neutraler Kaonen zugelassen. Die Begründung für diesen Ansatz kommt aus der Quantenmechanik instabiler Teilchen. Hier sei nur angemerkt, daß das Betragsquadrat dieser Gleichungen offenbar auf das richtige radioaktive Zerfallsgesetz führt.

Die Eigenwerte des Hamilton-Operators H im Ruhsystem der Kaonen betragen daher

$$M_{S,L} - \frac{i}{2}\Gamma_{S,L} \ , \tag{2.319}$$

was sich elegant in der Matrixform

$$H = \begin{pmatrix} M_S - \frac{i}{2}\Gamma_S & 0 \\ 0 & M_L - \frac{i}{2}\Gamma_L \end{pmatrix} \tag{2.320}$$

schreiben läßt. In H ist die starke, elektromagnetische und schwache Wechselwirkung enthalten. Der Massenunterschied zwischen K_S und K_L ist jedoch ein Effekt der schwachen Wechselwirkung.

Die Amplitude zur Zeit t in einem ursprünglichen K^0-Strahl ein $\bar{K}^0$ zu finden, berechnet sich nun aus

$$A(t) = \frac{1}{\sqrt{2}} \left(\langle K_S(t)| - \langle K_L(t)|\right) \frac{1}{\sqrt{2}} \left(|K_S(0)\rangle + |K_L(0)\rangle\right) \ . \tag{2.321}$$

Wegen der Orthogonalität der Zustände $|K_L\rangle$ und $|K_S\rangle$ führt dies nach kurzer Rechnung zur Wahrscheinlichkeit

$$AA^* \equiv P(t) = \frac{1}{4}\left(e^{-\Gamma_L t} + e^{-\Gamma_S t} - 2\cos(\Delta M t)e^{-(\Gamma_L + \Gamma_S)t/2}\right) \tag{2.322}$$

mit

$$\Delta M = M_L - M_S \ . \tag{2.323}$$

Die Strangeness oszilliert also mit einer Frequenz, die vom Massenunterschied zwischen lang- und kurzlebigen Kaonen abhängt. Die Existenz von $\bar{K}^0$ im Strahl weist man über die Reaktion (2.301) nach. Eine quantitative Auswertung solcher Experimente ergab ein $|\Delta M|$ von 3.52×10^{-6} eV.

Nach einer Flugzeit im Laborsystem, die einigen Lebensdauern τ_S im Ruhsystem entspricht, ist aus dem K^0-Strahl ein K_L-Strahl geworden. Man kann aber noch einen Schritt weiter gehen, und den Zustand $|K_L\rangle$ wieder teilweise in den Zustand $|K^0\rangle$ zurücktransformieren. Ein solches Regenerations-Experiment besteht einfach darin, in den K_L-Strahl ein Stück Absorber zu stellen. Wegen des hohen Wirkungsquerschnitts der inelastischen Reaktion (2.301) werden die $\bar{K}^0$-Mesonen aus dem K_L-Strahl stärker herausgefiltert, und man

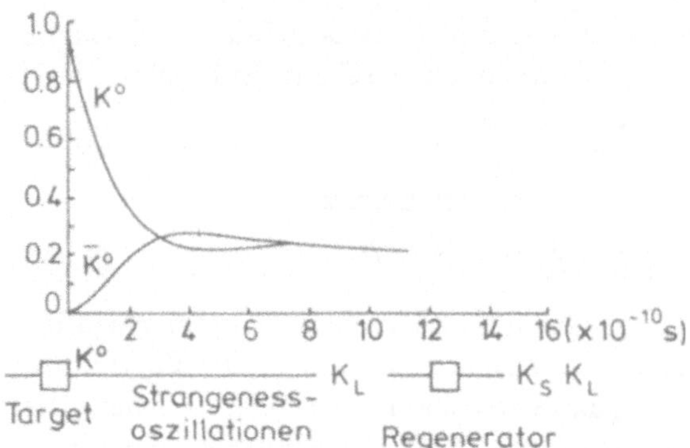

Abb. 2.25. Strangeness-Oszillationen und Regeneration in einem K^0-Strahl. Die Zeit wird im Ruhsystem der Kaonen gemessen.

hat hinter dem Absorber wieder eine Erhöhung des prozentualen Anteils der K^0-Mesonen. Die Einzelheiten hängen von dem verwendeten Absorbermaterial ab, und sollen hier nicht weiter diskutiert werden. Das Prinzip solcher Oszillations- und Regenerationsexperimente mit dem dazugehörigen qualitativen Verlauf der Intensitäten ist in Abb. 2.25 gezeigt. Mit ihrer Hilfe gelang es, das Vorzeichen des Massenunterschiedes festzulegen: Das K_L- ist schwerer als das K_S-Meson.

2.7.4 CP-Verletzung im K_L-Zerfall

Im letzten Abschnitt wurden die lang- und kurzlebigen K^0-Mesonen mit den Zuständen K_2 und K_1 identifiziert. Dies bedeutet, daß der Zerfall $K_L \to 2\pi$ verboten ist. In einem berühmten Experiment im Jahr 1964 [2.11] wurde jedoch gezeigt, daß der Zerfall

$$K_L \to \pi^+ + \pi^- \tag{2.324}$$

mit einem zwar kleinen, aber doch endlichen Verzweigungsverhältnis von etwa 0.2% stattfindet. Dieses Experiment ist in Abb. 2.26 erläutert.

Eine attraktive Möglichkeit das Ergebnis zu deuten besteht darin, Eigenzustände $|K_L\rangle$ und $|K_S\rangle$ der T-Matrix (2.302) zu konstruieren, die nicht

Abb. 2.26. Das Experiment von Christenson et al. zum Nachweis des Zerfalls $K_L \to \pi^+\pi^-$. Die invariante Masse der in den Magneten und Funkenkammern nachgewiesenen Pionpaare muß die K-Masse ergeben. Vom Gesamtimpuls der Pionen wird verlangt, daß er in der Richtung des einfallenden Strahles liegt.

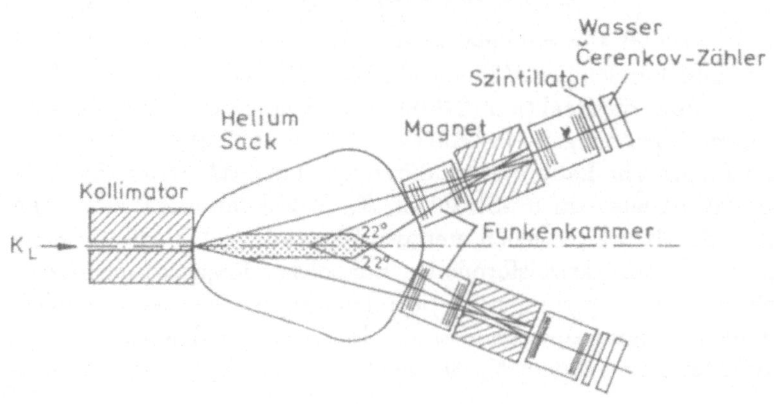

Eigenzustände von CP sind. Dies läßt sich erreichen, wenn man die CP-Invarianz aufgibt, also $C \neq B$ in (2.302) zuläßt. Für die weitere Rechnung ist es einfacher q/p durch $(1 - \varepsilon)/(1 + \varepsilon)$ zu ersetzen, worin ε ein neuer komplexer Parameter ist. Die neuen Eigenvektoren lauten nun

$$|K_S\rangle = \frac{1}{\sqrt{2(1 + |\varepsilon|^2)}}\left[(1 + \varepsilon)|K^0\rangle + (1 - \varepsilon)|\bar{K}^0\rangle\right] , \qquad (2.325)$$

bzw.

$$|K_L\rangle = \frac{1}{\sqrt{2(1 + |\varepsilon|^2)}}\left[(1 + \varepsilon)|K^0\rangle - (1 - \varepsilon)|\bar{K}^0\rangle\right] . \qquad (2.326)$$

Diese Zustände lassen sich sofort als Mischung der CP-Eigenzustände K_1, K_2 schreiben,

$$\begin{aligned}
|K_S\rangle &= \frac{1}{\sqrt{1 + |\varepsilon|^2}}(|K_1\rangle + \varepsilon|K_2\rangle) \\
|K_L\rangle &= \frac{1}{\sqrt{1 + |\varepsilon|^2}}(\varepsilon|K_1\rangle + |K_2\rangle) .
\end{aligned} \qquad (2.327)$$

Die Größe ε ist der Messung zugänglich. Wie in der Literatur üblich, führen wir zunächst das Verhältnis der Amplituden

$$\eta_{\pm} = \frac{\langle \pi^+ \pi^- |T| K_L\rangle}{\langle \pi^+ \pi^- |T| K_S\rangle} \qquad (2.328)$$

ein. Diese komplexe Zahl hat einen Betrag und eine Phase,

$$\eta_{\pm} = |\eta_{\pm}|e^{i\Phi_{\pm}} . \qquad (2.329)$$

Mit (2.327) folgt aber sofort die Identität $\varepsilon = \eta_{\pm}$, d.h. der Betrag von ε läßt sich aus dem Verhältnis der Zerfallsbreiten

$$|\eta_{\pm}| = \sqrt{\frac{\Gamma_L(\pi^+ \pi^-)}{\Gamma_S(\pi^+ \pi^-)}} \qquad (2.330)$$

mit dem numerischen Ergebnis

$$|\varepsilon| = |\eta_{\pm}| = (2.268 \pm 0.023) \times 10^{-3} \qquad (2.331)$$

entnehmen. Die Beimischung des $CP = +1$ Anteils zu K_L ist also sehr klein.

Einen Schritt weiter gehend zeigen wir jetzt, wie die Phase $\Phi_{\pm}$ bestimmt werden kann. Dazu nehmen wir einen Strahl, der zur Zeit $t = 0$ nur aus K^0-Mesonen besteht, und messen die Anzahl der $\pi^+ \pi^-$-Zerfälle entlang der Flugrichtung. In Abhängigkeit von der Zeit im Ruhsystem des K-Mesons berechnen wir die Amplitude für das Auftreten eines $\pi^+ \pi^-$-Paares zu

$$A(\pi^+ \pi^-) \sim e^{-iM_S t}e^{-\Gamma_S t/2} + \eta_{\pm}e^{-iM_L t}e^{-\Gamma_L t/2} . \qquad (2.332)$$

Dieses Resultat läßt sich relativ einfach nachvollziehen, wenn zunächst die Gleichungen (2.325) und (2.326) nach $|K^0\rangle$ aufgelöst werden, und danach die Zeitabhängigkeit der Gleichungen (2.317) und (2.318) zusammen mit der Definition von $\eta_\pm$ benutzt wird. Die zeitabhängige Wahrscheinlichkeit des Zerfalls in $\pi^+\pi^-$-Paare ergibt sich aus dem Betragsquadrat der Amplitude zu

$$P(t) \sim e^{-\Gamma_S t} + |\eta_\pm|^2 e^{-\Gamma_L t} + 2|\eta_\pm| e^{-(\Gamma_S+\Gamma_L)t/2} \cos((M_L - M_S)t - \Phi_\pm) \ . \tag{2.333}$$

Die Abb. 2.27 zeigt das Ergebnis eines Experimentes am CERN [2.12]. Die Parameter der Kurve legen gleichzeitig ΔM und $\Phi_\pm$ fest. Der aus solchen Experimenten bestimmte Wert von $\Phi_\pm$ beträgt $(46.0 \pm 1.2)^\circ$. Diese Abbildung stellt das vielleicht schönste Beispiel für ein quantenmechanisches Interferenz-Experiment dar.

Die Phase $\Phi_\pm$ läßt sich aus den anderen Parametern des K_S, K_L-Systems berechnen. Wenn wir CP-Verletzung zulassen, nimmt nämlich die Massenmatrix (2.320) in der K_1, K_2-Basis die Gestalt

$$H = \begin{pmatrix} M_S - \tfrac{1}{2}\Gamma_S & \imath m' \\ -\imath m' & M_L - \tfrac{1}{2}\Gamma_L \end{pmatrix} \tag{2.334}$$

an. Wegen des geringen Betrags der reellen Größe m' ändern sich nach der Diagonalisierung die Eigenwerte praktisch nicht. Durch Vergleich der Eigenvektoren mit der Darstellung (2.327) gewinnen wir für ε die Beziehung

$$\varepsilon = \frac{\imath m'}{\Delta M + \imath \Gamma_S/2} \ , \tag{2.335}$$

bei deren Ableitung noch $\Gamma_s \gg \Gamma_L$ ausgenutzt wurde. Hieraus folgt unmittelbar für die Phase

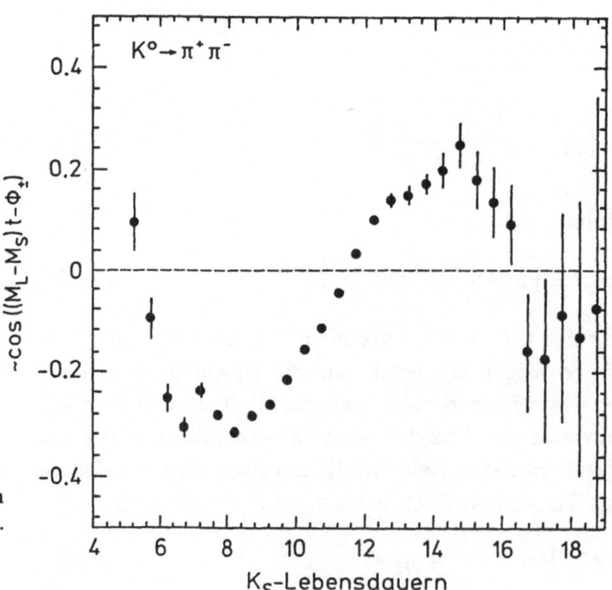

Abb. 2.27. Interferenz von K_S und K_L im $\pi^-\pi^+$-Zerfall.

$$\tan \Phi_\pm = \frac{2\Delta M}{\Gamma_S} \ . \tag{2.336}$$

Der numerische Wert von $(43.67 \pm 0.13)°$ stimmt sehr gut mit der Phasenmessung aus den Interferenzexperimenten überein.

Dadurch daß wir die lang- und kurzlebigen neutralen Kaonen als Mischung von CP-Eigenzuständen beschreiben, ist der 2π-Zerfall des K_L nicht *direkt CP* verletzend. Diese Verletzung ist vielmehr subtiler darin begründet, daß die Zustände (2.327) nur bei fehlender Invarianz der Matrix (2.302) unter der Transformation CP möglich sind. Nach Wolfenstein kann dies aufgrund einer neuen *superschwachen* Wechselwirkung erfolgen, Zerfallsreaktionen der *schwachen* Wechselwirkung bleiben CP-invariant.

Die immer größere Genauigkeit der Experimente erlaubt jedoch die detaillierte Untersuchung der Frage, ob es neben der besprochenen CP-Verletzung in $\Delta S = 2$ Prozessen nicht doch eine kleine CP-Verletzung in $\Delta S = 1$ *Zerfällen* gibt. Wenn wir

$$\langle \pi^+\pi^- |T|K_2\rangle \neq 0 \tag{2.337}$$

zulassen, folgt mit Hilfe von (2.327) in der Näherung für kleine ε

$$\eta_\pm = \varepsilon + \frac{\langle \pi^+\pi^- |T|K_2\rangle}{\langle \pi^+\pi^- |T|K_1\rangle} \ . \tag{2.338}$$

Wie kann man die Existenz des 2. Terms in dieser Gleichung beweisen? Neben dem Zerfall des K_L in $\pi^+\pi^-$ gibt es noch den Zerfall in $\pi^0\pi^0$, der experimentell allerdings viel größere Probleme stellt. Für das Amplitudenverhältnis

$$\eta_{00} = |\eta_{00}|e^{i\Phi_{00}} \tag{2.339}$$

ermitteln wir analog zu (2.338) die Relation

$$\eta_{00} = \varepsilon + \frac{\langle \pi^0\pi^0 |T|K_2\rangle}{\langle \pi^0\pi^0 |T|K_1\rangle} \ . \tag{2.340}$$

Eine CP-Verletzung im Zerfall des K_2 läßt sich also nachweisen, wenn die Amplitudenverhältnisse des K_2- und K_1-Zerfalls in $\pi^+\pi^-$ bzw. $\pi^0\pi^0$ sich voneinander unterscheiden. In der Tat liefert eine theoretische Analyse die Beziehungen

$$\begin{aligned}
\eta_\pm &= \varepsilon + \varepsilon' \\
\eta_{00} &= \varepsilon - 2\varepsilon' \ ,
\end{aligned} \tag{2.341}$$

worin jetzt der komplexe Parameter ε' die CP-Verletzung im $\Delta S = 1$ Sektor beschreibt. Die Herleitung dieser Gleichungen, benutzt neben der CPT-Invarianz noch den Isospinformalismus für das $\pi\pi$-System. Sie ist für diesen einführenden Text zu aufwendig. Der interessierte Leser findet eine ausführliche Darstellung in dem Buch von Commins und Bucksbaum [2.13]. Unter der Annahme $\varepsilon' \ll \varepsilon$ wird aus (2.341) die Beziehung

$$\Re(\varepsilon'/\varepsilon) = \frac{1}{6}\left(1 - \frac{\Gamma_L(\pi^0\pi^0)\Gamma_S(\pi^+\pi^-)}{\Gamma_S(\pi^0\pi^0)\Gamma_L(\pi^+\pi^-)}\right) \tag{2.342}$$

abgeleitet. Die zu (2.341) führenden theoretischen Überlegungen legen die Phase von ε' auf einen Wert zwischen 40° und 60° fest, was sehr nahe bei dem experimentellen Wert von $\Phi_{\pm}$ liegt. Der Realteil von ε'/ε kann also näherungsweise dem Betrag gleichgesetzt werden. Bisher gaben alle Messungen des Doppelverhältnisses von Zerfallsbreiten auf der rechten Seite der letzten Gleichung einen verschwindenden Wert von $|\varepsilon'/\varepsilon|$ in Übereinstimmung mit dem superschwachen Ansatz von Wolfenstein. Erst in jüngster Zeit hat ein neues Experiment am CERN [2.14] ein von null verschiedenes Ergebnis

$$\Re(\varepsilon'/\varepsilon) = (3.3 \pm 1.1) \times 10^{-3} \tag{2.343}$$

gefunden, das aber von einer konkurrierenden Gruppe in den USA noch nicht bestätigt werden konnte. Diese Experimente gehören sicher zu den schwierigsten Präzisionsmessungen der Teilchenphysik. Sie haben fundamentale Bedeutung, da in theoretischen Rechnungen auf der Grundlage des Standard-Modells $\varepsilon' \neq 0$ wird.

Der kleine Betrag von ε' ist äquivalent mit der Beziehung

$$|\eta_{00}| \approx |\eta_{\pm}| \ . \tag{2.344}$$

Der oben angegebene Wert der Phase von ε' zeigt, daß auch die Phase der beiden η Parameter in guter Näherung gleich sein muß. Eine direkte Messung von $\Phi_{\pm} - \Phi_{00}$ in den jüngsten Experimenten ist innerhalb $\pm(2-3)°$ mit dem Wert 0 verträglich. Da die Gleichung (2.341) und die theoretische Bestimmung der Phase von ε' nur die Gültigkeit des CPT-Theorems voraussetzen, konstituieren diese Messungen gleichzeitig einen Test der fundamentalsten Symmetrie der Quantentheorie.

Die Eigentümlichkeiten des $K^0\bar{K}^0$-Systems bieten zusätzlich die Möglichkeit experimentell zwischen Materie und Antimaterie zu unterscheiden. Wir haben schon weiter oben gesagt, daß das K_L bevorzugt in die sog. semileptonischen Endzustände $\pi e\nu$ und $\pi\mu\nu$ zerfällt. In einem K_L-Strahl können nun z.B. die Zerfallsraten $R^{\pm}$ für die Prozesse $K^0 \rightarrow \pi^{\mp} e^{\pm} \overset{(-)}{\nu_e}$ gemessen werden. Aus diesen Raten kann man die Ladungsasymmetrie

$$\delta_C = \frac{R^+ - R^-}{R^+ + R^-} \tag{2.345}$$

bestimmen. Sie ist in Abb. 2.28 als Funktion der Eigenzeit t dargestellt. Nach einem „Einschwingvorgang" auf Grund der Strangeness-Oszillationen sieht man deutlich, daß für große t die Asymmetrie nicht verschwindet, sondern einen positiven Wert annimmt. Neutrale Kaonen zerfallen also häufiger in Antimaterie (Positronen) als in Materie (Elektronen). Um dieses wichtige Ergebnis besser zu verstehen, machen wir uns an Hand der Abb. 2.29 zunächst klar, daß im Quarkmodell semielektronisch nur die Zerfälle $K^0 \rightarrow \pi^- e^+ \nu_e$ und $\bar{K}^0 \rightarrow \pi^+ e^- \bar{\nu}_e$ erlaubt sind.[11] Dies stimmt mit dem empirischen Befund der

[11] Die Abbildung entspricht dem Betazerfalls-Diagramm 1.13.

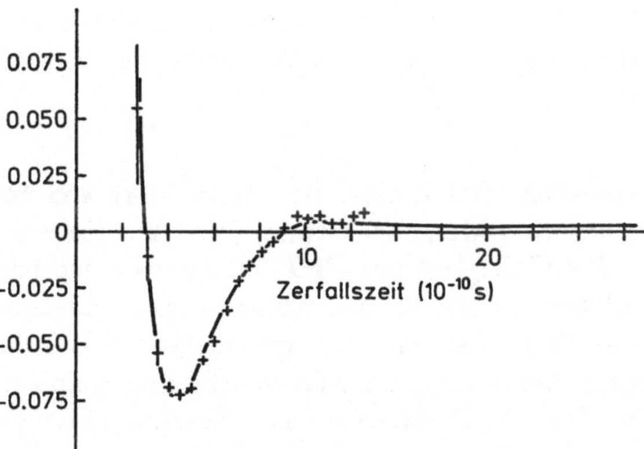

Abb. 2.28. Die Ladungs-asymmetrie beim semilep-tonischen Zerfall neutraler Kaonen.

Zerfälle von Teilchen mit Strangeness überein und wird als $\Delta S = \Delta Q$-Regel bezeichnet: Die am Zerfallsprozess beteiligten Hadronen ändern in semilep-tonischen Zerfällen ihre Strangeness und ihre Ladung um eine Einheit. Unter Zuhilfenahme von (2.326) hat man damit aber sofort

$$\langle \pi^+ e^- \bar{\nu}_e | T | K_L \rangle = \frac{-1}{\sqrt{2(1 + |\varepsilon|^2)}} (1 - \varepsilon) \langle \pi^+ e^- \bar{\nu}_e | T | \bar{K}^0 \rangle \qquad (2.346)$$

bzw.

$$\langle \pi^- e^+ \nu_e | T | K_L \rangle = \frac{1}{\sqrt{2(1 + |\varepsilon|^2)}} (1 + \varepsilon) \langle \pi^- e^+ \nu_e | T | K^0 \rangle \ . \qquad (2.347)$$

Die CPT-Invarianz garantiert auf jeden Fall die Gleichheit der Zerfallsraten $K^0 \to \pi^- e^+ \nu_e$ und $\bar{K}^0 \to \pi^+ e^- \bar{\nu}_e$, und deshalb folgt aus diesen Beziehungen

$$R^+ = \text{const} |1 + \varepsilon|^2 \ , \qquad (2.348)$$

$$R^- = \text{const} |1 - \varepsilon|^2 \qquad (2.349)$$

und schließlich unter Vernachlässigung von $2|\varepsilon|^2$

$$\delta_C = 2\Re\varepsilon \ . \qquad (2.350)$$

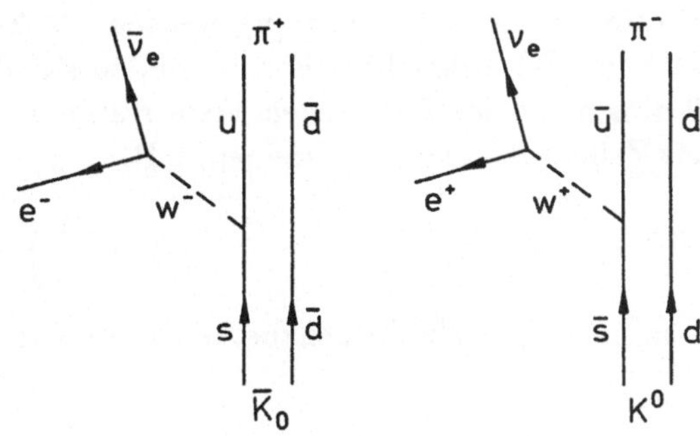

Abb. 2.29. Die erlaubten semielektronischen Zerfälle neutraler Kaonen.

Die Ladungsasymmetrie ist also durch den Realteil des Parameters ε der CP-Verletzung bestimmt. Als Mittelwert der verschiedenen Experimente sei

$$\delta_C = (3.27 \pm 0.12) \times 10^{-3} \qquad (2.351)$$

angegeben. Der daraus ermittelte Wert von $\Re\varepsilon$ stimmt gut mit den oben diskutierten Messungen von $\eta_\pm$ und $\Phi_\pm$ überein.

Bei Gültigkeit des CPT-Theorems entspricht die gerade diskutierte CP-Verletzung einer kleinen Verletzung der Zeitumkehrinvarianz im $K^0\bar{K}^0$-System. Es ist natürlich von grundlegender Bedeutung andere Systeme zu studieren, bei denen auch *Flavor*oszillationen und CP-Verletzung auftreten können. Die $D^0, \bar{D}^0$-Mesonen sind Bindungszustände von $\bar{c}u$ bzw $c\bar{u}$. Mit Hilfe der b-Quarks lassen sich die $B^0_d = d\bar{b}$ und $B^0_s = s\bar{b}$ und ihre Antiteilchen konstruieren. Eine Inspektion der Beziehung (2.322) zeigt uns, daß bei etwa gleichen Zerfallskonstanten $\Gamma_{S,L}$ Flavoroszillationen umso leichter beobachtbar sind, je größer das Verhältnis $\Delta M/\Gamma$ ist (Übung 2.17). Mit Γ bezeichnen wir den Mittelwert von Γ_S und Γ_L. Theoretische Abschätzungen ließen das $(B^0_d, \bar{B}^0_d)$-Paar als relativ günstig erscheinen, und tatsächlich ist der Nachweis von *Bottom*-Oszillationen in neueren Experimenten gelungen [2.15].

Im Standardmodell der Kosmologie ist das Weltall aus einem Urknall, dem *big bang* entstanden. Naiverweise würde daraus folgen, daß es heute im Weltall gleichviel Materie wie Antimaterie geben muß. Wir wissen aber sicher, daß dies nicht der Fall ist, der Kosmos besteht praktisch vollständig aus Materie. Wahrscheinlich birgt die gerade diskutierte CP-Verletzung den Schlüssel zum Verständnis dieser Asymmetrie, die sich zu dem sehr frühen Zeitpunkt von etwa 10^{-35} Sekunden nach dem Urknall eingestellt haben muß [2.16].

2.8 Innere Symmetrien II

2.8.1 Das pn-System

Im Folgenden diskutieren wir Transformationen zwischen quantenmechanischen Systemen, die 2 Zustände einnehmen können. Das bekannteste Beispiel sind wohl Spin 1/2-Teilchen. Zur Vorbereitung auf die späteren Ausführungen über das Quarkmodell betrachten wir aber als konkreten Fall das pn-System. Proton $|p\rangle$ und Neutron $|n\rangle$ werden als 2 Einstellungen eines Nukleonzustandes $|N\rangle$ angesehen. Formal bilden sie also die Basisvektoren $|e_{1,2}\rangle$ eines 2-dimensionalen komplexen Vektorraumes. Häufig ist es nützlich, sie direkt als Zeilenvektoren zu schreiben, z.B.

$$|p\rangle = \begin{pmatrix} 1 \\ 0 \end{pmatrix} . \qquad (2.352)$$

Ein beliebiger Nukleonenzustand in diesem 2-dimensionalen Raum ist durch

$$|N\rangle = q^i|e_i\rangle \qquad (2.353)$$

oder mit $q^1 = p$, $q^2 = n$ durch

$$|N\rangle = p|p\rangle + n|n\rangle \qquad (2.354)$$

bzw.

$$|N\rangle = \begin{pmatrix} p \\ n \end{pmatrix} \qquad (2.355)$$

gegeben.

Durch unitäre Transformationen kann man verschiedene Nukleonenzustände ineinander überführen,

$$\begin{aligned} |N'\rangle &= q'^i|e_i\rangle \\ &= U_k^i q^k|e_k\rangle \ . \end{aligned} \qquad (2.356)$$

Beim Rechnen mit Transformationen in komplexen Vektorräumen ist es wie schon bei den Lorentz-Transformationen nützlich, den Zeilenindex der Transformationsmatrix oben und den Spaltenindex unten anzuschreiben. Dies ist zwar nicht zwingend, – S-Matrixelemente bezeichnen wir weiter mit S_{fi} – es erleichtert aber manchmal kompliziertere Umformungen.

Wir werden uns nun auf unitäre Matrizen mit $\det U = 1$ beschränken. Sie bilden eine Gruppe, die Gruppe der unitären, unimodularen Transformationen in 2 Dimensionen, abgekürzt SU2.

2.8.2 Die Form der $SU2$-Matrizen

Aus der Unitaritätsbedingung kann man die allgemeinste Gestalt

$$U = \begin{pmatrix} \alpha & \beta \\ -\beta^* & \alpha^* \end{pmatrix} \qquad (2.357)$$

der $SU2$-Matrizen, mit der aus der Unimodularität folgenden Nebenbedingung

$$\alpha\alpha^* + \beta\beta^* = 1 \qquad (2.358)$$

leicht ableiten (Übung 2.18). Unitäre Matrizen lassen sich, wie wir gesehen haben, immer in der Art

$$U = e^{-i\Theta A} \qquad (2.359)$$

anschreiben, wobei die Matrizen A hermitesch sein müssen . Wegen

$$\det U = 1 \qquad (2.360)$$

muß die Spur der Matrizen A verschwinden. Dies wird bei Betrachten einer infinitesimalen Transformation U (Abschn. 2.1) sofort klar. Ein allgemeiner Ausdruck für die Matrizen A ist demnach durch

$$A = \begin{pmatrix} a & b \\ b^* & -a \end{pmatrix} \qquad (2.361)$$

gegeben. Da a reell und b komplex ist, hängen die Elemente von $SU2$ von 3 reellen Parametern ab. Wir können nun A nach 3 linear unabhängigen Basismatrizen τ_i entwickeln,

$$
\begin{aligned}
A &= n_1 \frac{\tau_1}{2} + n_2 \frac{\tau_2}{2} + n_3 \frac{\tau_3}{2} \\
&= \boldsymbol{n} \frac{\boldsymbol{\tau}}{2} \ .
\end{aligned}
\tag{2.362}
$$

Die Abspaltung eines Faktors $1/2$ entspricht der Konvention. Die 3 reellen Parameter sind demnach durch Θn_i definiert, wir haben also immer noch die Freiheit, den Vektor $\boldsymbol{n}$ auf 1 zu normieren. Die Matrizen τ_i sind die sog. Paulischen Spinmatrizen, die wir schon im Abschn. 2.2 kennengelernt haben,

$$
\tau_1 = \begin{pmatrix} 0 & 1 \\ 1 & 0 \end{pmatrix}, \tau_2 = \begin{pmatrix} 0 & -\imath \\ \imath & 0 \end{pmatrix}, \tau_3 = \begin{pmatrix} 1 & 0 \\ 0 & -1 \end{pmatrix} \ .
\tag{2.363}
$$

Hiermit läßt sich jedes Element von $SU2$ in die Form

$$
U = e^{-\imath \Theta \boldsymbol{n} \boldsymbol{\tau}/2}
\tag{2.364}
$$

bringen. Es liegt nahe, $\boldsymbol{n}$ als Richtungsvektor in einem zum R_3 isomorphen, abstrakten Vektorraum, dem Isoraum, und Θ als Drehwinkel um diese Richtung zu interpretieren.

Die Pauli-Matrizen erfüllen die Vertauschungsrelationen des Drehimpulses

$$
[\frac{\tau_i}{2}, \frac{\tau_j}{2}] = \imath \epsilon_{ijk} \frac{\tau_k}{2} \ .
\tag{2.365}
$$

Zum praktischen Rechnen ist die Kenntnis der Antivertauschungsrelationen

$$
\tau_i \tau_j + \tau_j \tau_i = 2\delta_{ij}
\tag{2.366}
$$

von Vorteil. Dabei wird die linke Seite oft mit $\{\tau_i, \tau_j\}$ abgekürzt.

Unter Benutzung der Ergebnisse des Abschn. 2.2 ist die Berechnung von $SU2$-Matrizen nicht schwierig. Betrachten wir nochmal als ein wichtiges Beispiel eine Drehung um die 2-Achse des Isoraums. Wegen $n_2 = 1$ und $n_{1,3} = 0$ folgt aus (2.76) sofort

$$
U = \begin{pmatrix} \cos \Theta/2 & -\sin \Theta/2 \\ \sin \Theta/2 & \cos \Theta/2 \end{pmatrix} \ ,
\tag{2.367}
$$

also z.B.

$$
p' = p \cos \Theta/2 - n \sin \Theta/2 \ .
\tag{2.368}
$$

Die Elemente von U sind natürlich die schon früher eingeführten Funktionen $d^{1/2}(\Theta)$.

Manchmal interessiert man sich für die gedrehten Basisvektoren $|p'\rangle$ und $|n'\rangle$. Diese gewinnt man durch Summation über die Spalten von U, z.B.

$$
|p'\rangle = |p\rangle \cos \Theta/2 + |n\rangle \sin \Theta/2 \ .
\tag{2.369}
$$

2.8.3 Darstellungen

Eine N-dimensionale Darstellung der $SU2$ wird wieder wie üblich durch die Konstruktion der Darstellungsmatrizen zu den Transformationen

$$U = e^{-i\Theta n\hat{I}} \tag{2.370}$$

gegeben, wobei die Generatoren $\hat{I}_i$ die sog. Isospinoperatoren sind. Der Name folgt natürlich aus der Gleichheit der Lie-Algebra

$$[\hat{I}_i, \hat{I}_j] = i\epsilon_{ijk}\hat{I}_k \tag{2.371}$$

mit der Algebra der Drehimpulsoperatoren (2.45). Alle Ausführungen des Abschn. 2.2, z.B. über die Quantisierung von $\hat{J}^2$ und $\hat{J}_3$, oder über die Dimensionen der Darstellungen gelten entsprechend für den Isospin.

Die Fundamentaldarstellung hat die Dimension $N = 2$. Es sind die $SU2$-Matrizen selbst. Der zugehörige Darstellungsraum wird durch $|p\rangle$ und $|n\rangle$ aufgespannt. Physikalisch bedeutet dies, daß wir Proton und Neutron den Isospin $1/2$ zuordnen

$$\begin{aligned}
|p\rangle &= |1/2; 1/2\rangle \\
|n\rangle &= |1/2; -1/2\rangle \;.
\end{aligned} \tag{2.372}$$

Hierin stehen die beiden Zahlen wieder für die Betragsquantenzahl I und die dritte Komponente I_3 des Isospins.

Dem Pionentriplett π^+, π^0, π^- können wir zwanglos den Isospin 1 zuordnen, d.h. die 3 Pionzustände entsprechen den Isospinzuständen $|1; 1\rangle, |1; 0\rangle$ und $|1; -1\rangle$. Der Zusammenhang zwischen der Ladung und dem Isospin von Nukleonen und Pionen wird durch die berühmte Gell-Mann-Nishijima-Relation[12]

$$Q = I_3 + \frac{B}{2} \tag{2.373}$$

formuliert. Die als Ladungsmultipletts auftretenden leichtesten Baryonen und Mesonen werden hiermit als Isospinmultipletts gruppentheoretisch interpretiert.

Einem System von 2 Nukleonen wird die 4-dimensionale Produktdarstellung zugeordnet. Entsprechend den Verhältnissen beim Drehimpuls zerfällt sie in ein Singlett und ein Triplett. Auch hier seien die Wellenfunktionen nochmals explizit angegeben. Das Singlett wird durch

$$|0; 0\rangle = \frac{1}{\sqrt{2}}(|pn\rangle - |np\rangle) \tag{2.374}$$

und das Triplett durch

$$\begin{aligned}
|1; 1\rangle &= |pp\rangle \\
|1; 0\rangle &= \frac{1}{\sqrt{2}}(|pn\rangle + |np\rangle) \\
|1; -1\rangle &= |nn\rangle
\end{aligned} \tag{2.375}$$

beschrieben.

[12]Siehe hierzu auch Abschn. 1.2.4.

Die speziellen unitären Transformationen, insbesondere die Gruppen $SU2$, $SU3$ und $SU5$, sind sehr wichtig für die Teilchenphysik. Deswegen werden jetzt noch ganz kurz einige die Klassifizierung der Gruppen erleichternde Relationen angeben. Die Matrizen der $SU2$ haben die Dimension $N = 2$. Wir haben gesehen, daß sie von 3 reellen Parametern abhängen, d.h. für ihre Ordnung gilt $m = 3$. Der Rang der Gruppe ist $r = 1$, da nur ein Generator, z.B. (I_3), diagonalisiert werden kann Die daraus abzulesenden Relationen

$$, = N^2 - 1 \tag{2.376}$$

und

$$r = N - 1 \tag{2.377}$$

gelten interessanterweise auch für unitäre unimodulare Gruppen höherer Dimension, also für alle SUN.

2.8.4 Antiteilchen in der $SU2$

Um die Gell-Mann-Nishijima-Relation (2.373) zu erfüllen, sollte das Antineutron $I_3 = +1/2$ und das Antiproton $I_3 = -1/2$ haben. Die Zuordnung $|\bar{n}\rangle = |1/2; 1/2\rangle$ und $|\bar{p}\rangle = |1/2; -1/2\rangle$ führt aber auf Probleme. Der Grund liegt darin, daß Isotransformationen und die Teilchen-Antiteilchenkonjugation C nicht unabhängig voneinander sind. Um dies besser zu verstehen, betrachten wir wieder eine Rotation der Nukleonen um die $\hat{I}_2$-Achse. Gemäß (2.367) ist sie durch

$$\begin{aligned} p' &= p\cos\Theta/2 - n\sin\Theta/2 \\ n' &= p\sin\Theta/2 + n\cos\Theta/2 \end{aligned} \tag{2.378}$$

definiert. Mit der Phasenwahl des letzten Abschnitts

$$\begin{aligned} C|p\rangle &= |\bar{p}\rangle \\ C|n\rangle &= |\bar{n}\rangle \end{aligned} \tag{2.379}$$

folgt daraus für die Antiteilchen

$$\begin{pmatrix} \bar{n}' \\ -\bar{p}' \end{pmatrix} = \begin{pmatrix} \cos\Theta/2 & -\sin\Theta/2 \\ \sin\Theta/2 & \cos\Theta/2 \end{pmatrix} \begin{pmatrix} \bar{n} \\ -\bar{p} \end{pmatrix} . \tag{2.380}$$

Hierin haben wir die einzelnen Terme so angeordnet, daß die Transformationsmatrix identisch zur Matrix (2.367) wird. Dies bedeutet, daß das Isodublett im Raum der Antinukleonen durch

$$\psi = \begin{pmatrix} \bar{n} \\ -\bar{p} \end{pmatrix} \tag{2.381}$$

dargestellt wird.

Isospinwellenfunktionen für Nukleon-Antinukleonsysteme kann man nun aus den Gleichungen (2.374) und (2.375) durch die Ersetzung $p \rightarrow \bar{n}$ und $n \rightarrow -\bar{p}$ z.B. für das zweite Nukleon gewinnen. Nach einer immer noch erlaubten Multiplikation mit dem Faktor -1 erhalten wir die Singlettwellenfunktion

$$|0;0\rangle = \frac{1}{\sqrt{2}}(|p\bar{p}\rangle + |n\bar{n}\rangle) \tag{2.382}$$

und die Triplettfunktionen

$$\begin{aligned} |1;1\rangle &= |p\bar{n}\rangle \\ |1;0\rangle &= \frac{1}{\sqrt{2}}(|n\bar{n}\rangle - |p\bar{p}\rangle) \\ |1;-1\rangle &= -|n\bar{p}\rangle \ . \end{aligned} \tag{2.383}$$

Auffällig ist hierbei das negative Vorzeichen in der letzten Zeile. Da wir die Pionen ebenfalls mit einem Isotriplett der Baryonenzahl 0 identifiziert haben, folgt jetzt zwingend

$$C|\pi^{\pm}\rangle = -|\pi^{\mp}\rangle \ . \tag{2.384}$$

Diesen Zusammenhang zwischen der Operation C und dem Isospin kann man sehr schön durch Vertauschungsrelationen ausdrücken. Mit der von uns getroffenen Phasenwahl gilt für die Isodubletts und Tripletts

$$C\hat{I}_3 = -\hat{I}_3 C \tag{2.385}$$

bzw.

$$C\hat{I}_{\pm} = -\hat{I}_{\mp} C \ . \tag{2.386}$$

Die genaue Berücksichtigung der Phasen ist allerdings für viele Zwecke nicht nötig, und in der Literatur finden sich daher auch häufig Wellenfunktionen für Teilchen-Antiteilchensysteme ohne das negative Vorzeichen in der letzten Zeile der Gleichung (2.383).[13]

2.8.5 Die Isoinvarianz der Kernkraft

Die Massen der leichten Hadronen sind im wesentlichen durch die Feldenergie der starken Wechselwirkung bestimmt. Aus der ungefähren Gleichheit der Massen im Multiplett schließen wir daher auf die Vertauschbarkeit der S-Matrix oder des Hamiltonoperators der starken Wechselwirkung mit den Transformationen U. Die verbleibenden kleinen Massenunterschiede werden u.a. auf elektromagnetische Effekte zurückgeführt, womit gleichzeitig gesagt ist, daß die elektromagnetische Wechselwirkung nicht isoinvariant sein kann.

Die Wechselwirkung von Nukleonen bei niedrigen Energien kann man durch ein Nukleon-Nukleon-Potential beschreiben. Aus der Invarianz unter $SU2$ folgt dann sofort die sog. Ladungsunabhängigkeit der Kernkraft falls sich die beiden Nukleonen im Isotriplettzustand befinden:

$$V_{pp} = V_{nn} = V_{pn} \ . \tag{2.387}$$

Die Isoinvarianz läßt noch zu, daß das Potential zwischen Proton und Neu-

[13]In einer Vorlesung von G. Einhorn fand ich das folgende „Theorem": These phases will drive you crazy if you worry about them. My advice: Don't worry!

tron im Isosinglettzustand sich von V_{pn} im Isotriplettzustand unterscheidet. Dies ist ein wesentlicher Unterschied zur naiveren Annahme der Ladungsunabhängigkeit. Aus dieser würde man z.B. folgern, daß es Kerne aus 2 Protonen oder 2 Neutronen geben muß, da ja auch ein gebundener pn-Zustand, das Deuteron existiert. Das Deuteron ist aber ein Isosinglett und es kann daher nicht zum Studium der Bindung im $I = 1$ Zustand benutzt werden.

Streureaktionen lassen sich ebenfalls sehr elegant im Isospin-Formalismus behandeln, weil aus der Invarianz der S-Matrix unmittelbar die Isospinerhaltung

$$[S,\hat{I}] = 0 \tag{2.388}$$

folgt. Als Beispiel betrachten wir eine typische Reaktion der Kernphysik. die Deuteron-Spaltung durch Pionstoß

$$
\begin{aligned}
\pi^+ + d &\rightarrow p + p \\
\pi^0 + d &\rightarrow p + n \\
\pi^- + d &\rightarrow n + n \ .
\end{aligned}
\tag{2.389}
$$

Die Zustände der linken Seite sind im Isotriplett, da für das Deuteron $I = 0$ gilt. Unter Zuhilfenahme von (2.375) wird z.B. die erste Reaktion durch das Matrixelement

$$T_{fi}^{\pi^+ d} = \langle 1;1|T|1;1\rangle \tag{2.390}$$

beschrieben. Für einen Proton-Neutron-Zustand folgt aus der Umkehrung von (2.374) und (2.375)

$$|pn\rangle = \frac{1}{\sqrt{2}}(|1;0\rangle + |0;0\rangle) \ , \tag{2.391}$$

und wegen der Isospinerhaltung gilt deshalb für die Deuteronspaltung durch Stoß mit neutralen Mesonen

$$T_{fi}^{\pi^0 d} = \frac{1}{\sqrt{2}}\langle 1;0|T|1;0\rangle \ . \tag{2.392}$$

Die Matrixelemente sind aber von der Stellung im Multiplett unabhängig (Abschn. 2.2) und daher sind die Wirkungsquerschnitte durch

$$\sigma_{\pi^+ d \rightarrow pp} = \sigma_{\pi^- d \rightarrow nn} \tag{2.393}$$

und

$$\sigma_{\pi^0 d \rightarrow pn} = \frac{1}{2}\sigma_{\pi^+ d \rightarrow pp} \tag{2.394}$$

miteinander verknüpft. Der Faktor 1/2 zeigt nochmals sehr deutlich den Unterschied zwischen Ladungsunabhängigkeit und Isoinvarianz der Kernkräfte. Da bei der Zusammensetzung von Isospins die gleichen Clebsch-Gordan-Koeffizienten wie bei der Drehimpulsaddition benötigt werden, lassen sich auch kompliziertere Aufgaben mit Hilfe der Tabelle des Anhangs lösen.

2.8.6 Isospin und Quarks

Ein einfaches Modell der Kernkraft führt diese auf den Austausch von π-Mesonen zwischen den Nukleonen zurück. Die Abb. 1.15 enthält ein typisches Beispiel dafür, wie man den Pion-Austausch durch die fundamentale starke Wechselwirkung, also den Austausch von Gluonen zwischen Quarks erklären kann. Man macht daher häufig gar keinen Unterschied zwischen Kernkraft und starker Wechselwirkung. Die im Bereich der aus u- und d-Quarks aufgebauten Hadronen experimentell bestätigte Isoinvarianz der Kernkraft möchte man natürlich aus einer $SU2$-Invarianz im Sektor der Quarks herleiten. Dies ist aber so einfach nicht möglich, es ist genau genommen sogar im Widerspruch mit den Befunden über die Quarkmassen. Mit den Quarkmassen werden wir uns im nächsten Kapitel noch ausführlich beschäftigen. An dieser Stelle brauchen wir das Ergebnis, daß nur u- und d-Quark etwa die gleiche Masse haben, das d-Quark ist $\approx 2 - 5$ MeV schwerer als das u-Quark. Die Quarks der 2. und 3. Familie haben dagegen stark unterschiedliche Massen, z.B. gilt $m_c - m_s \approx 1050$ MeV.

Die moderne Auffassung geht nun dahin, die Isoinvarianz der Kernphysik als Folge der zufälligen ungefähren Gleichheit der u- und d-Massen anzusehen. Es ist daher nur erlaubt, u und d in ein Isospin-Dublett einzubauen, wobei $I_3 = 1/2$ wegen (2.373) die natürliche Wahl für das u Quark ist. Mit $2I_3 = F$ und $B = 1/3$ wird hiermit die grundlegende Beziehung (1.89) zwischen Ladung und Flavorquantenzahlen der Quarks mit der Gell-Mann-Nishijima-Relation identifiziert.

Die verbleibenden Massendifferenzen in den Multipletts der Hadronen hatten wir auf elektromagnetische Effekte zurückgeführt. Dann sollte allerdings das Proton schwerer als das Neutron sein, da es ja eine zusätzliche Energie von seinem elektrischen Feld hat. Das Neutron ist aber schwerer als das Proton. Dieses große Rätsel der Kernphysik findet im Quarkmodell seine fast triviale Erklärung durch den Massenunterschied zwischen u und d.

Die in Kapitel 1 eingeführten Familiendubletts von Quarks und Leptonen werden im Standardmodell ebenfalls über eine $SU2$-Symmetrie erklärt. Die linkshändigen Mitglieder dieser Familien werden in Isodubletts des *schwachen* Isospins eingebaut. Auch hier verlangt die Symmetrie natürlich Gleichheit der Massen im Multiplett. Im Rahmen der spontan gebrochenen Eichtheorien konnte aber ein verblüffend einfacher Ausweg aus diesem Problem gefunden werden [2.9].

2.8.7 Reguläre Darstellung und G-Parität

Wir studieren noch einmal die 3-dimensionale Darstellung von $SU2$. In der Basis der Eigenzustände $|1;1\rangle, |1;0\rangle, |1;-1\rangle$ ist $\hat{I}_3$ diagonal,

$$\hat{I}_3 = \begin{pmatrix} 1 & 0 & 0 \\ 0 & 0 & 0 \\ 0 & 0 & -1 \end{pmatrix} , \qquad (2.395)$$

und auch $\hat{I}_1$ und $\hat{I}_2$ lassen sich einfach ermitteln (Übung 2.21). Wir gehen nun zu einer neuen orthonormierten Basis

$$
\begin{aligned}
|\pi_1\rangle &= \frac{1}{\sqrt{2}}(-|\pi^+\rangle + |\pi^-\rangle) \\
|\pi_2\rangle &= \frac{i}{\sqrt{2}}(|\pi^+\rangle + |\pi^-\rangle) \\
|\pi_3\rangle &= |\pi^0\rangle
\end{aligned}
\tag{2.396}
$$

über. Der größeren Anschaulichkeit halber haben wir zur Bezeichnung der Basisvektoren die Teilchensymbole gewählt. In dieser sog. kartesischen Basis wird die Darstellung der Generatoren besonders einfach. Man kann nämlich z.B. durch explizites Berechnen der Matrixelemente

$$
\langle \pi_j | \hat{I}_i | \pi_k \rangle = (\hat{I}_i)_{jk}
\tag{2.397}
$$

zeigen, daß diese durch

$$
(\hat{I}_i)_{jk} = -i\epsilon_{ijk} \ ,
\tag{2.398}
$$

also durch die Strukturkonstanten der Gruppe gegeben sind. Dies ist wieder eine allgemeine Eigenschaft der Gruppen SUN: die reguläre Darstellung der Generatoren ist in der Art von (2.398) durch die Strukturkonstanten bestimmt. Die Dimension der regulären Darstellung ist gleich der Ordnung der Gruppe.

Im Fall der $SU2$ hat die reguläre Darstellung eine sehr anschauliche Bedeutung. Wie man sofort sieht, sind die Matrizen der Gleichung (2.398) identisch zu den Generatoren der Drehungen (2.32 bis 2.34). Dies bedeutet, daß der Darstellungsraum isomorph zum R_3 ist. Die Vektoren $|\pi_i\rangle$ spannen in ihm ein kartesisches Koordinatensystem auf (Abb. 2.30). Isotransformationen sind Drehungen in diesem Raum. Wir untersuchen die Transformation $U = e^{-i\pi \hat{I}_2}$. Da sie einer Drehung um 180° um die 2-Achse entspricht ist ihre Wirkung auf die Zustände $|\pi_i\rangle$ sofort klar:

$$
\begin{aligned}
e^{-i\pi \hat{I}_2}|\pi_1\rangle &= -|\pi_1\rangle \\
e^{-i\pi \hat{I}_2}|\pi_2\rangle &= |\pi_2\rangle \\
e^{-i\pi \hat{I}_2}|\pi_3\rangle &= -|\pi_3\rangle \ .
\end{aligned}
\tag{2.399}
$$

Der Operator der G-Parität ist als

$$
G = C e^{-i\pi \hat{I}_2}
\tag{2.400}
$$

definiert. Wegen

$$
C|\pi^\pm\rangle = -|\pi^\mp\rangle
\tag{2.401}
$$

und unter Zuhilfenahme der Beziehung (2.396) läßt sich leicht zeigen, daß alle Pionen unabhängig von ihrer Ladung Eigenzustand zu G mit dem Eigenwert -1 sind. Auch die G-Parität ist eine multiplikative Quantenzahl und damit haben wir für n Pionen

$$
\eta_G(n\pi) = (-1)^n \ .
\tag{2.402}
$$

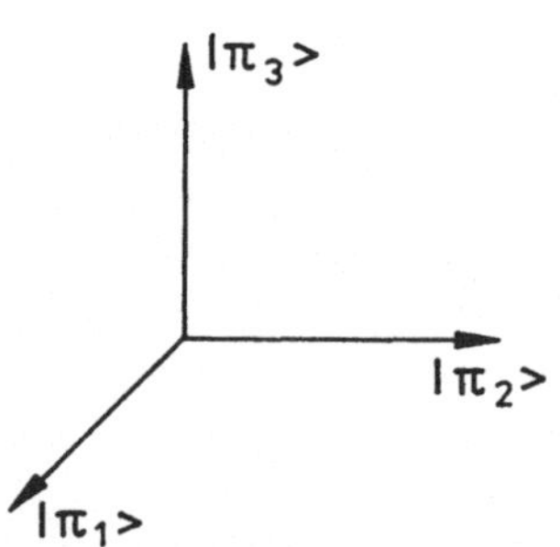

Abb. 2.30. Kartesische Basis im Isoraum der Pionen.

Das η-Meson hat eine Masse von 548.8 MeV das ist mehr als die dreifache Pionmasse. Trotzdem ist seine Zerfallsbreite nur 0.83 keV. Es zerfällt zu 39.1% in 2 Photonen. Da der Zerfall in $3\pi^0$ ein ähnlich großes Verzweigungsverhältnis (31.8 %) hat, muß auch er elektromagnetischer Natur sein. Warum zerfällt dieses Meson nicht auf Grund der starken Wechselwirkung mit der dafür typischen Breite von etwa 100 MeV, wie wir sie beim ϱ gefunden haben? Der Grund liegt in der aus der Isoinvarianz folgenden Erhaltung der G-Parität in Reaktionen der starken Wechselwirkung. Das η-Meson hat nur einen Ladungszustand, ist also ein Isosinglett. Die Spin-Paritätszuordnung für das η-Meson ist 0^-. Dies genügt, um den Zerfall in 2 Pionen auszuschließen. Aus der Definitionsgleichung (2.400) berechnet man $\eta_G(\eta) = 1$ und daher ist der Zerfall in 3 Pionen über die starke Wechselwirkung verboten, während er elektromagnetisch erlaubt ist.

Die Erhaltung der G-Parität führt schließlich für (vielleicht hypothetische) Streuprozesse, an denen nur π-Mesonen beteiligt sind, zu einem dem Fury-Theorem der QED analogen Theorem: Reaktionen mit n einlaufenden und m auslaufenden Pionen sind verboten, falls $n - m$ eine ungerade Zahl ergibt.

Übungen

2.1: Zeigen Sie, daß Skalarprodukte von Vektoren im euklidischen Raum invariant gegenüber Drehungen sind.

2.2: Berechnen Sie die Elemente $d^j_{j_3,j_3}$ für $j = 1/2$ mit Hilfe der Gleichung (2.76).

2.3: Zeigen Sie durch Anwendung der Leiteroperatoren $\hat{\jmath}_\pm$ auf den Zustand $|0;0\rangle$, daß dieser nicht in einen Zustand mit $J = 1$ überführt werden kann.

2.4: Beweisen Sie die Formel (2.45) der Vertauschungsrelationen des Drehimpulses.

2.5: Beweisen sie die Lorentz-Invarianz von $d^3\boldsymbol{p}/E$.

2.6: Bestimmen Sie die Winkelverteilung beim Zerfall polarisierter ϱ-Mesonen in 2 Pionen. Zeigen Sie explizit, daß der Zerfall unpolarisierter ϱ's isotrop ist.

2.7: Bestimmen Sie die Helizitätsamplituden und die zugehörigen Winkelverteilungen der e^-e^+ Annihilation in $\mu^-\mu^+$ Paare. Dazu nehmen Sie an, daß die Elektron-Positron-Paare im Zustand $J = 1$ sind.

2.8: Wiederholen Sie die letzte Aufgabe mit der zusätzlichen Annahme, daß Amplituten mit $\lambda, \mu = 0$ verschwinden und daß die übrig bleibenden Partialwellenamplituden t den gleichen Betrag haben. Wie lautet dann die Winkelverteilung für unpolarisierte einlaufende Teilchen?

2.9: Wiederholen Sie die letzte Aufgabe für Elektronen und Positronen, die senkrecht zur Flugrichtung polarisiert sind.

2.10: Wie groß kann der Wirkungsquerschnitt der Annihilation unpolarisierter Elektronen und Positronen in beliebige Endzustände maximal werden ($J = 1$)?

2.11: Vergleichen Sie numerisch den Wirkungsquerschnitt für die Erzeugung einer Resonanz mit $J = 1$, $M_R = 2$ GeV, $\Gamma = 100$ MeV und $\Gamma_i = 60$ MeV in der Elektron-Positron-Annihilation bei Benutzung der nicht relativistischen und der relativistischen Breit-Wigner-Funktion.

2.12: Tragen Sie für die Resonanz der vorhergehenden Aufgabe den Wert der elastischen Streuamplitude in der komplexen Ebene auf (Argand-Diagramm). Lassen Sie dabei $\sqrt{s}$ Werte zwischen $M_R - \Gamma$ und $M_R + \Gamma$ annehmen.

2.13: Beweisen Sie die Relation (2.181), indem Sie die Fläche der Breit-Wigner-Kurve bestimmen.

2.14: Diskutieren Sie den Dalitz-Plot für den Zerfall $K \rightarrow 3\pi$ und zeigen Sie, daß bei nichtrelativistischer Kinematik die Grenzen durch den einbeschriebenen Kreis der Abb. 2.14 gegeben sind.

2.15: Beweisen Sie die Relation (2.211).

2.16: Finden sie eine Matrix, mit deren Hilfe sich die T-Matrix der Gleichung (2.304) in Diagonalform bringen läßt. Wiederholen Sie die Aufgabe für die Massenmatrix (2.334).

2.17: Berechnen Sie die mittlere Wahrscheinlichkeit dafür, daß ein K^0 sich in ein $\bar{K}^0$ verwandelt.

2.18: Leiten Sie die allgemeinste Form der $SU2$-Matrizen aus der Unitarität und Unimodularität ab.

2.19: Die Δ-Resonanz bildet ein Isospin-Quartett. Bestimmen Sie Beziehungen zwischen den Wirkungsquerschnitten für die Resonanzproduktion in Pion-Nukleon-Reaktionen.

2.20: Begründen Sie, daß ein $\pi\pi$-System mit $J = 0$ nur in einem Zustand mit Gesamtisospin 0 und 2 sein kann. Zerlegen Sie anschließend die $\pi^+\pi^-$- bzw $\pi^0\pi^0$-Wellenfunktionen nach Isospinanteilen.

2.21: Bestimmen Sie die dreidimensionalen Isospinmatrizen in der Basis der Eigenzustände.

Literatur

2.1 P.A.M Dirac: The Principles of Quantum Mechanics. Clarendon Press, Oxford 1958

2.2 A. Messiah: Quantenmechanik. de Gruyter, Berlin, 1990

2.3 M. Jacob, G.C. Wick: On the General Theory of Collisions for Particles with Spin. Ann. Phys. (N.Y.), **7** (1959) 404

2.4 B.L. van der Waerden: Group Theory and Quantum Mechanics. Springer Berlin, Heidelberg 1974

2.5 S. Gasiorowicz: Elementarteilchenphysik. Bibliographisches Institut, Mannheim 1975

2.6   J.D. Bjorken, S.D. Drell: Relativistische Quantenmechanik. Bibliographisches Institut, Mannheim 1966

2.7   M. Nikolić (Hrsg): Kinematics and Multiparticle Systems. Gordon and Breach, New York 1968

2.8   E. Bodenstedt: Experimente der Kernphysik und ihre Deutung. Bibliographisches Institut, Mannheim 1978

2.9   C. Quigg: Gauge Theories of the Strong Weak and Electromagnetic Interaction. Addison-Wesley, Redding MA 1983

2.10 I.J. Aitchison, A.J.G. Hey: Gauge Theories in Particle Physics (2nd edition). Adam Hilger, Bristol, Philadelphia 1991

2.11 J.H. Christenson, J.W. Cronin, V.L. Fitch, R. Turlay: Evidence for the 2π Decay of the K_2^0 Meson. Phys. Rev. Lett. **13** (1964) 138

2.12 R. Carosi et al.: A Measurement of the Phases of the CP Violating Amplitudes in $K^0 \to 2\pi$ Decays and a Test of CPT Invariance. Phys. Lett. **237B** (1990) 303

2.13 E.D. Commins, P.H. Bucksbaum: Weak Interaction of Leptons and Quarks. Cambridge University Press, Cambridge 1983

2.14 H. Burkhard et al.: First Evidence for Direct CP Violation. Phys. Lett. **206B** (1988) 169

2.15 Argus Collaboration H. Albrecht et al.: Observation of $B^0 - \bar{B}^0$ Mixing. Phys. Lett. **192B** (1987) 245

2.16 E. Kolb, M. Turner: The Early Universe. Addison-Wesley, Redding MA 1988

3. Hadronen in der Quantenchromodynamik

3.1 Quarks mit Farbe

3.1.1 Das Statistik-Problem

Die in Abschn. 1.2.4 eingeführten Quarkwellenfunktionen für Baryonen weisen bei näherem Studium ein fundamentales Problem auf. Um dies einzusehen, betrachten wir die Δ^{++}-Resonanz im Zustand $J_3 = 3/2$

$$|\Delta^{++}\rangle = |uuu\rangle|\uparrow\uparrow\uparrow\rangle \ . \tag{3.1}$$

Für die Spinwellenfunktion wurde hier eine eingängige Notation gewählt, bei der jedem Wert $j = \pm 1/2$ ein aufwärts bzw. abwärts gerichteter Pfeil zugeordnet wird. Die Bahnwellenfunktionen der Quarks haben wir nicht explizit angegeben. Da die Δ-Resonanz das leichteste Spin-3/2-Baryon bildet, liegt es sehr nahe anzunehmen, daß die relativen Bahndrehimpulse aller Quarks verschwinden, $(l_{(i)} = 0)$. Die Wellenfunktion (3.1) ist symmetrisch beim Vertauschen zweier Quarks und damit im Widerspruch zum Pauli-Prinzip, das eine total antisymmetrische Wellenfunktion für Systeme identischer Fermionen fordert.

Dieses Problem läßt sich sehr elegant lösen, falls wir verlangen, daß die Quarks sich in einer weiteren neuen Quantenzahl unterscheiden. Baryonen sind aus 3 Quarks aufgebaut, es muß daher 3 Einstellungen dieser Quantenzahl geben, die in Anlehnung an die Farbentheorie mit ihren 3 Grundfarben Rot (R), Grün (G) und Blau (B) als Farbe (*color*) bezeichnet wird. Ein solcher neuer Freiheitsgrad wird offenbar im Spektrum der Hadronen nicht beobachtet, wir müssen daher fordern, daß die Wellenfunktion von Hadronen farbneutral oder weiß ist. Es wird sich in der quantitativen Diskussion des nächsten Abschnitts zeigen, daß diese Bedingung zu antisymmetrischen Baryonenzuständen führt.

Man muß zugeben, daß die Einführung eines neuen inneren Freiheitsgrades der Quarks nur zur Behebung der Schwierigkeiten mit der Wellenfunktion der Δ-Resonanz problematisch ist. Es wurde daher intensiv nach Auswegen gesucht. Die Zuordnung von antisymmetrischen Bahnwellenfunktionen z.B. hatte keine überzeugenden Erfolge vorzuweisen. Es wurde auch diskutiert, das Pauli-Prinzip im Quarksektor aufzugeben, also eine neue Statistik für die Quarks einzuführen. Es hat sich aber schließlich erwiesen, daß die Farbhypothese der ökonomischste Weg zur Behebung der diskutierten Schwierigkeiten ist, da sie in Verbindung mit der Forderung nach farblosen Hadronen das Bauprinzip des Abschn. 1.2.4 für Mesonen und Baryonen theoretisch begründet: Wir werden zeigen, daß *nur* die Zustände $|q\bar{q}\rangle$ und $|qqq\rangle$ Farbsingletts sind. Neben den Quarks selbst sind also z.B. Diquarks $|qq\rangle$ oder Kombinationen wie $|qq\bar{q}\rangle$ als beobachtbare Hadronen verboten.

3.1.2 Die Gruppe $SU3$

Einführung der Gruppe. Die Farbzustände $|R\rangle, |G\rangle$ und $|B\rangle$ sind die orthonormierten Basisvektoren $|e_i\rangle$ in einem 3-dimensionalen, komplexen Vektorraum. Ein beliebiger Zustand in diesem Raum ist durch

$$|\psi\rangle = q^i |e_i\rangle \tag{3.2}$$

gegeben. Die Matrizen U der unitären unimodularen ($\det U = 1$) Koordinatentransformationen

$$q'^i = U^i_k q^k \tag{3.3}$$

in diesem Raum bilden eine Gruppe, nämlich die Gruppe $SU3_C$. Der Index C soll darauf hinweisen, daß es sich um Farbtransformationen handelt. Im Laufe der historischen Entwicklung der Teilchenphysik wurde die genannte Gruppe allerdings zuerst im Sorten-Raum der 3 Quarks u, d, s untersucht. Wie immer drücken wir die Matrizen U durch ihre Generatoren λ_i aus,

$$U = e^{-i\Theta_i\lambda_i/2} \ . \tag{3.4}$$

Mit (2.376) folgt für die Ordnung der Gruppe $m = 8$, d.h. es gibt 8 linear unabhängige hermitesche spurfreie 3×3 Matrizen λ_i und 8 reelle Parameter Θ_i. In der Wahl einer speziellen Darstellung für die Generatoren λ_i ist man an sich relativ frei. Historisch hat sich aber infolge der Diskussion der $SU3_F$ im Sorten-Raum eine Konvention durchgesetzt, bei der die ersten 3 Generatoren durch Ergänzen der τ_i Matrizen der Gleichung (2.363) gewonnen werden,

$$\lambda_1 = \begin{pmatrix} 0 & 1 & 0 \\ 1 & 0 & 0 \\ 0 & 0 & 0 \end{pmatrix}, \ \lambda_2 = \begin{pmatrix} 0 & -i & 0 \\ i & 0 & 0 \\ 0 & 0 & 0 \end{pmatrix}, \ \lambda_3 = \begin{pmatrix} 1 & 0 & 0 \\ 0 & -1 & 0 \\ 0 & 0 & 0 \end{pmatrix} \ . \tag{3.5}$$

Die Matrizen λ_4, λ_5 bzw. λ_6, λ_7 werden ebenso nach dem Muster von $\tau_{1,2}$ gebildet, nur erfolgt die Ergänzung in der zweiten bzw. ersten Spalte und Zeile, also

$$\lambda_4 = \begin{pmatrix} 0 & 0 & 1 \\ 0 & 0 & 0 \\ 1 & 0 & 0 \end{pmatrix}, \ \lambda_5 = \begin{pmatrix} 0 & 0 & -i \\ 0 & 0 & 0 \\ i & 0 & 0 \end{pmatrix} \tag{3.6}$$

und

$$\lambda_6 = \begin{pmatrix} 0 & 0 & 0 \\ 0 & 0 & 1 \\ 0 & 1 & 0 \end{pmatrix}, \ \lambda_7 = \begin{pmatrix} 0 & 0 & 0 \\ 0 & 0 & -i \\ 0 & i & 0 \end{pmatrix} \ . \tag{3.7}$$

$SU3$ hat den Rang 2, Gleichung (2.377). Es gibt also 2 diagonalisierbare

Generatoren. Über einen, λ_3, haben wir schon verfügt, der zweite wird durch

$$\lambda_8 = \frac{1}{\sqrt{3}} \begin{pmatrix} 1 & 0 & 0 \\ 0 & 1 & 0 \\ 0 & 0 & -2 \end{pmatrix} \tag{3.8}$$

festgelegt. Der Faktor $1/\sqrt{3}$ ist eine Folge der Normierungsbedingung. Sie verlangt, daß die Spur der Quadrate der einzelnen Generatoren den gleichen Wert hat.

Die Vertauschungsrelationen der λ-Matrizen definieren eine Algebra

$$[\frac{\lambda_i}{2}, \frac{\lambda_j}{2}] = \imath f_{ijk} \frac{\lambda_k}{2} \tag{3.9}$$

mit total antisymmetrischen Strukturkonstanten f_{ijk}. Auch die $SU3$ ist also halbeinfach und kompakt. Die aus den Vertauschungsrelationen folgenden nichtverschwindenden Werte der Strukturkonstanten sind in Tabelle 3.1 aufgelistet.

Darstellungen der $SU3$. Zum Auffinden der Darstellungen

$$U = e^{-\imath \Theta_i F_i} \tag{3.10}$$

von $SU3$ kann man sich wieder der Algebra der F-Spin-Operatoren

$$[F_i, F_j] = \imath f_{ijk} F_k \tag{3.11}$$

bedienen. Im Unterschied zu $SU2$ und $SO3$ ist jede Darstellung durch die Eigenwerte von 2 Casimiroperatoren und damit durch die Angabe von 2 ganzen Zahlen p und q charakterisiert. Einer dieser beiden Operatoren ist ganz analog zum Fall der $SU2$ gebildet[1]:

$$\boldsymbol{F}^2 = \sum_i F_i^2 \ , \tag{3.12}$$

mit den Eigenwerten

$$f^2 = \frac{1}{3}(p^2 + q^2 + pq) + p + q \ . \tag{3.13}$$

Die Dimension $D(p,q)$ der Darstellungen ist mit p und q über

$$D(p,q) = \frac{1}{2}(p+1)(q+1)(p+q+2) \tag{3.14}$$

verknüpft. Wir haben hier leider nicht den Raum, diese Relationen zu beweisen und die Darstellungen aus der F-Spin-Algebra zu konstruieren. In dem klassischen Lehrbuch von Gasiorowicz [3.1] findet der Leser aber z.B. eine sehr schöne Diskussion dieser Zusammenhänge.

In der Tabelle 3.2 sind die niedrigsten Dimensionen mit den zugehörigen Wertepaaren von p und q ausgerechnet. Als wichtigste Merkregel lesen wir aus

Tabelle 3.1. Die Strukturkonstanten der $SU3$.

ijk	f_{ijk}
123	1
147	1/2
156	$-1/2$
246	1/2
257	1/2
345	1/2
367	$-1/2$
458	$\sqrt{3}/2$
678	$\sqrt{3}/2$

Tabelle 3.2. Die niedrigsten Darstellungen von $SU3$.

Symbol	Name	p,q	$D(p,q)$
1	Singlett	0,0	1
3	Triplett	1,0	3
3^*	Antitriplett	0,1	3
8	Oktett	1,1	8
6	Sextett	2,0	6
10	Dekuplett	3,0	10

[1]Die Summe läuft hier von 1 bis 8.

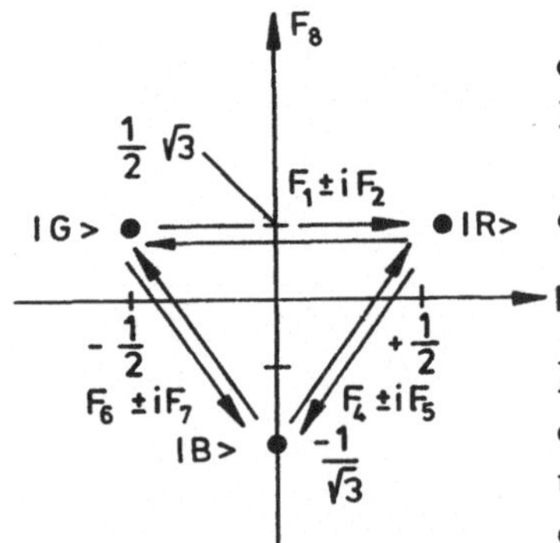

Abb. 3.1. Gewichtsdiagramm für das Quark-Farbtriplett.

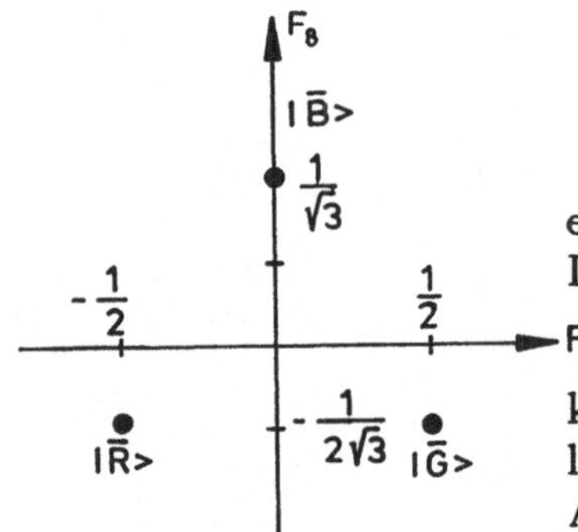

Abb. 3.2. Gewichtsdiagramm für das Antiquark-Farbtriplett.

dieser Tabelle ab, daß $SU3$ neben dem Singlett auf jeden Fall noch $3, 6, 8$- und 10-dimensionale Darstellungen besitzt.

Die Fundamentaldarstellung, das Triplett, ist wieder durch die Matrizen der Gruppe selbst gegeben

$$F_i = \lambda_i/2 \ . \tag{3.15}$$

Die zugehörigen Basisvektoren innerhalb des Multipletts, in unserem Fall also die Farbzustände $|R\rangle, |G\rangle, |B\rangle$, unterscheiden sich durch die Eigenwerte zu F_3 und F_8. Man stellt sie graphisch in dem sog. Gewichtsdiagramm (Abb. 3.1) dar, das entsprechend dem Rang der Gruppe die Ebene ausfüllt.

Analog zum Vorgehen bei $SU2$ faßt man auch bei $SU3$ die neben den Eigenwertoperatoren verbleibenden Generatoren zu Leiteroperatoren zusammen. Durch sie kann man Zustände ineinander überführen. Ihre Wirkung läßt sich sehr anschaulich durch die Pfeile in der Abb. 3.1 verdeutlichen.

Neben (3.3) bilden auch die Matrizen der konjugiert komplexen Gleichung

$$q'^{*i} = (U^*)^i_k q^{*k} \tag{3.16}$$

eine von der Fundamentaldarstellung linear unabhängige Darstellung in 3 Dimensionen. Wegen

$$U^* = e^{-i\Theta_i(-\lambda_i^*/2)} \tag{3.17}$$

kehren sich die Vorzeichen der Eigenwerte von F_3 und F_8 um, und der Darstellungsraum wird daher durch die Antiteilchen $|\bar{R}\rangle, |\bar{G}\rangle, |\bar{B}\rangle$ aufgespannt (siehe Abb. 3.2). Weil die konjugiert komplexen Komponenten eines Vektors gleich den mit einem unteren Index gekennzeichneten kovarianten Komponenten sind, transformiert sich ein beliebiger Antiteilchenzustand gemäß

$$\begin{aligned} q'_i &= (U^*)^i_k q_k \\ &= (U^{-1})^k_i q_k \ . \end{aligned} \tag{3.18}$$

Häufig benutzt man in der Mathematik den Querstrich über einem Symbol zur Bezeichnung der Operation „konjugiert komplex". In der Teilchenphysik ist dies besonders anschaulich, da die Antiteilchen den konjugiert komplexen Vektorkomponenten zugeordnet werden.

Produkte von Darstellungen. Unser Ziel ist es, Mesonen als $|q\bar{q}\rangle$ und Hadronen als $|qqq\rangle$ Zustände zu beschreiben. Das Studium der Produkte von Darstellungen ist daher von besonderem Interesse. Von den in der Literatur diskutierten Methoden führt die Untersuchung des Transformationsverhaltens von Tensoren wenigstens für Produkte niedriger Dimension zu schnellen Erfolgen bei der Ausreduktion der Darstellungen.

Wir haben bisher Quarkzustände durch kontravariante Vektoren und Antiquarks durch kovariante Vektoren bezeichnet. Die Komponenten eines beliebigen Zustands im Produktraum von p Quarks und q Antiquarks werden deshalb durch Tensoren

$$T^{\alpha_1....\alpha_p}_{\beta_1....\beta_q} = q^{\alpha_1}....q^{\alpha_p}q_{\beta_1}...q_{\beta_q} \tag{3.19}$$

gebildet. Wegen der Transformationsgesetze der Gleichungen (3.3) und (3.18) gilt für die Transformation der Produktzustände

$$T'^{\alpha_1....\alpha_p}_{\beta_1....\beta_q} = U^{\alpha_1}_{\gamma_1}...U^{\alpha_p}_{\gamma_p}(U^{-1})^{\delta_1}_{\beta_1}....(U^{-1})^{\delta_q}_{\beta_q}T^{\gamma_1....\gamma_p}_{\delta_1....\delta_q} \ . \tag{3.20}$$

Irreduzible Darstellungen U bilden eine Teilmenge dieser Tensoren auf sich selbst ab. Wenn man ein Bildungsgesetz für die irreduziblen Tensoren gefunden hat, folgt daraus natürlich auch das Bildungsgesetz für die zugehörigen Basisvektoren. Glücklicherweise gelten für Tensoren 2. Stufe für alle SUN-Gruppen die gleichen Regeln zum Auffinden der irreduziblen Darstellungen. Wir werden sie sofort am Beispiel der $SU3$ untersuchen.

3.1.3 Mesonen als $q\bar{q}$-Zustände

Zur Konstruktion der Farbwellenfunktion von Mesonen müssen wir offenbar den Tensor

$$T^i_k = q^i q_k \tag{3.21}$$

in irreduzible Tensoren zerlegen. Durch die Identität

$$T^i_k = (T^i_k - \frac{1}{N}\delta^i_k T^m_m) + \frac{1}{N}\delta^i_k T^m_m \tag{3.22}$$

wird dieser in einen spurfreien Tensor und die Spur zerlegt. (Bei der Spurbildung muß über einen oberen und einen unteren Index summiert werden.) Der erste Tensor bildet eine irreduzible Darstellung mit der Dimension

$$n = N^2 - 1 \tag{3.23}$$

und die Spur ist ein Singlett unter SUN, wie z.B. in [3.2] bewiesen wird. Für $SU3$ haben wir also die Zerlegung

$$3 \otimes 3^* = 1 \oplus 8 \tag{3.24}$$

gewonnen. Zunächst sehen wir ein, daß man aus Quarks und Antiquarks *farblose* Zustände also Singletts unter $SU3_C$ aufbauen kann. Für die zugehörige normierte Wellenfunktion muß ersichtlich

$$|1\rangle = \frac{1}{\sqrt{3}}(|R\bar{R}\rangle + |G\bar{G}\rangle + |B\bar{B}\rangle) \tag{3.25}$$

angesetzt werden. Auch die Oktettzustände sind physikalisch sehr interessant. Wir werden sie bald mit den Gluonen identifizieren. Gemäß der Zerlegung (3.22) bestehen sie aus den 6 Zuständen

$$|R\bar{G}\rangle, |R\bar{B}\rangle, |G\bar{R}\rangle, |G\bar{B}\rangle, |B\bar{R}\rangle, |B\bar{G}\rangle \tag{3.26}$$

und einer orthonormierten Linearkombination von 2 der 3 Diagonalelemente

$$\frac{1}{3}(2|R\bar{R}\rangle - |G\bar{G}\rangle - |B\bar{B}\rangle)$$

$$\frac{1}{3}(-|R\bar{R}\rangle + 2|G\bar{G}\rangle - |B\bar{B}\rangle) \tag{3.27}$$

$$\frac{1}{3}(-|R\bar{R}\rangle - |G\bar{G}\rangle + 2|B\bar{B}\rangle) \ .$$

Es ist üblich, als eine der Wellenfunktionen den $SU2$-Zustand

$$\frac{1}{\sqrt{2}}(|R\bar{R}\rangle - |G\bar{G}\rangle) \tag{3.28}$$

zu wählen. Dann bleibt

$$\frac{1}{\sqrt{6}}(|R\bar{R}\rangle + |G\bar{G}\rangle - 2|B\bar{B}\rangle) \tag{3.29}$$

als 8. Wellenfunktion übrig.

3.1.4 Baryonen als qqq-Zustände

Zur Konstruktion der Farbwellenfunktion von Baryonen müssen wir zunächst untersuchen, ob in der Produktdarstellung $3 \otimes 3 \otimes 3$ ein Singlett enthalten ist, da die beobachteten Baryonen ja farblos sind. Wir beginnen mit dem Produkt von 2 Quarks. Der zugehörige Tensor T^{ik} läßt sich sofort in Tensoren zerlegen, die symmetrisch bzw. antisymmetrisch bezüglich Indexvertauschung sind:

$$T^{ik} = \frac{1}{2}(T^{ik} + T^{ki}) + \frac{1}{2}(T^{ik} - T^{ki}) \ . \tag{3.30}$$

Der erste Tensor mit $(N^2 + N)/2$ Komponenten bildet eine irreduzible Darstellung der Dimension

$$n = \frac{1}{2}(N^2 + N) \tag{3.31}$$

unter SUN, während zum zweiten eine irreduzible Darstellung der Dimension

$$n' = \frac{1}{2}(N^2 - N) \tag{3.32}$$

gehört [3.2]. Für $SU3$ ist das Bildungsgesetz des 2. Tensors offenbar mit

$$V_i = \frac{1}{2}\varepsilon_{ijk}T^{jk} \tag{3.33}$$

identisch. Die 3 Komponenten genügen also dem Transformationsverhalten eines kovarianten Vektors. Diese besondere Eigenschaft, daß der gemäß (3.30) gebildete antisymmetrische Tensor wieder ein Vektor ist, hat $SU3$ mit $O3$ gemein. Dort ist dieser Tensor als Kreuzprodukt zweier Vektoren bekannt. Die Darstellung $3 \otimes 3$ ist nun ausreduziert. Es gilt

$$3 \otimes 3 = 3^* \oplus 6 \ . \tag{3.34}$$

Ein Singlett läßt sich also aus 2 Quarks nicht bilden. Aber wegen

$$3 \otimes 3^* = 1 \oplus 8 \tag{3.35}$$

ist sofort klar, daß in $3 \otimes 3 \otimes 3$ ein Singlett enthalten ist. Mit Hilfe von (3.33) und (3.22) läßt sich der zugehörige Tensor

$$T_0^0 = \varepsilon_{ijk} q^i q^j q^k \tag{3.36}$$

leicht konstruieren. Farblose Baryonen werden also durch die $SU3_C$-Singlett-wellenfunktion

$$|1\rangle = \frac{1}{\sqrt{6}} (|RGB\rangle - |RBG\rangle + |BRG\rangle - |BGR\rangle + |GBR\rangle - |GRB\rangle) \tag{3.37}$$

beschrieben. Sie ist ersichtlich antisymmetrisch bei Vertauschung von zwei beliebigen Farbindizes, und garantiert damit die Erfüllung der im ersten Abschnitt dieses Kapitels geforderten Symmetriebedingung.

Der Vollständigkeit halber soll noch die komplette Zerlegung der Produktdarstellung von 3 Quarks in irreduzible Darstellungen angegeben werden. Unter Benutzung von

$$3 \otimes 6 = 8 \oplus 10 \tag{3.38}$$

erhält man leicht [3.2]

$$3 \otimes 3 \otimes 3 = 1 \oplus 8 \oplus 8 \oplus 10 \ . \tag{3.39}$$

Natürlich lassen sich auch aus 3 Antiquarks oder aus Produkten von $|q\bar{q}\rangle$, $|qqq\rangle$ und $|\bar{q}\bar{q}\bar{q}\rangle$ Farbsingletts bilden. In $SU3$ ist es aber auf *keine* andere Art und Weise möglich, ein Singlett durch Produkte dreidimensionaler Darstellungen zu erhalten. Mit der Forderung, daß Hadronen farblos sind, bleiben also nur zwei nicht triviale Möglichkeiten, nämlich $|q\bar{q}\rangle$ und $|qqq\rangle$, um Hadronen aus Quarks aufzubauen.

3.2 Farbdynamik

3.2.1 Gluonen und das Potential der QCD

Wir haben im letzten Abschnitt gezeigt, wie die farbneutralen Hadronen aus Quarks konstruiert werden können. Bisher ist es noch nicht gelungen, den Freiheitsgrad „Farbe" zu beobachten. Es gibt keine farbigen Hadronen. Wie würde sich eine solche Quantenzahl bemerkbar machen? Die einfachsten Zustände mit Farbe sind natürlich die Quarks selbst. Eine intensive Suche nach freien Quarks, d.h. Teilchen mit drittelzahliger Ladung verlief vollkommen erfolglos. Diese experimentelle Tatsache ist sehr wichtig für die weitere Entwicklung des Modells. Sie bedeutet offenbar, daß Quarks nur in farbneutralen Bindungszuständen existieren können. Formal läßt sich dies dadurch begründen, daß zur Herstellung farbiger Zustände eine unendlich hohe Energie gebraucht wird.

Experimente zum Nachweis freier Quarks zerfallen im wesentlichen in zwei Klassen. Zum einen wird versucht, sie in Stoßreaktionen an Teilchenbeschleunigern zu erzeugen [3.3]. Zum anderen werden Materieproben z.B. mit einem Millikenschen Öltropfenversuch oder in anderen raffinierten Versuchsanordnungen auf das Vorhandensein von drittelzahligen Ladungen untersucht [3.4]. Diese Experimente sind mittlerweile so genau, daß sie *ein* Teilchen der Ladung 1/3 in etwa 1 mg Materie finden würden.

In der Quantenelektrodynamik wird die Wechselwirkung zwischen geladenen Teilchen durch den Austausch von Photonen beschrieben, siehe Abb. 1.12a. Die erhaltene Ladung der Teilchen ist die Quelle eines Kraftfeldes. Wir kommen auch im Bereich der starken Wechselwirkung zwischen Quarks einen wesentlichen Schritt weiter, wenn wir die Farbe als erhaltene Farbladung interpretieren. Auch sie ist die Quelle eines Kraftfeldes. Die zugehörigen Feldquanten werden als Gluonen bezeichnet. Die Wechselwirkung zwischen Quarks erfolgt also durch den Austausch von Gluonen (Abb. 1.12c). Die Theorie der starken Wechselwirkung zwischen Quarks durch Austausch von Gluonen heißt Quantenchromodynamik (QCD). Wir werden sehen, daß sie eine dynamische Erklärung für das Fehlschlagen aller Versuche liefert, freie Quarks zu beobachten.

Welche Eigenschaften werden die Gluonen haben? In enger Anlehnung an die QED sollen sie zunächst einmal masselos sein. Sie müssen $J = 1$ haben, da nur dann über ihren Austausch die unterschiedlichen Massen von $q\bar{q}$-Systemen mit Spin 1 (ϱ-Meson) oder Spin 0 (π-Meson) erklärt werden können. Wegen der Erhaltung der Farbladung müssen auch die Gluonen Farbe tragen. Am Diagramm der Quark-Antiquark-Vernichtung in Hadronen (Abb. 3.3) sieht man sofort, daß die Gluonen in der Darstellung $3 \times 3^*$ der Farb-$SU3$ enthalten sein müssen. Weil farblose Gluonen nicht zwischen den Farben der Quarks unterscheiden, können sie auch nicht dafür sorgen, daß gebundene Zustände von Quarks nur als Farbsinglets auftreten. Daher muß das Farbsinglett der Zerlegung (3.24) als Gluon-Wellenfunktion ausgeschlossen werden. Es bleiben demnach 8 Gluonen übrig, deren Wellenfunktionen durch die Gleichungen (3.26, 3.28 und 3.29) festgelegt sind. Gluonen tragen keine *flavor*-Quantenzahlen, sie sind Sorten-Singletts. Demnach müssen die ein- und auslaufenden Quarks an einem Quark-Gluon-Vertex von der gleichen Sorte sein.

Der Photonaustausch zwischen geladenen Teilchen führt im nichtrelativistischen Grenzfall zur potentiellen Energie

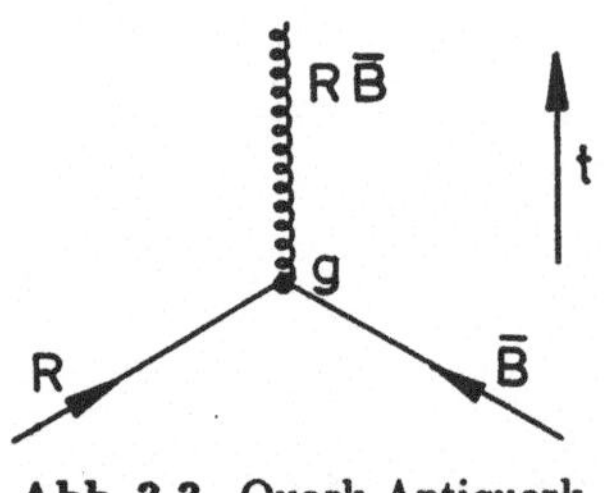

Abb. 3.3. Quark-Antiquark-Vernichtung in Gluonen.

$$V = \pm\frac{\alpha}{r} \ . \tag{3.40}$$

Ganz ähnlich entspricht der Gluonaustausch einer potentiellen Energie

$$V = c_F\frac{\alpha_S}{r} \ . \tag{3.41}$$

Analog zu (1.33) ist die Feinstrukturkonstante α_S der starken Wechselwirkung mit der Kopplungskonstanten g am Quark-Gluon-Vertex durch

$$\alpha_S = \frac{g^2}{4\pi} \qquad (3.42)$$

verknüpft. An die Stelle des Vorzeichens, das zwischen den verschieden Ladungskombinationen unterscheidet, tritt aber ein komplizierterer Farbfaktor c_F. Ihn wollen wir jetzt für einige Beispiele bestimmen, wobei wir die potentielle Energie vereinfachend als Potential bezeichnen.

a) Potential zwischen gleichfarbigen Quarks. Die Abb. 3.4 beschreibt den Gluonaustausch zwischen 2 blauen Quarks. An jedem Vertex ist die Kopplungsstärke durch $gc_{1,2}$ festgelegt, wobei die $c_{1,2}$ die jeweiligen Clebsch-Gordan-Koeffizienten für die Ankopplung der Quarks an das Gluon-Oktett sind. Der Farbfaktor c_F ist durch

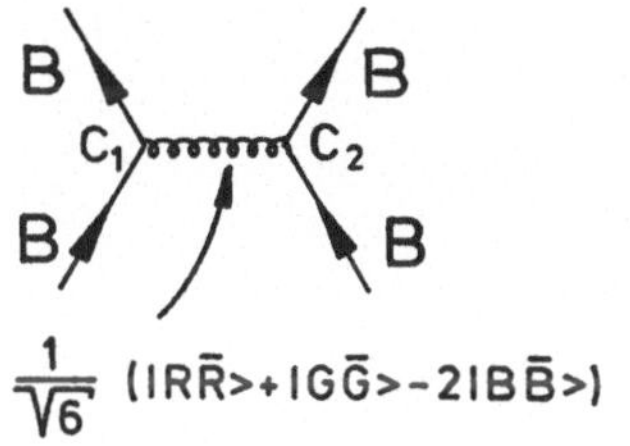

$$c_F = \frac{1}{2}c_1 c_2 \qquad (3.43)$$

definiert. Der zusätzliche Faktor 1/2 entspricht der Konvention und kann hier nicht weiter begründet werden. Die Kombination $|B\bar{B}\rangle$ ist nur in der Gluonwellenfunktion (3.29) enthalten und deshalb gilt

$$c_{1,2} = -\frac{2}{\sqrt{6}} \qquad (3.44)$$

bzw.

$$c_F = \frac{1}{3} \; . \qquad (3.45)$$

Durch kohärente Addition der beiden Wellenfunktionen (3.28) und (3.29) leitet man den gleichen Faktor auch für das Potential zwischen 2 grünen bzw. 2 roten Quarks ab.

b) Potential zwischen ungleichfarbigen Quarks. Auch hier ist der Farbfaktor für alle Quarkkombinationen gleich groß, und wir bestimmen ihn für die Kraft zwischen roten und blauen Quarks (Abb. 3.5). Für den Graphen der Abb. 3.5a ist wieder nur die Wellenfunktion (3.29) möglich und daher ist $c_1 = 1/\sqrt{6}$, $c_2 = -2/\sqrt{6}$, also $c_F = -1/6$. Für den Graphen der Abb. 3.5b gilt natürlich $c_F = 1/2$. Man kann nun die beiden Faktoren nicht einfach naiv addieren, sondern muß wissen, ob die Farbwellenfunktion der beiden Quarks symmetrisch oder antisymmetrisch bezüglich Vertauschung der Quarks ist. Es gilt entsprechend

$$c_F = -\frac{1}{6} \pm \frac{1}{2} \; , \qquad (3.46)$$

also $c_F = 1/3$ für eine symmetrische und $c_F = -2/3$ für eine antisymmetrische Wellenfunktion des $|qq\rangle$-Systems.

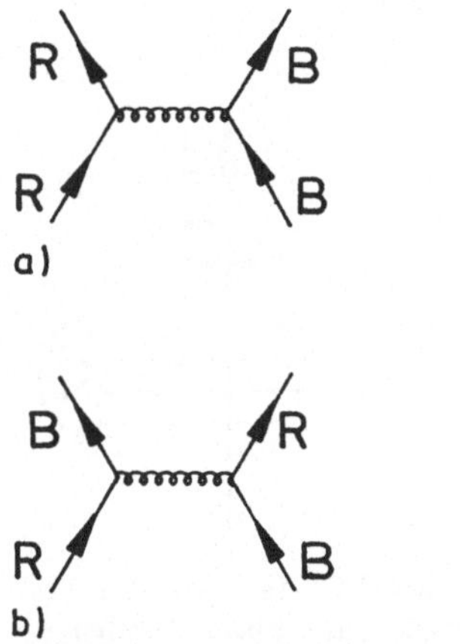

c) Besonders interessant ist das Quark-Antiquarkpotential in einem Meson. Zunächst untersuchen wir das Potential zwischen einem B- und einem

Abb. 3.4.   Gluonaustausch zwischen 2 blauen Quarks.

Abb. 3.5.   Gluonaustausch zwischen ungleichfarbigen Quarks.

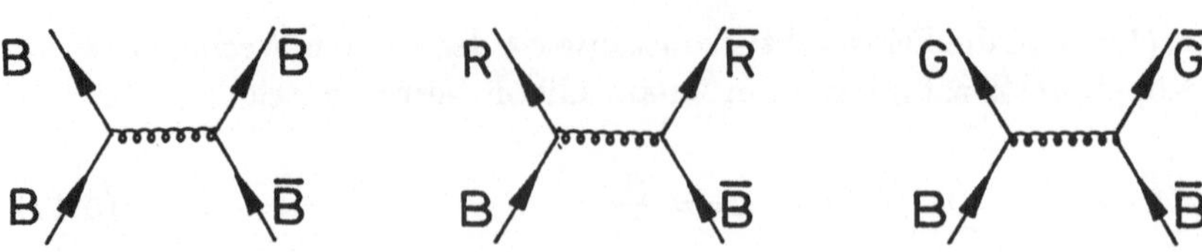

Abb. 3.6. Gluonaustausch in einem Meson.

$\bar{B}$-Quark. Zu ihm gehören die 3 Diagramme der Abb. 3.6. Genau wie im Fall der elektrischen Ladung haben die Faktoren $c_{1,2}$ bei der Kopplung an Antiquarks ein negatives Vorzeichen. Die Summe der 3 Graphen führt daher zu

$$c_{F_{B\bar{B}}} = -\frac{1}{3} - \frac{1}{2} - \frac{1}{2}$$
$$= -\frac{4}{3} \; . \tag{3.47}$$

Man muß jetzt noch beachten, daß die Quarks in einem Farbsinglettzustand sind, von der Wellenfunktion (3.25) kommt also ein Wichtungsfaktor $(1/\sqrt{3})^2$. Andererseits müssen wir noch das Potential zwischen einem R- und $\bar{R}$-Quark bzw. einem G- und $\bar{G}$-Quark bestimmen. Es hat numerisch den gleichen Wert wie das $B\bar{B}$-Potential, so daß wir für Mesonen

$$V_{q\bar{q}} = -\frac{4}{3}\frac{\alpha_S}{r} \tag{3.48}$$

erhalten.

Natürlich kann die starke Wechselwirkung eines Quarks mit einem Antiquark nicht allein durch diesen Coulomb-artigen Term beschrieben werden. Im Coulomb-Feld sind Ionisationszustände möglich und man müßte daher auch freie Quarks beobachten können. Am einfachsten läßt sich dies durch Addition eines *confinement* Terms σr zur potentiellen Energie der Gleichung (3.48) verhindern, also

$$V_{q\bar{q}} = -\frac{4}{3}\frac{\alpha_S}{r} + \sigma r \; . \tag{3.49}$$

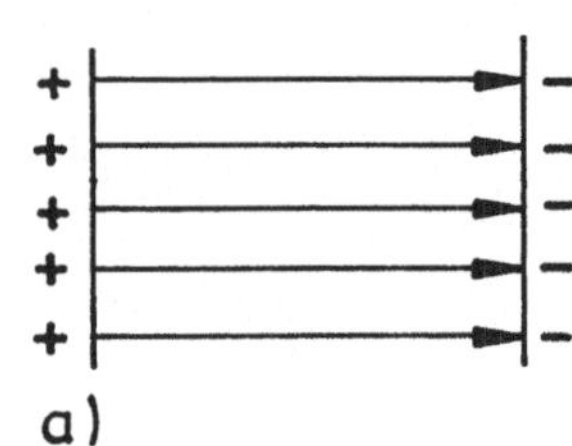

a)

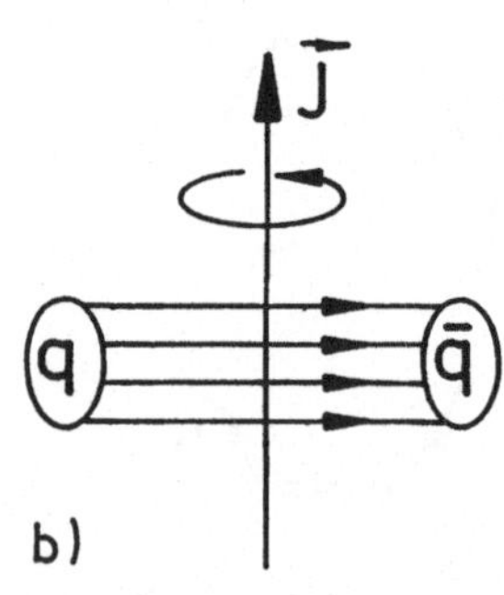

b)

Abb. 3.7. (a) Elektrisches Feld im Plattenkondensator und (b) chromoelektrisches Feld zwischen Quark-Antiquark-Paaren.

Der 2. Term entspricht einer mit wachsendem Abstand über alle Grenzen ansteigenden potentiellen Energie. Da die Kraft durch den Gradienten des Potentials gegeben ist, herrscht also bei großen Abständen eine konstante Kraft, $F = \sigma$ zwischen den Quarks. Aus dem noch zu besprechenden spektroskopischen Material kann man $\sigma = 0.9$ GeV/fm bestimmen, das sind 1.4×10^5 Newton! Ein klassisches Modell für eine konstante Kraft bei wachsendem Abstand wird durch den elektrischen Plattenkondensator (Abb. 3.7a) realisiert. Bei einem solchen Kondensator befinden sich Platten der Fläche A im Abstand d. In unseren Einheiten hat das elektrische Feld E im Kondensator den Betrag e_K/A, wobei e_K die Ladung auf den Platten ist. Die Energiedichte des elektrischen Feldes ist $E^2/2$, und daher bekomen wir für die im Feld gespeicherte Energie

$$V = \frac{e_K^2}{2A}d \; . \tag{3.50}$$

Die Platten eines Kondensators ziehen sich demnach mit der konstanten Kraft $e_K^2/(2A)$ an.

Im sog. *string*-Modell (oder Saiten-Modell) der Teilchen bilden die chromoelektrischen Feldlinien ganz analog eine gespannte Saite von einem Quark zu einem Antiquark (Abb. 3.7b). Wir bauen diese Vorstellung weiter aus, indem wir den Spin der Mesonen durch Rotation der Saite um die in der Abb. 3.7b gezeigte Achse entstehen lassen. Die Masse der Mesonen ist mit der in der Saite gespeicherten Energie identisch, also

$$M_{\text{Mes}} = 2 \int_0^{L/2} \frac{\sigma}{\sqrt{1-\beta^2}} dr \ . \tag{3.51}$$

Mit dem Faktor $1/\sqrt{1-\beta^2}$ haben wir die Lorentz-Kontraktion berücksichtigt. Die Geschwindikeit β ist durch $\beta = \omega r$ gegeben, wobei ω die Winkelgeschwindigkeit ist. Mit der Integrationsgrenze $\beta = 1$ (!) ergibt sich

$$\begin{aligned} M_{\text{Mes}} &= \sigma L \int_0^1 \frac{d\beta}{\sqrt{1-\beta^2}} \\ &= \frac{\pi}{2}\sigma L \ . \end{aligned} \tag{3.52}$$

Ganz ähnlich berechnet man für den Drehimpuls der Mesonen

$$\begin{aligned} J_{\text{Mes}} &= 2 \int_0^{L/2} \frac{\sigma \beta r \, dr}{\sqrt{1-\beta^2}} \\ &= \frac{\pi}{8}\sigma L^2 \ . \end{aligned} \tag{3.53}$$

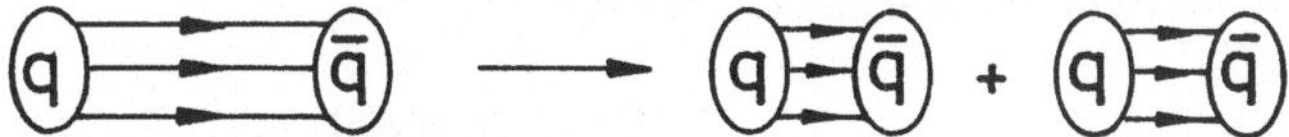

Abb. 3.8. Hadronerzeugung durch Aufbrechen der gluonischen Saite.

Daraus können wir den Zusammenhang

$$M_{\text{Mes}}^2 = 2\pi\sigma J_{\text{Mes}} \tag{3.54}$$

zwischen Spin und Masse der Mesonen ableiten. Eine solche lineare Beziehung zwischen dem Massenquadrat der Hadronen und ihrem Spin wurde in den 50er und 60er Jahren experimentell gefunden („Chew-Frautschi-Plot") und als sog. Regge-Trajektorie[2] gedeutet [3.5]. Die Steigung $\alpha \approx 1.1$ GeV^2 dieser Trajektorien stimmt gut mit dem aus dem String-Modell folgenden Wert von $2\pi\sigma$ überein.

Auch der Quark-Einschluß (*quark confinement*), also die Tatsache, daß man freie Quarks nicht finden kann, läßt sich anschaulich im Saiten-Modell (Abb. 3.8) deuten. Bei dem Versuch Quarks auf große Abstände voneinander zu bringen, wird die zusätzliche Energie in der Saite irgendwann einmal größer als die Masse eines Pions sein. Sie zerreißt, und die energetisch günstigere Konfiguration ist durch 2 Mesonen gegeben. Die sog. Hadronisierung von Quarks läßt sich mit Hilfe solcher Modelle auch quantitativ beschrei-

[2]Diese Zeit war gekennzeichnet durch die Suche nach möglichst allgemeinen Aussagen, die sich über die Kernkraft, d.h. die starke Wechselwirkung bei relativ großen Abständen, machen ließen. Der Italiener T.E. Regge (geb. 1931) und der Amerikaner G.F Chew (geb. 1931) lieferten hierzu besonders wichtige Beiträge.

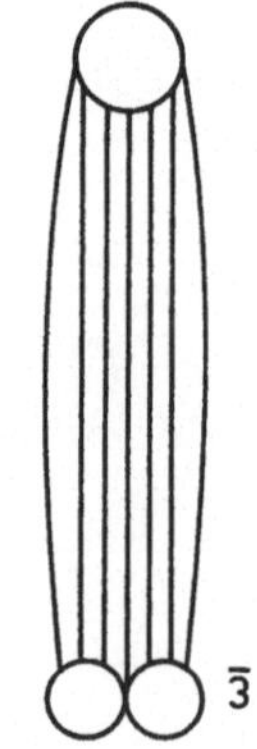

Abb. 3.9. Ein denkbares Saitenmodell für Baryonen. Die beiden unteren Quarks befinden sich in einem Farbantitriplett-Zustand.

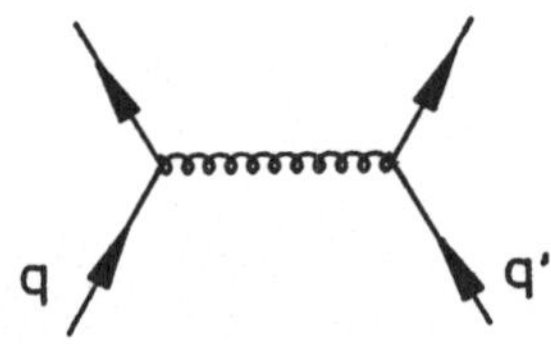

Abb. 3.10. Quark-Quark-Streuung durch Austausch von Gluonen.

ben. Man kann auf gleiche Weise versuchen, die Baryonen im Stringmodell zu deuten, etwa durch Konfigurationen entsprechend der Abb. 3.9. Wir wollen dies jedoch nicht weiter verfolgen.

3.2.2 Die laufende Kopplungskonstante

Bei kleinen Abständen überwiegt der Coulomb-Term in (3.49) Es ist aber wichtig zu wissen, daß α_S und damit die Quark-Gluon-Kopplungskonstante selbst eine Funktion des Abstands ist. Wie im ersten Kapitel ausführlich diskutiert wurde, ist das geeignete Maß für den Abstand bei der Streuung zweier Quarks das Quadrat des 4-Impulsübertrags, $R \approx 1/\sqrt{-q^2}$. Wenn man α_S bei einem bestimmten Wert $|q_0^2| = \mu^2$ gemessen hat (Abb. 3.10), liefert die Theorie [3.6] den Wert von α_S für beliebiges $|q^2|$,

$$\alpha_S(|q^2|) = \frac{\alpha_S(\mu^2)}{1 + \frac{\alpha_S(\mu^2)}{12\pi}(33 - 2n_f)\ln\left(\frac{|q^2|}{\mu^2}\right)} \ . \tag{3.55}$$

Hierin bedeutet n_f die Zahl der Quarkarten mit Massen kleiner als $\sqrt{|q^2|/4}$. Die Quarkarten werden hier nach der Flavorquantenzahl sortiert, also $n_f = 3$, falls u, d, s-Quarks beitragen. Für Vernichtungsprozesse von Quark-Antiquark-Paaren erhalten wir das gleiche Ergebnis, nur bedeutet q^2 dann das Quadrat der Schwerpunktenergie.

Die Beziehung (3.55) stellt eines der wenigen Resultate dar, deren Ableitung weit über den einführenden Rahmen dieses Textes hinausgeht. Die physikalische Aussage dieser Gleichung ist aber klar. Der entscheidende Punkt ist hierbei das Verhalten bei großen $|q^2|$,

$$\lim_{|q^2|\to\infty} \alpha_S(|q^2|) = 0 \ . \tag{3.56}$$

Für den Prozeß der Quark-Quark-Streuung bedeuten hohe Impulsüberträge kleine Abstände. Wir haben demnach das merkwürdige Phänomen, daß bei Abständen, die klein sind gegenüber 10^{-15} m, also z.B. innerhalb eines Nukleons, Quarks sich wie schwach gebundene Teilchen verhalten, sie sind „asymptotisch frei". Für diese Abstände, zeigt uns also die Quantenchromodynamik, daß man die Reaktionen von Quarks mit Quarks oder anderen elementaren Konstituenten störungstheoretisch berechnen kann. Bei großen Abständen verhindert dann der zweite Term im Potential (3.49) die Beobachtung freier Quarks. Wir werden im Kap. 4 die grundlegenden Experimente zur Beobachtung quasifreier Quarks innerhalb der Nukleonen und zur Paarerzeugung von Quarks aus dem Vakuum besprechen.

Es ist eine alte Gewohnheit, den Wert von $\sqrt{|q^2|}$, bei dem der Nenner der Gleichung (3.55) verschwindet, mit Λ zu bezeichnen. Aus dieser Definition folgt sogleich

$$\Lambda^2 = \mu^2 \exp\left(\frac{-12\pi}{(33 - 2n_f)\alpha_S(\mu^2)}\right) \ , \tag{3.57}$$

und in Abhängigkeit von dieser neuen Skala nimmt α_S die Form

$$\alpha_S = \frac{12\pi}{(33 - 2n_f)\ln|q^2|/\Lambda^2} \tag{3.58}$$

an. Man bezeichnet Λ als den Abschneideparameter der QCD. Sein Wert kann theoretisch nicht vorhergesagt werden, und eine immer weiter verbesserte Messung dieser fundamentalen Größe ist eine besonders wichtige Aufgabe der Experimentalphysik. Da Λ in etwa die Trennlinie zwischen gebundenen und quasifreien Quarks markiert, ist es nicht überraschend, daß die Messungen einen Wert von ungefähr 200 MeV, also das Inverse des Radius eines Nukleons ergeben. Diesen Wert setzen wir in die Formel (3.58) ein und berechnen damit $\alpha_S = 0.16$ bei $|q^2| = 1000$ GeV^2 und $n_f = 5$. Dies ist sehr viel größer als die Feinstrukturkonstante der QED, aber immer noch klein gegen 1, so daß Störungsrechnungen möglich sind.

Auf den ersten Blick sieht es so aus, als ob (3.58) auch den Quark-Einschluß richtig beschreibt, da α_S für Werte von $|q^2| \approx \Lambda^2$, also bei großen Abständen, über alle Grenzen ansteigt. Das ist aber ein unzulässiger Schluß, weil diese Formel mit Methoden der Störungstheorie abgeleitet wurde, also prinzipiell auf α_S-Werte < 1 beschränkt bleibt. Ein analytischer Beweis der Quark-Gefangenschaft in der Quantenchromodynamik steht noch aus, aber mit Hilfe numerischer Methoden („QCD auf dem Gitter") konnte die Existenz des linearen Anteils im Potential (3.49) gezeigt werden.

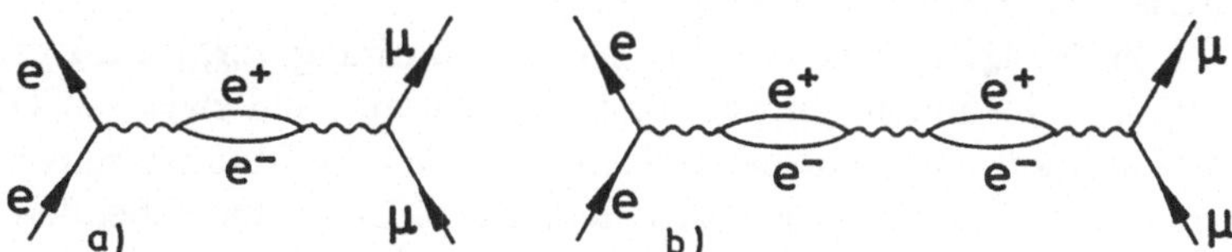

Abb. 3.11. Diagramme höherer Ordnung zur Elektron-Myon-Streuung.

Die Tatsache, daß die Kopplungskonstante und damit die Farbladung der Theorie gar keine wirkliche Konstante ist, mag zunächst etwas befremden. Dies ist aber eine grundsätzliche Eigenschaft aller Feldtheorien, die auf lokaler Eichinvarianz beruhen. Auch die Feinstrukturkonstante der QED, d.h. also die elektrische Ladung, ist abstandsabhängig. In der Störungstheorie 2. Ordnung kommt zum Diagramm der Abb. 1.12a der Graph der Abb. 3.11a hinzu und in höheren Ordnungen z.B. der Graph 3.11b. Im Potentialbild entspricht diesen Graphen eine Abschirmung der ursprünglichen nackten Ladung des Positrons, da die erzeugten virtuellen Elektron-Positron-Paare sich entsprechend der Abb. 3.12 anordnen.

Man kann das Vakuum der Quantenelektrodynamik als ein dielektrisches Medium auffassen, das durch das Vorhandensein einer Ladung polarisiert wird. Bekanntlich ist das elektrische Feld einer Ladung im Dielektrikum um den Faktor ε reduziert, wobei ε die Dielektrizitätskonstante ist. Dies läßt sich auch in der Weise interpretieren, daß die Ladung im Dielektrikum abgeschirmt wird,

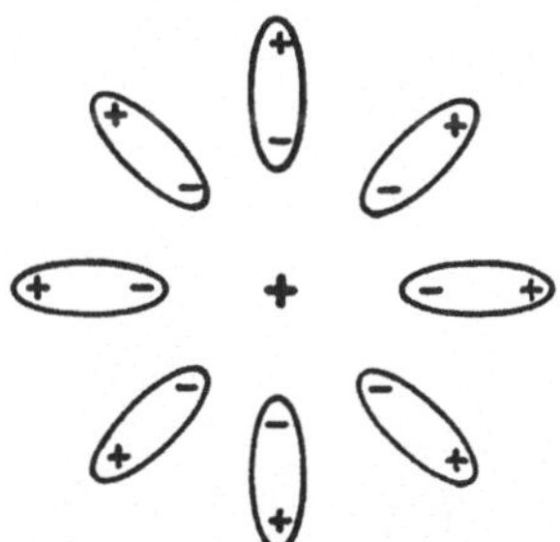

Abb. 3.12. Die Vakuumpolarisation in der QED.

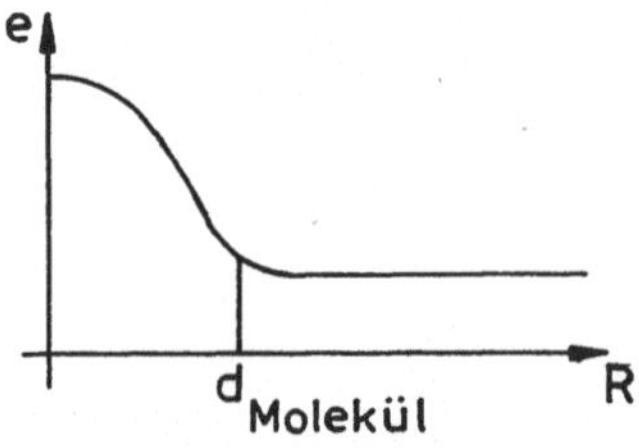

Abb. 3.13. Qualitativer Verlauf der Abschirmung einer Ladung im Dielektrikum.

$$e = \frac{e_0}{\sqrt{\varepsilon}} \; . \tag{3.59}$$

Wenn im klassischen Dielektrikum der Abstand der beiden Testladungen klein gegenüber dem Durchmesser der polarisierten Moleküle wird, verschwindet naturgemäß die abschirmende Wirkung. Der effektive Wert einer Testladung hängt daher etwa in der in Abb. 3.13 gezeigten Weise vom Abstand ab.

Für $|q^2|$ Werte, die groß gegenüber der Elektronenmasse m sind, ergibt die Summation aller Diagramme der Art der Abb. 3.11

$$\alpha(|q^2|) = \frac{\alpha(m^2)}{1 - \frac{\alpha(m^2)}{3\pi}\ln(\frac{|q^2|}{4m^2})} \tag{3.60}$$

in enger Analogie zu (3.55). In Übereinstimmung mit der anschaulichen Erklärung beschreibt diese Formel eine Vergrößerung der Ladung bei kleineren Abständen. Die in Experimenten der Atomphysik gemessene Feinstrukturkonstante ($\alpha = 1/137.05$) läßt sich hier mit $\alpha(m^2)$ identifizieren. Aufgrund dieses geringen Wertes von α ist der numerische Einfluß der Beziehung (3.60) nicht bedeutend: Für den schon sehr hohen Wert von $|q^2| = 1000\ \text{GeV}^2$ errechnet man eine Änderung der Kopplunskonstanten von $\approx 2\%$. In der Ableitung von (3.60) wurde allerdings nur der Beitrag der Elektronen berücksichtigt. Bei dem in der Anwendung wichtigen Fall der Berechnung von $\alpha(M_W^2)$ müssen auch noch die Beiträge von μ und τ und der u, d, c, s, b-Quarks mitgenommen werden. Die numerische Auswertung ergibt $\alpha(M_W^2) \approx 1/128$, das sind immerhin schon 7% (Übung 3.2).

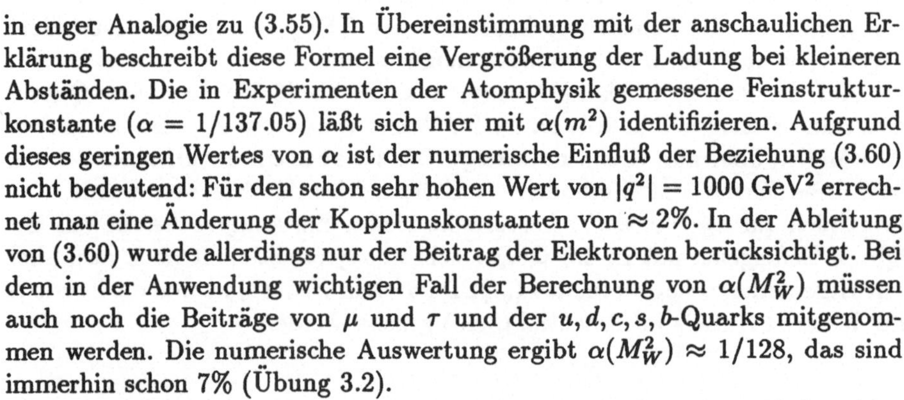

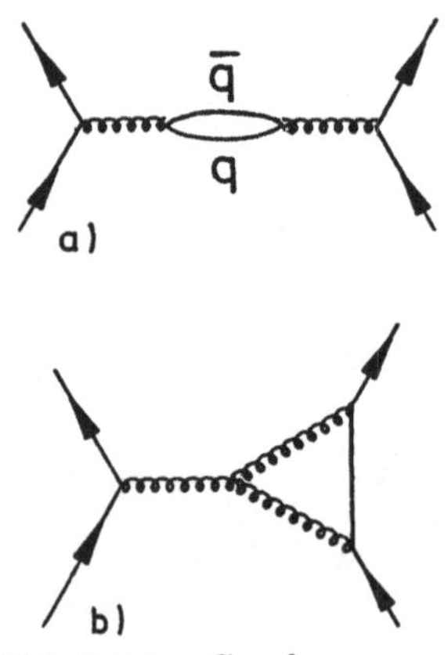

Abb. 3.14. Graphen zur Vakuumpolarisation in der QCD.

In der QCD liegt offenbar Antiabschirmung vor, da α_S gemäß (3.56) zu kleinen Abständen hin abnimmt. Der Unterschied zwischen QCD und QED läßt sich auf die Tatsache zurückführen, daß die Gluonen selbst Farbladungen tragen. Daher gibt es neben dem der QED entsprechenden Graphen der Abb. 3.14a auch Graphen wie in 3.14b. Es ist genau diese Selbstkopplung der Gluonen, die zu einer Umkehrung der Abstandsabhängigkeit führt.

3.3 Der Aufbau der Hadronen

In der Quantenchromodynamik wird die Farbe als Quelle des Gluonfeldes aufgefaßt. Die starke Wechselwirkung zwischen den Quarks wird somit auf den Austausch von Gluonen zurückgeführt. Mit Hilfe der QCD gelingt es, das Spektrum der Hadronen in erstaunlich vielen Details zu verstehen. Es wird allerdings auch reichhaltiger als im ursprünglichen Quarkmodell. Denn neben den Zuständen $|qqq\rangle$ und $|q\bar{q}\rangle$ und geeigneten Vielfachen davon, gibt es nun noch weitere Farbsingletts. Da in $8 \otimes 8$ auch ein Singlett enthalten ist, erwarten wir z.B. die Existenz von Gluonium, d.h. Hadronen, die aus 2 Gluonen aufgebaut sind. Man hat zeigen können, daß ihre Masse nicht allzu groß sein darf. Bis heute ist es jedoch noch nicht gelungen, solche Zustände zweifelsfrei nachzuweisen. Die zur Zeit bekannten Hadronen sind in der Tabelle der *Particle Data Group* [3.7] aufgeführt. Sie lassen sich relativ sicher in die einfachsten Quarkmultipletts einbauen. Wir werden uns daher in den folgenden Abschnitten nur mit Quark-Bindungszuständen befassen.

3.3.1 Die Werte von Spin und Parität im Quarkmodell

Nachdem wir uns über die Farbwellenfunktion der Hadronen Klarheit verschafft haben, untersuchen wir jetzt die räumliche Konfiguration der Quarks in den Hadronen. Analog zum Vorgehen in der Atom- und Kernphysik addieren wir zunächst die Spins der Quarks zu einem Gesamtspin S

$$S = \sum_k J_{(k)} \; . \tag{3.61}$$

Die Summe läuft hier über die 3 Quarks in den Baryonen bzw. über Quark und Antiquark in den Mesonen. Ganz ähnlich gilt für den Bahndrehimpuls

$$L = \sum_i l_{(i)} \; , \tag{3.62}$$

wobei die $l_{(i)}$ relative Bahndrehimpulse bedeuten, die Summe verkürzt sich also in einem Meson zu einem einzigen Glied. Der Spin J der Hadronen ist dann durch

$$J = L + S \tag{3.63}$$

festgelegt. Die möglichen Eigenwerte $J(J+1)$ von $\hat{J}^2$ folgen aus den Additionsregeln der Quantenmechanik. Die erlaubten Wellenfunktionen sind auch Eigenwerte zu P und wir benutzen zu ihrer Kennzeichnung die Notation J^P, wobei die Operatorsymbole für die Eigenwerte stehen. Ungeladene flavorneutrale Mesonen sind zusätzlich noch Eigenzustände zu C. Wir kennzeichnen sie durch J^{PC}.

Tabelle 3.3. $L = 0$-Mesonen im Quarkmodell.

S	0	1
P	-1	-1
C	$+1$	-1
J^{PC}	0^{-+}	1^{--}
$^{2S+1}L_j$	$^1S_0$	$^3S_1$

Mesonen. Ein Quark-Antiquark-System kann den Gesamtspin $S = 0$ oder $S = 1$ haben. Die zugehörigen Spinwellenfunktionen sind in (2.87) und (2.88) explizit angegeben. Quarks und Antiquarks haben unterschiedliche Paritäten (Abschn. 2.5.1), und daher gilt für die Parität der Mesonwellenfunktion

$$\eta_P = (-1)^L (-1) \; . \tag{3.64}$$

Für die C-Parität *neutraler* Systeme entnehmen wir (2.295)

$$\eta_C = (-1)^{L+S} \; . \tag{3.65}$$

Auch unter Beschränkung auf die niedrigsten Bahndrehimpulse $L = 0$ und $L = 1$ kann man nun schon ein reiches Spektrum erlaubter Zustände J^{PC} konstruieren. Sie sind in Tabelle 3.3 für $L = 0$ und in Tabelle 3.4 für $L = 1$

Tabelle 3.4. $L = 1$-Mesonen im Quarkmodell.

S	0	1		
P	$+1$	$+1$	$+1$	$+1$
C	-1	$+1$	$+1$	$+1$
J^{PC}	1^{+-}	0^{++}	1^{++}	2^{++}
$^{2S+1}L_J$	$^1P_1$	$^3P_0$	$^3P_1$	$^3P_2$

zusammengefaßt. Die letzte Zeile der Tabellen enthält die aus der Atomphysik bekannte spektroskopische Kennzeichnung der Wellenfunktionen.

Ganz offenbar sind im Quarkmodell nicht alle kombinatorisch möglichen Zustände erlaubt. Es darf keine Mesonen mit den Quantenzahlen

$$J^{PC} = 0^{--}, 0^{+-}, 1^{-+} \tag{3.66}$$

geben. Sie tauchen auch im Spektrum der beobachteten Mesonen nicht auf. Das Fehlen dieser sog. exotischen Zustände war historisch eine entscheidende Stütze bei der Entwicklung des Quarkmodells. Heute würde man versuchen, ein 1^{-+} Meson als Gluonium zu interpretieren.

Baryonen. Wir nehmen an, daß für die energetisch tiefsten Zustände der Baryonen alle Quarks zueinander in einer s-Welle sind, also ist auch $L = 0$. Die Spins der 3 Quarks addieren sich zu 1/2 oder 3/2. Daher gilt für die Grundzustände der Baryonen

$$J^P = \frac{1}{2}^+ \tag{3.67}$$

und

$$J^P = \frac{3}{2}^+ \; . \tag{3.68}$$

Die Spinwellenfunktion der $\frac{3}{2}^+$-Baryonen ist symmetrisch gegenüber Vertauschung (siehe Abschn. 3.1). Die $\frac{1}{2}^+$-Baryonen haben eine gemischte Symmetrie. Wir werden die zugehörige Wellenfunktion bald konstruieren.

Die nächsthöheren Zustände baut man in naheliegender Weise aus zwei Quarks in einer relativen s-Welle auf, zu denen das dritte sich in einer p-Welle befindet, also ist auch $L = 1$. Die möglichen Baryonzustände sind in der Tabelle 3.5 angegeben. Damit hat man schon eine große Anzahl erlaubter Spin-Paritäts-Zuordnungen für Baryonen.

In der Notation der Atomphysik gilt für die Bahnwellenfunktion der Quarks der Baryonen aus Tabelle 3.5

$$|qqq\rangle = |1s^2 1p\rangle \; . \tag{3.69}$$

Hierbei deutet die 1 vor dem Drehimpulssymbol an, daß die Hauptquantenzahl $n = 1$ ist. Wenn man radiale Anregungen zuläßt ($n \neq 1$), gibt es meh-

Tabelle 3.5. Baryonen mit $L = 1$.

S	1/2		3/2		
P	-1	-1	-1	-1	-1
J^P	$1/2^-$	$3/2^-$	$1/2^-$	$3/2^-$	$5/2^-$
$^{2S+1}L_J$	$^2P_{1/2}$	$^2P_{3/2}$	$^4P_{1/2}$	$^4P_{3/2}$	$^4P_{5/2}$

rere Mesonen bzw. Baryonen mit dem gleichen Wert von J^{PC} bzw. J^P. Im Abschn. 3.6 werden wir wenigstens für Mesonen auch solche radiale Anregungen kennen lernen.

3.3.2 Hadronen aus u- und d-Quarks

Wir haben schon im Abschn. 2.8.6 besprochen, daß u- und d-Quarks bezüglich der starken Wechselwirkung ein Isodublett bilden. Wir werden nun die *Flavor*wellenfunktionen der aus diesen Quarks aufgebauten Hadronen aufsuchen. Diese Hadronen sind besonders wichtig, da sie die Konstituenten der Kernphysik (Nukleonen) und die Austauschteilchen der Kernkraft (z.B. die π-Mesonen und ϱ-Mesonen) bilden. Es sei nochmals daran erinnert, daß das u-Quark die Ladung 2/3 und das d-Quark die Ladung $-1/3$ trägt.

Mesonen. Kombinatorisch sind die 4 Zustände

$$|u\bar{d}\rangle, |d\bar{u}\rangle, |u\bar{u}\rangle, |d\bar{d}\rangle \tag{3.70}$$

möglich. Wegen der Isoinvarianz sind die beobachteten Mesonen Eigenzustände zum Isospin. Analog zu (2.382) ist die Wellenfunktion des Isosingletts durch

$$|0;0\rangle = \frac{1}{\sqrt{2}}(|u\bar{u}\rangle + |d\bar{d}\rangle) \tag{3.71}$$

gegeben. Ebenso folgt aus (2.383) für das Isotriplett

$$\begin{aligned}
|1;1\rangle &= |u\bar{d}\rangle \\
|1;0\rangle &= \frac{1}{\sqrt{2}}(|d\bar{d}\rangle - |u\bar{u}\rangle) \\
|1;-1\rangle &= -|d\bar{u}\rangle \ .
\end{aligned} \tag{3.72}$$

Wir erwarten also für jeden der in den Tabellen 3.3 und 3.4 auftauchenden Spin-Paritäts-Zustände 4 Mesonen, ein Isotriplett mit den Ladungen $+1, 0, -1$ und ein neutrales Isosinglett. In der Tat lassen sich die leichtesten 8 Mesonen zwanglos in ein solches Schema einordnen (siehe Tabelle 3.6 und 3.7). Die Zuordnung der Wellenfunktionen (3.72) zu π-Mesonen und ϱ-Mesonen und der Wellenfunktion (3.71) zum ω-Meson wird durch eine Fülle experimenteller Ergebnisse z.B. aus dem Studium von Teilchenzerfällen gestützt. Die Massen des Isosingletts und des Isotripletts sind zwar im Prinzip voneinander unabhängig. Es ist aber intuitiv einsichtig, daß den gleichen Quarkinhalten von ϱ- und ω-Meson etwa gleiche Massen entsprechen. Im Gegensatz dazu sind die Massen von π- und η-Meson grob unterschiedlich. Es zeigt sich, daß das η-Meson nicht durch die Isosinglett Wellenfunktion (3.71) beschrieben wird. Wir müssen dieses Problem weiter unten nochmals aufgreifen.

Auch die $L = 1$-Zustände sind besetzt. Wir geben eine weitgehend akzeptierte Zuordnung in Tabelle 3.8 an. Hierbei folgen wir dem allgemeinen Brauch, die Ladungszustände nicht mehr explizit aufzuzählen. Außerdem steht die Masse des Teilchens in Klammern hinter dem Symbol. Am proble-

Tabelle 3.6. 0^{-+}-Mesonen aus u- und d-Quarks.

I	Teilchen	Masse [GeV]
0	η	0.549
1	$\pi^{0,\pm}$	0.140

Tabelle 3.7. 1^{--}-Mesonen aus u- und d-Quarks.

I	Teilchen	Masse [GeV]
0	ω	0.783
1	$\varrho^{0,\pm}$	0.770

Tabelle 3.8. Die $L = 1$-Zustände im u, d-Sektor.

J^{PC}	I	Teilchen
0^{++}	0	$f_0(975)$
	1	$a_0(980)$
1^{++}	0	$f_1(1285)$
	1	$a_1(1270)$
2^{++}	0	$f_2(1270)$
	1	$a_2(1320)$
1^{+-}	0	$h_1(1190)$
	1	$b_1(1235)$

matischsten sind die skalaren 0^{++}-Mesonen. Das $f_0(975)$ z.B. zerfällt zu 22% in $K\bar{K}$-Paare. Dies ist nur schwer verständlich, wenn man annimmt, daß diese Mesonen aus u- und d-Quarks aufgebaut sind. Ein alternativer Vorschlag sieht daher in den 0^{++}-Mesonen der Tabelle 3.8 Kandidaten für 4-Quarkzustände, z.B. $|u\bar{u}s\bar{s}\rangle$. Die 0^{++}-Zustände im u, d-Sektor müssen dann allerdings von Resonanzen eingenommen werden, die zum Teil von der *Particle Data Group* noch nicht einmal als wohl etabliert angesehen werden [3.7].

Die Wellenfunktionen (3.71) und (3.72) sind Eigenzustände zum Isospin, aber noch nicht Eigenzustände zur G-Parität. Dies läßt sich jedoch relativ leicht erreichen. Der Einfachheit halber haben wir bisher das Quark immer an die erste und das Antiquark an die zweite Stelle geschrieben. Streng genommen muß man aber die Wellenfunktionen auch bezüglich der Stellung von Quarks und Antiquarks symmetrisieren bzw. antisymmetrisieren. Der Zustand $|1;1\rangle = |u\bar{d}\rangle$ wird dann durch

$$|1;1\rangle = \frac{1}{\sqrt{2}}(|u\bar{d}\rangle \pm |\bar{d}u\rangle) \tag{3.73}$$

ersetzt. Wir untersuchen nun diese Beziehung näher auf ihr Transformationsverhalten bezüglich $G = Ce^{-i\pi I_2}$. Mit unserer Phasenwahl für Fermionen gilt

$$C|u\rangle = |\bar{u}\rangle \tag{3.74}$$

und

$$C|\bar{d}\rangle = |d\rangle \ . \tag{3.75}$$

Aus (2.367) folgt aber unter Benutzung von (2.381)

$$e^{-i\pi I_2}|u\rangle = |d\rangle \tag{3.76}$$

und

$$e^{-i\pi I_2}|\bar{d}\rangle = -|\bar{u}\rangle \ . \tag{3.77}$$

Hiermit leiten wir leicht die Relation

$$G\frac{1}{\sqrt{2}}(|u\bar{d}\rangle \pm |\bar{d}u\rangle) = \mp\frac{1}{\sqrt{2}}(|u\bar{d}\rangle \pm |\bar{d}u\rangle) \tag{3.78}$$

ab. Die beiden Wellenfunktionen (3.73) werden daher dem π^+-Meson mit positivem und dem ϱ^+-Meson mit negativem Vorzeichen in der Klammer zugeordnet, also z.B.

$$|\varrho^+\rangle = \frac{1}{\sqrt{2}}(|u\bar{d}\rangle - |\bar{d}u\rangle) \ . \tag{3.79}$$

Ganz ähnlich verfährt man für alle weiteren in (3.71) und (3.72) enthaltenen $q\bar{q}$-Kombinationen und hat damit die in allen Quantenzahlen richtigen Flavorwellenfunktionen für die $L = 0$-Zustände gewonnen.

Wir haben nun die nötigen Teile beisammen, um die Gesamtwellenfunktion eines Mesons im Quarkmodell zu konstruieren. Als Beispiel nehmen wir das ϱ^+-Meson mit $J_3 = 0$,

$$|\varrho^+\rangle \;=\; \frac{1}{\sqrt{3}}(|R\bar{R}\rangle + |B\bar{B}\rangle + |G\bar{G}\rangle)\frac{1}{\sqrt{2}}(|u\bar{d}\rangle - |\bar{d}u\rangle) \qquad (3.80)$$

$$\times \frac{1}{\sqrt{2}}(|\uparrow\downarrow\rangle + |\downarrow\uparrow\rangle)\frac{R(r)}{\sqrt{4\pi}}\;.$$

Die Radialwellenfunktion $R(r)$ hängt natürlich stark vom verwendeten Quark-Antiquark-Potential ab. Darauf werden wir im Zusammenhang mit Mesonen aus schweren Quarks wieder zurückkommen.

Baryonen. Kombinatorisch lassen sich aus u- und d-Quarks die 4 $|qqq\rangle$-Zustände

$$|uuu\rangle, |uud\rangle, |udd\rangle, |ddd\rangle \qquad (3.81)$$

bilden, also Baryonen mit den Ladungen $+2, +1, 0$ und -1. Die möglichen Eigenwerte des Betrags des Isospins sind $3/2$ und $1/2$. Die Wellenfunktionen zum Isospin $3/2$ sind symmetrisch bezüglich der Vertauschung von Quarks. Wir erwarten also ein Ladungs- bzw. Isospinquartett von Teilchen mit den Flavorwellenfunktionen

$$
\begin{aligned}
|3/2; 3/2\rangle &= |uuu\rangle \\
|3/2; 1/2\rangle &= \frac{1}{\sqrt{3}}(|uud\rangle + |udu\rangle + |duu\rangle) \qquad (3.82)\\
|3/2; -1/2\rangle &= \frac{1}{\sqrt{3}}(|udd\rangle + |dud\rangle + |ddu\rangle) \\
|3/2; -3/2\rangle &= |ddd\rangle\;.
\end{aligned}
$$

Es sind die sog. $\Delta(1232)$-Resonanzen. Sie haben den Spin $3/2$. Dies muß auch so sein, da nur so in Übereinstimmung mit dem verallgemeinerten Pauli-Prinzip das Produkt aus Farb- Flavor- und Spinwellenfunktion antisymmetrisch unter Vertauschung von 2 Quarks wird.[3] Die zu den vier möglichen Spineinstellungen gehörenden Wellenfunktionen lassen sich aus (3.82) gewinnen, indem u durch $\uparrow$ und d durch $\downarrow$ ersetzt wird.

Nun ist auch unmittelbar klar, warum es nur 2 *Nukleonen*, d.h. Spin $1/2$-Baryonen aus u- und d-Quarks gibt: Die Kombinationen $|uuu\rangle$ und $|ddd\rangle$ sind symmetrisch bei Vertauschung von zwei Quarks. Da die Farbwellenfunktion nach Voraussetzung antisymmetrisch ist, muß die Spinwellenfunktion symmetrisch sein. Das ist nur für $J = 3/2$ möglich.

Wir können jetzt die Wellenfunktion von Proton und Neutron konstruieren. Aus 3 Spin-$1/2$-Teilchen läßt sich ein Zustand $|1/2; 1/2\rangle$ z.B. dadurch aufbauen, daß die beiden ersten Teilchen den Gesamtspin 0 haben und das dritte mit dem Spin nach oben dazu kommt:

$$|\chi_{M,A}\rangle = \frac{1}{\sqrt{2}}(|\uparrow\downarrow\rangle - |\downarrow\uparrow\rangle)|\uparrow\rangle\;. \qquad (3.83)$$

Der Index M,A besagt, daß diese Gleichung antisymmetrisch bezüglich einer Vertauschung der ersten beiden Fermionen ist, aber keine definierte (*mixed*) Symmetrie bezüglich einer Vertauschung des ersten und dritten bzw. des 2.

[3]Das verallgemeinerte Pauli-Prinzip besagt, daß ein System beliebiger Fermionen durch eine antisymmetrische Wellenfunktion beschrieben wird. Es müssen dann aber alle Unterscheidungsmerkmale in die Wellenfunktion mit einbezogen werden. Vgl. hierzu die Diskussion der Δ^{++}-Resonanz im ersten Abschnitt dieses Kapitels.

und 3. Fermions hat. Ganz analog können wir eine gemischt symmetrische Flavorfunktion mit den Quarkinhalten des Protons,

$$|\phi^p_{M,A}\rangle = \frac{1}{\sqrt{2}}(|ud\rangle - |du\rangle)|u\rangle \tag{3.84}$$

und des Neutrons

$$|\phi^n_{M,A}\rangle = \frac{1}{\sqrt{2}}(|ud\rangle - |du\rangle)|d\rangle \tag{3.85}$$

gewinnen. Die gemischt symmetrische Produktwellenfunktion für das Proton ist dann

$$|\psi^p_{M,A}\rangle \;=\; \frac{1}{2}(|u\uparrow d\downarrow u\uparrow\rangle - |d\uparrow u\downarrow u\uparrow\rangle \\ -|u\downarrow d\uparrow u\uparrow\rangle + |d\downarrow u\uparrow u\uparrow\rangle) \;. \tag{3.86}$$

Diese Funktion läßt sich aber einfach symmetrisieren. Man vertauscht in (3.86) das 1. und 3. Quark bzw. das 2. und dritte Quark und addiert die so gewonnenen Anteile zu (3.86) hinzu. Nach Normierung gewinnt man so für ein Proton mit $J_3 = +1/2$

$$|p\rangle \;=\; \frac{1}{\sqrt{18}}(2|u\uparrow d\downarrow u\uparrow\rangle + 2|u\uparrow u\uparrow d\downarrow\rangle + 2|d\downarrow u\uparrow u\uparrow\rangle \\ -|u\uparrow u\downarrow d\uparrow\rangle - |u\downarrow d\uparrow u\uparrow\rangle - |u\uparrow d\uparrow u\downarrow\rangle \\ -|d\uparrow u\downarrow u\uparrow\rangle - |d\uparrow u\uparrow u\downarrow\rangle - |u\downarrow u\uparrow d\uparrow\rangle) \;, \tag{3.87}$$

bzw. für ein Neutron mit $J_3 = +1/2$

$$|n\rangle \;=\; \frac{1}{\sqrt{18}}(-2|d\uparrow u\downarrow d\uparrow\rangle - 2|d\uparrow d\uparrow u\downarrow\rangle - 2|u\downarrow d\uparrow d\uparrow\rangle \\ +|u\uparrow d\downarrow d\uparrow\rangle + |d\uparrow u\uparrow d\downarrow\rangle + |d\downarrow u\uparrow d\uparrow\rangle \\ +|d\uparrow d\downarrow u\uparrow\rangle + |u\uparrow d\uparrow d\downarrow\rangle + |d\downarrow d\uparrow u\uparrow\rangle) \;. \tag{3.88}$$

Die Zustände für $J_3 = -1/2$ wollen wir hier nicht im einzelnen angeben. Ihre Konstruktion sollte aber aus dem oben gesagten ohne weiteres klar sein. Die hiermit gewonnenen Wellenfunktionen haben eine relativ komplizierte Gestalt, folgen aber dennoch aus einfachen Prinzipien. Wegen der gemischten Symmetrie der Beziehung (3.86) ist keine einfache Faktorisierung der Nukleonwellenfunktion in Spinanteil und Flavoranteil möglich. In der Literatur [3.8] finden sich auch andere Abzählverfahren, die aber zu äquivalenten Wellenfunktionen führen.

Damit einsichtig wird, wieviel physikalische Information in diesen Wellenfunktionen enthalten ist, wollen wir mit ihrer Hilfe das magnetische Moment der Nukleonen ausrechnen. Als magnetisches Moment μ eines Teilchens bezeichnet man genauer die 3. Komponente μ_3 (z-Komponente) des Momentenvektors, wobei die z-Achse z.B. die Richtung eines Magnetfeldes sein kann. Quarks sind Fermionen, ihr magnetisches Moment ist daher durch

$$\mu_q = g\frac{Q_q e}{2m_q} \tag{3.89}$$

mit $g = 2$ definiert. Hierin ist Q_q die Quarkladung in Einheiten der Elementarladung e und m_q die Masse des betrachteten Quarks. Zur Berechnung des magnetischen Momentes des Protons im Quarkmodell müssen wir demnach

$$\mu_p = \frac{e}{2m_q} \langle p| \sum_i Q_i \sigma_{(i),3} |p\rangle \tag{3.90}$$

bilden, worin σ_3 die 3. Paulische Spinmatrix ist. Die Summation läuft hier über die drei Quarks des Protons. Die einzelnen Terme des Zustandes (3.87) sind aufeinander orthogonal. Wir können also für jeden von ihnen den Erwartungswert des Operators $\sum_i Q_i \sigma_{(i),3}$ separat berechnen, das ergibt z.B. für den ersten Term

$$\langle u\uparrow d\downarrow u\uparrow |Q_1\sigma_{(1),3} + Q_2\sigma_{(2),3} + Q_3\sigma_{(3),3}|u\uparrow d\downarrow u\uparrow\rangle = Q_u - Q_d + Q_u$$
$$= \frac{5}{3} \ . \tag{3.91}$$

Dasselbe Verfahren auf die anderen Terme angewandt führt nach kurzer Rechnung zu

$$\mu_p = \frac{e}{2m_q}\frac{1}{18}\left(4\frac{5}{3} + 4\frac{5}{3} + 4\frac{5}{3} - 6\frac{1}{3}\right)$$
$$= \frac{e}{2m_q} \tag{3.92}$$

und

$$\mu_n = -\frac{2}{3}\frac{e}{2m_q} \ . \tag{3.93}$$

Damit wird das Verhältnis der magnetischen Momente zu

$$\mu_p/\mu_n = -3/2 \tag{3.94}$$

bestimmt. Diese Zahl liegt sehr dicht bei dem experimentellen Wert von -1.46, der sich aus dem Verhältnis der gemessenen magnetischen Momente von 2.79 Kernmagnetonen für das Proton und -1.91 Kernmagnetonen für das Neutron ergibt. Das Quarkmodell liefert also eine lange gesuchte Deutung einer fundamentalen Meßgröße der Kernphysik.

3.3.3 Die Massen der u- und d-Quarks

Die Gleichungen 3.92 und 3.94 des letzten Abschnitts haben wir bisher nur benutzt, um das Verhältnis der magnetischen Momente von Proton und Neutron zu berechnen. Der einzige freie Parameter in diesen Gleichungen ist die Masse der u- und d-Quarks, die wir entsprechend der Diskussion in Abschn. 2.8.6 gleich groß angesetzt haben. Aus dem gemessenen magnetischen Moment des Protons oder Neutrons gewinnen wir damit

$$m_{u,d} = 336 \text{ MeV} \ . \tag{3.95}$$

Der numerische Wert von genau 336 MeV ist natürlich nicht so wesentlich. Wir interpretieren aber eine u- und d-Quark Masse von um die 300 MeV als Konstituentenmasse (*constituent mass*), d.h. als die effektive Masse der Quarks im Bindungszustand. Diese Masse setzt sich aus der nackten Quarkmasse (*current quark mass* oder *Strom-Masse*), wie man sie bei kleinen Abständen mißt, und der Masse des Gluonfeldes zusammen. Die Konstituentenmasse der u- und d-Quarks ist praktisch vollständig durch die Energie des Gluonfeld gegeben, die einer Masse von etwa 300 MeV entspricht, für quantitative Rechnungen eignet sich z.B. ein Wert von 330 MeV. Die nackte Masse der leichten Quarks wurde im Rahmen einer gründlichen QCD-Analyse zu $m_u \approx 5$ MeV und $m_d \approx 8$ MeV bestimmt [3.9]. Da die Konstituentenmassen von u- und d-Quark fast gleich sind, können sie ein Isospin-Dublett bilden (siehe Abschn. 2.8.6).

Im naivsten theoretischen Ansatz, dem sog. additiven Quarkmodell, sind die Massen der Grundzustände der Hadronen ($L = 0$) einfach durch die Summe der Konstituenten-Quark-Massen gegeben. Man würde also im u, d-Sektor Mesonmassen von etwa 700 MeV und Baryonmassen von etwa 1000 MeV erwarten. Dies trifft für die ϱ, ω-Mesonen und die Nukleonen auch zu. Durch Hinzufügen eines Wechselwirkungsterms gelingt es dann, weitere Details im Massenspektrum der Hadronen relativ gut zu verstehen.

3.3.4 Hadronen aus u, d, s-Quarks

Das s-Quark hat die „Seltsamkeit" (*Strangeness*) $S = -1$ und die Ladung $-1/3$. Es wird benötigt, um die Hadronen mit $S \neq 0$ aufzubauen.

Mesonen. Neben den Zuständen (3.71) und (3.72) gibt es nun noch die 5 weiteren Kombinationen

$$|u\bar{s}\rangle, |s\bar{u}\rangle, |d\bar{s}\rangle, |s\bar{d}\rangle, |s\bar{s}\rangle \ . \tag{3.96}$$

Beginnen wir mit den 1^{--}-Mesonen. Die ersten 4 Zustände lassen sich sofort mit den angeregten K-Mesonen $K^{*+}, K^{*-}, \bar{K}^{*0}$ und K^{*0} identifizieren, da Seltsamkeit, Ladung und Isospin richtig wiedergegeben werden. Den sortenneutralen ($S = 0$) Zustand $|s\bar{s}\rangle$ ordnen wir versuchsweise dem leichtesten verbleibenden Vektormeson der Teilchentabelle, dem $\Phi(1020)$ zu,

$$|\Phi\rangle = |s\bar{s}\rangle \ . \tag{3.97}$$

Dies macht durchaus Sinn, denn aus dem Quarkinhalt folgt wegen

$$M_{\text{Hadron}} = \sum m_q \tag{3.98}$$

sofort

$$M_{K^*} = \frac{1}{2}(M_\Phi + M_{\varrho,\omega}) \ , \tag{3.99}$$

wobei $M_{\varrho,\omega}$ die mittlere Masse des ϱ, ω-Systems ist. Mit den in der Teilchentabelle des Anhangs angegebenen Werten $M_\Phi = 1020$, $M_\varrho = 770$, $M_\omega = 783$ und $M_{K^\bullet} = 892$ MeV ist diese Relation offenbar hervorragend erfüllt.

Da der Beitrag des Gluonfeldes zur Hadronmasse nicht von der Quarksorte abhängen sollte, können wir aus dem Quarkinhalt des Φ-Mesons die Konstituenten- und Strommasse des s-Quarks zu 510 und 180 MeV abschätzen. Als ein vernünftiger Wert der nackten Masse gilt auch 150 MeV. Die effektive Masse des *strange* Quarks ist also ebenfalls durch das Gluonfeld dominiert, wir zählen es zusammen mit den u- und d-Quarks zu den leichten Quarks.

Man kann sich nun natürlich fragen, ob die aus den leichten Quarks aufgebauten Zustände trotz des schon relativ großen Massenunterschieds zwischen s-Quark und u, d-Quarks nicht wenigstens näherungsweise einer *flavor-SU3*-Symmetrie unterliegen.[4] Als Fundamentaldarstellung einer solchen $SU3_F$ wird man die u, d, s-Quarks wählen. Die Eigenwertoperatoren F_3 und F_8 werden mit dem Isospin I_3 und $\frac{\sqrt{3}}{2}Y$ identifiziert, wobei

$$Y = B + S \tag{3.100}$$

der Operator der *starken* Hyperladung ist. Die Ladung Q der Mitglieder von $SU3_F$-Multipletts läßt sich dann aus

$$Q = I_3 + \frac{Y}{2} \tag{3.101}$$

berechnen. Dies ist eine Verallgemeinerung der Gell-Mann-Nishijima-Gleichung (2.373).

Aus der Flavorsymmetrie folgt nun sofort, daß die 9 Mesonen eines J^{PC}-Multipletts (Abb. 3.15) in ein Flavoroktett und ein Flavorsinglett zerfallen. Die zugehörigen Wellenfunktionen der sortenneutralen ($S = 0$) Isosinglett-Mesonen ($I = 0$) sind nach der Vorschrift (3.25) und (3.29) durch

$$|\omega_1\rangle = \frac{1}{\sqrt{3}}(|u\bar{u}\rangle + |d\bar{d}\rangle + |s\bar{s}\rangle) \tag{3.102}$$

und

$$|\omega_8\rangle = \frac{1}{\sqrt{6}}(|u\bar{u}\rangle + |d\bar{d}\rangle - 2|s\bar{s}\rangle) \tag{3.103}$$

definiert. Ganz offensichtlich ist $SU3_F$ zumindest für die Vektormesonen nur näherungsweise gültig, denn die Zustände ω und Φ werden gerade *nicht* durch diese Wellenfunktionen sondern durch (3.71) und (3.97) repräsentiert, da nur die alte Zuordnung zu gleichen Massen von ϱ und ω führt. Formal lassen sich die Wellenfunktionen (3.71) und (3.97) durch eine Drehung der Sorten-Zustände erreichen,

$$|\Phi\rangle = \cos\Theta_V |\omega_1\rangle - \sin\Theta_V |\omega_8\rangle \tag{3.104}$$

und

$$|\omega\rangle = \sin\Theta_V |\omega_1\rangle + \cos\Theta_V |\omega_8\rangle \tag{3.105}$$

mit $\cos\Theta_V = \sqrt{1/3}$. Man bezeichnet dies als „ideale Mischung". Physikalisch

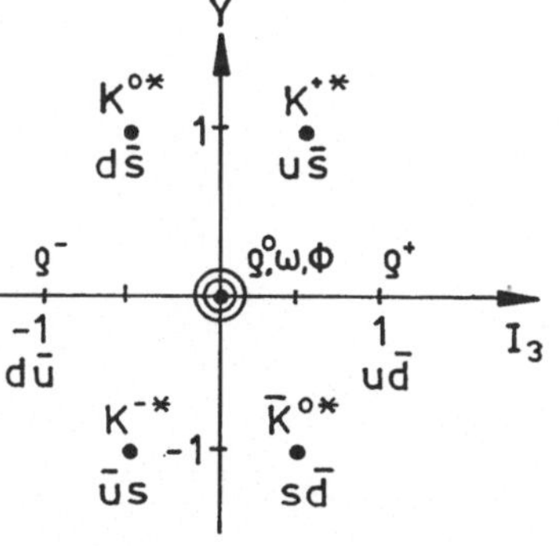

Abb. 3.15. Das Nonett der 1^{--}-Mesonen. Bei den Mesonen ist es üblich, das gesamte Multiplett durch J^{PC} zu kennzeichnen, obwohl nur die Mesonen mit $Y, I_3 = 0$ eine definierte C-Parität haben.

[4]Historisch folgte die Entwicklung des Quarkmodells diesem Weg.

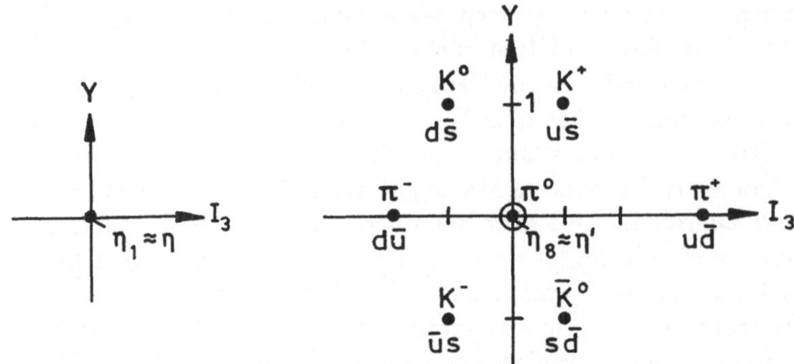

Abb. 3.16. Das Singlett und das Oktett der 0^{-+}-Mesonen.

bedeutet diese Mischung, daß schon das *strange* Quark bei der Bildung der Vektormesonen nichts von den anderen Quarks weiß, und ein dem Positronium analoges $s\bar{s}$-Atom bildet. Solche sog. Quarkonium-Zustände sind für die schweren Quarks typisch, und wir werden uns bald noch ausführlich mit ihnen beschäftigen.

Im Bereich der *pseudoskalaren* Mesonen ist die Flavor-$SU3$-Symmetrie besser realisiert (Abb 3.16). Die 4 ersten Zustände der Aufzählung (3.96) sind hier die K-Mesonen. In der Teilchentabelle der PDG findet man 2 leichte *flavorneutrale* pseudoskalare Mesonen, das $\eta(549)$ und das $\eta'(958)$. Die Flavor-Eigenzustände bezeichnen wir als $|\eta_1\rangle$ und $|\eta_8\rangle$, ihre Wellenfunktionen sind natürlich durch die rechten Seiten der Gleichungen (3.102) und (3.103) festgelegt. Im additiven Quarkmodell berechnen wir die Masse des η_8 aus

$$\langle\eta_8|\sum m_q|\eta_8\rangle = \frac{2}{3}m_u + \frac{4}{3}m_s \ . \tag{3.106}$$

Die in 0^--Mesonen gebundenen Quarks dürfen eine effektive Masse haben, die sich von den Konstituentenmassen der Quarks in den Vektormesonen unterscheidet. Dies stellt eine einfache Art und Weise dar, im additiven Quarkmodell eine unterschiedliche Wechselwirkungsenergie von Quarks in 0^- bzw. 1^- Zuständen zu berücksichtigen. Im Flavoroktett wird deshalb die Massenrelation (3.99) durch die aus (3.106) folgende Beziehung

$$3M_{\eta_8} = 4M_K - M_\pi \tag{3.107}$$

ersetzt. Numerisch ergibt dies $M_{\eta_8} = 615$ MeV, das ist garnicht so weit weg von der η-Masse. Wir vermuten daher, daß die physikalischen Zustände η und η' wieder eine Mischung der Flavorzustände η_8 und η_1 sind, aber diesmal mit einem kleinen Mischungswinkel. Nach Aufstellung der zu (3.105) und (3.104) analogen Mischungsgleichungen invertieren wir diese und erhalten

$$|\eta_8\rangle = \cos\Theta_P|\eta\rangle - \sin\Theta_P|\eta'\rangle \ , \tag{3.108}$$

und damit gilt

$$M_{\eta_8} = \cos^2\Theta_P M_\eta + \sin^2\Theta_P M_{\eta'} \ , \tag{3.109}$$

also $\cos\Theta_P = 0.92$.

Die der Beziehung (3.107) entsprechende Massenrelation für das Flavor-singlett lautet (Übung 3.4)

$$3M_{\eta_1} = 2M_K + M_\pi \ . \tag{3.110}$$

Die numerische Auswertung ergibt $M_{\eta_1} = 375$ MeV. Dieser Wert erscheint auf den ersten Blick in krassem Widerspruch zu unserer näherungsweisen Gleichsetzung des η_1 mit dem η' zu stehen. Was läßt sich dazu sagen? Zunächst einmal werden in der Literatur die Massenformeln der Mesonen häufig für die Quadrate der Massen formuliert. Formal wird dies damit begründet, daß Spin-0-Teilchen durch die Klein-Gordon-Gleichung (1.133) beschrieben werden, die in der Tat quadratisch in der Teilchenmasse ist. Damit erhält man $\cos\Theta_P = 0.98$ also einen ziemlich kleinen Mischungswinkel ($|\Theta_P| = 11°$) und auch eine etwas höhere Masse für das η_1.

Eine rein numerische Verbesserung ist an dieser Stelle aber nicht so wichtig. Wie schon in Abschn. 3.3.3 gesagt wurde, müssen an der Massenformel noch grundlegende Verbesserungen vorgenommen werden. Diese können im Hinzufügen einer Wechselwirkungsenergie zwischen den Quarks bestehen, wie im nächsten Abschnitt diskutiert wird. Aber selbst dann gelingt noch keine zufriedenstellende Erklärung der η-Massen. Hierzu muß man weitere QCD-Terme mitnehmen. Da nämlich das η_1 ein Flavorsinglett ist, können die Quarks in Zwischenzustände aus 2 Gluonen annihilieren. Der Beitrag dieser Gluoniumzustände erhöht die Masse des η_1-Mesons.

Die numerischen Probleme im Sektor der pseudoskalaren Mesonen wären ebenfalls geringer, falls das Pion eine höhere Masse hätte. Es muß zugegeben werden, daß im Quarkmodell keine befriedigende Deutung der sehr kleinen Masse der Pionen möglich ist. Diese Tatsache soll jedoch nicht als Widerspruch zu den grundlegenden Annahmen des Modells aufgefaßt werden, sondern eher als Hinweis darauf, daß (vielleicht durch eine übergeordnete Symmetrie) die Masse eines zusammengesetzten Systems sehr viel kleiner als die Summe der Konstituentenmassen werden kann.

Baryonen. Wir beginnen mit den $\frac{3}{2}^+$-Baryonen. Neben den Zuständen (3.82) gibt es jetzt noch

$$|uus\rangle |uds\rangle, |dds\rangle, |uss\rangle, |dss\rangle, |sss\rangle \ . \tag{3.111}$$

Die ersten 3 Zustände entsprechen dem Isotriplett der $\Sigma(1385)$-Resonanzen, die nächsten 2 dem Isodublett $\Xi(1530)$. Der Zustand $|sss\rangle$ schließlich gehört zum Ω^--Teilchen. Zusammen mit den Δ-Resonanzen haben wir also ein Dekuplett von $\frac{3}{2}^+$-Teilchen vorliegen. Dieses Dekuplett kann man natürlicherweise als die Realisierung einer 10-dimensionalen Darstellung (Tabelle 3.2) von $SU3_F$ interpretieren. Das zugehörige Y, I_3-Diagramm ist in Abb. 3.17 zu sehen.

Die Flavorsymmetrie gilt nicht exakt, sonst müßten ja alle Massen im Dekuplett gleich sein. Umgekehrt kann man aus den Massenunterschieden der Isomultipletts auf den Massenunterschied zwischen s-Quark und u, d-Quarks schließen. Beim Durchlaufen der Y-Eigenwerte von 1 bis -2 wird jeweils ein

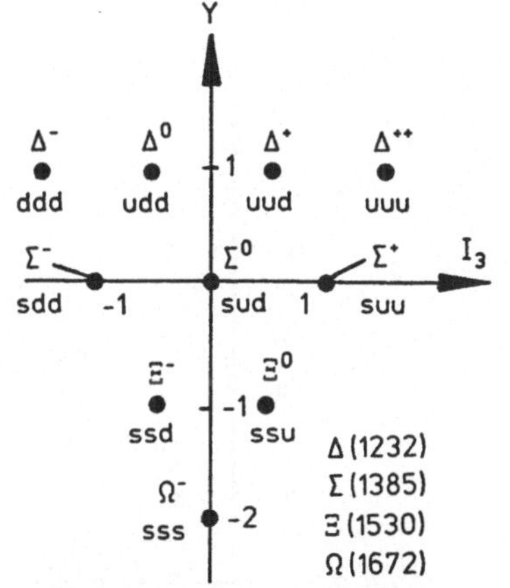

Abb. 3.17. Das Dekuplett der $\frac{3}{2}^+$-Baryonresonanzen. Spin und Parität des Ω^- sind bis heute noch nicht gemessen worden.

u, d- durch ein s-Quark ersetzt. Gleichzeitig steigt die Masse der Teilchen um ziemlich genau 150 MeV an. Dies ist in Übereinstimmung mit unserer früheren Festlegung der nackten Masse des „seltsamen" Quarks.

Die Einordnung der $\frac{3}{2}^{+}$-Resonanzen in ein $SU3_F$-Dekuplett bedeutete historisch einen wunderbaren Triumph für das Quarkmodell. Zu dieser Zeit war das Ω^- noch nicht bekannt, seine Eigenschaften ($S = -3$, $Q = -1$, $J^P = \frac{3}{2}^{+}$, $M = 1672$ MeV) konnten aber von Gell-Mann sehr präzise vorausgesagt werden, wodurch eine gezielte Suche möglich wurde.

Wir können natürlich auch die Wellenfunktionen der einzelnen Zustände im Dekuplett explizit konstruieren. Die Spinwellenfunktionen sind die symmetrischen Kombinationen aus 3 Spin-1/2-Zuständen, wie wir sie schon für die Δ-Resonanzen diskutiert haben. Auch die Sortenwellenfunktionen sind die symmetrischen Kombinationen der beitragenden Quarks. Sie wurden für die Δ-Resonanz in (3.82) konstruiert. In weiteren 5 Resonanzen sind jeweils 2 oder 3 Quarksorten identisch, die Wellenfunktionen folgen dem Muster der Gleichung (3.82) also z.B.

$$|\Xi^0\rangle = \frac{1}{\sqrt{3}}(|ssu\rangle + |sus\rangle + |uss\rangle) \ . \tag{3.112}$$

Etwas mehr Nachdenken verlangt das $|\Sigma^0\rangle$ mit dem Quarkinhalt $|uds\rangle$. Da es zu einem Isotriplett gehört, müssen die u, d Quarks einen $I = 1$ Zustand bilden. Daher gilt

$$|\Sigma^0\rangle = \frac{1}{\sqrt{6}}(|sud\rangle + |sdu\rangle + |uds\rangle + |dus\rangle + |usd\rangle + |dsu\rangle) \ . \tag{3.113}$$

Nun wenden wir uns den $\frac{1}{2}^{+}$-Baryonen zu. Neben Proton und Neutron sind noch Zustände mit den Quarkinhalten $|uus\rangle$, $|uds\rangle$, $|dds\rangle$, $|uss\rangle$ und $|dss\rangle$ möglich. Zusammen sind dies nicht 7 sondern 8 Zustände, da sich zeigen läßt, daß die (3.83) entsprechende Wellenfunktion $|\phi_{\mathrm{M,A}}^{usd}\rangle$ auf 2 Arten gebildet werden kann, je nachdem ob das ud-Subsystem den Isospin 0 oder 1 hat. Physikalisch gehören zu diesen beiden Möglichkeiten das Λ-Teilchen mit einer Masse von 1116 MeV und das Σ^0 mit einer Masse von 1192 MeV. Es ist natürlich sehr beeindruckend, daß die $\frac{1}{2}^{+}$-Baryonen sich genau in ein Oktett d.h. in eine erlaubte Darstellung von $SU3_F$ einordnen lassen (Abb. 3.18).

Aus dem additiven Quarkmodell folgt sofort die Beziehung

$$M_\Lambda + M_\Sigma = M_N + M_\Xi \tag{3.114}$$

zwischen den Massen im Oktett. Sie ist offenbar sehr gut erfüllt, da die linke Seite 2304 und die rechte Seite 2252 MeV ergibt. Den Massenunterschied zwischen s-Quark und u, d-Quarks kann man jetzt auch aus dem halben Massenunterschied von Nukleonen und Ξ-Teilchen zu 185 MeV bestimmen. Dieses Ergebnis liegt nahe bei dem Wert, den wir soeben aus einer Analyse der Dekuplettmassen gewonnen haben.

Die Wellenfunktion der Nukleonen haben wir schon berechnet. Nach genau dem gleichen Schema (Gleichung (3.83) und folgende) kann man auch

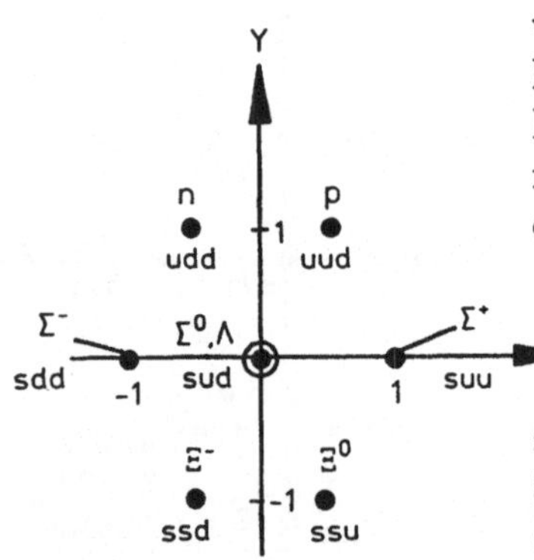

Abb. 3.18. Das Oktett der $\frac{1}{2}^{+}$-Baryonen.

die Wellenfunktion von $\Sigma^\pm$ und $\Xi^\pm$ gewinnen, da diese Teilchen jeweils zwei identische Quarks enthalten. Schwieriger ist wieder die explizite Konstruktion der Wellenfunktion für die beiden $|uds\rangle$ Zustände. Ihre Durchführung wird in der Übungsaufgabe 3.5 verlangt.

Die leichtesten Baryonen lassen sich also in ein Flavoroktett und ein Dekuplett einbauen. Jetzt wird auch einsichtig, warum bei den Baryonen das Sortensinglett fehlt: Die $SU3_F$-Singlett Wellenfunktion für 3 Quarks ist antisymmetrisch (Abschn. 3.1), und daher ergibt das Produkt von Farb- und Flavoranteil eine total symmetrische Wellenfunktion für Baryonen im Widerspruch zum Pauli-Prinzip.

3.4 Die chromodynamische Hyperfeinstruktur

Als Hyperfeinstruktur bezeichnet man in der Atomphysik die Aufspaltung der Spektrallinien aufgrund der Wechselwirkung der Spins von Kern und Elektronenhülle. Im einfachsten Fall, dem Wasserstoffatom, spaltet der Grundzustand in zwei Terme mit dem Gesamtdrehimpuls $J = 1$ bzw. $J = 0$ auf. Die Spin-Spin-Wechselwirkungsenergie H_W von Proton und Elektron ist proportional zum Produkt der zugehörigen magnetischen Momente $\boldsymbol{\mu}$, es gilt für ein System mit Bahndrehimpuls 0 und der Wellenfunktion $\psi(x, y, z)$

$$H_W = -\frac{8\pi\alpha^2}{3} \left(\frac{Qg}{2m}\right)_1 \left(\frac{Qg}{2m}\right)_2 \langle\hat{\jmath}_{(1)}\hat{\jmath}_{(2)}\rangle |\psi(0)|^2 \ . \tag{3.115}$$

Entsprechend diesem nichtrelativistischen Ansatz ist hier die Wellenfunktion auf $1/\sqrt{V}$ normiert. Die Indizes 1 und 2 beziehen sich auf Elektron und Proton, insbesondere bedeuten also $\hat{\jmath}_{(1)}$ und $\hat{\jmath}_{(2)}$ die Spinoperatoren dieser beiden Teilchen und g ihre gyromagnetischen Verhältnisse. Aufgrund der Beziehung $\hat{\boldsymbol{J}} = \hat{\jmath}_{(1)} + \hat{\jmath}_{(2)}$ folgt

$$\hat{\jmath}_{(1)}\hat{\jmath}_{(2)} = \frac{1}{2}(\hat{\boldsymbol{J}}^2 - \hat{\jmath}^2_{(1)} - \hat{\jmath}^2_{(2)}) \ . \tag{3.116}$$

Die Erwartungswerte $\langle\hat{\jmath}_{(1)}\hat{\jmath}_{(2)}\rangle$ lassen sich demnach einfach aus

$$\langle\hat{\jmath}_{(1)}\hat{\jmath}_{(2)}\rangle = \frac{1}{2}(J(J+1) - \tfrac{3}{2}) \tag{3.117}$$

zu $1/4$ für $J = 1$ bzw. $-3/4$ für $J = 0$ berechnen. Da das Produkt der Ladungen von Elektron und Proton negativ ist, liegt der Zustand mit $J = 1$ energetisch höher als der Zustand mit $J = 0$.

3.4.1 Die Aufspaltung für Hadronen aus u- und d-Quarks

Die Wellenfunktionen der π-Mesonen und der ϱ-Mesonen unterscheiden sich nur durch die Spins. Durch Umklappen eines Quarkspins kann man also aus einem Pion ein ϱ-Meson machen. Auf die gleiche Weise wird aus einem Nukleon eine Delta-Resonanz. Wir können daher versuchen, den Massenunterschied innerhalb der Mesonen- bzw. Baryonenmultipletts auf die mit dem Spinumklappen verbundene Änderung der Wechselwirkungsenergie zwischen den Quarks zurückzuführen. Diese chromomagnetische Hyperfeinaufspaltung ist offenbar viel stärker als im elektromagnetischen Beispiel. Im Fall der Mesonen ist sie sogar dreimal größer als die Pionmasse selbst. Für die folgenden Überlegungen ersetzen wir den einfachen Ansatz (3.98) des additiven Quarkmodells durch

$$M = \sum m_q + H_W \tag{3.118}$$

mit

$$H_W = -\frac{b}{m_u^2} c_F \langle \hat{\jmath}_{(1)} \hat{\jmath}_{(2)} \rangle \ . \tag{3.119}$$

Hierin ist c_F der Farbfaktor des Abschn. 3.2 und die Konstante b enthält analog zu (3.115) die Wellenfunktion des 2-Quark-Systems. Implizit haben wir wieder gleiche Konstituentenmassen von u- und d-Quarks angenommen. Für die Mesonen ($c_F = -4/3$) errechnet man daher mit Hilfe von (3.117) sofort

$$H_W = \begin{cases} b/3m_u^2 & \text{falls } J = 1 \\ -b/m_u^2 & \text{falls } J = 0 \ . \end{cases} \tag{3.120}$$

Jedes Quarkpaar in einem Baryon befindet sich in einem Farb-Antitriplettzustand, daher hat c_F den Wert $-2/3$, wie im Abschn. 3.2 bei der Diskussion der Gleichung (3.46) begründet wurde. Für die Wechselwirkungsenergie bekommt man dann unter Berücksichtigung der möglichen Kombinationen der Quarkpaare

$$H_W = \frac{2b}{3m_u^2} (\langle \hat{\jmath}_{(1)} \hat{\jmath}_{(2)} + \hat{\jmath}_{(1)} \hat{\jmath}_{(3)} + \hat{\jmath}_{(2)} \hat{\jmath}_{(3)} \rangle) \ . \tag{3.121}$$

Wegen $\hat{J} = \hat{\jmath}_{(1)} + \hat{\jmath}_{(2)} + \hat{\jmath}_{(3)}$ ist aber das Produkt der Spinoperatoren auf der rechten Seite durch $(\hat{J}^2 - \hat{\jmath}_{(1)}^2 - \hat{\jmath}_{(2)}^2 - \hat{\jmath}_{(3)}^2)/2$ gegeben, und deswegen gelangt man zu

$$H_W = \frac{b}{3m_u^2} (J(J+1) - \frac{9}{4}) \ , \tag{3.122}$$

woraus sich das Resultat

$$H_W = \begin{cases} b/2m_u^2 & \text{falls } J = \frac{3}{2} \\ -b/2m_u^2 & \text{falls } J = \frac{1}{2} \end{cases} \tag{3.123}$$

ableiten läßt. Die wichtigste qualitative Aussage in den beiden Gleichungen für H_W ist, daß die Aufspaltung der Massen in den Baryonen und Mesonen das gleiche Vorzeichen hat! Dies heißt konkret, daß sowohl bei den Baryonen wie bei den Mesonen die Teilchen mit höherem Spin die größeren Massen haben. Hierin kommt ganz deutlich die Gruppenstruktur der Farbladung zum Ausdruck. Denn wenn die starke Wechselwirkung genau wie die elektromagnetische nur *eine* Ladungsart kennen würde, hätte H_W für Teilchen-Teilchen-Wechselwirkung ein anderes Vorzeichen als für Teilchen-Antiteilchen (siehe 3.115). Quantitativ gewinnen wir aus den Gleichungen (3.120) und (3.123) die Vorhersage

$$M_\varrho - M_\pi = \frac{4}{3}(M_\Delta - M_N) \, , \tag{3.124}$$

die nicht sehr gut erfüllt ist. Es ist eben eine zu große Vereinfachung, die Wechselwirkungsenergie von Baryonen und Mesonen mit der gleichen Konstanten b zu beschreiben. Man erzielt numerisch bessere Resultate, wenn für die Mesonen- bzw. Baryonenmultipletts mit $L = 0$ zwei unterschiedliche Konstanten b und b' benutzt werden (Übung 3.6).

3.4.2 Hyperfeinstruktur und „seltsame" Quarks

Für Mesonen, bei denen ein u, d-Quark durch ein s-Quark ersetzt ist, muß (3.120) zu

$$H_W = \begin{cases} \dfrac{b}{3m_u m_s} & \text{falls } J = 1 \\[2ex] -\dfrac{b}{m_u m_s} & \text{falls } J = 0 \end{cases} \tag{3.125}$$

modifiziert werden. Ganz allgemein erhält man für den Massenunterschied zwischen pseudoskalaren (P) und Vektormesonen (V) aus den Quarksorten a, b, c, d

$$\frac{(M_V - M_P)_{ab}}{(M_V - M_P)_{cd}} = \frac{m_c m_d}{m_a m_b} \, . \tag{3.126}$$

Aus (3.126) errechnen wir für die K Mesonen

$$M_{K^*} - M_K = \frac{330}{500}(M_\varrho - M_\pi) \, , \tag{3.127}$$

also 420 MeV, was sehr gut den experimentellen Befunden entspricht. Die Beziehung (3.126) ist von großer Bedeutung für die noch zu besprechenden Mesonen aus schweren Quarks.

Als weiteres Beispiel betrachten wir jetzt noch die *Baryonen* mit einem s-Quark also die Σ-und Λ-Teilchen, genauer das $\Sigma^0(1385)$, das $\Sigma^0(1192)$ und das $\Lambda(1116)$. Wenn wir dem s-Quark den Index 1 geben, gilt für die Wechselwirkungsenergie

$$H_W = \frac{2b'}{3m_u^2}\langle \hat{\jmath}_{(2)}\hat{\jmath}_{(3)}\rangle + \frac{2b'}{3m_u m_s}\langle \hat{\jmath}_{(1)}\hat{S}_{ud}\rangle \, , \tag{3.128}$$

wobei die Abkürzung $\hat{S}_{ud} = \hat{\jmath}_{(2)} + \hat{\jmath}_{(3)}$ benutzt wurde. Wegen $\hat{J} = \hat{S}_{ud} + \hat{\jmath}_{(1)}$ erhält man nach kurzer Umrechnung

$$H_W = \frac{b'}{3m_u^2}(S_{ud}(S_{ud}+1)-\tfrac{3}{2})+\frac{b'}{3m_u m_s}(J(J+1)-S_{ud}(S_{ud}+1)-\tfrac{3}{4}) \, . \tag{3.129}$$

Bei der Konstruktion der Baryonen im letzten Kapitel haben wir die Flavorwellenfunktion nach dem Rezept der Spinwellenfunktion aufgebaut, um ein symmetrisches Produkt zu erhalten. Dadurch wird eine Spin-Isospin-Symmetrie der ud-Quarks begründet, also $S_{ud} = 1$ für das Σ^0 und $S_{ud} = 0$ für das Λ. Damit ergibt sich

$$H_W = \begin{cases} \dfrac{b'}{6m_u^2} + \dfrac{b'}{3m_u m_s} & \Sigma(1385) \\[2mm] \dfrac{b'}{6m_u^2} - \dfrac{2b'}{3m_u m_s} & \Sigma(1192) \\[2mm] -\dfrac{b'}{2m_u^2} & \Lambda(1116) \ , \end{cases} \tag{3.130}$$

also

$$M_{\Sigma(1385)} - M_{\Sigma(1192)} = \frac{m_u}{m_s}(M_\Delta - M_N) \tag{3.131}$$

und

$$M_{\Sigma(1192)} - M_{\Lambda(1116)} = \frac{2}{3}\left(1 - \frac{m_u}{m_s}\right)(M_\Delta - M_N) \ . \tag{3.132}$$

Mit den schon früher eingeführten Werten für die Massen von s- und u-Quarks von 510 und 330 MeV erhalten wir 192 bzw. 70 MeV als Vorhersage des Quarkmodells für die linken Seiten der beiden letzten Gleichungen. Dies entspricht in sehr schöner Weise der Erfahrung.

3.5 Elektromagnetische und starke Zerfälle von Hadronen

Als stabil bezeichnet man der Konvention entsprechend auch solche Elementarteilchen, die höchstens aufgrund der schwachen oder der elektromagnetischen Wechselwirkung zerfallen können. Die schwachen Zerfälle werden in Kap. 5 ausführlich diskutiert. Die Lebensdauern von Hadronen, die elektromagnetisch oder stark zerfallen, sind bei ähnlicher Masse um viele Größenordnungen geringer als die der schwach zerfallenden. Diesen Zerfällen ist der nun folgende Abschnitt gewidmet.

3.5.1 Radiative Zerfälle der Vektormesonen

Schon im letzten Abschnitt hatten wir benutzt, daß der Unterschied zwischen ϱ- und π-Mesonen oder Δ-Resonanz und Nukleonen nur in der Orientierung eines Quarkspins liegt. Als Konsequenz müssen dann auch die Zerfälle

$$V_{ab} \rightarrow P_{ab} + \gamma \tag{3.133}$$

bzw.

$$(10)_{abc} \rightarrow (8)_{abc} + \gamma \tag{3.134}$$

vorkommen. In der letzten Gleichung steht 10 für ein Mitglied des $\frac{3}{2}^+$-Dekupletts und 8 für ein Mitglied des $\frac{1}{2}^+$-Oktetts. Bei diesen Zerfällen ändert sich der Spin des Hadrons um eine Einheit, während die Parität sich nicht ändert. Sie heißen in der Terminologie der Kernphysik magnetische Dipolübergänge (M1). Die Wechselwirkungsenergie eines Dipols im magnetischen Feld B ist μB und daher gilt für die magnetische Wechselwirkungsenergie eines Quarks mit der elektromagnetischen Welle (2.185)

$$H_W = \imath \mu_q \boldsymbol{j}_q (\boldsymbol{k} \times \boldsymbol{\varepsilon}) \frac{1}{\sqrt{2|\boldsymbol{k}|V}} e^{-\imath(|\boldsymbol{k}|t - \boldsymbol{k}\boldsymbol{x})} \ . \tag{3.135}$$

Hierin ist μ_q das in (3.89) definierte magnetische Moment eines Quarks. Für die folgende Berechnung der Zerfallsbreite $\Gamma(\omega \to \pi^0 \gamma)$ führen wir die Abkürzungen $k = |\boldsymbol{k}|$ und $\mu = e/2m_u$ ein. Im Ruhsystem des Vektormesons fliege das Photon entlang der positiven z-Achse (Abb. 3.19). Seine Helizität sei $\lambda = +1$. Wegen der Drehimpulserhaltung muß dann $J_{(\omega),3} = 1$ gelten.

Abb. 3.19. Der Zerfall des ω-Mesons in π^0 und γ.

Der nichtrelativistische Übergangsoperator im Spinraum entspricht einfach der Wechselwirkungsenergie (3.135) ohne den Normierungs- und Exponentialfaktor der Wellenfunktion auf der rechten Seite. Wir müssen also im Spinraum die Amplitude

$$T_{fi} = \imath \mu \langle \frac{1}{\sqrt{2}}(\uparrow\downarrow - \downarrow\uparrow) | \sum_l Q_l \sigma_l (\boldsymbol{k} \times \boldsymbol{\varepsilon}) | \uparrow\uparrow \rangle \tag{3.136}$$

berechnen. Die Summation erstreckt sich hier über das Quark und das Antiquark des Vektormesons. Die Wellenfunktion für ein rechtszirkular polarisiertes Photon wurde schon in Abschn. 2.4.5 abgeleitet (2.187), aus ihr folgt sofort unter Benutzung der Abkürzung $\sigma_\pm = (\sigma_x \pm \imath \sigma_y)/2$

$$\boldsymbol{\sigma}(\boldsymbol{k} \times \boldsymbol{\varepsilon}_+) = \frac{\sqrt{2}}{\imath} k \sigma_- \tag{3.137}$$

und daher

$$T_{fi} = \mu(Q_1 - Q_2)k \ . \tag{3.138}$$

Ähnlich dem Vorgehen bei der Berechnung der magnetischen Momente der Baryonen müssen wir diese Formel für jeden Flavoranteil des Matrixelements auswerten. Gemäß der Diskussion der Mesonen in Abschn. 3.3 gilt

$$\begin{aligned} |\pi^0\rangle &= \frac{1}{\sqrt{2}}(|d\bar{d}\rangle - |u\bar{u}\rangle) \\ |\omega\rangle &= \frac{1}{\sqrt{2}}(|d\bar{d}\rangle + |u\bar{u}\rangle) \ , \end{aligned} \tag{3.139}$$

und deswegen erhalten wir ohne weiteres das Resultat

$$\langle\omega|T|\pi^0\gamma\rangle = \mu k\frac{1}{2}(\langle u\bar{u}|Q_1 - Q_2|u\bar{u}\rangle - \langle d\bar{d}|Q_1 - Q_2|d\bar{d}\rangle) \ . \tag{3.140}$$

Wegen der entgegengesetzt gleichen Ladungen von Quark und Antiquark bekommt man schließlich das Endergebnis

$$\langle\omega|T|\pi^0\gamma\rangle = \frac{\mu k}{2}\left(\frac{4}{3} + \frac{2}{3}\right) = \mu k \ . \tag{3.141}$$

Man macht sich leicht klar, daß dasselbe Resultat auch für die andere mögliche Helizitätseinstellung des Photons gilt. Es ist reizvoll, von hier zu einer absoluten Berechnung der Zerfallsrate weiterzugehen. Die allgemeine Formel (1.172) für den 2-Körperzerfall wird in unserem Beispiel zu

$$\frac{d\Gamma}{d\Omega} = \frac{1}{32\pi^2}|T_{fi}|^2\frac{k}{M_\omega^2}2E_\pi 2M_\omega \tag{3.142}$$

modifiziert, da zu einem nichtrelativistischen Matrixelement auch eine nichtrelativistische Normierung der Mesonwellenfunktionen gehört. Im gleichen Sinne müssen wir jetzt noch $E_\pi \approx M_\omega$ ansetzen. Diese letzte Annahme ist natürlich im betrachteten Beispiel grob falsch, aber Becchi und Morpurgo [3.10] beweisen, daß das Resultat

$$\frac{d\Gamma}{d\Omega} = \frac{\mu^2 k^3}{8\pi^2} \tag{3.143}$$

auch in einer streng relativistischen Rechnung gültig bleibt. Unsere Wahl der Flugrichtung des Photons als z-Achse eines sich mitdrehenden Koordinatensystems und als Quantisierungsachse erweist sich nun als sehr hilfreich. Zunächst einmal ist die Integration über den Raumwinkel trivial. Weiter verschwindet in diesem System die Zerfallsamplitude eines ω-Mesons mit $J_{(\omega),3} = 0$. Wir bekommen also von der Mittelung über die Spins einen Faktor 2/3, zusammengefaßt demnach

$$\Gamma(\omega \rightarrow \pi^0\gamma) = \frac{\mu^2 k^3}{3\pi} \ . \tag{3.144}$$

Numerisch ergibt sich $\Gamma = 1.16$ MeV, wenn man (3.92) folgend $\mu = \mu_p$ beachtet. Das experimentelle Ergebnis von $\Gamma = 0.85 \pm 0.05$ MeV stimmt damit innerhalb von 30% überein.

Die hiermit gewonnene Verknüpfung des magnetischen Moments des Protons mit der Zerfallsrate des ω-Mesons ist ein sehr bemerkenswertes Ergebnis des Quarkmodells. In gleicher Weise läßt sich die Amplitude für den Zerfall geladener und ungeladener ϱ-Mesonen in $\pi + \gamma$ berechnen. Ihr Wert ist $\mu_p/3$. Aus dem Quarkmodell wird damit die Vorhersage

$$\frac{\Gamma(\varrho \rightarrow \pi\gamma)}{\Gamma(\omega \rightarrow \pi\gamma)} = \frac{1}{9} \tag{3.145}$$

abgeleitet, die vom gemessenen Verhältnis innerhalb eines Fehlers von etwa 25% bestätigt wird.

Die Zerfallsbreite des $\Phi(1020)$ in den Kanal $\pi\gamma$ beträgt ganze 5.4 keV. Im Abschn. 3.3 wurde dem Φ-Meson die Wellenfunktion $|s\bar{s}\rangle$ zugeordnet. Damit ist der Zerfall in Pion und Photon in unserem Modell verboten, da die π^0-Wellenfunktion kein s-Quark enthält. Die geringe verbleibende Zerfallsbreite muß man dann auf andere Prozesse zurückführen oder z.B. durch eine kleine Beimischung von u,d-Quarks im Φ-Meson erklären.

Die wesentliche Aussage dieses Abschnitts liegt darin, daß die Partialbreite für die Zerfälle $V \rightarrow P + \gamma$ gewonnen wird, indem man die Übergangsamplitude des Operators $\hat{Q}/m$ zunächst für das Quark ($\hat{Q}_1$) dann für das Antiquark ($\hat{Q}_2$) im Meson berechnet und voneinander abzieht,

$$\langle V|T|P\rangle \sim \langle V|\frac{\hat{Q}_1}{m_1}|P\rangle - \langle V|\frac{\hat{Q}_2}{m_2}|P\rangle \ , \qquad (3.146)$$

wobei $|V\rangle$ bzw. $|P\rangle$ die Flavorwellenfunktionen bedeuten. Im einfachsten Fall gleicher Massen der Quarks im Meson läuft dies also auf ein Abzählen der Ladungen der Quarklinien hinaus (Abb. 3.20 und Gleichung (3.141)). Ein anderer Sonderfall sind Mesonen aus einem leichten und einem schweren Quark, für sie gilt ersichtlich $T_{fi} \sim \langle V|(\hat{Q}/m)_{\text{leicht}}|P\rangle$.

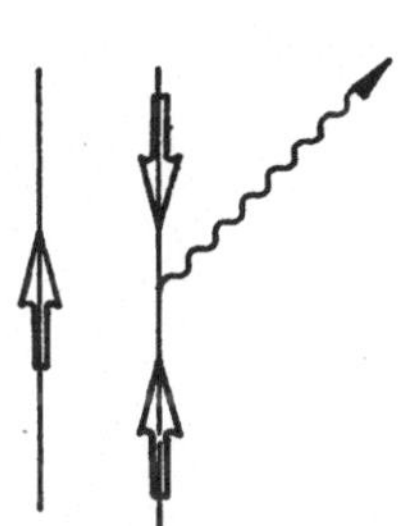

Abb. 3.20. Quarkmodell-Diagramm des Zerfalls $V \rightarrow P + \gamma$.

3.5.2 Zerfälle der Vektormesonen in Leptonenpaare

Die Quark-Antiquarkpaare in den 1^{--}-Mesonen können zu einem Photon annihilieren und demnach ist der Zerfall von ϱ^0, ω- und Φ-Mesonen in $e^- e^+$- bzw. $\mu^- \mu^+$- Paare gemäß dem Diagramm der Abb. 3.21 möglich. Die Umkehrreaktion, nämlich die Erzeugung von Vektormesonen in der Elektron-Positron-Annihilation ist der beste Weg zur Untersuchung der Vektormesonen schwerer Quarks.

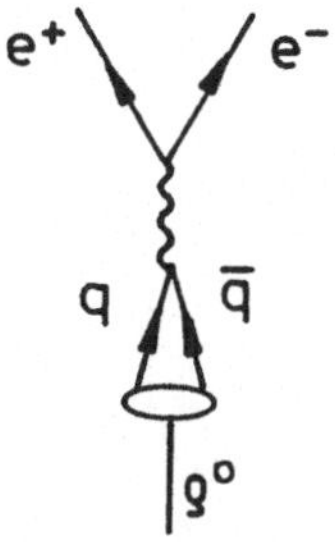

Die Berechnung der Zerfallsbreite führen wir hier am Beispiel $\varrho \rightarrow e^- e^+$ durch. Für das Matrixelement des Zerfalls eines ϱ-Mesons im Zustand $|J; J_3\rangle$ in Elektron und Positron mit den Helizitäten λ_3, λ_4 und den Impulsen $\boldsymbol{p}', -\boldsymbol{p}'$ im ϱ-Ruhsystem machen wir den Ansatz

$$\langle \boldsymbol{p}', \lambda_3, \lambda_4|T|J; J_3\rangle = \int \langle \boldsymbol{p}', \lambda_3, \lambda_4|T|\boldsymbol{p}, \lambda_1, \lambda_2\rangle \phi(\boldsymbol{p}) d^3\boldsymbol{p} \ . \qquad (3.147)$$

Abb. 3.21. Der Zerfall $\varrho \rightarrow l^+ l^-$ im Quarkmodell.

Hierin ist der erste Faktor auf der rechten Seite die Amplitude für die Vernichtung freier Quarks in $e^- e^+$-Paare und $\phi(\boldsymbol{p}) d^3\boldsymbol{p}$ die Amplitude, eine solche Quarkkonfiguration im Impulsintervall zwischen $\boldsymbol{p}$ und $\boldsymbol{p} + d^3\boldsymbol{p}$ im Meson vorzufinden. Wir werden gleich sehen, daß das Matrixelement für die Annihilation freier Quarks nur vom Streuwinkel Θ zwischen den Quarks abhängt. Wir können es also vor das Integral ziehen und wollen zunächst einen Ausdruck für $\int \phi(\boldsymbol{p}) d^3\boldsymbol{p}$ finden. Dazu drücken wir $\phi(\boldsymbol{p})$ durch seine Fouriertransformierte $\tilde{\phi}(\boldsymbol{x})$ aus,

$$\int \phi(\boldsymbol{p}) d^3\boldsymbol{p} \;=\; \frac{1}{(2\pi)^{3/2}} \int\int e^{-i\boldsymbol{px}} \tilde{\phi}(\boldsymbol{x}) d^3\boldsymbol{x}\, d^3\boldsymbol{p} \tag{3.148}$$

$$= (2\pi)^{3/2} \tilde{\phi}(0) \ . \tag{3.149}$$

Hierin folgt der 2. Schritt mit Hilfe der Definition der δ-Funktion. In den Quarkmodellrechnungen zum Zerfall von Mesonen ist es üblich, mit nichtrelativistischen Mesonwellenfunktionen zu arbeiten, wie wir schon im letzten Abschnitt gesehen haben. Am Beispiel der Lösung der Schrödingergleichung für eine ebene Welle

$$\psi(\boldsymbol{x}) = \frac{1}{\sqrt{V}} e^{i\boldsymbol{px}} \tag{3.150}$$

sieht man aber sofort den Zusammenhang zwischen der Wellenfunktion ψ und $\tilde{\phi}$

$$\tilde{\phi}(0) = \frac{\sqrt{V}}{(2\pi)^{3/2}} \psi(0) \ . \tag{3.151}$$

Die Berechnung der Annihilation der Quarks beginnen wir für den Zustand $|1;1\rangle$ des ϱ-Mesons. Dazu müssen wir offenbar die Amplituden für die Prozesse

$$q_R + \bar{q}_L \to e_L^- + e_R^+ \tag{3.152}$$

bzw.

$$q_R + \bar{q}_L \to e_R^- + e_L^+ \tag{3.153}$$

kennen. Hierin haben wir wieder die Symbole R, L für rechtshändige und linkshändige Teilchen, d.h. für die Helizitäten $\lambda = +1/2$ oder $\lambda = -1/2$ benutzt. Im Abschn. 4.2 wird diese Amplitude ausführlich im Grenzfall hoher Impulse und verschwindender Massen abgeleitet. Unter Benutzung der gleichen Methoden kann man aber zeigen, daß das Ergebnis

$$T_{fi}^{\mathrm{frei}} = e^2 Q_l (1 \pm \cos\Theta) \tag{3.154}$$

für Quarks der Sorte l auch im Fall $|\boldsymbol{p}| \to 0$ und endlicher Quarkmassen gültig ist. Die entsprechende Amplitude für den Zustand $|1;-1\rangle$ unterscheidet sich nur im Vorzeichen der Beziehung (3.154). Für den Zustand $|1;0\rangle$ erhält man

$$T_{fi}^{\mathrm{frei}} = e^2 Q_l \sqrt{2} \sin\Theta \tag{3.155}$$

für beide Helizitätskombinationen des Endzustands. Bei einem Vektormeson, das wie das Φ aus nur einer Sorte Quarks (mit dem dazugehörigen Antiquark) besteht, ist Q_l trivialerweise die Ladung dieses Quarks. Für das ϱ-Meson ist die Lage aber komplizierter. Aufgrund der Flavorwellenfunktion (3.72) tragen das u- bzw. das d-Quark mit den Gewichten $\mp 1/\sqrt{2}$ bei, so daß Q_l durch den Ladungsfaktor

$$\langle Q_\varrho \rangle = \tfrac{-1}{\sqrt{2}} \left(\tfrac{2}{3} + \tfrac{1}{3} \right) \tag{3.156}$$

ersetzt werden muß. Im nächsten Schritt quadrieren wir die oben diskutierten Annihilationsamplituden für jede der 3 Farben und führen die übliche Spinmittelung durch, was in

$$\overline{\sum}|T_{fi}^{\text{frei}}|^2 = 8e^4\langle Q_V\rangle^2 \tag{3.157}$$

resultiert. Jetzt müssen wir noch den Zusammenhang zwischen der Streuamplitude des Prozesses $q\bar{q} \to e^-e^+$ und der Zerfallsrate des Vektormesons diskutieren. Entsprechend der Vorschrift der Gleichung (1.139) muß für die Übergangsrate

$$\frac{dN_f}{VT} = \frac{1}{VM_V^2}\sum|T_{fi}^{\text{frei}}|^2|\psi(0)|^2 dLIP \tag{3.158}$$

angesetzt werden, wobei schon $4E_1E_2 = M_V^2$ benutzt wurde. Der Rest ist reine Routine. Die Dichte des einlaufenden Vektormesonzustandes ist durch $1/V$ definiert und damit gilt also

$$\frac{d\Gamma}{d\Omega} = \frac{1}{32\pi^2 M_V^2}\overline{\sum}|T_{fi}^{\text{frei}}|^2|\psi(0)|^2 \ , \tag{3.159}$$

woraus mit wenigen Rechenschritten das Resultat

$$\Gamma_{e^-e^+}^\varrho = 2\frac{\alpha^2}{M_\varrho^2}|R_S(0)|^2 \tag{3.160}$$

für das ϱ-Meson bzw.

$$\Gamma_{e^-e^+}^V = \frac{4\langle Q_V\rangle^2\alpha^2}{M_V^2}|R_S(0)|^2 \tag{3.161}$$

für ein beliebiges neutrales Vektormeson bewiesen werden kann. $R_S(0)$ ist der Radialanteil der Wellenfunktion des Quark-Antiquark-Zustands mit $L = 0$, also $\psi = R_S/\sqrt{4\pi}$.

In der Herleitung wurde die Masse der Elektronen vernachlässigt, das Ergebnis ist also nicht ohne weiteres auf den Zerfall in Myonen zu übertragen. Unter Berücksichtigung der endlichen Masse m der Leptonen wird die Formel (3.161) geringfügig zu

$$\Gamma_{l^-l^+}^V = \frac{4\langle Q_V\rangle^2\alpha^2}{M_V^2}|R_S(0)|^2\left(1 - \frac{2m^2}{M_V^2}\right)\left(1 - \frac{4m^2}{M_V^2}\right)^{1/2} \tag{3.162}$$

modifiziert. In dieser Form ist sie als die van Royen-Weisskopf-Formel[5] bekannt [3.11]. Was wir hier besprochen haben, ist ein wesentliches Ergebnis der sog. Quarkonium-Theorie, in der man die neutralen Mesonen als ein entsprechend dem Positronium zusammengesetztes System behandelt. Diese Analogie ist natürlich besonders berechtigt für solche Mesonen, die nur aus *einer* Sorte Quarks bestehen, also Mesonen mit Massen oberhalb des ϱ, ω-Systems. An den experimentellen Ergebnissen der Tabelle 3.9 sieht der Leser sofort, daß $|R_S(0)|^2/M_V^2$ nur wenig variiert. Für ϱ und ω ist das ohne weiteres klar, für die schwereren Vektormesonen werden wir diese Tatsache anläßlich

[5]V. Weisskopf (geb. 1908) hat als Forscher, Lehrer und Organisator die Teilchenphysik geprägt.

Tabelle 3.9. e^-e^+-Zerfälle der leichtesten Vektormesonen.

Meson	$\Gamma^V_{e^-e^+}$ [keV]	Wellenfunktion	$\langle Q_V \rangle^2$	$\gamma^2_V/4\pi$
ϱ	6.9 ± 0.3	$\frac{1}{\sqrt{2}}(\lvert d\bar{d}\rangle - \lvert u\bar{u}\rangle)$	$\frac{1}{2}$	0.5
ω	0.66 ± 0.04	$\frac{1}{\sqrt{2}}(\lvert d\bar{d}\rangle + \lvert u\bar{u}\rangle)$	$\frac{1}{18}$	5.2
Φ	1.31 ± 0.06	$\lvert s\bar{s}\rangle$	$\frac{1}{9}$	3.5

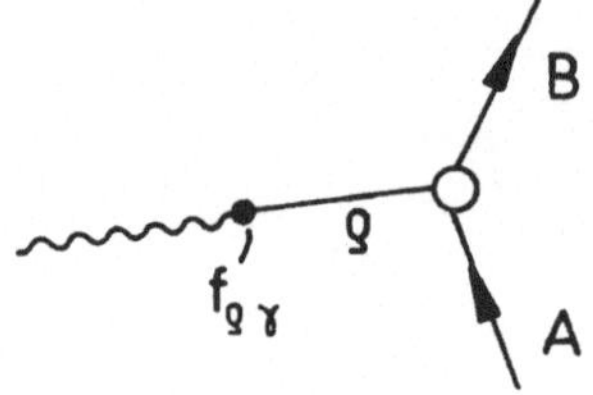

Abb. 3.22. Die Photon-Hadron-Kopplung in Modell der Vektor-Meson-Dominanz.

der Besprechung des Charmoniums im nächsten Abschnitt weiter untersuchen. Als grobe Faustregel gilt also, daß die Verhältnisse der Zerfallsbreiten in Elektron-Positron-Paare nur durch den Ladungsfaktor $\langle Q_V \rangle^2$ gegeben sind. Dieser verhält sich für ϱ-, ω- und ϕ-Mesonen wie $9:1:2$.

Wir können die Zerfallsbreite der Vektormesonen auch ohne Benutzung des Quarkmodells behandeln (Abb. 3.22). Das ϱ-Meson des Beispiels koppelt mit einer Stärke $f_{\varrho\gamma}$ an Photonen. Aus den Feynmanregeln für solche Prozesse (Abschn. 4.1) berechnen wir die Partialbreite in Elektron-Positron-Paare zu

$$\Gamma^\varrho_{e^-e^+} = \frac{1}{12\pi}\frac{f^2_{\varrho\gamma}e^2}{M^3_\varrho} \ . \tag{3.163}$$

Die Kopplungskonstante hat demnach hier die Dimension Energie zum Quadrat. Wir führen der Konvention folgend eine dimensionslose Kopplungskonstante γ_ϱ über

$$f_{\varrho\gamma} = \frac{M^2_\varrho e}{2\gamma_\varrho} \tag{3.164}$$

ein, womit sich

$$\Gamma^\varrho_{e^-e^+} = \alpha^2 \frac{M_\varrho}{12(\gamma^2_\varrho/4\pi)} \tag{3.165}$$

ergibt. Numerische Werte für die Konstanten $\gamma^2_V/4\pi$ sind in der Tabelle 3.9 ebenfalls angegeben. Die Kenntnis dieser Kopplungskonstanten ist besonders im Rahmen der Theorie von der Vektor-Meson-Dominanz (VMD) wichtig [3.12]. In diesem Ansatz werden alle Photon-Hadron-Wechselwirkungen auf die Wechselwirkung von Vektormesonen mit Hadronen zurückgeführt. Genauer gilt für die Streuung eines Photons einer gegebenen Helizität

$$T_{\lambda_\gamma}(\gamma A \to B) = \sum_V f_{V\gamma} T_{\lambda_V}(VA \to B)\frac{1}{q^2 - M^2_V} \ . \tag{3.166}$$

A und B bezeichnen hierin beliebige hadronische Systeme. Der letzte Faktor stammt von der üblichen Ausbreitungsfunktion eines Teilchens mit Viererimpuls q und Masse M_V (siehe Abschn. 4.1). Für reelle Photonen wird daher Formel (3.166) zu

$$T_{\lambda_\gamma}(\gamma A \to B) = -\sum_V \frac{e}{2\gamma_V} T_{\lambda_V}(VA \to B) \ . \tag{3.167}$$

Als eine typische Anwendung schätzen wir den totalen Querschnitt der Photoproduktion ($\gamma + p \to Hadronen$) bei hohen Energien ab. Der Beitrag des ϱ-Mesons allein ist

$$\sigma_{\gamma p} = \frac{\alpha \pi}{\gamma_\varrho^2} \sigma_{\varrho p} \ . \tag{3.168}$$

Den ϱ-Nukleon-Querschnitt setzen wir im Sinn des Quarkmodells gleich dem experimentell leichter zugänglichen Wirkungsquerschnitt für die Pion-Nukleon-Streuung. Mit dem numerischen Wert von 30 mb ergibt sich eine Vorhersage von 88 μb für die Photoproduktion. Durch den Beitrag des ω- und Φ-Mesons muß diese Zahl um etwa 30% nach oben korrigiert werden, was zu einer sehr guten Übereinstimmung mit dem gemessenen Wert von ca. 115 μb führt.

Die VMD-Theorie verknüpft die Photon-Hadron-Wechselwirkung mit der Wechselwirkung von Hadronen untereinander. Die grundlegende Idee ist typisch für weitere Materiemodelle mit Substruktur (*compositeness*). In diesen erfolgt die Ankopplung des Photons an zusammengesetzte Systeme über Vektormesonen, die aus den gleichen Konstituenten bestehen.

3.5.3 Radiative Zerfälle der pseudoskalaren Mesonen

Die neutralen π-Mesonen zerfallen zu praktisch 100% in 2 Photonen mit einer Breite von 7.85 ± 0.55 eV. Auch η- und η'-Mesonen können in Photonpaare zerfallen. Die gemessenen Werte der Zerfallsbreiten betragen 425 ± 70 eV bzw. 4540 ± 450 eV.

Die Massen von η- und η'- Meson sind von der Größenordnung der ϱ-Masse. Wir wollen daher auch hier den Quarkonium-Ansatz versuchen, d.h. also den Prozeß analog zum Positronium-Zerfall in $\gamma\gamma$ beschreiben. Das Ergebnis lautet:

$$\Gamma_{\gamma\gamma}^P = 12 \langle Q_P^2 \rangle^2 \frac{\alpha^2 |R_S(0)|^2}{M_P^2} \ . \tag{3.169}$$

Der Unterschied zur entsprechenden Formel für das Positronium besteht in einem zusätzlichen Faktor 3 für die 3 Quarkfarben und dem Ladungsfaktor $\langle Q_P^2 \rangle$, den man wieder aus der Flavorwellenfunktion des betrachteten Mesons entsprechend dem Vorgehen im letzten Abschnitt berechnen muß. Aus dem Diagramm der Abb. 3.23 wird sofort klar, daß im Unterschied zum Zerfall der Vektormesonen in Leptonpaare die Quarkladung in der Amplitude quadratisch auftritt. Die Wellenfunktionen von η_1 und η_8 sind nach dem Muster der Gleichungen (3.102) und (3.103) aufgebaut. Daher gilt

$$\begin{aligned} \langle Q_{\eta_1}^2 \rangle &= \frac{1}{\sqrt{3}} (Q_u^2 + Q_d^2 + Q_s^2) \\ &= \frac{2}{3\sqrt{3}} \ . \end{aligned} \tag{3.170}$$

Auf die gleiche Weise berechnet man

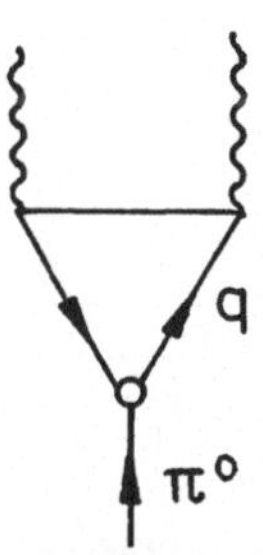

Abb. 3.23. Der Zerfall $\pi^0 \to \gamma\gamma$ im Quarkmodell.

$$\langle Q^2_{\eta_8}\rangle = \frac{1}{3\sqrt{6}} \ . \tag{3.171}$$

Wir haben schon in Abschn. 3.3.4 besprochen, daß η und η' eine Mischung dieser Flavorzustände darstellen. Also gilt

$$\langle Q^2_{\eta'}\rangle = -\frac{1}{3\sqrt{6}}\sin\Theta_P + \frac{2}{3\sqrt{3}}\cos\Theta_P \tag{3.172}$$

und

$$\langle Q^2_{\eta}\rangle = \frac{1}{3\sqrt{6}}\cos\Theta_P + \frac{2}{3\sqrt{3}}\sin\Theta_P \ . \tag{3.173}$$

Wir nehmen nun wieder wie im letzten Abschnitt an, daß $(|R_S(0)|/M_P)^2$ unabhängig vom betrachteten Meson ist. Dies führt unmittelbar zu einem Verhältnis der Zerfallsbreiten von

$$\frac{\Gamma^{\eta'}_{\gamma\gamma}}{\Gamma^{\eta}_{\gamma\gamma}} = \left(\frac{2\sqrt{2}\cos\Theta_P - \sin\Theta_P}{2\sqrt{2}\sin\Theta_P + \cos\Theta_P}\right)^2 \ . \tag{3.174}$$

Aus den experimentellen Werten berechnet man $\Theta_P \approx -3^0$, also einen kleinen (negativen) Mischungswinkel in zumindest qualitativer Übereinstimmung mit dem Ergebnis des Abschn. 3.3.4. Die Auswertung der Formel (3.169) ergibt schließlich $|R_S(0)|^2 \approx 1.5 \times 10^{-2}$ GeV^3, das ist in etwa vergleichbar mit den Werten, die aus der Analyse des e^-e^+-Zerfalls der Vektormesonen bestimmt werden.

Das Quarkonium-Modell wurde ursprünglich für die schweren Quarks entwickelt. In diesem Bild sind die Mesonen Bindungszustände von Quarks, die sich mit nichtrelativistischen Geschwindigkeiten im Meson bewegen. Aus der bisherigen Diskussion ergibt sich, daß in diesem Rahmen sogar relativ leichte Mesonen wie das ϱ oder das η behandelt werden können. Die genannten Teilchen bestehen aus Quarks, deren effektive Masse im wesentlichen durch das Gluonfeld bestimmt wird. Es ist aber auf der anderen Seite auch klar, daß sich die so gewonnenen Ergebnisse nicht auf die π-Mesonen übertragen lassen. Für den Zerfall $\pi^0 \rightarrow \gamma\gamma$ haben wir jedoch glücklicherweise eine fundamentale Theorie, PCAC, die Theorie vom teilweise erhaltenen Axialvektorstrom [3.13].[6] Sie liefert das Resultat

$$\Gamma^{\pi^0}_{\gamma\gamma} = N^2_c \langle Q^2_{\pi^0}\rangle^2 \frac{\alpha^2 M^3_\pi}{16\pi^3 f^2_\pi} \ . \tag{3.175}$$

Der Farbfaktor $N_c = 3$ der Quarks geht hier quadratisch ein, $\langle Q^2_{\pi^0}\rangle$ hat den Wert $1/(3\sqrt{2})$ und f_π ist die sog. Pionzerfallskonstante. Sie wird aus dem $\pi \rightarrow \mu\nu$ Zerfall bestimmt (Abschn. 5.2). Ähnlich wie $|R_S(0)|$ beschreibt sie den Anteil der starken Wechselwirkung im schwachen Zerfall der $\pi^\pm$-Mesonen. Ihr numerischer Wert ist 131.7 MeV. Damit bekommt man eine hervorragende Übereinstimmung zwischen theoretischer und experimenteller Zerfallsbreite des π^0-Mesons. Diese Übereinstimmung ist eine besonders gute Bestätigung der Tatsache, daß die Quarks in 3 Farbzuständen auftreten.

[6]PCAC ist die Abkürzung für *partially conserved axial current*.

Ausgehend von Formel (3.175) wird der 2γ-Zerfall der anderen pseudoskalaren Mesonen in der Literatur meistens über den Ansatz diskutiert, daß sich die $\gamma\gamma$-Breiten wie $M_P^3\langle Q_P^2\rangle^2$ verhalten sollen. Auch dies führt zu einem relativ kleinen Mischungswinkel [3.14]. Es darf aber nicht übersehen werden, daß das PCAC-Resultat (3.175) eigentlich nur im Grenzfall $M_P \to 0$ gültig ist.

3.5.4 Zerfälle in Hadronen

Instabile Mesonen wie z.B. das ϱ-Meson zerfallen nur zu einem sehr geringen Anteil ($\approx 0.01\%$) über elektromagnetische Prozesse. Die totale Breite von etwa 130 MeV ist durch den Zerfall in $\pi^+\pi^-$-Paare aufgrund der starken Wechselwirkung bestimmt. Bisher verstehen wir aber diese Zerfälle nur qualitativ. Die Ursache hierfür wollen wir uns zunächst im Saiten-Modell klar machen.

In der Abb. 3.24 wird der Zerfall $\varrho \to \pi^-\pi^+$ dargestellt. Auf der linken Seite laufen die Quarks mit etwa gleichen Impulsen parallel nebeneinander her. Infolge einer statistischen Fluktuation der Impulskomponenten senkrecht zur Flugrichtung beginnen sie auseinanderzulaufen. Dabei baut sich zwischen ihnen ein Bündel chromoelektrischer Feldlinien (siehe Abschn. 3.2) auf. Wenn die im *string* gespeicherte Energie größer wird als 2 Pionmassen, zerreißt dieser und der Endzustand eines $\pi^-\pi^+$-Paares ist erreicht.

Bei den großen Abständen, wie sie zwischen den Quarks im Zerfall eines Mesons auftreten, nimmt die Kopplungskonstante α_S so hohe Werte an, daß sich der Prozeß nicht mehr störungstheoretisch berechnen läßt. Das Feynman-Diagramm der Abb. 3.25 ist daher nur *einer* von vielen möglichen Termen aus einer im Prinzip unendlich großen Summe. Daher werden im allgemeinen in solchen Diagrammen die Gluonlinien weggelassen. Wichtig ist nur ihre topologische Struktur. Es sind verbundene Diagramme, die Quarks des zerfallenden Hadrons laufen durch.

Das Φ-Meson hat eine totale Breite von 4.22 MeV und zerfällt mit einem Verzweigungsverhältnis von etwa 85% in Kaon-Paare (K^+K^- und $K^0\bar{K}^0$). Der Zerfall in 2 Pionen ist verboten, da bei Berücksichtigung des Isospins die Gesamtwellenfunktion symmetrisch gegenüber einer Vertauschung der π's sein muß. Der Isospinteil ist symmetrisch, da das Φ ein Isosinglett ist, dann bleibt für den Bahnanteil nur $l = 0, 2$. Dies bedeutet aber, daß die C-Parität eines Isosinglett-π-Paares positiv ist. Außerdem kann es nicht den Gesamtdrehimpuls $J = 1$ haben. Beide Ergebnisse stehen im Widerspruch zu den Quantenzahlen des Φ-Mesons.

Ein Zerfall in $\pi^+\pi^-\pi^0$ ist erlaubt. Die Partialbreite des ω in diesem Kanal ist 9 MeV, und da die beim Φ zur Verfügung stehende Energie noch um 150 MeV größer ist als beim ω-Meson, erwarten wir eine größere Partialbreite. Das experimentelle Ergebnis ist aber nur 0.63 ± 0.06 MeV! Wie läßt sich dies interpretieren?

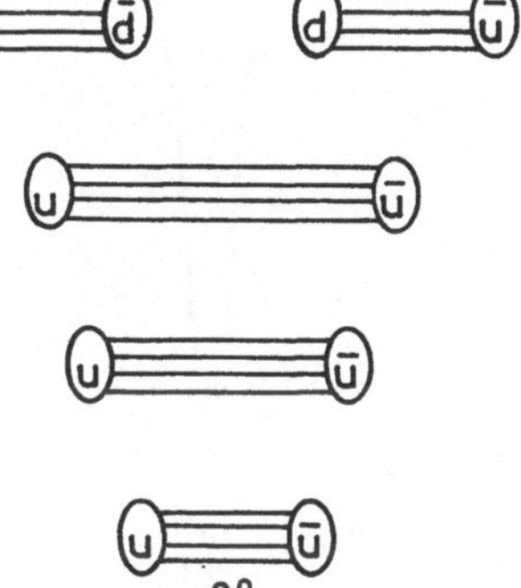

Abb. 3.24. Der Zerfall des ϱ-Mesons in $\pi^+\pi^-$ im Modell der gespannten Gluon-Saiten.

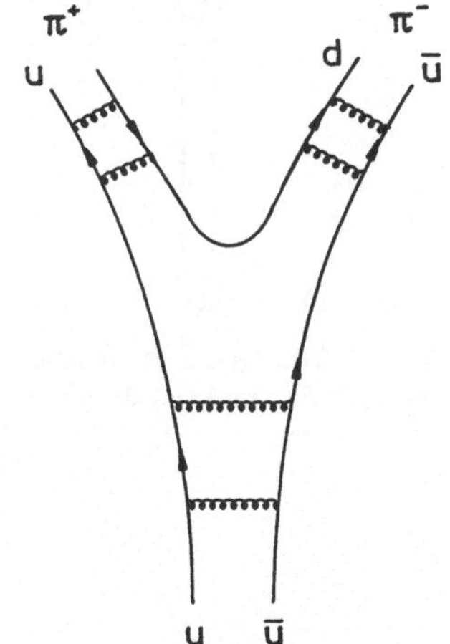

Abb. 3.25. Ein typisches Feynman-Diagramm für den Zerfall eines Mesons über die starke Wechselwirkung.

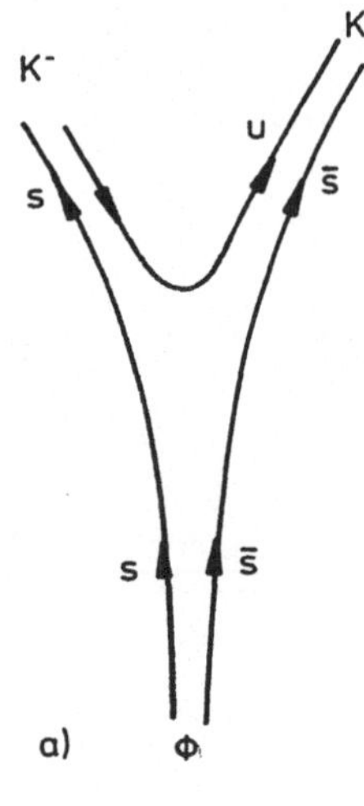

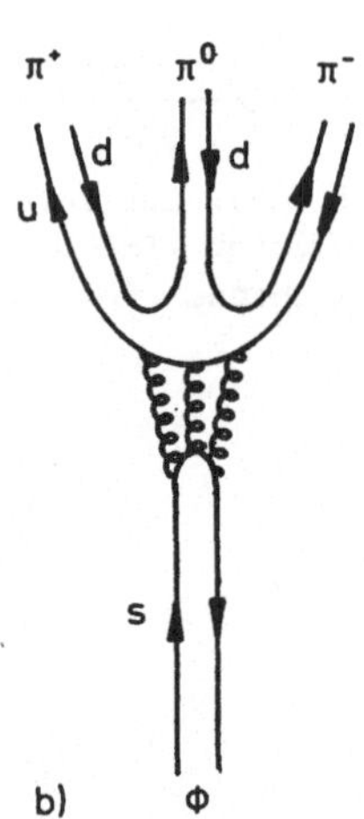

Abb. 3.26. (a) Der Zerfall $\Phi \to K^+ K^-$ und (b) der Zerfall $\Phi \to 3\pi$.

Bei einem Blick auf Abb. 3.26a wird sofort klar, daß in solchen Diagrammen, ein Zerfall des Φ-Mesons in Pionen verboten ist, weil ja die Linien der *strange* Quarks durchlaufen müssen. Ein Zerfall in Pionen über die starke Wechselwirkung ist nur möglich, falls s und $\bar{s}$ in einen gluonischen Zwischenzustand annihilieren (Abb. 3.26b). Dieser muß jedoch mindestens aus 3 Gluonen bestehen, da ein Gluon einem Farboktett angehört, während die Hadronen des Anfangs- und Endzustands natürlich Farbsingletts sind. Zwei Gluonen können zwar ein Farbsinglett bilden, sie haben aber die C-Parität $\eta_C = +1$. Mit dem etwas langatmigen Beweis möchten wir uns hier nicht weiter beschäftigen. Er läuft ganz analog zur weiter oben geführten Diskussion der positiven C-Parität eines Pion-Paares in einem Isosinglett-Zustand.

Die Quarklinien in der oberen und unteren Hälfte der Abb. 3.26b sind voneinander getrennt. Man nennt diese Diagramme „unverbunden". Sie lassen sich zumindest für schwere Vektormesonen störungstheoretisch berechnen, da die Skala von α_S durch die Masse der Vektormesonen bestimmt wird. Auch hier kann die Rechnung nach dem Muster des Positroniums durchgeführt werden. Positronium im Zustand 1^{--} zerfällt mit einer Breite von

$$\Gamma_{\gamma\gamma\gamma}^{\text{Pos}} = \frac{16(\pi^2 - 9)\alpha^3 |R_S(0)|^2}{9\pi M_V^2} \tag{3.176}$$

in 3 Photonen. Um von hier zur Zerfallrate von Vektormesonen in 3 Gluonen zu gelangen, reicht es nun nicht aus, einfach α durch α_S zu ersetzen. Es ist nämlich darauf zu achten, daß die 3 Gluonen ein Farbsinglett bilden müssen. Der zugehörige Farbfaktor ist 5/18 [3.8], und daher erhalten wir als Ergebnis

$$\Gamma_{ggg}^{V} = \frac{40(\pi^2 - 9)\alpha_S^3 |R_S(0)|^2}{81\pi M_V^2} \ . \tag{3.177}$$

Wenn man über alle möglichen hadronischen Endzustände summiert, gibt (3.177) sogar die hadronische Zerfallsbreite des Vektormesons über den 3-Gluon-Zwischenzustand, weil die Wahrscheinlichkeit, daß die Gluonen in *irgendeinen* hadronischen Endzustand übergehen, zu 1 angenommen werden kann.

Das Φ-Meson kann in bis zu 7 π-Mesonen zerfallen. Solche Mehrpionenzerfälle sind aber vom Phasenraum her gegenüber dem 3π-Kanal unterdrückt. Wir können daher versuchsweise (3.177) mit der 3π-Breite identifizieren. Unter Benutzung von (3.161) gewinnen wir schließlich

$$\frac{\Gamma_{\text{had}}^{V}}{\Gamma_{e^-e^+}^{V}} = \frac{10(\pi^2 - 9)\alpha_S^3}{81\pi\alpha^2 (Q_V)^2} \ , \tag{3.178}$$

also ein Ergebnis, das unabhängig von der Wellenfunktion und der Masse des Vektormesons ist. Die numerische Auswertung für das Φ läßt eine Bestimmung von $\alpha_S(M_\Phi^2)$ zu. Man erhält einen Wert von 0.44. Dies zeigt abschließend, daß die störungstheoretische Berechnung der 3π-Breite des Φ-Mesons gerade noch gerechtfertigt ist.

Die Unterdrückung der hadronischen Zerfälle in unverbundenen Diagrammen ist intuitiv verständlich, weil die Zerfallsrate proportional zu α_S^3 ist. Diese Unterdrückung war aber schon vor der Durchführung der gerade skizzierten QCD-Rechnung bekannt. Sie wurde durch Okubo, Zweig und Ikzhiham untersucht und wird seitdem als sog. OZI-Regel bezeichnet.

3.6 Neue schwere Quarks

3.6.1 Das Vektormeson $J/\psi(3097)$

Die im letzten Abschnitt ausführlich besprochene Kopplung der Vektormesonen an Leptonenpaare macht Elektron-Positron-Speicherringe zu einem idealen Mittel, solche Mesonen zu untersuchen. In diesen Speicherringen bringt man an geeigneten Wechselwirkungszonen e^-- und e^+-Strahlen mit genau gleicher Energie E aber Impulsen $\boldsymbol{p}$ bzw. $-\boldsymbol{p}$ zur Kollision. Damit liegt das Schwerpunktsystem der Reaktion im Laborsystem. Es ist möglich, die Energie der Strahlen in feinen Schritten zu ändern und so die Anregungskurve der Mesonen zu durchfahren, wobei die Masse des Mesons durch $2E$ gegeben ist. Als ein Beispiel gibt die Abb. 3.27 den totalen Querschnitt für die Reaktion

$$e^- + e^+ \to \Phi \to K_S^0 + K_L^0 \tag{3.179}$$

wieder.

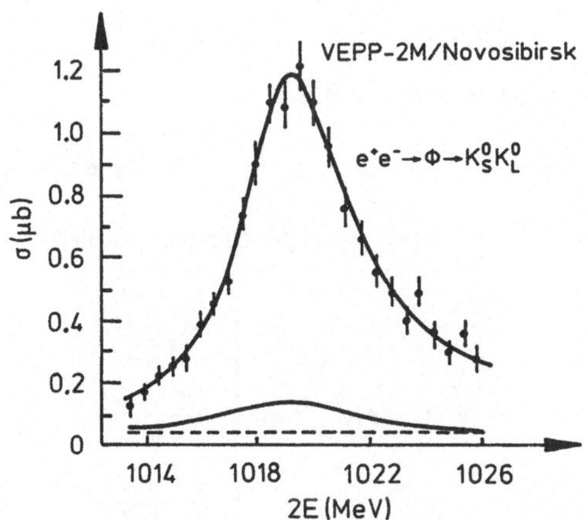

Abb. 3.27. Der totale Wirkungsquerschnitt der Reaktion $e^- e^+ \to K_S^0 K_L^0$ für Schwerpunktenergien im Massenbereich des Φ-Mesons.

Bei höheren Energien findet man eine Reihe scharfer Resonanzen im Massenbereich von 3 GeV und 9 GeV. Als Beispiel sind in Abb. 3.28 die Hadronraten bei Schwerpunktenergien bis 3.7 GeV aufgetragen. Insbesondere die Entdeckung der ersten dieser Resonanzen, des $J/\psi(3097)$ mit einer Masse von 3097 MeV, markierte historisch einen Wendepunkt der Teilchenphysik, der schließlich zur Entwicklung des Standard-Modells führte. Die Zeit

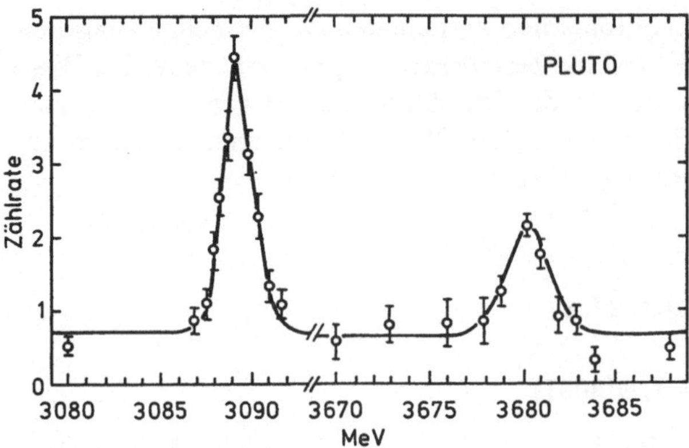

Abb. 3.28. Die Rate der hadronischen Ereignisse in der Elektron-Positron-Annihilation für Schwerpunktenergien im Bereich der J/ψ- und der $\psi(2S)$-Resonanz.

der Entdeckung (Nov. 1974) wird daher auch oft als „Novemberrevolution" bezeichnet[7].

Eine Ausmessung der Anregungskurve des $J/\psi(3097)$ zeigt, daß ihre Halbwertsbreite durch die Energieunschärfe der umlaufenden Elektronen- und Positronenstrahlen bestimmt wird, d.h. die totale Zerfallsbreite der Resonanz ist kleiner als diese Unschärfe, die typisch etwa $3 - 5$ MeV beträgt.

Man kann aber die Gesamtbreite $\Gamma^{J/\psi}$ und die Partialbreiten auch aus der Fläche der Anregungskurve bestimmen. Der totale Querschnitt in einem bestimmten Kanal wird ja durch die Breit-Wigner-Formel (2.178) beschrieben. Unter Ausnutzung der Beziehung

$$\int f_{\mathrm{BW}} d\sqrt{s} = \frac{\pi}{2\Gamma} \tag{3.180}$$

gewinnen wir für die Reaktion

$$e^- + e^+ \to R \to f \tag{3.181}$$

mit $J = 1$ und $g = 1/4$ die Relationen

$$\int \sigma(\sqrt{s}) d\sqrt{s} = \begin{cases} \dfrac{6\pi^2 \Gamma_{ee}^2}{M_R^2 \Gamma} & \text{falls } f = e^- e^+ \\[2ex] \dfrac{6\pi^2 \Gamma_{ee}\Gamma_{\mu\mu}}{M_R^2 \Gamma} & \text{falls } f = \mu^- \mu^+ \\[2ex] \dfrac{6\pi^2 \Gamma_{ee}\Gamma_{\mathrm{had}}}{M_R^2 \Gamma} & \text{falls } f = \text{Hadronen .} \end{cases} \tag{3.182}$$

Die hierin auftretenden Breiten sind nicht unabhängig voneinander. Mit Hilfe von

$$\Gamma = \Gamma_{\mathrm{had}} + \Gamma_{ee} + \Gamma_{\mu\mu} \tag{3.183}$$

hat man demnach 4 Gleichungen für 4 Unbekannte, welche zur Bestimmung der Partialbreiten verwendet werden können. Der Ansatz $\Gamma_{ee} = \Gamma_{\mu\mu}$ vereinfacht die Rechnung erheblich und verkleinert den statistischen Fehler. Das Ergebnis lautet:

[7]In der hier besprochenen Elektron-Positron-Vernichtung wurde das J/ψ von einer Arbeitsgruppe unter der Leitung von B. Richter (geb. 1931) am SLAC (*Stanford Linear Accelerator Center*) entdeckt. Gleichzeitig wurde es jedoch auch von einer Gruppe unter Leitung von S.C.C Ting (geb. 1936) in der Reaktion $pp \to e^- e^+ X$ am Protonensynchrotron in Brookhaven gefunden. Richter und Ting erhielten hierfür 1976 den Nobelpreis. Die Dramatik dieses Entdeckungswettlaufs hat großen Einfluß auf das weitere Verhalten konkurrierender Forschergruppen in der Teilchenphysik gehabt.

$$\Gamma_{\text{tot}}^{J/\psi} \;=\; 68 \pm 10 \text{ keV und} \tag{3.184}$$

$$\Gamma_{ee}^{J/\psi} \;=\; 4.72 \pm 0.35 \text{ keV} \; . \tag{3.185}$$

Daraus folgt eine hadronische Breite von nur 59 ± 10 keV. Dieses Ergebnis muß man mit den Werten von 150 bis 250 MeV aller anderen *flavor*neutralen Mesonen mit Massen oberhalb der Φ-Masse vergleichen, um einzusehen, daß hier etwas völlig Neuartiges vorliegt.

Das J/ψ wird als ein einzelner Zustand in der Elektron-Positron-Annihilation erzeugt und trägt daher die Quantenzahlen des Photons. Die Deutung

$$|J/\psi\rangle = |c\bar{c}\rangle \; , \tag{3.186}$$

d.h. als gebundener Zustand eines neuen *charm*-Quarks mit seinem Antiquark führt zu einer widerspruchsfreien Erklärung aller experimentellen Resultate. Die folgenden Ausführungen und der Abschnitt über Charmonium sollen diese Behauptung auf ein sicheres Fundament stellen.

Aus der Zerfallsrate in Leptonen läßt sich die Ladung des neuen Quarks bestimmen. Wir haben ja gerade diskutiert, daß die leptonische Breite der leichten Vektormesonen ϱ, ω, Φ praktisch nur durch den Quarkladungsfaktor Q_V bestimmt ist. Die experimentellen Werte der Tabelle 3.9 werden durch

$$\Gamma_{ee}^{V} = 12\langle Q_V\rangle^2 \text{ keV} \tag{3.187}$$

gut wiedergegeben. Der gleiche Ansatz liefert zwanglos $Q = 2/3$ für die Ladung des c-Quarks.

Die hadronische Breite ist sehr klein verglichen mit 150 MeV aber nur etwa einen Faktor 10 kleiner als die Zerfallsbreite des Φ-Mesons in 3 Pionen. Dies legt die Vermutung nahe, daß der Zerfall über unverbundene Diagramme erfolgt (Abb. 3.26b). Die Auswertung der Gleichung (3.178) führt zu einem Wert von $\alpha_S(M_{J/\psi}^2) = 0.21$. Der Abfall der Kopplungskonstante von 0.44 bei $M_V \approx 1$ GeV auf 0.21 bei 3 GeV in dieser Analyse ist gleichzeitig eine schöne Demonstration der asymptotischen Freiheit der QCD.

Damit die gerade angegebene Erklärung der hadronischen Breite konsistent ist, darf es die verbundenen Diagramme der Abb. 3.26a nicht geben. Die den K-Mesonen entsprechenden leichtesten Mesonen $|D^+\rangle = |c\bar{d}\rangle$ und $|D^0\rangle = |c\bar{u}\rangle$ haben in der Tat eine Masse von 1869 bzw. 1864 MeV, so daß der Zerfall in diese Mesonen aus energetischen Gründen verboten ist.

Das c-Quark trägt die neue Flavorquantenzahl *Charm* (C), die in der starken und elektromagnetischen Wechselwirkung erhalten ist. Es wurde die Konvention $C = 1$ für $|c\rangle$ und $C = -1$ für $|\bar{c}\rangle$ gewählt. Vergleichen Sie damit $S = -1$ für das *strange* Quark. Dies ist sinnvoll, denn damit stimmt das Vorzeichen der Flavorquantenzahl der Quarks mit dem Ladungsvorzeichen überein.

Die Konstituentenmasse des c-Quarks schätzen wir im additiven Quarkmodell zunächst mit $m_c = \frac{1}{2}M_{J/\psi}$ zu 1550 MeV ab. Auch die Masse der D-Mesonen ist damit in Übereinstimmung. Für viele Rechnungen wählt man einfach $m_c \approx 1500$ MeV. Bei dieser Masse ist die Korrektur aufgrund der chromomagnetischen Hyperfeinstruktur (Abschn. 3.4) vernachlässigbar klein, falls man nicht einen völlig anderen Wert des Parameters b annehmen will. Da die im Gluonfeld vorhandene Masse von der Quarksorte unabhängig ist, hat das *charm*-Quark eine nackte Masse von etwa 1200 MeV. Der Vergleich mit den entsprechenden Werten für die u, d- und s-Quarks zeigt, warum die neuen Quarks als „schwer" bezeichnet werden.

3.6.2 Charmonium, $c\bar{c}$

Die Flavorwellenfunktion der Mesonen aus u- und d-Quarks genügt der $SU2$-Symmetrie. Die Konstituentenmasse der *strange* Quarks liegt relativ nahe zur Masse von u und d. Als Konsequenz haben wir eine näherungsweise gültige Flavorsymmetrie ($SU3_F$) der Wellenfunktionen wenigstens im Bereich der Baryonen und der pseudoskalaren Mesonen gefunden. Wegen der großen Masse des c-Quarks kann man es nicht zusammen mit den anderen Quarks in eine Symmetriegruppe einbauen. Die Flavorwellenfunktionen der Mesonen sind daher einfach durch die kombinatorischen Möglichkeiten gegeben, z.B. $|c\bar{u}\rangle$ oder $|s\bar{c}\rangle$. Besonders interessant ist das sorten- und ladungsneutrale System $|c\bar{c}\rangle$. In enger Analogie zum Positronium sollte es mindestens in den in Abschn. 3.3 diskutierten J^{PC}-Zuständen, vielleicht aber auch in höheren Anregungen auftauchen.

In der $e^- e^+$-Annihilation werden nur die Vektormesonen (1^{--}) auf direktem Weg erzeugt. Neben dem $J/\psi(1S)$ wurde eine weitere scharfe Resonanz, das $\psi(2S)$, mit einer Masse von 3685 MeV gefunden. Seine gesamte Zerfallsbreite ist 243 ± 43 keV bei einem Wert von 2.14 ± 0.21 keV für Γ_{ee}. Die Nomenklatur der Zustände zeigt an, daß ihnen die Quantenzahl $n = 1$ bzw. $n = 2$ zugeordnet wird. Dicht auf das $\psi(2S)$ folgt das $\psi(3770)$ mit einer Masse von 3770 MeV, dies ist knapp oberhalb der zweifachen D-Meson Masse. Die Quantenzahlen diskutieren wir weiter unten. Der Zerfall des $\psi(3770)$ in $D\bar{D}$ entspricht vollständig dem Zerfall $\Phi \rightarrow K\bar{K}$. Er hat eine Breite von 23.6 ± 2.7 MeV.

Strahlungszerfälle der Vektormesonen (Abschn. 3.5.3) führen über den magnetischen Dipolübergang zu den pseudoskalaren Mesonen, die hier η_C heißen. Die sog. χ-Mesonen mit den Quantenzahlen $0^{++}, 1^{++}, 2^{++}$ lassen sich hingegen durch *elektrische* Dipolübergänge erreichen. Somit sind bis auf die 1^{+-} Mesonen alle erlaubten Zustände des Quarkmodells in der Elektron-Positron-Annihilation direkt oder indirekt zugänglich. Dies erklärt u.a. die enorme Bedeutung dieser Experimentiermethode in der modernen Teilchenphysik.

Die Abb. 3.29 zeigt die experimentelle Situation. Der Nachweis des 1^{+-}-Charmoniums ist bis heute auch in hadronischen Reaktionen noch nicht gelungen. Die Bestimmung der Quantenzahlen J^P für die η- und χ-Mesonen ist keine einfache Aufgabe. Für die χ-Teilchen erfolgte sie u.a. durch ein detailliertes Studium der Winkelverteilung der χ's in der Reaktion

$$e^- + e^+ \rightarrow \psi(2S) \rightarrow \gamma + \chi \tag{3.188}$$

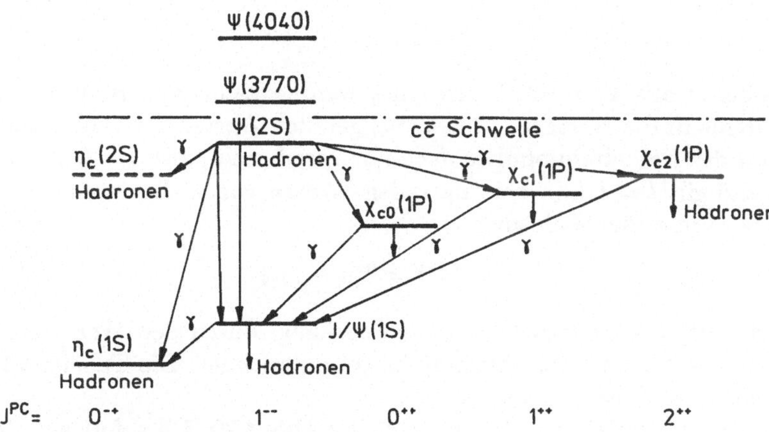

Abb. 3.29. Das Term-Schema des Charmoniums mit Angabe der beobachteten Übergänge. Es sind nur die in e^-e^+ Reaktionen erreichbaren Zustände eingezeichnet. Eine gestrichelte Linie besagt, daß das Teilchen noch nicht sicher beobachtet wurde. Oberhalb der Schwelle für die Erzeugung von Mesonen mit *charm* sind nicht alle gefundenen $c\bar{c}$-Resonanzen eingezeichnet.

unter Benutzung ähnlicher Methoden, wie wir sie in Abschn. 2.4 diskutiert haben [3.8]. Ein gleichartiges Vorgehen ist auch für das η_C möglich. Der Spin 1 kann allerdings sofort ausgeschlossen werden, da dieses Meson über den Zerfall in 2 Photonen entdeckt wurde (Abschn. 2.4.6).

Die Energieniveaus der Abb. 3.29 lassen sich in Potentialmodellen berechnen. Wegen der großen Masse der c-Quarks genügt für viele Anwendungen eine nichtrelativistische Betrachtung. Im einfachsten Fall vernachlässigt man auch alle Spin-Effekte und beginnt daher mit der Schrödingergleichung

$$\Delta\psi + 2m'(E - V)\psi = 0 \ . \tag{3.189}$$

Wie gewöhnlich ist m' die sog. reduzierte Masse zweier Körper,

$$m' = \frac{m_1 m_2}{m_1 + m_2} \ , \tag{3.190}$$

also gilt hier $m' = m_c/2$. Mit der üblichen Faktorisierung der ψ-Funktion in einen Radialanteil und einen winkelabhängigen Teil, $\psi = R(r)Y_{lm}(\Theta, \phi)$, und der Ersetzung $R = u(r)/r$ folgt

$$\frac{d^2u}{dr^2} + \left(2m'(E - V) - \frac{l(l+1)}{r^2}\right) u = 0 \ . \tag{3.191}$$

Diese Gleichung hat analytische Lösungen, u.a. für zwei bekannte Potentiale, das Coulomb-Potential und das Oszillatorpotential

$$V = \frac{1}{2}kr^2 \ . \tag{3.192}$$

Aus der Lage der Energieniveaus ist sofort klar, daß das Potential nicht Coulomb-artig sein kann, weil für ein solches Potential P- und S- Zustände energetisch entartet sind.[8] Das Oszillatorpotential, das mit großem Erfolg in der Kernphysik benutzt wird, hilft hier weiter. Die Energieniveaus folgen der sehr einfachen Formel

[8]Wir benutzen hier wieder die Notation der Atomphysik, bezeichnen also Zustände mit $l = 0, 1, 2..$ als $S, P, D..$ Niveaus.

$$E = (\lambda + \frac{3}{2})\omega \; , \tag{3.193}$$

wobei ω aus $k = m'\omega^2$ berechnet werden kann. Die Hauptquantenzahl λ durchläuft die Werte $0, 1, 2$ usw. Bei geraden Werten von λ kann die Quantenzahl des Bahndrehimpulses auch nur gerade sein, also $l = 0, 2, ...\lambda$. Entsprechend gilt $l = 1, 3..\lambda$ bei ungeraden Werten von λ. Die radiale Quantenzahl n wird über die Gleichung

$$\lambda = 2(n - 1) + l \tag{3.194}$$

Tabelle 3.10. Die niedrigsten Zustände im Oszillatorpotential.

λ	n	l	Energie
0	1	0	$E_{1S} = \frac{3}{2}\omega$
1	1	1	$E_{1P} = \frac{5}{2}\omega$
2	2	0	$E_{2S} = \frac{7}{2}\omega$
2	1	2	$E_{1D} = \frac{7}{2}\omega$

definiert. Die Energieniveaus werden i.allg. durch den Wert von n und die Symbole für den Bahndrehimpuls gekennzeichnet. Die Tabelle 3.10 gibt die niedrigsten Zustände an.

Beim Vergleich der Tabelle mit der Abb. 3.29 fällt sofort auf, daß das Oszillatormodell in zwei wesentlichen Eigenschaften den experimentellen Befund qualitativ richtig wiedergibt:

- Die Wellenfunktion des ersten angeregten Zustands über dem Grundzustand ist eine p-Welle. Da wir die Spin-Bahn-Kopplung in unserem einfachen Modell nicht berücksichtigen, entspricht die Energie E_{1P} dem Massenmittelwert der 3 χ-Mesonen, also 3493 MeV.
- Der nächsthöhere Zustand ist doppelt besetzt, $E_{2S} = E_{1D}$. Ein Quark-Antiquarkpaar in einer d-Welle hat die gleichen Eigenwerte von P und C wie in einer s-Welle. In der Tat findet man im Charmonium-Spektrum zwei Vektormesonen sehr dicht beieinander nämlich das $\psi(2S)$ und das $\psi(3770)$. Das $\psi(3770)$-Meson läßt sich versuchsweise als $1D$-Zustand deuten. Aus dem Massenmittelwert der beiden Mesonen und der Masse des Grundzustands bestimmen wir ω zu 315 MeV.

Dieser Wert von ω führt mit (3.193) zu einem Massenmittelwert der χ-Mesonen von 3417 MeV, was garnicht so schlecht mit dem Experiment übereinstimmt. Das Modell liefert sogar die richtige Größenordnung von Γ_{ee}. Es gilt nämlich [3.15]

$$|R_{1S}(0)|^2 = \frac{4(m'\omega)^{3/2}}{\sqrt{\pi}} \tag{3.195}$$

und

$$|R_{2S}(0)|^2 = \frac{6(m'\omega)^{3/2}}{\sqrt{\pi}} \; . \tag{3.196}$$

Die Masse $m' = m_c/2$ setzen wir zu 750 MeV an, woraus mit Hilfe von (3.161) $\Gamma_{ee} = 2.6$ keV für das J/ψ und 2.7 keV für das $\psi(2S)$ folgen. Der Radialteil der Wellenfunktion im $1D$-Zustand verschwindet am Ursprung. Im Oszillatormodell bekommen wir also $\Gamma_{ee} = 0$ für das $\psi(3770)$. Der experimentelle Wert von 0.26 ± 0.04 keV ist ja wirklich fast eine Größenordnung kleiner als im Fall der S-Zustände und unterstützt daher die Zuordnung der d-Welle zu dieser Resonanz.

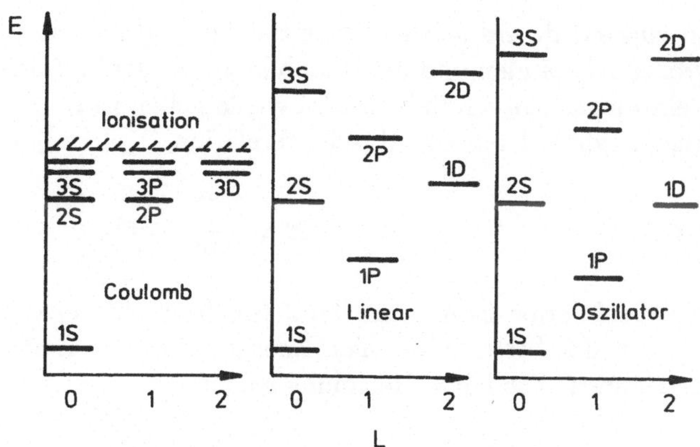

Abb. 3.30. Qualitative Lage der Energieniveaus im (a) Coulomb-Potential, (b) linearen Potential und im (c) Oszillatorpotential.

Falls man an Stelle des Oszillatorpotentials das QCD-Potential (3.49) wählt, verbessert sich die Übereinstimmung zwischen Theorie und Experiment erheblich. Insbesondere liegt der $1D$-Zustand über dem $2S$ und der $1P$-Zustand liegt näher am $2S$. Unter Hinzunahme von Termen zur Beschreibung der Spin-Spin- und Spin-Bahn-Kopplung (Breit-Fermi-Potential) erreicht man eine befriedigende Übereinstimmung mit den vorliegenden spektroskopischen Befunden. Die Parameter einer typischen Rechnung [3.16] sind

$$
\begin{aligned}
m_c &= 1.65\,\text{GeV} \\
\alpha_S(M_{J/\psi}) &= 0.2 \\
\sigma &= 0.9\,\text{GeV/fm} \ .
\end{aligned}
\tag{3.197}
$$

Der qualitative Vergleich der Energieniveaus im Coulomb-Potential, linearen und Oszillatorpotential (Abb. 3.30) zeigt, daß die Charm-Spektroskopie im wesentlichen durch den linearen Teil des QCD-Potentials bestimmt ist.

Die Potentialmodelle liefern i. allg. eine zu große Spin-Bahn-Kopplung und zu kleine Werte der Hyperfeinstruktur. Den letzten Punkt können wir sofort an Hand der Diskussion des Abschn. 3.4 verstehen. Aus (3.126) leiten wir

$$
M_{J/\psi} - M_{\eta_C} = \left(\frac{m_u}{m_c}\right)^2 (M_\varrho - M_\pi) \ ,
\tag{3.198}
$$

also etwa 30 MeV ab, was störend weit von dem experimentellen Wert von 115 MeV entfernt liegt. Es fällt auf, daß die quantitativen Schwierigkeiten beim η_C ähnlich wie früher beim η' größer sind. Offenbar ist die Masse von pseudoskalaren sortenneutralen Mesonen nicht nur durch die Quarkmassen und die Hyperfeinstrukturenergie bestimmt.

Lösungen der Schrödingergleichung mit dem QCD-Potential der Gleichung (3.49) sind zwangsweise etwas unanschaulich, da sie nicht mehr in geschlossener Form vorliegen. Es macht aber keinen Sinn, nach einem „einfachen" Potential der Art

$$
V = ar^\delta
\tag{3.199}
$$

zu suchen, da ein solches Potential nicht gleichzeitig die Quarkbindung bei
großen Abständen und die Unabhängigkeit der leptonischen Zerfallsbreite der
Vektormesonen von ihrer Masse wiedergeben kann. Zum Beweis schätzen wir
hierzu $|\boldsymbol{p}|r \approx 1$ aus der Unschärferelation $\Delta|\boldsymbol{p}|\Delta r \geq 1/2$ ab. In der Formel

$$E = \frac{|\boldsymbol{p}|^2}{2m'} + ar^\delta \tag{3.200}$$

für die Energie kann man dann $|\boldsymbol{p}|$ durch $1/r$ ersetzen und den Wert von
$r_{\min}$ an der Stelle minimaler Energie, d.h. der Energie des Grundzustands
bestimmen. Die kurze Rechnung ergibt

$$r_{\min} \sim \left(\frac{1}{m'}\right)^{1/(\delta+2)} \ . \tag{3.201}$$

Das Volumen des Charmoniums ist proportional zu $r_{\min}^3$. Aus der Normierungsbedingung der Wellenfunktionen läßt sich daher die grobe Abschätzung
$|R_{1S}(0)|^2 \sim r_{\min}^{-3}$ ableiten. Hiermit bekommen wir wegen

$$\frac{|R_{1S}(0)|^2}{M_V^2} \sim \frac{1}{r_{\min}^3 m'^2} \tag{3.202}$$

schließlich

$$\Gamma_{ee}^V \sim \left(\frac{1}{M_V}\right)^{(2\delta+1)/(\delta+2)} \ . \tag{3.203}$$

Dies ist in Übereinstimmung mit (3.195), wenn man noch $\omega^2 \sim 1/m'$ beachtet. Die leptonische Zerfallsbreite wird also für $\delta = -1/2$ unabhängig von
der Masse der Vektormesonen. In einem solchen Potential ist kein Quark-
Einschluß (Abschn. 3.2) möglich. Der Exponent $-1/2$ interpoliert jedoch offenbar zwischen den Exponenten $\delta = -1$ und $\delta = +1$ des QCD-Potentials
der Gleichung (3.49).

Wir haben hier versucht, die wesentlichen Zusammenhänge der Quark-
onium-Physik an Hand von leicht nachvollziehbaren Formeln darzustellen. In
der aktuellen Forschung reichen diese Formeln nicht aus, da sie abgesehen von
relativistischen Korrekturen auch durch elektromagnetische und gluonische
Strahlungskorrekturen erheblich modifiziert werden müssen. Eine Diskussion
dieser Effekte führt aber weit über den Rahmen dieser Einführung hinaus.

3.6.3 Hadronen mit Charm

Mesonen mit einer Charm-Quantenzahl $C \neq 0$ bestehen aus einem c-Quark
und einem u, d- oder s-Quark. Kombinatorisch gibt es die Möglichkeiten

$$|c\bar{u}\rangle, |c\bar{d}\rangle, |c\bar{s}\rangle \tag{3.204}$$

und ihre Antiteilchen. Die s-Wellenzustände sind alle gefunden worden. Es sind in der Anordnung der Gleichung (3.204) die pseudoskalaren Mesonen (0^{-+})

$$D^0, D^+, D_s^+ \tag{3.205}$$

und die Vektormesonen (1^{--})

$$D^*(2010)^0, D^*(2010)^+, D_s^* \ . \tag{3.206}$$

Die Quantenzahl *Charm* ist wie die anderen Flavorquantenzahlen in der starken und elektromagnetischen Wechselwirkung erhalten. Die D-Mesonen können daher in diesen Wechselwirkungen nur assoziiert erzeugt werden (Abschn. 1.2), und ihr Zerfall ist nur über die schwache Wechselwirkung möglich. In der Nomenklatur der PDG zählen sie zu den stabilen Teilchen. Das $D^\pm$ hat eine Lebensdauer von $(10.62 \pm 0.28) \times 10^{-13}$ s, für das D^0 bzw. D_s wurden 4.21 ± 0.10 und 4.45 ± 0.35 in den gleichen Einheiten gemessen. Die Lebensdauer der D-Mesonen ist damit etwa 4 Größenordnungen kleiner als diejenige der K-Mesonen. Die detaillierte Untersuchung der schwachen Zerfälle von Mesonen mit offenem Charm hat sehr viel zum Verständnis der Physik der schweren Quarks und der Struktur der schwachen Wechselwirkung beigetragen [3.13]. Im Abschn. 5.2 werden wir dieses Thema noch einmal kurz aufgreifen.

Die Masse des $D^{\pm,0}$-Mesonen entspricht mit rund 1870 MeV der naiven Erwartung des additiven Quarkmodells (3.98), die Masse des D_s ist um 100 MeV größer, da in ihm ein d-Quark durch ein s-Quark ersetzt wird. Der Massenunterschied zwischen pseudoskalaren und Vektormesonen folgt qualitativ der durch die chromodynamische Hyperfeinstruktur vorgegebenen Ordnung (3.126). Numerisch ist

$$M_{D^*} - M_D = \frac{m_u}{m_c}(M_\varrho - M_\pi) \tag{3.207}$$

sehr gut erfüllt. Man erwartet daher

$$M_{D_s^*} - M_{D_s} \approx \frac{330}{500}(M_{D^*} - M_D) \ , \tag{3.208}$$

also etwa 90 MeV. Da diese berechnete Massendifferenz unterhalb der π-Masse liegt, kann der magnetische Dipolübergang $D_s^* \rightarrow D_s + \gamma$ als dominanter Zerfallsmodus auftreten. Der gemessene Massenunterschied von 141.6 ± 1.9 MeV läßt einen Zerfall des D^* in $D\pi$ gerade noch möglich erscheinen. Er ist jedoch noch nicht beobachtet worden.

Zum Schluß soll der Vollständigkeit halber noch erwähnt werden, daß auch Baryonen mit Charm schon gefunden wurden. In offensichtlicher Erweiterung der Nomenklatur des Abschn. 3.3 werden sie als Λ_c, Σ_c und Ξ_c klassifiziert. Auf eine genauere Diskussion wird mit Rücksicht auf den Umfang des Buches verzichtet.

3.6.4 b-Quarks

Das physikalische Szenario der Abschnitte 3.6.1–3.6.3 hat sich mit der Entdeckung der b-Quarks nochmal bei einer Massenskala von 5 GeV wiederholt. Hierzu gehört die Entdeckung der scharfen Υ-Resonanzen mit dem niedrigsten Zustand bei 9460 MeV, der Bottonium-Spektroskopie und der Untersuchung von Mesonen mit der Sortenquantenzahl *Bottom* (B). Das gesamte experimentelle Material läßt sich durch die Einführung eines fünften Quarks, des b-Quarks mit der Ladung $-1/3$, der Flavorquantenzahl $B = -1$ und der Konstituentenmasse 4.8 GeV deuten.

Die Abb. 3.31 zeigt die bisher untersuchten Bottonium-Zustände. Die Anordnung der Niveaus ist auch hier ein Beweis für den starken Einfluß des linearen Terms im QCD-Potential. Besonders interessant ist die Tatsache, daß es drei 1^{--} Mesonen unterhalb der Schwelle der Erzeugung von Mesonpaaren mit $B \neq 0$ gibt. Das Bottonium-Spektrum läßt sich gut in Potentialmodellen verstehen. Gegenüber dem Charmonium hat man hier den Vorteil, daß die relativistischen Korrekturen wesentlich kleiner und damit beherrschbarer sind. Diese Korrekturen sind proportional zum Quadrat der Geschwindigkeit. Im Charmonium kann $v^2 \approx 0.25(!)$ abgeschätzt werden und für das Bottonium gilt $v^2 \approx 0.08$. Hinzu kommt noch, daß wegen des kleineren Wertes der Kopplungskonstanten α_S bei der Υ-Masse störungstheoretische QCD-Rechnungen mit größerer Zuverlässigkeit möglich sind.

Die gleichen Argumente lassen erwarten, daß die Toponium-Spektroskopie eine ideale Umgebung zum Studium der Dynamik schwerer Quarks darstellt. Die Existenz des *top*-Quarks mit der Ladung $2/3$ gilt im Standard-Modell (Abschn. 5.5) als sicher. Die derzeitigen Experimente schließen jedoch eine

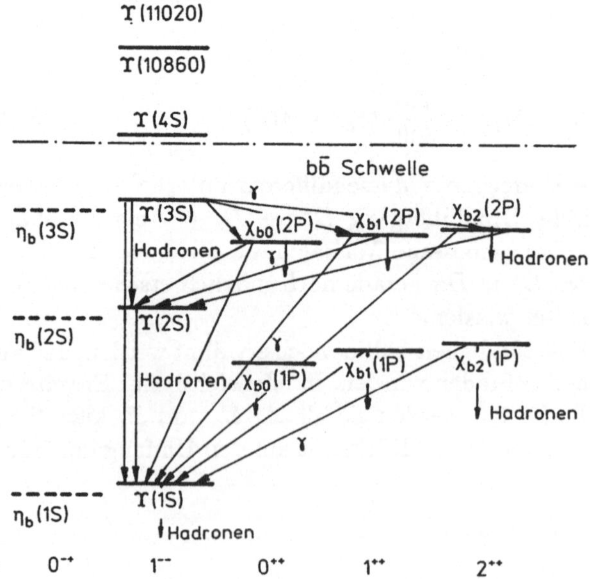

Abb. 3.31. Das Term-Schema des Bottoniums. Die Bezeichnung der Zustände und Übergänge entspricht derjenigen des Charmoniums. Die gestrichelt eingetragenen Teilchen sind noch nicht gefunden worden.

Masse < 100 GeV aus. Da die Masse des t-Quarks weit oberhalb der Masse der W- und Z-Bosonen liegen wird, erwarten wir auch neue Effekte in der Toponium-Spektroskopie. Über mögliche Varianten von Toponium-Modellen liegen schon eingehende theoretische Untersuchungen vor [3.17]. Gerade die Suche nach dem *top*-Quark, die immer von unrichtigen Vorhersagen seiner Masse begleitet wurde, beweist uns aber, daß ein zentrales Problem der Quark-Physik, nämlich eine Erklärung des merkwürdigen Massenspektrums, völlig ungelöst ist. Wir können auf die Dauer nicht damit zufrieden sein, die nackten Massen der u, d, s, c, b- und t-Quarks von $5, 8, 150, 1200, 4200$ MeV und vielleicht 150 GeV als äußere Parameter des Quarkmodells hinzunehmen.

Übungen

3.1: Benutzen Sie die Tensormethode zur Bestimung der Darstellungen eines Quark-Quark- bzw. Quark-Antiquark-Zustandes in $SU2$.

3.2: Werten sie die Gleichung (3.60) für $|q^2| = M_Z^2$ aus. Berücksichtigen Sie, daß die beitragenden Quarks in drei Farbzuständen auftreten.

3.3: Berechnen Sie das magnetische Moment von $\Sigma^+(1190)$ und ϱ^+ im Quarkmodell.

3.4: Beweisen Sie die Massenrelation (3.110).

3.5: Wie lauten die Flavorwellenfunktionen des $\Lambda(1115)$- und des $\Sigma^0(1192)$-Baryons?

3.6: Suchen Sie einen geeigneten Satz von Konstituentenmassen m_u, m_d, m_s und Konstanten b, b', mit dem die Massen der beiden Mesonennonetts und des Oktetts und Dekupletts der Baryonen möglichst gut beschrieben werden.

3.7: Bestimmen Sie $|R_S(0)|$ aus den radiativen Zerfällen der Vektormesonen und pseudoskalaren Mesonen. Wie stark ändert sich $|R_S(0)|^2/M_V^2$?

3.8: Diskutieren Sie die $\gamma\gamma$-Zerfallsbreiten der pseudoskalaren Mesonen, indem Sie $\Gamma_{\gamma\gamma}^\eta$ und $\Gamma_{\gamma\gamma}^{\eta'}$ aus der π^0-Breite nach der Vorschrift des letzten Absatzes des Abschn. 3.5.3 berechnen.

3.9: Ändern sich die Formeln für die Partialbreiten von Quarkonium, falls die relativistische Breit-Wigner-Funktion zur Beschreibung des Wirkungsquerschnitts benutzt wird?

3.10: Schätzen Sie die Geschwindigkeiten der Quarks im Grundzustand des Charmoniums und Bottoniums ab.

3.11: Das Υ-Meson zerfällt mit einer Breite von 1.34 ± 0.04 keV in Elektron-Positron-Paare. Bestimmen Sie daraus die Ladung des b-Quarks. Welchen Wert erwarten Sie für die Gesamtbreite?

3.12: Welche Masse erwarten Sie für das $\eta_b(1S)$?

Literatur

3.1   S. Gasiorowicz: Elementarteilchenphysik. Bibliographisches Institut, Mannheim 1975

3.2   R.E. Behrends, J. Dreithlein, C. Fronsdal, W. Lee: Simple Groups and Strong Interaction Dynamics. Rev. Mod. Phys. **34** (1962) 1

3.3   L. Lyons: Quark Search Experiments at Accelerators and in Cosmic Rays. Phys. Rep. **129** (1985) 225

3.4   M. Marinelli, G. Morpurgo: Searches of Fractionally Charged Particles with the Magnetic Levitation Technique. Phys. Rep. **85** (1982) 162

3.5   B.T. Feld: Models of Elementary Particles. Blaisdell, Waltham Mass. 1969

3.6   C. Quigg: Gauge Theories of the Strong Weak and Electromagnetic Interaction. Addison-Wesley, Redding MA 1983

3.7   Particle Data Group: Review of Particle Properties. Phys.Lett. **B239** (1990) 1 (siehe auch Anhang des Buches)

3.8   F.E. Close: An Introduction to Quarks and Partons. Academic Press, San Diego CA 1980

3.9   J. Gasser, H. Leutwyler: Quark Masses. Phys. Rep. **87** (1982) 77

3.10   C. Becchi, G. Morpurgo: Test of the Nonrelativistic Quark Model for Elementary Particles: Radiative Decays of Vector Mesons. Phys. Rev. **140** (1965) B687

3.11   H.R. van Royen, V.F. Weisskopf: Hadron Decay Processes and the Quark Model. Nuovo Cimento **51A** (1967) 583

3.12   J.J. Sakurai: Currents and Mesons. The University of Chicago Press, Chicago London 1969

3.13   E.D. Commins, P.H. Bucksbaum: Weak Interaction of Leptons and Quarks. Cambridge University Press, Cambridge 1983

3.14   C. Berger, W. Wagner: Photon Photon Reactions. Phys. Rep. **146** (1987) 1

3.15   A. de Shalit, I. Talmi: Nuclear Shell Theory. Academic Press, New York London 1963

3.16   E. Eichten, K. Gottfried, T. Kinoshita, T.M. Yan: Charmonium, Comparison with Experiment. Phys. Rev. **D21** (1980) 203

3.17   J.H. Kühn, P. Zerwas: The Toponium Scenario. Phys. Rep. **167** (1988) 321

4. Elektromagnetische Streuprozesse

4.1 Relativistische Fermionen

Im letzten Kapitel wurde ausführlich der Aufbau der Hadronen aus Quarks diskutiert. Demnach kennen wir als elementare Konstituenten der Materie nur noch Leptonen und Quarks. Um die Wechselwirkung von Leptonen mit Leptonen, Leptonen mit Quarks und Quarks mit Quarks quantitativ zu beschreiben, braucht man eine relativistische Theorie der Fermionen. Wir beginnen daher mit einer Diskussion der Dirac-Gleichung für freie Fermionen und erläutern anschließend die Feynman-Regeln für wechselwirkende Teilchen an Hand des Beispiels der elektromagnetischen Wechselwirkung. Es handelt sich hierbei nicht um eine systematische Ableitung, sondern um eine Bereitstellung des später benötigten Handwerkzeugs. Man findet eine ausführliche Behandlung dieses Stoffes in vielen Textbüchern der relativistischen Quantentheorie [4.1], vor allem aber in dem bekannten Buch von Bjorken und Drell [4.2].

4.1.1 Die Dirac-Gleichung

Die zeitabhängige Schrödinger-Gleichung für freie Teilchen in der nichtrelativistischen Quantenmechanik ist die Energie-Impulsbeziehung

$$\frac{\boldsymbol{p}^2}{2m} = E \tag{4.1}$$

in Operatorform

$$\hat{H}\psi = \hat{E}\psi \ , \tag{4.2}$$

wobei der Energieoperator durch

$$\hat{E} = \imath\frac{\partial}{\partial t} \tag{4.3}$$

definiert ist. Der Hamilton-Operator $\hat{H}$ ist wegen

$$\hat{\boldsymbol{p}} = -\imath\nabla \tag{4.4}$$

in der üblichen Weise durch

$$\hat{H} = -\frac{\Delta}{2m} \tag{4.5}$$

festgelegt, und die Wellenfunktion ψ hängt hier vom Ortsvektor und der Zeit ab, $\psi = \psi(\boldsymbol{x}, t)$.

Die Dirac-Gleichung entstand historisch aus dem Wunsch, eine relativistische Wellengleichung zu haben, die ebenfalls linear in der Ableitung nach der Zeit ist,

$$\hat{H}^{\mathrm{rel}}\psi = \imath\frac{\partial}{\partial t}\psi \ . \tag{4.6}$$

Der relativistische Zusammenhang zwischen Energie und Impuls lautet

$$\boldsymbol{p}^2 + m^2 = E^2 \ , \tag{4.7}$$

jedoch führt der dadurch nahegelegte Ansatz

$$\hat{H}^{\mathrm{rel}} = \sqrt{-\Delta + m^2} \tag{4.8}$$

nicht zum gewünschten Erfolg, da die daraus vielleicht ableitbare Wellengleichung Orts- und Zeitkoordinaten unterschiedlich behandelt. Damit würde sie in jedem Lorentz-System eine andere Form bekommen. Schon wegen dieser fehlenden relativistischen Kovarianz muß man (4.8) ablehnen.

Dirac wählte als linearen Ansatz

$$\hat{H}^{\mathrm{rel}} = \boldsymbol{\alpha}\hat{\boldsymbol{p}} + \beta m \ , \tag{4.9}$$

wobei der Koeffizientenvektor

$$\boldsymbol{\alpha} = \begin{pmatrix} \alpha_1 \\ \alpha_2 \\ \alpha_3 \end{pmatrix} \tag{4.10}$$

und der Koeffizient β noch zu bestimmen sind. Dazu schreiben wir die Diracsche Wellengleichung erst einmal explizit an,

$$-\imath\left(\alpha_1\frac{\partial\psi}{\partial x^1} + \alpha_2\frac{\partial\psi}{\partial x^2} + \alpha_3\frac{\partial\psi}{\partial x^3}\right) + \beta m\psi = \imath\frac{\partial\psi}{\partial t} \ . \tag{4.11}$$

Im nächsten Schritt iterieren wir diese Gleichung, d.h. wir wenden auf die linke Seite nochmals $\hat{H}^{\mathrm{rel}}$ und auf die rechte Seite $\imath\partial/\partial t$ an. Dies ergibt

$$-\sum_{i,j=1,3}\left(\frac{\alpha_j\alpha_i + \alpha_i\alpha_j}{2}\right)\frac{\partial^2\psi}{\partial x^i\partial x^j} - \imath m\sum_{i=1,3}(\alpha_i\beta + \beta\alpha_i)\frac{\partial\psi}{\partial x^i} + \beta^2 m^2\psi = -\frac{\partial^2\psi}{\partial t^2} \ . \tag{4.12}$$

Wir lassen dieses Ergebnis für einen Moment auf sich beruhen. Ganz ähnlich wie beim Ableiten der Schrödinger-Gleichung kann man eine relativistische Wellengleichung auch direkt aus der Energie-Impulsbeziehung (4.7) gewinnen,

$$-\frac{\partial^2\phi}{\partial t^2} = -\Delta\phi + m^2\phi \ . \tag{4.13}$$

Natürlich müssen die Lösungen ψ des linearisierten Hamilton-Operators dieser sog. Klein-Gordon-Gleichung[1] genügen. Dies gibt uns jetzt ein Mittel an die Hand, die Koeffizienten α_i und β zu bestimmen. Offenbar ist (4.12) nur dann identisch mit der Klein-Gordon-Gleichung für ψ, falls

$$\alpha_i\alpha_j + \alpha_j\alpha_i \;=\; 2\delta_{ij} \tag{4.14}$$

$$\alpha_i\beta + \beta\alpha_i \;=\; 0 \tag{4.15}$$

$$\beta^2 \;=\; 1 \tag{4.16}$$

gilt. An der Nichtvertauschbarkeit der Koeffizienten α_i und β sieht man sofort, daß diese keine Zahlen sein können. Dirac schlug vor, sie als Matrizen und die Lösungen ψ als Spaltenvektoren zu behandeln.

Zunächst untersuchen wir die Eigenschaften dieser Matrizen etwas detaillierter. Aus (4.14) folgt für die α_i unmittelbar

$$\alpha_i^2 = 1 \tag{4.17}$$

ganz analog zur Beziehung (4.16). Weiter müssen die Koeffizientenmatrizen hermitesch und spurfrei sein. Die erste Eigenschaft folgt aus der Hermitezität des Hamilton-Operators, die zweite ist schnell bewiesen. Wegen (4.15) und (4.16) gilt

$$Sp\ \alpha_i = -Sp\ \beta\alpha_i\beta \ . \tag{4.18}$$

Unter der Spur lassen sich Matrizen vertauschen, was unmittelbar zu der Relation $Sp\ \alpha_i = -Sp\ \alpha_i$ führt. Dann muß aber die Spur der α-Matrizen verschwinden. Ganz ähnlich verläuft der Beweis für β.

Matrizen, die diese Bedingungen erfüllen, müßen mindestens die Dimension vier haben. Demnach sind auch die ψ-Funktionen vierdimensionale Spaltenvektoren. Eine Standarddarstellung der Matrizen ist

$$\beta = \begin{pmatrix} 1 & 0 \\ 0 & -1 \end{pmatrix} \tag{4.19}$$

und

$$\alpha_i = \begin{pmatrix} 0 & \sigma_i \\ \sigma_i & 0 \end{pmatrix} \ , \tag{4.20}$$

wobei die Symbole „0" und „1" selbst wieder als 2×2 Matrizen interpretiert werden müssen. Die σ_i sind die uns schon von früher bekannten Paulischen Spinmatrizen (!).

Um zu einer modernen Schreibweise der Dirac-Gleichung zu gelangen, führen wir zunächst formal die vier γ-Matrizen ein. Sie sind durch

$$\begin{aligned} \gamma^0 &= \beta \\ \gamma^i &= \beta\alpha_i \end{aligned} \tag{4.21}$$

definiert. Aus den Vertauschungsrelationen der α_i und β lassen sich für die γ^μ die wichtigen Antivertauschungsrelationen

[1]Siehe hierzu auch die Ausführungen in Abschn. 1.3

$$\gamma^\mu \gamma^\nu + \gamma^\nu \gamma^\mu = 2g^{\mu\nu} \tag{4.22}$$

ableiten. Der Vollständigkeit halber sei auch noch die explizite Darstellung der γ^i angegeben,

$$\gamma^i = \begin{pmatrix} 0 & \sigma_i \\ -\sigma_i & 0 \end{pmatrix} . \tag{4.23}$$

Mit Hilfe dieser neuen Matrizen nimmt die Beziehung (4.11) die Gestalt

$$\imath(\gamma^0 \frac{\partial}{\partial x^0} + \gamma^1 \frac{\partial}{\partial x^1} + \gamma^2 \frac{\partial}{\partial x^2} + \gamma^3 \frac{\partial}{\partial x^3})\psi - m\psi = 0 \tag{4.24}$$

an. Unter Verwendung der beliebten *dagger*-Abkürzung[2] für das Produkt von γ-Matrizen und Vierervektoren

$$\not{a} = \gamma^\mu a_\mu \tag{4.25}$$

wird diese Gleichung schließlich unter Beachtung von

$$\partial_\mu = \frac{\partial}{\partial x^\mu} \tag{4.26}$$

zu

$$(\imath \not{\partial} - m)\psi = 0 \tag{4.27}$$

bzw.

$$(\not{p} - m)\psi = 0 \tag{4.28}$$

umgeformt. An den letzten beiden Schreibweisen der Dirac-Gleichung für freie Fermionen der Masse m meint man, ihre relativistische Kovarianz sozusagen mit Händen greifen zu können, da $\gamma^\mu p_\mu$ wie ein Skalarprodukt von Vierervektoren aussieht. Es muß aber gesagt werden, daß die γ^μ keinen Vierervektor bilden, sondern in jedem Lorentz-System die gleiche oben angegebene Darstellung haben. Der Beweis der relativistischen Kovarianz der Dirac-Gleichung ist daher auch etwas komplizierter [4.2].

4.1.2 Lösungen der freien Dirac-Gleichung

Wir beginnen mit der Lösung für ein ruhendes Elektron (Fermion). Für $p = 0$ wird die Dirac-Gleichung besonders einfach,

$$\imath\gamma^0 \frac{\partial}{\partial t}\psi - m\psi = 0 . \tag{4.29}$$

Aus den 4 Basis-Lösungen

$$\psi_1 = NN_S \begin{pmatrix} 1 \\ 0 \\ 0 \\ 0 \end{pmatrix} e^{-\imath mt} \quad \psi_2 = NN_S \begin{pmatrix} 0 \\ 1 \\ 0 \\ 0 \end{pmatrix} e^{-\imath mt}$$

$$\psi_3 = NN_S \begin{pmatrix} 0 \\ 0 \\ 1 \\ 0 \end{pmatrix} e^{+\imath mt} \quad \psi_4 = NN_S \begin{pmatrix} 0 \\ 0 \\ 0 \\ 1 \end{pmatrix} e^{+\imath mt} \tag{4.30}$$

[2]Die Eindeutschung englischer Fachwörter bleibt immer problematisch. Am Ende ist es bequemer, *dagger* oder *slash* zu benutzen als z.B. das schon fast poetisch klingende „Feynman-Dolch".

läßt sich jede beliebige Lösung durch Linearkombination gewinnen. Die Faktoren NN_S sind Normierungskonstanten, die wir gleich diskutieren werden. Die ersten beiden Lösungen genügen der Eigenwertgleichung

$$\hat{E}\psi_{1,2} = m\psi_{1,2} \ , \tag{4.31}$$

während die letzten beiden Lösungen

$$\hat{E}\psi_{3,4} = -m\psi_{3,4} \tag{4.32}$$

erfüllen. Es gibt also offenbar 2 Lösungen positiver und 2 Lösungen negativer Energie! Die jeweils 2 Lösungen werden den beiden möglichen Spineinstellungen $j_3 = \pm 1/2$ entlang der z-Achse im Ruhsystem des Fermions zugeordnet. Eine Begründung dieses Faktums müssen wir hier schuldig bleiben. Sie ist in den genannten Lehrbüchern zu finden. Dort wird auch bewiesen, daß der Spinoperator für Fermionen mit $v \to 0$ durch

$$\hat{j}_3 = \frac{1}{2}\Sigma_3 \ \text{ mit } \ \Sigma_3 = \begin{pmatrix} \sigma_3 & 0 \\ 0 & \sigma_3 \end{pmatrix} \tag{4.33}$$

definiert ist. Durch Anwenden des letzten Operators auf die Lösungen ψ_i, z.B.

$$\Sigma_3\psi_1 = \psi_1 \tag{4.34}$$

findet man sofort die richtige physikalische Interpretation der ψ-Funktionen: ψ_1 ist eine Lösung positiver Energie mit $j_3 = 1/2$, ψ_2 eine Lösung positiver Energie mit $j_3 = -1/2$, ψ_3 eine Lösung negativer Energie mit $j_3 = 1/2$ und ψ_4 eine Lösung negativer Energie mit $j_3 = -1/2$. Die Tatsache, daß der Spin der Elektronen in einer relativistisch richtigen Wellengleichung enthalten ist, wird immer eine der schönsten Entdeckungen der Physik bleiben.

Lösungen für Fermionen, die sich mit einem beliebigen Impuls p bewegen, findet man aus den ruhenden Lösungen durch Lorentz-Transformation [4.2]. Im einzelnen gilt

$$\begin{aligned} \psi_1 &= Nu_1 e^{-ip\cdot x} & \psi_2 &= Nu_2 e^{-ip\cdot x} \\ \psi_3 &= Nv_1 e^{+ip\cdot x} & \psi_4 &= Nv_2 e^{+ip\cdot x} \ . \end{aligned} \tag{4.35}$$

Hierin wurde wie üblich

$$p \cdot x = p^\mu x_\mu = Et - px \tag{4.36}$$

benutzt. E ist positiv definit, steht also hier und in den folgenden Formeln als Abkürzung für $+\sqrt{p^2 + m^2}$. Die *Spinoren* u und v gehören zu den Lösungen positiver bzw. negativer Energie. u_1 beschreibt also z.B. ein Elektron positiver Energie und dem Impuls p, dessen Spin entlang der z-Achse des Ruhsystems die Komponente $j_3 = +1/2$ hat, oder v_1 beschreibt ein Elektron negativer Energie, dem Impuls p und $j_3 = +1/2$.

Im Abschn. 1.2 haben wir die Diracsche Interpretation der Zustände negativer Energie diskutiert: Das Fehlen eines Elektrons im See negativer Energie ist gleichbedeutend mit der Anwesenheit eines Positrons mit positiver Energie. Es ist jetzt an der Zeit, Feynmans neue Interpretation der Lösungen mit negativer Energie zu benutzen. Sie hat den Vorteil, sich gleichermaßen für Fermionen (Dirac-Gleichung) wie für Bosonen (Klein-Gordon-Gleichung) verwenden zu lassen. Feynman läßt nur Lösungen positiver Energie, die in der Zeit vorwärts laufen, $(p^\mu = (E, \boldsymbol{p}))$, und Lösungen negativer Energie, die in der Zeit rückwärts laufen, $(p'^\mu = (-E, -\boldsymbol{p}))$, zu. Wie üblich gehören die Lösungen positiver Energie zu den Teilchen. Die genannten Zustände mit negativer Energie beschreiben jetzt aber Antiteilchen mit dem Viererimpuls $-p'^\mu$, d.h. also positiver Energie und einem vorwärts gerichteten Impuls $+\boldsymbol{p}$, wie in der Abb. 4.1 erläutert wird. Man kann dann weiter zeigen, daß die Spinoren v sich in einer ganz bestimmten Weise den Antiteilchen zuordnen lassen: v_1 gehört jetzt zu einem Antiteilchen mit Impuls $\boldsymbol{p}$ und der Spinkomponente im Ruhsystem $j_3 = -1/2$, während v_2 ein Antiteilchen mit Impuls $\boldsymbol{p}$ und $j_3 = +1/2$ beschreibt. Dies kommt anschaulich in der vielbenutzten Notation

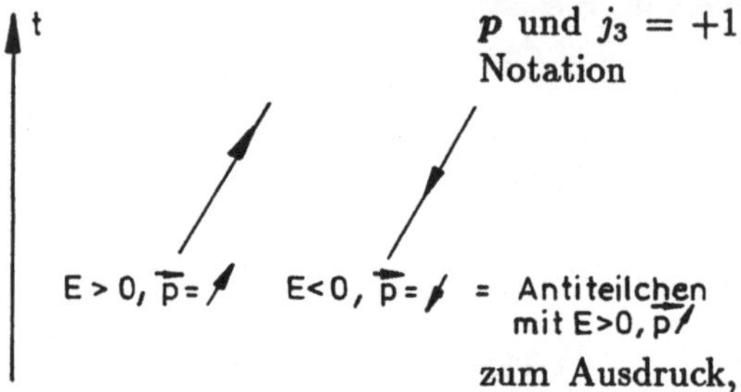

$$
\begin{aligned}
u_1 &= u(p, 1/2) \\
u_2 &= u(p, -1/2) \\
v_1 &= v(p, -1/2) \\
v_2 &= v(p, 1/2)
\end{aligned}
\tag{4.37}
$$

zum Ausdruck, wobei das Symbol p als Kurzform für E und $\boldsymbol{p}$ steht. Die explizite Darstellung der Spinoren wird durch die beiden Formelsätze

Abb. 4.1. Teilchen und Antiteilchen.

$$
u_1 = N_S \begin{pmatrix} 1 \\ 0 \\ \frac{p_z}{E+m} \\ \frac{p_+}{E+m} \end{pmatrix} \qquad u_2 = N_S \begin{pmatrix} 0 \\ 1 \\ \frac{p_-}{E+m} \\ \frac{-p_z}{E+m} \end{pmatrix}
\tag{4.38}
$$

und

$$
v_1 = N_S \begin{pmatrix} \frac{p_z}{E+m} \\ \frac{p_+}{E+m} \\ 1 \\ 0 \end{pmatrix} \qquad v_2 = N_S \begin{pmatrix} \frac{p_-}{E+m} \\ \frac{-p_z}{E+m} \\ 0 \\ 1 \end{pmatrix}
\tag{4.39}
$$

festgelegt, in denen die Abkürzung

$$
p_\pm = p_x \pm i p_y
\tag{4.40}
$$

mit der interessanten Eigenschaft

$$
p_+ p_- = p_x^2 + p_y^2
\tag{4.41}
$$

verwendet wurde. Diese Spinoren u und v erfüllen die folgenden nützlichen Relationen

$$
(\not{p} - m)u = 0
\tag{4.42}
$$

und

$$
(\not{p} + m)v = 0 \ ,
\tag{4.43}
$$

wobei wieder die Abkürzung $\not{p} = \gamma^\mu p_\mu$ benutzt wurde. Diese Beziehungen lassen sich als Dirac-Gleichungen im Spinorraum auffassen.

Den Spinornormierungsfaktor N_S wählen wir zu

$$N_S = \sqrt{E + m}. \qquad (4.44)$$

Aus der in der Dirac-Theorie wichtigen Definition der adjungierten („quergestrichenen") ψ Funktion

$$\bar{\psi} = \psi^\dagger \gamma^0 \qquad (4.45)$$

folgt für die Spinoren

$$\bar{u} = u^\dagger \gamma^0 \qquad (4.46)$$

und daraus wegen (4.44) die Normierungsrelationen

$$\bar{u}_i u_j = 2m\delta_{ij} \quad , \qquad (4.47)$$

beziehungsweise

$$\bar{v}_i v_j = -2m\delta_{ij} \ . \qquad (4.48)$$

Von vielen Autoren, so z.B. im Buch von Bjorken und Drell [4.2] wird

$$N_S = \sqrt{(E + m)/2m} \qquad (4.49)$$

gewählt. Damit sind die Spinoren „auf 1" normiert. Die Form (4.44) hat aber den Vorteil, daß die Normierung der Wellenfunktionen für Bosonen und Fermionen identisch wird, was zu den gleichen Faktoren für den Zusammenhang zwischen Matrixelement und Wirkungsquerschnitt führt (siehe dazu Abschn. 1.3). Der Vierervektor des Teilchenstromes ist ja in der Diracschen Theorie durch

$$j^\mu = \bar{\psi}(\boldsymbol{x}, t)\gamma^\mu \psi(\boldsymbol{x}, t) \qquad (4.50)$$

definiert [4.2], und deswegen erhält man für die Teilchendichte

$$\varrho = \psi^\dagger \psi \qquad (4.51)$$

und weiter z.B. für die Lösung ψ_1

$$\varrho = N^2 u_1^\dagger u_1 = N^2 2E \ . \qquad (4.52)$$

Das gleiche Resultat ergibt sich auch für die anderen 3 Lösungen. Die Bedingung

$$\int \varrho \, dV = 1 \qquad (4.53)$$

läßt sich damit also durch

$$N = \frac{1}{\sqrt{2EV}} \qquad (4.54)$$

wie bei den Bosonen erfüllen.

Der Spin des bewegten Elektrons ist natürlich nicht entlang der z-Richtung quantisiert, sondern entlang einer Richtung $\boldsymbol{n}'$, die aus der z-Achse des Ruhsystems durch die entsprechende Lorentz-Transformation hervorgeht. Eine Ausnahme liegt vor, falls der Lorentz*boost* vom Ruhsystem in das Laborsystem entlang der z-Achse läuft. In diesem Fall liegen Flugrichtung und Quantisierungsachse des Teilchens beide auf der z-Achse des Laborsystems. Die Spinoren beschreiben nun offenbar spezielle Helizitätszustände $|p, \lambda = \pm 1/2\rangle$ mit p in der z-Achse. Im einzelnen gilt für Teilchen

$$\begin{aligned} u_R &= |p, \lambda = +1/2\rangle \\ u_L &= |p, \lambda = -1/2\rangle \end{aligned} \qquad (4.55)$$

und für die Antiteilchen

$$\begin{aligned} v_L &= |p, \lambda = -1/2\rangle \\ v_R &= |p, \lambda = +1/2\rangle \ . \end{aligned} \qquad (4.56)$$

Anstelle der Indizes $1, 2$ haben wir nun R, L für rechtshändig bzw. linkshändig gewählt. Die Darstellung dieser Zustände als Spaltenvektoren ergibt sich sofort zu

$$u_R = N_S \begin{pmatrix} 1 \\ 0 \\ \frac{|p|}{E+m} \\ 0 \end{pmatrix} \quad u_L = N_S \begin{pmatrix} 0 \\ 1 \\ 0 \\ \frac{-|p|}{E+m} \end{pmatrix} \ . \qquad (4.57)$$

Diese werden besonders einfach im Grenzfall verschwindender Masse (Neutrinos!) oder sehr hoher Energien der Fermionen,

$$u_R = N_S \begin{pmatrix} 1 \\ 0 \\ 1 \\ 0 \end{pmatrix} \quad u_L = N_S \begin{pmatrix} 0 \\ 1 \\ 0 \\ -1 \end{pmatrix} \qquad (4.58)$$

mit $N_S = \sqrt{E}$. Der Normierungsfaktor kann also sehr große Werte annehmen. Im gleichen Grenzfall erhält man für die Lösungen der Antifermionen

$$v_L = N_S \begin{pmatrix} 1 \\ 0 \\ 1 \\ 0 \end{pmatrix} \quad v_R = N_S \begin{pmatrix} 0 \\ -1 \\ 0 \\ 1 \end{pmatrix} \ . \qquad (4.59)$$

Da die Helizitätszustände außerordentlich angenehm für praktische Rechnungen sind, möchten wir im folgenden Darstellungen für beliebige Quantisierungsrichtungen ableiten. Dazu müssen wir allerdings etwas weiter ausholen.

Mit Hilfe der Pauli-Spinoren

$$\chi_1 = \begin{pmatrix} 1 \\ 0 \end{pmatrix} \quad \chi_2 = \begin{pmatrix} 0 \\ 1 \end{pmatrix} \qquad (4.60)$$

lassen sich die Spinoren der Gleichungen (4.38) und (4.39) in die kompakte Form

$$u_r = N_S \begin{pmatrix} \chi_r \\ \frac{\boldsymbol{\sigma} \boldsymbol{p}}{E+m} \chi_r \end{pmatrix} \qquad (4.61)$$

und

$$v_r = N_S \begin{pmatrix} \frac{\boldsymbol{\sigma}\boldsymbol{p}}{E+m}\chi_r \\ \chi_r \end{pmatrix} \tag{4.62}$$

bringen. Der Index r kann naturgemäß die Werte $1,2$ annehmen. Zustände mit dem Impuls $\boldsymbol{p}$ im Laborsystem und einer beliebigen Quantisierungsachse $\boldsymbol{n}$ im Ruhsystem (siehe Abb. 4.2) lassen sich genauso anschreiben, nur muß man dann die Spinoren χ_r in (4.61) und (4.62) durch gedrehte Spinoren χ_r' ersetzen. Durch die Drehung

$$R = R_z(\phi)R_y(\Theta) \tag{4.63}$$

wird ein beliebiger Vektor aus der z-Achse eines Koordinatensystems in die Richtung $\boldsymbol{n}$ gedreht (Abb. 4.2). Um mit den Phasenkonventionen von Jacob und Wick [4.3] übereinzustimmen, benutzen wir die zu (4.63) äquivalente Drehung

$$R = R_z(\phi)R_y(\Theta)R_z(-\phi) \; . \tag{4.64}$$

Die Elemente $D^{1/2}_{m'm}$ der zugehörigen Matrix $U(R)$ im Raum der Spinoren haben wir schon in (2.78) ausgerechnet,

$$U(R) = \begin{pmatrix} \cos\Theta/2 & -e^{-\imath\phi}\sin\Theta/2 \\ e^{\imath\phi}\sin\Theta/2 & \cos\Theta/2 \end{pmatrix} \; , \tag{4.65}$$

woraus die Darstellung der gedrehten Pauli-Spinoren

$$\chi_1' = \begin{pmatrix} \cos\Theta/2 \\ e^{\imath\phi}\sin\Theta/2 \end{pmatrix} \tag{4.66}$$

für „Spin auf" beziehungsweise

$$\chi_2' = \begin{pmatrix} -e^{-\imath\phi}\sin\Theta/2 \\ \cos\Theta/2 \end{pmatrix} \tag{4.67}$$

für „Spin ab" folgt. Das Einsetzen dieser gedrehten Pauli-Spinoren in die Beziehungen (4.61) und (4.62) liefert Helizitätszustände der Dirac-Theorie für Teilchen, die mit dem Impuls $|\boldsymbol{p}|$ in der Richtung Θ, ϕ des Laborsystems laufen. Im Grenzfall $m/E \to 0$ lautet ihre Form

$$u_R = N_S \begin{pmatrix} \chi_1' \\ \chi_1' \end{pmatrix} \quad u_L = N_S \begin{pmatrix} \chi_2' \\ -\chi_2' \end{pmatrix} \tag{4.68}$$

für die Fermionen und

$$v_L = N_S \begin{pmatrix} \chi_1' \\ \chi_1' \end{pmatrix} \quad v_R = N_S \begin{pmatrix} -\chi_2' \\ \chi_2' \end{pmatrix} \tag{4.69}$$

für die Antifermionen. Die zuletzt gewonnenen Helizitätszustände haben eine sehr hübsche Eigenschaft, sie sind nämlich Eigenzustände der Matrix

$$\gamma^5 = \imath\gamma^0\gamma^1\gamma^2\gamma^3 \; . \tag{4.70}$$

Dargestellt durch die 2×2 Matrizen 0 und 1 hat diese Matrix die Form

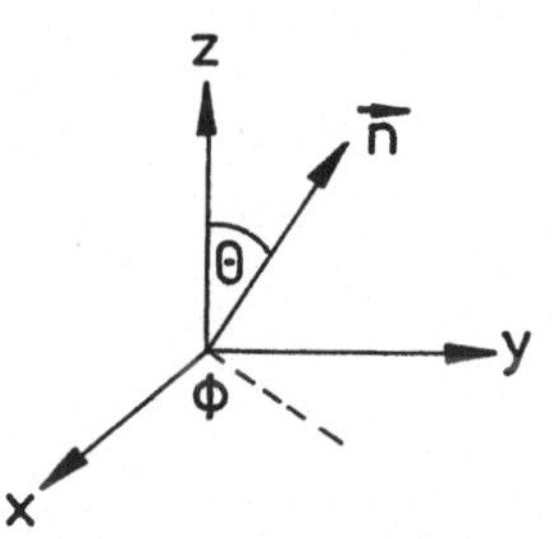

Abb. 4.2. Die Quantisierungsachse $\bar{n}$ im Ruhsystem eines Teilchens.

$$\gamma^5 = \begin{pmatrix} 0 & 1 \\ 1 & 0 \end{pmatrix} \tag{4.71}$$

unabhängig von der Stellung des Index, $\gamma^5 = \gamma_5$. Die Eigenwertgleichungen lauten

$$\gamma^5 u_{R,L} = \pm u_{R,L} \tag{4.72}$$

beziehungsweise

$$\gamma^5 v_{R,L} = \mp v_{R,L} \tag{4.73}$$

Aus γ^5 lassen sich die Operatoren

$$\Pi^{\pm} = \frac{1 \pm \gamma^5}{2} \tag{4.74}$$

gewinnen. Da die Helizitätszustände (4.68) und (4.69) Eigenzustände zu γ^5 sind, erfüllen sie trivialerweise die Relationen

$$\Pi^{\pm} u_{R,L} = u_{R,L} \quad \Pi^{\pm} u_{L,R} = 0 \tag{4.75}$$

beziehungsweise

$$\Pi^{\mp} v_{R,L} = v_{R,L} \quad \Pi^{\mp} v_{L,R} = 0 \ . \tag{4.76}$$

Die $\Pi^{\pm}$ genügen offenbar den Vollständigkeitsrelationen von Projektionsoperatoren

$$\Pi^+ + \Pi^- = 1 \quad \Pi^{\pm} \Pi^{\mp} = 0 \tag{4.77}$$

und erzeugen daher auch bei Anwendung auf einen *beliebigen* Spinor Zustände definierter *Chiralität*, z.B.

$$\Pi^- u = \tilde{u}_L \ . \tag{4.78}$$

Auch die chiralen Spinoren $\tilde{u}_{R,L}$ und $\tilde{v}_{R,L}$ werden bezüglich ihrer Händigkeit mit den Indizes R, L gekennzeichnet. Sie gehen aber erst im relativistischen Grenzfall $m/E \to 0$ in die Lösungen (4.68) und (4.69) definierter Helizität über.

Wir sollten noch einen Moment bei diesem Thema verweilen. Wie wir gerade gelernt haben, läßt sich jede Lösung der Dirac-Gleichung gemäß

$$\psi = \tilde{\psi}_R + \tilde{\psi}_L \tag{4.79}$$

zerlegen. Offenbar sind aber die einzelnen Eigenzustände zu γ^5 *keine* Lösungen der Dirac-Gleichung. Denn mit $\tilde{\psi}_{R,L} = \Pi^{\pm}\psi$ und

$$\gamma^5 \gamma^\mu = -\gamma^\mu \gamma^5 \tag{4.80}$$

beweist man sofort

$$\imath \gamma^\mu \partial_\mu \tilde{\psi}_R = m\tilde{\psi}_L \tag{4.81}$$

und entsprechend für $\tilde{\psi}_L$

$$\imath \gamma^\mu \partial_\mu \tilde{\psi}_L = m\tilde{\psi}_R \ . \tag{4.82}$$

Nur im Grenzfall $m \to 0$ oder genauer $m/E \to 0$ erfüllen die rechts- und linkshändigen Wellenfunktionen die Dirac-Gleichung

$$\imath\gamma^\mu\partial_\mu\tilde{\psi}_{R,L} = 0 \ . \tag{4.83}$$

Wenn man also eine physikalische Theorie hat, in der nur Lösungen der Dirac-Gleichung mit einer bestimmten Händigkeit vorkommen, bedeutet dies notwendig, daß ihre Masse verschwinden muß. Wir haben in Abschn. 2.5 ausführlich diskutiert, daß Neutrinos linkshändig und Antineutrinos rechtshändig sind. Dies heißt offenbar $m_\nu = 0$, falls man die Neutrinos als Dirac-Teilchen beschreiben will. Für ein masseloses Teilchen ist die Aussage, es habe negative Helizität, ersichtlich Lorentz-invariant. Um ein Neutrino rechtshändig zu sehen, müßte nämlich ein Beobachter sich in einem Bezugsystem befinden, das sich schneller als das Neutrino bewegt. Dies ist aber für $m_\nu = 0$ nicht möglich.

Der gleiche Sachverhalt soll nun noch von einer anderen Seite beleuchtet werden. Für den Strom (4.50) gilt ein Erhaltungssatz

$$\partial^\mu j_\mu(x) = 0 \ , \tag{4.84}$$

dessen Integral mit der Ladungserhaltung identifiziert werden kann (Übung 4.2). Das Argument x steht als Abkürzung für die 4 Komponenten des Vektors x^μ. Wenn wir einen Vektorstrom aus Spinoren bilden, die zu Teilchen verschiedener Masse gehören, geht (4.84) in

$$\partial^\mu j_\mu = \imath(m' - m)\bar{\psi}\psi \tag{4.85}$$

über. Der Vektorstrom ist also nur erhalten, wenn beide Teilchen die gleiche Masse haben. Umgekehrt folgt für die Divergenz des durch

$$j^{\mu,A} = \bar{\psi}\gamma^\mu\gamma^5\psi \tag{4.86}$$

definierten sogenannten Axialvektorstroms sofort

$$\partial^\mu j_\mu^A = \imath(m' + m)\bar{\psi}\psi \ . \tag{4.87}$$

Für diesen Strom kann ein Erhaltungssatz demnach nur im Grenzfall verschwindender Massen formuliert werden.

4.1.3 Feynman-Regeln

Wir führen die Feynman-Regeln zum Berechnen der Streuamplituden T_{fi} am Beispiel der elektromagnetischen Wechselwirkung ein. Mit Hilfe dieser in der Quantenelektrodynamik (QED) begründeten Regeln lassen sich elektromagnetische Prozesse von Leptonen und Photonen im Prinzip mit beliebiger Genauigkeit berechnen. Die spätere Entwicklung hat gezeigt, daß auch die Theorien der starken und schwachen Wechselwirkung wie die QED aus dem Prinzip einer lokalen Eichinvarianz abgeleitet werden können.

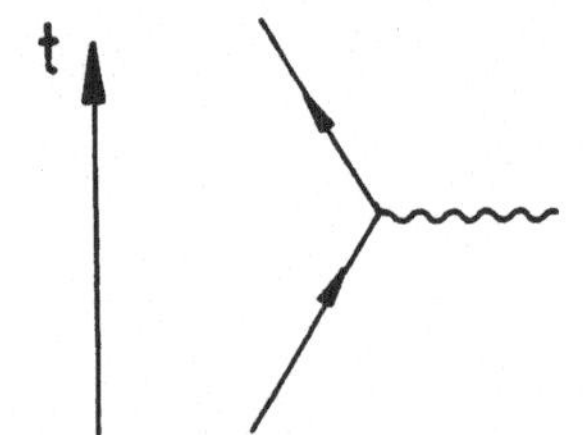

Abb. 4.3. Strom-Feld-Kopplung in der QED.

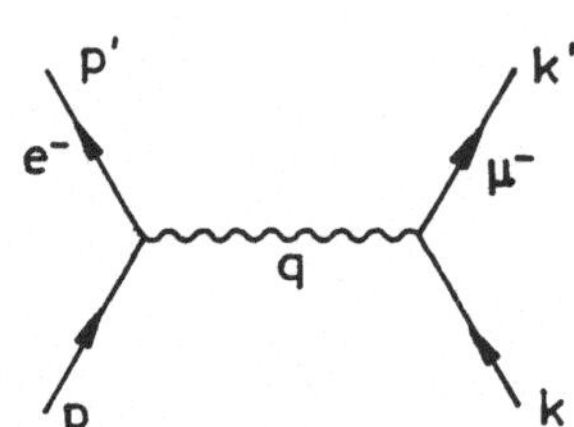

Abb. 4.4. Die Elektron-Myon-Streuung in Bornscher Näherung.

Die QED führt alle elektromagnetischen Prozesse auf die Kopplung von Photonen an Ströme geladener Teilchen zurück. Die Amplitude für die Emission eines Photons durch ein Elektron am Raum-Zeitpunkt x (Abb. 4.3) ist proportional zur Dichte der elektromagnetischen Wechselwirkungsenergie

$$H^{\text{elm}} = Qej^{\mu}A_{\mu} \; , \tag{4.88}$$

wobei

$$A^{\mu}(x) = (\Phi(x), \mathbf{A}(x)) \tag{4.89}$$

der Vierervektor des elektromagnetischen Potentials ist.

Die Zeitachse der Abb. 4.3 und aller folgenden Feynman-Diagramme soll immer von unten nach oben verlaufen. Die Streuung von Elektronen an Myonen wird dann in einer störungstheoretischen Rechnung niedrigster Ordnung (der sog. Bornschen Näherung) durch das Diagramm der Abb. 4.4 beschrieben. Für die Streuamplitude gilt

$$T_{fi} \sim e^2 \int j^{\mu}(x_1)A_{\mu}(x_1)j^{\nu}(x_2)A_{\nu}(x_2)d^4x_1d^4x_2 \; , \tag{4.90}$$

wobei über alle Wege, die das ausgetauschte Photon nehmen kann, integriert wird. Die Durchführung der Theorie zeigt, daß für T_{fi} ein sehr einfacher Ausdruck übrig bleibt:

$$\begin{aligned} T_{fi} &= -e^2\bar{u}(p')\gamma^{\mu}u(p)\frac{g_{\mu\nu}}{q^2}\bar{u}(k')\gamma^{\nu}u(k) \\ &= -e^2\bar{u}(p')\gamma^{\mu}u(p)\frac{1}{q^2}\bar{u}(k')\gamma_{\mu}u(k) \; . \end{aligned} \tag{4.91}$$

Hierin tragen die Spinoren u natürlich noch die im letzten Abschnitt diskutierten Spinindizes $1, 2$ bzw. R, L. Die Argumente p und p' bezeichnen wieder die Viererimpulse des ein- bzw. auslaufenden Elektrons und entsprechend k und k' die Viererimpulse des ein- und auslaufenden μ^-.

Für Feynman-Graphen gelten die Erhaltungssätze an jedem Vertex, d.h. an jeder Ecke mit Strom-Feld-Kopplung. Dies wurde schon in Abschn. 1.3 erläutert. Insbesondere gilt daher für den Viererimpuls des ausgetauschten Photons

$$q^{\mu} = (p' - p)^{\mu} = (k - k')^{\mu} \tag{4.92}$$

mit $q^2 < 0$. Im nichtrelativistischen Grenzfall eines nahezu ruhenden Myons geht (4.91) in die Amplitude für die Elektronenstreuung im Coulomb-Potential über.

Die Streuamplitude für die Elektron-Myon-Streuung oder für andere Prozesse, die Fermionen, Antifermionen und Photonen enthalten, läßt sich aus den Feynman-Regeln multiplikativ zusammensetzen. Wir geben die Regeln für

$$-iT_{fi} \tag{4.93}$$

an, da auf diese Weise in Übereinstimmung mit den Konventionen der Kernphysik die Streuamplitude in der Bornschen Näherung reell wird.

Zunächst betrachten wir die sog. äußeren Linien, d.h. die Teilchen, die in den Streuprozeß ein- oder auslaufen. Jedem einlaufenden Fermion mit Impuls $p^\mu = (E, \boldsymbol{p})$ wird der Spinor

$$u(p, s) \tag{4.94}$$

zugeordnet, wobei der Spinindex die Helizität oder die z-Komponente des Spins im Ruhsystem bezeichnen kann. Jedes auslaufende Fermion wird durch

$$\bar{u}(p, s) \tag{4.95}$$

beschrieben. Die Spinoren $u, \bar{u}$ müssen hierbei rechts bzw. links wie in (4.91) angebracht werden. Einlaufende Antifermionen mit Impuls $(E, \boldsymbol{p})$ erhalten einen Faktor

$$\bar{v}(p, s) \tag{4.96}$$

und auslaufende Antifermionen einen Faktor

$$v(p, s) \; . \tag{4.97}$$

In den Feynman-Graphen können Antiteilchen durch in der Zeit rückwärts laufende Pfeile gekennzeichnet werden. Die Elektron-Positron-Vernichtung in ein Paar von Myonen wird in diesem Sinne durch das Feynman-Diagramm auf der rechten Seite der Abb. 4.5 beschrieben.

Für die Absorption bzw. Emission äußerer Photonen muß man einen Faktor

$$\varepsilon_\mu = (0, \vec{\varepsilon}) \tag{4.98}$$

bzw ε_μ^* anbringen, wobei $\vec{\varepsilon}$ der Polarisationsvektor des Photons ist (Abschn. 2.4).

Inneren Linien (Propagatoren) mit Impuls q^μ wird für Photonen ein Faktor

$$-\imath \frac{g_{\mu\nu}}{q^2} \tag{4.99}$$

und für Spin-1/2-Teilchen der Masse m ein Faktor

$$\imath \frac{\slashed{q} + m}{q^2 - m^2} \tag{4.100}$$

zugeordnet. Jeder Vertex mit der Ladung Qe erhält schließlich einen Faktor

$$-\imath Qe\gamma^\mu \; . \tag{4.101}$$

Im Prinzip lassen sich mit Hilfe dieser Regeln beliebig komplizierte Diagramme berechnen, wenn man noch beachtet, daß über jede innere Linie, deren Impuls q^μ nicht durch die Erhaltungssätze am Vertex festgelegt ist, gemäß

$$\int \frac{d^4 q}{(2\pi)^4} \tag{4.102}$$

integriert werden muß. Da die Kopplungskonstante e immer in geraden Poten-

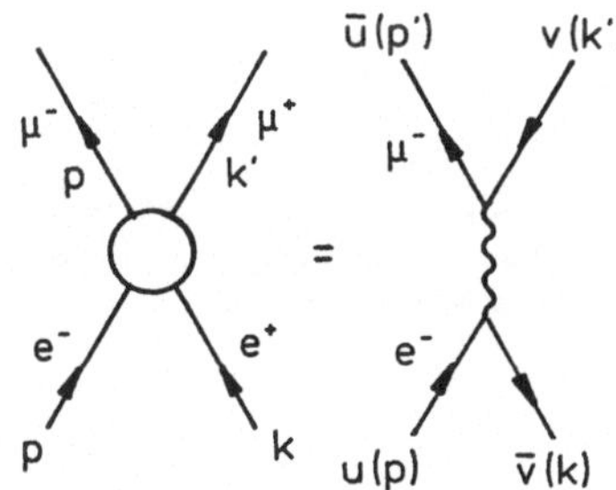

Abb. 4.5. Der Prozeß $e^- e^+ \to \mu^- \mu^+$ in Bornscher Näherung.

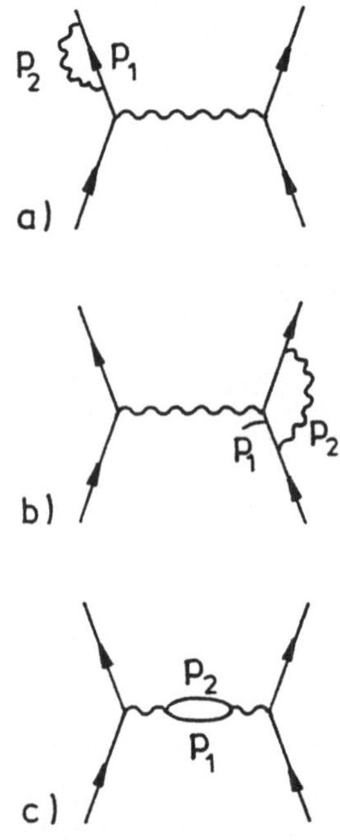

Abb. 4.6. Einige Beiträge höherer Ordnung zur Elektron-Myon-Streuung.

zen auftaucht, ist die Feinstrukturkonstante α der Entwicklungsparameter der Störungsreihe. Einige der Diagramme, die dann in der Ordnung e^4 zur Amplitude der Elektron-Myon-Streuung beitragen können, sind in der Abb. 4.6 zu sehen. Das Auftreten geschlossener Schleifen (*loops*) ist für solche Diagramme höherer Ordnung typisch. Nur einer der beiden Impulse p_1, p_2 ist durch die Energie-Impuls-Erhaltung am Vertex festgelegt. Über den anderen muß entsprechend der oben angegebenen Regel integriert werden. Es stellt sich nun heraus, daß die Beiträge dieser Diagramme immer unendlich groß werden. Was zunächst wie ein Desaster für die Theorie aussieht, hat sich aber als ihr eigentlicher Triumph erwiesen. Im sog. Renormierungsprogramm der QED wird bewiesen [4.2], wie die Summe aller dieser Diagramme einen endlichen Beitrag liefert, weil man alle divergenten Anteile in formale Ausdrücke für Ladung und Masse der beteiligten Teilchen absorbieren kann. Diese Ausdrücke werden dann später den gemessenen Werten von Masse und Ladung der freien Teilchen gleichgesetzt. Als nachweisbarer Effekt des Diagramms (Abb. 4.6c) verbleibt eine Abstandsabhängigkeit der Ladung, die schon in Abschn. 3.2 diskutiert wurde. In der Durchführung dieses Programms wird auch bewiesen, daß die hier angegebenen Feynman-Regeln streng genommen, nur für sog. Baumgraphen gültig sind, also Graphen ohne innere Schleifen. Für kompliziertere Diagramme kommen Renormierungsfaktoren dazu. In diesem Buch werden aber nur Baumgraphen benötigt.

4.2 Elementare Reaktionen der QED

4.2.1 Elektron-Positron-Vernichtung in $\mu^-\mu^+$-Paare

Die Erzeugung von $\mu^-\mu^+$-Paaren in der Elektron-Positron-Vernichtung

$$e^- + e^+ \rightarrow \mu^- + \mu^+ \tag{4.103}$$

ist eine der einfachsten Reaktionen, die man untersuchen kann. Sie wird in der Bornschen Näherung durch das Feynman-Diagramm der Abb. 4.5 beschrieben. Das Diagramm besagt anschaulich, daß das $e^- e^+$-Paar ein virtuelles Photon der Masse $\sqrt{s}$ erzeugt. Dieser Zwischenzustand zerfällt in ein $\mu^-\mu^+$-Paar. Es gibt natürlich noch andere Möglichkeiten, solche Paare in der Elektron-Positron-Annihilation zu erzeugen, z.B. durch Produktion von Vektormesonen (Abschn. 3.6) oder des Z^0-Bosons (Abschn. 5.5). Hier beschränken wir uns aber auf die QED-Reaktion der Abb. 4.5.

Die Vierervektoren der ein- und auslaufenden Teilchen werden wieder mit p, k bzw. p', k' bezeichnet. Mit Hilfe der Feynman-Regeln leitet man den Ausdruck

$$T_{fi} = -e^2 \bar{v}(k) \gamma^\mu u(p) \frac{1}{q^2} \bar{u}(p') \gamma_\mu v(k') \tag{4.104}$$

für die Amplitude ab. Zu ihrer Berechnung muß man die Spins der beteiligten Teilchen spezifizieren. Kombinatorisch gibt es 16 verschiedene Möglichkeiten

(2 Spineinstellungen für jedes ein- und auslaufende Teilchen). Die Berechnung dieser Amplituden erscheint als ein sehr langwieriges und vielleicht auch langweiliges Unterfangen. Die meisten Lehrbücher diskutieren daher zunächst Spinsummationsverfahren, die es erlauben, aufgrund der algebraischen Eigenschaften der γ-Matrizen analytische Ausdrücke für die in Formel (1.163) auftretende Summe der Amplitudenquadrate anzugeben. Es ist aber häufig (z.B. bei der Untersuchung der Reaktionen polarisierter Teilchen) von Vorteil, die Amplituden für ganz bestimmte Spinkombinationen zu kennen. Hinzu kommt, daß in einer Zeit, in der man algebraische Rechenprogramme wie REDUCE, MATHEMATICA und MAPLE[3] auch auf kleinen Computern zu Verfügung hat, eine explizite Berechnung selbst komplizierter Produkte von γ-Matrizen und Spinoren relativ einfach geworden ist. Daher möchte ich diesen Weg beschreiten. Die folgenden Formeln lassen sich mit vertretbarem Aufwand auch noch von Hand nachrechnen.

Die Rechnung wird am besten im Schwerpunktsystem der Reaktion und in der Helizitätsbasis durchgeführt. Im Hochenergielimes $m/E \to 0$ vereinfachen sich die Ausdrücke erheblich. Da die Massen vernachlässigt werden, haben die ein- und auslaufenden Teilchen die gleiche Energie E im Schwerpunktsystem. Der Streuwinkel Θ wird dem auslaufenden μ^- zugeordnet. Wir wählen zunächst linkshändige Teilchen (e^-, μ^-) und rechtshändige Antiteilchen (e^+, μ^+). Wegen der Struktur des Stromes (4.50) braucht man die Produkte $\gamma^0\gamma^\mu$. In der 2×2 Schreibweise gilt

$$\gamma^0\gamma^i = \begin{pmatrix} 0 & \sigma_i \\ \sigma_i & 0 \end{pmatrix} \ , \tag{4.105}$$

während $\gamma^0\gamma^0$ die Einheitsmatrix ist. Das einlaufende Elektron läuft entlang der z-Achse, das einlaufende Positron in der dazu am Koordinatenursprung gespiegelten Richtung. Allgemein bedeutet eine solche Spiegelung in Polarkoordinaten die Ersetzung von Θ durch $\pi - \Theta$ und die Ersetzung von ϕ durch $\pi + \phi$. Mit $\Theta, \phi = 0$ folgt dann mit Hilfe von (4.68) und (4.69)

$$u_L(p) = \sqrt{E} \begin{pmatrix} 0 \\ 1 \\ 0 \\ -1 \end{pmatrix} \qquad v_R(k) = \sqrt{E} \begin{pmatrix} -1 \\ 0 \\ 1 \\ 0 \end{pmatrix} \ , \tag{4.106}$$

und daher nehmen die 4 Komponenten des Stromes

$$\bar{v}_R(k)\gamma^\mu u_L(p) \tag{4.107}$$

die Werte

$$0, 2E, -2\imath E, 0 \tag{4.108}$$

an. In der gleichen Weise berechnet man die Spinoren der auslaufenden Teilchen zu

$$u_L(p') = \sqrt{E} \begin{pmatrix} -\sin\Theta/2 \\ \cos\Theta/2 \\ \sin\Theta/2 \\ -\cos\Theta/2 \end{pmatrix} \qquad v_R(k') = \sqrt{E} \begin{pmatrix} -\cos\Theta/2 \\ -\sin\Theta/2 \\ \cos\Theta/2 \\ \sin\Theta/2 \end{pmatrix} \ , \tag{4.109}$$

[3]In den Naturwissenschaften beschränkte sich die Anwendung von Computern lange Zeit auf die Lösung numerischer Probleme. Heute gewinnt jedoch die Anwendung algebraischer Programme immer mehr an Bedeutung. Das älteste, REDUCE von A. Hearn, enthielt schon einen Abschnitt mit Rechenregeln der Teilchenphysik. An den meisten Universitäten sind diese Programme über das Rechenzentrum oder die Institute zugänglich.

Tabelle 4.1. Die Amplituden der Elektron-Positron-Annihilation im Schwerpunktsystem der Reaktion.

Prozeß	T_{fi}/e^2
$e_L^- e_R^+ \to \mu_L^- \mu_R^+$	$1 + \cos\Theta$
$e_L^- e_R^+ \to \mu_R^- \mu_L^+$	$1 - \cos\Theta$
$e_R^- e_L^+ \to \mu_L^- \mu_R^+$	$1 - \cos\Theta$
$e_R^- e_L^+ \to \mu_R^- \mu_L^+$	$1 + \cos\Theta$

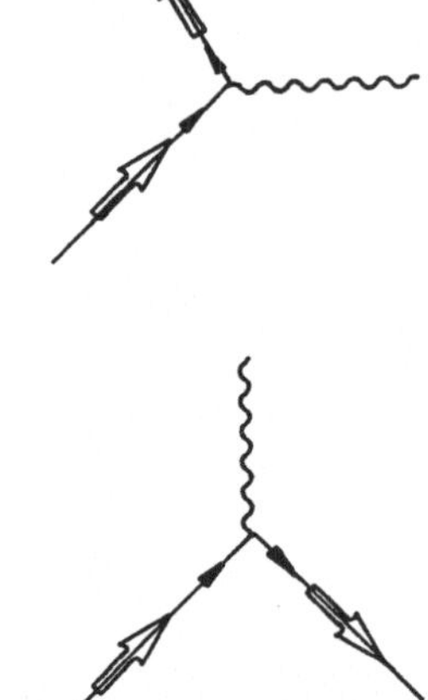

Abb. 4.7. Helizitätserhaltung am Elektron-Photon-Vertex.

woraus

$$0, 2E\cos\Theta, 2\imath E, -2E\sin\Theta \tag{4.110}$$

für die 4 Komponenten von $\bar{u}_L(p')\gamma^\mu v_R(k')$ folgt. Im Schwerpunktssystem gilt

$$q^2 = 4E^2 \ , \tag{4.111}$$

und so erhält man für die Amplitude den sehr einfachen Ausdruck

$$T_{fi} = e^2(1 + \cos\Theta) \ . \tag{4.112}$$

Außer der gerade besprochenen sind nur noch 3 weitere Helizitätsamplituden von 0 verschieden. Sie sind in Tabelle 4.1 angegeben. Ihr gemeinsames Merkmal ist offenbar, daß am Vertex kein Spinflip stattfindet. Das einlaufende Antiteilchen bezeichnen wir im Feynman-Diagramm der Annihilation durch ein auslaufendes Teilchen. Für diese durchlaufenden Teilchenströme gilt „Helizitätserhaltung am Vertex" (Abb. 4.7). Dies ist eine Eigenschaft der γ^μ-Kopplung im Grenzfall $m/E \to 0$. Es fällt weiter auf, daß die Streuamplitude invariant ist gegenüber einer Ersetzung der Helizitätsindizes $R \leftrightarrow L$. Auch diese *chirale* Invarianz ist eine allgemeine Eigenschaft der Quantenelektrodynamik im Grenzfall vernachlässigbarer Massen.

Die Winkelverteilung der Annihilation hätten wir auch ohne explizite Rechnung erhalten können. Die Verteilungen $1 \pm \cos\Theta$ entsprechen genau den beiden möglichen Funktionen $d^1_{1,1}$ und $d^1_{-1,1}$, die durch (2.169) bei der Streuung zweier Fermionen über einen Zwischenzustand mit $J = 1$ zugelassen werden, falls man sich auf die Kombinationen der Tabelle 4.1 beschränkt.

Der Zusammenhang zwischen Streuamplitude und Wirkungsquerschnitt wurde ausführlich in Abschn. 1.3 diskutiert. Durch Anwenden der Formel (1.160) erhalten wir demnach unmittelbar

$$\frac{d\sigma}{d\Omega}(e_L^- e_R^+ \to \mu_L^- \mu_R^+) = \frac{\alpha^2}{16E^2}(1 + \cos\Theta)^2 \ . \tag{4.113}$$

Für den spingemittelten Querschnitt folgt ebenso einfach

$$\frac{d\sigma}{d\Omega}(e^- e^+ \to \mu^- \mu^+) = \frac{\alpha^2}{16E^2}(1 + \cos^2\Theta) \ , \tag{4.114}$$

und daraus nach Integration über den Raumwinkel der totale Querschnitt der Elektron-Positron-Annihilation in Myon-Paare

$$\sigma = \frac{\pi\alpha^2}{3E^2} = \frac{4\pi\alpha^2}{3s} \ . \tag{4.115}$$

Die typische Energieabhängigkeit $\sim 1/E^2$ läßt sich ebenfalls aus allgemeineren Prinzipien verstehen. Wir haben im Grenzfall verschwindender Massen gerechnet. Der einzige dimensionsbehaftete Parameter, von dem der totale Wirkungsquerschnitt dann noch abhängen kann, ist die Schwerpunktsenergie $\sqrt{s} = 2E$. Da Wirkungsquerschnitte die Dimension cm² bzw. GeV⁻² haben, muß also $\sigma \sim 1/E^2$ gelten. Die numerische Auswertung der Beziehung (4.115) ergibt

$$\sigma = \frac{22\text{nb}}{E^2} \; , \qquad\qquad (4.116)$$

wobei E in GeV gemessen wird. Die Formel zeigt, daß man bei den heute üblichen Strahlenergien der Speicherringe von 20 bis 50 GeV selbst bei einer als hoch angesehenen Luminosität von 200 /(pb Jahr) nur noch einige tausend Ereignisse im Jahr erhält!

Durch Überprüfen des $1/E^2$ Abfalls des totalen Wirkungsquerschnitts kann die Gültigkeit der QED über große Energiebereiche getestet werden. Eine Abweichung von diesem Verhalten läßt sich durch eine Modifikation des Photonpropagators in Art einer Taylorreihe

$$\frac{1}{q^2} \rightarrow \frac{1}{q^2}(1 + aq^2 + bq^4 + ...) \qquad\qquad (4.117)$$

parametrisieren. Diese Reihe brechen wir nach dem zweiten Glied ab und schreiben für den Wirkungsquerschnitt

$$\sigma = \frac{4\pi\alpha^2}{3s}F^2 \qquad\qquad (4.118)$$

mit

$$F = 1 + as \qquad\qquad (4.119)$$

an. Der Koeffizient a kann positiv oder negativ sein. Dies wird in der Schreibweise

$$F = 1 \pm \frac{s}{\Lambda_\pm^2} \qquad\qquad (4.120)$$

berücksichtigt. Die besten Messungen [4.4] schränken $\Lambda_\pm$ auf Werte größer als 250 GeV ein (Abb 4.8). Der Faktor F kann andererseits auch anschaulich als Formfaktor gedeutet werden, der die Abweichung der Leptonen von einem punktförmigen Verhalten beschreibt. Ähnlich wie bei den Formfaktoren der Atom- und Kernphysik spielt Λ dann die Rolle eines inversen Radius der Leptonen. Mit $\Lambda > 250$ GeV ist dieser Radius demnach kleiner als 10^{-3} fm!

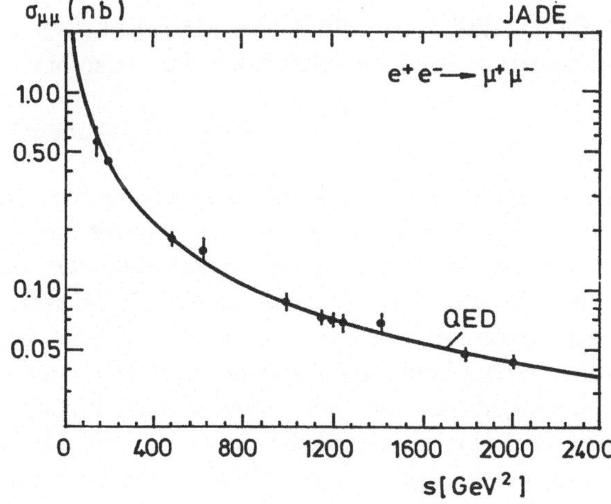

Abb. 4.8. Die Energieabhängigkeit des totalen Querschnitts der Elektron-Positron-Annihilation in Myon-Paare.

4.2.2 Die Elektron-Myon-Streuung

Als weiteren elementaren Prozeß betrachten wir nun die Streuung von Elektronen an Myonen. Sie ist experimentell nicht direkt zugänglich, da wir nicht über Myonstrahlen genügender Intensität verfügen. Wir behandeln die $e\mu$-Streuung trotzdem an dieser Stelle als Modellprozeß für Elektronenstreuung an punktförmigen Fermionen.

Den Wirkungsquerschnitt der elastischen $e^-\mu^+$-Streuung können wir natürlich durch Berechnen des Feynman-Diagramms der Abb. 4.4 ganz ähnlich zum Vorgehen im letzten Abschnitt erhalten. Wir ersparen uns das Durchführen der Rechnung, und zeigen am Ergebnis, daß die Amplitude aus der Streuamplitude der Annihilation über eine Substitutionsregel folgt, die allgemein gültig ist. Um diese sog. *Crossing*-Regel zu finden, gehen wir zurück zur Annihilation und drücken deren Amplitude als Funktion der in Abschn. 1.3 eingeführten Mandelstam-Variablen aus. Diese sind das Quadrat der Schwerpunktenergie

$$s = (p + k)^2 \ , \tag{4.121}$$

das Quadrat des Viererimpulsübertrags

$$t = (p - p')^2 \tag{4.122}$$

und das Quadrat des Viererimpulsübertrags auf das Rückstoßteilchen

$$u = (p - k')^2 \ . \tag{4.123}$$

Unter Vernachlässigung der Massen gilt im Schwerpunktsystem $s = 4E^2$ und

$$t = -2E^2(1 - \cos\Theta) = -\frac{s}{2}(1 - \cos\Theta) \ . \tag{4.124}$$

Wegen (1.151) kann u durch s und t ausgedrückt werden, also

$$u = -(s + t) \tag{4.125}$$

im Grenzfall verschwindender Massen. In Abhängigkeit von der Energie und dem Streuwinkel berechnen wir daraus sofort

$$u = -\frac{s}{2}(1 + \cos\Theta) \ . \tag{4.126}$$

Um nun zur Substitutionsregel der Streuamplitude zu gelangen, geben wir in Tabelle 4.2 zunächst die Amplituden der Reaktion $e^-e^+ \to \mu^-\mu^+$ als Funktion der Mandelstam-Variablen an. Bei Vergleich der Abb. 4.4 mit der Abb. 4.5 fällt auf, daß man die Elektron-Myon-Streuung offenbar aus der Annihilation erhält, indem man die Zeitachse in der Abb. 4.5 von links nach rechts laufen läßt. Mit der dort angegebenen Bezeichnung der Teilchenimpulse wird dann aus der Emission eines linkshändigen μ^- mit dem Impuls p'^μ die Emission eines linkshändigen μ^- mit dem Impuls $-p'^\mu$. In der Betrachtungsweise Feynmans ist das aber gleichbedeutend mit der Absorption eines

Tabelle 4.2. Die Amplituden der Elektron-Positron-Annihilation in invarianter Schreibweise.

Prozeß	T_{fi}/e^2
$e_L^-e_R^+ \to \mu_L^-\mu_R^+$	$-2u/s$
$e_L^-e_R^+ \to \mu_R^-\mu_L^+$	$-2t/s$
$e_R^-e_L^+ \to \mu_L^-\mu_R^+$	$-2t/s$
$e_R^-e_L^+ \to \mu_R^-\mu_L^+$	$-2u/s$

rechtshändigen μ^+ mit dem Viererimpuls p'^μ. Entsprechend wird das Positron der Annihilation uminterpretiert. Auch in der Streureaktion bedeutet s physikalisch das Quadrat der Schwerpunktenergie, und t bzw. u das Quadrat des Viererimpulsübertrags zwischen dem einlaufenden Elektron und dem auslaufenden Elektron bzw. Myon. Für die Mandelstam-Variablen der *Streureaktion* gilt daher ausgedrückt durch die Viererimpulse der *Annihilation*

$$
\begin{aligned}
s &= (p - p')^2 \\
t &= (p + k)^2 \\
u &= (p - k')^2 \ .
\end{aligned}
\tag{4.127}
$$

Verglichen mit der Annihilation haben demnach kinematisch die Variablen t und s ihre Bedeutung vertauscht. Man kann dies auch direkt für die Viererimpulse formulieren: Falls wir die einlaufenden Viererimpulse der jeweils betrachteten Reaktion mit p, k und die auslaufenden mit p', k' bezeichnen, erfolgt der Übergang von der Annihilation zur Streuung durch Vertauschung (*crossing*) $k \leftrightarrow -p'$. Wie aus der Tabelle 4.3 abzulesen ist, können die Helizitätsamplituden der Streuung tatsächlich bis auf ein Vorzeichen mit dieser Substitutionsregel aus den Amplituden der Annihilation erhalten werden. Das Vorzeichen läßt sich durch die Regel $s \leftrightarrow -t$ ebenfalls einarbeiten.

Als wichtiges physikalisches Ergebnis fällt auch hier wieder die Helizitätserhaltung am Vertex und die chirale Invarianz der Amplituden auf. Die Wirkungsquerschnitte können nun aus den Amplituden nach dem üblichen Verfahren gewonnen werden. Der spingemittelte Querschnitt für die Elektron-Myon-Streuung wird – unabhängig vom Ladungsvorzeichen der Fermionen – zu

$$
\frac{d\sigma^{e\mu}}{d\Omega} = \frac{\alpha^2}{8E^2} \frac{1 + \cos^4 \Theta/2}{\sin^4 \Theta/2}
\tag{4.128}
$$

berechnet. Es sei nochmal darauf hingewiesen, daß E die Energie der Teilchen und Θ den Streuwinkel des auslaufenden Elektrons im Schwerpunktsystem kennzeichnet. Am besten drückt man Winkel und Energie der Reaktionspartner durch Invarianten aus. Zur Umrechnung benutzen wir die Gleichung (4.124) und bekommen daraus noch

$$
dt = \frac{s}{4\pi} d\Omega \ .
\tag{4.129}
$$

Als Standarddarstellung des Wirkungsquerschnitts leiten wir hiermit

$$
\frac{d\sigma^{e\mu}}{dt} = \frac{4\pi\alpha^2}{t^2} \frac{1}{2} \left(\frac{s^2 + u^2}{s^2} \right)
\tag{4.130}
$$

ab. Das Quadrat des Viererimpulsübertrags ist mit dem Massenquadrat des ausgetauschten Photons identisch, $t = q^2$, daher werden in der Literatur Streuquerschnitte der elektromagnetischen Wechselwirkung oft als Funktion von q^2 angegeben. Der Faktor

Tabelle 4.3. Die Amplituden der Elektron-Myon-Streuung. Q_1 und Q_2 sind die Ladungsfaktoren der beiden Teilchen.

Prozeß	$T_{fi}/(Q_1 Q_2 e^2)$
$e_L \mu_R \rightarrow e_L \mu_R$	$2u/t$
$e_L \mu_L \rightarrow e_L \mu_L$	$-2s/t$
$e_R \mu_R \rightarrow e_R \mu_R$	$-2s/t$
$e_R \mu_L \rightarrow e_R \mu_L$	$2u/t$

$$\frac{1}{2}\frac{s^2 + u^2}{s^2} \tag{4.131}$$

läßt sich in eine Form bringen, die wir noch häufig gebrauchen werden. Unter Benutzung der Variablen der Streureaktion (Abb. 4.4) definieren wir zunächst die sog. Skalenvariable y,

$$y = \frac{q \cdot k}{p \cdot k} \tag{4.132}$$

bzw. im Fall vernachlässigbarer Massen

$$y = -\frac{t}{s} \ . \tag{4.133}$$

Diese Variable ist dimensionslos und auf den Wertebereich

$$0 \leq y \leq 1 \tag{4.134}$$

beschränkt. Der Faktor (4.131) wird damit einfach zu $1 - y + y^2/2$, und der Wirkungsquerschnitt nimmt die Form

$$\frac{d\sigma^{e\mu}}{dt} = \frac{2\pi\alpha^2}{t^2}(1 + (1 - y)^2) \tag{4.135}$$

an. In dieser Formel hängt nur noch t von der Reaktionsenergie ab.

4.2.3 Bhabha- und Möller-Streuung

Unter Bhabha-Streuung versteht man die Reaktion

$$e^- + e^+ \rightarrow e^- + e^+ \ , \tag{4.136}$$

die Bhabha als erster theoretisch untersucht hat. Sie wird durch eine Überlagerung der beiden Feynman-Graphen der Abb. 4.9 also durch den Annihilationsgraphen und den Streugraphen beschrieben,

$$T_{fi} = T_{\text{Ann}} + T_{\text{Streu}} \ . \tag{4.137}$$

Der Wirkungsquerschnitt der Bhabha-Streuung kann nun ohne weiteres aus den Tabellen 4.2 und 4.3 abgleitet werden. Es muß jedoch beachtet werden, daß wegen der Helizitäten der beteiligten Teilchen nur die jeweils erste und vierte Amplitude beider Tabellen dem kohärenten Additionsgesetz (4.137) unterliegen. Die jeweils 2. und 3. Zeile der Tabellen müssen einfach quadriert und addiert werden. Das Ergebnis ist

$$\frac{d\sigma}{dt}(e^- e^+) = \frac{2\pi\alpha^2}{s^2}\left(\frac{u^2 + t^2}{s^2} + \frac{u^2 + s^2}{t^2} + \frac{2u^2}{ts}\right) \ . \tag{4.138}$$

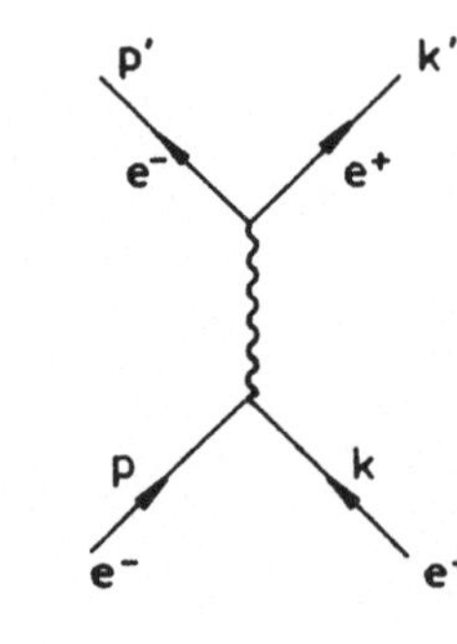

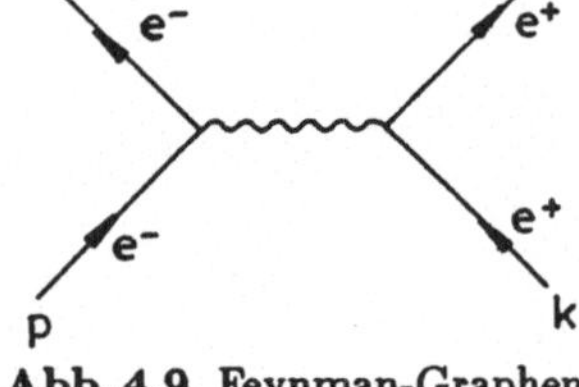

Abb. 4.9. Feynman-Graphen der Elektron-Positron-Streuung.

Hierin beschreibt der erste Term den Austausch eines zeitartigen (Annihilation) und der zweite den Austausch eines raumartigen Photons (Streuung). An dritter Stelle steht der Interferenzterm.

Aufgrund des Austauschterms ist der Wirkungsquerschnitt der Bhabha-Streuung für kleine Winkel viel größer als der Querschnitt der Elektron-Positron-Annihilation in Myonen. Da auch die Korrekturen aus Diagrammen höherer Ordnung der QED bekannt sind, wird die e^-e^+-Streuung als Eichreaktion mit hoher Zählrate zur Messung der Luminosität von Elektron-Positron-Speicherringen benutzt.

Um den Wirkungsquerschnitt für Elektron-Elektron-Streuung zu bekommen, berechnen wir nicht die Diagramme der Abb 4.10, sondern wenden wieder eine Substitutionsregel an. Die kinematische Analyse zeigt, daß die Elektron-Elektron-Streuung aus der Elektron-Positron-Streuung durch die Vertauschung von k mit $-k'$ hervorgeht. In der Formel (4.138) für den Bhabha-Querschnitt bedeutet dies eine Ersetzung von s durch u (und umgekehrt) im Klammerausdruck auf der rechten Seite mit dem Resultat

$$\frac{d\sigma}{dt}(e^-e^-) = \frac{2\pi\alpha^2}{s^2}\left(\frac{s^2+t^2}{u^2} + \frac{u^2+s^2}{t^2} + \frac{2s^2}{tu}\right) \ . \qquad (4.139)$$

Verglichen mit der weiter oben betrachteten Substitutionsregel wird das extra „$-$" Zeichen durch das Pauli-Prinzip erzwungen, das eine Subtraktion der beiden Diagramme der Abb 4.10 verlangt. Die Ununterscheidbarkeit der Elektronen kommt auch klar in der Vorwärts-Rückwärts-Symmetrie

$$\frac{d\sigma}{d\Omega}(\Theta) = \frac{d\sigma}{d\Omega}(\pi - \Theta) \qquad (4.140)$$

des Möller-Wirkungsquerschnitts zum Ausdruck. Dieser Prozeß wurde experimentell nur bei relativ niedrigen Energien mittels der Elektronenstreuung an Elektronen der Atomhülle und mit Hilfe von speziellen Speicherringen untersucht.

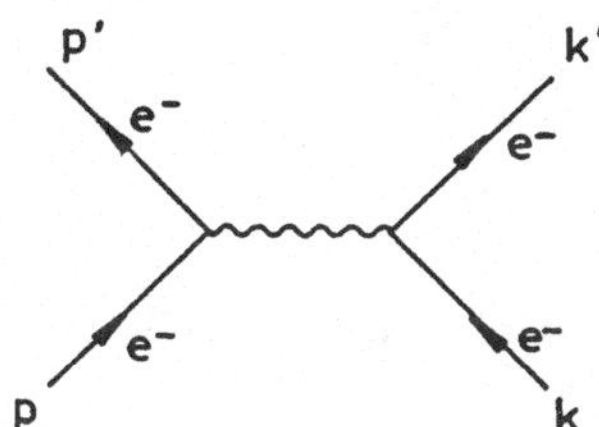
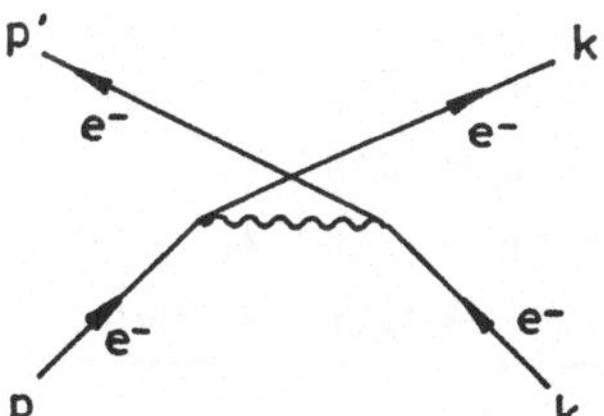

Abb. 4.10. Feynman-Graphen der Elektron-Elektron-Streuung.

4.2.4 Die Compton-Streuung

Als einen der letzten einfachen, elektromagnetischen Prozesse betrachten wir noch die Compton-Streuung, d.h. die Reaktion

$$\gamma + e \to \gamma + e \qquad (4.141)$$

genauer. In der Ordnung e^2 gehören hierzu die Feynman-Graphen der Abb. 4.11. Im Unterschied zu den bisher betrachteten Prozessen ist die innere Linie nun ein Elektron, im ersten Graph zeitartig ($q^2 > 0$), im zweiten raumartig ($q^2 < 0$). Für das Matrixelement leiten wir daraus den Ausdruck

$$T_{fi} = e^2\bar{u}(p')\left(\not{\epsilon}'^* \frac{\not{p}+\not{k}+m}{(p+k)^2 - m^2} \not{\epsilon} + \not{\epsilon} \frac{\not{p}-\not{k}'+m}{(p-k')^2 - m^2} \not{\epsilon}'^*\right)u(p) \qquad (4.142)$$

ab. Das sieht nun wirklich schon nach einer komplizierten Rechnung aus. Die Berechnung kann man sich aber wenigstens für den zeitartigen Graphen ersparen, der auch s-Kanal-Graph genannt wird, da der Propagator eine Polstelle bei $s = m^2$ hat. Wir bleiben wie bisher in der Hochenergienäherung. Wegen der Helizitätserhaltung am Vertex und wegen des Spins 1/2 des Aus-

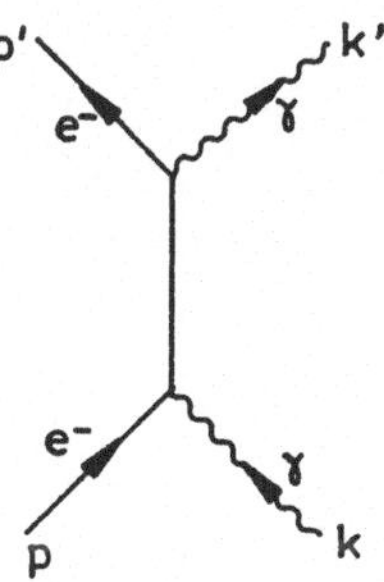
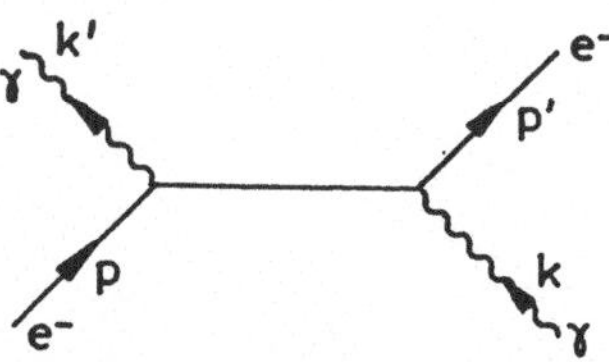

Abb. 4.11. Feynman-Graphen für die Compton-Streuung.

tauschteilchens sind nur die Amplituden für $e_R\gamma_R \to e_R\gamma_R$ bzw. $e_L\gamma_L \to e_L\gamma_L$ von null verschieden. Diese Amplituden müssen proportional zu $d^{1/2}_{1/2,1/2}$ sein, mit einem Proportionalitätsfaktor $2e^2$, den wir schon bei der Annihilation abgeleitet haben, also

$$T^s_{fi} = 2e^2 \cos\Theta/2 = 2e^2\sqrt{\frac{-u}{s}} \ . \tag{4.143}$$

Die Amplitude des raumartigen oder u-Kanal-Graphen kann nicht aus so anschaulichen Argumenten abgeleitet werden. Für die Summe beider Graphen liefert die Rechnung aber den einfachen Ausdruck

$$T_{fi} = \frac{2e^2}{\cos\Theta/2} = 2e^2\sqrt{\frac{-s}{u}} \ . \tag{4.144}$$

Tabelle 4.4. Die Amplituden der Compton-Streuung.

Prozeß	T_{fi}/e^2
$e^-_L\gamma_L \to e^-_L\gamma_L$	$2\sqrt{-s/u}$
$e^-_R\gamma_R \to e^-_R\gamma_R$	$2\sqrt{-s/u}$
$e^-_L\gamma_R \to e^-_L\gamma_R$	$2\sqrt{-u/s}$
$e^-_R\gamma_L \to e^-_R\gamma_L$	$2\sqrt{-u/s}$

Die nicht verschwindenden Amplituden der Compton-Streuung sind in Tabelle 4.4 zusammengefaßt. Zu den beiden letzten Zeilen trägt nur der u-Kanal-Graph bei. Man kann aus der Tabelle jetzt wieder sehr einfach den Wirkungsquerschnitt für eine beliebige Spinkombination ausrechnen, z.B. für die Streuung von unpolarisierten Photonen an unpolarisierten Elektronen

$$\frac{d\sigma}{dt} = \frac{2\pi\alpha^2}{s^2}\left(\frac{-u}{s} + \frac{-s}{u}\right) \ . \tag{4.145}$$

Eine wichtige praktische Anwendung hat die Compton-Streuung bei der Herstellung eines Strahls hochenergetischer polarisierter Photonen gefunden. Hierzu wurden am Stanford Linear Accelerator Center (SLAC) hochenergetische Elektronen an einem polarisierten Laserstrahl gestreut. Betrachten wir z.B. rechtshändige Photonen. Aus der Tabelle geht hervor, daß die Streuamplitude an rechtshändigen Elektronen in der Rückwärtsrichtung einen Pol hat, während die Amplitude für linkshändige Elektronen in dieser Richtung verschwindet. In Rückwärtsrichtung wird man also hochenergetische rechtshändige Photonen bekommen. Das gleiche Argument gilt beim Betrachten linkshändiger Photonen. Es gelang auf diese Weise, intensive polarisierte Photonenstrahlen mit einer Energie bis etwa 10 GeV [4.5] herzustellen.

Mit der Compton-Streuung eng verwandt sind natürlich die Prozesse der Elektron-Positron-Vernichtung in 2 Photonen

$$e^- + e^+ \to \gamma + \gamma \tag{4.146}$$

und der Paarerzeugung durch 2 Photonen

$$\gamma + \gamma \to e^- + e^+ \ . \tag{4.147}$$

Die Amplituden für den ersten Prozeß werden aus den Amplituden des Compton-Effektes durch die schon bekannte Ersetzung $s \leftrightarrow -t$ gewonnen. Demnach gilt für den Wirkungsquerschnitt

$$\frac{d\sigma}{dt}(e^-e^+ \to \gamma\gamma) = \frac{2\pi\alpha^2}{s^2}\left(\frac{u}{t} + \frac{t}{u}\right) \ . \tag{4.148}$$

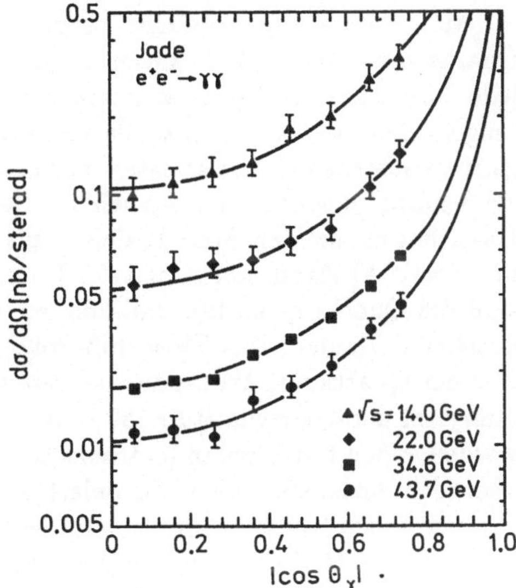

Abb. 4.12. Der differentielle Wirkungsquerschnitt der Elektron-Positron-Vernichtung in 2 Photonen.

Die gleiche Formel beschreibt auch die Erzeugung von Elektron-Positron-Paaren durch 2 Photonen. Dies ist in Übereinstimmung mit dem Prinzip des detaillierten Gleichgewichts (Abschn. 2.6), da das statistische Gewicht für Photonen und Elektronen gleich groß wird.

Die Reaktion (4.146) kann direkt an Elektron-Positron-Speicherringen experimentell untersucht werden. Auch hier zeigen die Messungen wieder eine glänzende Bestätigung der Vorhersagen der QED (Abb. 4.12). Die Umkehrreaktion (4.147) ist ebenfalls dem Experiment zugänglich. Auf sie werden wir nochmal im Abschnitt über Zwei-Photonen-Prozesse zurückkommen (Abschn. 4.4.2).

4.3 Reaktionen mit Hadronen

4.3.1 Elektron-Positron-Annihilation in Hadronen

Der Wirkungsquerschnitt. Falls freie Quarks beobachtet werden könnten, wäre die Reaktion

$$e^- + e^+ \rightarrow q + \bar{q} \tag{4.149}$$

nur eine fast triviale Variante der in Abschn. 4.2 behandelten Myon-Paarerzeugung in Elektron-Positron-Stößen mit einem totalen Wirkungsquerschnitt

$$\sigma = \sum_f Q_f^2 \frac{\pi \alpha^2}{E^2} \ . \tag{4.150}$$

Die Summe läuft hierin über alle Quarksorten f, die bei einer Schwerpunktenergie von $2E$ erzeugt werden können. Die Summation über die 3 Farbfreiheitsgrade ist in (4.150) schon enthalten.

Man könnte nun zunächst vermuten, daß die durch den Einschluß der Quarks erzwungene Hadronisierung die Amplitude dergestalt verändert, daß jede Ähnlichkeit mit dem Wirkungsquerschnitt der Gleichung (4.150) verlorengeht. Das ist aber nicht so, da Paarerzeugung und Hadronisierung bei zwei ganz verschiedenen Abstandsskalen d stattfinden. Um dieses Argument in voller Schärfe zu sehen, nehmen wir als Beispiel eine Strahlenergie von 5 GeV. Das Photon hat den Spin 1, daher gilt $dE \approx 1$, so daß die Paarerzeugung bei einem Abstand von $d \approx 1/25$ fm passiert[4]. Bei einem solchen Abstand sind die Quarks quasi frei und können gemäß der Kinematik freier Teilchen auseinanderlaufen. Das Einschluß-Potential der QCD verhindert die Separation der Quarks auf Abstände, die wesentlich größer als 1 fm sind. Im Prinzip muß jetzt der Querschnitt (4.150) mit der Wahrscheinlichkeit W_f multipliziert werden, einen bestimmten hadronischen Endzustand zu erreichen. Wenn man aber nicht einen speziellen hadronischen Endzustand betrachtet, sondern über alle möglichen Konfigurationen summiert, gilt natürlich $\sum W_f = 1$, so daß die Gleichung (4.150) die theoretische Vorhersage des Quarkmodells für die sog. inklusive Hadronerzeugung in der Elektron-Positron-Vernichtung ist.

Die Skala der Hadronerzeugung ist also durch den Wirkungsquerschnitt zur Erzeugung von $\mu^-\mu^+$-Paaren definiert. Man gibt daher im allgemeinen als Vorhersage des Quarkmodells das Verhältnis

$$R = \frac{\sigma(e^-e^+ \to Hadronen)}{\sigma(e^-e^+ \to \mu^-\mu^+)} = 3\sum_f Q_f^2 \tag{4.151}$$

an. Das ist eine sehr bemerkenswerte Voraussage, bedeutet sie doch, daß dieses Verhältnis in Stufen anwächst, z.B. $\Delta R = 4/3$ beim Überschreiten der Charm-Schwelle.

Die Abb. 4.13 zeigt die gute Übereinstimmung des Experiments mit der Theorie über einen sehr weiten Energiebereich. Das Erstaunliche ist, daß schon bei sehr niedrigen Energien oberhalb der Schwelle für die Erzeugung

Abb. 4.13. Die inklusive Hadronerzeugung in der e^-e^+-Annihilation. Die Meßwerte stammen von 14 verschiedenen Experimenten mit Normierungsfehlern, die bis zu 20% betragen können. Die fast waagerechten Linien sind die Vorhersagen der Gleichung (4.151) nach Berücksichtigung von QCD-Korrekturen.

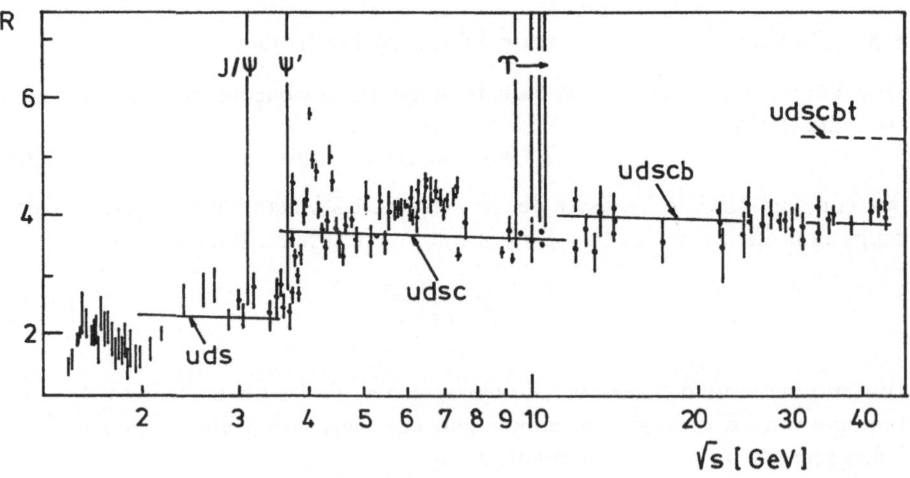

[4]Diese halbklassische Abschätzung vernachlässigt den Spin der Quarks.

von ϱ, ω, Φ-Mesonen die inklusive Hadronproduktion durch das Quarkmodell richtig wiedergegeben wird. Auf der anderen Seite darf nicht übersehen werden, daß im Bereich von $5 < \sqrt{s} < 8$ GeV die Daten deutlich über der theoretischen Vorhersage liegen.

Die Formel (4.151) beschreibt die Hadronproduktion über den Mechanismus der Erzeugung schneller Quarks mit anschließender Hadronisierung. Beim Überschreiten einer neuen Schwelle ist die Relativbewegung der Quarks zunächst so langsam, daß gebundene Zustände, die Vektormesonen, erzeugt werden können. Diese Reaktionen wurden schon in Abschn. 3.6 behandelt. Der Bereich zwischen den Vektormesonen wird häufig als *Kontinuum* bezeichnet. Es gibt demnach zwei Möglichkeiten, eine weitere Sorte Quarks zu finden: Beobachtung eines neuartigen Vektormesons oder eine Stufe von R im Kontinuum.

Eine Schwelle in R muß allerdings nicht unbedingt von einer neuen Quarksorte herrühren. Auch andere neue Teilchen, die in Hadronen übergehen, erhöhen dieses Verhältnis. Die τ-Leptonen z.B. zerfallen zu ca. 70% in Hadronen und tragen daher mindestens mit $\Delta R = 0.5$ zur Hadronerzeugung in Elektron-Positron-Stößen oberhalb einer Schwerpunktenergie von etwa 4 GeV bei. Beim Erstellen der Abb. 4.13 wurden aber Hadronen aus τ-Zerfällen nicht berücksichtigt. Sie zeigt daher nur die Produktion von Hadronen über Quarks, ist also sozusagen „theoretisch vorbelastet". Man sieht daran vielleicht am deutlichsten, wie sehr wir inzwischen von der Richtigkeit des Modells überzeugt sind.

Mit den τ's wurde eine 3. Familie von Leptonen gefunden. Aus Platzgründen ist es leider nicht möglich, eine der schönsten Entdeckungen der Teilchenphysik an dieser Stelle ausführlicher als im Rahmen einer Randbemerkung zum Quarkmodell zu behandeln.

Der Endzustand. Den Übergang von Quarks zu Hadronen im Kontinuumsbereich bezeichnen wir häufig als Fragmentierung. Diese Fragmentierung ist störungstheoretisch nicht berechenbar, da sie ja bei großen Abständen stattfindet. Der Endzustand besteht aber trotzdem nicht in einer statistischen Gleichverteilung von Hadronen über den Raumwinkel, sondern zeigt ganz handgreiflich die $q\bar{q}$-Natur der Ereignisse. Die Hadronen sind nämlich in sog. *Jets* gebündelt, deren Gesamtenergie durch die Energie E_q des Quarks, aus dem sie hervorgehen, festgelegt wird. Jets zeichnen sich dadurch aus, daß in ihnen alle Hadronen bezüglich der Jetachse einen relativ kleinen Transversalimpuls von $p_T \approx 300$ MeV haben. Die Longitudinalimpulse p_L skalieren mit der Energie E_q der Jets, werden also durch eine Verteilungsfunktion $D^h(z)$ beschrieben, die nur von der dimensionslosen Variablen

$$z = \frac{p_L}{E_q} \tag{4.152}$$

abhängt. Dieses Skalenverhalten bedeutet physikalisch, daß die Energie im Jet im wesentlichen auf die Longitudinalimpulse der Hadronen aufgeteilt wird. Die Teilchenmultiplizität steigt nur logarithmisch mit E_q an und so werden die Öffnungswinkel der Jets bei höheren Energien immer schmaler.

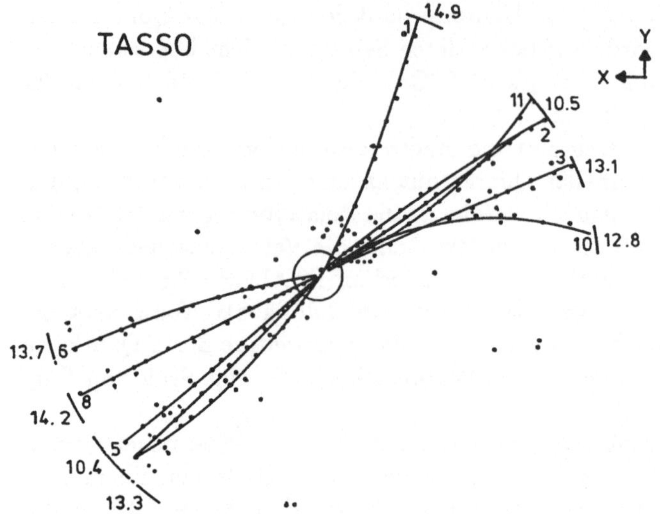

Abb. 4.14. Ein 2-Jet-Ereignis der $e^- e^+$-Vernichtung im TASSO-Detektor. Gezeigt ist die Projektion der Spuren auf eine Ebene, die senkrecht zu den einfallenden Strahlen durch den Wechselwirkungspunkt geht.

Die Reaktion (4.149) sollte also zu sog. 2-Jet-Ereignissen führen, bei denen E_q mit der Strahlenergie E identisch wird. Ein Beispiel eines solchen 2-Jet-Ereignisses in der $e^- e^+$-Annihilation zeigt die Abb. 4.14. Aufgetragen sind die Spuren der Teilchen in einer Ansicht senkrecht zur Achse der einfallenden Elektronen bzw. Positronen.

Experimentell läßt sich die Jetachse für Ereignisse der Reaktion (4.149) mit Hilfe der *thrust* Variablen T finden,

$$T = \max \frac{\sum_i |\boldsymbol{p}_i \boldsymbol{n}|}{\sum_i |\boldsymbol{p}_i|} \ . \tag{4.153}$$

Summiert wird über alle Hadronen eines Ereignisses. Man sucht hiermit also eine Richtung $\boldsymbol{n}$ bezüglich der die Summe der Longitudinalimpulse der Hadronen maximal wird. Wenn die Gleichsetzung der Jets mit den Quarks richtig ist, muß die Winkelverteilung der T-Achse in der Annihilation dem Gesetz (4.114) folgen. Dies wurde in der Tat gefunden, und bedeutete eine wesentliche Stütze für die Beschreibung der Elektron-Positron-Annihilation in Hadronen über das Quarkmodell.

In Abschn. 3.5.4 haben wir den Zerfall des ϱ-Mesons durch Zerreißen des Bündels der Farbfeldlinien zwischen den Quarks beschrieben. Ganz ähnlich verläuft auch die Fragmentation. In der Abb. 4.15 wird dies am Beispiel der

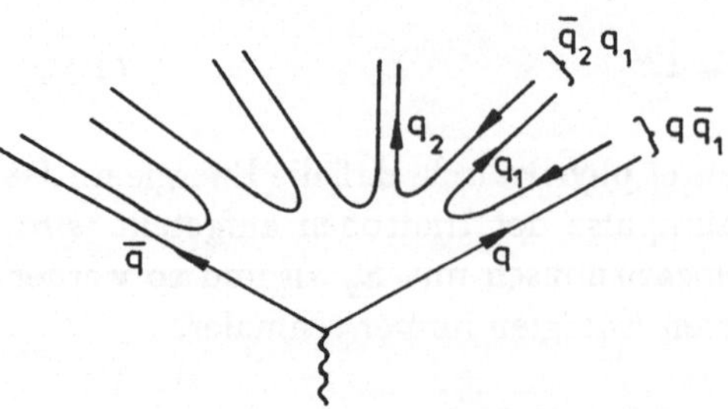

Abb. 4.15. Die Fragmentation in der $e^- e^+$-Vernichtung.

Annihilation erläutert. Die in der Gluonfeld-Saite gespeicherte Energie ist so groß, daß sie die Bildung vieler $q\bar{q}$-Paare erlaubt.

Diesen Vorgang kann man in einer „Monte-Carlo"-Rechnung[5] rekonstruieren. Dazu nehmen wir an, daß in dem von den auseinanderlaufenden Quarks produzierten Farbfeld zunächst ein Paar $q_1\bar{q}_1$ produziert wird. Das nach rechts laufende ursprüngliche Quark q mit dem Impuls $|\boldsymbol{p}_q|$ formt mit dem Quark $\bar{q}_1$ ein Meson ($q\bar{q}_1$). Der Longitudinalimpuls dieses Mesons, also die Impulskomponente in Richtung $\boldsymbol{p}_q$, sei $z_1|\boldsymbol{p}_q|$, das übrigbleibende Quark q_1 hat dann den Longitudinalimpuls $p_{1,L} = (1 - z_1)|\boldsymbol{p}_q|$. Nun wird ein Paar $q_2\bar{q}_2$ erzeugt, $\bar{q}_2$ bildet mit q_1 ein Meson mit dem Longitudinalimpuls $z_2|\boldsymbol{p}_1|$ und so geht es immer weiter, bis der gesamte Impuls aufgebraucht ist. Für die Monte-Carlo-Rechnung muß man also nur eine universale Verteilungsfunktion $f(z_i)$ bestimmen, die die Aufteilung der Longitudinalimpulse in den oben besprochenen Prozessen festlegt. Die Zufallszahlen $z_1, z_2...$ werden entsprechend dieser Funktion gewürfelt. Es ist klar, daß ein solches Verfahren eine Verteilungsfunktion D^h der Longitudinalimpulse der Hadronen erzeugt, die nur von der in Formel (4.152) definierten Variablen z abhängt. Die Hadronen bilden also *Jets*. Zusätzlich würfelt man in der Simulationsrechnung auch noch den Transversalimpuls der Mesonen (bezüglich der Richtung $\boldsymbol{p}_q$) mit einem Mittelwert von etwa 300 MeV, die Flavorquantenzahlen der Quarks, die Spins der Mesonen usw.

Moderne Hadronisationsprogramme sind technisch sehr kompliziert, obwohl sie auf relativ einfachen Grundannahmen beruhen. Das erste solche Modell wurde von Field und Feynman [4.6] angegeben, heute gilt das sog. LUND-Monte-Carlo als ein gewisses Standardprogramm zur Beschreibung der Hadronisierung von Quarks, Diquarks und Gluonen [4.7].

QCD-Korrekturen. Sobald Quarks im Spiel sind, macht es keinen Sinn, die elektromagnetische Wechselwirkung von der starken Wechselwirkung getrennt zu behandeln. In niedrigster Ordnung der Störungstheorie z.B. kann die elektromagnetische Paarerzeugung von Quarks durch die Abstrahlung eines zusätzlichen Gluons modifiziert werden (Diagramm b und c der Abb. 4.16). In einem kleinen Bruchteil der Fälle führt die Abstrahlung von Gluonen zu spektakulären 3-Jet-Ereignissen (Abb. 4.17).

Die Analyse von Ereignissen mit mehr als 2 Jets macht die Entwicklung allgemeiner Algorithmen zur Rekonstruktion der Jets aus den Impulsen der Reaktionsprodukte nötig. Weit verbreitet ist ein Verfahren [4.8], welches zunächst jede Teilchen k und l eines Ereignisses mit den Energien E_k und E_l zu Paaren der invarianten Masse M_{kl} zusammenfaßt. Diese wird nach der Vorschrift

$$M_{kl}^2 = 2E_k E_l(1 - \cos\Theta_{kl}) \tag{4.154}$$

berechnet, in der Θ_{kl} den Winkel zwischen den beiden Teilchen kennzeichnet. Die Teilchen i und j mit der kleinsten Paarmasse werden durch ein Pseudoteilchen mit dem Viererimpuls $(p_i^\mu + p_j^\mu)$ ersetzt. Der Algorithmus wird nun solange wiederholt, bis das skalierte Massenquadrat

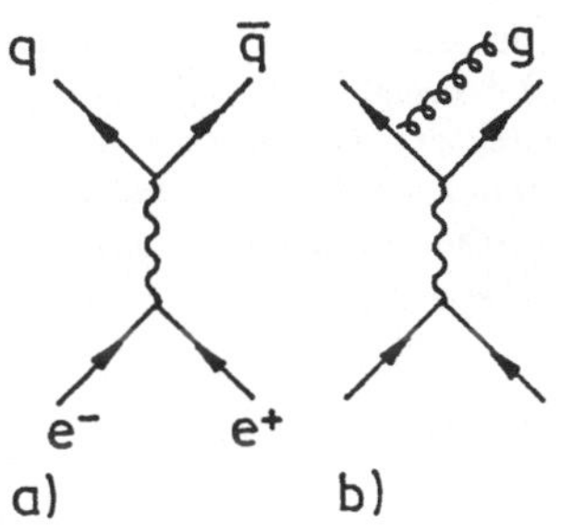

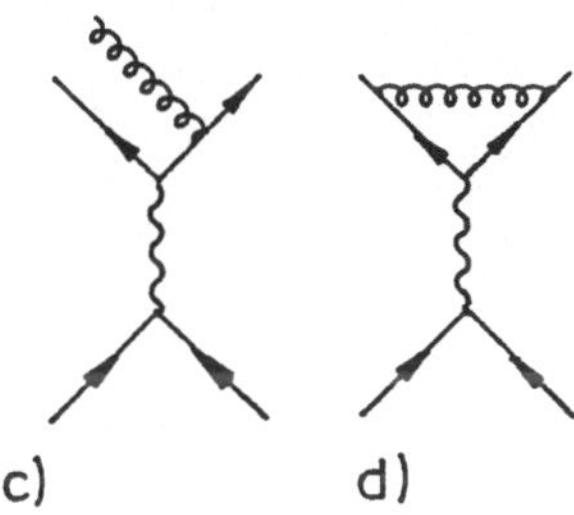

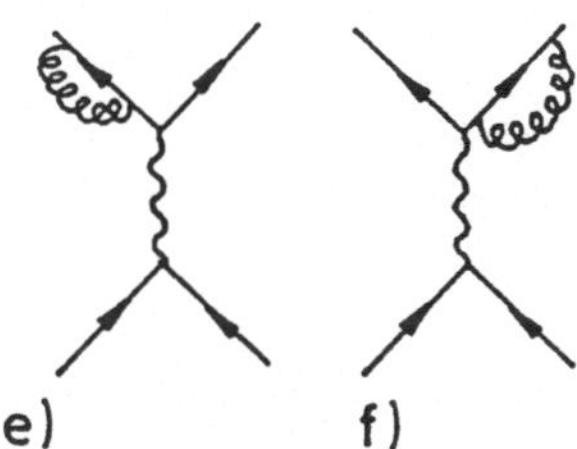

Abb. 4.16. Feynman-Diagramme der Elektron-Positron-Annihilation bis zur Ordnung α_S der QCD.

[5]Als „Monte-Carlo"-Methode wird das Nachbilden zufälliger Prozesse auf einem Computer bezeichnet.

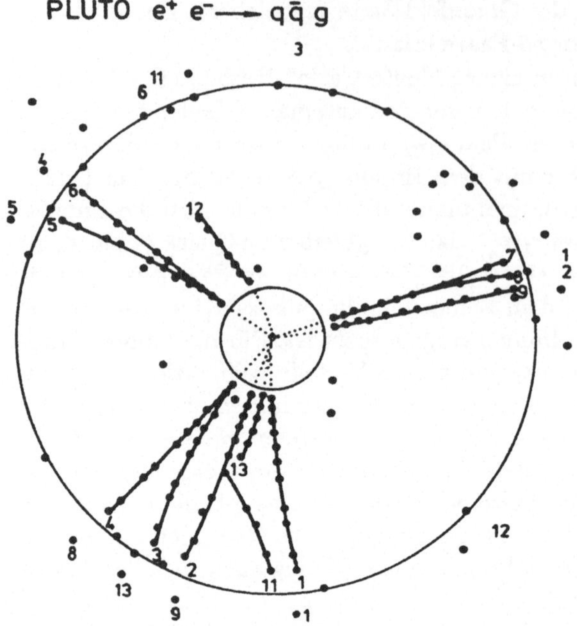

Abb. 4.17. Ein typisches 3-Jet-Ereignis im PLUTO-Detektor, wie es kurz nach Beginn der Experimente am Speicherring PETRA gefunden wurde.

$$y_{kl} = \frac{M_{kl}^2}{s} \tag{4.155}$$

aller überlebenden Kombinationen oberhalb eines vorgewählten Schnittes y_{cut} liegt. Diese Kombinationen von Teilchen und Pseudoteilchen sind die gesuchten Jets. Mit Hilfe solcher Methoden ist die Erzeugung von 3 und mehr Jets in der Elektron-Positron-Annihilation ausführlich untersucht worden.

Die Berechnung des differentiellen Wirkungsquerschnitts für die Reaktion

$$e^- + e^+ \to q + \bar{q} + g \tag{4.156}$$

führt über den Rahmen dieses Buches hinaus. Die Energie- und Winkelverteilung der Gluonen der Reaktion (4.156) ist sehr ähnlich der Bremsstrahlung (Abschn. 4.4), d.h. die meisten Gluonen haben eine kleine Energie und einen kleinen Winkel relativ zum Quark, von dem sie abgestrahlt werden. Sie machen sich daher nur in einer Modifikation des totalen Querschnitts (4.150) bemerkbar. Um diese Modifikation in der Ordnung α_S zu bekommen, muß man die entsprechenden Werte der Diagramme b-c der Abb. 4.16 quadrieren und die Interferenz von a mit d bis f berechnen. In einer durchsichtigen Schreibweise läßt sich dieses Rezept in die Form

$$\sigma \sim |a^2| + |b + c|^2 + 2\Re a^*(d + e + f) \tag{4.157}$$

bringen. Das Ergebnis einer solchen Rechnung lautet

$$\sigma(e^- e^+ \to \text{Hadronen}) = \sigma_0(1 + \alpha_S(s)/\pi) , \tag{4.158}$$

wobei σ_0 in Gleichung (4.150) definiert ist. Bei $s = 900$ GeV^2 gilt aber

$\alpha_s \approx 0.16$, die Korrektur auf Grund der starken Wechselwirkung beträgt also etwa 5%. Die Genauigkeit moderner Annihilationsexperimente reicht aus, den Einfluß dieser Korrektur zu sehen. Ebenso entsprechen die kinematischen Eigenschaften der 3-Jet-Ereignisse den theoretischen Vorhersagen. Diese Übereinstimmung manifestiert eine Art objektiver Evidenz für Gluonen, die ja als farbige Feldquanten ebenfalls dem Einschluß (*confinement*) unterliegen.

4.3.2 Die elastische Elektron-Nukleon-Streuung

Herleitung des Wirkungsquerschnitts. Für die nun folgende Diskussion der Elektron-Nukleon-Streuung ist es nützlich, alle Formeln in einem System anzugeben, in dem das Zielteilchen (*Target*) ruht. Die meisten Untersuchungen zur Elektron-Kern- und Elektron-Proton-Streuung wurden mit dieser experimentellen Anordnung durchgeführt, das Ruhsystem wird mit dem *Labor*system identisch. Insbesondere bei der Diskussion der inelastischen Streuung ist es jedoch sinnvoll, den Wirkungsquerschnitt in invarianter Form zu behandeln, so daß die Formeln sich auch zur Beschreibung von Experimenten an Elektron-Proton-Speicherringen verwenden lassen.

Wir gehen zurück zur elastischen $e\mu$-Streuung, d.h. zur Streuung an einem punktförmigen Teilchen der Masse M. In einem System mit ruhendem Target, bekommt die in Abschn. 4.2 eingeführte Variable y eine anschauliche Bedeutung. Wegen

$$k^\mu = (M, 0, 0, 0) \tag{4.159}$$

wird

$$y = \frac{E - E'}{E} \; , \tag{4.160}$$

der *relative* Energieverlust des gestreuten Elektrons. In dieser Anschrift wird auch die Beziehung (5.114) ohne weiteres klar.

Die Variable $t = (p - p')^2$ hat in diesem System bei Vernachlässigung der Elektronenmasse m eine ähnlich einfache Form wie im Schwerpunktsystem

$$t = -2EE'(1 - \cos\Theta) = -4EE' \sin^2 \Theta/2 \; , \tag{4.161}$$

man muß aber beachten, daß E', die Energie des auslaufenden Elektrons, eine Funktion des Streuwinkels Θ im Laborsystem ist. Da andererseits t auch durch $(k - k')^2$ gegeben ist, gewinnen wir so die nützliche kinematische Beziehung

$$t = -2MEy \; . \tag{4.162}$$

Unter Beachtung von

$$\frac{dt}{d\Omega} = \frac{E'^2}{\pi} \tag{4.163}$$

bringen wir die Gleichung (4.135) wieder in eine Form, die von der Invarianten $t = q^2$ und den Variablen des Laborsystems abhängt,

$$\frac{d\sigma}{d\Omega} = \frac{4\alpha^2 E'^2}{q^4} \frac{1}{1 + (2E/M)\sin^2 \Theta/2}\left(1 - \frac{q^2}{2M^2}\sin^2 \Theta/2\right) \; . \tag{4.164}$$

Wenn wir hierin M mit der Masse des Protons M_p gleichsetzen, haben wir eine Formel für die Streuung relativistischer Elektronen an einem „Dirac-Proton", d.h. einem Spin-1/2-Teilchen mit der Masse eines Protons und dem magnetischen Moment von *einem* Kernmagneton abgeleitet. Verglichen mit der Formel (7.46) des Buches von Bjorken und Drell [4.2]

$$\frac{d\sigma^{ep}}{d\Omega} = \frac{4\alpha^2 E'^2}{q^4} \frac{1}{1 + (2E/M_p)\sin^2\Theta/2}(\cos^2\Theta/2 - \frac{q^2}{2M_p^2}\sin^2\Theta/2). \quad (4.165)$$

wurde offenbar in unserer Herleitung der Term $\cos^2\Theta/2$ im letzten Faktor durch 1 angenähert. Dieser Unterschied ist nicht weiter verwunderlich. Gleichung (4.135) ist im Fall verschwindender Werte von m/E und M/E gültig. Diese Näherung ist für Elektronen schon ab Energien von einigen MeV, also praktisch immer richtig. Bei schweren Target-Teilchen wie dem Proton muß man aber bis zu Energien von einigen GeV Masseneffekte berücksichtigen. In (4.135) entspricht das der Ersetzung

$$1 - y + \frac{y^2}{2} \rightarrow 1 - y + \frac{y^2}{2} - \frac{M_p y}{E} \ . \quad (4.166)$$

In der Literatur kann man noch manche andere Darstellung des Wirkungsquerschnitt der elastischen Elektronenstreuung finden. Es sind Variationen des gleichen Themas. Eine sinnvolle Umformung der Gleichung (4.165) besteht z.B. darin, den Faktor $\cos^2\Theta/2$ auszuklammern,

$$\frac{d\sigma^{ep}}{d\Omega} = \frac{4\alpha^2 E'^2 \cos^2\Theta/2}{q^4} \frac{1}{1 + (2E/M_p)\sin^2\Theta/2}(1 - \frac{q^2}{2M_p^2}\tan^2\Theta/2) \ , \quad (4.167)$$

weil dann der erste Faktor der Wirkungsquerschnitt für die Streuung eines relativistischen Elektrons im Coulomb-Potential ist. Die sog. Mottsche Streuformel[6]

$$\frac{d\sigma}{d\Omega} = \frac{\alpha^2}{4p^2\beta^2\sin^4\Theta/2}(1 - \beta^2\sin^2\Theta/2) \quad (4.168)$$

behandelt dieses Problem für *beliebige* Elektronengeschwindigkeiten β. Für $\beta \rightarrow 1$ entspricht sie dem ersten Faktor in (4.167), wenn man berücksichtigt, daß bei der Potentialstreuung $E = E'$ gilt. Der Term $\cos^2\Theta/2$ bringt wieder die Drehimpulserhaltung zum Ausdruck. Bei einem Streuwinkel von 180° führt die Helizitätserhaltung am Vertex (Abb. 4.18) zu $\Delta J_z = \pm 1$, daher muß der Wirkungsquerschnitt für diesen Streuwinkel verschwinden. Es ist auch anschaulich klar, daß dieser Spinterm nur bei hohen Geschwindigkeiten beiträgt. Im Ruhsystem des Elektrons erscheint das Streuzentrum nämlich als sich bewegende Ladung. Neben dem elektrischen Feld tritt daher auch ein Magnetfeldanteil $\sim \beta$ auf. Dieses Magnetfeld koppelt an den Spin des Elektrons. Im Umkehrschluß wird damit auch einsichtig, daß Spineffekte für $\beta \rightarrow 0$ verschwinden. Die Mottsche Streuformel geht in

$$\frac{d\sigma}{d\Omega} = \frac{\alpha^2 m^2}{4p^4\sin^4\Theta/2} \ , \quad (4.169)$$

Abb. 4.18. Rückwärtstreuung von Elektronen im Coulomb-Potential.

[6]Sie wird in dem Buch von Mott und Massey [4.9] ausführlich diskutiert.

den Rutherfordschen Wirkungsquerschnitt für die Streuung eines spinlosen nichtrelativistischen Teilchens der Masse m im Coulomb-Potential über. Die berühmte Winkelabhängigkeit wurde von Rutherford durch Betrachtung der Bahnen geladener Teilchen im Coulomb-Feld ohne Benutzung der Quantenmechanik gefunden[7]. In unserer Interpretation kommt sie durch den Photonpropagator $1/q^2$ zustande, der als Faktor $(1/q^2)^2$ im Wirkungsquerschnitt aller elektromagnetischen Streuprozesse von den niedrigsten bis zu den höchsten Energien auftritt.

Experimente zur Elektronenstreuung. Zunächst werfen wir einen Blick auf die Streuung im Coulomb-Potential. Sie läßt sich experimentell durch Streuung niederenergetischer ($E \approx 2$ MeV) Elektronen an schweren Kernen studieren. Hierzu gibt es ausgedehnte Untersuchungen, z.B. der Elektronenstreuung an dünnen Metallfolien. Die genauesten Messungen zeigten, daß alle Abweichungen von der Mottschen Formel auf Beiträge von QED-Diagrammen höherer Ordnung zurückgeführt werden können [4.10].

Bei der Diskussion der Experimente zur Elektron-Positron-Annihilation im letzten Abschnitt haben wir gesehen, daß Elektronen und Myonen sich wie punktförmige Teilchen verhalten. Eine Überprüfung der QED-Resultate im raumartigen Bereich, also durch Elektron-Myon-Streuung ist leider nicht möglich, da sich Myonen nicht in genügender Anzahl herstellen lassen. Das einzige geladene Spin-1/2-Teilchen, das man als Target für Streuversuche benutzen kann, ist das Proton. Da es aber ein anomales magnetisches Moment von 2.79 Kernmagnetonen hat, erwarten wir von vornherein, daß die Gleichung (4.167) modifiziert werden muß.

Zur Diskussion der elastischen Elektron-Proton-Streuung

$$e + p \rightarrow e + p \qquad (4.170)$$

könnte man zunächst versuchen, eine zu (4.167) analoge Formel für die Streuung an einem punktförmigen Teilchen mit anomalem magnetischen Moment abzuleiten. Weil das Proton aber einen Radius von etwa 1 fm hat, erwarten wir zusätzliche Abweichungen von (4.167) schon bei $|q^2| \approx 0.04$ GeV^2, typisch also bei Streuwinkeln von 10° für Elektronenstrahlen der Energie 1 GeV.

Den Einfluß der endlichen Ausdehnung des Protons parametrisiert man durch Einführung von 2 Formfaktoren, G_E^p und G_M^p, dem elektrischen und magnetischen Formfaktor des Protons. Sie hängen von $|q^2|$ ab. Solange man den Energieübertrag auf das Proton vernachlässigen kann, gilt aber auch $|q^2| = \boldsymbol{q}^2$, und der elektrische Formfaktor läßt sich als Fourier-Transformierte der Ladungsverteilung $\varrho(r)$

$$G_E^p(\boldsymbol{q}^2) = \frac{1}{(2\pi)^{3/2}} \int \varrho(r) e^{i\boldsymbol{q}\boldsymbol{r}} d^3r \qquad (4.171)$$

interpretieren. Ebenso beschreibt G_M^p die Verteilung des magnetischen Moments. Eine genauere Diskussion dieser Zusammenhänge führt uns zu weit von unserem eigentlichen Thema, der Wechselwirkung von Leptonen und Quarks

[7]E. Rutherford (1871–1937) entdeckte auf diese Weise den Atomkern

weg. Im Buch von Bjorken und Drell [4.2] findet man eine ausführliche Herleitung der Rosenbluth-Formel

$$\frac{d\sigma}{d\Omega} = \frac{4\alpha^2 E'^2 \cos^2\Theta/2}{q^4(1 + (2E/M_N)\sin^2\Theta/2)} \left(\frac{G_E^2 + \tau G_M^2}{1 + \tau} + 2\tau G_M^2 \tan^2\Theta/2 \right) ,$$

(4.172)

die für die Elektronenstreuung an Protonen *und* Neutronen im Laborsystem gültig ist. Das Symbol τ ist eine Abkürzung für $|q^2|/4M_N^2$, wobei M_N die Nukleonenmasse bedeutet.

Für Protonen lauten die Randbedingungen

$$G_E^p(0) \;=\; 1 \quad G_M^p(0) \;=\; 2.79 \qquad\qquad (4.173)$$

und für Neutronen

$$G_E^n(0) \;=\; 0 \quad G_M^n(0) \;=\; -1.91 \;, \qquad\qquad (4.174)$$

d.h. $G_M^{p,n}(0)$ sind die magnetischen Momente der Nukleonen in Einheiten eines Kernmagnetons. Mit $G_E = G_M = 1$ für alle Werte von $|q^2|$ erhält man die Gleichung (4.167) zurück, wie es auch sein muß.

Die Rosenbluth-Formel enthält die Aussage, daß man bei festem $|q^2|$ durch Variation des Streuwinkels die beiden Formfaktoren G_E und G_M gemeinsam bestimmen kann. Im Prinzip teilt man dazu die gemessenen Wirkungsquerschnitte durch den ersten Faktor der Formel (4.172), und trägt das Ergebnis gegen $\tan^2\Theta/2$ auf. Die so erhaltenen Werte sollten auf der „Rosenbluth-Geraden" liegen, deren Achsenabschnitt durch $(G_E^2 + \tau G_M^2)/(1 + \tau)$ und deren Steigung durch $2\tau G_M^2$ gegeben ist. Eine Änderung des Winkels bei festem $|q^2|$ bedeutet natürlich, daß die Einfallsenergie E der Elektronen an die geänderten kinematischen Bedingungen angepaßt werden muß. Messungen der Formfaktoren der Nukleonen wurden über einen großen Wertebereich von $|q^2|$ durchgeführt. Aus der Normierung der Formfaktoren und aus den in der Rosenbluth-Formel auftretenden Vorfaktoren ist zu entnehmen, daß schon für relativ kleine $|q^2|$-Werte von etwa 2 GeV^2 der Wirkungsquerschnitt durch G_M dominiert ist. Die Meßwerte des elektrischen Formfaktors sind daher i.allg. mit einem größeren Fehler behaftet.

Das experimentelle Resultat kann sehr einfach zusammengefaßt werden. Sowohl der Verlauf von G_E^p als auch von G_M^p/μ_p läßt sich durch die sog. Dipolformel

$$G_E^p = \frac{G_M^p}{\mu_p} = \frac{1}{(1 + |q^2|/a)^2} \qquad\qquad (4.175)$$

mit $a = 0.71$ GeV^2 beschreiben. Das Merkwürdige dabei ist, daß dieses Resultat schon von Hofstadter [4.11] bei der Untersuchung der Ladungsverteilung des Protons bei sehr kleinen Impulsüberträgen gefunden wurde. Auch der magnetische Formfaktor des *Neutrons* folgt diesem universellen Verlauf, während $G_E^n(|q^2|) \approx 0$ gilt.

Für hohe Impulsüberträge bedeutet (4.175) auf jeden Fall einen starken Abfall des Wirkungsquerschnitts , $\sigma \sim 1/q^{12}$ verglichen mit $1/q^4$ für ein punktförmiges Teilchen. Dies ist ein wirklich dramatischer Effekt, und auf diesem Hintergrund muß man die in Abschn. 4.3.4 zu besprechenden Ergebnisse der inelastischen Elektron-Nukleon-Streuung sehen. Das Potenzgesetz $1/q^4$ des Formfaktors läßt sich wenigstens qualitativ im Rahmen der QCD deuten (Abb. 4.19). Wenn die Streuung des Elektrons an einem einzelnen Quark stattfindet, müssen die beiden anderen Quarks wieder in die ursprüngliche Konfiguration gedrängt werden, damit das Proton zusammenhält. Dies geschieht durch Austausch von Gluonen. Die dabei auftretenden Gluon-Propagatoren $1/q_1^2$ und $1/q_2^2$ skalieren mit $|q^2|$, und daher wird die Streuamplitude mit einem Faktor $\sim 1/q^4$ multipliziert.

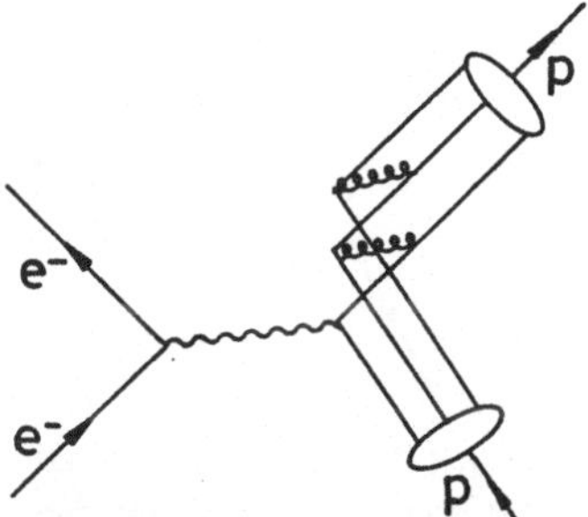

Abb. 4.19. Die elastische Elektron-Nukleon-Streuung in der QCD.

Das in Gleichung (4.175) beschriebene Gesetz gibt die experimentellen Resultate mit einer Genauigkeit von etwa 10% wieder. In sehr sorgfältigen Untersuchungen wurden Abweichungen von der Dipolformel im Verlauf des elektrischen und magnetischen Formfaktors festgestellt (Abb. 4.20). Diese Details und der in (4.175) auftretende Wert der Konstanten a sind bis heute unverstanden. Gemessen an dem großen experimentellen Aufwand erscheint das Ergebnis etwas dürftig. Der Vergleich mit den völlig neuartigen Phänomenen, die beim Übergang zur inelastischen Elektronenstreuung gefunden wurden, zeigt uns, wie wichtig es in der Teilchenphysik ist, zunächst einmal die groben Effekte zu entdecken und zu verstehen.

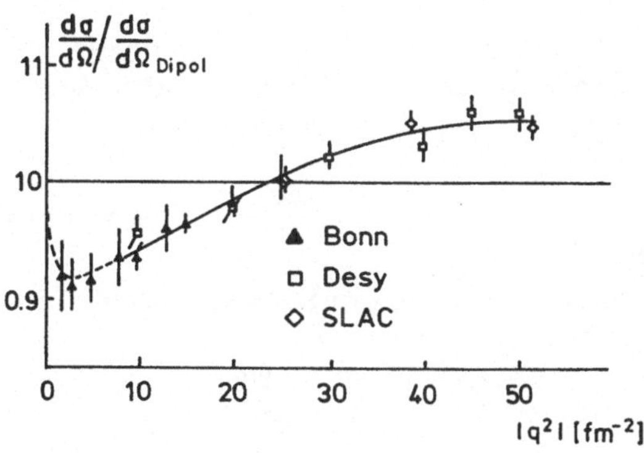

Abb. 4.20. Das Verhältnis des Wirkungsquerschnitts der elastischen Elektron-Proton-Streuung zu einer Vorhersage, die aus der Dipolformel für die Formfaktoren gewonnen wurde. [4.20].

4.3.3 Das $e\pi$-System

Die Feynman-Regeln des Abschn. 4.1 behandeln nur die Kopplung von Fermionen an Photonen. Dies ist u.a. dadurch gerechtfertigt, daß die elementaren Bausteine der Materie eben Fermionen sind. Es ist trotzdem reizvoll, die elektromagnetische Wechselwirkung von skalaren Teilchen zu untersuchen. Als Beispiel diskutieren wir das Elektron-Pion-System, obwohl es sich bei den Pionen natürlich nicht um elementare punktförmige Konstituenten der Materie handelt.

Ein- und auslaufende Spin-0-Teilchen werden in den Feynman-Graphen einfach durch einen Faktor 1 beschrieben, während jedem Vertex ein Faktor

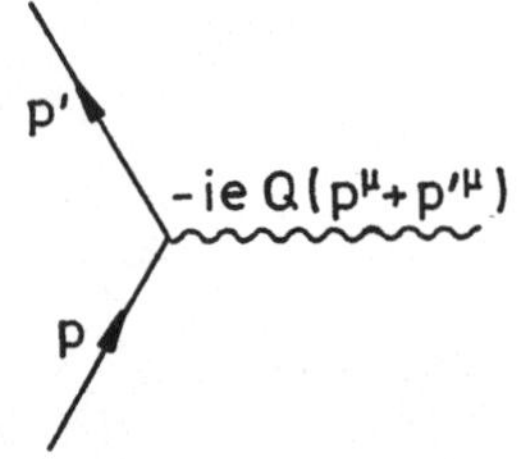

Abb. 4.21. Die elektromagnetische Kopplung an skalare Teilchen.

$$-\imath eQ(p^\mu + p'^\mu) \tag{4.176}$$

zugeordnet wird (Abb. 4.21). Die Amplitude für die Paarerzeugung

$$e^- + e^+ \to \pi^- + \pi^+ \tag{4.177}$$

lautet demnach

$$T_{fi} = -e^2 \bar{v}(k)\gamma^\mu u(p)\frac{1}{q^2}(p'_\mu - k'_\mu) \ . \tag{4.178}$$

Die Auswertung im *Schwerpunktsystem* der Reaktion ergibt z.B. für linkshändige Elektronen und rechtshändige Positronen unter Benutzung der Resultate des Abschn. 4.1

$$T_{fi} = -e^2 \sin\Theta \ , \tag{4.179}$$

d.h. eine Winkelverteilung proportional zu $d^1_{1,0}$. Ausgedrückt durch die Mandelstam-Variablen lautet die Streuamplitude

$$T_{fi} = -2e^2 \sqrt{\frac{tu}{s^2}} \ . \tag{4.180}$$

Das gleiche Ergebnis wird für die Annihilation rechtshändiger Elektronen und linkshändiger Positronen erhalten. Die Amplitude für die Elektronen-Streuung an Pionen folgt hieraus sofort mit Hilfe der Substitutionsregel $s \leftrightarrow -t$

$$T_{fi} = -2e^2 \sqrt{\frac{-su}{t^2}} \ , \tag{4.181}$$

und es ist eine sehr einfache Aufgabe, aus diesen Amplituden nach den üblichen Verfahren z.B. den spingemittelten Wirkungsquerschnitt im Schwerpunktsystem für die Annihilation

$$\frac{d\sigma}{d\Omega}(e^- e^+ \to \pi^- \pi^+) = \frac{\alpha^2}{8s}\sin^2\Theta \ , \tag{4.182}$$

beziehungsweise den Streuquerschnitt in invarianter Form

$$\frac{d\sigma}{dq^2}(e\pi \to e\pi) = \frac{4\pi\alpha^2}{q^4}(1-y) \tag{4.183}$$

abzuleiten.

Experimentell sind die Abweichungen von diesen Vorhersagen aufgrund der hadronischen Natur der Pionen am interessantesten. Sie werden wieder durch Formfaktoren beschrieben, mit denen die Streuamplitude multipliziert wird. Da die π-Mesonen Spin-0-Teilchen sind, gibt es nur *einen* Formfaktor, der für den zeitartigen Prozeß mit $F_\pi(s)$ und für den raumartigen Prozeß mit $F_\pi(q^2)$ bezeichnet wird.

Qualitativ ist klar, daß im Bereich von $s \approx m_\varrho^2$ die Größe $|F_\pi(s)|^2$ die Gestalt einer Breit-Wigner-Resonanzkurve annimmt. Wenn auf der anderen Seite die Elektron-Pion-Streuung durch ein QCD-Bild analog zur Abb. 4.19 beschrieben wird, erwartet man

$$F_\pi(q^2) \sim \frac{1}{|q^2|} \ , \tag{4.184}$$

da nur *eine* Quarklinie umgebogen werden muß. Beide Überlegungen werden im Experiment bestätigt, für die vielen wichtigen Details muß ich jedoch den Leser auf die Literatur [4.12] verweisen.

4.3.4 Inelastische Elektron-Nukleon-Streuung

Der Wirkungsquerschnitt im Quarkmodell. Die Hadronerzeugung in der Elektron-Positron-Annihilation wird, wie wir gesehen haben, sehr gut durch das Quarkmodell wiedergegeben. Ebenso werden wir nun versuchen, die Hadronerzeugung in der Elektron-Nukleon-Streuung, d.h. die inklusive Streureaktion

$$e + N \rightarrow e + X \ , \tag{4.185}$$

wobei X ein *beliebiger* hadronischerEndzustand sein soll, im Rahmen dieses Modells zu diskutieren. Bei genügend hohen Werten von $|q^2|$ verhalten sich die Quarks im Nukleon während des Streuprozesses als freie Teilchen. Die inelastische Elektronen-Streuung kann demnach wieder als ein in 2 Stufen verlaufender Prozeß aufgefaßt werden, bei dem zunächst die Elektronen elastisch an punktförmigen Quarks gestreut werden. Durch die Streuung erhalten die Quarks einen Rückstoßimpuls, sie laufen auseinander und hadronisieren anschließend bei größeren Abständen. Wir führen die Rechnung in einem Bezugsystem durch, in dem das Targetnukleon eine sehr hohe Geschwindigkeit hat (*infinite momentum frame*), bei hohen Werten von s ist das z.B. das Schwerpunktsystem. In einem solchen System erscheint das Nukleon als ein Strahl von Quarks, die jedes einen Bruchteil x des Nukleon-Impulses P^μ

$$k^\mu = x P^\mu \tag{4.186}$$

mit $0 \leq x \leq 1$ tragen. Die Quarkimpulse sind also immer kollinear mit dem Impuls des Nukleons (Abb 4.22). Da wir weiter in der Hochenergienäherung verschwindender Quarkmassen bleiben, zeigt die Beziehung (4.186), daß auch die Masse des Nukleons vernachlässigt wird.

Es soll nun $q_f(x)$ die Verteilungsfunktion der Impulse eines Quarks der Sorte f im Nukleon sein, d.h. $q_f(x)dx$ ist die Anzahl von Quarks der Sorte f mit relativen Impulsen zwischen x und $x+dx$, ($f = u, d, \bar{u}, ...$). Im Gegensatz zur Annihilation zählen wir also hier die Antiquarks als eine eigene Sorte. Der Wirkungsquerschnitt der Elektronenstreuung an den Quarks im Nukleon folgt nun unmittelbar mit Hilfe von (4.135)

$$\frac{d\sigma^{eq}}{dq^2} = \frac{2\pi\alpha^2}{q^4}(1 + (1-y)^2)\sum_f Q_f^2 q_f(x)dx \ . \tag{4.187}$$

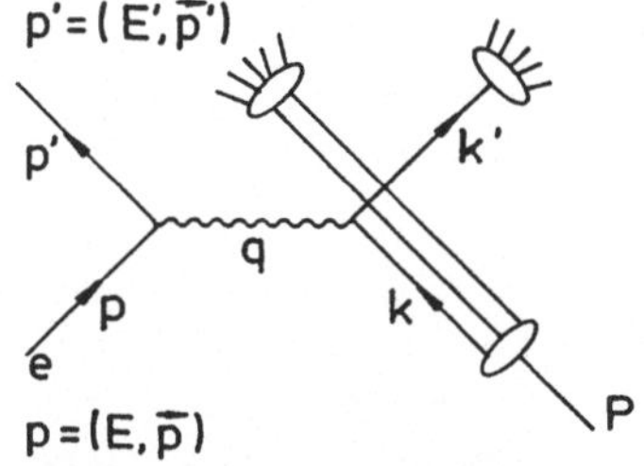

Abb. 4.22. Die inelastische Elektron-Nukleon-Streuung im Quarkmodell.

Wenn wir jetzt, wie gerade besprochen, annehmen, daß die Hadronisierung bei einer anderen Abstandsskala stattfindet, und über alle möglichen Endzustände summieren, gibt die Gleichung (4.187) sofort den 2-fach differentiellen Wirkungsquerschnitt für die Elektron-Nukleon-Streuung

$$\frac{d\sigma^{eN}}{dq^2 dx} = \frac{2\pi\alpha^2}{q^4}(1 + (1-y)^2)\frac{F_2(x)}{x} \qquad (4.188)$$

wieder. Hierin wurde gleichzeitig eine sog. Strukturfunktion F_2 als Abkürzung
für

$$F_2(x) = x \sum_f Q_f^2 q_f(x) \qquad (4.189)$$

eingeführt. Zunächst erscheint diese Formel aber noch wenig nützlich, da die
Variable y gemäß (4.132) im Elektron-Quark-System definiert ist. Außerdem
wird der Wirkungsquerschnitt als Funktion des Quarkimpulses in einem bestimmten Bezugsystem angegeben, während man experimentell gewohnt ist,
ihn in Abhängigkeit von q^2 und W, der invarianten Masse der erzeugten Hadronen zu messen.

Die beiden Skalenvariablen x und y lassen sich aber problemlos durch
Invarianten des Elektron-Nukleon-Streuprozesses ausdrücken. Aufgrund der
Relation $k^\mu = xP^\mu$ folgt aus (4.130) unmittelbar

$$y = \frac{q \cdot P}{p \cdot P} \; , \qquad (4.190)$$

und damit bleibt insbesondere die Beziehung (4.160) für ein ruhendes Target
weiterhin richtig. Aus der Viererimpulserhaltung $q + k = k'$ am Elektron-
Quark-Vertex berechnet man sofort

$$q^2 + 2q \cdot k = 0 \qquad (4.191)$$

und daher

$$x = \frac{-q^2}{2q \cdot P} \; . \qquad (4.192)$$

Da die invariante Masse der erzeugten Hadronen aber durch

$$W^2 = (q + P)^2 \qquad (4.193)$$

definiert ist, folgt die Skalenvariable x sehr einfach aus q^2 und W,

$$x = \frac{-q^2}{W^2 - q^2 - M_N^2} \; . \qquad (4.194)$$

Hieraus ergibt sich leicht, daß der Wertebereich von x auf

$$0 \leq x \leq 1 \qquad (4.195)$$

eingeschränkt ist, wie es sein muß, da x ja anschaulich dem Impulsbruchteil
der Quarks im *infinite momentum frame* entspricht. Der Grenzfall $x \to 1$ wird
für die elastische Streuung, $W = M_N$, erreicht.

Aus den Gleichungen (4.190) und (4.192) können wir noch einen nützlichen Zusammenhang zwischen x und y ableiten,

$$|q^2| = 2xyp \cdot P \approx xys \; , \qquad (4.196)$$

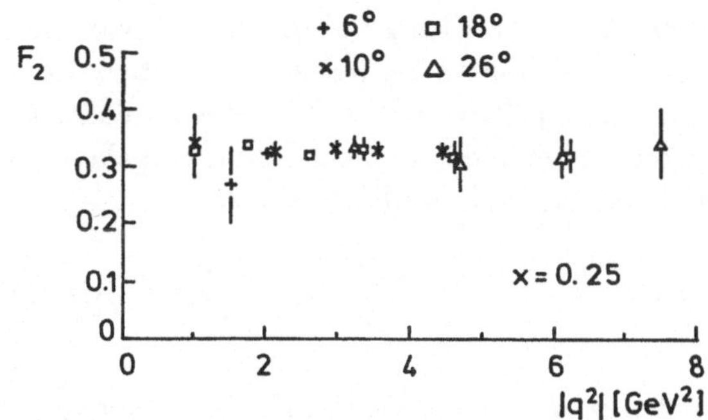

Abb. 4.23. Das Skalenverhalten der Strukturfunktion F_2 bei $x = 0.25$.

wobei die letzte Beziehung exakt richtig ist, wenn man $\sqrt{s}$, die Schwerpunkts-energie im Elektron-Nukleon-System, unter Vernachlässigung der Nukleonen-masse berechnet.

Die Beziehung (4.188) enthält einige sehr wichtige physikalische Aussagen:

- Da $1 - y + y^2/2$ relativ schwach von q^2 abhängt, fällt der inelastische Wirkungsquerschnitt bei festem x nur wie etwa $1/q^4$ ab. Vergleichen Sie dies mit dem $1/q^{12}$ Gesetz der elastischen Streuung!
- Die durch den „punktförmigen" Querschnitt (4.135) geteilten Meßwerte hängen nur noch von der Skalenvariablen x und nicht von q^2 ab. Ein besonders schönes Beispiel für dieses sog. Skalenverhalten der Struktur-funktion F_2 zeigt die Abb. 4.23.
- Durch Messungen der inelastischen Elektron-Nukleon-Streuung kann man experimentell die Impulsverteilung der Quarks im Nukleon be-stimmen. Die Bewegung der Quarks im Nukleon läßt sich fast wie in einem Mikroskop beobachten.

Das Skalenverhalten der Strukturfunktion F_2 wurde 1968 am SLAC durch Messungen der Elektronenstreuung an einem Wasserstofftarget entdeckt. Die Größe des Wirkungsquerschnitts und der schwache Abfall mit dem Impuls-übertrag waren ungeheuer überraschend. Sehr allgemeine theoretische Über-legungen von Bjorken ließen skalierende Strukturfunktionen für große $|q^2|$ und W^2 erwarten [4.13]. Man sprach deshalb häufig von der „tief inela-stischen" Lepton-Nukleon-Streuung. Ähnlich wie bei der Elektron-Positron-Annihilation zeigen sich aber die wesentlichen Züge der durch die Quarks bestimmten Physik schon bei relativ geringen Werten von $|q^2|$ und W^2.

Allgemeine Form des Wirkungsquerschnitts. Bevor wir die Messungen von F_2 diskutieren, müssen wir uns noch weiter mit der wichtigen Kinematik der Elektron-Nukleon-Streuung beschäftigen.

Bei der Diskussion der elastischen Streuung haben wir gesehen, daß es zwei Formfaktoren gibt. Ebenso ist im allgemeinen die inelastische Elektron-Nukleon-Streuung durch zwei Strukturfunktionen F_1 und F_2 bestimmt. Ihre Definition erfolgte historisch durch Berechnung der allgemeinsten Form des Produkts von zwei elektromagnetischen Hadronströmen. In der von uns verwendeteten Ableitung bekommt man eine zweite Strukturfunktion, wenn man neben den Quarks als weitere elementare Konstituenten (*Partonen*) des Protons noch geladene Spin-0-Teilchen zuläßt. Mit Hilfe der Beziehung (4.183) berechnet man entsprechend dem Vorgehen bei der Ableitung von (4.188) den Beitrag der skalaren Partonen zu

$$\frac{d\sigma^{eN}}{dq^2} = \frac{4\pi\alpha^2}{q^4}(1-y)\sum_g Q_g^2 p_g(x)dx \ , \tag{4.197}$$

wobei $p_g(x)$ die Verteilungsfunktion der skalaren Partonen im Nukleon ist. Die Flavorsorte g dieser hypothetischen Partonen hat natürlich nichts mit den schon bekannten Quarks zu tun. Mit den Definitionen

$$F_2 = \sum_f Q_f^2 x q_f(x) + \sum_g Q_g^2 x p_g(x) \tag{4.198}$$

und

$$F_1 = \sum_f \frac{1}{2} Q_f^2 q_f(x) \tag{4.199}$$

folgt bei gleichzeitigem Übergang zu den Differentialen dx und dy die Basisformel der inelastischen Elektron-Nukleon-Streuung

$$\frac{d\sigma^{eN}}{dxdy} = \frac{8\pi\alpha^2}{q^4}(p\cdot P)\Big((1-y)F_2(x) + xy^2 F_1(x)\Big) \ . \tag{4.200}$$

Besonders häufig sind Experimente mit ruhendem Nukleonentarget. In diesem Fall gilt für das Skalarprodukt von einfallendem Elektronenimpuls p^μ und Nukleonimpuls P^μ einfach

$$p\cdot P = EM \ . \tag{4.201}$$

Diese Beziehung ist für einen Elektron-Proton-Speicherring wie HERA durch

$$p\cdot P = 2EE_p \tag{4.202}$$

zu ersetzen.

Das Quarkmodell entspricht offenbar dem Spezialfall

$$p_g(x) = 0 \tag{4.203}$$

für alle g, also

$$F_2 = 2xF_1 \ . \tag{4.204}$$

Die letzte Beziehung ist als Callan-Gross-Relation bekannt. Die Abb. 4.24 demonstriert in wohl überzeugender Weise, daß die geladenen Partonen im Nukleon den Spin 1/2 tragen! Genaue Messungen zeigen geringfügige aber systematische Abweichungen von der Callan-Gross-Relation auf. Im Rahmen der QCD ist es jedoch nicht mehr nötig, auf Spin-0-Partonen zurückzugreifen. Die Abstrahlung von Gluonen, also eine typische QCD-Korrektur ähnlich

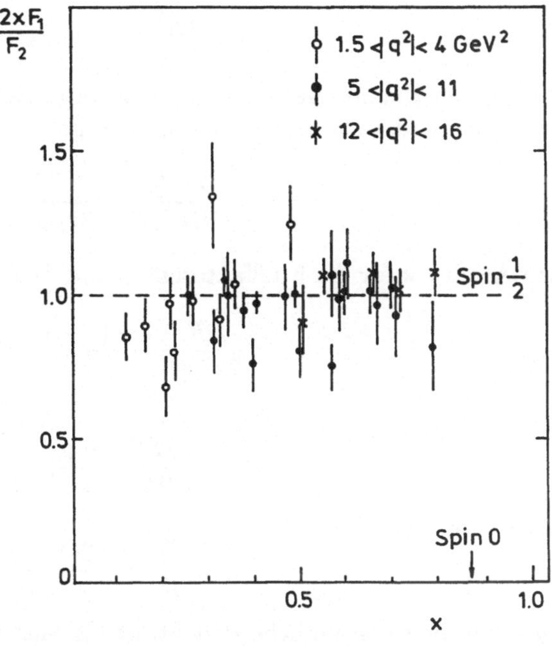

Abb. 4.24. Experimenteller Test der Callan-Gross-Relation.

wie sie bei der Elektron-Positron-Vernichtung besprochen wurde, führt zu einer kleinen, berechenbaren Modifikation der Beziehung (4.204). Eine weitere Möglichkeit, die Callan-Gross-Relation zu ändern, besteht darin, die strikte Kollinearität der einlaufenden Quarks aufzugeben. Diese bekommen also den typischen mittleren Transversalimpuls von 300 MeV.

Die inelastische Elektron-Nukleon-Streuung läßt sich auch als Absorption virtueller Photonen interpretieren. In dieser Interpretation nimmt z.B. der Querschnitt für die Streuung von Elektronen an einem ruhenden Proton oder Neutron die intuitiv ansprechende Form

$$\frac{d\sigma^{eN}}{d\Omega dE'} = \Gamma_t \sigma_t(q^2, W^2) + \Gamma_l \sigma_l(q^2, W^2) \tag{4.205}$$

an. Hierin ist $\Gamma_t d\Omega dE'$ die Anzahl transversal polarisierter Photonen mit Energien zwischen $E - E'$ und $E - E' - dE'$, die von einem Elektron abgestrahlt werden, das im Raumwinkelintervall $d\Omega$ und im Energieintervall dE' beobachtet wird. Entsprechend ist der Flußfaktor Γ_l für die longitudinalen Photonen definiert. σ_t und σ_l sind die zugehörigen totalen Photoabsorptionsquerschnitte.

Ihr Zusammenhang mit den Strukturfunktionen ist nicht ganz eindeutig festgelegt. Am häufigsten findet man in der Literatur immer noch die der ursprünglichen Ableitung von Hand [4.14] entsprechenden Beziehungen

$$F_1 = \frac{|q|^2}{4\pi^2\alpha} \frac{1-x}{2x} \sigma_t \tag{4.206}$$

und

$$F_2 = \frac{|q|^2}{4\pi^2\alpha}(1-x)(\sigma_t + \sigma_l) \; . \tag{4.207}$$

Mit diesen Definitionen läßt sich nun unter Benutzung der in Systemen mit ruhenden und auch bewegten Protonen geltenden Formel

$$\frac{dxdy}{d\Omega dE'} = \frac{E'}{2\pi y p \cdot P} \tag{4.208}$$

ein Ausdruck für die Flußfaktoren Γ_t und Γ_l gewinnen. Zunächst gilt

$$\Gamma_t = \frac{\alpha E'}{2\pi^2|q^2|}\frac{1+(1-y)^2}{y}(1-x) \; , \tag{4.209}$$

bzw.

$$\Gamma_l = \frac{\alpha E'}{\pi^2|q^2|}\frac{1-y}{y}(1-x) \; . \tag{4.210}$$

Das Verhältnis

$$\varepsilon = \frac{\Gamma_l}{\Gamma_t} = \frac{2(1-y)}{1+(1-y)^2} \tag{4.211}$$

gewinnt eine anschauliche Bedeutung als Maß für die longitudinale Polarisation der virtuellen Photonen. Die von Hand ursprünglich für ruhende Protonen abgeleiteten Beziehungen lauten

$$\begin{aligned}
\Gamma_t &= \frac{\alpha K E'}{2\pi^2|q^2|E}\frac{1}{1-\varepsilon} \\
\varepsilon^{-1} &= 1 + 2\frac{|q^2|+\nu^2}{|q^2|}\tan^2\Theta/2 \; .
\end{aligned} \tag{4.212}$$

In ihnen sind die Größen ν und K durch

$$\nu = E - E' \; , \tag{4.213}$$

bzw.

$$K = \nu - \frac{|q^2|}{2M_N} \tag{4.214}$$

definiert. Ersichtlich ist K die Energie eines virtuellen Photons, die für ruhende Nukleonen zum selben Wert von W führt wie die Absorption eines reellen Photons der Energie ν. Sie wird daher äquivalente Photon-Energie genannt. Die Handschen Formeln lassen sich in die Gleichungen (4.209) und (4.211) überführen, falls man Terme mit $M_N \ll \sqrt{s}$ vernachlässigt (Übung 4.10).

Die totalen Querschnitte der Photoproduktion (und damit auch F_1 und F_2) hängen neben der Schwerpunktenergie W natürlich im allgemeinen Fall noch von der Masse $\sqrt{q^2}$ der virtuellen Photonen ab. Wir haben dagegen schon weiter oben abgeleitet, daß im Quarkmodell die Wirkungsquerschnitte nur noch Funktionen der Skalenvariablen x sind. Beim Übergang vom einfachen Quarkmodell zur QCD wird jedoch das Skalenverhalten durch die Abstrahlung von Gluonen in einer wohldefinierten Weise gebrochen. In Abschn. 5.2 werden wir dieses Thema etwas ausführlicher behandeln.

Ergebnisse für F_2^{eN}. Da das Proton die Wellenfunktion $|uud\rangle$ hat, könnte man ganz naiv erwarten, daß jedes der 3 Quarks ein Drittel des Impulses trägt. Dieser Vorstellung entspricht die δ-funktionsartige Strukturfunktion der Abb. 4.25a. Ganz ähnlich wie in der Kernphysik bewirkt die Bindung im Potential jedoch eine Verschmierung dieser Linie durch die Fermi-Bewegung, so daß F_2^{ep} vielleicht eher wie in Abb. 4.25b aussehen wird. Die Verteilung ist stark asymmetrisch, was zum Teil darauf zurückzuführen ist, daß F_2 eben proportional zu $xq_f(x)$ ist.

Die Bindung wird durch Gluonaustausch zwischen den Quarks bewirkt. Neben den Prozessen der Abb. 4.26a werden im Nukleon dann aber auch Reaktionen der Art der Abb. 4.26b ablaufen. Dies bedeutet, daß die Wellenfunktion $|uud\rangle$ zu einfach ist und durch

$$|p\rangle = |uud + \bar{u}u + \bar{d}d + \bar{s}s + ...\rangle \qquad (4.215)$$

ersetzt werden muß. Die ursprünglichen u und d Quarks nennen wir in Anlehnung an den chemischen Sprachgebrauch Valenzquarks, die durch Gluonabstrahlung erzeugten hingegen „Seequarks". Natürlich erwarten wir, daß diese ein relativ weiches Impulsspektrum nach Art der Bremsstrahlung, die wir im nächsten Abschnitt behandeln, haben werden. Eine Verteilungsfunktion $q_s(x) \sim 1/x$ der Seequarks führt zu einem konstanten Beitrag zu F_2 und daher zu einer Gestalt der Strukturfunktion (Abb. 4.25c), wie sie in etwa den Messungen entspricht.

Der Zusammenhang (4.189) zwischen F_2 und den Verteilungsfunktionen der Quarks erlaubt uns, aus den Messungen wichtige Schlüsse über diese Funktionen zu ziehen. Unter Vernachlässigung der Beiträge schwerer Quarks können wir für die Protonstrukturfunktion zunächst

$$F_2^{ep} = x\big(4/9(u(x) + \bar{u}(x)) + 1/9(d(x) + \bar{d}(x)) + 1/9(s(x) + \bar{s}(x))\big) \qquad (4.216)$$

ansetzen. Die Normierungsbedingung der Quarkverteilungsfunktionen wird durch die Wellenfunktion des Protons zu

$$\int (u - \bar{u})dx = 2$$
$$\int (d - \bar{d})dx = 1$$
$$\int (s - \bar{s})dx = 0 \qquad (4.217)$$

festgelegt. Damit wird garantiert, daß im Proton im Mittel zwei u- und ein d-Quark vorhanden sind.

Wir bezeichnen nun mit $\langle u|p\rangle$ die Amplitude, ein u-Quark im Proton zu finden. Die Verteilungsfunktion $u(x)$ ist proportional zum Quadrat dieser Amplitude. Entsprechende Relationen gelten auch für die anderen Funktionen $d(x)$, $s(x)$ usw. Die $SU2$-Transformation $U = U_2(\pi)$ verwandelt ein Proton in ein Neutron und ein u-Quark in ein d-Quark. Mit

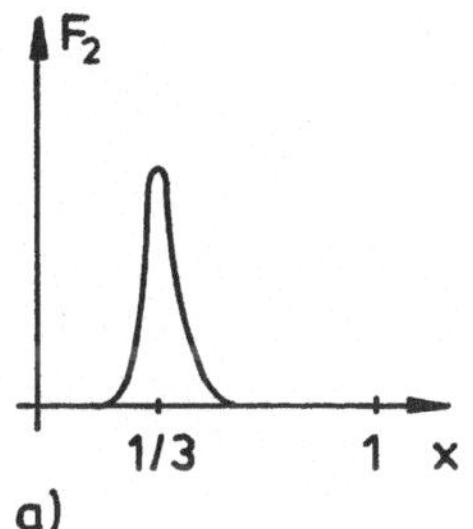

a)

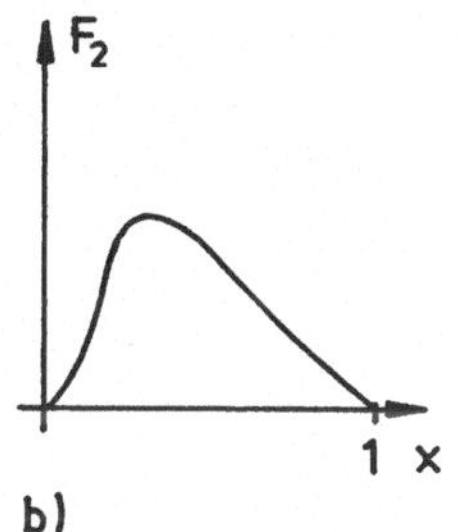

b)

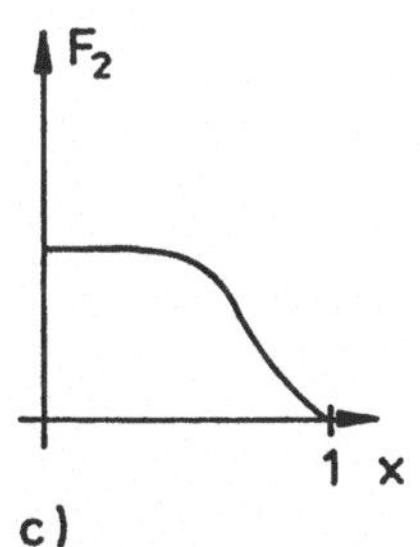

c)

Abb. 4.25. Der qualitative Verlauf der Strukturfunktion F_2 als Funktion von x. Die einzelnen Figuren werden im Text erläutert.

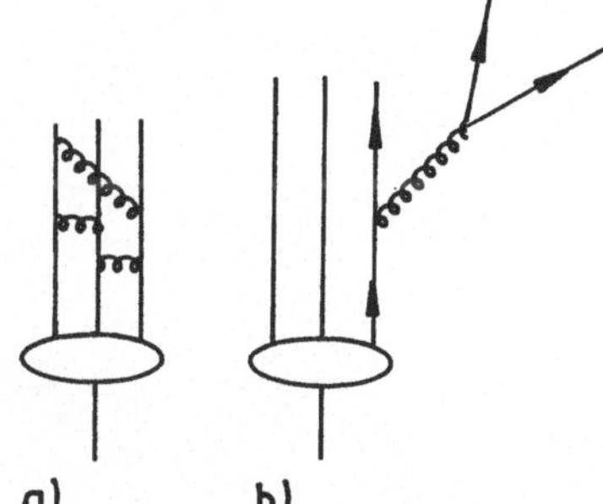

Abb. 4.26. Gluonaustausch (a) und Gluonabstrahlung (b) im Nukleon.

$$\begin{aligned} \langle u|p \rangle &= \langle u|U^{-1}U|p \rangle \\ &= \langle d|n \rangle \end{aligned} \tag{4.218}$$

gilt also $u^p = d^n$, oder da die nichtindizierten Verteilungsfunktionen für das Proton gelten sollen

$$d^n(x) = u(x) \ . \tag{4.219}$$

Die Strukturfunktion des Neutrons wird auf Grund dieser Rotationen in die Form

$$F_2^{en} = x\big(1/9(u(x) + \bar{u}(x)) + 4/9(d(x) + \bar{d}(x)) + 1/9(s(x) + \bar{s}(x))\big) \tag{4.220}$$

gebracht.

Aus den Parametrisierungen (4.216) und (4.220) wird klar, daß durch Messung der Elektron-Nukleon-Streuung *allein* die einzelnen Anteile $u, \bar{u}$... nicht ohne weitere Annahmen voneinander getrennt werden können. Aus der Differenz $F_2^{ep} - F_2^{en}$ läßt sich aber mit Hilfe solcher Annahmen der Beitrag der Valenzquarks bestimmen. Dazu teilen wir die u- und d-Funktionen in einen Valenz- und Seeanteil auf,

$$\begin{aligned} u &= u_v + u_s \\ d &= d_v + d_s \ . \end{aligned} \tag{4.221}$$

Die *strange* Quarks und alle Antiquarks finden wir nur im See, daher setzen wir für die zugehörigen Verteilungsfunktionen $s(x) = s_s(x)$ und $\bar{q}(x) = \bar{q}_s(x)$ an. Mit der Annahme, daß die Verteilung der Seequarks für alle Quarksorten gleich ist, folgt jetzt sofort

$$F_2^{ep} - F_2^{en} = \frac{x}{3}(u_v - d_v) \ , \tag{4.222}$$

und wenn wir weiter vereinfachend ansetzen, daß der Unterschied zwischen u_v und d_v nur in der Normierung liegt, ist die rechte Seite dieser Gleichung durch $xu_v/6$ gegeben. Die experimentellen Ergebnisse der Abb. 4.27 folgen sehr schön den qualitativen Überlegungen, die wir schon weiter oben angestellt haben (Abb. 4.25b).

Messungen der Strukturfunktionen können auch mit Neutrinos durchgeführt werden. Der Beitrag einzelner Quarksorten läßt sich mit dieser Me-

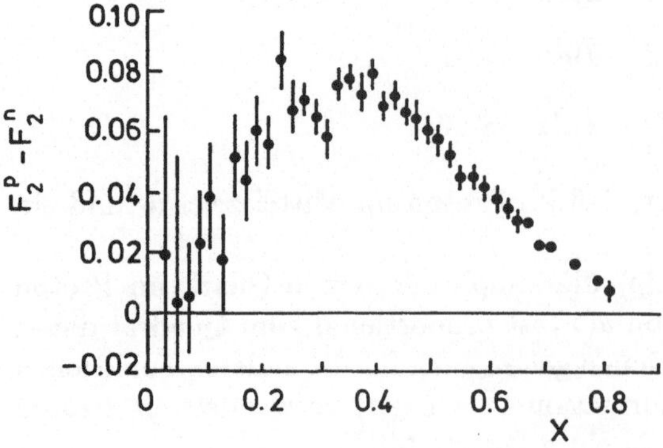

Abb. 4.27. Die F_2-Funktion für die Valenzquarks.

thode sogar besser isolieren. Wie schon weiter oben versprochen, werden wir daher in Abschn. 5.2 die Verteilungsfunktionen der Quarks genauer untersuchen und dabei auch den Einfluß der QCD-Korrekturen diskutieren.

Falls auch Gluonen als weitere Konstituenten (Partonen) der Nukleonen zu berücksichtigen sind, läßt sich ihr Anteil über das Integral der Strukturfunktion relativ modellunabhängig bestimmen. Da die Summe der Partonenimpulse gleich dem Nukleonimpuls sein muß, gilt

$$\int_0^1 x(u + \bar{u} + d + \bar{d} + s + \bar{s})dx = 1 - \varepsilon \ , \tag{4.223}$$

wobei ε der Bruchteil des Impulses ist, der von neutralen Partonen, also den Gluonen getragen wird. Da die *strange* Quarks nur im See vorkommen, sollten sie sehr wenig zur Impulssumme beitragen. Messungen der inelastischen Neutrino-Nukleonstreuung (Abschn. 5.2) zeigen, daß der Anteil der *strange* Quarks zur Impulssumme (4.223) nur etwa 6% beträgt. Wir schätzen daher

$$\frac{9}{5} \int (F_2^{ep} + F_2^{en})dx = 1 - \varepsilon \tag{4.224}$$

ab. Die Experimente geben einen Wert von etwa 0.54 ± 0.04 für die linke Seite der Gleichung. Fast die Hälfte des Nukleon-Impulses steckt also in den Gluonen. Dieses Ergebnis zeigt beispielhaft, wie sich aus den Experimenten der tief inelastischen Lepton-Nukleon-Streuung fundamentale Aussagen über Quarks und Gluonen im Inneren der Nukleonen gewinnen lassen.

4.3.5 Der elektromagnetische Strom der Hadronen

Am Schluß unserer Diskussion der elektromagnetischen Wechselwirkung von Hadronen sollen einige allgemeine Bemerkungen stehen, die gleichzeitig Gedankengänge vorbereiten, wie sie im nächsten Kapitel des Buches benutzt werden.

Die Matrixelemente der elektromagnetischen Wechselwirkung enthalten in der niedrigsten Ordnung Produkte von zwei elektromagnetischen Strömen. Solange man Proton und Neutron als Dirac-Teilchen beschreiben kann, ist der elektromagnetische Strom der Protonen durch

$$j^{\mu,\mathrm{elm}}(x) = \bar{\psi}_p(x)\gamma^\mu\psi_p(x) \tag{4.225}$$

definiert, worin $\psi_p(x)$ der Dirac-Spinor des Protons am Raum-Zeitpunkt x^μ ist. Die *Nukleon*wellenfunktion $\psi_N(x)$ ist das Produkt eines Dirac-Spinors $\psi(x)$ mit dem in Abschn. 2.8 eingeführten Zustand

$$|N\rangle = \begin{pmatrix} p \\ n \end{pmatrix} \ . \tag{4.226}$$

Wegen

$$\frac{1 + \tau_3}{2} = \begin{pmatrix} 1 & 0 \\ 0 & 0 \end{pmatrix} \tag{4.227}$$

folgt unmittelbar

$$j^{\mu,\text{elm}} = \bar{\psi}_N \frac{1+\tau_3}{2} \gamma^\mu \psi_N \ , \tag{4.228}$$

d.h der elektromagnetische Strom der Nukleonen enthält 2 Anteile, einen Isovektorstrom

$$j^{\mu,V} = \bar{\psi}_N \frac{\tau_3}{2} \gamma^\mu \psi_N \tag{4.229}$$

und einen isoskalaren Strom

$$j^{\mu,S} = \frac{1}{2} \psi_N \gamma^\mu \psi_N \ . \tag{4.230}$$

Daß sich diese Ströme wie ein Isovektor bzw. Isoskalar transformieren, läßt sich sofort beweisen. Dazu schreiben wir z.B. (4.229) explizit an,

$$j^{\mu,V} = \bar{\psi} \gamma^\mu \psi \frac{1}{2}(p^*p - n^*n) \ . \tag{4.231}$$

Die konjugiert komplexen Komponenten eines Zustandsvektors beschreiben jedoch die Antiteilchen, vgl. (3.18), und damit gilt unter gleichzeitiger Einführung einer vereinfachten Schreibweise, in der die Lorentz-Struktur weggelassen wird

$$j^V = \frac{1}{2}(\bar{p}p - \bar{n}n) \ . \tag{4.232}$$

Dies ist aber ersichtlich die 3. Komponente eines Isovektors, siehe (2.383), da die Komponenten sich wie die Basiszustände transformieren. Diese vereinfachte Schreibweise werden wir noch häufig gebrauchen. Der Querstrich in (4.232) meint dann die Operation „adjungiert" für die Spinoren und „Antiteilchen" im Flavorraum.

Die Tatsache, daß der elektromagnetische Strom der Hadronen aus einem isoskalaren und einem isovektoriellen Anteil besteht, gilt allgemein, also auch, wenn Proton und Neutron sich nicht wie Dirac-Teilchen verhalten. Am einfachsten sieht man dies wieder im Quarkmodell. Bei Mitnahme der u, d, s-Quarks haben wir

$$j^{\text{elm}} = \frac{2}{3}\bar{u}u - \frac{1}{3}\bar{d}d - \frac{1}{3}\bar{s}s \ . \tag{4.233}$$

Dieser Ausdruck läßt sich leicht zu

$$j^{\text{elm}} = \frac{1}{2}(\bar{u}u - \bar{d}d) + \frac{1}{6}(\bar{u}u + \bar{d}d) - \frac{1}{3}\bar{s}s \ , \tag{4.234}$$

also einer Summe aus einem Isovektor und zwei Isoskalaren umformen. Mit Hilfe von (3.71) und (3.72) schreiben wir schließlich

$$j^{\text{elm}} = \frac{-1}{\sqrt{2}}\varrho + \frac{1}{\sqrt{18}}\omega - \frac{1}{3}\Phi \ , \tag{4.235}$$

womit wir den Anschluß an die VMD-Theorie (Abschn. 3.5) hergestellt haben.

4.4 Prozesse höherer Ordnung

4.4.1 Die Bremsstrahlung

Hochenergetische Elektronen verlieren sehr leicht Energie durch Abstrahlung von Photonen. Schon in der klassischen Elektrodynamik kann die Strahlung beschleunigter Ladungen berechnet werden. Die Wahrscheinlichkeit für diese Strahlung stellt sich als proportional zu $1/m^2$ heraus und wird daher besonders hoch für Elektronen. Quantenmechanisch läßt sich dieser Prozeß mit vertretbarem Aufwand behandeln, falls wir die Abstrahlung von Photonen bei der Elektronenstreuung an schweren Teilchen, z.B. Myonen untersuchen,

$$e + \mu \rightarrow e + \mu + \gamma \ . \tag{4.236}$$

Hierzu gehören in niedrigster Ordnung die in Abb. 4.28 gezeigten Feynman-Diagramme. Es wurden nur Elektron-Photon-Vertices berücksichtigt, da die Abstrahlung auf der Myonenseite stark unterdrückt ist. Dies haben wir gerade mit Argumenten der klassischen Physik begründet. Den Feynman-Regeln kann man es in der Tat nicht direkt ansehen. Eine Rechnung unter Einschluß der Myon-Photon-Vertices wird jedoch schon außerordentlich kompliziert.

Die Bremsstrahlung wurde zuerst von Bethe und Heitler für die Elektronenstreuung im Feld schwerer Kerne untersucht.[8] Der differentielle Wirkungsquerschnitt wurde als Bethe-Heitler-Formel bekannt [4.15]. Eine exakte Ableitung geht weit über den Rahmen dieses Buches hinaus. Eine vereinfachte Behandlung des Problems ist aber mit Hilfe der in Abschn. 4.3 entwickelten Methode zur Berechnung der inelastischen Elektron-Nukleon-Streuung möglich. Wir nennen diese für die gesamte Teilchenphysik typische Vorgehensweise die Weizsäcker-Williams-Näherung[9], die historisch zuerst am Beispiel der Bremsstrahlung entwickelt wurde [4.16].

Betrachten wir die Abb. 4.29. In einem Bezugsystem mit hohen Impulsen, also z.B. im Schwerpunktsystem der Reaktion, ist das Myon eine Quelle kollinearer Photonen mit einer Verteilungsfunktion $f_{\gamma/\mu}(z)$, wobei z wieder den Impulsbruchteil der Photonen bezeichnet. Die Bremsstrahlung läßt sich dann als Compton-Streuung der Elektronen an den vom Myon abgestrahlten Photonen deuten. Die Formel für den Wirkungsquerschnitt wird also einfach aus dem Produkt des Flußfaktors mit dem Compton-Querschnitt

$$\frac{d\sigma}{dt} = \frac{2\pi\alpha^2}{\hat{s}^2}\left(\frac{-\hat{u}}{\hat{s}} + \frac{-\hat{s}}{\hat{u}}\right) f_{\gamma/\mu}(z)dz \tag{4.237}$$

berechnet. Hierin sind die mit dem Dach-Symbol versehenen Größen die Mandelstam-Variablen im Elektron-Photon-Subsystem mit $\hat{t} = t$. Wir könnten ähnlich dem Vorgehen in Abschn. 4.3 diese Gleichung umformen, um z.B. den zweifach differentiellen Wirkungsquerschnitt $d\sigma/d\Omega dE'$ für die Streuung eines Elektrons am *ruhenden* Myon zu bekommen. Dies tun wir jedoch nicht, sondern berechnen hier nur noch den integrierten Querschnitt für die Abstrahlung eines Photons in das Energieintervall zwischen ω' und $\omega' + d\omega'$.

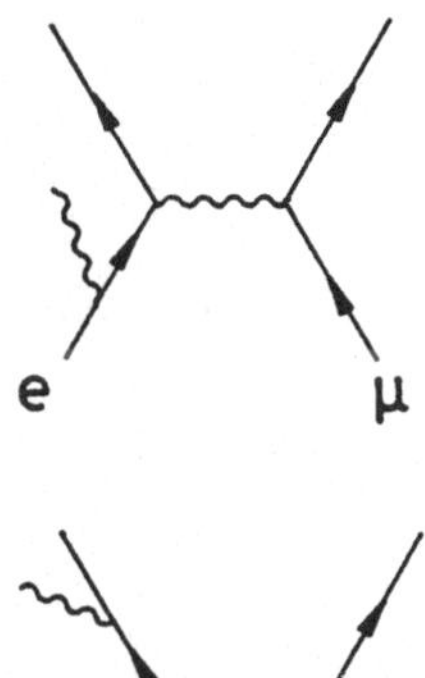

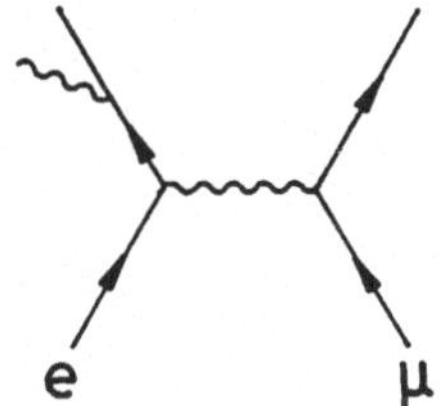

Abb. 4.28. Feynman-Graphen der Bremsstrahlung.

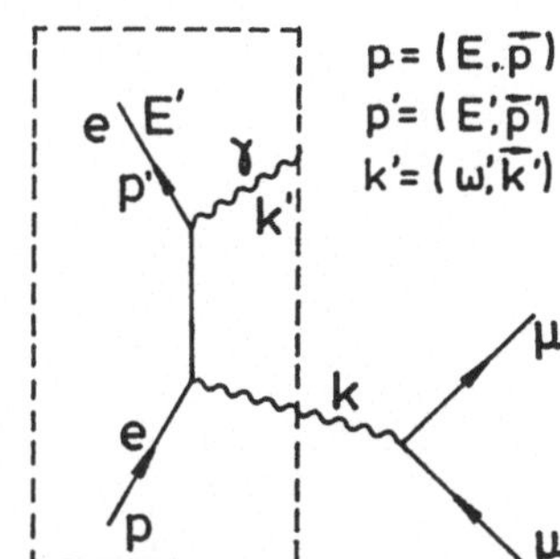

Abb. 4.29. Die Bremsstrahlung in der Weizsäcker-Williams-Näherung.

[8]H. Bethe (geb. 1906) floh vor den Nazis aus Deutschland. Die Untersuchung der Bremsstrahlung, die er zusammen mit W. Heitler (geb. 1904) machte, ist einer seiner vielen wichtigen Beiträge zu fast allen Gebieten der Physik. 1967 bekam er den Nobelpreis für seine Theorie der Kernprozesse im Sterninnern.

[9]C.F. von Weizsäcker (geb. 1912) führte diese Rechnungen nach einem Vorschlag von E. Fermi durch.

Wegen

$$k^\nu = zP^\nu \tag{4.238}$$

gilt $\hat{s} = zs$. Ausgedrückt durch Variablen des Laborsystems, in welchem das Myon ruht, erhalten wir

$$\hat{s} \approx 2EMz \tag{4.239}$$

und

$$\hat{u} = (k - p')^2 = -2zME' \ . \tag{4.240}$$

Mit

$$t = (k - k')^2 = -2zM\omega' \tag{4.241}$$

gewinnen wir nun

$$\frac{d\sigma}{d\omega' dz} = \frac{4\pi\alpha^2 M}{s^2 z} \left(\frac{E'}{E} + \frac{E}{E'} \right) f_{\gamma/\mu}(z) \ . \tag{4.242}$$

Bevor wir diese Formel über z integrieren, müssen wir noch einen Ausdruck für die Verteilungsfunktion $f_{\gamma/\mu}$ der Photonen ableiten. Im Gegensatz zu den Quark-Verteilungsfunktionen $u, d...$, die man in der hier neu eingeführten Nomenklatur z.B. als $f_{u/N}$ schreiben würde, ist die Anzahl der Photonen in einem geladenen Teilchen berechenbar. Sie ist durch die Beziehung (4.209) festgelegt, die für kleine $|q^2|$ in

$$\Gamma_t d|q^2| dz = \frac{\alpha}{2\pi |q^2|} \left(\frac{1 + (1 - z)^2}{z} \right) d|q^2| dz \tag{4.243}$$

übergeht. Daraus wird nach Integration über $|q^2|$

$$f_{\gamma/\mu}(z) dz = \frac{\alpha}{2\pi} \left(\frac{1 + (1 - z)^2}{z} \right) \ln \frac{|q^2|_{\max}}{|q^2|_{\min}} dz \ . \tag{4.244}$$

Hierin ist $|q^2|$ wieder der Betrag des Quadrats des Viererimpulsübertrags auf das geladene Teilchen, in unserem Beispiel also auf das Myon.

Wegen des Pols bei $z = 0$ in dieser Verteilungsfunktion kann die Integration von (4.242) offenbar mit der Näherung

$$f_{\gamma/\mu}(z) = \frac{\alpha}{\pi z} \ln \frac{|q^2|_{\max}}{|q^2|_{\min}} \tag{4.245}$$

durchgeführt werden. Diese Integration führt bei zusätzlicher Beachtung von $1/z_{\min} \gg 1/z_{\max}$ zu

$$\frac{d\sigma}{d\omega'} = \frac{4\alpha^3 M}{s^2 z_{\min}} \left(\frac{E'}{E} + \frac{E}{E'} \right) \ln \frac{|q^2|_{\max}}{|q^2|_{\min}} \ . \tag{4.246}$$

Mit M wurde hier die Masse des Target-Teilchens, also des Myons bezeichnet. Nun müssen wir nach einem passenden Ausdruck für $z_{\min}$ suchen, das zwar sehr klein werden, aber eben nicht völlig verschwinden kann. Den quadrierten Viererimpulsübertrag zwischen ein- und auslaufendem *Elektron* berechnen wir meistens aus den Elektronvariablen in der Hochenergienäherung (4.161), woraus sich naiverweise $|t|_{min} = 0$ für $\Theta = 0$ ergibt. Wenn wir die Elektronenmassen aber nicht vernachlässigen, gilt genauer

$$t = 2m^2 - 2EE' + 2\boldsymbol{pp}' \ . \tag{4.247}$$

Hieraus folgt für $\Theta = 0$

$$|t|_{min} = \frac{m^2(E - E')^2}{EE'} \tag{4.248}$$

und damit wegen (4.241)

$$z_{min} = \frac{m^2\omega'}{2MEE'} \ , \tag{4.249}$$

falls mit Hilfe der Näherung $E - E' = \omega'$ außerdem der Energieübertrag auf das Target vernachlässigt wird. Durch Einsetzen in (4.246) erhalten wir bei Benutzung von $s = 2ME$ schließlich für den Wirkungsquerschnitt der Bremsstrahlung

$$\frac{d\sigma}{d\omega'} = \frac{2\alpha^3}{m^2\omega'} \left(1 + \frac{E'^2}{E^2} \right) \ln \frac{|q^2|_{max}}{|q^2|_{min}} \ , \tag{4.250}$$

der höchstens noch implizit von der Masse des Target-Teilchens abhängt. Nach Einführung der neuen Skalenvariablen

$$z' = \frac{\omega'}{E} \tag{4.251}$$

sieht man sofort, daß die spektrale Verteilung der Bremsstrahlung in dieser Näherung genau der Gleichung (4.244) entspricht, wie es ja auch sein sollte. Die Formel (4.250) ist allerdings noch nicht gut anwendbar, da sie zunächst einmal das Verhältnis der Impulsüberträge auf das Target-Teilchen im Logarithmusfaktor enthält. Schlimmer jedoch ist, daß wir bei den vielen verwendeten Näherungen in eine Falle gelaufen sind. Der Compton-Querschnitt wurde in der Hochenergienäherung benutzt, gleichzeitig aber haben wir betont, daß die Beiträge für $z \approx 0$ den Wirkungsquerschnitt für die Bremsstrahlung dominieren. Die exakte Rechnung [4.16] unter Mitnahme der sog. kleinen Beiträge zur Compton-Streuung, d.h. der Verwendung der vollständigen Klein-Nishijima-Formel führt zu einem weiteren Summanden $-2E'/3E$ in der Klammer der Gleichung (4.250).

Die Berechnung von $|q^2|_{max}/|q^2|_{min}$ hängt von der gegebenen experimentellen Konfiguration ab. Man muß in jedem Fall einen geeigneten Ausdruck für den minimalen und maximalen Impulsübertrag finden. Eine grobe Abschätzung, die im nächsten Abschnitt noch weiter begründet wird, lautet für das Beispiel eines Myons

$$\frac{q^2_{max}}{q^2_{min}} = \frac{E^{*2}}{M^2} \ . \tag{4.252}$$

Die Energie des Myons im Schwerpunktsystem wurde hier mit E^* bezeichnet. Die rechte Seite dieser Gleichung können wir durch $s/4M^2$ ersetzen und kommen damit zu dem Resultat

$$\frac{d\sigma}{d\omega'} = \frac{4\alpha^3}{m^2\omega'}\left(1 - \frac{2E'}{3E} + \frac{E'^2}{E^2}\right)\ln\frac{\sqrt{s}}{2M} \ . \tag{4.253}$$

Dieses Ergebnis kann auch für ruhende oder bewegte *Protonen* übernommen werden, wobei dann M natürlich die Protonmasse bedeutet. Bei der Bremsstrahlung im Coulomb-Feld von Atomkernen mit der Kernladungszahl Z muß die gerade gemachte Betrachtung etwas modifiziert werden. Bei sehr kleinen Impulsüberträgen ist der Abstand des gestreuten Elektrons vom Atomkern so groß, daß das Coulomb-Feld des Kerns von der Elektronenhülle abgeschirmt wird. Man wird also (4.252) durch

$$\frac{|q^2|_{\max}}{|q^2|_{\min}} = \frac{\Theta^2_{\max}}{\Theta^2_{\min}} \tag{4.254}$$

ersetzen, wobei $(\Theta_{\max}/\Theta_{\min})^2$ aus Atommodellen zu $\ln(183/Z^{1/3})$ berechnet wird [4.17]. Damit bekommen wir schließlich

$$\frac{d\sigma}{d\omega'} = \frac{4Z^2\alpha^3}{m^2\omega'}\left(1 - \frac{2E'}{3E} + \frac{E'^2}{E^2}\right)\ln\frac{183}{Z^{1/3}} \ . \tag{4.255}$$

Das wichtigste Ergebnis dieser Betrachtungen ist, daß das Spektrum der Photonen bei der Bremsstrahlung proportional zu $1/\omega'$ verläuft. Weiter sehen wir, daß der Wirkungsquerschnitt einen Faktor $1/m^2$ enthält, so daß die Bremsstrahlung für alle Teilchen, die schwerer als das Elektron sind, stark unterdrückt wird. Obwohl die Bremsstrahlung ein im Prinzip einfaches Phänomen ist, versteht man beim Durcharbeiten dieses Abschnitts jedoch hoffentlich, wie schwierig es ist, zu einer Formel zu kommen, die sich in praktischen Rechnungen sinnvoll verwenden läßt.

4.4.2 Zwei-Photonen-Physik

Die Elektron-Positron-Paarvernichtung und die Elektron-Myon-Streuung sind Prozesse mit 2 einlaufenden und 2 auslaufenden Teilchen. In Störungstheorie niedrigster Ordnung werden die Querschnitte proportional zu α^2. Mit der Bremsstrahlung haben wir einen Prozeß $\sim \alpha^3$ kennengelernt, und nun diskutieren wir die Reaktion

$$e^- + e^+ \to e^- + e^+ + X \ , \tag{4.256}$$

deren Wirkungsquerschnitt für Baumgraphen proportional zu α^4 ist. In dieser Gleichung steht X für einen beliebigen Endzustand z.B. ein Myon-Paar oder ein Meson (Abb. 4.30a bzw. 4.30b). Die Abbildungen zeigen, daß der Endzustand X im Gegensatz zur e^-e^+-Annihilation aus *zwei* virtuellen Pho-

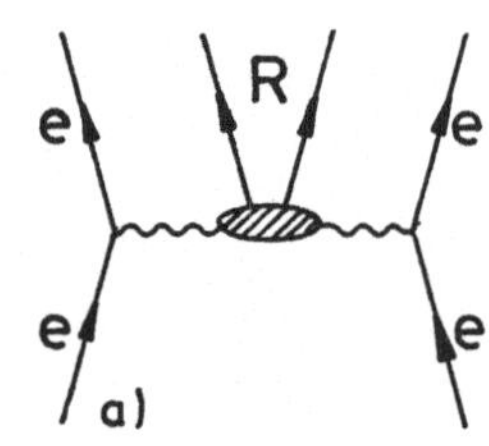

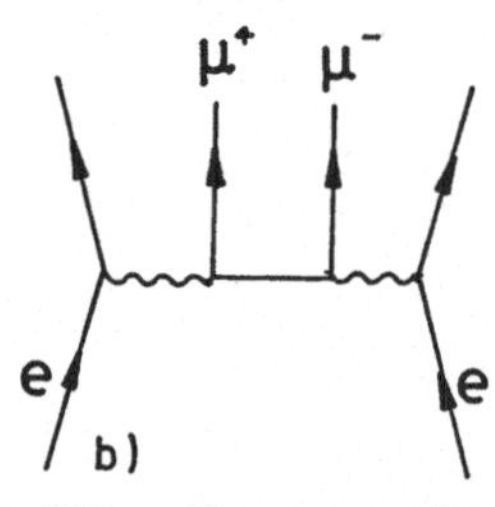

Abb. 4.30. Prozesse der Zwei-Photonen-Physik: **(a)** Produktion von Mesonen, **(b)** Produktion von MyonPaaren.

tonen erzeugt wird, daher hat dieser Teil der Elektron-Positron-Reaktionen den Namen Zwei-Photonen-Physik erhalten.

Naiverweise würde man vielleicht vermuten, daß die Wirkungsquerschnitte der Zwei-Photonen-Reaktionen um einen Faktor α^2 d.h. etwa 20000 gegenüber der e^-e^+-Annihilation unterdrückt sind, und daher völlig vernachlässigt werden können. Eine so pauschale Argumentation ist aber nicht ohne weiteres zulässig, da man zeigen kann, daß der totale Wirkungsquerschnitt einen Faktor $\ln^2(E/m)$ enthält, der bei hohen Elektron- und Positron-Energien E den Faktor α^2 kompensiert.

Resonanzerzeugung. Als erstes Beispiel betrachten wir die Erzeugung von Mesonen oder Mesonresonanzen (R) in Zwei-Photonen-Reaktionen, also den Prozeß

$$e^- + e^+ \to e^- + e^+ + R \ . \tag{4.257}$$

Er wird experimentell an Elektron-Positron-Speicherringen untersucht, und explizite Angaben von Energien und Winkeln in den folgenden Formeln beziehen sich daher immer auf das System des Speicherringlabors.

Die Amplitude der Reaktion (4.257) ist wegen des Beitrags der beiden Photonpropagatoren proportional zu $1/(q_1^2 q_2^2)$. Sie wird also groß, wenn die beiden Photonen fast reell sind, und wir berechnen den Querschnitt deshalb in der Weizsäcker-Williams-Näherung. Das Spektrum der Photonen in einem Elektron bzw. Positron ist wieder durch (4.244) gegeben. Da alle Photonen möglichst nahe der Massenschale sein sollen, betrachten wir nur Streuwinkel der Elektronen (Positronen) zwischen $0°$ und einem relativ kleinen Streuwinkel Θ. Der zu $0°$ gehörende minimale Impulsübertrag wurde schon in (4.248) berechnet. Für den maximalen Streuwinkel gilt in der Kleinwinkelnäherung

$$|q^2|_{\max} = EE'\Theta^2 \tag{4.258}$$

und damit

$$f_{\gamma/e}(z,\Theta) = \frac{\alpha}{\pi}\frac{1+(1-z)^2}{z}\ln\left(\frac{E}{m}\Theta\frac{1-z}{z}\right) \ . \tag{4.259}$$

Für ganz grobe Abschätzungen des Photonenflusses kann man den Logarithmusfaktor der letzten Gleichung durch $\ln(E/m)$ ersetzen, erhält also

$$f_{\gamma/e}(z) = \frac{\alpha}{\pi}\frac{1+(1-z)^2}{z}\ln\left(\frac{E}{m}\right) \ . \tag{4.260}$$

Diese spezielle Form wurde schon im letzten Abschnitt mit der zusätzlichen Identität $\sqrt{s} = 2E$ benutzt. Da wir die Photonenflüsse vom Elektron und Positron multiplizieren müssen, wird der Wirkungsquerschnitt, wie in der Einleitung erwähnt, proportional zu $\ln^2(E/m)$.

Wir betrachten nun eine Anordnung, in der Elektronen in den Winkelbereich von $0°$ bis Θ_1 mit Energieverlusten zwischen $z_1 E$ und $(z_1 + dz_1)E$ gestreut werden. Für die Positronen wählen wir den Index 2. Der Wirkungsquerschnitt für die Resonanzproduktion in Zwei-Photonen-Reaktionen läßt sich dann in der Form

$$d\sigma(e^-e^+ \to e^-e^+R) = f_{\gamma/e}(z_1,\Theta_1)dz_1 f_{\gamma/e}(z_2,\Theta_2)dz_2 \sigma^R_{\gamma\gamma}(\hat{s}) \tag{4.261}$$

anschreiben, wobei $\sigma^R_{\gamma\gamma}$ der totale Querschnitt für die Erzeugung einer Resonanz in Abhängigkeit von der Schwerpunktsenergie $\sqrt{\hat{s}}$ im System der beiden quasireellen Photonen ist. Um den totalen Wirkungsquerschnitt der Reaktion (4.257) zu erhalten, muß man die Gleichung (4.261) integrieren. Dazu nimmt man zweckmäßigerweise eine Variablentransformation vor,

$$\begin{aligned} \hat{s} &= 4E^2 z_1 z_2 \\ r &= \frac{z_1}{z_2}, \end{aligned} \tag{4.262}$$

und muß also das Integral

$$\sigma(e^-e^+ \to e^-e^+R) = \int f_1 f_2 \frac{1}{2r} \sigma^R_{\gamma\gamma}(\hat{s}) \frac{d\hat{s}}{4E^2} dr \tag{4.263}$$

auswerten. Das Integral

$$L_{\gamma\gamma}(\hat{s}) = \int f_1 f_2 \frac{1}{2r} dr \tag{4.264}$$

wird als Luminositätsfunktion bezeichnet. Es wurde zuerst von Low [4.18] in der Näherung (4.260) für das Photonenspektrum berechnet. Das Standardresultat lautet

$$L_{\gamma\gamma} = \left(\frac{\alpha}{\pi} \ln \frac{E}{m}\right)^2 g(\hat{s}/4E^2) \ . \tag{4.265}$$

Mit der Abkürzung $\omega = \hat{s}/4E^2$ gilt für die Funktion $g(\omega)$

$$g(\omega) = \frac{1}{\omega}\left((2+\omega)^2 \ln(1/\omega) - 2(1-\omega)(3+\omega)\right) \ . \tag{4.266}$$

Für $\omega \to 0$ wird $g(\omega)$ unendlich groß. Wir können die Luminositätsfunktion daher durch

$$L_{\gamma\gamma} = \left(\frac{\alpha}{\pi} \ln \frac{E}{m}\right)^2 \frac{4}{\omega} \ln\left(\frac{1}{\omega}\right) \tag{4.267}$$

approximieren. Wichtig ist hierin die Kompensation des Faktors $(\alpha/\pi)^2$ für große E und kleine $\hat{s}$. Bei Strahlenergien von 20 GeV in einem Elektron-Positron-Speicherring wird $L_{\gamma\gamma} \approx 1$ bei $\sqrt{\hat{s}} \approx 4$ GeV.

Mit diesen Kenntnissen wollen wir jetzt die Formel für den totalen Wirkungsquerschnitt weiter auswerten. Die verbleibende Integration über $\hat{s}$ wird für relativ schmale Resonanzen besonders einfach, da dann $L_{\gamma\gamma}$ praktisch nur an der Stelle M_R beiträgt,

$$\sigma(e^-e^+ \to e^-e^+R) = L_{\gamma\gamma}(M_R^2) \int \sigma^R_{\gamma\gamma}(\hat{s}) \frac{d\hat{s}}{4E^2} \ . \tag{4.268}$$

Mit Hilfe von (2.180) und (2.182) kommen wir sofort weiter, wobei wir noch beachten, daß das statistische Gewicht für 2 einlaufende Photonen 1/4 beträgt (Abschn. 1.3). Das Ergebnis für die Produktion eines Mesons mit dem Spin J und der Zwei-Photonen-Partialbreite $\Gamma_{\gamma\gamma}$ lautet dann

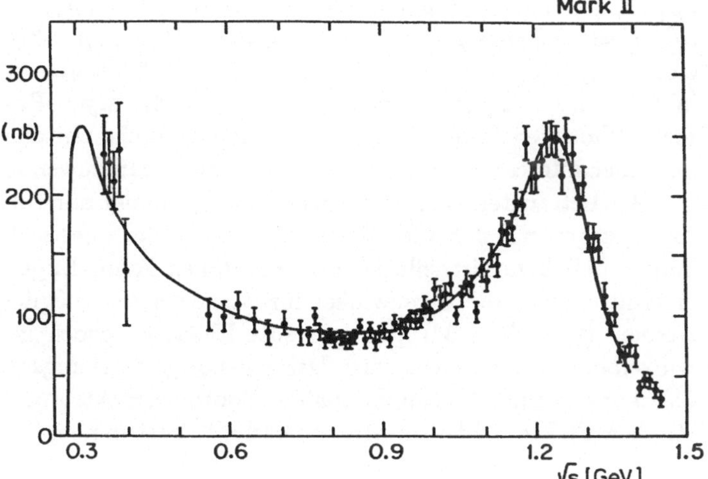

Abb. 4.31. Produktion von $f(1270)$-Mesonen in der Photon-Photon-Streuung.

$$\sigma(e^-e^+ \to e^-e^+R) = L_{\gamma\gamma}(M_R^2)\frac{8\pi^2(2J+1)\Gamma_{\gamma\gamma}}{4E^2 M_R} \; , \qquad (4.269)$$

weil ja über alle möglichen Endzustände summiert wird. Unter Benutzung der Näherung (4.267) erreichen wir schließlich

$$\sigma(e^-e^+ \to e^-e^+R) = 64\alpha^2 \ln^2(E/m)\ln(2E/M_R)\frac{(2J+1)\Gamma_{\gamma\gamma}}{M_R^3} \; , \qquad (4.270)$$

eine vor allem für Zählratenabschätzungen gut brauchbare Formel.

Die $\gamma\gamma$-Zerfallsbreite von Mesonen ist selbst wieder proportional zu α^2 und damit wird der totale Wirkungsquerschnit $\sim \alpha^4$. In Abschn. 3.5 hatten wir gesehen, daß diese Zerfallsbreiten für viele Mesonen Werte von einigen eV bis zu einigen keV hat. Eine experimentelle Bestimmung durch Analyse der Zwei-Photonen-Reaktionen an Elektron-Positron-Speicherringen ist wegen des Faktors $1/M_R^3$ in (4.270) daher nur für nicht zu große Massen der Resonanzen sinnvoll. In den letzten Jahren wurde hier eine Reihe von schönen Ergebnissen erzielt und ein neuer Zweig der Meson-Spektroskopie begründet. Natürlich darf die Berechnung des Photonenflusses nicht die vielen Näherungen der Beziehung (4.270) benutzen. Eine Integration von (4.263) ist aber mit numerischen Methoden gut möglich. Die Abb. 4.31 zeigt die Rekonstruktion von in Zwei-Photonen-Reaktionen erzeugten f-Mesonen in ihrem dominanten Zwei-Pion-Zerfallskanal über einem nicht resonanten Untergrund. Die Experimente ergeben einen Wert von $\Gamma_{\gamma\gamma} = 2.78 \pm 0.14$ keV, der gut mit Quarkmodell-Rechnungen übereinstimmt [4.19].

Die Strukturfunktion des Photons. Die Berechnung des Wirkungsquerschnitts für die Paarerzeugung von Myonen (Abb. 4.30b) in der Reaktion

$$e^- + e^+ \to e^- + e^+ + \mu^- + \mu^+ \qquad (4.271)$$

birgt in der Näherung, daß beide Photonen beinahe auf der Massenschale sind, $(q_1^2, q_2^2 \approx 0)$ keine große Schwierigkeiten. Man muß offenbar entsprechend zum Vorgehen im letzten Abschnitt zwei Flußfaktoren f_1 und f_2 mit dem in Abschn. 4.2 angegebenen Querschnitt für die Myon-Paarerzeugung durch reelle Photonen falten. Dies wollen wir hier nicht weiter verfolgen, sondern uns einer interessanteren kinematischen Situation zuwenden.

Wir betrachten eine Versuchsanordnung, in der nur *eines* der beiden Photonen, sagen wir das vom Positron abgestrahlte quasireell ist, während das andere beliebige virtuelle Massen annehmen kann. Experimentell wird dies erreicht, indem die Streuwinkel für das Positron möglichst klein gehalten werden, (typisch $< 3°$), das gestreute Elektron jedoch im gesamten Raumwinkelbereich untersucht wird. Der zugehörige Wirkungsquerschnitt läßt sich offenbar aus einer Multiplikation des Photonenspektrums $f_{e/\gamma}$ mit dem inelastischen Elektron-Photon-Streuquerschnitt bestimmen,

$$d\sigma(e^-e^+ \to e^-e^+X) = d\sigma(e^-\gamma \to e^-X)f_{e/\gamma}(z_2, \Theta_2)dz \ . \tag{4.272}$$

Das Symbol X steht zunächst für ein Myonpaar. Wir ersetzen aber die Myonen sofort durch Quarks. Die Formel (4.272) beschreibt dann die Hadronproduktion in Zwei-Photonen-Reaktionen, wobei eines der Photonen eine große virtuelle Masse besitzt (Abb. 4.32).

Den Wirkungsquerschnitt für die inelastische Elektronen-Streuung, $e\gamma \to eX$, können wir direkt aus (4.200) entnehmen. Wir müssen aber beachten, daß die Größe P der Gleichung (4.200) jetzt den Viererimpuls des kollinear mit dem Positron abgestrahlten reellen Photons bezeichnet. Damit wird $p \cdot P$ zu $2EE_\gamma$, und das Resultat lautet

$$\frac{d\sigma^{e\gamma}}{dxdy} = \frac{16\pi\alpha^2 EE_\gamma}{q^4}\left((1-y)F_2^\gamma + xy^2 F_1^\gamma\right) \ . \tag{4.273}$$

Die Skalenvariablen x und y lassen sich aus den Definitionen (4.192) und (4.190) unmittelbar für den Fall der Elektron-Photon-Streuung auswerten,

$$x = \frac{-q^2}{W^2 - q^2} \tag{4.274}$$

und

$$y = 1 - \frac{E_1'}{E}\cos^2\Theta_1/2 \ . \tag{4.275}$$

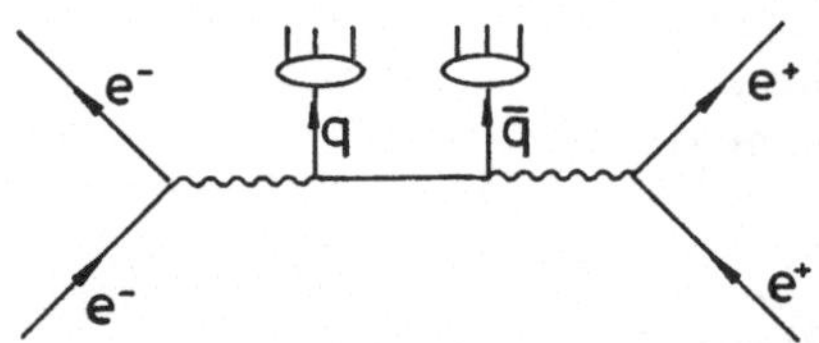

Abb. 4.32. Hadron-Produktion in der Elektron-Photon-Streuung.

In der letzten Gleichung sind E_1' und Θ_1 Energie und Winkel des auslaufenden Elektrons. Die Strukturfunktion ist wieder durch die Zahl der Quarks mit dem Bruchteil x des Photonimpulses definiert. Im Gegensatz zur Nukleon-Strukturfunktion werden bei der Summation die Antiquarks aber nicht als eine eigene Sorte gezählt und somit gilt für den Zusammenhang mit der Verteilungsfunktion $f_{q/\gamma}$

$$F_2^\gamma(x, q^2) = 2x \sum_f 3Q_f^2 f_{q/\gamma}(x, q^2) \ . \tag{4.276}$$

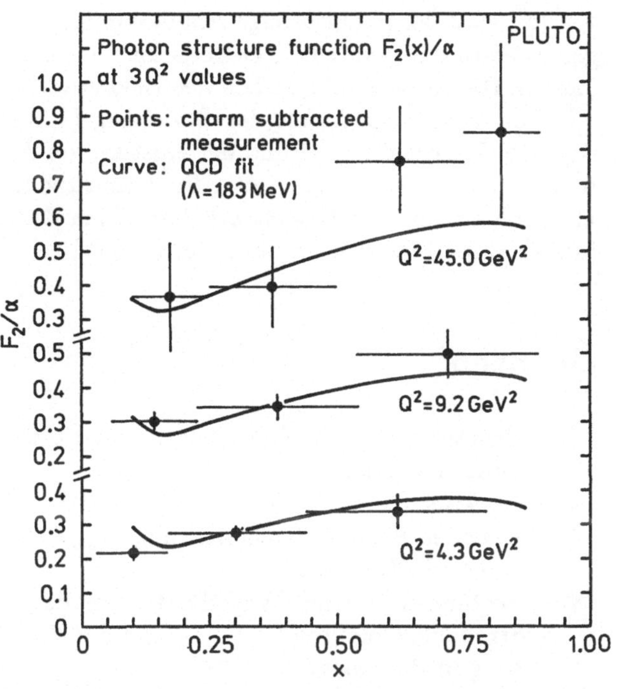

Abb. 4.33. Eine Messung von F_2^γ als Funktion von x und $Q^2 = |q^2|$.

Der Faktor 3 in der Summe kommt von den 3 Farbfreiheitsgraden, damit wird $f_{q/\gamma}(x, q^2)dx$ die Zahl der Quarks einer bestimmten Farbe und einer bestimmten Sorte mit Impulsbruchteilen zwischen x und $x + dx$. Diese Funktion ist ähnlich wie die mit ihr eng verwandte Funktion $f_{\gamma/e}$ in der QED berechenbar. Das Ergebnis, auf dessen Herleitung wir hier verzichten wollen, lautet

$$f_{q/\gamma}(x, q^2) = Q_f^2 \frac{\alpha}{2\pi} \left(x^2 + (1-x)^2 \right) \ln \frac{q^2(x-1)}{m_q^2 x} , \qquad (4.277)$$

d.h. in dieser Näherung gilt für die Photonstrukturfunktion

$$F_2^\gamma(x, q^2) = 3 \sum_f Q_f^4 \frac{\alpha}{\pi} x \left(x^2 + (1-x)^2 \right) \ln \frac{q^2(x-1)}{m_q^2 x} . \qquad (4.278)$$

Auch F_1^γ läßt sich in der QED berechnen. Da die meisten Experimente jedoch bei kleinem y durchgeführt werden, kann man den Term mit F_1^γ in (4.273) i.allg. vernachlässigen. Das Resultat (4.278) hat einige sehr bemerkenswerte Eigenschaften. Zunächst einmal hängt die Strukturfunktion explizit von q^2 ab, zeigt also auch ohne QCD-Korrekturen kein Skalenverhalten. Weiter steigt sie zu großen Werten von x an (Abb. 4.33) im Gegensatz zu hadronischen Strukturfunktionen. In Abschn. 3.5 wurde ein hadronisches Modell des Photons, die Vektor-Meson-Dominanz, diskutiert. Wir erwarten daher in den Meßergebnissen eine harte punktförmige Komponente gemäß (4.278) und eine weiche hadronische Komponente, die zu großen x hin abfällt. Experimentell konnten in der Tat beide Komponenten isoliert werden. Für große Werte von $|q^2|$ wird der punktförmige Anteil dominant. Die Abb. 4.33 zeigt das Ergebnis eines mit dem PLUTO-Detektor[10] im DESY durchgeführten Experimentes. Die Kurven entsprechen den theoretischen Vorhersagen der QCD für F_2^γ. Der wesentliche Inhalt der Beziehung (4.278), nämlich die logarithmische Abhängigkeit von q^2 und der Anstieg von F_2 mit großen x, bleibt auch in der QCD-Rechnung d.h. unter Berücksichtigung einer zusätzlichen Gluonabstrahlung von den Quarks erhalten. Eine detaillierte Betrachtung dieser interessanten Fragen kann der Leser in der Literatur [4.19] finden.

Übungen

4.1: Drücken Sie γ^5 durch das zugehörige Produkt von γ-Matrizen mit unterem Index aus.

4.2: Beweisen Sie die Relation $\Pi^\pm \Pi^\pm = \Pi^\pm$.

4.3: Beweisen Sie die Stromerhaltung $\partial^\mu j_\mu = 0$. Leiten Sie daraus die Ladungserhaltung ab.

4.4: Bestimmen Sie die Winkelverteilung der Bhabha-Streuung, Möller-Streuung, Compton-Streuung und der Elektron-Positron-Paarvernichtung in Photonen.

4.5: Bis zu welchen Energien kann man Photonen durch die Streuung von 10-GeV-Elektronen an rotem Laserlicht erzeugen?

4.6: Welcher Ladungsverteilung entspricht das Dipolgesetz des elektrischen Formfaktors?

4.7: Sie sollen die Formfaktoren des Protons für $|q^2| = 1\,\text{GeV}^2$ durch Messen der Winkelverteilung der Elektronen zwischen 5° und 90° bestimmen. Welche Energien haben die ein- und auslaufenden Elektronen beim größten und kleinsten Streuwinkel?

4.8: Drücken Sie x und y in Abhängigkeit von Energie und Winkel des gestreuten Elektrons in einem Elektron-Proton-Speicherringexperiment aus.

4.9: Was folgt aus dem Quarkmodell für das Verhältnis von σ_l zu σ_t?

4.10: Beweisen Sie die Formel (4.208).

4.11: Untersuchen Sie den Zusammenhang der Handschen Formeln mit den Gleichungen (4.209) und (4.211).

4.12: Schätzen sie die Erzeugungsraten von π^0, η und η'-Mesonen in Zwei-Photonen-Reaktionen am Speicherring PETRA (Strahlenergie 15 GeV) ab.

4.13: Welcher Zusammenhang besteht zwischen $f_{\gamma/e}$ und $f_{e/\gamma}$?

[10]Die großen Kollaborationen der Teilchenphysik sind meist nur noch durch den Namen des Detektors bekannt. Der Name PLUTO stammt aus einer Zeit, als bei DESY noch alle großen Magnete nach Gestalten der antiken Mythologie benannt wurden.

Literatur

4.1 S. Schweber: An Introduction to Relativistic Quantum Field Theory. Row Peterson and Company, Evanston New York 1961

4.2 J.D. Bjorken, S.D. Drell: Relativistische Quantenmechanik. Bibliographisches Institut, Mannheim 1966

4.3 M. Jacob, G.C. Wick: On the General Theory of Collisions for Particles with Spin. Ann. Phys. (N.Y.), **7** (1959) 404

4.4 F.A. Berends, A. Böhm: Lepton Pair Production, Radiative Corrections and Electroweak Parameters. In High Energy Electron Positron Physics, hrsg. v. A. Ali und P. Söding. World Scientific, River Edge NJ 1988

4.5 J. Ballam et al.: Total and Partial Photoproduction Cross Sections at 1.4, 2.8, 4.7 GeV. Phys. Rev. Lett. **23** (1969) 498

4.6 R.D. Field, R.P. Feynman: A Parametrization of the Properties of Quark Jets. Nucl. Phys. **B136** (1978) 1

4.7 T. Sjoestrand: The LUND Monte Carlo for Jet Fragmentation and e^+e^- Physics, JETSET 7.3 . Programmbeschreibung als Computer-Datensatz verfügbar an vielen Rechenzentren.

4.8 JADE Collaboration W. Bartel et al.: Experimental Studies on Multijet Production in e^+e^- Annihilation at PETRA Energies. Z. Phys. **C33** (1986) 23

4.9 N.F. Mott, H.S.W. Massey: The Theory of Atomic Collisions. Clarendon Press, Oxford 1965

4.10 C. Berger et al.: Coulomb Scattering of 1 MeV Electrons in Aluminum Foils. Z. Phys. **235** (1970) 191

4.11 E.E. Chambers, R. Hofstadter: Structure of the Proton. Phys. Rev. **104** (1956) 1494

4.12 B.H. Wijk, G. Wolf: Electron Positron Interactions. Springer Tracts Modern Phys. Vol. **86**, Springer Berlin Heidelberg 1979

4.13 J.D. Bjorken: Asymptotic Sum Rules at Infinite Momentum. Phys. Rev. **179** (1969) 1547

4.14 L.N. Hand: Experimental Investigation of Pion Electroproduction. Phys. Rev. **129** (1963) 1834

4.15 J.M. Rauch, F. Rohrlich: The Theory of Photons and Electrons. Springer, Berlin Heidelberg 1976

4.16 C.F. von Weizsäcker: Ausstrahlung bei Stößen sehr schneller Elektronen. Z. Phys. **88** (1934) 612

4.17 J.D. Jackson: Classical Electrodynamics. Wiley, New York 1975

4.18 F. Low: Proposal for Measuring the π^0 Lifetime by π^0 Production in Electron Electron or Electron Positron Collisions. Phys. Rev. **120** (1960) 582

4.19 C. Berger, W. Wagner: Photon Photon Reactions. Phys. Rep. **146** (1987) 1

4.20 C. Berger et al.: Electromagnetic Form Factors of the Proton at Squared Four-Momentum Transfers between 10 and 50 fm^{-2}. Phys. Lett. **35B** (1971) 87

5. Die elektroschwache Wechselwirkung

5.1 Schwache Wechselwirkung von Leptonen

Bereits im einführenden 1. Kapitel des Buches haben wir betont, daß die schwache Wechselwirkung ähnlich wie die elektromagnetische Wechselwirkung durch Austausch von Feldquanten beschrieben wird. Wir wollen dieses Thema nun ausführlicher behandeln, und uns dabei zunächst auf Prozesse beschränken, die durch Austausch der geladenen W-Bosonen behandelt werden können. Sie werden auch Reaktionen *geladener* Ströme genannt, und man hat lange Zeit geglaubt, daß die schwache Wechselwirkung nur diese Art von Reaktionen kennt.

5.1.1 Quasielastische $\nu_\mu e^-$-Streuung

Als ein konkretes Beispiel betrachten wir zunächst den Streuprozeß

$$\nu_\mu + e^- \to \mu^- + \nu_e \, , \qquad (5.1)$$

den man auch als quasielastisch bezeichnet, da es sich um eine 2-Körperreaktion mit unterschiedlichen Teilchen im Anfangs- und Endzustand handelt. Das zugehörige Feynman-Diagramm ist in Abb. 5.1 wiedergegeben. Das W-Boson koppelt mit der Stärke $g/\sqrt{2}$ an den $(\nu_\mu\mu)$-bzw. $(\nu_e e)$-Strom. Diese Ströme ändern am Vertex ihre Ladung im Gegensatz zu den Strömen der elektromagnetischen Wechselwirkung. Sie heißen daher – vielleicht etwas irreführend – „geladene Ströme". Die Konvention, die dimensionslose Kopplungskonstante g durch $\sqrt{2}$ zu teilen, wird sich später noch als sehr sinnvoll erweisen.

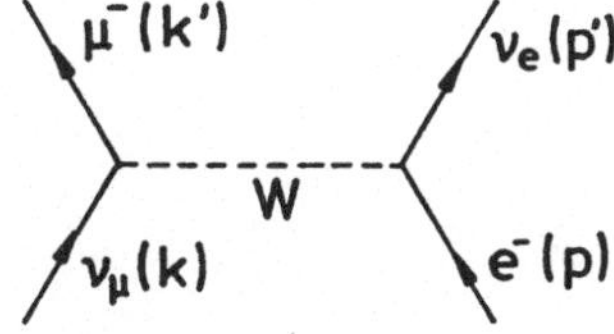

Abb. 5.1. Die Reaktion $\nu_\mu e^- \to \mu^- \nu_e$.

Der relativistischen Quantentheorie entnehmen wir, daß der Austausch von massiven Spin-1-Teilchen mit dem Viererimpuls q^μ und der Masse M durch einen Faktor

$$-i\frac{g_{\mu\nu} - q_\mu q_\nu/M^2}{q^2 - M^2} \qquad (5.2)$$

beschrieben wird, der verglichen mit dem Photonpropagator neben dem Massenterm im Nenner noch einen weiteres Glied $q^\mu q^\nu/M^2$ im Zähler enthält.

Bei der Diskussion der Paritätsverletzung in der schwachen Wechselwirkung haben wir gesehen, daß die Neutrinos immer linkshändig sind. Im Matrixelement dürfen daher nur linkshändige Neutrinos auftauchen. Unter Benutzung von (4.80) können wir also die Streuamplitude sofort in der Form

$$T_{fi} = -\frac{g^2}{2}\bar{u}(k')\gamma^\mu\frac{1-\gamma^5}{2}u(k)\frac{g_{\mu\nu}-q_\mu q_\nu/M_W^2}{q^2-M_W^2}\bar{u}(p')\gamma^\nu\frac{1-\gamma^5}{2}u(p) \qquad (5.3)$$

anschreiben. Um dieses Ergebnis durch Anwenden der Feynman-Regeln zu erhalten, müssen wir offenbar für jeden Vertex der schwachen Wechselwirkung einen Faktor

$$\frac{-\imath g}{\sqrt{2}}\gamma^\mu\frac{1-\gamma^5}{2} \qquad (5.4)$$

anbringen.

Für die hier betrachteten Teilchenzerfälle und für die meisten bisher durchgeführten Streuexperimente mit Neutrinos gilt $|q^2| \ll M_W^2$. Es erscheint daher sinnvoll, jetzt und in den folgenden Abschnitten die Näherung verschwindenden Impulsübertrags, $q^2 \approx 0$, anzuwenden. Weiter sieht man mit Hilfe der Dirac-Gleichung sofort ein, daß die Glieder mit $q_\mu q_\nu$ als Faktor in (5.3) proportional zu m^2/M_W^2 werden, wobei m z.B. die Masse des Myons ist. Damit werden also diese Anteile völlig vernachlässigbar.

Der Wert für die Kopplungskonstante g muß dem Experiment entnommen werden. Alle Zerfallsraten und niederenergetischen Wirkungsquerschnitte sind aber proportional zu $(g/M_W)^4$, und wir benutzen die Abkürzung

$$\frac{g^2}{2M_W^2} = \frac{4G_F}{\sqrt{2}} \ , \qquad (5.5)$$

worin G_F die Fermi-Kopplungskonstante ist. Mit diesen Näherungen und Abkürzungen reduziert sich (5.3) zu

$$T_{fi} = \frac{4G_F}{\sqrt{2}}\bar{u}(k')\gamma^\mu\frac{1-\gamma^5}{2}u(k)\bar{u}(p')\gamma_\mu\frac{1-\gamma^5}{2}u(p) \qquad (5.6)$$

und entspricht nun dem Fermischen Ansatz einer Strom-Strom-Kopplung mit einer dimensionsbehafteten Kopplungskonstanten. Die Ströme bestehen aus der Differenz eines Vektor- und eines Axialvektoranteils. Es hat allerdings lange gedauert, bis diese berühmte $(V-A)$-Struktur des geladenen schwachen Stromes sichergestellt war.

Der genaue Zahlenwert der Fermi-Konstanten von

$$G_F = 1.16637 \times 10^{-5}\text{GeV}^{-2} \qquad (5.7)$$

wurde aus der Lebensdauer der Myonen bestimmt, die wir im nächsten Abschnitt behandeln werden. Für die meisten Rechnungen genügt die praktische Näherung $G_F = 10^{-5}/M_p^2$.

Wir können nun sofort zur Berechnung des Wirkungsquerschnitts der $\nu_\mu e$-Streuung übergehen. Sobald die Energie des Myons so hoch ist, daß man es relativistisch behandeln muß, tragen wegen der Helizitätserhaltung am Vertex nur noch die linkshändigen Komponenten der Spinoren bei. Die entsprechenden Stromprodukte haben wir schon in Abschn. 4.2 berechnet. Die Ergebnisse der Tabelle 4.3 wurden für die elektromagnetische Wechselwirkung abgeleitet. Die 2. Zeile gehört zur uns im Augenblick interessierenden elastischen

Streuung von linkshändigen Teilchen. Der Übergang zur schwachen Wechselwirkung wird mit der Ersetzung

$$\frac{-Q_1 Q_2 e^2}{t} \to \frac{4 G_F}{\sqrt{2}} \tag{5.8}$$

vollzogen. Damit folgt

$$T_{fi}(\nu_\mu e_L^- \to \nu_e \mu_-^- L) = 4\sqrt{2} G_F s \tag{5.9}$$

für die Amplitude und

$$\frac{d\sigma}{dt}(\nu_\mu e \to \nu_e \mu) = \frac{G_F^2}{\pi} \tag{5.10}$$

für den Wirkungsquerschnitt an unpolarisierten Elektronen. Die Winkelverteilung ist isotrop, im Schwerpunktsystem der Reaktion gilt

$$\frac{d\sigma^{\nu_\mu e}}{d\Omega} = \frac{G_F^2 s}{4\pi^2} \ , \tag{5.11}$$

woraus unmittelbar der Ausdruck

$$\sigma(\nu_\mu e \to \nu_e \mu) = \frac{G_F^2 s}{\pi} \tag{5.12}$$

für den totalen Querschnitt der quasielastischen Myonneutrino-Streuung an Elektronen berechnet werden kann.

Die gleichen Formeln sind auch für die Streuung von Elektronneutrinos (ν_e) an Elektronen gültig, falls man nur geladene Ströme berücksichtigt, also z.B.

$$\sigma(\nu_e e^- \to \nu_e e^-) = \frac{G_F^2 s}{\pi} \ . \tag{5.13}$$

Für die Streuung von $\bar{\nu}_\mu$ an Elektronen gibt es kein Diagramm mit geladenen Strömen, während für

$$\bar{\nu}_e + e^- \to \bar{\nu}_e + e^- \tag{5.14}$$

der Annihilationsgraph der Abb. 5.2 existiert. Wir berechnen den Wirkungsquerschnitt für diese Reaktion, obwohl wir heute wissen, daß zu dem genannten Prozeß auch der Austausch neutraler Vektorbosonen beiträgt (Abschn. 5.3). Es geht hier aber zunächst weniger um die Ableitung von Formeln, die wir mit Experimenten vergleichen können, als um eine grundsätzliche Diskussion der Neutrino-Elektron-Streuung.

Das zugehörige Matrixelement entnehmen wir der 1. Zeile der Annihilationstabelle 4.2 mit der Ersetzung von $-e^2/s$ durch $4 G_F/\sqrt{2}$. Damit wird der differentielle Querschnitt unter Benutzung von (4.133) zu

$$\frac{d\sigma}{dt}(\bar{\nu}_e e^- \to \bar{\nu}_e e^-) = \frac{G_F^2}{\pi}(1-y)^2 \ , \tag{5.15}$$

bzw.

$$\frac{d\sigma}{d\Omega} = \frac{G_F^2 s}{16\pi^2}(1 + \cos\Theta)^2 \tag{5.16}$$

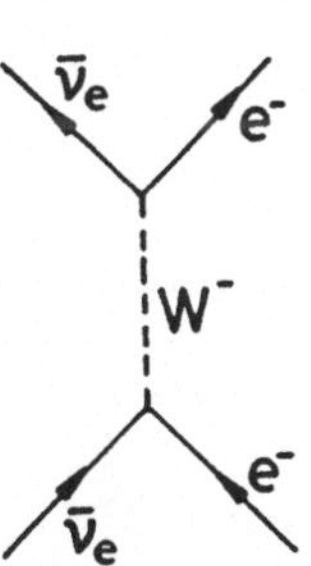

Abb. 5.2. Geladene Ströme in der $\bar{\nu}_e e$-Streuung.

bestimmt. Die Integration der letzten Gleichung liefert für den totalen Wirkungsquerschnitt das Resultat

$$\sigma(\bar{\nu}_e e^- \to \bar{\nu}_e e^-) = \frac{G_F^2 s}{3\pi} \ , \tag{5.17}$$

also 1/3 des Wertes, der für die Streuung von Neutrinos an Elektronen gefunden wurde. Diese Unterdrückung um einen Faktor 3 ist unmittelbar anschaulich einsichtig. Die extrem kurze Reichweite der schwachen Wechselwirkung bedeutet, daß die Streuung in einer s-Welle stattfindet. Im Fall der $\bar{\nu}_e$-Streuung hat der Anfangszustand die Komponente $J_z = 1$ des Gesamtdrehimpulses, die anderen Werte $0, -1$ sind nicht möglich. Der Faktor 1/3 entspricht offenbar dem statistischen Gewicht, während die eigentliche Stärke der Wechselwirkung für die Neutrino-Elektron- und die Antineutrino-Elektron-Streuung den gleichen Wert annimmt.

Der lineare Anstieg der hier untersuchten Wirkungsquerschnitte mit dem Quadrat der Schwerpunktenergie ist ein charakteristisches Kennzeichen der Strom-Strom-Kopplung. Der Gleichung (2.169) entnehmen wir, daß die Helizitätsamplitude der Reaktion (5.14) nur durch die Partialwelle t^1 bestimmt wird. Der Betrag der Amplituden t^J kann nie größer als 1 werden. Der maximale Querschnitt der elastischen Streureaktion (5.14) beträgt daher $24\pi/s$ bei Berücksichtigung der Tatsache, daß die einlaufenden Elektronen unpolarisiert sind (Übung 5.1). Diese sog. Unitaritätsgrenze wird also für die $\bar{\nu}_e e$-Streuung bei

$$s_{\max} = \frac{12\pi}{\sqrt{2}G_F} \tag{5.18}$$

erreicht. Für die anderen hier diskutierten Reaktionen lauten die numerischen Faktoren etwas verschieden. Ihre Querschnitte überschreiten aber ebenfalls die Unitaritätsgrenze bei Neutrinoimpulsen der Größenordnung $\sqrt{G_F^{-1}}$, d.h. ungefähr 350 GeV im Schwerpunktsystem.

Natürlich dürfen wir bei diesen Energien nicht mehr in der so angenehmen Näherung $q^2 \ll M_W^2$ arbeiten, sondern müssen den Vektormesonpropagator der Beziehung (5.3) berücksichtigen. Im Fall der $\bar{\nu}_e e$-Streuung rechnet man sofort aus, daß die Gleichung (5.17) außerhalb des Pols des Vektormeson-Propagators durch

$$\sigma = \frac{G_F^2 s}{3\pi} \left(\frac{1}{1 - s/M_W^2} \right)^2 \tag{5.19}$$

ersetzt wird, was für sehr große Energien zu einem $1/s$-Verhalten des Querschnitts ähnlich der Elektron-Positron-Annihilation in Myonen führt. Der Wirkungsquerschnitt der quasielastischen Streuung (5.1), zu dem jetzt viele Partialwellen beitragen, strebt einen konstanten Wert an [5.1]. Wir werden später sehen, daß bei Berücksichtigung der neutralen Ströme auch andere Prozesse der schwachen Wechselwirkung ein vernünftiges Hochenergieverhalten haben.

5.1.2 Der β-Zerfall des Myons

Als weiteres Beispiel behandeln wir nun den Myonzerfall, also die Reaktion

$$\mu^- \to e^- + \bar{\nu}_e + \nu_\mu \;, \tag{5.20}$$

die durch den Feynman-Graphen der Abb. 5.3 beschrieben wird. Die zugehörige Amplitude lautet

$$T_{fi} = \frac{4G_F}{\sqrt{2}}\bar{u}(k)\gamma^\mu\frac{1-\gamma^5}{2}u(p)\bar{u}(p')\gamma_\mu\frac{1-\gamma^5}{2}v(k') \;, \tag{5.21}$$

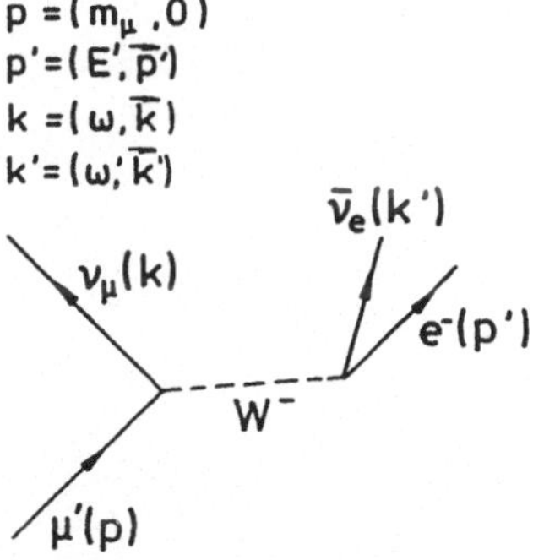

Abb. 5.3. Der Zerfall des Myons. Die kinematischen Größen sind im Ruhsystem des Myons spezifiziert.

wobei die Zuordnung der Vierervektoren zu den Teilchen in der Abb. 5.3 festgelegt ist. In der Näherung verschwindender Elektronenmasse läßt sich das Matrixelement mit Hilfe der in Abschn. 4.1 angegebenen Spinoren rasch ausrechnen. Für das Myon-Neutrino und das Elektron müssen wir linkshändige und für das $\bar{\nu}_e$ rechtshändige Spinoren wählen. Die z-Achse des Koordinatensystem legen wir zur Vereinfachung in die Flugrichtung des auslaufenden Elektrons. Für ein Myon, dessen Spin entlang der positiven z-Achse ausgerichtet ist, erhalten wir nach kurzer Rechnung

$$T_{fi} = 16G_F\sqrt{m_\mu\omega'\omega E'}\,\sin(\Theta_{\nu_\mu}/2)\cos(\Theta_{\bar{\nu}_e}/2) \;, \tag{5.22}$$

während im Matrixelement für die andere Polarisationsrichtung der letzte Cosinus-Faktor durch $-\sin(\Theta_{\bar{\nu}_e}/2)$ ersetzt wird. Weiter sieht man sofort

$$4\omega E'\sin^2(\Theta_{\nu_\mu}/2) = (k+p')^2 \;, \tag{5.23}$$

und wegen $k + p' = p - k'$ läßt sich die rechte Seite dieser Gleichung ohne weiteres auswerten. Das Resultat lautet

$$4\omega E'\sin^2(\Theta_{\nu_\mu}/2) = m_\mu^2 - 2m_\mu\omega' \;, \tag{5.24}$$

und damit gelangt man schließlich zu

$$\overline{\sum}|T_{fi}|^2 = 32G_F^2 m_\mu^2\omega'(m_\mu - 2\omega') \;. \tag{5.25}$$

Dieser Ausdruck hängt nur noch von ω' ab. Die Formel (1.180) für den 3-Körperzerfall läßt sich direkt anwenden und ergibt die differentielle Zerfallsrate

$$\frac{d\Gamma}{d\omega'dE'} = \frac{G_F^2}{2\pi^3}m_\mu\omega'(m_\mu - 2\omega') \;. \tag{5.26}$$

Sinnvollerweise integrieren wir noch über die Energie des $\bar{\nu}_e$, da ja nur die Elektronen beobachtet werden können. Die Grenzen des Dalitzplots für den Zerfall in 3 masselose Teilchen sind besonders einfach. Sie bilden ein Dreieck in der E',ω'-Ebene (Abb. 1.22). Die Integrationsgrenzen für ω' folgen aus (5.24) für $\Theta = 0$ bzw. $\Theta = \pi$ zu

$$\frac{m_\mu}{2} - E' < \omega' < \frac{m_\mu}{2} \;, \tag{5.27}$$

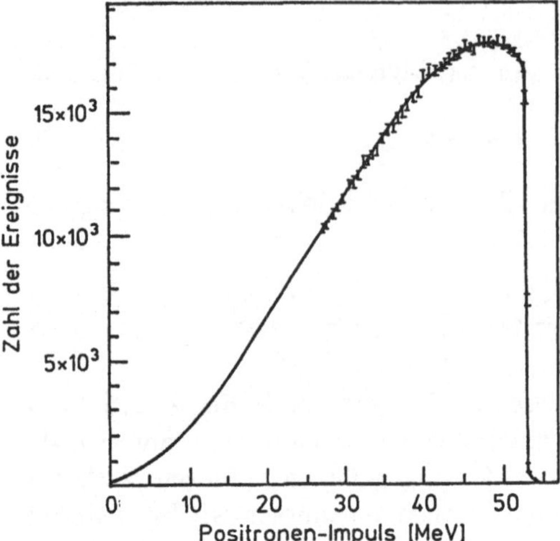

Abb. 5.4. Das Energiespektrum der Positronen im Zerfall des μ^+.

und deshalb wird das Energiespektrum der Elektronen durch

$$\frac{d\Gamma}{dE'} = \frac{m_\mu^2 G_F^2}{12\pi^3} E'^2 \left(3 - \frac{4E'}{m_\mu}\right) \tag{5.28}$$

wiedergegeben. Die Abb. 5.4 demonstriert die hervorragende Übereinstimmung zwischen Theorie und Experiment. Das Spektrum zeigt eine starke Anhäufung bei der kinematischen Grenze $E' = m_\mu/2$, d.h. bei der in Abb. 2.19 gezeigten Konfiguration der Zerfallsteilchen. Die Zerfallsbreite des Myons gewinnen wir durch eine weitere Integration, diesmal über E' in den Grenzen von 0 bis $m_\mu/2$ mit dem bekannten Resultat

$$\Gamma(\mu \to e\bar{\nu}_e \nu_\mu) = \frac{G_F^2 m_\mu^5}{192\pi^3} \ . \tag{5.29}$$

Elektromagnetische Strahlungskorrekturen modifizieren diese Beziehung nur wenig, so daß der in (5.7) angegebene Wert der Fermi-Konstanten mit einer direkten Auswertung der Gleichung (5.29) bis zur 2. Stelle hinter dem Komma übereinstimmt. Die Formel für die Myon-Lebensdauer enthält die Myonmasse in der 5. Potenz. Damit ist sofort klar, warum die Lebensdauer des τ-Leptons so viel kürzer ist. Aus (5.29) berechnen wir unmittelbar die Partialbreite der leptonischen Zerfälle des τ's zu

$$\Gamma(\tau \to l\bar{\nu}\nu) = \Gamma_\mu \left(\frac{m_\tau}{m_\mu}\right)^5 \ . \tag{5.30}$$

Wegen der hohen Masse des τ-Leptons ist diese Formel für den Zerfall in Elektronen *und* Myonen anwendbar ($l = e, \mu$). Der gemessene Lebensdauer-Wert von 1.70×10^{-12} s in diesen Kanälen stimmt noch innerhalb der Fehler mit der Vorhersage aus der Myonlebensdauer überein.

5.2 Schwache Wechselwirkung von Quarks

Die Ergebnisse des letzten Abschnitts wurden unter der stillschweigenden Benutzung der sogenannten *Universalität* der schwachen Wechselwirkung abgeleitet. Darunter verstehen wir zunächst die Tatsache, daß die W-Bosonen mit der gleichen Stärke an die drei Leptonfamilien

$$\begin{pmatrix} \nu_e \\ e \end{pmatrix}, \begin{pmatrix} \nu_\mu \\ \mu \end{pmatrix}, \begin{pmatrix} \nu_\tau \\ \tau \end{pmatrix} \tag{5.31}$$

ankoppeln. Die schwache Wechselwirkung von Quarks möchte man natürlich mit dem gleichen Konzept beschreiben, d.h. auch für die drei Quarkfamilien

$$\begin{pmatrix} u \\ d \end{pmatrix}, \begin{pmatrix} c \\ s \end{pmatrix}, \begin{pmatrix} t \\ b \end{pmatrix} \tag{5.32}$$

sollen die im letzten Abschnitt entwickelten Gesetze gelten. Aus dem Übergang $u \to d$ (Abb. 1.13) läßt sich dann die Lebensdauer des Neutrons ermitteln oder aus dem (cs)-Übergang der Zerfall von Mesonen mit *Charm* in Mesonen mit *Strangeness*. Es bleibt aber kein Platz für die schwachen Zerfälle der K-Mesonen oder anderer Teilchen, die ein seltsames Quark enthalten. Im Prinzip wäre es natürlich möglich, daß die W-Bosonen mit einer neuen unabhängigen Stärke an den geladenen (us)-Strom ankoppeln, die Natur hat aber einen viel ökonomischeren Weg eingeschlagen. Die Stärke mit der die W-Bosonen an den (ud)-Strom bzw. den (us)-Strom angreifen, hängt mit der im letzten Abschnitt gefundenen universellen Konstante g (bzw. G_F) über einen Mischungswinkel zusammen, der nach seinem Entdecker Cabbibo-Winkel[1] genannt wird. Quantitativ gilt, daß wir am (ud)-Vertex einen Faktor $g \cos \Theta_C$ und am (us)-Vertex einen Faktor $g \sin \Theta_C$ anbringen müssen. Aus den Abbildungen 5.5a und 5.5b folgern wir nun sofort

$$\frac{\Gamma(K^+ \to \mu^+ \nu_\mu)}{\Gamma(\pi^+ \to \mu^+ \nu_\mu)} \approx \tan^2 \Theta_C \ . \tag{5.33}$$

Unter Berücksichtigung des Einflusses der starken Wechselwirkung muß dieses Verhältnis noch etwas korrigiert werden (Abschn. 5.2.3). Dies bleibt auch für andere Zerfallsprozesse richtig, so daß eine quantitative Bestimmung des Cabbibo-Winkels nicht so einfach ist, wie es zunächst erscheinen konnte. Für den Sinus des Cabbibo-Winkels, den wir in Zukunft mit s_1 abkürzen wollen, wurde

$$s_1 = 0.22 \tag{5.34}$$

ermittelt, d.h. der Winkel ist so klein ($\approx 12.7°$), daß der Cosinus nur wenig von 1 abweicht ($c_1 = 0.975$).

Die eben gewonnen Ergebnisse lassen sich in einer sehr attraktiven Weise so uminterpretieren, daß man an einer universellen Kopplungskonstanten für alle schwachen Wechselwirkungsprozesse geladener Ströme festhalten kann. In diesem Falle müssen aber die Quark-Zustände rotiert werden. Wir wollen dies zunächst nur für die beiden ersten Quarkfamilien zeigen. Eigenzustände zur schwachen Wechselwirkung sind nun die Dubletts

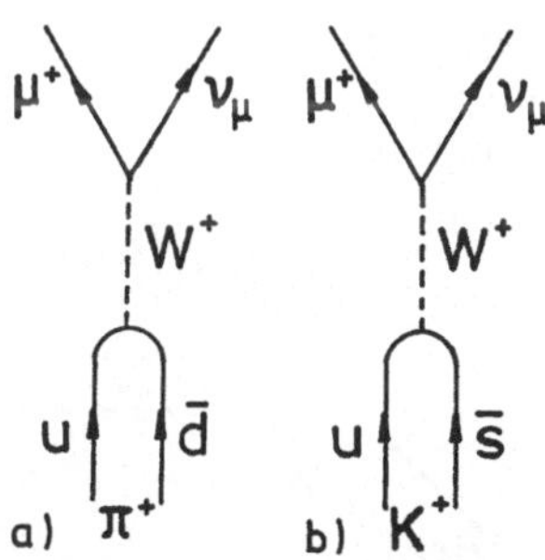

Abb. 5.5. (a) Leptonischer Zerfall geladener Pionen. (b) Leptonischer Zerfall geladener Kaonen.

[1]N. Cabbibo (geb. 1935), italienischer Theoretiker.

$$\begin{pmatrix} u \\ d' \end{pmatrix}, \begin{pmatrix} c \\ s' \end{pmatrix} \tag{5.35}$$

mit dem Zusammenhang

$$\begin{pmatrix} d' \\ s' \end{pmatrix} = \begin{pmatrix} c_1 & s_1 \\ -s_1 & c_1 \end{pmatrix} \begin{pmatrix} d \\ s \end{pmatrix} \tag{5.36}$$

zwischen den ursprünglichen und den Cabbibo-rotierten Quarkzuständen. Hiermit sind nun gleichzeitig die Kopplungsstärken zwischen c- und s- bzw. c- und d-Quarks festgelegt, wobei insbesondere der durch die Rotationsmatrix erzwungene Wechsel des Vorzeichens der Kopplung beim (cd)-Vertex im Vergleich zum (us)-Vertex sich noch als wichtig erweisen wird.

5.2.1 Der β-Zerfall des Neutrons

Im Zuschauermodell wird dieser Zerfall durch den β-Zerfall des d-Quarks beschrieben (Abb. 5.6), während die verbleibenden u- und d-Quarks unbeteiligt durchlaufen (Abb. 1.13). Das Matrixelement für den d-Zerfall ist nach dem oben gesagten bis auf den Faktor c_1 identisch zum Matrixelement (5.21) des μ-Zerfalls. Wir nennen solche Zerfälle von Hadronen *semileptonisch*. Leider können wir aber nicht das Ergebnis (5.29) übernehmen, da die kinematische Situation eine völlig andere ist. Die Konstituentenmassen von d- und u-Quarks unterscheiden sich nur um einige MeV, im Ruhsystem des d wird also auch das u praktisch keine kinetische Energie haben, so daß wir seinen Vierervektor durch $k = (m_u, 0)$ annähern können. Die z-Achse und Quantisierungsachse legen wir der Einfachheit halber in die Richtung des $\bar{\nu}_e$ und eine nicht allzu schwierige Rechnung ergibt dann für den Zerfall eines d-Quarks mit Spin entlang der z-Achse in ein u-Quark mit Spin entlang der z-Achse

$$T_{fi} = \frac{-16c_1}{\sqrt{2}} G_F \sqrt{m_u m_d \omega' E'} \cos \Theta_e/2 \ . \tag{5.37}$$

Hierin ist Θ_e der Winkel zwischen dem Elektron und dem $\bar{\nu}_e$ also der Richtung des d-Spins. Falls der Spin des u in die negative z-Richtung deutet, wird der letzte Faktor im Matrixelement durch $\sin \Theta_e/2$ ersetzt.[2] Alle anderen Amplituden verschwinden, so daß nach der Spinmittelung

$$\overline{\sum |T_{fi}|^2} = 64 c_1^2 G_F^2 m_u m_d \omega' E' \tag{5.38}$$

übrigbleibt. Zur Auswertung des Phasenraumintegrals gehen wir diesmal nicht von der Gleichung (1.180) aus, da die Integrationsgrenzen im Dalitzplot sehr kompliziert zu bestimmen sind. Glücklicherweise ist die Berechnung des Integrals über den Phasenraum auch im hier betrachteten Beispiel nicht schwierig. Nach der trivialen Integration über $\boldsymbol{k}$ erhält man für die differentielle Zerfallsrate den Ausdruck

$$d\Gamma = \frac{4 c_1^2 G_F^2}{(2\pi)^5} \delta(\Delta - E' - \omega') d^3\boldsymbol{k}' d^3\boldsymbol{p}' \ . \tag{5.39}$$

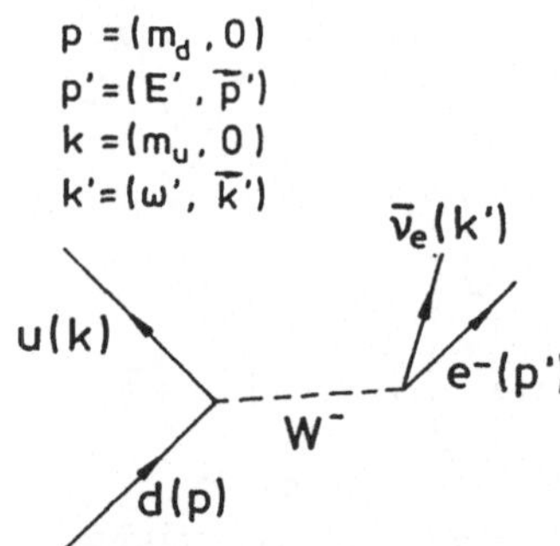

Abb. 5.6. Der β-Zerfall des d-Quarks.

[2] Es ist genau diese Spin-Flip-Amplitude, die man beim β-Zerfall polarisierter ^{60}Co-Kerne testet. ^{60}Co hat den Kernspin 5. Der Tochterkern ^{60}Ni hat $I = 4$. Der Übergang ist also nur über eine Spin-Flip-Amplitude möglich. Die Winkelverteilung der Elektronen ist paritätsverletzend. Die Elektronen laufen bevorzugt entgegen der Richtung des d-Spins.

Das Symbol Δ steht hier für den Massenunterschied von d- und u-Quark, d.h. wir haben die Rückstoßenergie vernachlässigt. Bei unserer Wahl des Koordinatensystems ist auch die Integration über k' sehr einfach, sie liefert einen Faktor $4\pi(\Delta - E')^2$. Wenn man noch

$$d^3p' = 2\pi|p'|^2 d|p'| d\cos\Theta_e \tag{5.40}$$

benutzt, führt dies sofort zu

$$\frac{d\Gamma}{d|p'| d\cos\Theta_e} = \frac{G_F^2 c_1^2}{\pi^3}(\Delta - E')^2|p'|^2 \ . \tag{5.41}$$

Die Integration über den Winkel gibt einen Faktor 2 und damit erhält man

$$\frac{d\Gamma}{d|p'|} = \frac{2G_F^2 c_1^2}{\pi^3}|p'|^2(\Delta - E')^2 \ . \tag{5.42}$$

Das Spektrum der Elektronen fällt in einer charakteristischen Weise zur kinematischen Grenze hin ab, im Gegensatz zum μ-Zerfall. Dieses Verhalten wird in der Kernphysik in der sog. Kurie-Auftragung im β-Zerfall sorgfältig ausgewählter Kerne ausgenutzt. Die Wurzel aus dem Quotienten von differentieller Zerfallsrate und $|p'|^2$ ist offenbar proportional zu $\Delta - E'$.[3] Aus der gemessenen Abweichung von dieser Geraden wurde die obere Grenze von 17 eV für die Masse des Elektron-Neutrinos bestimmt.

Um zu einer Formel für die Zerfallsbreite zu kommen, müssen wir jetzt noch über $|p'|$ in den Grenzen von 0 bis Δ integrieren und erhalten bei Vernachlässigung der Elektronenmasse

$$\Gamma = \frac{G_F^2 c_1^2 \Delta^5}{15\pi^3} \ . \tag{5.43}$$

In dieser Form ist unser Resultat für eine Berechnung der Lebensdauer des Neutrons nicht zu gebrauchen, da wir keine präzise Aussage über den Massenunterschied gebundener d- und u-Quarks machen können, andererseits Γ aber sehr empfindlich von diesem Massenunterschied abhängt. Ganz nutzlos war aber diese Berechnung nicht, denn bei den geringen Impulsüberträgen können wir versuchen, Proton und Neutron *selbst* als punktförmige Dirac-Teilchen zu behandeln. Der Massenunterschied zwischen den beiden Nukleonen beträgt jedoch nur 1.3 MeV und man kann daher die Masse des Elektrons nicht vernachlässigen. Die exakte Integration der Gleichung (5.42) ist zwar lästig aber trotzdem machbar. Sie liefert einen Korrekturfaktor von 0.48 auf der rechten Seite der Beziehung (5.43) [5.2].

Auch mit dieser Korrektur gibt eine Auswertung der Formel (5.43) nicht die gemessene Lebensdauer von 889 s. Der Grund liegt natürlich wieder in der hadronischen Natur der Nukleonen. Eine eingehende Untersuchung des β-Zerfalls von Kernen hat gezeigt, daß man für den Strom der Nukleonen

$$J^\mu = \bar{u}_n \gamma^\mu \frac{1 - \alpha\gamma^5}{2} u_p \tag{5.44}$$

[3]Dann bedeutet Δ natürlich den Massenunterschied von Mutter- und Tochterkern.

ansetzen muß, wobei der Korrekturfaktor α das Verhältnis c_A/c_V der Kopplungen des nukleonischen Axialvektorstroms und Vektorstroms an die W-Bosonen wiedergibt. Eine Wiederholung der Rechnung mit dem Ansatz (5.44) führt zu [5.3]

$$\Gamma = \frac{G_F^2 \Delta^5 c_1^2}{60\pi^3}(1 + 3\alpha^2) \times 0.48 \; , \qquad (5.45)$$

woraus $\alpha = 1.31$ folgt. Die Korrektur aufgrund der Kernphysik ist also nicht sehr groß. Eine genaue Bestimmung von c_A/c_V ist besonders wichtig. Dazu müssen noch weitere kleine Verbesserungen an der letzten Gleichung angebracht werden. Als genauester Wert gilt heute

$$\frac{c_A}{c_V} = 1.261 \pm 0.004 \; . \qquad (5.46)$$

Es ist sehr lehrreich, die Beiträge des Vektorstroms und des Axialvektorstroms in (5.44) getrennt zu analysieren. Im Grenzfall $p \to 0$ überlebt vom Vektorstrom nur die Komponente

$$J^{V,0} = \chi^\dagger \chi \; , \qquad (5.47)$$

während vom Axialvektorstrom die Komponenten $J^{A,i}$ mit $i = 1,2,3$

$$J^{A,i} = \chi^\dagger \sigma_i \chi \qquad (5.48)$$

übrig bleiben.[4] Damit läßt sich explizit zeigen, daß der Vektorstrom nur zu Übergängen beiträgt, bei denen der Spin des Protons und des Neutrons in die gleiche Richtung zeigt, während der Axialvektorstrom auch Spin-Flip-Übergänge ermöglicht. Sogenannte $(0 \to 0)$-Übergänge der Kernphysik, d.h. der β-Zerfall von Mutterkernen mit Spin 0 in einen Tochterkern mit Spin 0 können aber nur über den Vektorstrom erfolgen. Das gleiche Argument läßt sich auch auf die *semileptonische* Reaktion

$$\pi^- \to \pi^0 e^- \bar{\nu}_e \; , \qquad (5.49)$$

also den β-Zerfall des Pions anwenden. Er tritt zwar nur mit einem Verzweigungsverhältnis von 10^{-8} auf, ist jedoch grundsätzlich wichtig zur Untersuchung der Kopplung des hadronischen Vektorstroms an die W-Bosonen.

5.2.2 Der Zerfall $\pi \to \mu\nu$

Geladene Pionen zerfallen zu praktisch 100% in ein Myon und ein Neutrino. Die Lebensdauer des Pions wollen wir nun im Quarkmodell berechnen, ganz ähnlich dem Vorgehen in Abschn. 3.5 für die elektromagnetischen Zerfälle. Wir haben dort betont, daß die Anwendung auf Pionen ziemlich problematisch ist. Indem wir diese Bedenken im Moment einmal beiseite schieben, müssen wir für den Zerfall $\pi^- \to \mu^- \bar{\nu}_\mu$ zunächst die Amplitude (5.3) für die Streureaktion

$$d + \bar{u} \to \mu^- + \bar{\nu}_\mu \qquad (5.50)$$

---

[4] Die Spinoren χ sind in (4.60) definiert.

freier Quarks mit verschwindendem Impuls und der Masse $M_\pi/2$ auswerten. Das $\bar\nu_\mu$ ist rechtshändig, dann muß wegen der Drehimpulserhaltung das μ^- ebenfalls rechtshändig sein. Die einlaufenden Quarks haben die Spinwellenfunktion des Pions. Mit der hierzu gehörenden Spinorkombination

$$\frac{1}{\sqrt{2}}(\bar d_R u_R - \bar d_L u_L) \tag{5.51}$$

liefert die Rechnung das Ergebnis

$$|T_{fi}^{\text{frei}}|^2 = 12 G_F^2 c_1^2 m_\mu^2 M_\pi^2 \left(1 - \frac{m_\mu^2}{M_\pi^2}\right) \ , \tag{5.52}$$

wobei der Farbfaktor 3 schon berücksichtigt wurde. Der Zusammenhang zwischen der Zerfallsbreite und dem Matrixelement für die Streuung freier Teilchen wurde in Abschn. 3.5.2 behandelt. Die Masse des auslaufenden Myons kann jetzt nicht vernachlässigt werden, und damit erhalten wir

$$\Gamma(\pi \to \mu\nu) = \frac{3 G_F^2 |R_S(0)|^2}{8\pi^2} c_1^2 m_\mu^2 \left(1 - \frac{m_\mu^2}{M_\pi^2}\right)^2 \ . \tag{5.53}$$

Hierin beschreibt $R_S(0)$ wieder den Einfluß der starken Wechselwirkung. Um den Anschluß an die übliche Behandlung des Pionzerfalls zu finden, definieren wir

$$f_\pi^2 = \frac{3|R_S(0)|^2}{\pi M_\pi} \ . \tag{5.54}$$

Man nennt f_π die Pion-Zerfallskonstante. Wenn man sie zur Charakterisierung der starken Wechselwirkung benutzt, lautet das Ergebnis für die Zerfallsbreite

$$\Gamma = \frac{G_F^2 f_\pi^2}{8\pi} c_1^2 m_\mu^2 M_\pi \left(1 - \frac{m_\mu^2}{M_\pi^2}\right)^2 \ . \tag{5.55}$$

Eine Auswertung von (5.55) liefert $f_\pi = 131.7$ MeV. Das daraus für $|R_S(0)|^2$ bestimmte Ergebnis liegt durchaus im Bereich der bei der Diskussion der elektromagnetischen Zerfälle gefundenen Werte. Das kann aber Zufall sein, da eine Anwendung der gleichen Gedankengänge auf den Zerfall $\pi^0 \to \gamma\gamma$ zu gänzlich anderen Zahlen führt (Abschn. 3.5.3).

Schon bei der Behandlung der Paritätsverletzung in Abschn. 2.5. wurde erklärt, daß der Zerfall $\pi \to e\nu$ stark unterdrückt ist. Eine direkte Anwendung von (5.55) führt zu einem Verhältnis der Zerfallsraten

$$\frac{\Gamma(\pi \to e\nu)}{\Gamma(\pi \to \mu\nu)} = \left(\frac{m_e}{m_\mu}\right)^2 \left(\frac{M_\pi^2 - m_e^2}{M_\pi^2 - m_\mu^2}\right)^2 \ , \tag{5.56}$$

welches den gemessenen Wert von 1.23×10^{-4} mit einer Genauigkeit von etwa 5% wiedergibt!

5.2.3 Zerfälle von K- und D-Mesonen

Geladene K-Mesonen zerfallen mit einem Verzweigungsverhältnis von 63.5% in ein Myon und ein Neutrino (Abb. 5.5a). Dieser Zerfall läßt sich sofort mit der im letzten Abschnitt entwickelten Theorie beschreiben. Der entscheidende Unterschied liegt in der Ersetzung des Cosinus' des Cabbibo-Winkels durch den Sinus,

$$\Gamma(K^\pm \to l\nu_l) = \frac{G_F^2 f_K^2}{8\pi} s_1^2 m_l^2 M_K \left(1 - \frac{m_l^2}{M_K^2}\right)^2 \ . \tag{5.57}$$

Der Index l steht hier für Elektron oder Myon. Ein Vergleich mit den experimentellen Resultaten führt zu

$$\frac{f_K}{f_\pi} = 1.28 \ , \tag{5.58}$$

was beweist, daß die hadronischen Korrekturen nicht sehr unterschiedlich sind. Vor Cabbibos Theorie führten ähnliche Überlegungen zu großen Abweichungen in den Zerfallskonstanten und damit zu Zweifeln an der Universalität der schwachen Wechselwirkung.

In semileptonischen Zerfällen (Abb. 5.7a) der K-Mesonen oder anderer Teilchen mit Seltsamkeit $S \neq 0$ gilt zwischen den Hadronen des Anfangs- und Endzustands

$$\Delta Q = \Delta S \tag{5.59}$$

und

$$|\Delta I| = 1/2 \ . \tag{5.60}$$

Diese empirisch gefundenen Regeln über die Änderung von *Strangeness*, Ladung und Isospin haben im Quarkmodell eine natürliche Erklärung, wie man an der Abb. 5.7 sofort sieht. Sie entsprechen der Transformation der Quantenzahlen am (su)- bzw. $(\bar{s}\bar{u})$-Vertex. In hadronischen Zerfällen (Beispiel in Abb. 5.7b) ist $|\Delta I| = 1/2$, $3/2$ erlaubt. Die im Experiment beobachtete Bevorzugung der $|\Delta I| = 1/2$ Reaktionen läßt sich im Rahmen der QCD erklären [5.4]. Dies wollen wir aber hier nicht weiter vertiefen.

Entsprechend gilt für semileptonische D-Zerfälle

$$\Delta C = \Delta Q \ . \tag{5.61}$$

Die semileptonische Zerfallsbreite berechnen wir wieder im Zuschauermodell, wir behandeln also das c-Quark im D-Meson wie ein freies Teilchen (Abb. 5.8a). Dies ist sicherlich eine gute Näherung, da es für das s-Quark viele Möglichkeiten gibt, mit dem zuschauenden Quark Hadronen (X) zu bilden. Bei Vernachlässigung der s-Masse können wir die Formel (5.29) für den μ-Zerfall anwenden, also

$$\Gamma(D^\pm \to l^\pm \nu X) = \frac{G_F^2 c_1^2 m_c^5}{192\pi^3} \ . \tag{5.62}$$

Die gemessene Partialbreite von 0.18×10^{11} s^{-1} entspricht einer c-Quark Masse

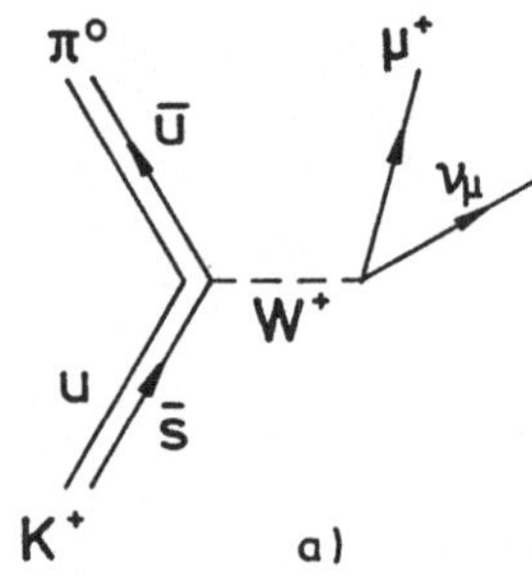
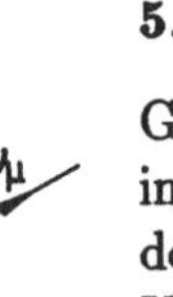

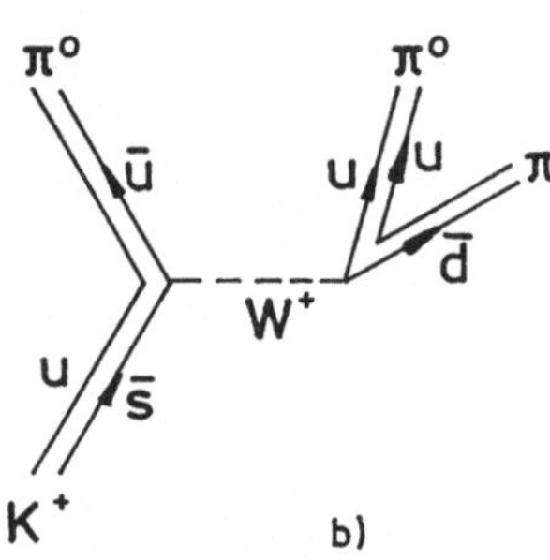

Abb. 5.7. (a) Semileptonische und (b) hadronische Zerfälle geladener K-Mesonen.

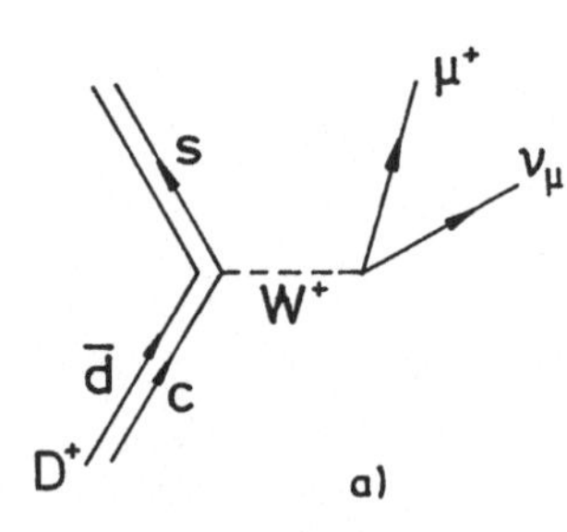

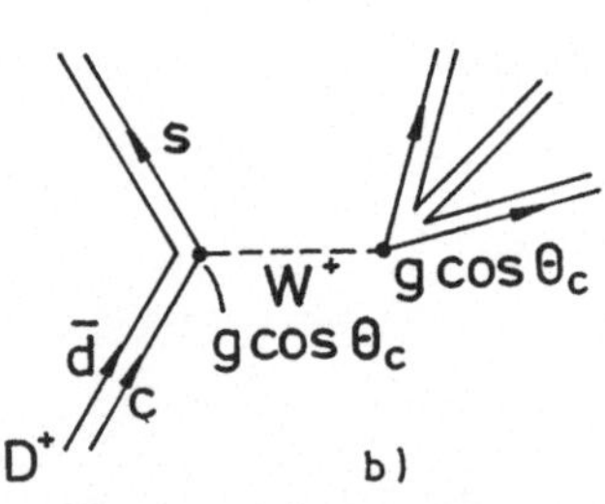

Abb. 5.8. (a) Semileptonische und (b) hadronische Zerfälle von D^+-Mesonen.

von 1.4 GeV, was ziemlich nahe bei den Werten liegt, die wir bei der Diskussion des Charmoniums kennen gelernt haben. Der größte Teil der hadronischen Zerfälle geht sicherlich über das Cabbibo-erlaubte Feynman-Diagramm der Abb. 5.8b. Jede der 3 Farben trägt mit dem gleichen Gewicht wie die Leptonen zur totalen Zerfallsbreite der D-Mesonen bei, die daher 5 mal so groß wie die Partialbreite (5.62) sein sollte. Daraus folgt eine Lebensdauer der $D^\pm$ Mesonen von etwa 1.1×10^{-12} s in guter Übereinstimmung mit der Erfahrung.

Das Zuschauermodell sagt für die D^0-Mesonen die gleiche Lebensdauer wie für die geladenen D-Mesonen voraus. Die Meßwerte sind aber etwa einen Faktor 2 geringer. Man hat jedoch zeigen können, daß dies sich durch zusätzliche W-Austausch Diagramme, die im $D^\pm$-Zerfall nicht auftreten dürfen, erklären läßt [5.4].

5.2.4 Inelastische Neutrino-Nukleon-Streuung

Allgemeine Diskussion. Ein großer Teil unserer heutigen Kenntnisse über die Quarkverteilungen im Nukleon kommt von der Verwendung von Neutrinos als Sonden. Hochenergetische Neutrinostrahlen bestehen praktisch nur aus Myon-Neutrinos, da sie über den Zerfall energiereicher Pionen und Kaonen erzeugt werden. Die Experimente werden immer durch Streuung an einem ruhenden Target durchgeführt. Im folgenden bezeichnet daher E die Energie der Neutrinos bzw. Antineutrinos im Laborsystem. Die kleinen Wirkungsquerschnitte können nur durch große Targetmassen kompensiert werden. Ein typischer Detektor besteht deshalb z.B. aus einer Schichtung von Eisenplatten und spurenempfindlichen Kammern mit einer Masse von ca. 1000 Tonnen.

Wir diskutieren nun die Reaktionen

$$\nu_\mu + N \to \mu^- + X \tag{5.63}$$

und

$$\bar\nu_\mu + N \to \mu^+ + X \ . \tag{5.64}$$

Die Bezeichnungen stimmen mit denen der inelastischen Elektronenstreuung überein, insbesondere bedeutet also q^2 das Quadrat des Viererimpulsübertrags zwischen einlaufendem Neutrino und auslaufendem Myon. Wir vernachlässigen zunächst die Cabbibo-Struktur, setzen also vereinfachend $\Theta_C = 0$ an. Dann sind für die Reaktion (5.63) nur die „harten" Streuprozesse der Abb. 5.9 möglich mit den analog zu (5.10) und (5.15) abgeleiteten Querschnitten

$$\frac{d\sigma}{dq^2}(\nu_\mu d \to \mu^- u) = \frac{G_F^2}{\pi} \ , \tag{5.65}$$

beziehungsweise

$$\frac{d\sigma}{dq^2}(\nu_\mu \bar u \to \mu^- \bar d) = \frac{G_F^2}{\pi}(1-y)^2 \ . \tag{5.66}$$

Für die Antineutrinostreuung (Abb. 5.10) leiten wir in gleicher Weise die Beziehungen

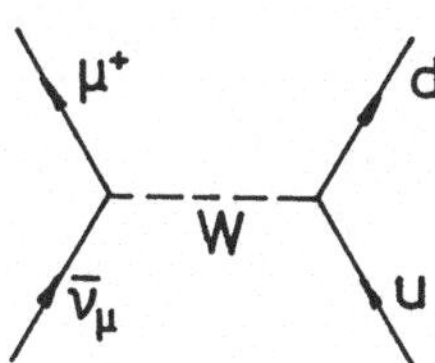

Abb. 5.9. Die Streuung von Myon-Neutrinos an Quarks und Antiquarks.

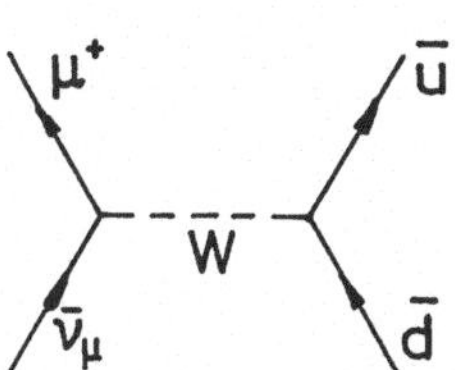

Abb. 5.10. Die Streuung von Myon-Antineutrinos an Quarks und Antiquarks.

$$\frac{d\sigma}{dq^2}(\bar{\nu}_\mu u \to \mu^+ d) = \frac{G_F^2}{\pi}(1-y)^2 \tag{5.67}$$

und

$$\frac{d\sigma}{dq^2}(\bar{\nu}_\mu \bar{d} \to \mu^+ \bar{u}) = \frac{G_F^2}{\pi} \tag{5.68}$$

ab. Entsprechend den Ausführungen in Abschn. 4.3 lassen sich daraus die Wirkungsquerschnitte für die Neutrino-Nukleon-Streuung sehr schnell berechnen, nämlich

$$\frac{d\sigma^\nu}{dq^2 dx} = \frac{G_F^2}{\pi}(q(x) + \bar{q}(x)(1-y)^2) \ , \tag{5.69}$$

also

$$\frac{d\sigma^\nu}{dxdy} = \frac{2EMG_F^2}{\pi}(xq(x) + x\bar{q}(x)(1-y)^2) \tag{5.70}$$

und

$$\frac{d\sigma^{\bar{\nu}}}{dxdy} = \frac{2EMG_F^2}{\pi}(xq(x)(1-y)^2 + x\bar{q}(x)) \ . \tag{5.71}$$

Hierin sind $q(x)$ und $\bar{q}(x)$ Quarkdichteverteilungen, im Nukleon also $u(x), d(x)$ bzw. $\bar{u}(x), \bar{d}(x)$. Die für die einzelnen Prozesse in Frage kommenden Verteilungen, werden wir weiter unten spezifizieren.

Die allgemeine Form des Wirkungsquerschnitts wird wie bei der elektromagnetischen Streuung durch Strukturfunktionen parametrisiert, die im Quarkmodell durch

$$\begin{aligned} 2xF_1 &= F_2 \\ F_2 &= 2x(q(x) + \bar{q}(x)) \\ F_3 &= 2(q(x) - \bar{q}(x)) \end{aligned} \tag{5.72}$$

gegeben sind. Die Strukturfunktion F_3 verschwindet natürlich für die Elektronenstreuung, da die elektromagnetischen Wirkungsquerschnitte für Teilchen und Antiteilchen gleich sind. Ausgedrückt durch die Strukturfunktionen erhalten wir die Formel

$$\frac{d\sigma^{\nu,\bar{\nu}}}{dxdy} = \frac{EMG_F^2}{\pi}(F_2(1-y+y^2/2) \pm xF_3(y-y^2/2)) \tag{5.73}$$

für den Wirkungsquerschnitt, wobei das positive Vorzeichen für die Neutrino- und das negative für die Antineutrinostreuung steht. Nun wollen wir auch die s-Quarks in den Nukleonen behandeln, d.h. wir lassen z.B. harte Streuprozesse $\nu_\mu s \to \mu^- u$ zu. Damit wir nicht verschiedene Formeln für Cabbibo-erlaubte ($\Delta S = 0$) und Cabbibo-unterdrückte ($\Delta S = 1$) Reaktionen verwenden müssen, werden die Ausdrücke für die Strukturfunktionen entsprechend abgeändert. Dies ist in der Tabelle 5.1 durchgeführt, wobei die Modifikation der Kopplungskonstanten durch den Cabbibo-Winkel in die Definition der Strukturfunktionen absorbiert wurde.

Ganz ähnlich wie in der Neutrino-Elektron-Streuung steigen auch die totalen Neutrino-Nukleon-Streuquerschnitte linear mit der Energie an, so-

Tabelle 5.1. Die Strukturfunktionen der inelastischen Neutrino-Nukleon-Streuung.

		F_2	xF_3
$\Delta S = 0$	$\nu_\mu p \to \mu^- X$	$2x(d + \bar{u})\cos^2\Theta_C$	$2x(d - \bar{u})\cos^2\Theta_C$
	$\nu_\mu n \to \mu^- X$	$2x(u + \bar{d})\cos^2\Theta_C$	$2x(u - \bar{d})\cos^2\Theta_C$
	$\bar{\nu}_\mu p \to \mu^+ X$	$2x(u + \bar{d})\cos^2\Theta_C$	$2x(u - \bar{d})\cos^2\Theta_C$
	$\bar{\nu}_\mu n \to \mu^+ X$	$2x(d + \bar{u})\cos^2\Theta_C$	$2x(d - \bar{u})\cos^2\Theta_C$
$\Delta S = 1$	$\nu_\mu p \to \mu^- X$	$2x(s + \bar{u})\sin^2\Theta_C$	$2x(s - \bar{u})\sin^2\Theta_C$
	$\nu_\mu n \to \mu^- X$	$2x(s + \bar{d})\sin^2\Theta_C$	$2x(s - \bar{d})\sin^2\Theta_C$
	$\bar{\nu}_\mu p \to \mu^+ X$	$2x(u + \bar{s})\sin^2\Theta_C$	$2x(u - \bar{s})\sin^2\Theta_C$
	$\bar{\nu}_\mu n \to \mu^+ X$	$2x(d + \bar{s})\sin^2\Theta_C$	$2x(d - \bar{s})\sin^2\Theta_C$

lange der Einfluß des W-Propagators vernachlässigt werden kann. Formal folgt dies aus der Integration der Gleichungen (5.70) und (5.71) über x und y. Die meisten Untersuchungen wurden an Eisen durchgeführt, was eine gute Annäherung an ein isoskalares Nukleon

$$N \equiv \frac{1}{2}(p + n) \tag{5.74}$$

darstellt. Die Abb. 5.11 zeigt, daß der Wirkungsquerschnitt bis zu Neutrino-energien von 200 GeV linear anwächst. Mit der zusätzlichen Annahme, daß die Zahl der Antiquarks in den Nukleonen gegenüber der Zahl der Quarks zu vernachlässigen ist, läßt sich sofort

$$\frac{\sigma_{\text{tot}}(\nu N)}{\sigma_{\text{tot}}(\bar{\nu} N)} = 3 : 1 \tag{5.75}$$

beweisen. Experimentell gilt aber näherungsweise

$$\begin{aligned}
\sigma_{\text{tot}}(\nu_\mu N)/E &\approx 7 \times 10^{-39}\,\text{cm}^2/\text{GeV} \\
\sigma_{\text{tot}}(\bar{\nu}_\mu N)/E &\approx 3.5 \times 10^{-39}\,\text{cm}^2/\text{GeV} \ ,
\end{aligned} \tag{5.76}$$

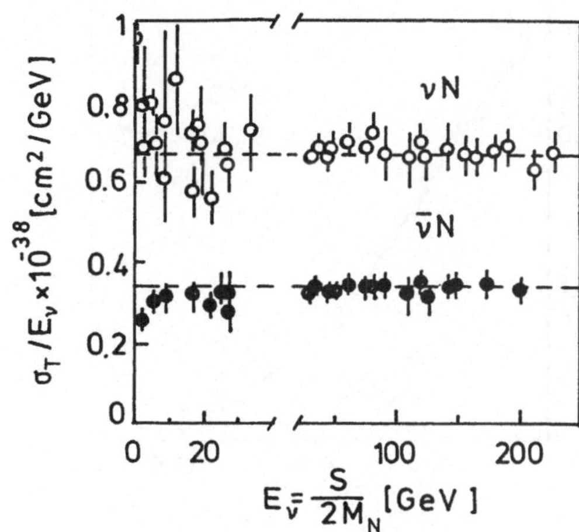

Abb. 5.11. Die Energieabhängigkeit der inelastischen Neutrino-Nukleon-Streuung.

d.h. die Vernachlässigung des Antiquarkbeitrags ist eine zu grobe Vereinfachung.

Ein bemerkenswerter Erfolg des Quarkmodells ist die Verknüpfung der Neutrinostreuung mit der Elektronenstreuung. Mit der Verwendung von Neutrinos oder Elektronen als Sonden zur Untersuchung des Nukleons mißt man offenbar unterschiedliche Kombinationen von Quarkdichteverteilungen. Das hat die Konsequenz, daß die in den betrachteten Streureaktionen auftretenden Strukturfunktionen nicht unabhängig voneinander sind. Um dies quantitativ zu formulieren, setzen wir näherungsweise $\Theta_C = 0$ und vernachlässigen außerdem den Beitrag der s- und $\bar{s}$-Quarks in der Elektronenstreuung. Wegen

$$F_2^N = \frac{1}{2}(F_2^p + F_2^n) \tag{5.77}$$

folgt in dieser Näherung

$$F_2^{\nu N}(x) = x(u(x) + \bar{u}(x) + d(x) + \bar{d}(x)) \ , \tag{5.78}$$

bzw.

$$F_2^{eN}(x) = \frac{x}{2}\frac{5}{9}(u(x) + \bar{u}(x) + d(x) + \bar{d}(x)) \ , \tag{5.79}$$

also

$$\frac{F_2^{eN}}{F_2^{\nu N}} = \frac{5}{18} \ . \tag{5.80}$$

Die Abb. 5.12 beweist, wie schön diese Relation erfüllt ist.

Die Quarkdichteverteilungen. Es ist jetzt an der Zeit, die experimentellen Ergebnisse für die Quarkdichteverteilungen, wie sie aus den Experimenten der inelastischen Lepton-Nukleon-Streuung gewonnen wurden, etwas genauer darzustellen. Die meisten Daten liegen für relativ kleine $|q^2|$ vor ($|q^2| < 10$ GeV^2), da die Herstellung hochenergetischer Elektronen und Neutrinostrahlen

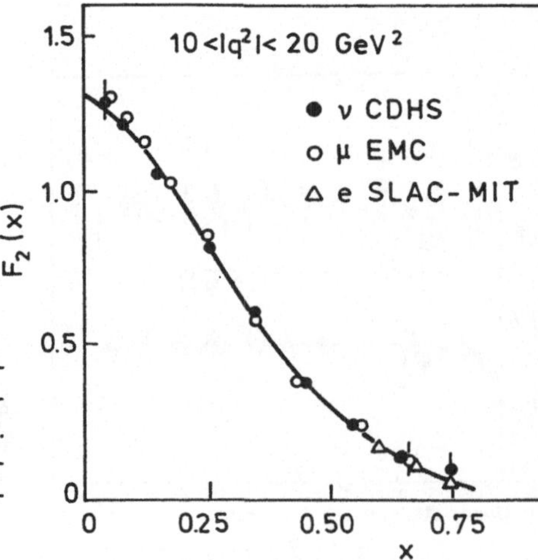

Abb. 5.12. Die Strukturfunktion F_2 in der Elektronen- und Neutrinostreuung. Die Daten der geladenen Leptonen wurden mit $\frac{18}{5}$ gewichtet.

schwierig ist. Elektromagnetische Streuprozesse sind zusätzlich durch einen Faktor $\sim 1/q^4$ unterdrückt.

In dem angesprochenen q^2-Bereich ist das Skalenverhalten der Strukturfunktionen gut erfüllt, und es macht Sinn, aus diesen Messungen die Dichteverteilungen $q(x)$ zu bestimmen. Eine beliebte Parametrisierung [5.5] benutzt den Ansatz (4.221). Das Ergebnis ist in der Abb. 5.13 wiedergegeben. In Formeln lautet es:

$$
\begin{aligned}
xu_v &= 1.78\, x^{0.5}(1 - x^{1.51})^{3.5} \\
xd_v &= 0.67\, x^{0.4}(1 - x^{1.51})^{4.5} \\
xu_s &= 0.182\,(1 - x)^{8.54} \\
xd_s &= xu_s \\
xs_s &= 0.081\,(1 - x)^{8.54} \\
xg &= (2.62 + 9.17x)(1 - x)^{5.9} \ .
\end{aligned}
\tag{5.81}
$$

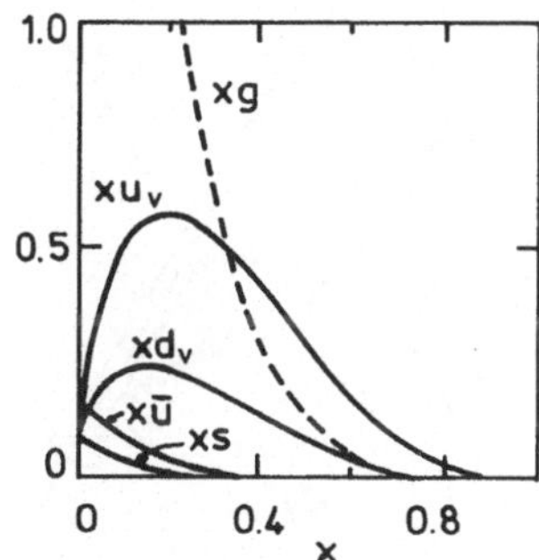

Abb. 5.13. Die Dichteverteilungen von Quarks nach Eichten et al. [5.5]. Aufgetragen wurde $xq(x)$ als Funktion von x.

Die Gluondichte $g(x)$ läßt sich in der Lepton-Nukleon-Streuung nicht direkt bestimmen, da die Gluonen nicht an Neutrinos oder Elektronen koppeln. Wir haben jedoch schon in Abschn. 4.3 bei der Diskussion der Impulssumme der Quarks gesehen, daß der Gluonanteil in den Nukleonen sehr hoch ist. Eine Möglichkeit der Messung besteht in der Untersuchung der inklusiven Photoproduktion von ψ-Mesonen,

$$
\gamma + p \to \psi + X \ .
\tag{5.82}
$$

Die experimentelle Signatur der Reaktion ist ziemlich klar, da man die ψ-Resonanzen durch ihren $\mu^-\mu^+$-Zerfall rekonstruieren kann. Die Gluonen im Nukleon erzeugen $c\bar{c}$-Quarks in der Reaktion der Paarerzeugung (Abb. 5.14a)

$$
\gamma + g \to c + \bar{c} \ ,
\tag{5.83}
$$

die man hier häufig „Gamma-Gluon-Fusion" nennt. Da das ψ ein Farbsinglett ist, muß zusätzlich ein (weiches) Gluon abgestrahlt werden (Abb. 5.14b). In der Diskussion des Abschn. 4.4 über Bremsstrahlung und Zwei-Photonen-Reaktionen haben wir uns überzeugt, daß bei kleinen Impulsüberträgen jedes Elektron als Quelle quasireeller Photonen angesehen werden kann, deren Fluß $f_{\gamma/e}$ berechenbar ist. Die Photoerzeugung von $c\bar{c}$ oder $b\bar{b}$ in der Gamma-Gluon-Fusion studiert man daher praktischerweise in der inelastischen Elektronenstreuung bei sehr kleinen Werten von $|q^2|$. Solche Messungen werden z.B. am Elektron-Proton-Speicherring HERA in Hamburg durchgeführt.

Bei höheren Werten des Impulsübertrages treten Abweichungen vom Skalenverhalten der Dichteverteilungen auf, die Strukturfunktionen hängen logarithmisch von q^2 ab. Dies ist eine Folge der QCD-Korrekturen, d.h. der Emission und Absorption von Gluonen durch die Quarks. Der dominante Einfluß (Abb. 5.15a) kommt hierbei von der Gluonbremsstrahlung vor dem Streuprozeß. Durch diese wird das Spektrum der einlaufenden Quarks geändert. Die Gluonen übernehmen vom Quark einen Bruchteil z des Viererimpulses k mit ($0 \leq z \leq 1$). Die Verteilung entspricht einem typischen Bremsstrahl-

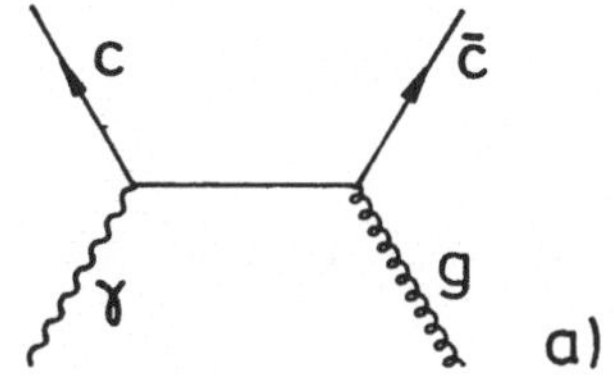

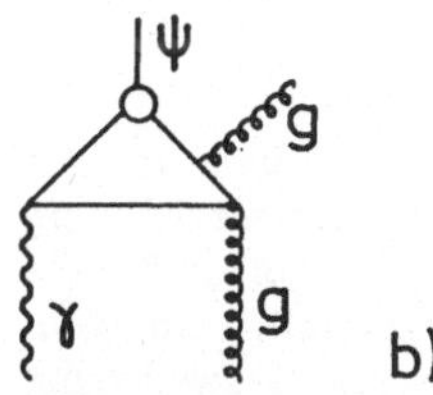

Abb. 5.14. Die Erzeugung von *charm*-Quarks (**a**) und ψ-Mesonen (**b**) in der Gamma-Gluon-Fusion.

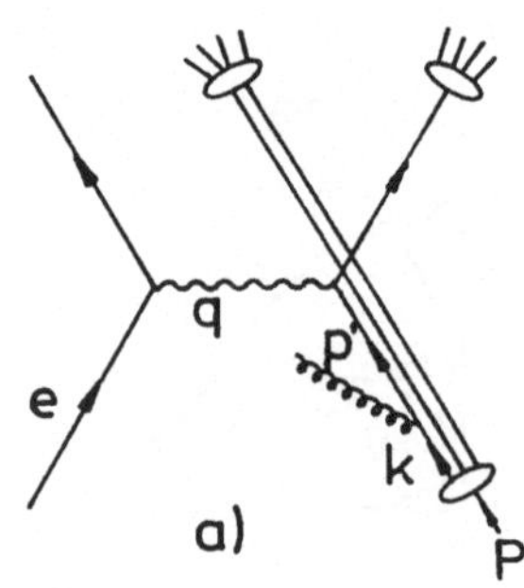

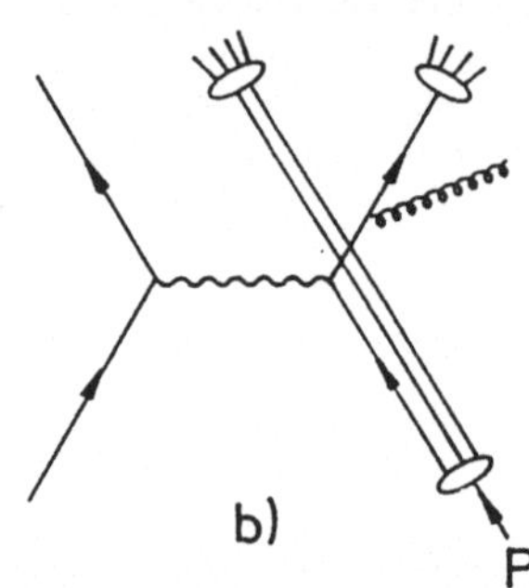

Abb. 5.15. Gluonbremsstrahlung bei der inelastischen Lepton-Nukleon-Streuung: (a) vor und (b) nach der harten Streureaktion.

spektrum $\sim dz/z$. Wir können also annehmen, daß das verbleibende Quark im wesentlichen auf der Massenschale sitzt. Die Gleichung (4.191) wird daher durch

$$q^2 + 2q \cdot p' = 0 \tag{5.84}$$

ersetzt, und wegen $p' = (1 - z)k$ gilt

$$1 - z = \frac{-q^2}{2q \cdot k} \;. \tag{5.85}$$

Eine quantitative Berechnung des Prozesses

$$e + Q \to e' + Q' + g \tag{5.86}$$

hat in der Methode und den resultierenden Formeln viel Ähnlichkeit mit unserer Behandlung der Bremsstrahlung.[5] Wir wollen sie hier nicht durchführen, sondern nur die Kinematik noch ein wenig studieren. Da das Elektron mit großen Impulsüberträgen gestreut wird, muß man die „virtuelle QCD-Comptonstreuung"

$$\gamma_v + Q \to g + Q' \tag{5.87}$$

untersuchen. Das Quadrat der Schwerpunktenergie in diesem Subprozeß ist

$$\hat{s} = (q + k)^2 = 2q \cdot k + q^2 \;, \tag{5.88}$$

womit sich

$$1 - z = \frac{-q^2}{\hat{s} - q^2} \tag{5.89}$$

ergibt, falls nur der Beitrag des Diagramms der Abb. 5.15a berücksichtigt wird. Dies ist aber berechtigt, da der Pol bei $\hat{u} = 0$ im Wirkungsquerschnitt auf das besagte Diagramm zurückgeführt werden kann. Über den Transversalimpuls p_T des auslaufenden Gluons muß integriert werden. Dieser wird im Grenzfall masseloser Teilchen über

$$p_T = \frac{\sqrt{\hat{s}}}{2} \sin \Theta \;, \tag{5.90}$$

definiert, wobei Θ klarerweise der Gluonwinkel im Schwerpunktsystem der Reaktion (5.87) ist. Damit wird aber $p_T^{\max} = \sqrt{\hat{s}}/2$, woraus unmittelbar

$$p_T^{2\,\max} = |q^2| \frac{z}{4(1 - z)} \tag{5.91}$$

folgt. In der Umgebung des Pols können wir

$$|\hat{u}| \approx p_T^2 \tag{5.92}$$

ansetzen, die Integration liefert daher einen Faktor $\log(p_T^{\max})^2$ bzw. $\log |q^2|$ bei der schon von der Diskussion der Zwei-Photonen-Physik bekannten häufigen Vernachlässigung der z-Abhängigkeit in (5.91).

Durch die Gluonbremsstrahlung werden die gemessenen Quarkdichteverteilungen also in Abhängigkeit von $\log |q^2|$ weicher, es gibt weniger Quarks bei

[5]In dieser und in der nächsten Reaktionsgleichung wird das Symbol Q für die Quarks gewählt, um dem Anfänger eine Verwechslung mit dem Viererimpuls q des Photons und der Verteilungsfunktion $q(x)$ der Quarks zu ersparen.

hohen Werten von $x = |q^2|/2q \cdot P$ und mehr mit kleinen x-Werten (Abb. 5.16). Da der Schnittpunkt beider Kurven etwa bei $x = 0.25$ liegt, skaliert die Strukturfunktion F_2 für diesen Wert besonders gut (Abb. 5.17 und 4.23).

Die Kurven in der Abb. 5.17 sind Vorhersagen der QCD mit α_S als einzigem freiem Parameter. Die Messung der logarithmischen Skalenbrechung wird deshalb zur Bestimmung der Kopplungskonstanten der starken Wechselwirkung herangezogen. Vielleicht ist es sogar möglich durch Messungen der Elektronenstreuung über einen sehr großen Bereich des Viererimpulsübertrages die $|q^2|$ Abhängigkeit von α_S, also das „Laufen" der Kopplungskonstanten direkt nachzuweisen.

Die in der tiefinelastischen Lepton-Nukleon-Streuung erzeugten *Jets* sollten sich nach dem zugrunde liegenden Modell nicht von den Jets der $e^- e^+$-Annihilation unterscheiden. Ein einfacher Test darauf besteht in der Untersuchung der in Abschn. 4.3 eingeführten Fragmentationsfunktionen $D^h(z)$. Der Bruchteil z des Longitudinalimpulses, den ein Hadron (h) vom fragmentierenden Quark (q) übernimmt, kann durch

$$z = \frac{E_h}{E_q} \tag{5.93}$$

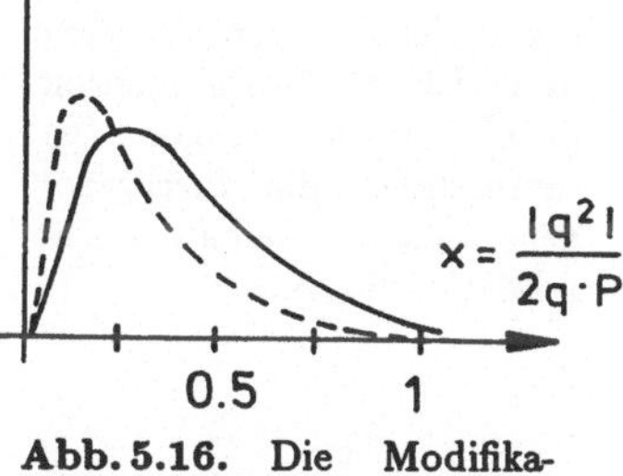

Abb. 5.16. Die Modifikation der Quarkdichten durch Gluonbremsstrahlung. Die gestrichelte Kurve gibt den Funktionsverlauf für hohe Werte von $|q^2|$ wieder.

Abb. 5.17. Die $|q^2|$-Abhängigkeit der Strukturfunktion F_2 in der Elektron-Nukleon-Streuung: (a) $x < 0.3$ (b) $x > 0.3$.

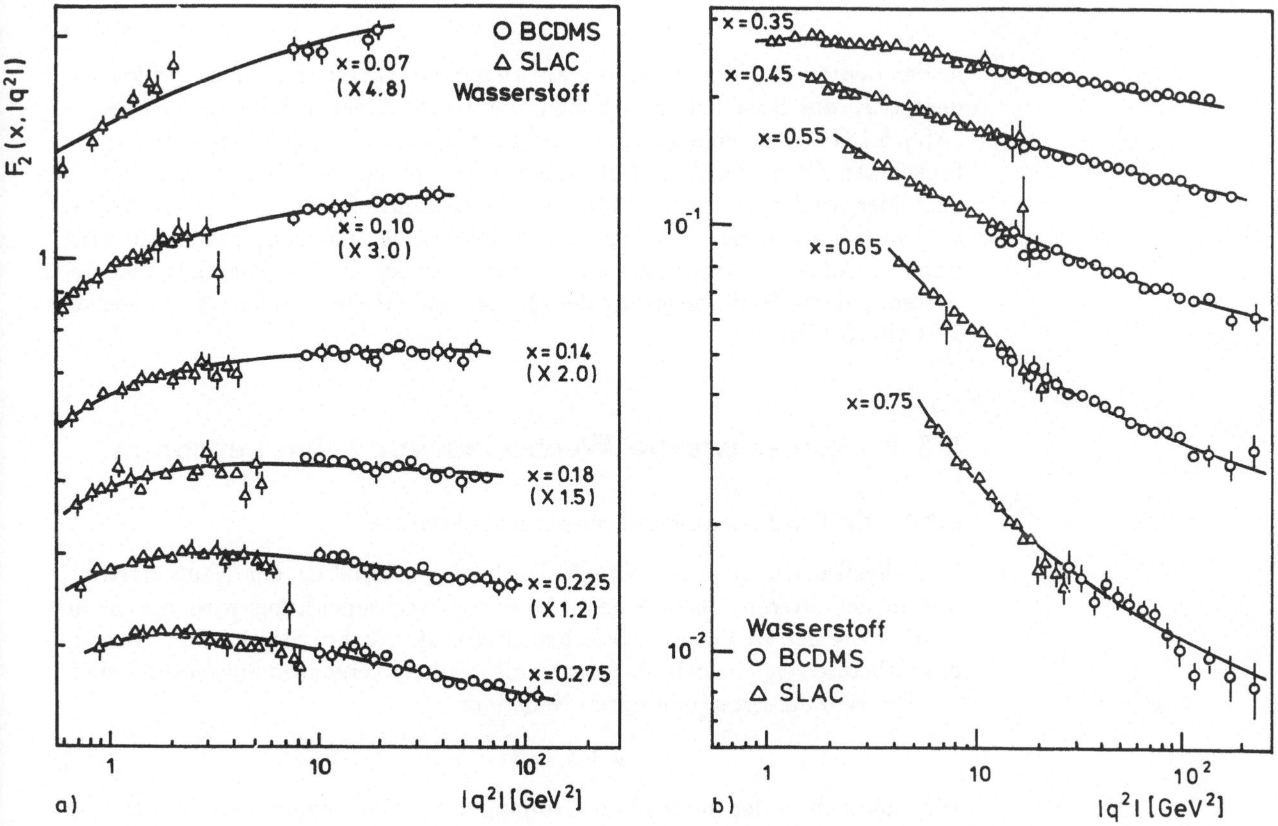

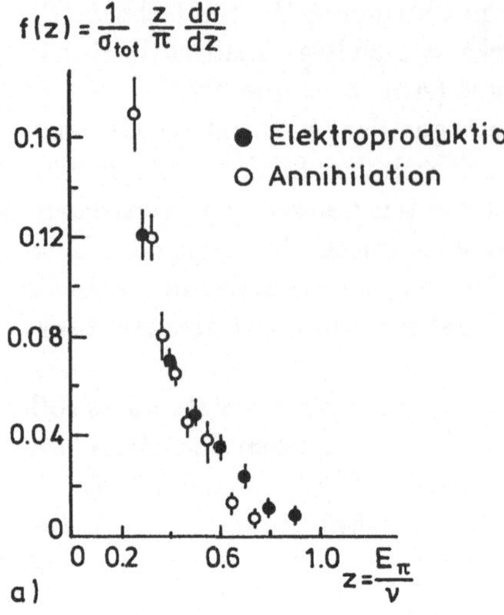

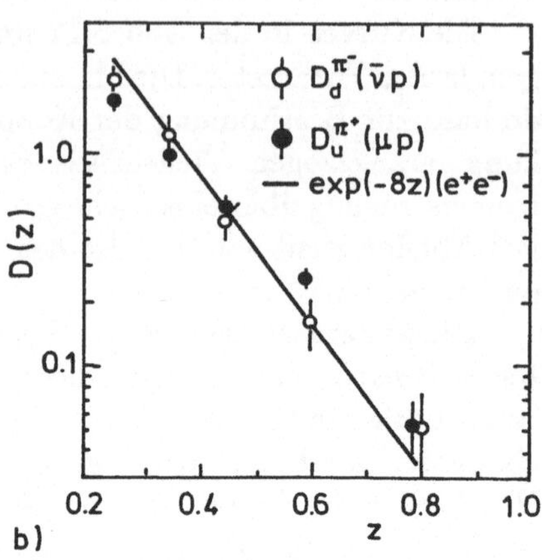

Abb. 5.18. Verteilung der Longitudinalimpulse von Pionen in der Elektroproduktion und der e^-e^+-Annihilation [5.20]. In der Figur (b) repräsentiert die durchgezogene Linie die Daten der Annihilation [5.19].

angenähert werden. Damit gilt

$$z = E_h/E \tag{5.94}$$

für die Annihilation und

$$z = E_h/yE \tag{5.95}$$

in der Lepton-Nukleon-Streuung am ruhenden Target. In beiden Fällen bedeutet E die Strahlenergie. Schon die Daten eines frühen Experimentes (Abb. 5.18) zeigten eine überraschend gute Übereinstimmung der Verteilungsfunktionen $D^h(z)$ bei noch sehr geringen Werten von $|q^2|$. Wir bemerken also auch hier wieder, wie schnell hadronische Korrekturen bei inklusiven Prozessen mit $|q^2|$ abklingen. Genaue Untersuchungen der Jeteigenschaften aus ganz unterschiedlichen Streuprozessen wurden in großer Zahl durchgeführt. Sie beweisen, daß die Hadronisierung der Quarks und Gluonen in der Tat universell ist (Abb. 5.18b).

5.3 Elektroschwache Wechselwirkung der Leptonen

5.3.1 Die Entdeckung der neutralen Ströme

Das physikalisch nicht akzeptable Hochenergieverhalten der Neutrinostreuung in der älteren Theorie der schwachen Wechselwirkung wird durch die Einführung der W-Bosonen behoben. Ein ausführliches Studium der Vektorbosontheorie zeigt jedoch, daß damit nicht alle Divergenzen ausgeräumt sind.

Die W-Paarerzeugung durch Neutrinos

$$\nu + \bar\nu \to W^- + W^+ \tag{5.96}$$

wird nämlich in der niedrigsten Ordnung durch das Feynman-Diagramm der

Abb. 5.19a beschrieben. Die Polarisationsvektoren von W-Bosonen der Helizität 0, d.h. also in der Sprache der Elektrodynamik im Zustand *longitudinaler* Polarisation des Feldvektors, sind proportional zum Impuls der auslaufenden Bosonen im Schwerpunktsystem der Reaktion. Im Gegensatz zur e^-e^+-Vernichtung in zwei Photonen wird also der Wirkungsquerschnitt nicht wie $1/s$ abfallen, sondern mit s ansteigen. Eine genauere Rechnung [5.1], die hier nicht durchgeführt werden kann, ergibt für Energien weit oberhalb der Erzeugungsschwelle für W-Boson-Paare

$$\frac{d\sigma}{d\Omega}(\nu\bar{\nu} \to W_0^- W_0^+) = \frac{G_F^2 s}{32\pi^2}\sin^2\Theta \ . \tag{5.97}$$

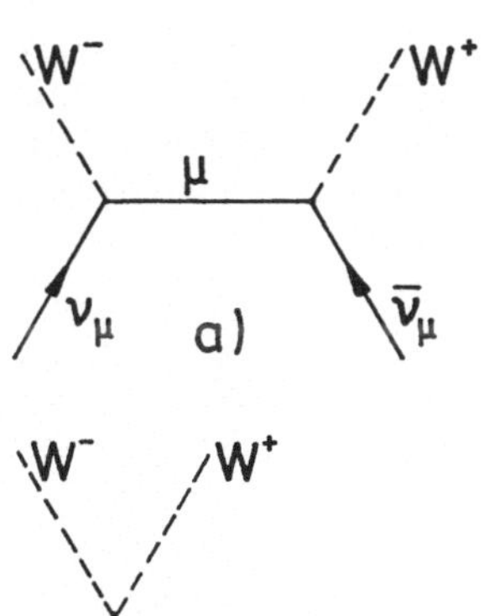

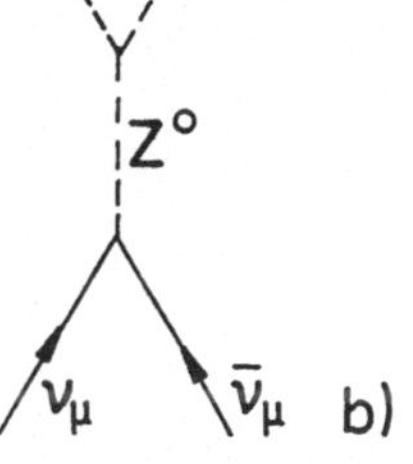

Abb. 5.19. Paarerzeugung von W-Bosonen in der $\nu\bar{\nu}$-Annihilation.

An der Winkelverteilung erkennt man, daß dieser Querschnitt zu einer festen Partialwelle mit dem Koeffizienten d_{10}^1 gehört (Abschn. 2.4). Er steigt monoton mit s an, was bei hohen Energien zum Überschreiten der Unitaritätsgrenze der Partialwelle führen muß. Diese Divergenz wird durch das Diagramm der Abb. 5.19b aufgehoben. Die Kopplungen des Z^0-Bosons an die Neutrinos und die W-Bosonen können so eingestellt werden, daß die Summe der Austauschamplitude und der s-Kanal-Resonanz bei hohen Energien verschwindet.

Diese Art der Erzwingung eines vernünftigen Hochenergieverhaltens hat aber eine unvermeidliche Konsequenz. Wie schon früher besprochen wurde, können wir die Zeitachse auch von links nach rechts laufen lassen. Dann beschreibt das Diagramm der Abb 5.19b die Neutrinostreuung an W-Bosonen über einen *neutralen* schwachen Strom, d.h. den Austausch eines neutralen Vektorbosons (Abb. 5.20). Das Prinzip der Universalität verlangt nun, daß auch die elastische Neutrino-Elektron-Streuung

$$\nu_\mu + e^- \to \nu_\mu + e^- \tag{5.98}$$

existieren muß, mit einem Niederenergie-Wirkungsquerschnitt, der nicht wesentlich kleiner als (5.12) sein darf.

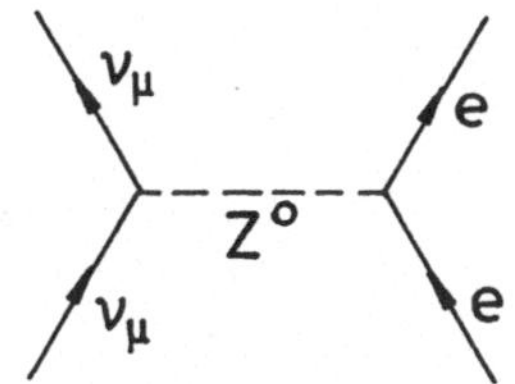

Abb. 5.20. Elastische ν_μ-Streuung an Elektronen.

Man mag vielleicht argumentieren, daß die Einführung eines neutralen schweren Vektorbosons zur Behebung einer sowieso nie experimentell nachprüfbaren Divergenz im Wirkungsquerschnitt der Streuung von Neutrinos an Antineutrinos viel zu spekulativ ist. Es ist aber genau der Weg, den die Natur eingeschlagen hat, wie mit der Entdeckung der Reaktion (5.98) in Neutrino-Streuexperimenten bewiesen wurde. Die Forderung nach der inneren Konsistenz einer Theorie bei hohen Energien führt so zu einer neuen Klasse von Reaktionen der schwachen Wechselwirkung bei niederen Energien. Im Prozeß

$$e^- + e^+ \to W^- + W^+ \tag{5.99}$$

treten ähnliche Interferenzeffekte der beitragenden Amplituden auf (siehe Abschn. 5.5). Nach einer Energieerhöhung des Speicherrings LEP am CERN wird diese Reaktion sogar experimentell zugänglich sein. Die Messung der Paarerzeugung von W-Bosonen wird somit einen ganz wichtigen Test der hier besprochenen physikalischen Ideen darstellen.

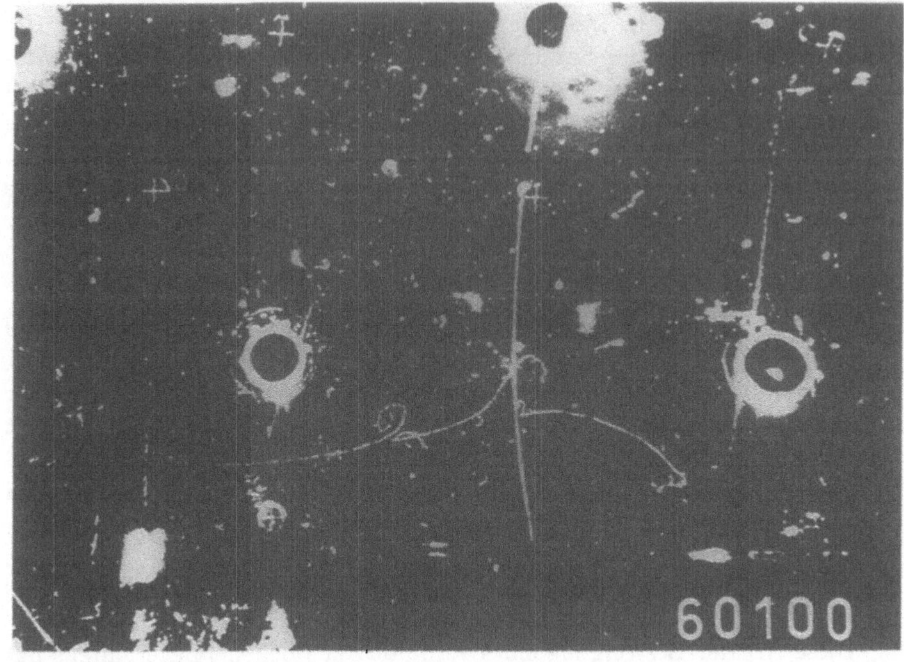

a)

b)

Eine intensive Suche nach Ereignissen der elastischen Neutrinostreuung hatte im Jahre 1973 am CERN Erfolg [5.6]. Die „Gargamelle" Blasenkammer wurde einem Strahl von $\bar{\nu}_\mu$ ausgesetzt. Die Abb. 5.21 zeigt die erste myonlose Neutrinoreaktion. Beobachtet wird nur der vom Rückstoßelektron ausgelöste elektromagnetische Schauer. Heute kann man sich vielleicht fragen, warum Ereignisse dieses Typs nicht schon früher zufällig beobachtet wurden. Es muß jedoch bedacht werden, daß es neben der experimentellen Schwierigkeit der Beobachtung von Reaktionen mit sehr kleinem Wirkungsquerschnitt noch auf den Beweis ankommt, daß es sich dabei nicht um fehlinterpretierte Ereignisse aus Prozessen mit ähnlicher Signatur handelt. Erst nach Klärung dieser Frage kann man behaupten, etwas Neues entdeckt zu haben. Im Myon-Neutrino-Strahl wird es z.B. immer eine gewisse Beimischung von Elektron-Neutrinos geben. Diese können ein Rückstoßelektron über eine normale Wechselwirkung geladener Ströme erzeugen. Zusätzlich können solche Elektronen auch von vagabundierenden Neutronen, die unerkannt in den Detektor gelangen, aus den Atomen der Blasenkammer ausgelöst werden.

5.3.2 Das Glashow-Salam-Weinberg-Modell

Im Grenzfall vernachlässigbar kleiner Massen enthält das Matrixelement der Gleichung (5.6) das Produkt zweier linkshändiger Ströme

$$T_{fi} = \frac{4G_F}{\sqrt{2}} j_L^\mu j_{\mu,L} \; , \tag{5.100}$$

wobei im Fall der $\nu_e e$-Streuung der Strom mit dem einlaufenden Neutrino die Form

$$j_L^\mu = \bar{u}(k')_{e,L}\gamma^\mu u(k)_{\nu_e,L} \tag{5.101}$$

annimmt. Beim Strom mit dem auslaufenden Neutrino vertauschen natürlich der Elektronenspinor und der Neutrinospinor ihre Plätze. Auch für nicht-verschwindende Massen behalten wir die Bezeichnungen „rechtshändig" bzw. „linkshändig" bei. Es muß aber beachtet werden, daß die zugehörigen Spinoren Eigenzustände der Projektionsoperatoren (4.74) sind, also noch eine kleine, massenabhängige Beimischung der falschen Helizität enthalten können.

Die Familien der Leptonen und Quarks haben wir schon häufig als Dubletts angeschrieben. Wir fassen nun ihre linkshändigen Mitglieder als Basis-darstellung einer neuen Gruppe $SU(2)_L$ auf, die durch die Eigenwerte $I_L, I_{3,L}$ des *schwachen* Isospins charakterisiert sind. Für die Eigenwerte von $\hat{I}_{3,L}$ in den Dubletts mit $I_L = 1/2$, gilt

$$\begin{pmatrix} \nu_e \\ e \end{pmatrix}_L = \begin{pmatrix} 1/2 \\ -1/2 \end{pmatrix} \; . \tag{5.102}$$

Neben dem elektronischen Dublett

$$\psi_L = \begin{pmatrix} \nu_e \\ e \end{pmatrix}_L \tag{5.103}$$

gibt es noch die μ- und τ-Dubletts

$$\begin{pmatrix} \nu_\mu \\ \mu \end{pmatrix}_L , \begin{pmatrix} \nu_\tau \\ \tau \end{pmatrix}_L \tag{5.104}$$

mit einer entsprechenden Zuordnung der Isospinquantenzahlen. Zusätzlich charakterisieren wir die linkshändigen Dubletts durch eine *schwache* Hyper-ladung

$$Y = -1 \; , \tag{5.105}$$

und so haben wir genau wie bei der starken Wechselwirkung den elementaren Zusammenhang

$$Q = I_{3,L} + \frac{Y}{2} \tag{5.106}$$

zwischen Ladung und Isospin.

Für die weitere Diskussion ist die Zahl der Leptonfamilien nicht wichtig, und wir beschränken uns im folgenden auf Elektron und ν_e. Mit Hilfe des

Isospins läßt sich der geladene Strom (5.101) sehr elegant schreiben. Dazu übernehmen wir die schon in Abschn. 4.3.5 geübte Schreibweise unter Weglassung der Lorentz-Struktur. Die Darstellung des Isospinoperators mit Hilfe der Pauli-Matrizen τ_i lautet wie üblich

$$\hat{I}_L = \frac{1}{2}\boldsymbol{\tau} \tag{5.107}$$

und (2.75)

$$\hat{I}_{\pm,L} = \tau_\pm \ . \tag{5.108}$$

Damit beweist man sehr einfach die Relation

$$j_L^- = \bar{\psi}_L \hat{I}_{-,L} \psi_L = \bar{e}_L \nu_e \tag{5.109}$$

für den Strom mit dem einlaufenden Neutrino bzw.

$$j_L^+ = \bar{\psi}_L \hat{I}_{+,L} \psi_L = \bar{\nu}_e e_L \tag{5.110}$$

für den Strom, der das auslaufende Neutrino enthält. Aus der Schreibweise der Gleichungen (5.109) und (5.110) wird klar, daß die geladenen Ströme die Komponenten $j_L^\pm$ des Isovektorstroms

$$\boldsymbol{J}_L = \bar{\psi}_L \hat{\boldsymbol{I}}_L \psi_L \tag{5.111}$$

darstellen. Wir fragen uns natürlich sofort nach der physikalischen Bedeutung der 3. Komponente

$$j_L^3 = \frac{1}{2}(\bar{\nu}_e \nu_e - \bar{e}_L e_L) \tag{5.112}$$

dieses Stromes. Dazu erinnern wir uns, daß die Feynman-Regeln der elektromagnetischen Wechselwirkung aus der Betrachtung der Dichte der elektromagnetischen Wechselwirkungsenergie

$$H^{\mathrm{elm}} = e j^{\mathrm{elm},\mu} A_\mu \tag{5.113}$$

gewonnen wurden. Die schwache Wechselwirkung geladener Ströme wird dann offenbar durch

$$H^{\mathrm{schw,gel}} = \frac{g}{\sqrt{2}}\bar{\psi}_L \gamma^\mu (\hat{I}_{+,L} W_\mu^- + \hat{I}_{-,L} W_\mu^+)\psi_L \tag{5.114}$$

oder in der verkürzten Schreibweise durch

$$H^{\mathrm{schw,gel}} = \frac{g}{\sqrt{2}}\bar{\psi}_L (I_+ W^- + I_- W^+)\psi_L \tag{5.115}$$

beschrieben. Es liegt nun sehr nahe, für die schwache Wechselwirkung geladener *und* neutraler Ströme die Wechselwirkungsenergie

$$H^{\mathrm{schw}} = g \boldsymbol{J}_L \boldsymbol{W} \tag{5.116}$$

als das Produkt eines linkshändigen Isovektorstromes mit einem 3-komponentigen W-Bosonfeld anzusetzen. Mit

$$W^{\pm} = \frac{1}{\sqrt{2}}(W_1 \pm \imath W_2) \tag{5.117}$$

sieht man zunächst, daß die Faktoren $1/\sqrt{2}$ in den Feynman-Regeln geladener Ströme aus der Algebra der $SU2$ stammen. Die Wechselwirkungsenergie enthält nun neben dem Anteil (5.114) noch den Term

$$g j_L^3 W_3 \ . \tag{5.118}$$

Das hier auftretende Boson W_3 kann man aber nicht mit dem Z^0 der Abb. 5.20 identifizieren, da die Experimente zeigen, daß z.B. der Wirkungsquerschnitt der elastischen Neutrino-Elektron-Streuung auch Anteile *rechtshändiger* Elektronen mit sich bringt. Wir müssen daher den Ansatz (5.116) verwerfen.

Auf der anderen Seite sehen wir unmittelbar, daß der elektromagnetische Strom

$$j^{\text{elm}} = -\bar{e}_L e_L - \bar{e}_R e_R \tag{5.119}$$

sowohl einen Anteil des Isovektorstroms j_L^3 enthält, als auch rechtshändige Elektronen berücksichtigt. Vielleicht läßt sich also ein Ausdruck für die Wechselwirkungsenergie finden, der elektromagnetische und schwache Wechselwirkung *gemeinsam* beschreibt. Dazu müssen wir zunächst die rechtshändigen Elektronen dem Teilchenspektrum der Theorie hinzufügen. Sie bilden offenbar keine Darstellung von $SU2_L$ und haben daher bei Beachtung von (5.106) die Quantenzahlen

$$\begin{aligned} I_L, I_{3,L} &= 0 \\ Y &= -2 \ . \end{aligned} \tag{5.120}$$

Mit der schwachen Hyperladung $\hat{Y}$ ist ein Strom

$$\begin{aligned} j^Y &= \bar{\psi}\hat{Y}\psi \\ &= -\bar{\nu}_e \nu_e - \bar{e}_L e_L - 2\bar{e}_R e_R \end{aligned} \tag{5.121}$$

verknüpft, so daß für den elektromagnetischen Strom die zu (5.106) analoge Beziehung

$$j^{\text{elm}} = j_L^3 + \frac{1}{2} j^Y \tag{5.122}$$

besteht. Im GSW-Modell[6] wird nun für die *elektroschwache* Wechselwirkungsenergiedichte der Ansatz

$$H^{\text{el.schw}} = g \mathbf{j}_L \mathbf{W} + \frac{1}{2} g' j^Y B \tag{5.123}$$

gemacht. Im ersten Summanden steckt natürlich zunächst die schwache Wechselwirkung geladener Ströme (5.114), während der neutrale Anteil von $H^{\text{el.schw}}$

$$H^{\text{neutr}} = g j_L^3 W_3 + \frac{1}{2} g' j^Y B \tag{5.124}$$

[6]GSW steht als Abkürzung für die Autorennamen G. Glashow (geb. 1932), A. Salam (geb. 1926) und S. Weinberg (geb. 1933). Sie erhielten 1979 den Nobelpreis für diese vereinheitlichte Theorie der elektroschwachen Wechselwirkung.

die Kopplung des Isovektorstroms an ein W_3-Boson und des Stroms der Hyperladung an ein neues B-Boson beschreibt. Diese beiden Teilchen sind mit dem Z^0-Boson und dem Photon A durch eine Drehung um den Weinberg-Winkel Θ_W

$$W_3 = Z^0 \cos\Theta_W + A\sin\Theta_W$$
$$B = -Z^0 \sin\Theta_W + A\cos\Theta_W \qquad (5.125)$$

verbunden. Einsetzen in (5.124) und Sammeln der Terme mit A liefert zunächst die Dichte der elektromagnetischen Wechselwirkungsenergie

$$H^{\text{elm}} = g\sin\Theta_W j_L^3 A + \frac{1}{2}g' \cos\Theta_W j^Y A \ . \qquad (5.126)$$

Durch Vergleich mit (5.113) und (5.122) lassen sich die wichtigen Beziehungen

$$g\sin\Theta_W = e$$
$$g'\cos\Theta_W = e \qquad (5.127)$$

ablesen, wodurch die Kopplungskonstanten g und g' mit Hilfe des Weinberg-Winkels an die Elementarladung e angeschlossen werden.

Das Sammeln der Terme mit Z^0 führt uns zur Energiedichte der neutralen schwachen Wechselwirkung

$$H^{\text{NC}} = g\cos\Theta_W j_L^3 Z^0 - \frac{1}{2}g' \sin\Theta_W j^Y Z^0 \ . \qquad (5.128)$$

Der Index NC steht hier für *neutral current*. Den Ausdruck für H^{NC} bringen wir in die Form

$$H^{\text{NC}} = \frac{g}{\cos\Theta_W} j^{\text{NC}} Z^0 \ , \qquad (5.129)$$

wobei für den neutralen schwachen Strom

$$j^{\text{NC}} = j_L^3 - \sin^2\Theta_W j^{\text{elm}} \qquad (5.130)$$

gilt. Eine Auswertung der letzten Formel ergibt

$$j^{\text{NC}} = \frac{1}{2}\bar{\nu}_e \nu_e + (\sin^2\Theta_W - \frac{1}{2})\bar{e}_L e_L + \sin^2\Theta_W \bar{e}_R e_R \ . \qquad (5.131)$$

Hiermit haben wir die Feynman-Regeln für die Kopplung der Z^0-Bosonen an Neutrinos und geladene links- bzw. rechtshändige Leptonen gewonnen. An jedem Vertex (Abb. 5.22) müssen wir einen Faktor

$$-\imath\frac{g}{\cos\Theta_W}\gamma^\mu c \qquad (5.132)$$

mit

$$c = I_{3,L} - Q\sin^2\Theta_W \qquad (5.133)$$

anbringen. Die Auswertung für ν_e, ν_μ, ν_τ und die links- bzw. rechtshändigen e, μ, τ ergibt

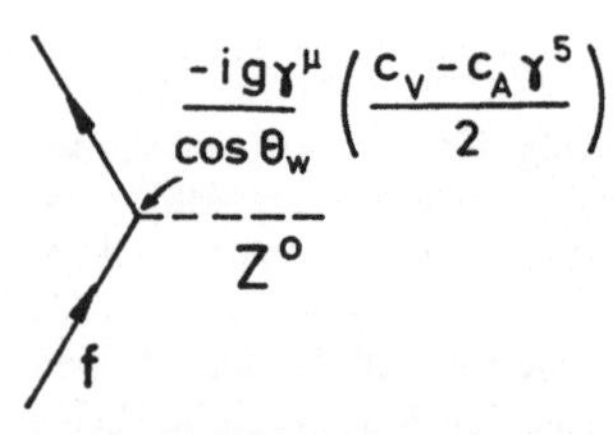

Abb. 5.22. Feynman-Regeln für neutrale Ströme.

$$
\begin{aligned}
c_\nu &= \frac{1}{2} \\
c_L &= -\frac{1}{2} + \sin^2 \Theta_W \\
c_R &= \sin^2 \Theta_W \ .
\end{aligned}
\tag{5.134}
$$

Anstelle der links- und rechtshändigen Kopplungen kann man auch die Vektor- und Axialvektorkopplungen benutzen, die über

$$
c_{V,A} = c_L \pm c_R
\tag{5.135}
$$

definiert sind. Damit läßt sich die Regel für die Kopplung des Z^0 an *beliebige* Spinoren geladener Leptonen entsprechend zu (5.4) als

$$
-\imath \frac{g\gamma^\mu}{\cos\Theta_W} \left(\frac{c_V - c_A \gamma^5}{2} \right)
\tag{5.136}
$$

anschreiben.

Bevor wir zu einer Anwendung dieser Regeln kommen, muß ein grundsätzliches Problem angedeutet werden. Die hier angegebenen Feynman-Regeln gelten für Fermionen beliebiger Masse. Wir sind jedoch von linkshändigen Isodubletts ausgegangen, und die Symmetrie unter $SU2_L$ verlangt, daß die Massen im Dublett gleich sind. Hinzu kommt, daß die rechtshändigen Komponenten der Teilchen naturgemäß keine Darstellung dieser Gruppe bilden, sie transformieren sich formal wie Isosingletts unter $SU2_L$. Schon die Diskussion der Dirac-Gleichung (Abschn. 4.1.2) hat gezeigt, daß die $\tilde{\psi}_L$ nur für masselose Fermionen eine Lösung der Gleichung bilden. Trotzdem bleiben alle unsere Regeln auch für Teilchen mit Masse richtig. Die theoretische Begründung kann, wie schon in Abschn. 2.8.6 gesagt wurde, im Rahmen des GSW-Modells, d.h. einer Eichtheorie mit sog. *spontaner* Symmetriebrechung gegeben werden. Der Preis, der dafür gezahlt werden muß, ist die Einführung eines neuen fundamentalen Teilchens, nämlich des skalaren Higgs-Bosons.[7] Ihm werden wir noch in anderem Zusammenhang wieder begegnen (Abschn. 5.5.4).

Wir können nun zur Berechnung des Wirkungsquerschnitts der elastischen $\nu_\mu e$-Streuung (Abb. 5.20) übergehen. Wir beginnen mit den linkshändigen Elektronen. Das Matrixelement lautet

$$
T_{fi}(\nu_\mu e_L \to \nu_\mu e_L) = \frac{-g^2}{\cos^2 \Theta_W} \frac{1}{q^2 - M_Z^2} \frac{c_L}{2} \bar{\nu}_\mu \gamma^\nu \nu_\mu \bar{e}_L \gamma_\nu e_L \ .
\tag{5.137}
$$

Wir benutzen wieder die Niederenergienäherung $|q^2| \ll M_Z^2$ und führen die Abkürzung

$$
\varrho = \frac{M_W^2}{M_Z^2 \cos^2 \Theta_W}
\tag{5.138}
$$

ein. Damit gelangt man analog zum Vorgehen in Abschn. 5.1.1 zu

$$
T_{fi}(\nu_\mu e_L) = 4\sqrt{2} c_L G_F \varrho s \ .
\tag{5.139}
$$

Für die Streuung an rechtshändigen Elektronen gilt

[7]Es führt den Namen des englischen Theoretikers P.W. Higgs (geb. 1929). Wie oft in der Entwicklung der Physik, wurde diese Lösung fast zeitgleich auch von anderen Autoren gefunden.

$$T_{fi}(\nu_\mu e_R) = -4\sqrt{2}c_R G_F \varrho u \ . \tag{5.140}$$

Daraus läßt sich ohne weitere Schwierigkeiten der differentielle Wirkungsquerschnitt nach den üblichen Vorschriften zu

$$\frac{d\sigma}{d\Omega}(\nu_\mu e \to \nu_\mu e) = \frac{1}{4\pi^2}\varrho^2 G_F^2 s \left(c_L^2 + \frac{c_R^2(1+\cos\Theta)^2}{4}\right) \tag{5.141}$$

ableiten, woraus nach Integration über den Streuwinkel Θ

$$\sigma(\nu_\mu e \to \nu_\mu e) = \frac{1}{\pi}\varrho^2 G_F^2 s(c_L^2 + \frac{1}{3}c_R^2) \tag{5.142}$$

folgt. Diese Formel können wir noch im Laborsystem für die Streuung von Neutrinos der Energie E an ruhenden Elektronen der Masse m auswerten, wobei wir gleichzeitig die Werte des GSW-Modells für c_L und c_R einsetzen,

$$\sigma(\nu_\mu e \to \nu_\mu e) = \frac{1}{\pi}\varrho^2 G_F^2 2mE((\sin^2\Theta_W - \frac{1}{2})^2 + \frac{1}{3}\sin^4\Theta_W) \ . \tag{5.143}$$

Die Rechnung für die Streuung von Antineutrinos enthält nichts Neues. Ihr Resultat lautet

$$\sigma(\bar\nu_\mu e \to \bar\nu_\mu e) = \frac{1}{\pi}\varrho^2 G_F^2 s(\frac{1}{3}c_L^2 + c_R^2) \ . \tag{5.144}$$

Im Prinzip lassen sich aus der Messung der Wirkungsquerschnitte für elastische ν_μ- bzw. $\bar\nu_\mu$-Streuung die Parameter ϱ und $\sin^2\Theta_W$ der Theorie bestimmen. In der Praxis nimmt man auch noch die experimentellen Ergebnisse der Neutrino-Nukleon-Streuung und der W- und Z-Massen mit. Eine gemeinsame Anpassungsrechnung ergibt [5.7]

$$\begin{aligned}\sin^2\Theta_W &= 0.230 \pm 0.0013 \\ \varrho &= 1.003 \pm 0.004 \ .\end{aligned} \tag{5.145}$$

Der ϱ-Parameter mißt das Verhältnis von neutraler schwacher Wechselwirkung zur geladenen schwachen Wechselwirkung. Wie wir sehen, wurde er mit hoher Genauigkeit zu 1 bestimmt. Dies ist besonders bedeutsam, da $\varrho = 1$ vom GSW-Modell vorhergesagt wird. Um das zu beweisen, muß man aber wieder den Eichfeldcharakter der Theorie und die spontane Symmetriebrechung studieren. Da dies weit über den Rahmen dieses Buches hinausgeht, muß ich den Leser auf die Literatur verweisen [5.1]. Wir werden immer $\varrho = 1$ benutzen. Es ist üblich, diese Beziehung in Form einer neuen Definitionsgleichung

$$\sin^2\Theta_W = 1 - \frac{M_W^2}{M_Z^2} \tag{5.146}$$

für den Weinberg-Winkel auszudrücken.

Aus der ersten Gleichung (5.127) und der Gleichung (5.5) gewinnen wir nun eine Vorhersage für M_W aus der Fermi-Konstanten, der Feinstrukturkonstanten und dem Weinberg-Winkel,

$$M_W^2 = \frac{\alpha\pi}{\sqrt{2}\,G_F \sin^2\Theta_W} \cdot \qquad (5.147)$$

Es ist sehr nützlich, die Abkürzung

$$M_F^2 = \frac{\alpha\pi}{\sqrt{2}\,G_F} \qquad (5.148)$$

einzuführen. Numerisch gilt

$$M_F = 37.281 \text{ GeV} , \qquad (5.149)$$

woraus sich mit $\sin^2\Theta_W = 0.23$ eine W-Bosonenmasse von 77.7 GeV und wegen (5.146) eine Z^0-Masse von 88.6 GeV ergibt. Der Fehler der Vorhersage beträgt etwa 0.2 GeV.

Die experimentellen Werte der W- und Z^0-Massen

$$\begin{aligned} M_W &= 80.26 \pm 0.28 \text{ GeV} \\ M_Z &= 91.174 \pm 0.021 \text{ GeV} \end{aligned} \qquad (5.150)$$

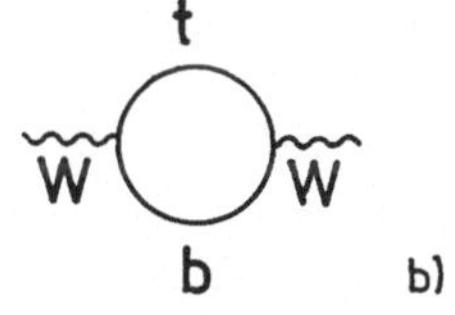
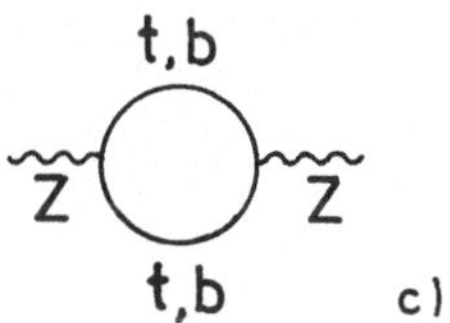

Abb. 5.23. Die einfachsten elektroschwachen Strahlungskorrekturen.

sind schon so genau, daß die Abweichungen von den obigen Vorhersagen signifikant sind. Es ist aber gerade dies ein entscheidender Triumph der Theorie, denn die weiter oben berechneten Massenwerte müssen durch die sog. Strahlungskorrekturen modifiziert werden. Die Abb. 5.23 zeigt einige der beitragenden Diagramme. Häufig wird das Schema der sehr komplizierten Berechnungen der Strahlungskorrektur so angelegt, daß (5.147) zu

$$M_W^2 = \frac{M_F^2}{\sin^2\Theta_W(1 - \Delta r)} \qquad (5.151)$$

abgeändert wird, während die Gleichung (5.146) erhalten bleibt. Der Wert der Strahlungskorrektur Δr hängt noch schwach von der Masse des *top*-Quarks und des Higgs-Bosons ab. In sehr guter Näherung besteht die Korrektur einfach in dem Ersatz von α durch $\alpha(M_W^2) = 1/128$ in (5.148). Die W- und Z^0-Massen sind in beeindruckender Übereinstimmung mit der so modifizierten GSW-Theorie.

5.4 Elektroschwache Wechselwirkung von Quarks

Das im letzten Abschnitt entwickelte Modell läßt sich einfach auf den Quarksektor übertragen. Wir studieren die Konsequenzen zunächst für die Familie der u, d-Quarks. Sie wird gebildet durch das linkshändige Isodublett

$$\begin{pmatrix} u \\ d' \end{pmatrix}_L \qquad (5.152)$$

mit

$$Y = \frac{1}{3} \qquad (5.153)$$

und die rechtshändigen Isosingletts

$$u_R \text{ mit } Y = \frac{4}{3} \qquad (5.154)$$

und

$$d_R \text{ mit } Y = -\frac{2}{3} \;. \qquad (5.155)$$

Zu beachten ist, daß die Basiszustände der $SU2_L$ entsprechend den in Abschn. 5.2 angestellten Überlegungen durch die u-Quarks und die Cabbiborotierten d'-Quarks gebildet werden (5.36). Die Energiedichte der Wechselwirkung

$$H^{\text{el.schw}} = g\mathfrak{J}_L \mathbf{W} + \frac{1}{2}g'j^Y B \qquad (5.156)$$

enthält zunächst die schwache Wechselwirkung geladener Ströme

$$H^{\text{schw,gel}} = \frac{g}{\sqrt{2}}(\bar{u}_L(c_1 d_L + s_1 s_L)W^- + k.k) \;, \qquad (5.157)$$

wie wir sie in Abschn. 5.2 eingeführt haben. Das Symbol $k.k$ bedeutet „konjugiert komplex" und entspricht dem 2. Summand auf der rechten Seite der Beziehung (5.115).

Der nach der Vorschrift (5.122) konstruierte elektromagnetische Strom

$$j^{\text{elm}} = \frac{2}{3}(\bar{u}_R u_R + \bar{u}_L u_L) - \frac{1}{3}(\bar{d}_R d_R + c_1^2 \bar{d}_L d_L + s_1^2 \bar{s}_L s_L + s_1 c_1(\bar{d}_L s_L + \bar{s}_L d_L))$$
$$(5.158)$$

bringt aber unerwünschte, den Erhaltungssatz der *Strangeness* verletzende Terme wie z.B. $\bar{d}_L s_L$ ins Spiel. Wenn man jedoch nach dem Vorschlag von Glashow, Iliopoulos und Maiani [5.8] die Familie der c- und s'-Quarks mitnimmt, deren $I_{3,L} = -1/2$ Mitglied s' entsprechend der Gleichung (5.36) Cabbibo-rotiert ist, fallen die gemischten Glieder weg, und der elektromagnetische Strom erhält die gewohnte Gestalt

$$j^{\text{elm}} = \frac{2}{3}(\bar{u}_R u_R + \bar{u}_L u_L) - \frac{1}{3}(\bar{d}_R d_R + \bar{d}_L d_L) \qquad (5.159)$$

$$+\frac{2}{3}(\bar{c}_R c_R + \bar{c}_L c_L) - \frac{1}{3}(\bar{s}_R s_R + \bar{s}_L s_L) \;. \qquad (5.160)$$

Die 3. Komponente des Vektorstromes hat die Form

$$j_L^3 = \frac{1}{2}(\bar{u}_L u_L - \bar{d}_L d_L + \bar{c}_L c_L - \bar{s}_L s_L) \;, \qquad (5.161)$$

und der Aufbau des neutralen schwachen Stroms aus den Anteilen (5.160) und (5.161)

$$j^{\text{NC}} = j_L^3 - \sin^2 \Theta_W j^{\text{elm}} \qquad (5.162)$$

beweist nun sofort, daß die Quarks wie die Leptonen mit der Stärke

$$c = I_{3,L} - Q \sin^2 \Theta_W \qquad (5.163)$$

an die Z^0-Bosonen koppeln. Aus der Umkehrung von (5.36) folgt unmittelbar, daß auch d_L und s_L den Isospin $I_{3,L} = -1/2$ tragen.

Weiter zeigt die Struktur des Stromes (5.162), daß die Z^0-Bosonen nicht mit Quarks unterschiedlicher Flavor-Quantenzahlen wechselwirken. Insbesondere ist damit ein Feynman-Diagramm wie in Abb. 5.24, d.h. also der Zerfall $K^0 \to \mu^- \mu^+$ verboten. Die geringe Zerfallsbreite der K^0-Mesonen in Myon-Paare galt früher als Beweis, daß es überhaupt keine neutralen Ströme gibt. Wir verstehen jetzt, daß man einen Unterschied zwischen neutralen Stromreaktionen mit $|\Delta S| = 1$ und $\Delta S = 0$ machen muß.

Die Idee, die beiden Quarkfamilien in der oben diskutierten Weise zusammenzufassen, hat aber eine noch viel weiter reichende Bedeutung. Die Wechselwirkung geladener Ströme wird für die 2. Familie durch

$$H^{\text{schw,gel}} = \frac{g}{\sqrt{2}}(\bar{c}_L(-s_1 d_L + c_1 s_L)W^- + k.k) \qquad (5.164)$$

beschrieben. Das heißt, die Cabbibo-erlaubten Zerfälle des c-Quarks gehen in s-Quarks während (cd)-Übergänge unterdrückt sind. Besonders wichtig ist jetzt das von der Rotationsmatrix (5.36) stammende negative Vorzeichen für die cd-Kopplung in (5.164). Das gemessene Verzweigungsverhältnis des langlebigen K^0-Mesons in μ-Paare ist nämlich so klein ($\approx 10^{-8}$), daß sogar ein Diagramm der 2. Ordnung in der schwachen Wechselwirkung geladener Ströme (Abb. 5.25a) zu einer größeren als der beobachteten Rate führt. Neben dem Feynman-Graphen 5.25a kann jedoch der Zerfall auch über den Graphen 5.25b gehen. Die beiden Amplituden haben ein unterschiedliches Vorzeichen und heben sich so gegenseitig auf. Damit diese negative Interferenz voll wirksam wird, dürfen sich die Massen von u- und c-Quarks allerdings nicht zu sehr unterscheiden. Aus dem beobachteten Verzweigungsverhältnis gelang es Gaillard und Lee schon weit vor der Entdeckung des ψ-Mesons die Masse des *charm*-Quarks relativ genau vorherzusagen [5.9].

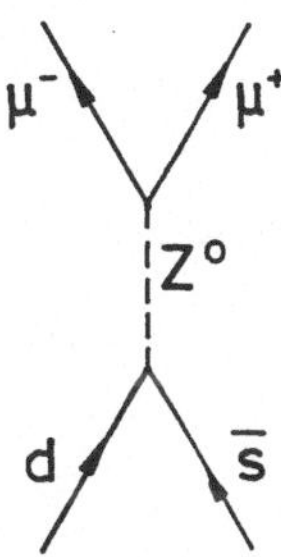

Abb. 5.24. Der Zerfall $K^0 \to \mu^+ \mu^-$ über neutrale Ströme.

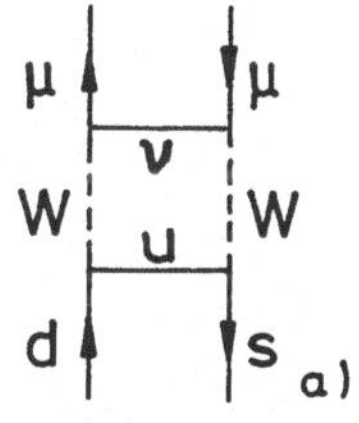

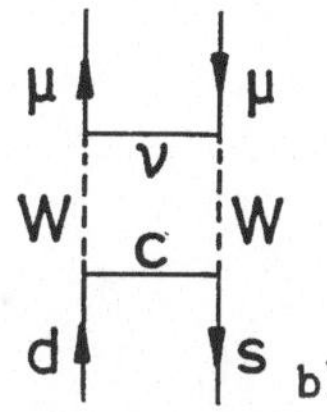

Abb. 5.25. Der Zerfall $K^0 \to \mu^+ \mu^-$ über geladene Ströme in 2. Ordnung der schwachen Wechselwirkung.

5.5 Das Standard-Modell

Das ganze Buch behandelt im Grunde genommen das Standard-Modell der Teilchenphysik. In einem Abschnitt, der diesen Namen als Überschrift trägt, befassen wir uns nochmal mit einigen wichtigen und teilweise neuen Aspekten des Modells. Der physikalische Inhalt läßt sich in wenigen Sätzen formulieren: Die Materie wird aus je drei Familien von Leptonen

$$\begin{pmatrix} \nu_e \\ e \end{pmatrix} \begin{pmatrix} \nu_\mu \\ \mu \end{pmatrix} \begin{pmatrix} \nu_\tau \\ \tau \end{pmatrix} \qquad (5.165)$$

und Quarks

$$\begin{pmatrix} u \\ d \end{pmatrix} \begin{pmatrix} c \\ s \end{pmatrix} \begin{pmatrix} t \\ b \end{pmatrix} \tag{5.166}$$

aufgebaut. Wie im letzten Abschnitt besprochen, sind Leptonen und Quarks Basiszustände der Gruppe $SU(2)_L \otimes U(1)$, deren Erzeugende der schwache Isospin und die schwache Hyperladung sind. Die Quarkeigenzustände zu $SU2_L$ mit $I_{3,L} = -1/2$ gehen aus einer verallgemeinerten Cabbibo-Rotation der d, s- und b-Quarks hervor (Abschn. 5.3). Die Quarks tragen zusätzlich Farbladungen, sie sind Eigenzustände der Gruppe $SU(3)_C$. Man bezeichnet das Standard-Modell daher oft als das $SU(3)_C \otimes SU(2)_L \otimes U(1)$ Modell.

Wechselwirkungen zwischen den Konstituenten sind vom Strom-Feld-Typ. Die zwischen den einzelnen Mitgliedern der Gruppe $SU(2)_L \otimes U(1)$ ausgetauschten Kraftquanten der elektroschwachen Wechselwirkung sind das Photon und die W^+, W^-, Z^0-Bosonen. Die starke Wechselwirkung beruht auf dem Austausch von Gluonen zwischen den Basiszuständen der Gruppe $SU(3)_C$.

Im weiteren Verlauf der Diskussion werden wir genauer als im letzten Abschnitt begründen, daß es noch ein weiteres fundamentales Teilchen, das skalare Higgs-Boson geben muß. Es ist ebenso wie das *top*-Quark bisher noch nicht entdeckt worden. Während aber im Rahmen der Theorie die Masse des *top*-Quarks im Prinzip auf Werte zwischen 100 und 200 GeV eingrenzbar ist, bleibt die Masse des Higgs-Bosons bis auf eine obere Grenze von etwa 1000 GeV (!) völlig frei. Es kann durchaus sein, daß es in diesem Jahrhundert nicht mehr gelingt, *beide* Teilchen zu finden, da Experimente im TeV-Bereich ungeheuer aufwendig und schwierig sind. Um so wichtiger ist es daher, die derzeitige Generation von Beschleunigern (z.B. LEP und HERA) zu präzisen Tests des Modells zu benutzen.

5.5.1 Die e^-e^+-Vernichtung in Fermion-Antifermion-Paare

Dieser Prozeß kann ohne Zweifel als die Basisreaktion der elektroschwachen Wechselwirkung angesehen werden. Zu seiner Erforschung wurde eigens ein großer Elektron-Positron-Speicherring gebaut, (LEP am CERN in Genf), an dem über 1200 Physiker an 4 Experimenten arbeiten.

Die benötigten Feynman-Graphen sind besonders einfach. Solange auslaufende Elektron-Positron-Paare ausgeschlossen sind, muß zusätzlich zum Photonaustausch der Abb. 4.5 nur noch der Z^0-Austausch im s-Kanal berücksichtigt werden (Abb. 5.26). Wir beginnen mit der Streuamplitude für die Reaktion

$$e_L^- + e_R^+ \to f_L + \bar{f}_R \; , \tag{5.167}$$

wobei das Symbol f ein Lepton oder ein Quark bedeuten kann. Aus den Feynman-Regeln berechnet man sofort

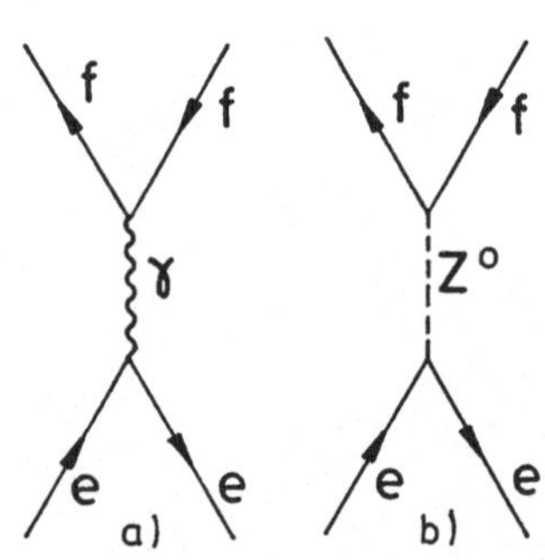

Abb. 5.26. Feynman-Graphen der Elektron-Positron-Vernichtung in Fermion-Antifermion-Paare.

$$T_{fi} = -\bar{v}_R(k)\gamma^\mu u_L(p) \left(\frac{-e^2 Q_f}{q^2} + \frac{g^2}{\cos^2 \Theta_W} \frac{c_L c_{L,f}}{q^2 - M_Z^2} \right) \bar{u}_L(p')\gamma_\mu v_R(k') \; . \tag{5.168}$$

Die Kopplungen c_L und $c_{L,f}$ an die Elektronen bzw. an beliebige Fermionen sind in (5.163) definiert. Wir vereinfachen die Schreibweise, indem wir für die Elektronen $c_L = L$ und für die auslaufenden Fermionen $c_{L,f} = L_f$ ansetzen. Für die rechtshändigen Kopplungen schreiben wir entsprechend R, R_f.

Der Propagator für das Z^0-Boson muß noch modifiziert werden, um den Pol der Streuamplitude bei $s = M_Z^2$ zu vermeiden. Für ein instabiles Teilchen der Masse M_Z und der totalen Zerfallsbreite Γ^Z ist nach den Regeln der Quantenfeldtheorie der Faktor $1/(q^2 - M_Z^2)$ im Propagator durch

$$\frac{1}{q^2 - M_Z^2 + iM_Z\Gamma^Z} \tag{5.169}$$

zu ersetzen. Für die Elektron-Positron-Vernichtung gilt

$$q^2 = s \; , \tag{5.170}$$

und für $s \approx M_Z^2$ wird der Wirkungsquerschnitt praktisch vollkommen durch den Z^0-Austausch bestimmt. Insbesondere hat das Betragsquadrat des Propagators die Form der relativistischen Breit-Wigner-Funktion (2.179)

$$f_{\mathrm{BW}}^r = \frac{1}{(s - M_Z^2)^2 + M_Z^2\Gamma_Z^2} \; . \tag{5.171}$$

Wie gewöhnlich arbeiten wir in der Hochenergienäherung und können daher der Tabelle 4.1

$$-\bar{v}_R(k)\gamma^\mu u_L(p)\bar{u}_L(p')\gamma_\mu v_R(k') = s(1 + \cos\Theta) \tag{5.172}$$

entnehmen. Unter Berücksichtiging von (5.148) gilt dann

$$T_{fi}(e_L^- e_R^+ \to f_L \bar{f}_R) = -4\pi\alpha(1 + \cos\Theta)(Q_f - A_0 LL_f) \; , \tag{5.173}$$

worin die Abkürzung

$$A_0 = \frac{sM_Z^2}{M_F^2(s - M_Z^2 + iM_Z\Gamma^Z)} \tag{5.174}$$

benutzt wurde. Wir sehen nochmals besonders schön die Vereinheitlichung der elektromagnetischen und schwachen Wechselwirkung in diesem Prozeß. Bei niedrigen Energien $s/M_F^2 \ll 1$ überwiegt die elektromagnetische Wechselwirkung, für $s \approx M_Z^2$ die schwache Wechselwirkung, während oberhalb des Z^0-Pols, $s \gg M_Z^2$, beide Amplituden die gleiche Größenordnung haben, der Ausdruck „schwache Wechselwirkung" ist bedeutungslos geworden.

Aus der Amplitude T_{fi} läßt sich nun ohne weiteres der Wirkungsquerschnitt

$$\frac{d\sigma}{d\Omega}(e_L^- e_R^+ \to f_L \bar{f}_R) = \frac{\alpha^2}{4s}(1 + \cos\Theta)^2$$

$$\cdot \left(Q_f^2 - 2\frac{M_Z^2}{M_F^2}s(s - M_Z^2)f_{\mathrm{BW}}^r Q_f LL_f + \frac{M_Z^4}{M_F^4}s^2 f_{\mathrm{BW}}^r L^2 L_f^2\right) \tag{5.175}$$

Tabelle 5.2. Die Amplituden der Elektron-Positron-Vernichtung in Fermion-Antifermion-Paare in der elektroschwachen Wechselwirkung.

Prozeß	$T_{fi}/4\pi\alpha$
$e_L^- e_R^+ \to f_L \bar{f}_R$	$(1 + \cos\Theta)(-Q_f + A_0 LL_f)$
$e_L^- e_R^+ \to f_R \bar{f}_L$	$(1 - \cos\Theta)(-Q_f + A_0 LR_f)$
$e_R^- e_L^+ \to f_L \bar{f}_R$	$(1 - \cos\Theta)(-Q_f + A_0 RL_f)$
$e_R^- e_L^+ \to f_R \bar{f}_L$	$(1 + \cos\Theta)(-Q_f + A_0 RR_f)$

berechnen. Für Quarks gilt diese Gleichung für jede der 3 Farben getrennt. Auf die gleiche Weise kann der Wirkungsquerschnitt für die anderen 3 möglichen Helizitätskombinationen aus der Tabelle 5.2 entnommen werden. Mit Hilfe dieser Tabelle kann man nun nicht nur den spingemittelten Querschnitt, sondern auch andere interessante Meßgrößen, wie z.B. die Asymmetrie zwischen Vorwärts- und Rückwärtsstreuung oder die Polarisation der auslaufenden Fermionen bestimmen.

Das Verhältnis

$$R = \frac{\sigma(e^- e^+ \to f\bar{f})}{\sigma_{\text{QED}}(e^- e^+ \to \mu^- \mu^+)} \tag{5.176}$$

wird durch den starken Z^0-Pol dominiert. Der Einfluß des Z^0 läßt sich aber auch außerhalb der Resonanz durch die Interferenz des Z^0-Austauschs mit dem Photonaustausch nachweisen.

Wir diskutieren nun zunächst etwas ausführlicher den Wirkungsquerschnitt im Bereich der Z^0-Resonanz. Dazu berücksichtigen wir nur den Z^0-Beitrag der Tabelle 5.2 und erhalten mit der Abkürzung $z = \cos\Theta$ nach Mittelung über die Spins das Ergebnis

$$\frac{d\sigma}{d\Omega}(e^- e^+ \to f\bar{f}) = \frac{\alpha^2}{16}\left(\frac{M_Z}{M_F}\right)^4 s f_{\text{BW}}^r$$
$$\cdot\left((1 + z^2)(L^2 + R^2)(L_f^2 + R_f^2) + 2z(L^2 - R^2)(L_f^2 - R_f^2)\right). \tag{5.177}$$

Da $\sin^2\Theta_W$ nahe bei 0.25 liegt, wird der im Cosinus des Streuwinkels lineare Term für Endzustände mit μ- oder τ-Paaren ziemlich klein. Zum totalen Querschnitt trägt er auf keinen Fall bei:

$$\sigma(e^- e^+ \to f\bar{f}) = \frac{\alpha^2\pi}{3}\left(\frac{M_Z}{M_F}\right)^4 s f_{\text{BW}}^r (L^2 + R^2)(L_f^2 + R_f^2) \ . \tag{5.178}$$

Dieses Ergebnis vergleichen wir mit der allgemeinen Form einer Resonanzkurve in der Elektron-Positron-Vernichtung

$$\sigma = 12\pi s \frac{\Gamma_{f\bar{f}}^Z \Gamma_{e^- e^+}^Z}{M_Z^2} f_{\text{BW}}^r \tag{5.179}$$

und leiten daraus den Ausdruck

Tabelle 5.3. Die Kopplungen des Z^0 an Fermion-Antifermion-Paare.

	L_f^2	R_f^2
$\nu\bar{\nu}$	$1/4$	0
e^-e^+	$1/4 - x_W + x_W^2$	x_W^2
$u\bar{u}$	$3/4 - 2x_W + (4/3)x_W^2$	$(4/3)x_W^2$
$d\bar{d}$	$3/4 - x_W + (1/3)x_W^2$	$(1/3)x_W^2$

$$\Gamma_{f\bar{f}}^Z = \frac{G_F M_Z^3}{3\sqrt{2}\pi}(L_f^2 + R_f^2) \tag{5.180}$$

für die Zerfallsbreite des Z^0 in Fermion-Antifermion-Paare ab. Die benötigten Kopplungen sind in Tabelle 5.3 für die erste Generation von Teilchen (d.h. die jeweils erste Familie von Leptonen und von Quarks) angegeben, für jede weitere Generation gelten natürlich die entsprechenden Formeln. In der Tabelle wurde die Abkürzung

$$x_W = \sin^2\Theta_W \tag{5.181}$$

benutzt, außerdem ist beim Nachrechnen zu beachten, daß der Farbfaktor $N_C = 3$ bei den Quarks schon berücksichtigt wurde. Numerisch ergibt sich mit dem Wert von $x_W = 0.23$

$$\Gamma_{\nu\bar{\nu}}^Z = 0.166 \text{ GeV} \, , \tag{5.182}$$

bzw.

$$\Gamma_{e\bar{e}}^Z = 0.083 \text{ GeV} \, . \tag{5.183}$$

Das Z^0-Boson ist leichter als das *top* Quark und kann daher nicht in $\bar{t}t$ zerfallen. In unserer Näherung erhalten wir also bei Berücksichtigung der drei Leptonfamilien und der u, d, s, c, b-Quarks

$$\Gamma^Z = 2.43 \text{ GeV} \tag{5.184}$$

für die totale Zerfallsbreite. Wie wir gerade gelernt haben trägt jede Neutrinoart 166 MeV hierzu bei. Unter der plausiblen Annahme, daß auch die Neutrinos weiterer Generationen eine geringe Masse haben, läßt eine Messung der Z^0-Lebensdauer also die Bestimmung der Zahl elementarer Fermiongenerationen zu. In der Praxis geschieht dies durch Ausmessen der Anregungskurve der Resonanz, wobei es sich als vorteilhaft erweist, daß nicht nur die Halbwertsbreite, sondern auch die Höhe der Kurve durch Γ^Z bestimmt wird. Die Messungen am CERN (Abb. 5.27) und am SLAC haben nach Anbringen der immer nötigen Strahlungskorrekturen die Übereinstimmung mit dem Standardmodell eindrucksvoll nachgewiesen, und somit die Generationenzahl auf 3 festgelegt.

Die Kopplungen L_f und R_f sind durch Auswahl der Endzustände einer experimentellen Bestimmung zugänglich. Natürlich empfiehlt es sich, diese

Abb. 5.27. Die Z^0-Resonanz in der Elektron-Positron-Paarvernichtung in Hadronen. Die eingezeichneten Kurven entsprechen der Vorhersage des Standard-Modells für 2,3 und 4 Fermiongenerationen.

Abb. 5.28. Die Winkelverteilung von sog. $b\bar{b}$-Zerfällen der Z^0-Resonanz. Die beobachtete Asymmetrie (0.084) muß noch auf Effekte von Flavoroszillationen korrigiert werden.

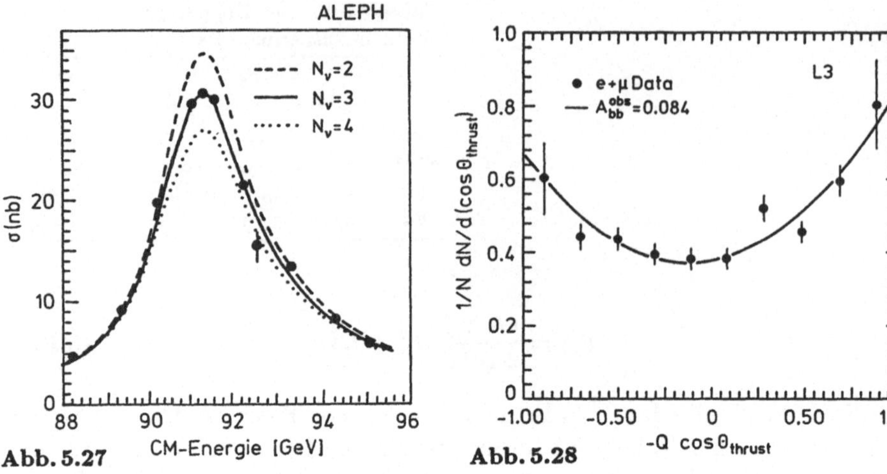

Abb. 5.27   **Abb. 5.28**

Konstanten über die durch (5.177) festgelegte Winkelverteilung der Fermionen zu messen, da man auf diese Weise die vielen Schwierigkeiten einer absoluten Messung des Wirkungsquerschnitts umgeht. Besonders einsichtig läßt sich das Ergebnis durch die sog. Vorwärts-Rückwärtsasymmetrie

$$\frac{V-R}{V+R} = \frac{3}{4}\frac{(L_f^2 - R_f^2)(L^2 - R^2)}{(L_f^2 + R_f^2)(L^2 + R^2)} \tag{5.185}$$

ausdrücken. Hierin ist V das Integral der Winkelverteilung zwischen 0 und 90 Grad und R das entsprechende Integral zwischen 90 und 180 Grad. Mit Hilfe von (5.163) sieht man unmittelbar ein, daß dieses Verhältnis ebenso wie $\Gamma_{b\bar{b}}^{Z}$ von $I_{3,L}(f)$ dem schwachen Isospin der auslaufenden Fermionfamilie abhängt. Am interessantesten ist vielleicht der Isospin des b-Quarks. Die Messungen der Winkelverteilung von $b\bar{b}$-Paaren (Abb. 5.28) und der Partialbreite $\Gamma_{b\bar{b}}^{Z}$ am Speicherring LEP im CERN ergaben $I_{3,L}(b) = -1/2$, das b-Quark muß also einen Partner mit $I_{3,L} = +1/2$, das *top*-Quark haben.

Die experimentelle Aufgabe besteht vor allem darin, $b\bar{b}$-Endzustände zu erkennen. Dazu werden nur *die* hadronischen Ereignisse ausgewählt, die ein $\mu^- \mu^+$-Paar enthalten. Sie entstehen durch semileptonischen Zerfall des Quarks *und* des Antiquarks bzw. ihrer zugehörigen Mesonen. Nur die Lebensdauer von Mesonen mit C oder $B \neq 0$ ist so klein, daß die Mesonen innerhalb des Detektorvolumens zerfallen. Das Myonspektrum aus b-Zerfällen ist aber deutlich härter als aus c-Zerfällen, weil die semileptonischen Zerfälle der schweren Quarks kinematisch dem β-Zerfall des Myons entsprechen (Abschn. 5.1.2). Damit bekommt man ein Kriterium zur Auswahl von $b\bar{b}$-Ereignissen an die Hand, obwohl natürlich die Details wie immer komplizierter sind, als es diese Argumentation erscheinen lassen mag.

5.5.2 Die Erzeugung des W-Bosons in Quark-Antiquark-Stößen

Entsprechend zum Vorgehen im letzten Abschnitt wird jetzt noch der Wirkungsquerschnitt für den Prozeß

$$u + \bar{d} \rightarrow e^+ + \nu_e \qquad (5.186)$$

für Schwerpunktenergien im Bereich der W-Masse berechnet. Es war dies eine der Reaktionen, in denen am CERN die Existenz des W-Bosons nachgewiesen wurde. Das einzige beitragende Diagramm ist der Annihilationsgraph der Abb. 5.2, wobei wir allerdings jetzt als einlaufende Fermionen ein u- und ein $\bar{d}$-Quark wählen. Die zugehörige Amplitude läßt sich leicht aufschreiben:

$$T_{fi} = \frac{-g^2 c_1}{2} \bar{v}_R(k) \gamma^\mu u_L(p) \frac{1}{s - M_W^2 + i M_W \Gamma^W} \bar{u}_L(p') \gamma_\mu v_R(k') \ , \qquad (5.187)$$

woraus ohne große Anstrengung

$$\frac{d\sigma}{d\Omega}(u\bar{d} \rightarrow e^+ \nu_e) = \frac{G_F^2 c_1^2 s}{32\pi^2}(1 + \cos\Theta)^2 M_W^4 f_{\mathrm{BW}}^r \qquad (5.188)$$

für einfallende Strahlen unpolarisierter Quarks abzuleiten ist. Durch Integration über den Streuwinkel Θ im Schwerpunktsystem erhält man den totalen Wirkungsquerschnitt

$$\sigma(u\bar{d} \rightarrow e^+ \nu_e) = \frac{G_F^2 c_1^2 s}{6\pi} M_W^4 f_{\mathrm{BW}}^r \ . \qquad (5.189)$$

In dieser Formel sind wieder ähnlich wie im letzten Abschnitt die Zerfallsbreiten

$$\Gamma_{u\bar{d}}^W = \frac{G_F c_1^2 M_W^3}{6\pi\sqrt{2}} \qquad (5.190)$$

und

$$\Gamma_{e\nu}^W = \frac{G_F M_W^3}{6\pi\sqrt{2}} \qquad (5.191)$$

enthalten. Numerisch folgt daraus für jede Leptonfamilie $\Gamma_{\mathrm{lept}}^W = 230$ MeV.

Auf den ersten Blick ist es vielleicht nicht so sinnvoll, die Produktion von W-Bosonen in Quark-Antiquark-Stößen zu berechnen, da es ja keine freien Quarks gibt. Von Rubbia und Cline wurde aber vorgeschlagen, die Quarks und Antiquarks im Proton bzw. Antiproton zu benutzen, also die Reaktion

$$p\bar{p} \rightarrow WX \qquad (5.192)$$

in einem Proton-Antiproton-Speicherring der Strahlenergie 270 GeV zu untersuchen[8]. Hier bezeichnet X wieder einen (im Rahmen der Erhaltungssätze) beliebigen hadronischen Zustand.

Die formale Berechnung des Querschnitts der Reaktion (5.192) erfolgt genau wie bei den Zwei-Photonen-Reaktionen (Gleichung (4.257))

$$d\sigma(p\bar{p} \rightarrow WX) = u(z_1, M_W^2)\bar{d}(z_2, M_W^2)\sigma^R dz_1 dz_2 \ , \qquad (5.193)$$

[8]C. Rubbia (geb. 1934) gelang es in der Tat, am CERN den Umbau des Protonensynchrotrons in einen $p\bar{p}$-Speicherring durchzusetzen. Er leitete dann eines der beiden Experimente (UA1), in denen die W- und Z-Bosonen entdeckt wurden. Er erhielt 1984 den Nobelpreis gemeinsam mit S. van der Meer, der für seine bahnbrechenden Beiträge zur Technologie der Speicherringe geehrt wurde.

wobei man für σ^R z.B. die Formel (5.189) einsetzt, falls die W-Produktion im Kanal $e^+\nu_e$ untersucht werden soll. Der zugehörige integrierte Querschnitt beträgt etwa 1 nb. Diese Zahl erscheint zunächst hoffnungslos klein, wenn sie mit dem totalen Querschnitt der $p\bar{p}$-Streuuung von 62 mb bei der gleichen Schwerpunktenergie verglichen wird.

Glücklicherweise haben die in der Kernreaktion

$$p + \bar{p} \rightarrow X \qquad (5.194)$$

erzeugten Hadronen nur kleine Transversalimpulse ($\langle p_T \rangle \approx 300$ MeV) gegenüber der Richtung der einfallenden Teilchen, während die in der Reaktion (5.192) erzeugten Fermionen aus dem W-Zerfall sehr große Transversalimpulse bekommen (Abb. 2.8). Durch einen Schnitt in p_T lassen sich also Untergrundsreaktionen bekämpfen.

Es ist in diesem Zusammenhang auch wichtig, die Verteilung der Longitudinalimpulse $p_\parallel$ der Hadronen aus (5.194) zu kennen. Zu ihrer Charakterisierung wird am besten die Variable y_R (Rapidität) verwendet, die durch

$$y_R = \frac{1}{2} \ln \frac{E + p_\parallel}{E - p_\parallel} \qquad (5.195)$$

definiert ist. Sie hat die schöne Eigenschaft

$$dy_R = \frac{dp_\parallel}{E} \;, \qquad (5.196)$$

und es zeigt sich, daß bei hohen Energien die in der Reaktion (5.194) erzeugten Hadronen, welche ganz überwiegend aus Pionen bestehen, im wesentlichen gleichverteilt in y_R sind,

$$\frac{dn^\pm}{dy_R} \approx \text{const falls } |y| < 2.5 \;. \qquad (5.197)$$

Hierin bezeichnen wir mit $n^\pm$ die Zahl (Multiplizität) der geladenen Pionen. Die Konstante der letzten Gleichung wurde zu ≈ 4 bei einer Schwerpunktenergie von 540 GeV bestimmt [5.10].

Die Valenzquarkdichten im Nukleon haben ein Maximum bei $x \approx 1/3$. Man kann also ganz grob sagen, daß die für harte Streureaktionen verfügbare Schwerpunktenergie etwa 1/3 der im $p\bar{p}$-System vorhandenen beträgt. Wir haben weiter oben gesehen, daß durch die QCD-Korrekturen die Verteilungen zu kleineren x-Werten verschoben werden. Diese Korrekturen werden im betrachteten Beispiel auch numerisch bedeutsam, da wie in (5.193) angedeutet ist, die Skala der Quarkverteilungsfunktionen durch M_W festliegt. Eine genaue Vermessung der Quarkdichteverteilungen im Nukleon in Abhängigkeit von x und $|q^2|$ ist daher für die Planung zukünftiger Experimente an Hadron-Hadron-Collidern von großer praktischer Bedeutung.

5.5.3 Die CKM-Matrix

Im 2. Abschnitt dieses Kapitels haben wir gelernt, daß die W-Bosonen zunächst mit unterschiedlicher Stärke an die Leptonen und Quarks zu koppeln scheinen. Es läßt sich nur dann an dem Konzept einer universellen Wechselwirkung festhalten, wenn im Quarksektor die Eigenzustände zu H^{schw} mit $I_{3,L} = -1/2$ gegenüber den *Flavor*zuständen um den „Cabbibo-Winkel" Θ_C rotiert sind,

$$\begin{pmatrix} d' \\ s' \end{pmatrix}_L = \begin{pmatrix} \cos\Theta_C & \sin\Theta_C \\ -\sin\Theta_C & \cos\Theta_C \end{pmatrix} \begin{pmatrix} d \\ s \end{pmatrix}_L . \tag{5.198}$$

Es ist nützlich sich klarzumachen, daß (5.198) die allgemeinste mögliche Transformation ist. Die Transformationsmatrix muß ja auf jeden Fall unitär sein. In 2 Dimensionen hängt sie von 4 reellen Parametern ab, da die Unitarität zu 4 Bedingungsgleichungen zwischen den komplexen Elementen der Matrix führt (siehe hierzu auch Abschn. 2.8.2). Von diesen Parametern können aber drei durch Phasentransformationen (2.275) der Quarkfelder absorbiert werden, da zwischen den vier Quarks u, d, c, s drei relative Phasen frei wählbar sind. Der verbleibende reelle Parameter ist der Cabbibo-Winkel.

Im nächsten Schritt erweitern wir dieses Konzept auf drei Quarkfamilien. Die zugehörige Transformation nimmt jetzt die Gestalt

$$\begin{pmatrix} d' \\ s' \\ b' \end{pmatrix}_L = \begin{pmatrix} V_{ud} & V_{us} & V_{ub} \\ V_{cd} & V_{cs} & V_{cb} \\ V_{td} & V_{ts} & V_{tb} \end{pmatrix} \begin{pmatrix} d \\ s \\ b \end{pmatrix}_L \tag{5.199}$$

an. Die Elemente V_{ab} der Cabbibo-Kobayashi-Maskawa-Matrix V (CKM-Matrix) ergeben nach Multiplikation mit $g/\sqrt{2}$ die Kopplungskonstanten der Quarks a und b an die W-Bosonen. Von den 9 reellen Parametern dieser unitären Matrix können nun 5 in relative Phasen absorbiert werden, d.h. es bleiben 4 unabhängige Parameter übrig. Anschaulich bedeutet dies, daß die Transformation nicht mehr als reine Drehung interpretiert werden kann, da eine Drehung in 3 Dimensionen z.B. durch die 3 Eulerschen Winkel vollständig beschrieben wird. Der vierte Parameter macht zumindest einige Elemente der CKM-Matrix komplex!

An sich ist man in der Wahl einer expliziten Darstellung weitgehend frei. Es erweist sich aber als besonders sinnvoll, die Matrix aus 2 Drehungen

$$R_1(\Theta_{12}) = \begin{pmatrix} c_{12} & s_{12} & 0 \\ -s_{12} & c_{12} & 0 \\ 0 & 0 & 1 \end{pmatrix}, \quad R_2(\Theta_{23}) = \begin{pmatrix} 1 & 0 & 0 \\ 0 & c_{23} & s_{23} \\ 0 & -s_{23} & c_{23} \end{pmatrix} \tag{5.200}$$

und der um eine Phasentransformation erweiterten Drehung

$$R_3(\Theta_{13}, \delta_{13}) = \begin{pmatrix} c_{13} & 0 & s_{13}e^{-i\delta_{13}} \\ 0 & 1 & 0 \\ -s_{13}e^{i\delta_{13}} & 0 & c_{13} \end{pmatrix} \tag{5.201}$$

nach der Vorschrift

$$V = R_2 R_3 R_1 \tag{5.202}$$

zusammenzusetzen. Die Symbole c_{ij} und s_{ij} sind Abkürzungen für $\cos \Theta_{ij}$ bzw. $\sin \Theta_{ij}$. Da Θ_{ij} den Mischungswinkel zwischen den Quarkfamilien i und j bedeutet, sieht man sofort, daß für kleine Θ_{ij} jedes Diagonalelement der resultierenden Transformationsmatrix

$$V = \begin{pmatrix} c_{12}c_{13} & s_{12}c_{13} & s_{13}e^{-i\delta_{13}} \\ -c_{23}s_{12} - c_{12}s_{23}s_{13}e^{i\delta_{13}} & c_{12}c_{23} - s_{12}s_{23}s_{13}e^{i\delta_{13}} & c_{13}s_{23} \\ s_{12}s_{23} - c_{12}c_{23}s_{13}e^{i\delta_{13}} & -c_{12}s_{23} - c_{23}s_{12}s_{13}e^{i\delta_{13}} & c_{13}c_{23} \end{pmatrix} \tag{5.203}$$

durch eine 1 angenähert werden kann, während die Elemente außerhalb der Diagonalen eindeutig *einer* der Drehungen R_i zugeordnet werden können. Für $\Theta_{23} = \Theta_{13} = 0$, d.h. im Fall einer Entkopplung der 3. Quarkfamilie, wird natürlich Θ_{12} zum Cabbibo-Winkel des Abschn. 5.2. Weiter läßt sich leicht nachrechnen, daß die Darstellung (5.203) automatisch die Unitaritätsbedingungen, also z.B.

$$|V_{ud}|^2 + |V_{us}|^2 + |V_{ub}|^2 = 1 \tag{5.204}$$

erfüllt.

Experimentell werden die Beträge der Matrixelemente zum großen Teil aus dem Studium der schwachen Zerfälle der Hadronen bestimmt. Am genauesten ist V_{ud} bekannt. Der Vergleich des β-Zerfalls von Myonen und Kernen zeigt, wie schon bei der Diskussion des Cabbibo-Winkels betont wurde, Unterschiede in der Kopplungsstärke, die zu

$$V_{ud} = 0.9744 \pm 0.001 \tag{5.205}$$

führen. Aus dem Zerfall der K-Mesonen läßt sich V_{us} bestimmen. Am besten studiert man dazu nicht den dominanten Zerfall $K \to \mu\nu$, sondern die semileptonischen Zerfälle, z.B. $K^- \to \pi^0 e^- \bar{\nu}_e$, die auch K_{l3}-Zerfälle genannt werden. Der Wert von

$$V_{us} = 0.2205 \pm 0.0018 \tag{5.206}$$

läßt noch Raum für ein von Null verschiedenes V_{ub}. In der Tat konnten Experimente an $e^- e^+$-Speicherringen beweisen, daß semileptonische Zerfälle von b- in u-Quarks existieren. Der Mischungsparameter ist aber sehr klein, $|V_{ub}| < 0.01$.

Das dominante Element der zweiten Reihe ist V_{cs}, da es die Übergänge innerhalb der zweiten Quarkfamilie beschreibt. Eine direkte Messung aus dem semileptonischen Zerfall

$$D^0 \to K^- e^+ \nu_e \tag{5.207}$$

ergibt

$$|V_{cs}| = 1.02 \pm 0.18 \; , \tag{5.208}$$

ist also noch nicht sehr genau. Besser bekannt sind

$$|V_{cb}| = 0.044 \pm 0.009 \tag{5.209}$$

aus dem B_{l3}-Zerfall und

$$|V_{cd}| = 0.204 \pm 0.017 \; , \tag{5.210}$$

das diesmal nicht aus einer Zerfallsreaktion, sondern durch Neutrinoproduktion von Mesonen mit *Charm*, $(\nu_\mu d \rightarrow c\mu^-)$, bestimmt wurde. Die letzten beiden Werte lassen sich benutzen, um mit Hilfe der Unitaritätsbedingung für die zweite Zeile eine wesentlich genauere Angabe für $|V_{cs}|$ zu ermitteln. Ebenso grenzen diese Bedingungen die möglichen Werte der 3. Zeile ein. Einer Auswertung der PDG zufolge liegen die Werte von $|V_{ij}|$ mit 90 prozentiger statistischer Sicherheit innerhalb des durch

$$\begin{pmatrix} 0.9747 \text{ bis } 0.9759 & 0.218 \text{ bis } 0.224 & 0.001 \text{ bis } 0.007 \\ 0.218 \text{ bis } 0.224 & 0.9734 \text{ bis } 0.9752 & 0.030 \text{ bis } 0.058 \\ 0.003 \text{ bis } 0.019 & 0.029 \text{ bis } 0.058 & 0.9983 \text{ bis } 0.9996 \end{pmatrix} \tag{5.211}$$

angegebenen Wertebereichs [5.7].

Besonders interessant ist die in einer Welt mit 3 Generationen von Quarks unvermeidliche Phase δ_{13}. Die folgenden qualitativen Überlegungen sollen zeigen, daß eine solche Phase zur CP-Verletzung führt, d.h. die gemessenen Werte von ε und ε' (Abschn. 2.7) lassen sich im Standard-Modell mit den Parametern der CKM-Matrix verknüpfen!

Die Diagramme der Abb. 5.29 beschreiben den Übergang $K^0 \rightarrow \bar{K}^0$ im Quarkmodell. Die beiden Feynman-Graphen bestehen eigentlich jeweils aus einer Summe von 3 Diagrammen, da die inneren Quarklinien aus u, c- und t-Quarks gebildet werden können. Wenn wir vereinfachend alle Spinoren und γ-Matrizen weglassen, enthält die Amplitude Produkte der Kopplungen mit Funktionen, die noch von der Masse der Quarks in den inneren Linien abhängen:

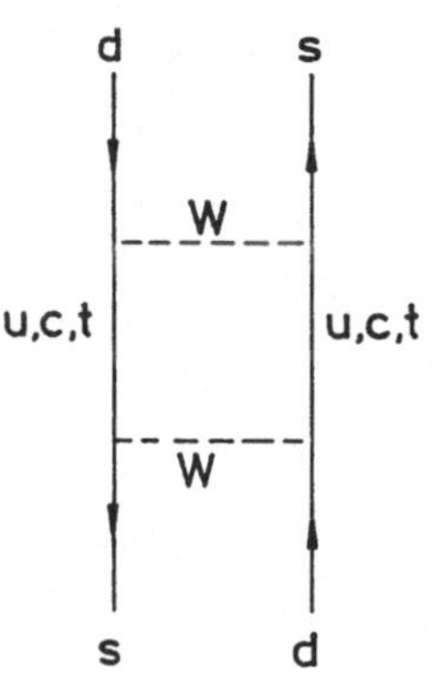

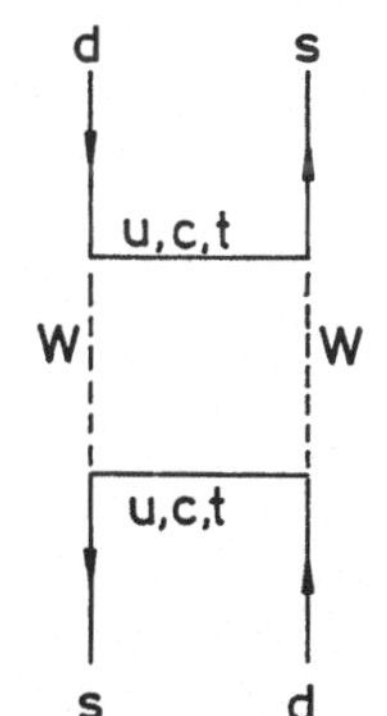

Abb. 5.29. Feynman-Graphen zum $K^0 \rightarrow \bar{K}^0$-Übergang.

$$V_{ud}^* V_{ud}^* V_{us} V_{us} f(m_u) + V_{cd}^* V_{cd}^* V_{cs} V_{cs} f(m_c) + V_{td}^* V_{td}^* V_{ts} V_{ts} f(m_t) + \ldots \; . \tag{5.212}$$

Hierbei wurde schon ausgenutzt, daß die Kopplungen der Antifermionen konjugiert komplex zu denjenigen der Fermionen sind [5.11]. Die Amplitude $\langle K^0|T|\bar{K}^0 \rangle$ enthält dann die konjugiert komplexen Kopplungen der Gleichung (5.212). Sie kann also nur bei verschwindender Phase δ_{13} mit $\langle \bar{K}^0|T|K^0 \rangle$ identisch werden und damit die CP-Invarianz garantieren. Die quantitative Berechnung von ε ist sehr kompliziert. Das Ergebnis demonstriert jedoch, daß der kleine Wert von ε im Standard-Modell zwanglos erklärt werden kann [5.4].

5.5.4 Higgs-Bosonen

Als Leitstern beim Auffinden der richtigen Theorie der elektroschwachen Wechselwirkung hat sich in diesem Kapitel schon zweimal das Prinzip erwiesen, daß Wirkungsquerschnitte durch die Unitaritätsgrenze beschränkt sein müssen. Die W-Bosonen garantieren ein vernünftiges Hochenergieverhalten der Reaktionen geladener Ströme (Abschn. 5.1.1). Mit der Einführung dieser Bosonen hat man sich aber scheinbar wieder ein neues Problem verschafft,

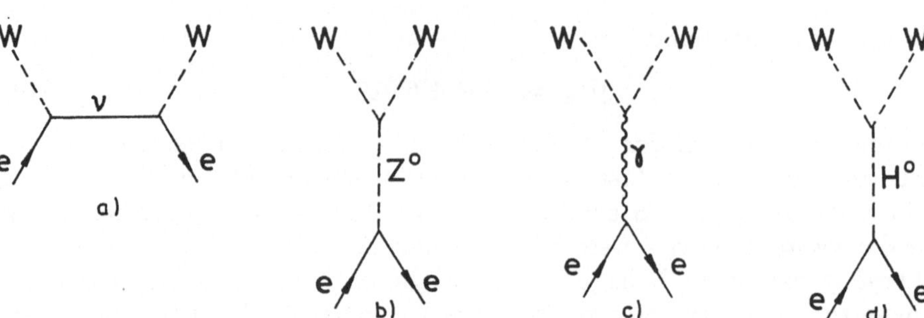

Abb. 5.30. Feynman-Graphen zur W-Paarproduktion in der Elektron-Positron-Vernichtung.

da nun der Wirkungsquerschnitt für Paarerzeugung longitudinal polarisierter W-Bosonen in $\nu\bar\nu$ Reaktionen über alle Grenzen ansteigt. Diese Schwierigkeit wird jedoch durch die Z^0-Bosonen behoben (Abschn. 5.3.1).

W^-W^+-Paare im Zustand longitudinaler Polarisation lassen sich auch in der Elektron-Positron-Vernichtung erzeugen. Die hierzu beitragenden Diagramme sind in der Abb. 5.30 gezeigt. Der Feynman-Graph 5.30a entspricht dem Graphen 5.19a und führt zum ansteigenden Wirkungsquerschnitt (5.3.1), falls die einlaufenden Elektronen linkshändig und die einlaufenden Positronen rechtshändig sind. Dieser Anstieg kann durch den Z^0-Beitrag (Abb. 5.30b) *nicht* aufgehoben werden, da ja das Z^0 mit einer anderen Stärke an die Elektronen als an die Neutrinos koppelt. Die Mitnahme des Photonaustauschs im s-Kanal (Abb. 5.30c) ist notwendig *und* hinreichend zur Erzielung eines bei asymptotisch großen Energien verschwindenden Querschnitts. Das Modell bleibt auf eine wunderschöne Weise konsistent.

Aber auch jetzt sind noch nicht alle Divergenzen der Theorie beseitigt. Elektronen haben eine kleine Masse, d.h. die Amplitude für *rechtshändige* Elektronen und rechtshändige Positronen ist zwar $\sim m_e/E$ unterdrückt, aber eben im Prinzip von Null verschieden. Im Hochenergielimes berechnet man

$$T_{fi}(e_R^-e_R^+ \to W_0^- W_0^+) = \frac{4G_F}{\sqrt{2}} m_e E(1 + \cos\Theta) \ , \qquad (5.213)$$

das ist die Überlagerung einer s-Welle (d_{00}^0) und einer p-Welle (d_{00}^1). Die p-Welle wird durch die Z^0- und Photonterme kompensiert. Die s-Welle führt zu einem konstanten Querschnitt, der jedoch bei sehr hohen Energien ebenfalls die Unitaritätsgrenze überschreitet. Zur Kompensation eines Wirkungsquerschnitts mit isotroper Winkelverteilung wird ein skalares Teilchen benötigt (Abb. 5.30d), es ist das Higgs-Boson. Dieses für die elektroschwache Theorie entscheidende Teilchen muß gemäß (5.213) mit einer zur Leptonenmasse proportionalen Stärke an leptonische Ströme koppeln, um eine Lösung der Unitaritätsprobleme zu ermöglichen.

Die Frage, ob damit alle Divergenzen der Theorie auf der Ebene der Baumgraphen ausgeräumt sind, ist sehr sorgfältig untersucht worden [5.12]. Als wichtigsten Prozeß, der noch durch Baumgraphen beschrieben werden kann, diskutieren wir die Streuung longitudinal polarisierter W-Bosonen aneinander. Der γ- und Z^0-Austausch (Abb. 5.31a,b) führt zu einem mit s^2 an-

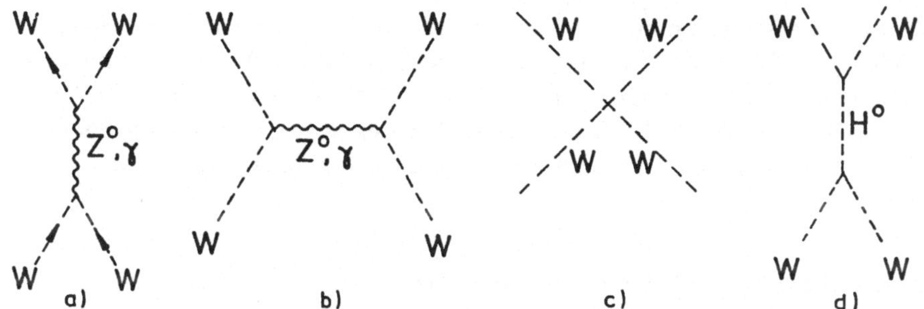

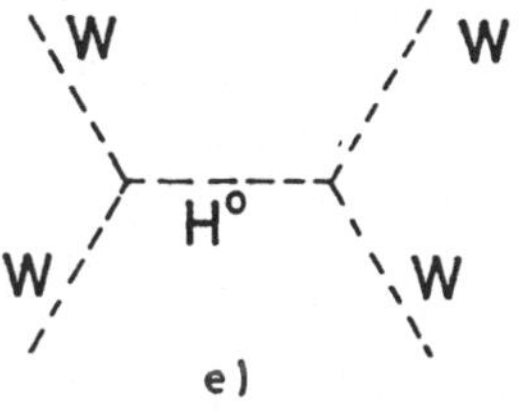

Abb. 5.31. Feynman-Diagramme der elastischen WW-Streuung

steigendem Wirkungsquerschnitt, der durch den in den Eichtheorien geforderten Graphen der 4-Boson-Kopplung (Abb. 5.31c) zu einem linearen Anstieg gedämpft wird. Erst nach Hinzunahme des Higgs-Bosons (Abb. 5.31d,e) erreicht man wieder ein vernünftiges Hochenergieverhalten. Die Durchführung der Theorie zeigt nun sogar [5.12], daß zum Wirksamwerden dieser Kompensation das Higgs-Boson nicht allzu schwer sein darf. Die obere Grenze der Masse wurde zu

$$M_H = \left(\frac{8\pi\sqrt{2}}{3G_F}\right)^{1/2} \quad , \tag{5.214}$$

also etwa 1 TeV (1000 GeV) abgeschätzt.

Auch die Kopplung der Higgs-Bosonen an die Eichbosonen ist proportional zu deren Masse, so daß die Higgs-Teilchen vielleicht auf eine tiefere Art und Weise mit dem Problem der Massenentstehung verknüpft sind. In der theoretischen Begründung des Standard-Modells durch die $SU2_L \otimes U1$-Eichtheorie von Glashow, Salam und Weinberg (GSW-Modell) werden diese Teilchen durch den schon früher erwähnten Mechanismus der spontanen Symmetriebrechung eingeführt. Die daraus berechneten Kopplungsstärken an Fermionen und W- bzw. Z^0-Bosonen haben genau den benötigten Wert, um die Theorie bei hohen Energien konvergent zu halten. Dies wird immer eine der bewundernswerten Leistungen der theoretischen Physik bleiben.

Eine untere Schranke von 45 GeV für M_H wurde am LEP gewonnen. Das in der Elektron-Positron-Annihilation erzeugte Z^0 kann nämlich ein Higgs-Boson abstrahlen (Abb. 5.32), es wird also nach der Reaktion

$$Z^0 \to l\bar{l} + H \tag{5.215}$$

gesucht, wobei $l\bar{l}$ z.B. ein e^-e^+-Paar sein kann. Da wir den Vierervektor dieses Paares kennen, ist auch die Masse des gesuchten H festgelegt. In der nächsten Ausbaustufe des LEP-Speicherrings (LEP 200) wird man die Reaktion

$$e^- + e^+ \to Z^0 + H \tag{5.216}$$

bis zu Schwerpunktenergien von 190 GeV ausmessen. Die Reaktion läuft über einen virtuellen Z^0-Zwischenzustand ab (Abb. 5.33), während das auslaufende Z^0-Boson auf der Massenschale sitzt. Theoretische Berechnungen zeigen, daß Higgs-Bosonen bis zu einer Masse von etwa 80 GeV auf diese Weise entdeckt werden können.

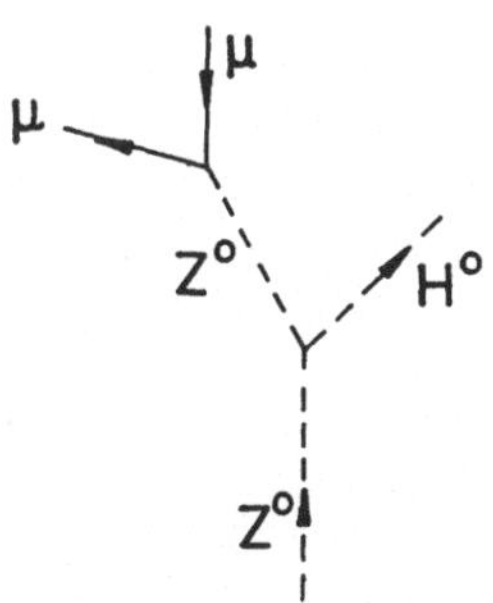

Abb. 5.32. Produktion von Higgs-Bosonen im Zerfall des Z^0.

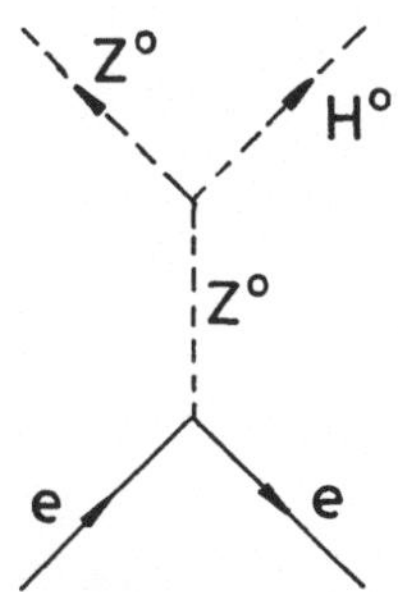

Abb. 5.33. Feynman-Diagramm zur Erzeugung von Higgs-Bosonen in der Elektron-Positron-Vernichtung bei Schwerpunktenergien oberhalb der Z^0-Masse.

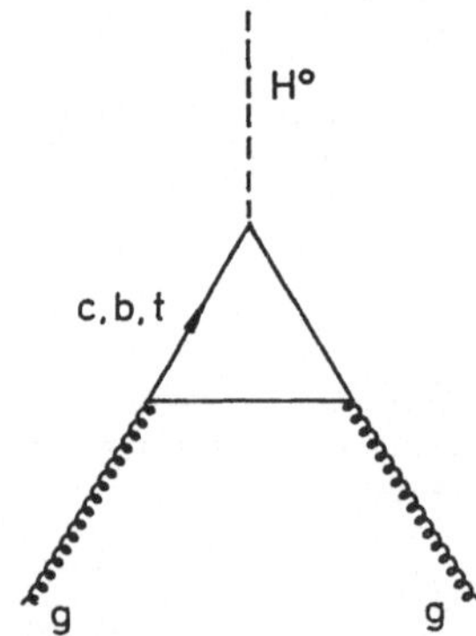

Abb. 5.34. Die Erzeugung von Higgs-Bosonen in Proton-Proton-Stößen durch den Mechanismus der Gluon-Gluon Fusion.

Für höhere Massen muß man Experimente an Proton-Proton-Speicherringen (oder e^-e^+-Linearbeschleunigern) machen, da die Synchrotronstrahlungs-Verluste den Bau noch höherenergetischer e^-e^+-Speicherringe leider verbieten. Higgs-Bosonen in pp-Stößen können über den sog. Gluon-Gluon-Fusions Mechanismus (Abb. 5.34) erzeugt werden. Falls ihre Masse größer als $2M_Z$ wird, hat der Zerfall

$$H \to Z^0 Z^0 \to \mu^- \mu^+ \mu^- \mu^+ \tag{5.217}$$

eine klare Signatur, mit deren Hilfe sich das Signal vom Untergrund hadronischer Reaktionen abtrennen läßt.

Da der Impulsbruchteil der Gluonen im Proton typisch 1/10 beträgt, müssen zur Abdeckung des vollen durch Gleichung (5.214) angegebenen Massenbereichs Beschleuniger mit Strahlenergien um die 10 TeV gebaut werden. Solche Maschinen, die eine noch nie dagewesene wissenschaftliche und technologische Herausforderung darstellen, sind in Europa und in den USA in der Planung und werden um die Jahrhundertwende ihren Betrieb aufnehmen.

Im GSW-Modell erhalten die W-Bosonen ihre Masse ebenfalls über das Higgs-Boson. Dieses ist also für die Massenskala – die W-Masse – verantwortlich, unterhalb derer die schwache Wechselwirkung deutlich von der elektromagnetischen Wechselwirkung abweicht. Wenn die H-Bosonen gefunden werden, ist damit gleichzeitig der Mechanismus der elektroschwachen Symmetriebrechung aufgeklärt. Das ist sicherlich eine der zentralen Fragen der Physik unserer Zeit. Falls diese Teilchen nicht gefunden werden, läßt sich die Unitaritätsgrenze dadurch beachten, daß der Wirkungsquerschnitt für die Streuung von W-Bosonen durch Formfaktoren gedämpft wird. Die W-Bosonen verhalten sich dann im TeV-Bereich wie die Pionen im Bereich niederer Energien. Die schwache Wechselwirkung wird „stark", sie ist keine fundamentale Naturkraft mehr, sondern nur ein geeigneter Ansatz, die Experimente bis zu Schwerpunktenergien unterhalb von ungefähr 1 TeV zu beschreiben.

5.6 Jenseits des Standard-Modells

5.6.1 Das Parameter-Problem

Das physikalische Modell der Materie, wie wir es im letzten Abschnitt beschrieben haben, hat eine wirklich beeindruckende experimentelle Bestätigung gefunden. Wir kennen zur Zeit kein Experiment, dessen gesicherte Ergebnisse mit den Vorhersagen der Theorie im Widerspruch stehen. Im Gegenteil haben sich sogar alle Experimente, die eine Zeitlang einen Widerspruch feststellten, später als falsch erwiesen. Das Modell enthält eine endliche Anzahl von Parametern, die wir im folgenden auflisten:

1. Die Kopplungskonstanten e, g, g_S der elektromagnetischen, schwachen und starken Wechselwirkung. An ihrer Stelle werden die mit einer experimentellen Bestimmung besser verknüpften Konstanten $\alpha, \sin^2 \Theta_W$ und der Abschneideparameter Λ der QCD gewählt.

2. Die Masse des W-Bosons. An ihrer Stelle könnte man auch G_F nehmen (siehe Gleichung (5.148)). Die Masse des Z^0-Bosons ist nicht mehr frei, sondern wird über den Weinberg-Winkel festgelegt.
3. Die Massen m_e, m_μ, m_τ der geladenen Leptonen.
4. Die Massen der (u, d, c, s, t, b)-Quarks.
5. Die 4 Mischungsparameter der CKM-Matrix.
6. Die Masse des Higgs-Bosons.

Dies sind zusammen 18 Parameter. (Wenn man außerdem erlaubt, daß die Neutrinos eine (kleine) Masse haben,[9] kommen nochmal 3 Parameter für die Massen und 4 Mischungsparameter einer CKM-Matrix im leptonischen Sektor hinzu.)

Auf den ersten Blick sieht dieses Ergebnis sehr vielversprechend aus. Wir hoffen, das t-Quark und das Higgs-Boson mit Hilfe einer neuen Generation von Speicherringen zu finden. Das ebenfalls noch nicht explizit nachgewiesene τ-Neutrino muß sich in einer (technisch sehr schwierigen) Wiederholung des Zwei-Neutrino-Experiments (Abschn. 1.2) finden lassen. Man kann dann argumentieren, daß nach Hinzunahme der Gravitationskonstanten, der Lichtgeschwindigkeit und des Planckschen Wirkungsquantums, die gesamte Natur durch nur 21 (28) Parameter erklärt wird, deren Zahlenwerte i.allg. sehr gut bekannt sind. Die ungezählten Materialkonstanten der Ingenieurwissenschaften zum Beispiel sind wenigstens im Prinzip einer Berechnung in der Atomphysik zugänglich und können somit auf diese grundlegenden Parameter zurückgeführt werden.

Auf der anderen Seite muß jedoch zugegeben werden, daß gerade die angegebene Parameterliste offenbart, wie weit wir von einer eigentlichen Theorie der Materie noch entfernt sind. Es fällt in der Tat sofort auf, daß das Standard-Modell bei Wertung der Farbe als Unterscheidungsmerkmal mittlerweile 24 elementare Fermionen enthält. Dazu kommen noch 12 Feldteilchen und das Higgs-Boson. Dies sind zusammen mehr als die Zahl der bekannten Hadronen vor der Entwicklung des Quarkmodells.

Es ist sehr verlockend, eine Reduktion dieser Teilchenzahlen durch Einführung einer neuen Ebene von Substruktur (*compositeness*) zu versuchen. Einige Eigenschaften des Spektrums deuten ja darauf hin, daß Quarks und Leptonen vielleicht doch keine elementaren Teilchen sind. Hierzu gehört z.B. die Ladungsquantisierung, d.h. die Tatsache, daß die Ladung der Elektronen ein ganzzahliges Vielfaches der Quarkladung ist. Vor allem aber könnten zusammengesetzte Quarks und Leptonen eventuell das Generationenproblem lösen. Hier hat es seit der Entdeckung des Myons keinen wirklichen Fortschritt gegeben. Die beste Deutung für das Vorhandensein von je drei Familien von Leptonen und Quarks bietet bis jetzt immer noch das eingangs des Buches angeführte anthropische Prinzip: Die 2. und 3. Generation ermöglichen unsere Existenz, da nur so im Standard-Modell eine CP-Verletzung und damit die Entwicklung eines Universums aus Materie erlaubt wird (Abschn. 2.7.4).

Ganz im Sinne des Quarkmodells gibt man den neuen Konstituenten den Spin 1/2. H. Harari [5.14] führt zum Beispiel 2 *Rishonen*, das T und das V

[9]Dies liefert gleichzeitig eine elegante Deutung des sog. Sonnen-Neutrino-Problems [5.13].

ein. Das T-Rishon hat die Ladung 1/3, das V-Rishon ist ungeladen. Damit ergibt sich dann für die Leptonen und Quarks der ersten Generation

$$
\begin{aligned}
|e^+\rangle &= |TTT\rangle \\
|\nu_e\rangle &= |VVV\rangle \\
|u\rangle &= |TTV\rangle \\
|\bar{d}\rangle &= |TVV\rangle \ .
\end{aligned}
\tag{5.218}
$$

Wenn jetzt zusätzlich angenommen wird, daß es auf die Reihenfolge der Rishonen ankommt, bekommen die Quarks automatisch einen neuen 3-wertigen Freiheitsgrad, die Farbe, da dann z.B. das u-Quark als $|TTV\rangle, |TVT\rangle$ und $|VTT\rangle$ angeschrieben werden kann.

Entsprechend dem Vorgehen bei der Entwicklung des Quarkmodells stellen wir uns vor, daß die Rishonen in den Quarks und Leptonen durch eine neue superstarke Farbkraft eingeschlossen sind, also Singletts bezüglich dieser Farbe bilden. Damit taucht aber sofort ein neues Hindernis auf. Das e^+ hat eine symmetrische Rishon-Wellenfunktion, wegen der antysymmetrischen Superfarbe-Wellenfunktion bleibt für den Spin dann nur noch die symmetrische Kombination, d.h. $J = 3/2$ übrig. Wir sehen also, daß eine Wiederholung der QCD sehr schnell auf schwer überwindbare Grenzen stößt.

Das Generationenrätsel wird in dem genannten Modell offenbar nicht angegangen. Es macht jedoch hier keinen Sinn, diese Betrachtungen zu vertiefen, da alle Modelle mit Substruktur ein weiteres fundamentales Problem haben: Sie geraten in gefährliche Nähe zum Widerspruch mit der Heisenbergschen Unschärferelation. Wir wissen, daß der Radius der bekannten Fermionen kleiner als 10^{-18} m ist. Dazu gehören nach der Unschärferelation Impulse der Konstituenten > 200 GeV! Dies läßt sich auch so formulieren, daß ein in eine Kugel mit dem Radius R eingeschlossenenes, masseloses Teilchen sich wie ein freies Teilchen der effektiven Masse

$$
m_{\text{eff}} \approx \frac{2}{R}
\tag{5.219}
$$

verhält [5.15]. In der QCD ergibt dies ein konsistentes Bild. Zum Radius der Nukleonen gehören Quarks mit der Konstituenten-Masse von etwa 300 MeV. Sie haben magnetische Momente von $eQ/2m_{\text{eff}}$ und bewegen sich mit nicht-relativistischen Geschwindigkeiten im Nukleon. Für die Masse der Nukleonen folgt daraus

$$
M_N \approx 3m_{\text{eff}} \ .
\tag{5.220}
$$

Ganz anders ist die Situation bei den Quarks und Leptonen. Die Konstituenten mit Massen > 200 GeV müssen zusammengesetzte Systeme bilden, die praktisch verschwindende Masse haben! Wie dies dynamisch realisiert werden soll, ist nicht wirklich klar. Ein Blick zurück auf unsere Behandlung der Dirac-Gleichung und der QED-Prozesse zeigt, daß eine chirale Symmetrie verschwindende Fermion-Massen erzwingt. Obwohl es noch nicht gelungen ist, mit Hilfe solcher Vorstellungen eine überzeugende Theorie der Substruktur zu formulieren, bleiben diese Modelle aus den oben dargelegten Gründen weiterhin attraktiv. Letztlich muß diese Frage experimentell entschieden werden. Sollte z.B. das Ziel erreicht werden, angeregte Leptonen (e^*, μ^*) oder Leptoquarks, d.h. Teilchen mit Leptonenzahl und Farbe zu finden, wäre damit der Beweis für eine neue Substruktur erbracht.

5.6.2 Die große Vereinheitlichung

Ein weiterer Mangel des Standard-Modells besteht darin, daß es keine wirklich vereinheitlichte Theorie der starken und elektroschwachen Wechselwirkung ist. Von einer solchen Theorie erwarten wir, daß die Teilchen als Darstellung einer einzigen Gruppe auftreten, und demzufolge die Energiedichte der Wechselwirkung nur noch von einer einzigen universellen Kopplungskonstanten g_V abhängt. Das erste Modell einer solchen *grand unified theory* (GUT) wurde von Georgi und Glashow [5.16] vorgelegt. Es dient auch heute als eine Art Referenzmodell für alle weiteren Versuche der Formulierung einer vereinheitlichten Theorie der Materie.

Georgi und Glashow gingen von der Gruppe $SU5$ aus, d.h. der Gruppe der unitären Transformationen in 5 Dimensionen. Die Fundamentaldarstellungen 5 und 5* sind naturgemäß fünfdimensional. Quarks und Leptonen aus der 1. Generation wurden von den Autoren gemäß

$$\begin{pmatrix} \bar{d}_R \\ \bar{d}_G \\ \bar{d}_B \\ e^- \\ \nu_e \end{pmatrix}_L \tag{5.221}$$

den kovarianten Komponenten q_i der Darstellung 5* zugeordnet. Die ersten 3 Plätze werden also von linkshändigen Anti-d-Quarks mit den Farben $\bar{R}, \bar{G}$ und $\bar{B}$ eingenommen. Es sind die Antiteilchen zu den rechtshändigen d-Quarks und tragen daher die Quantenzahlen $(\frac{2}{3}, 0)$ von schwacher Hyperladung und Isospin. Die beiden unteren Plätze sind mit dem linkshändigen Dublett (ν_e, e^-) zum schwachen Isospin besetzt. Die Antiteilchen zu (5.221) gehören zu den kontravarianten Komponenten q^i der 5-dimensionalen Fundamentaldarstellung.

Die nächsthöhere Darstellung finden wir entsprechend der Diskussion im Abschn. 3.1 durch Konstruktion des antisymmetrischen Tensors

$$\frac{1}{2}(q^i q^k - q^k q^i) \; . \tag{5.222}$$

Aus (3.32) lesen wir ab, daß sie 10-dimensional ist. Welche Quantenzahlen werden die zugeordneten Basisvektoren haben? Beginnen wir mit $i = 4$ und $k = 5$. Aus der Vorschrift (5.222) folgt sofort

$$\begin{aligned} Y &= 2 \\ I_{3,L} &= 0 \; . \end{aligned} \tag{5.223}$$

Dies sind die Quantenzahlen des linkshändigen Positrons, also des Antiteilchens zum rechtshändigen Elektron. Als weiteres Beispiel soll noch $i = 4$ und $k = 1$ betrachtet werden. Aus der Addition der Hyperladungen bekommen wir $Y = 1/3$, die 3. Komponente des Isospins hat den Wert $-1/2$, die Farbe ist rot. Alles zusammen zeigt, daß wir es mit dem roten linkshändigen d-Quark zu tun haben. So lassen sich alle 10 Basiszustände der Darstellung bestimmen, wobei noch beachtet werden muß, daß eine antisymmetrische Kombination von Farbindizes eine Antifarbe ergibt (3.33). In tensorieller Form lautet die 10-dimensionale Darstellung demnach:

$$D = \frac{1}{\sqrt{2}} \begin{pmatrix} 0 & \bar{u}_B & -\bar{u}_G & -u_R & -d_R \\ -\bar{u}_B & 0 & \bar{u}_R & -u_G & -d_G \\ \bar{u}_G & -\bar{u}_R & 0 & -u_B & -d_B \\ u_R & u_G & u_B & 0 & -e^+ \\ d_R & d_G & d_B & e^+ & 0 \end{pmatrix}_L . \qquad (5.224)$$

Die Vorzeichen entsprechen der Konvention. Mit der schon gewohnten Identifikation „linkshändiges Teilchen gleich rechtshändiges Antiteilchen" stellen wir also fest, daß alle 15 verschiedenen Eigenzustände zu Farbe, Hyperladung und Isospin der ersten Generation von Quarks und Leptonen in den Darstellungen 5* und 10 der $SU5$ enthalten sind. Verglichen mit der Diskussion der Gruppen $SU3_F$ und $SU3_C$ ist dies schon etwas ungewöhnlich, da wir dort die Konstituenten in der Fundamentaldarstellung unterbringen konnten. Es läßt sich aber kein grundsätzliches Argument gegen ein solches Vorgehen anführen. Für die 2. und 3. Generation muß das gerade diskutierte Verfahren wiederholt werden, das Generationenproblem wird also in diesem Modell nicht gelöst.

Die Ordnung der Gruppe ist 24, ihr Rang 4. Es gibt demnach 24 Generatoren, von denen 4 diagonalisierbar sind (Abschn. 2.8.3). Wir ersparen uns eine systematische Diskussion der Generatoren von $SU5$. Sie lassen sich durch Ergänzen der Erzeugenden von $SU3_C$ konstruieren. Georgi und Glashow fanden, daß das Produkt $SU3 \otimes SU2 \otimes U1$ in $SU5$ enthalten ist. Dies kommt schon in der Konstruktion der Darstellungen zum Ausdruck. Demnach lassen sich die diagonalen Generatoren von $SU5$ mit den Eigenwertoperatoren F_3, F_8 der Farbgruppe und den elektroschwachen Operatoren $I_{3,L}$, $\sqrt{\frac{3}{20}}Y$ identifizieren. Die Werte der Diagonalelemente sind natürlich durch die Eigenwerte der Fundamentaldarstellung festgelegt, also z.B.

$$\frac{1}{2}\lambda_3 = F_3 = \begin{pmatrix} \frac{1}{2} & 0 & 0 & 0 & 0 \\ 0 & -\frac{1}{2} & 0 & 0 & 0 \\ 0 & 0 & 0 & 0 & 0 \\ 0 & 0 & 0 & 0 & 0 \\ 0 & 0 & 0 & 0 & 0 \end{pmatrix} , \qquad (5.225)$$

bzw.

$$\frac{1}{2}\lambda_{24} = \sqrt{\frac{3}{20}}\,Y = \begin{pmatrix} \frac{2}{3}\sqrt{\frac{3}{20}} & 0 & 0 & 0 & 0 \\ 0 & \frac{2}{3}\sqrt{\frac{3}{20}} & 0 & 0 & 0 \\ 0 & 0 & \frac{2}{3}\sqrt{\frac{3}{20}} & 0 & 0 \\ 0 & 0 & 0 & -\sqrt{\frac{3}{20}} & 0 \\ 0 & 0 & 0 & 0 & -\sqrt{\frac{3}{20}} \end{pmatrix} . \qquad (5.226)$$

Der Faktor $\sqrt{\frac{3}{20}}$ in der letzten Gleichung ist eine zwangsläufige Folge der schon in Abschn. 3.1.2 benutzten Bedingung, daß die Generatoren einer Gruppe die gleiche Normierung haben müssen.

Damit sind wir an einem physikalisch wichtigen Punkt angekommen. Da der Ladungsoperator $\hat{Q}$ eine Linearkombination von $\hat{Y}$ und $\hat{I}_{3,L}$ ist, kann er ebenfalls als Generator von $SU5$ aufgefasst werden. Die Spur der Generatoren verschwindet, d.h. im Multiplett gilt

$$3\hat{Q}|\bar{d}\rangle = -\hat{Q}|e^-\rangle \qquad (5.227)$$

und deshalb

$$\hat{Q}|p\rangle = -\hat{Q}|e^-\rangle . \qquad (5.228)$$

Die vereinheitlichte Theorie liefert eine einfache Erklärung der absoluten Gleichheit der Ladungen des Elektrons und des Protons!

Genau so wie bei der Diskussion der $SU3_C$ lassen sich die Quantenzahlen der Feldteilchen (Eichbosonen) durch Konstruktion des Tensors T_k^i unter Ausschluß der Spur ermitteln. Es sind 24 Stück. Neben den 8 Gluonen, den W, Z-Bosonen und dem Photon gibt es noch X-Bosonen und Y-Bosonen. Die X-Bosonen haben die elektrische Ladung $-4/3$ und die Farben rot, grün und blau. Die ebenfalls farbigen Y-Bosonen tragen die Ladung $-1/3$. Zusammen mit ihren Antiteilchen enthält $SU5$ also 12 zusätzliche Feldquanten. Die durch sie vermittelten Übergänge zwischen Quarks und Leptonen oder zwischen Quarks mit unterschiedlichen Flavorquantenzahlen sind in Abb. 5.35 angegeben. Diese Diagramme führen sofort zu einem wirklich dramatischen Effekt, nämlich dem Zerfall des Protons. Die in der $SU5$-Theorie dominanten Feynman-Graphen dieses Prozesses zeigt die Abb. 5.36. Der Nukleon-Zerfall ist aber eine unvermeidliche Konsequenz *aller* vereinheitlichten Theorien, da sie Quarks und Leptonen im gleichen Multiplett enthalten.

Eine hohe Lebensdauer des Protons läßt sich nur durch eine große Masse der X- und Y-Bosonen erreichen. Diese Masse M_X gibt wie im elektroschwachen Beispiel den Wert der Schwerpunktenergie an, ab dem alle Wechselwirkungen gleich stark werden,

$$g_5 = g_S = g_1 = g_2 . \qquad (5.229)$$

Unterhalb $\sqrt{s} = M_X$ wird die $SU5$-Symmetrie gebrochen, es bleibt nur die $SU3_C \otimes SU2_L \otimes U1$-Symmetrie bestehen. Die zugehörigen Kopplungskonstanten entwickeln sich unabhängig voneinander. Dieses Laufverhalten der

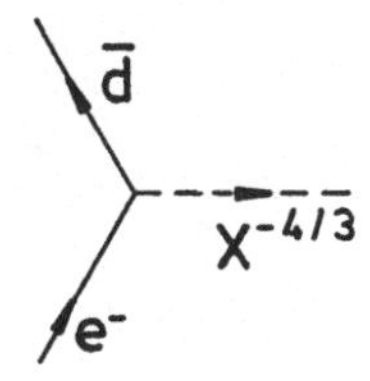

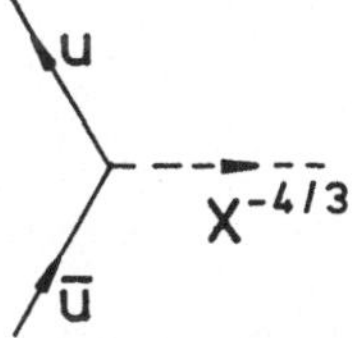

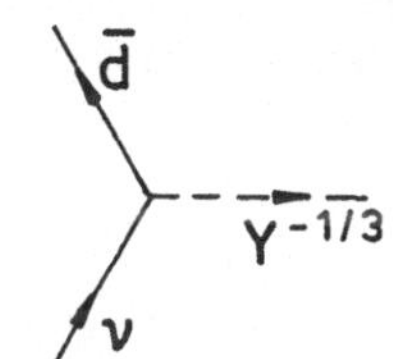

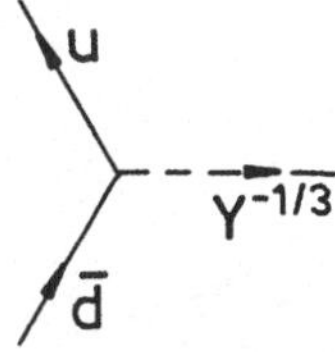

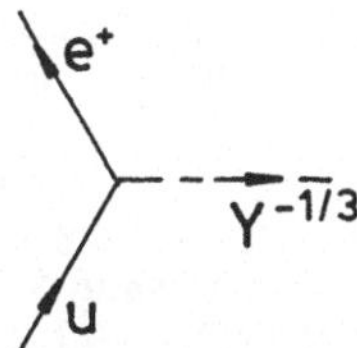

Abb. 5.35. Die Kopplung der X, Y-Bosonen an Quarks und Leptonen.

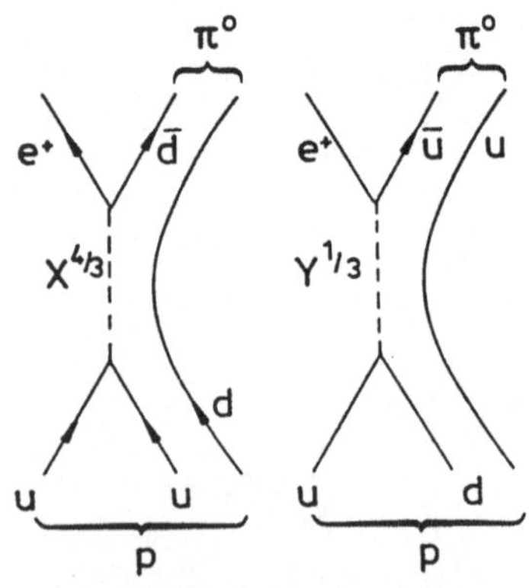

Abb. 5.36. Die wichtigsten Diagramme, die in der $SU5$-Theorie zum Proton-Zerfall führen.

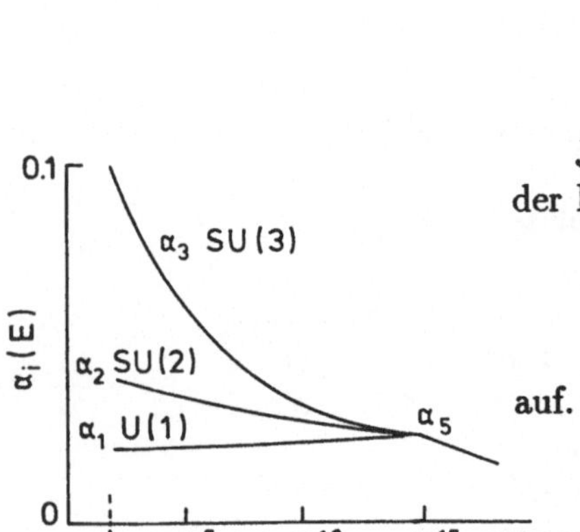

Abb. 5.37. Entwicklung der Kopplungskonstanten in $SU5$ und $SU3_C \otimes SU2_L \otimes U1$.

Kopplungskonstanten bzw. der zugehörigen Konstanten α_N ist schematisch in Abb. 5.37 aufgetragen ($\alpha_S = \alpha_3$).

Wir entnehmen der Gleichung (3.55)

$$\frac{1}{\alpha_S(M_W^2)} = \frac{1}{\alpha_S(M_X^2)} - \frac{33 - 4n_g}{12\pi} \ln \frac{M_X^2}{M_W^2} \ . \tag{5.230}$$

Hierin bedeutet n_g die Zahl der Teilchengenerationen. Die Konstante α_1 der mit Y verknüpften Symmetriegruppe $U1$ hat die gleiche $|q^2|$-Abhängigkeit wie die elektromagnetische Feinstrukturkonstante α. Aus (3.60) kann daher die Beziehung

$$\frac{1}{\alpha_1(M_W^2)} = \frac{1}{\alpha_1(M_X^2)} + \frac{4n_g}{12\pi} \ln \frac{M_X^2}{M_W^2} \tag{5.231}$$

abgeleitet werden. Die beiden letzten Gleichungen ziehen wir voneinander ab und bekommen

$$\frac{1}{\alpha_S(M_W^2)} - \frac{1}{\alpha_1(M_W^2)} = -\frac{33}{12\pi} \ln \frac{M_X^2}{M_W^2} \ . \tag{5.232}$$

Jetzt drücken wir α_1 durch $\sin^2 \Theta_W$ und α aus. Die Wechselwirkungsdichte der Energie weist einen elektroschwachen Anteil

$$g_2 \mathfrak{J}_L \mathbf{W} + g_1 \sqrt{\frac{3}{20}} j^Y B \tag{5.233}$$

auf. Der Vergleich mit (5.123) führt zur Identität

$$g_1 = \sqrt{\frac{5}{3}} g' \quad \text{und} \quad g_2 = g \ , \tag{5.234}$$

woraus sich unter Benutzung von (5.127)

$$\alpha_1(M_W^2) = \frac{5\alpha(M_W^2)}{3 \cos^2 \Theta_W(M_W^2)} \tag{5.235}$$

ergibt. Nach Einsetzen in (5.232) kann man M_X berechnen (Übung 5.12). Der numerische Wert von

$$M_X \approx 3 \times 10^{14} \text{ GeV} \tag{5.236}$$

hängt zwar relativ empfindlich von $\alpha_S(M_W^2)$ ab, zeigt aber auf jeden Fall, wie ungeheuer groß die Energieskala der vereinheitlichten Theorie wird.

Nachdem nun M_X bekannt ist, läßt sich die Proton-Lebensdauer berechnen. Wir begnügen uns mit einer Abschätzung. Der X, Y-Bosonpropagator in Abb. 5.36 gibt in der Amplitude den üblichen Faktor $1/M_X^2$. Aus Dimensionsgründen muß die Zerfallsbreite dann die Form

$$\Gamma^p = \alpha_5^2 \frac{M_p^5}{M_X^4} \tag{5.237}$$

annehmen. Daraus erhalten wir

$$\tau_p = 4 \times 10^{31} \text{ Jahre} \tag{5.238}$$

für $\alpha_5 = 0.02$. Sorgfältigere Berechnungen [5.17] führten zu

$$\tau_p = 2 \times 10^{29 \pm 1.7} \text{ Jahre} \tag{5.239}$$

mit einem Verzweigungsverhältnis von ca. 45% in den Zerfallskanal $p \to e^+ \pi^0$.

In (5.232) wurde nur die Gleichheit von g_S und g_1 ausgenutzt. Da bei GUT-Energien ebenso $g_2 = g_1 = g_5$ gilt, ermitteln wir mit Hilfe von (5.127) sofort

$$\sin^2 \Theta_W(M_X^2) = \frac{3}{8} \ . \tag{5.240}$$

Diese bemerkenswerte Herleitung einer Kopplungskonstanten ist noch nicht direkt von Nutzen, da die Vorhersage ja bei einer experimentell nie erreichbaren Energie liegt. Mit Hilfe der zu (5.230) und (5.231) analogen Gleichung für α_2 wurde jedoch

$$\sin^2 \Theta_W(M_W^2) = 0.214 \pm 0.003 \tag{5.241}$$

ausgerechnet.

Wir wissen heute, daß die beiden entscheidenden Vorhersagen (5.239) und (5.241) der $SU5$ experimentell widerlegt sind. Die Meßergebnisse für den Weinbergwinkel liegen mehr als 4 Standardabweichungen von der theoretischen Vorhersage entfernt. Auch die Suche nach einem möglichen Zerfall des Protons blieb erfolglos. Sie wurde ebenfalls mit großem experimentellen Aufwand durchgeführt. Da in 1000 Tonnen Materie im Mittel etwa 3×10^{32} Protonen vorhanden sind, zerfallen in Detektoren dieser Masse selbst bei einer Lebensdauer von 10^{32} Jahren noch 3 Protonen pro Jahr. Es kamen zwei verschiedene Arten von Detektoren zum Einsatz. Die erste Art besteht aus großen Wassertanks, bei denen die Zerfallsteilchen durch das von ihnen erzeugte Cerenkov-Licht[10] nachgewiesen werden. Eine anderer Typ benutzt eine Anordnung aus Eisenplatten und spurenempfindlichen Kammern zum Nachweis der Zerfallsprodukte (Abb. 5.38). Damit bei der äußerst geringen Zählrate ein Protonzerfall nicht durch eine von der Höhenstrahlung ausgelöste Kernreaktion im Detektor vorgetäuscht wird, befinden sich diese Experimente in Höhlen möglichst tief unter der Erde. Es bleiben dann praktisch nur noch Neutrinoreaktionen als Untergrundprozesse übrig. Diese Neutrinos werden von der kosmischen Strahlung in der Lufthülle der Erde erzeugt. Als untere Grenze der Lebensdauer wurde mit 90-prozentiger Sicherheit

$$\tau_p > 4.7 \times 10^{32} \text{ Jahre} \tag{5.242}$$

ermittelt. Das ist weit außerhalb des durch die $SU5$-Theorie erlaubten Bereichs.

Wir haben das $SU5$-Modell relativ ausführlich behandelt, da es spezifische Aussagen macht und die allgemeinen Ideen der großen Vereinheitlichung

[10]Der russische Physiker P.A. Cerenkov (geb. 1904) entdeckte, daß geladene Teilchen, die sich in einem Medium schneller als das Licht in diesem Medium bewegen, elektromagnetische Wellen abstrahlen. Auf diesem Effekt basierende Nachweisinstrumente finden sich in vielen Experimenten der Teilchenphysik. Cerenkov erhielt 1958 den Nobelpreis.

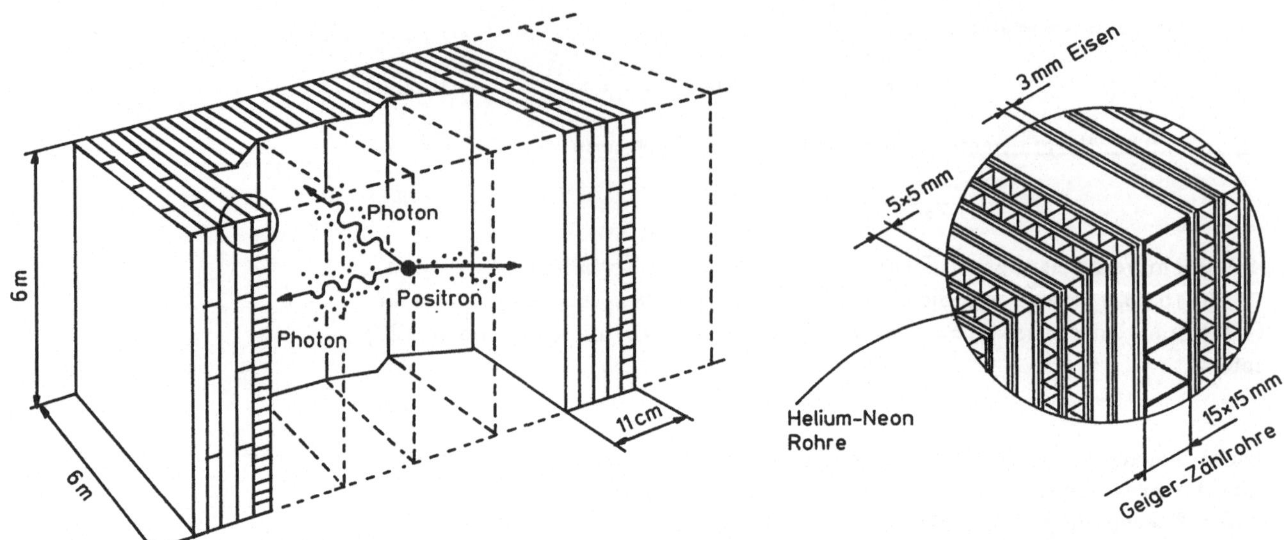

Abb. 5.38. Der Fréjus-Detektor [5.21] zur Suche nach dem Proton-Zerfall. Der Detektor besteht aus Lagen von Eisenplatten, zwischen denen sich dünne Röhrchen mit einem Helium-Neon Gasgemisch befinden. Mit ihrer Hilfe wird eine hohe Ortsauflösung der Spuren erzielt. Die zum Zünden der Gasentladung nötige Hochspannung wird durch Geiger-Zählrohre ausgelöst.

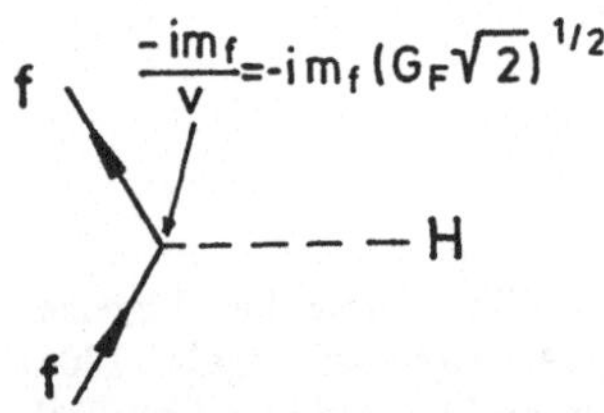

Abb. 5.39. Die Kopplung des Higgs-Bosons an die Fermionen.

physikalisch sehr attraktiv sind . Wenn auch eine experimentelle Bestätigung nicht gelungen ist, kann man sich doch vorstellen, daß gewisse Züge dieses Modells in einer endgültigen Theorie der Materie erhalten bleiben.

5.6.3 Das Hierarchie-Problem

Wie im Abschn. 5.5.4 diskutiert wurde, ist im GSW-Modell die Kopplungsstärke der Fermionen an das Higgs-Boson (Abb. 5.39) proportional zur Fermion-Masse,

$$g_{Hf\bar{f}} = -i(G_F\sqrt{2})^{\frac{1}{2}}m_f \ . \tag{5.243}$$

Umgekehrt läßt sich daher argumentieren, daß die Fermion-Massen durch die Energieskala

$$v = (1/G_F\sqrt{2})^{\frac{1}{2}} = 246 \text{ GeV} \tag{5.244}$$

und die unbekannten Kopplungsstärken festgelegt sind. Ähnliche Überlegungen gelten auch für die Masse der Eichbosonen und damit für die Skala der elektroschwachen Symmetriebrechung. In der Abschätzung (5.214) für die obere Grenze der Masse des Higgs-Bosons taucht v ebenfalls auf und stellt somit die universelle Massenskala der Theorie dar. Beim Einbau der starken Wechselwirkung in das Standard-Modell tritt ein weiterer dimensionsbehafteter Parameter hinzu, der Abschneideparameter Λ der QCD. Er ist, wie wir in Abschn. 3.2 gesehen haben, eng mit dem inversen Radius der Hadronen verknüpft.

Verglichen mit M_X liegen Λ und v sehr dicht beieinander. Die „Hierarchie" der Massenskalen einer vereinheitlichten Theorie weist demnach riesige Sprünge auf. Wenn man diese neue Massenskala aufgreift, also verlangt, daß das Standard-Modell physikalische Prozesse bis zu Schwerpunktenergien dieser Größenordnung richtig beschreibt, gerät man in ernste Schwierigkeiten.

Um sie aufzufinden, müssen wieder einmal die Strahlungskorrekturen diskutiert werden.

Zu jedem Prozeß mit Higgs-Bosonen gibt es Diagramme höherer Ordnung, in denen eine Higgs-Boson-Linie durch Beiträge, wie sie in Abb. 5.40a gezeigt werden, ersetzt wird. Die den einzelnen Schleifen der Abb. 5.40a entsprechenden Integrale sind jedoch divergent. Das ist nicht so schlimm, wie es vielleicht zunächst erscheint. In Laufe der Entwicklung der Quanten-Elektrodynamik haben die Physiker es gelernt, mit solchen Divergenzen umzugehen. Im Beispiel der QED wird dazu zunächst das zum Graphen der Abb. 5.40b gehörende Integral bei einer sehr hohen Energie Λ_{cut} abgeschnitten. Es kann dann gezeigt werden, daß der wesentliche Effekt dieses Feynman-Diagramms darin besteht, die unbekannte „nackte" Masse m_0 des Elektrons zur physikalisch beobachteten Masse m umzunormieren [5.18],

$$m = m_0 \left(1 + \frac{3\alpha}{4\pi} \ln \frac{\Lambda_{\mathrm{cut}}^2}{m^2} \right) \ . \tag{5.245}$$

Die QED birgt also logarithmische Divergenzen, die jedoch unter Kontrolle bleiben, solange man als Gültigkeitsgrenze der Theorie z.B. die Planck-Masse von 1.2×10^{19} GeV annimmt. Diese entspricht klassisch dem Abstand zweier Protonen, bei dem ihre Gravitationsenergie gleich der Protonenmasse wird. Bei solchen Abständen ist eine Theorie, die die Gravitation außer acht läßt, sowieso falsch. Andererseits ist der Unterschied zwischen der nackten und der wirklichen Masse eines Elektrons immer noch ziemlich klein, $m/m_0 \approx 1.7$. Im Gegensatz zu (5.245) enthalten die zu einem skalaren Teilchen wie dem Higgs-Boson gehörenden Massenkorrekturterme auch quadratische Divergenzen,

$$M_H^2 = M_0^2 + C\Lambda_{\mathrm{cut}}^2 + \mathcal{O}(\ln \Lambda^2) \ . \tag{5.246}$$

Wenn Λ_{cut} jetzt mit M_X identifiziert wird, muß der Koeffizient M_0 auf der rechten Seite mit einer Genauigkeit von etwa 24 Stellen bekannt sein, um eine physikalisch beobachtete Higgs-Masse von 1 TeV zu ergeben![11] Es ist nicht recht glaubhaft, daß eine solche Feinabstimmung der Parameter in der Natur realisiert ist.

Hiermit wird deutlich, daß das Standard-Modell ohne neue physikalische Ideen nur bis zu Energien, die sehr weit unterhalb von M_X liegen, richtig sein kann. Eine elegante Methode, die genannten Schwierigkeiten mit den divergenten Integralen zu umgehen, besteht in der sog. supersymmetrischen Erweiterung des Standard-Modells. Sie beruht auf der Beobachtung, daß Schleifenintegrale mit umlaufenden Bosonen und Fermionen sich im Vorzeichen unterscheiden. Wenn also zu jedem bekannten Boson ein neues Fermion, und zu jedem bekannten Fermion ein neues Boson mit den jeweils gleichen Kopplungen und Massen hinzukommt, heben sich die Divergenzen in den Schleifenintegralen exakt auf ($C = 0$). Die Natur wird damit symmetrisch bezüglich des Spektrums der Bosonen und Fermionen. Diese neue Symmetrie heißt Supersymmetrie. Die fundamentalen Felder und Teilchen der supersymmetrischen Welt sind in Tabelle 5.4 angegeben.

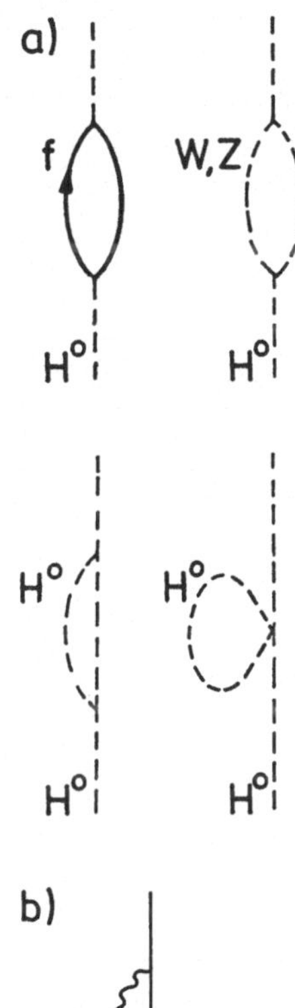

Abb. 5.40. (a) Diagramme höherer Ordnung (Strahlungskorrekturen), die zur Masse des Higgs-Bosons im GSW-Modell beitragen. (b) Sogenanntes Selbstenergie-Diagramm der QED, das eine Änderung der Elektronenmasse bewirkt.

[11] C ist im Prinzip berechenbar. Für uns reicht die Abschätzung $|C| \approx 1$.

Tabelle 5.4. Das Teilchenspektrum einer supersymmetrischen Welt. Von den Quarks, Squarks, Leptonen und Sleptonen gibt es jeweils 3 Familien.

Symbol	Teilchen	Spin	Farben	Ladung
g	Gluon	1	8	0
$\tilde{g}$	Gluino	$\frac{1}{2}$	8	0
γ	Photon	1	0	0
$\tilde{\gamma}$	Photino	$\frac{1}{2}$	0	0
$W^{\pm}$	W-Boson	1	0	± 1
$\tilde{W}^{\pm}$	Wino	$\frac{1}{2}$	0	± 1
Z^0	Z-Boson	1	0	0
$\tilde{Z}^0$	Zino	$\frac{1}{2}$	0	0
$q_{L,R}$	Quark	$\frac{1}{2}$	3	$\frac{2}{3}, -\frac{1}{3}$
$\tilde{q}_{L,R}$	Squark	0	3	$\frac{2}{3}, -\frac{1}{3}$
$l_{L,R}$	Lepton	$\frac{1}{2}$	0	$0, -1$
$\tilde{l}_{L,R}$	Slepton	0	0	$0, -1$
H_1^0, H_1^-	Higgs-Boson	0	0	$0, -1$
$\tilde{H}_1^0, \tilde{H}_1^-$	Higgsino	$\frac{1}{2}$	0	$0, -1$
H_2^0, H_2^-	Higgs-Boson	0	0	$0, -1$
$\tilde{H}_2^0, \tilde{H}_2^-$	Higgsino	$\frac{1}{2}$	0	$0, -1$

Durch die neue Symmetrie kann die Gültigkeit des erweiterten Standard-Modells bis zur Vereinheitlichungs-Masse M_X ausgedehnt werden, aber zu welchem Preis! Je nach Zählung wird die Zahl der fundamentalen Teilchen und Felder um 39 erhöht. Das liegt z.B. auch daran, daß allein im Higgs-Sektor 7 Teilchen dazukommen, man braucht 2 skalare Higgs-Dubletts und 2 Higgsino-Dubletts [5.17]. Die Supersymmetrie muß gebrochen sein, da es ja offenbar kein Selektron, also ein elektrisch negativ geladenes Teilchen mit dem Spin 0 und der Masse 0.511 MeV gibt. Durch die Symmetriebrechung bekommen die supersymmetrischen Teilchen Massen, die sich von denen ihrer Partner unterscheiden. Damit heben sich die Beiträge von Bosonen und Fermionen in den Schleifenintegralen nicht mehr vollständig auf. Der verbleibende Massenkorrekturterm bleibt aber kontrollierbar wie in der QED, falls die Massen der supersymmetrischen Teilchen auf ≤ 1 TeV beschränkt werden.

Supersymmetrische Teilchen unterscheiden sich von den alten Teilchen durch eine multiplikative Quantenzahl, die R-Parität. Sie ist durch

$$R = (-1)^{3B+L+2J} \tag{5.247}$$

definiert. B und L bedeuten hierin Baryonen- und Leptonenzahl, J ist der Spin. Die R-Parität beträgt offenbar $+1$ für die normalen Teilchen und -1 für ihre supersymmetrischen Partner. Wenn man Erhaltung der R-Parität fordert, können in Teilchen-Reaktionen supersymmetrische Teilchen nur paarweise erzeugt werden und zerfallen anschließend in das leichteste supersymmetrische Teilchen. Dieses ist stabil. In den meisten Modellen wird angenommen, daß das Photino das sog. LSP (*lightest supersymmetric particle*) ist. Es wird auch i.allg. die Masse der linkshändigen und rechtshändigen Sfermionen gleich gesetzt und angenommen, daß alle Squarks die gleiche Masse haben. Supersymmetrische Teilchen sind bisher nicht entdeckt worden. Nach dem heutigen Wissen muß die Masse des Photinos auch auf Grund kosmologischer Argumente größer als 10 GeV sein.

In der supersymmetrischen Erweiterung von $SU5$ wird M_X auf etwa 10^{16} GeV angehoben. Damit rückt die Beobachtbarkeit des Proton-Zerfalls in weite Ferne. Auf der anderen Seite wird jedoch

$$\sin^2 \Theta_W(M_W^2) = 0.236 \pm 0.003 \qquad (5.248)$$

vorhergesagt [5.17] in Übereinstimmung mit dem Experiment. Dies wird von vielen Theoretikern als Versprechen für die Zukunft verstanden.

Das Standard-Modell erweist sich im Energiebereich bis zu 100 GeV als außerordentlich robust gegenüber dem Versuch, Abweichungen von seinen Vorhersagen nachzuweisen. Experimente bei höheren Energien sind dringend erforderlich, um das *top*-Quark und vor allem das Higgs-Boson zu finden. Vielleicht läßt sich das Higgs-Boson erst durch Experimente im TeV-Berich entdecken. Solche Untersuchungen können auch über das Standard-Modell hinausweisen und somit helfen, seine Probleme und inneren Widersprüche zu klären. Es ist aber durchaus möglich, daß Experimente und neue theoretische Ideen aus einer Richtung, an die wir im Moment nicht denken, unsere Vorstellungen vom Aufbau der Materie grundlegend ändern werden.

Übungen

5.1: Bestimmen Sie mit Hilfe der Partialwellenentwicklung des Abschn. 2.4 den maximalen Querschnitt der $\nu_\mu e$- und der $\nu_e e$-Streuung.

5.2: Beweisen Sie die Beziehungen (5.22) und (5.37).

5.3: Bestimmen Sie die Komponenten des Vektorstromes und des Axialvektorstromes im Grenzfall verschwindender Impulse.

5.4: Integrieren sie die Gleichung (5.42) ohne Vernachlässigung der Elektronenmasse.

5.5: Begründen Sie mit Hilfe des Quarkmodells, daß die Zerfallsbreite des τ-Leptons etwa 5 mal größer ist als seine leptonische Breite.

5.6: Berechnen Sie das Verhältnis R der Beziehung (5.176) für $\bar{u}u$-Erzeugung bei Schwerpunktenergien zwischen 30 und 150 GeV.

5.7: Berechnen Sie den totalen Wirkungsquerschnitt der $e^- e^+$-Annihilation in Hadronen im Bereich der Z^0-Resonanz und vergleichen Sie das Ergebnis mit der durchgezogenen Linie der Abb. 5.27. Die Unterschiede zeigen den großen Einfluß der Strahlungskorrekturen.

5.8: Bestimmen Sie $\sin^2 \Theta_W$ (einschließlich des Fehlers) aus der Z^0-Masse. Die Strahlungskorrekturen können dadurch angenähert werden, daß Sie die Feinstrukturkonstante α durch $\alpha(M_W^2)$ ersetzen.

5.9: Berechnen Sie die Polarisation der in der Elektron-Positron-Annihilation erzeugten τ-Leptonen bei Schwerpunktenergien im Bereich der Z^0-Resonanz.

5.10: Zeigen Sie, daß die Rapidität im Schwerpunktsystem angenähert auf Werte zwischen $\pm\frac{1}{2}\ln(s/(p_T^2 + m^2)$ eingeschränkt ist.

5.11: Zeigen Sie, daß im Grenzfall vernachlässigbarer Massen die Rapidität in die Pseudorapidität

$$\eta = -\ln\tan\frac{\Theta}{2} \tag{5.249}$$

übergeht.

5.12: Berechnen Sie den Wert der Masse M_X in der $SU5$-Theorie.

Literatur

5.1   C. Quigg: Gauge Theories of the Strong Weak and Electromagnetic Interaction. Benjamin, Reading MA 1983

5.2   H. Behrens, J.Jänecke: Numerical Tables for Beta-Decay and Electron Capture. In Landolt-Börnstein: Zahlenwerte und Funktionen aus Naturwissenschaften und Technik. Neue Serie, Bd 4, Springer Verlag, Berlin, Heidelberg 1969

5.3   L.B. Okun: Weak Interaction of Elementary Particles. Pergamon Press, Oxford 1965

5.4   E.D. Commins, P.H. Bucksbaum: Weak Interaction of Leptons and Quarks. Cambridge University Press, Cambridge 1983

5.5   E. Eichten, I. Hinchcliff, K. Lane, C. Quigg: Supercollider Physics. Rev. Mod. Phys. **56** (1984) 579, Erratum: Rev. Mod. Phys. **58** (1986) 1065

5.6   F.J. Hasert et al.: Search for Elastic Muon-Neutrino Scattering. Phys. Lett. **46B** (1973) 121

5.7   Particle Data Group: Review of Particle Properties. Phys. Lett. **B239** (1990) 1

5.8   S.L. Glashow, J. Iliopoulos, L. Maiani: Weak Interactions with Lepton Hadron Symmetry. Phys. Rev. **D2** (1970) 1285

5.9   M.K. Gaillard, B.W. Lee: Rare Decay Modes of K-Mesons in Gauge Theories. Phys. Rev. **D10** (1974) 897

5.10   J.G. Rushbrooke: A Review of Low p_T Physics up to SPS Collider Energy ($\sqrt{s} = 540$ GeV), Proceedings of the XIV International Conference on Multipartice Dynamics (1983). World Scientific, Singapore 1984

5.11   S. Gasiorowicz: Elementarteilchenphysik. Bibliographisches Institut, Mannheim 1975

5.12   J.F. Gunion, H.E. Haber, G. Kane, S. Dawson: The Higgs Hunters Guide. Addison Wesley, Redwood City CA 1990

5.13   J.N. Bahcall: Neutrino Astrophysics, Cambridge University Press, Cambridge 1989

5.14   H.Harari: A Schematic Model of Quarks and Leptons. Phys. Lett. **86B** (1979) 83

5.15 F.E. Close: An Introduction to Quarks and Partons. Academic Press, London 1979

5.16 H. Georgi, S.L. Glashow: Unity of all Elementary Particle Forces. Phys. Rev. Lett. **32** (1974) 438

5.17 R.N. Mohapatra: Unification and Supersymmetry: Springer, Berlin, Heidelberg 1986

5.18 J.D. Bjorken, S.D. Drell: Relativistische Quantenmechanik. Bibliographisches Institut, Mannheim 1966

5.19 V. Barger, R. Phillips: Collider Physics. Addison Wesley, Redwood City CA 1987

5.20 C. Berger et al.: Electroproduction of Neutral Pions and Test of the Quark Parton Model. Phys. Lett. **70B** (1977) 471

5.21 C. Berger et al.: The Fréjus Nucleon Decay Detector. Nuclear Instruments and Methods **A262** (1987) 463

Anhang

Gauge & Higgs Boson Summary Table

SUMMARY TABLES OF PARTICLE PROPERTIES

April 1990

Particle Data Group

M. Aguilar-Benitez, R.M. Barnett, C. Caso, G. Conforto, J.J. Eastman,
R.A. Eichler, D.E. Groom, K. Hagiwara, K.G. Hayes, J.J. Hernández,
K. Hikasa, G. Höhler, S. Kawabata, G.R. Lynch, L. Montanet,
R.J. Morrison, K.A. Olive, F.C. Porter, A. Rittenberg, M. Roos,
R.H. Schindler, K.R. Schubert, R.E. Shrock, J. Stone, M. Suzuki,
N.A. Törnqvist, T.G. Trippe, C.G. Wohl, G.P. Yost.
Technical Associates: B. Armstrong, K. Gieselmann, G.S. Wagman

(Approximate closing date for data: January 1, 1990)

In this Summary Table:

When a quantity has "(S = ...)" to its right, the error on the quantity
has been enlarged by the "scale factor" S, defined as $S = \sqrt{\chi^2/(N-1)}$,
where N is the number of measurements used in calculating the quantity.
We do this when $S > 1$, which often indicates that the measurements are
inconsistent. When $S > 1.25$, we also show in the Full Listings an ideogram
of the measurements. For details and qualifications on this procedure, see
Section IV.C of the Introduction.

A decay momentum p is given for each decay mode. For a 2-body decay, p
is the momentum of each decay product in the rest frame of the decaying
particle. For a 3-or-more-body decay, p is the largest momentum any of
the products can have in this frame.

GAUGE AND HIGGS BOSONS

γ $I(J^{PC}) = 0,1(1^{--})$

Mass $m < 3 \times 10^{-33}$ MeV
Charge $q < 2 \times 10^{-32}$ e
Stable

W $J = 1$

Mass $m = 80.6 \pm 0.4$ GeV   (S = 1.1)
Full width $\Gamma = 2.25 \pm 0.14$ GeV

W^- modes are charge conjugates of the modes below.

W^+ DECAY MODES	Fraction (Γ_i/Γ)	Confidence level	p (MeV/c)
$e^+ \nu$	$(10.0^{+2.4}_{-3.3})$ %		40300
$e^+ \nu \gamma$	[a] < 1.0 %	90%	40300
$\mu^+ \nu$	$(10.0^{+2.9}_{-3.7})$ %		40300
$\tau^+ \nu$	$(10.2^{+3.4}_{-4.1})$ %		40300

Z $J = 1$

Mass $m = 91.161 \pm 0.031$ GeV
$m_Z - m_W = 10.5 \pm 0.4$ GeV   (S = 1.1)
Full width $\Gamma = 2.534 \pm 0.027$ GeV

Z DECAY MODES	Fraction (Γ_i/Γ)	Confidence level	p (MeV/c)
$e^+ e^-$	(3.21 ± 0.07) %		45600
$\mu^+ \mu^-$	(3.36 ± 0.11) %		45600
$\tau^+ \tau^-$	(3.33 ± 0.13) %		45600
$\nu \bar{\nu}$ (or other invisible modes)	(19.2 ± 1.0) %		45600
$e^\pm \mu^\mp$	$< 2.2 \times 10^{-3}$	90%	45600
hadrons	(70.9 ± 0.9) %		−
$B\bar{B}$	(14.6 ± 1.9) %		−
non-$B\bar{B}$ hadrons	(56.3 ± 2.0) %		−
$\pi^0 \gamma$	$< 3.9 \times 10^{-4}$	95%	45600
$\eta \gamma$	$< 4.6 \times 10^{-4}$	95%	45600
$\eta'(958) \gamma$	$< 2.2 \times 10^{-4}$	95%	45600
$\gamma \gamma$	$< 3.7 \times 10^{-4}$	95%	45600
$\gamma \gamma \gamma$	$< 2.8 \times 10^{-4}$	95%	45600

Searches for Higgs Bosons — H^0 and $H^\pm$

H^0 Mass $m > 24$ GeV, CL = 95%
$H^\pm$ Mass $m > 35$ GeV, CL = 95%
The Listings in the full-sized edition of the Review of Parti-
cle Properties contain a Note giving details of these limits.

Searches for Heavy Bosons Other Than Higgs Bosons

Additional W Bosons

W_R — right-handed W
Mass $m > 406$ GeV, CL = 90%
(assuming light right-handed neutrino)
W' with standard couplings decaying to $e\nu$
Mass $m > 220$ GeV, CL = 90%

Additional Z Bosons

Z_{LR} of $SU(2)_L \times SU(2)_R \times U(1)$
Mass $m > 343$ GeV, CL = 90%
(if magnitudes of L and R coupling constants are equal)
Z_χ of $SO(10) \rightarrow SU(5) \times U(1)_\chi$
Mass $m > 352$ GeV, CL = 90%
(coupling constant derived from G.U.T.)
Z_ψ of $E_6 \rightarrow SO(10) \times U(1)_\psi$
Mass $m > 151$ GeV, CL = 90%
(coupling constant derived from G.U.T.)
Z_η of $E_6 \rightarrow SU(3) \times SU(2) \times U(1) \times U(1)_\eta$
Mass $m > 129$ GeV, CL = 90%
(coupling constant derived from G.U.T.;
charges are $Q_\eta = \sqrt{3/8}Q_\chi - \sqrt{5/8}Q_\psi$)
Z_1 with standard couplings decaying to $e^+ e^-$
Mass $m > 180$ GeV, CL = 90%

Searches for Axions (A^0) and Other Very Light Bosons

The standard Peccei-Quinn axion is ruled out. Variants with reduced
couplings or much smaller masses are constrained by various data. The
Listings in the full-sized edition of the Review of Particle Properties contain a Note discussing axion searches.

The best limit for the half-life of neutrinoless double beta decay with
Majoron emission is $> 1.4 \times 10^{21}$ years (CL = 90%).

See the beginning of this summary table for *general* notes.

[a] See the Full Listings for the γ energy range used in this measurement.

Lepton Summary Table

In this Summary Table:

When a quantity has "(S = ...)" to its right, the error on the quantity has been enlarged by the "scale factor" S, defined as $S = \sqrt{\chi^2/(N-1)}$, where N is the number of measurements used in calculating the quantity. We do this when $S > 1$, which often indicates that the measurements are inconsistent. When $S > 1.25$, we also show in the Full Listings an ideogram of the measurements. For details and qualifications on this procedure, see Section IV.C of the Introduction.

A decay momentum p is given for each decay mode. For a 2-body decay, p is the momentum of each decay product in the rest frame of the decaying particle. For a 3-or-more-body decay, p is the largest momentum any of the products can have in this frame.

LEPTONS

ν_e $J = \frac{1}{2}$

Mass $m < 17$ eV, CL = 95%
Mean life/mass, $\tau/m_{\nu_e} > 300$ s/eV, CL = 90%
Magnetic moment $\mu < 4 \times 10^{-10} \mu_B$, CL = 90%

ν_μ $J = \frac{1}{2}$

Mass $m < 0.27$ MeV, CL = 90%
Mean life/mass, $\tau/m_{\nu_\mu} > 0.11$ s/eV, CL = 90%
Magnetic moment $\mu < 1 \times 10^{-9} \mu_B$, CL = 95%

ν_τ $J = \frac{1}{2}$

Mass $m < 35$ MeV, CL = 95%
Magnetic moment $\mu < 4 \times 10^{-6} \mu_B$, CL = 90%

e $J = \frac{1}{2}$

Mass $m = 0.51099906 \pm 0.00000015$ MeV [a]
$= (5.48579903 \pm 0.00000013) \times 10^{-4}$ u
Mean life $\tau > 2 \times 10^{22}$ years, CL = 68%
Magnetic moment $\mu = 1.001159652193 \pm 0.000000000010 \mu_B$
Electric dipole moment $d = (-2 \pm 6) \times 10^{-26}$ e-cm

μ $J = \frac{1}{2}$

Mass $m = 105.658387 \pm 0.000034$ MeV [a]
$= 0.113428913 \pm 0.000000017$ u
Mean life $\tau = (2.19703 \pm 0.00004) \times 10^{-6}$ s
$c\tau = 658.65$ m
Magnetic moment $\mu = 1.001165923 \pm 0.000000008 \; e\hbar/2m_\mu$
Electric dipole moment $d = (3.7 \pm 3.4) \times 10^{-19}$ e-cm

Decay parameters [b]

$\rho = 0.7518 \pm 0.0026$
$\eta = -0.007 \pm 0.013$
$\delta = 0.749 \pm 0.004$
$\xi P_\mu = 1.003 \pm 0.008$ [c]
$\xi P_\mu \delta/\rho > 0.99677$, CL = 90% [c]
$\xi' = 1.00 \pm 0.04$
$\xi'' = 0.65 \pm 0.36$
$\alpha/A = (0.4 \pm 4.3) \times 10^{-3}$
$\alpha'/A = (-0.2 \pm 4.3) \times 10^{-3}$
$\beta/A = (3.9 \pm 6.2) \times 10^{-3}$
$\beta'/A = (1.5 \pm 6.3) \times 10^{-3}$
$\bar\eta = 0.02 \pm 0.08$

μ^+ modes are charge conjugates of the modes below.

μ^- DECAY MODES	Fraction (Γ_i/Γ)	Confidence level	p (MeV/c)
$e^- \bar\nu_e \nu_\mu$	~ 100 %		53
$e^- \bar\nu_e \nu_\mu \gamma$	[d] (1.4 ± 0.4) %		53
$e^- \bar\nu_e \nu_\mu e^+ e^-$	[d] (3.4 ± 0.4) $\times 10^{-5}$		53

Lepton Family number (LF) violating modes

$e^- \nu_e \bar\nu_\mu$	LF	< 5	%	90%	53
$e^- \gamma$	LF	< 4.9	$\times 10^{-11}$	90%	53
$e^- e^+ e^-$	LF	< 1.0	$\times 10^{-12}$	90%	53
$e^- 2\gamma$	LF	< 7.2	$\times 10^{-11}$	90%	53

τ $J = \frac{1}{2}$

Mass $m = 1784.1 ^{+2.7}_{-3.6}$ MeV
Mean life $\tau = (0.303 \pm 0.008) \times 10^{-12}$ s
$c\tau = 91 \pm 2 \; \mu$m
Michel parameter $\rho = 0.70 \pm 0.06$

τ^+ modes are charge conjugates of the modes below.

τ^- DECAY MODES	Fraction (Γ_i/Γ)	Scale factor/ Confidence level	p (MeV/c)
particle$^- \geq 0$ neut ν_τ ("1-prong")	(86.13 ± 0.33) %	S=1.4	−
$\mu^- \bar\nu_\mu \nu_\tau$	(17.8 ± 0.4) %		889
$e^- \bar\nu_e \nu_\tau$	(17.7 ± 0.4) %		892
hadron$^- \geq 0$ neutrals ν_τ	(50.3 ± 0.6) %		−
hadron$^- \nu_\tau$	(11.7 ± 0.5) %		−
$\pi^- \nu_\tau$	(11.0 ± 0.5) %		887
$K^- \geq 0$ neutrals ν_τ	(1.72 ± 0.22) %		−
$K^- \nu_\tau$	$(6.8 \pm 1.9) \times 10^{-3}$	S=1.2	824
$K^- \geq 1$ neutral ν_τ	(1.04 ± 0.28) %	S=1.1	−
hadron$^- \geq 1 \pi^0 \nu_\tau$	(38.8 ± 0.8) %		−
hadron$^- \pi^0 \nu_\tau$	(22.8 ± 1.6) %		−
$\rho^- \nu_\tau$	(22.7 ± 0.8) %		726
$\pi^- \pi^0$ non-res. ν_τ	$(3.7 ^{+3.0}_{-2.2}) \times 10^{-3}$		881
had$^- \geq 2$ had$^0 \nu_\tau$	(14.7 ± 0.8) %		−
$\pi^- 2\pi^0 \nu_\tau$	(7.5 ± 0.9) %		866
$\pi^- 3\pi^0 \nu_\tau$	(3.0 ± 2.7) %		840
2had$^-$ had$^+ \geq 0$ neut ν_τ ("3-prong")	(13.76 ± 0.32) %	S=1.4	−
$\pi^- \pi^- \pi^+ \nu_\tau$	(7.1 ± 0.6) %	S=1.8	864
$\pi^- \rho^0 \nu_\tau$	(5.4 ± 1.7) %		718
$\pi^- \pi^- \pi^+$ non-res. ν_τ	< 1.4 %	CL=95%	865
$\pi^- \pi^- \pi^+ \geq 1 \gamma \nu_\tau$	(6.7 ± 0.7) %	S=1.7	−
$\pi^- \pi^- \pi^+ \pi^0 \nu_\tau$	(4.4 ± 1.6) %		838
K^- had$^+$ had$^- \geq 0$ neutrals ν_τ	< 6 $\times 10^{-3}$	CL=90%	−
$K^- \pi^+ \pi^- \geq 0 \pi^0 \nu_\tau$	$(2.2 ^{+1.6}_{-1.3}) \times 10^{-3}$		−
$K^- K^+ \pi^- \nu_\tau$	$(2.2 ^{+1.7}_{-1.1}) \times 10^{-3}$		689
3had$^-$ 2had$^+ \geq 0$ neutrals ν_τ ("5-prong")	$(1.13 \pm 0.27) \times 10^{-3}$		−
$2\pi^+ 3\pi^- \nu_\tau$	$(5.6 \pm 1.6) \times 10^{-4}$		798
$2\pi^+ 3\pi^- \pi^0 \nu_\tau$	$(5.1 \pm 2.2) \times 10^{-4}$		750
4had$^-$ 3had$^+ \geq 0$ neut ν_τ ("7-prong")	< 1.9 $\times 10^{-4}$	CL=90%	−
K^0 hadron$^- \geq 0$ neutrals ν_τ	(1.30 ± 0.30) %		−
$K^*(892)^- \geq 0$ neutrals ν_τ	(1.4 ± 0.9) %		−
$K^*(892)^- \nu_\tau$	$(1.39 ^{+0.18}_{-0.20})$ %		669
$K_2^*(1430)^- \nu_\tau$	< 3 $\times 10^{-3}$	CL=95%	319
$K^0 K^- \nu_\tau$	< 2.6 $\times 10^{-3}$	CL=95%	742
$K^0 K^- \pi^0 \nu_\tau$	< 2.6 $\times 10^{-3}$	CL=95%	690
$\omega \pi^- \geq 0$ neutrals ν_τ	(1.6 ± 0.4) %		−
$\omega \pi^- \nu_\tau$	(1.6 ± 0.5) %		712
$\eta \pi^- \geq 0$ neutrals ν_τ	< 1.3 %	CL=95%	−
$\eta \pi^- \nu_\tau$	< 9 $\times 10^{-3}$	CL=95%	801
$\eta \pi^- \pi^0 \nu_\tau$	< 1.1 %	CL=95%	782
$\eta \pi^- \pi^0 \pi^0 \nu_\tau$	< 1.2 %	CL=95%	750

The following are sometimes subreactions of
3-prong inclusive η searches

$\eta \pi^+ \pi^- \pi^- \geq 0$ neutrals ν_τ	< 3 $\times 10^{-3}$	CL=90%	−
$\eta \eta \pi^- \geq 0$ neutrals ν_τ	< 5 $\times 10^{-3}$	CL=90%	−
$\eta \eta \pi^- \nu_\tau$	< 8.3 $\times 10^{-3}$	CL=95%	641
$\eta \eta \pi^- \pi^0 \nu_\tau$	< 9 $\times 10^{-3}$	CL=95%	563
$K^0 \pi^+ \pi^- \pi^- \geq 0 \gamma \nu_\tau$	< 1.74 $\times 10^{-3}$	CL=95%	765

Lepton Summary Table

Lepton number (L) or Lepton Family number (LF) violating modes

Mode					
e^- charged particles + μ^- charged particles	LF	< 4	%	CL=90%	–
$\mu^- \gamma$	LF	< 5.5	$\times 10^{-4}$	CL=90%	889
$e^- \gamma$	LF	< 2.0	$\times 10^{-4}$	CL=90%	892
$\mu^- \pi^0$	LF	< 8.2	$\times 10^{-4}$	CL=90%	884
$e^- \pi^0$	LF	< 1.4	$\times 10^{-4}$	CL=90%	887
$\mu^- \mu^+ \mu^-$	LF	< 2.9	$\times 10^{-5}$	CL=90%	876
$e^- \mu^+ \mu^-$	LF	< 3.3	$\times 10^{-5}$	CL=90%	886
$\mu^- e^+ e^-$	LF	< 3.3	$\times 10^{-5}$	CL=90%	889
$e^- e^+ e^-$	LF	< 3.8	$\times 10^{-5}$	CL=90%	892
$\mu^- K^0$	LF	< 1.0	$\times 10^{-3}$	CL=90%	819
$e^- K^0$	LF	< 1.3	$\times 10^{-3}$	CL=90%	823
$\mu^- \rho^0$	LF	< 3.8	$\times 10^{-5}$	CL=90%	721
$e^- \rho^0$	LF	< 3.9	$\times 10^{-5}$	CL=90%	726
$e^- \pi^+ \pi^-$	LF	< 4.2	$\times 10^{-5}$	CL=90%	881
$e^+ \pi^- \pi^-$	L	< 6.3	$\times 10^{-5}$	CL=90%	881
$\mu^- \pi^+ \pi^-$	LF	< 4.0	$\times 10^{-5}$	CL=90%	870
$\mu^+ \pi^- \pi^-$	L	< 6.3	$\times 10^{-5}$	CL=90%	870
$e^- \pi^+ K^-$	LF	< 4.2	$\times 10^{-5}$	CL=90%	817
$e^+ \pi^- K^-$	L	< 1.2	$\times 10^{-4}$	CL=90%	817
$\mu^- \pi^+ K^-$	LF	< 1.2	$\times 10^{-4}$	CL=90%	804
$\mu^+ \pi^- K^-$	L	< 1.2	$\times 10^{-4}$	CL=90%	804
$e^- K^*(892)^0$	LF	< 5.4	$\times 10^{-5}$	CL=90%	669
$\mu^- K^*(892)^0$	LF	< 5.9	$\times 10^{-5}$	CL=90%	664
$e^+ \mu^- \mu^-$	LF	< 3.8	$\times 10^{-5}$	CL=90%	886
$\mu^+ e^- e^-$	LF	< 3.8	$\times 10^{-5}$	CL=90%	889
$e^- \eta$	LF	< 2.4	$\times 10^{-4}$	CL=90%	808

See the beginning of this summary table for *general* notes.

[a] The masses of the e and μ are most precisely known in u (unified atomic mass units). The conversion factor to MeV, 1 u = 931.49432(28) MeV, is less well known than are the masses in u.

[b] See the Note on Muon Decay Parameters in the Full Listings for definitions and details.

[c] P_μ is the longitudinal polarization of the muon from pion decay. In standard $V{-}A$ theory, $P_\mu = 1$ and $\rho = \delta = 3/4$.

[d] See the Full Listings for the energy limits used in this measurement.

Number of Light Neutrino Types

(including ν_e, ν_μ, and ν_τ)

Number $N = 3.10 \pm 0.09$ (in the Standard Model)

Heavy Lepton Searches

$L^\pm$ – charged lepton

Mass $m > 44.3$ GeV, CL = 95% $\quad m(\nu) \approx 0$

$L^\pm$ – stable charged heavy lepton

Mass $m > 26.5$ GeV, CL = 95%

L^0 – stable neutral heavy lepton

Mass $m > 42.7$ GeV, CL = 95%

E^0 – neutral para- or ortho-lepton

Mass $m > 19.6$ GeV, CL = 95% (all $|U_{\ell,j}|^2$)
Mass $m > 41$ GeV, CL = 95% ($|U_{\ell,j}|^2 > 10^{-10}$
Mass $m > 45.7$ GeV or $m < 25$, CL = 95% ($|U_{\ell,j}|^2 > 10^{-13}$

Searches for Massive Neutrinos and Lepton Mixing

For excited leptons, see Compositeness Limits below.

No direct, uncontested evidence for massive neutrinos or lepton mixing has been obtained. Sample limits are:

ν oscillation: $\bar{\nu}_e \not\to \bar{\nu}_e$

$\Delta(m^2) < 0.014$ eV^2, CL = 68% (if $\sin^2 2\theta = 1$)
$\sin^2 2\theta < 0.14$, CL = 68% (if $\Delta(m^2)$ is large)

ν oscillation: $\nu_\mu \to \nu_e$ (θ = mixing angle)

$\Delta(m^2) < 0.09$ eV^2, CL = 90% (if $\sin^2 2\theta = 1$)
$\sin^2 2\theta < 3.4\times 10^{-3}$, CL = 90% (if $\Delta(m^2)$ is large)

Meson Summary Table

In this Summary Table:

When a quantity has "(S = ...)" to its right, the error on the quantity has been enlarged by the "scale factor" S, defined as $S = \sqrt{\chi^2/(N-1)}$, where N is the number of measurements used in calculating the quantity. We do this when S > 1, which often indicates that the measurements are inconsistent. When S > 1.25, we also show in the Full Listings an ideogram of the measurements. For details and qualifications on this procedure, see Section IV.C of the Introduction.

A decay momentum p is given for each decay mode. For a 2-body decay, p is the momentum of each decay product in the rest frame of the decaying particle. For a 3-or-more-body decay, p is the largest momentum any of the products can have in this frame.

LIGHT UNFLAVORED MESONS
$(S = C = B = 0)$

For $I = 1$ (π, b, ρ, a): $u\bar{d}$, $(u\bar{u}-d\bar{d})/\sqrt{2}$, $d\bar{u}$;

for $I = 0$ (η, η', h, h', ω, ϕ, f, f'): $c_1(u\bar{u} + d\bar{d}) + c_2(s\bar{s})$

$\pi^{\pm}$ $I^G(J^P) = 1^-(0^-)$

Mass $m = 139.5675 \pm 0.0004$ MeV (S = 1.2)

$m_{\pi^\pm} - m_{\mu^\pm} = 33.9092 \pm 0.0004$ MeV (S = 1.2)

Mean life $\tau = (2.6030 \pm 0.0024) \times 10^{-8}$ s

   $c\tau = 7.804$ m

$\pi^{\pm} \to \ell^{\pm}\nu\gamma$ form factors [a]

   $F_V = 0.023^{+0.015}_{-0.013}$

   $F_A = 0.0117 \pm 0.0020$ (S = 1.6)

   $R = 0.059^{+0.009}_{-0.008}$

π^- modes are charge conjugates of the modes below.

π^+ DECAY MODES		Fraction (Γ_i/Γ)	Confidence level	p (MeV/c)
$\mu^+ \nu_\mu$		(99.98782±0.00014) %		30
$e^+ \nu_e$		(1.218 ±0.014) × 10^{-4}		70
$\mu^+ \nu_\mu \gamma$	[b]	(1.24 ±0.25) × 10^{-4}		30
$e^+ \nu_e \gamma$	[b]	(5.6 ±0.7) × 10^{-8}		70
$e^+ \nu_e \pi^0$		(1.025 ±0.034) × 10^{-8}		4
$e^+ \nu_e e^+ e^-$		(3.2 ±0.5) × 10^{-9}		70
$e^+ \nu_e \nu \bar{\nu}$		< 5 × 10^{-6}	90%	70

Lepton number (L) or Lepton Family number (LF) violating modes

$\mu^+ \bar{\nu}_e$	L	< 1.5 × 10^{-3}	90%	30
$\mu^+ \nu_e$	LF	< 8.0 × 10^{-3}	90%	30
$\mu^- e^+ e^+ \nu$	LF	< 7.7 × 10^{-6}	90%	30

π^0 $I^G(J^{PC}) = 1^-(0^{-+})$

Mass $m = 134.9739 \pm 0.0006$ MeV (S = 1.1)

$m_{\pi^\pm} - m_{\pi^0} = 4.5937 \pm 0.0005$ MeV

Mean life $\tau = (8.4 \pm 0.6) \times 10^{-17}$ s (S = 3.0)

   $c\tau = 2.5 \times 10^{-6}$ cm

π^0 DECAY MODES	Fraction (Γ_i/Γ)	Confidence level	p (MeV/c)
2γ	(98.798±0.032) %	S=1.1	67
$e^+ e^- \gamma$	(1.198±0.032) %	S=1.1	67
$e^+ e^+ e^- e^-$	(3.14 ±0.30) × 10^{-5}		67
$e^+ e^-$	< 1.3 × 10^{-7}	CL=90%	67
4γ	< 2 × 10^{-8}	CL=90%	67
$\nu \bar{\nu}$	< 6.5 × 10^{-6}	CL=90%	67
$\nu_e \bar{\nu}_e$	< 1.7 × 10^{-6}	CL=90%	67
$\nu_\mu \bar{\nu}_\mu$	< 3.1 × 10^{-6}	CL=90%	67
$\nu_\tau \bar{\nu}_\tau$	< 2.1 × 10^{-6}	CL=90%	67

Charge conjugation (C) or Lepton Family number (LF) violating modes

3γ	C	< 3.1 × 10^{-8}	CL=90%	67
$\mu^+ e^-$	LF	< 1.6 × 10^{-8}	CL=90%	26

η $I^G(J^{PC}) = 0^+(0^{-+})$

Mass $m = 548.8 \pm 0.6$ MeV (S = 1.4)

Full width $\Gamma = 1.19 \pm 0.12$ keV [c] (S = 2.0)

C-nonconserving decay parameters [d]

$\pi^+ \pi^- \pi^0$	Left-right asymmetry = $(0.09 \pm 0.17) \times 10^{-2}$
$\pi^+ \pi^- \pi^0$	Sextant asymmetry = $(0.18 \pm 0.16) \times 10^{-2}$
$\pi^+ \pi^- \pi^0$	Quadrant asymmetry = $(-0.17 \pm 0.17) \times 10^{-2}$
$\pi^+ \pi^- \gamma$	Left-right asymmetry = $(0.9 \pm 0.4) \times 10^{-2}$
$\pi^+ \pi^- \gamma$	$\beta = 0.05 \pm 0.06$ (S = 1.5)

η DECAY MODES	Fraction (Γ_i/Γ)	Scale factor/ Confidence level	p (MeV/c)
neutral modes	(70.8 ±0.8) %	S=1.2	–
2γ	(38.9 ±0.5) %	S=1.2	274
$3\pi^0$	(31.9 ±0.4) %	S=1.2	180
$\pi^0 2\gamma$	(7.1 ±1.4) × 10^{-4}		258
charged modes	(29.2 ±0.8) %	S=1.2	–
$\pi^+ \pi^- \pi^0$	(23.6 ±0.6) %	S=1.2	175
$\pi^+ \pi^- \gamma$	(4.88±0.15) %	S=1.2	236
$e^+ e^- \gamma$	(5.0 ±1.2) × 10^{-3}		274
$\mu^+ \mu^- \gamma$	(3.1 ±0.4) × 10^{-4}		253
$e^+ e^-$	< 3 × 10^{-4}	CL=90%	274
$\mu^+ \mu^-$	(6.5 ±2.1) × 10^{-6}		253
$\pi^+ \pi^- e^+ e^-$	(1.3 $^{+1.3}_{-0.8}$) × 10^{-3}		236
$\pi^+ \pi^- 2\gamma$	< 2.1 × 10^{-3}		236
$\pi^+ \pi^- \pi^0 \gamma$	< 6 × 10^{-4}	CL=90%	175
$\pi^0 \mu^+ \mu^- \gamma$	< 3 × 10^{-6}	CL=90%	211

Charge conjugation (C), Parity (P), or Charge conjugation × Parity (CP) violating modes

3γ	C	< 5 × 10^{-4}		274
$\pi^+ \pi^-$	P,CP	< 1.5 × 10^{-3}		236
$\pi^0 e^+ e^-$	C	< 4 × 10^{-5}	CL=90%	258
$\pi^0 \mu^+ \mu^-$	C	< 5 × 10^{-6}	CL=90%	211

$\rho(770)$ $I^G(J^{PC}) = 1^+(1^{--})$

Mass $m = 768.3 \pm 0.5$ MeV

Full width $\Gamma = 149.1 \pm 2.9$ MeV

$\Gamma_{ee} = 6.77 \pm 0.32$ keV

$\rho(770)$ DECAY MODES	Fraction (Γ_i/Γ)	Scale factor/ Confidence level	p (MeV/c)
$\pi \pi$	~ 100 %		358
$\rho(770)^\pm$ decays			
$\pi^\pm \gamma$	(4.5 ±0.5) × 10^{-4}	S=2.2	371
$\pi^\pm \eta$	< 8 × 10^{-3}	CL=84%	144
$\pi^\pm \pi^+ \pi^- \pi^0$	< 2.0 × 10^{-3}	CL=84%	249
$\rho(770)^0$ decays			
$\pi^+ \pi^- \gamma$	(1.11±0.14) %		358
$\pi^0 \gamma$	(7.9 ±2.0) × 10^{-4}		372
$\eta \gamma$	(3.8 ±0.7) × 10^{-4}		188
$\mu^+ \mu^-$	[e] (4.60±0.28) × 10^{-5}		369
$e^+ e^-$	[e] (4.44±0.21) × 10^{-5}		384
$\pi^+ \pi^- \pi^0$	< 1.2 × 10^{-4}	CL=90%	319
$\pi^+ \pi^- \pi^+ \pi^-$	< 2 × 10^{-4}	CL=90%	246
$\pi^+ \pi^- \pi^0 \pi^0$	< 2 × 10^{-4}	CL=90%	252

$\omega(783)$ $I^G(J^{PC}) = 0^-(1^{--})$

Mass $m = 781.95 \pm 0.14$ MeV (S = 1.6)

Full width $\Gamma = 8.43^{+0.10}_{-0.09}$ MeV

$\Gamma_{ee} = 0.60 \pm 0.02$ keV (S = 1.1)

$\omega(783)$ DECAY MODES	Fraction (Γ_i/Γ)	Scale factor/ Confidence level	p (MeV/c)
$\pi^+ \pi^- \pi^0$	(88.8 ±0.6) %		327
$\pi^0 \gamma$	(8.5 ±0.5) %		379
$\pi^+ \pi^-$	(2.21±0.30) %		365
neutrals (excluding $\pi^0\gamma$)	(4.4 $^{+7.9}_{-2.9}$) × 10^{-3}		–
$\pi^0 e^+ e^-$	(5.9 ±1.9) × 10^{-4}		379
$\eta \gamma$	(4.7 $^{+2.2}_{-1.8}$) × 10^{-4}	S=1.1	198

Meson Summary Table

	Fraction (Γ_i/Γ)	Confidence level	p (MeV/c)
$\pi^0 \mu^+ \mu^-$	$(9.6 \pm 2.3) \times 10^{-5}$		349
$e^+ e^-$	$(7.07 \pm 0.19) \times 10^{-5}$	S=1.1	391
$\pi^+ \pi^- \pi^0 \pi^0$	< 2 %	CL=90%	261
$\pi^+ \pi^- \gamma$	$< 4 \times 10^{-3}$	CL=95%	365
$\pi^+ \pi^- \pi^+ \pi^-$	$< 1 \times 10^{-3}$	CL=90%	256
$\pi^0 \pi^0 \gamma$	$< 4 \times 10^{-4}$	CL=90%	367
$\mu^+ \mu^-$	$< 1.8 \times 10^{-4}$	CL=90%	376

$\eta'(958)$ $I^G(J^{PC}) = 0^+(0^{-+})$

Mass $m = 957.50 \pm 0.24$ MeV
Full width $\Gamma = 0.208 \pm 0.021$ MeV   (S = 1.4)

$\eta'(958)$ DECAY MODES	Fraction (Γ_i/Γ)	Scale factor/ Confidence level	p (MeV/c)
$\pi^+ \pi^- \eta$	(44.2 ± 1.7) %	S=1.2	231
$\rho^0 \gamma$	(30.0 ± 1.5) %	S=1.1	171
$\pi^0 \pi^0 \eta$	(20.5 ± 1.3) %	S=1.3	237
$\omega \gamma$	(3.00 ± 0.31) %		159
$\gamma \gamma$	(2.16 ± 0.17) %	S=1.5	479
$3\pi^0$	$(1.53 \pm 0.26) \times 10^{-3}$	S=1.1	430
$\mu^+ \mu^- \gamma$	$(1.06 \pm 0.27) \times 10^{-4}$		467
$\pi^+ \pi^- \pi^0$	< 5 %	CL=90%	427
$\pi^0 \rho^0$	< 4 %	CL=90%	119
$\pi^+ \pi^-$	< 2 %	CL=90%	458
$\pi^0 e^+ e^-$	< 1.3 %	CL=90%	469
$\eta e^+ e^-$	< 1.1 %	CL=90%	321
$\pi^+ \pi^+ \pi^- \pi^-$	< 1 %	CL=90%	372
$\pi^+ \pi^+ \pi^- \pi^-$ neutrals	< 1 %	CL=95%	–
$\pi^+ \pi^+ \pi^- \pi^- \pi^0$	< 1 %	CL=90%	298
6π	< 1 %	CL=90%	189
$\pi^+ \pi^- e^+ e^-$	$< 6 \times 10^{-3}$	CL=90%	458
$\pi^0 \pi^0$	$< 9 \times 10^{-4}$	CL=90%	459
$\pi^0 \gamma \gamma$	$< 8 \times 10^{-4}$	CL=90%	469
$4\pi^0$	$< 5 \times 10^{-4}$	CL=90%	379
3γ	$< 9 \times 10^{-5}$	CL=90%	479
$\mu^+ \mu^- \pi^0$	$< 6.0 \times 10^{-5}$	CL=90%	445
$\mu^+ \mu^- \eta$	$< 1.5 \times 10^{-5}$	CL=90%	272
$e^+ e^-$	$< 2.1 \times 10^{-7}$	CL=90%	479

$f_0(975)$ was $S(975)$ $I^G(J^{PC}) = 0^+(0^{++})$

Mass $m = 975.6 \pm 3.1$ MeV   (S = 1.2)
Full width $\Gamma = 33.6 \pm 5.6$ MeV
Mass and width are from pole position $(m - i\Gamma/2)$.

$f_0(975)$ DECAY MODES	Fraction (Γ_i/Γ)	Confidence level	p (MeV/c)
$\pi \pi$	(78.1 ± 2.4) %		467
$K \overline{K}$	(21.9 ± 2.4) %		–
$e^+ e^-$	$< 3 \times 10^{-7}$	90%	488

$a_0(980)$ was $\delta(980)$ $I^G(J^{PC}) = 1^-(0^{++})$

Mass $m = 983.3 \pm 2.6$ MeV   (S = 1.2)
Full width $\Gamma = 57 \pm 11$ MeV
The mass and width are from the $\eta \pi$ mode only. If the $K \overline{K}$ channel is strongly coupled, the width may be larger.

$a_0(980)$ DECAY MODES	Fraction (Γ_i/Γ)	p (MeV/c)
$\eta \pi$	seen	319
$K \overline{K}$	seen	–
$\gamma \gamma$	seen	492

$\phi(1020)$ $I^G(J^{PC}) = 0^-(1^{--})$

Mass $m = 1019.412 \pm 0.008$ MeV
Full width $\Gamma = 4.41 \pm 0.07$ MeV   (S = 1.2)
$\Gamma_{ee} = 1.37 \pm 0.05$ keV

$\phi(1020)$ DECAY MODES	Fraction (Γ_i/Γ)	Scale factor/ Confidence level	p (MeV/c)
$K^+ K^-$	(49.5 ± 1.1) %	S=1.4	127
$K^0_L K^0_S$	(34.4 ± 0.9) %	S=1.4	110
$\rho \pi$	(12.9 ± 0.7) %		182
$\pi^+ \pi^- \pi^0$	$(1.9 \,^{+1.2}_{-1.0})$ %	S=1.3	462
$\eta \gamma$	(1.28 ± 0.06) %	S=1.2	362
$\pi^0 \gamma$	$(1.31 \pm 0.13) \times 10^{-3}$		501
$e^+ e^-$	$(3.11 \pm 0.10) \times 10^{-4}$		510
$\mu^+ \mu^-$	$(2.48 \pm 0.34) \times 10^{-4}$		499
$\eta e^+ e^-$	$(1.3 \,^{+0.8}_{-0.6}) \times 10^{-4}$		362
$\pi^+ \pi^-$	$(8 \,^{+5}_{-4}) \times 10^{-5}$	S=1.5	490
$\omega \gamma$	< 5 %	CL=84%	210
$\rho \gamma$	< 2 %	CL=84%	220
$\pi^+ \pi^- \gamma$	$< 7 \times 10^{-3}$	CL=90%	490
$f_0(975) \gamma$	$< 2 \times 10^{-3}$	CL=90%	43
$\pi^0 \pi^0 \gamma$	$< 1 \times 10^{-3}$	CL=90%	492
$\pi^+ \pi^- \pi^+ \pi^-$	$< 8.7 \times 10^{-4}$	CL=90%	410
$\eta'(958) \gamma$	$< 4.1 \times 10^{-4}$	CL=90%	60
$\pi^+ \pi^+ \pi^- \pi^- \pi^0$	$< 1.5 \times 10^{-4}$	CL=95%	341
$\pi^0 e^+ e^-$	$< 1.2 \times 10^{-4}$	CL=90%	501

$h_1(1170)$ was $H(1190)$ $I^G(J^{PC}) = 0^-(1^{+-})$

Mass $m = 1170 \pm 21$ MeV
Full width $\Gamma = 311 \pm 33$ MeV

$h_1(1170)$ DECAY MODES	Fraction (Γ_i/Γ)	p (MeV/c)
$\rho \pi$	seen	311

$b_1(1235)$ was $B(1235)$ $I^G(J^{PC}) = 1^+(1^{+-})$

Mass $m = 1233 \pm 10$ MeV [f]
Full width $\Gamma = 150 \pm 10$ MeV [f]

$b_1(1235)$ DECAY MODES	Fraction (Γ_i/Γ)	Confidence level	p (MeV/c)
$\omega \pi$	dominant		350
[D/S amplitude ratio = 0.26 ± 0.04]			
$\pi^\pm \gamma$	$(1.5 \pm 0.4) \times 10^{-3}$		–
$\eta \rho$	seen		
$\pi^+ \pi^+ \pi^- \pi^0$	< 50 %	84%	535
$\eta \pi$	< 25 %	90%	482
$\pi \pi$	< 15 %	90%	600
$(K \overline{K})^\pm \pi^0$	< 8 %	90%	249
$K^0_S K^0_L \pi^\pm$	< 6 %	90%	239
$K \overline{K}$	< 2 %	84%	369
$K^0_S K^0_S \pi^\pm$	< 2 %	90%	239
$\pi \phi$	< 1.5 %	84%	147

$a_1(1260)$ was $A_1(1270)$ $I^G(J^{PC}) = 1^-(1^{++})$

Mass $m = 1260 \pm 30$ MeV [f]
Full width $\Gamma = 350$ to 500 MeV

$a_1(1260)$ DECAY MODES	Fraction (Γ_i/Γ)	Confidence level	p (MeV/c)
$\rho \pi$	dominant		379
$\pi \gamma$	seen		622
$\pi (\pi \pi)_{S\text{-wave}}$	[f] < 0.7 %	90%	591

Meson Summary Table

$f_2(1270)$ — $I^G(J^{PC}) = 0^+(2^{++})$

Mass $m = 1274 \pm 5$ MeV [r]
Full width $\Gamma = 185 \pm 20$ MeV [r]

$f_2(1270)$ DECAY MODES	Fraction (Γ_i/Γ)	Scale factor/ Confidence level	p (MeV/c)
$\pi\pi$	$(85.1\,{}^{+2.3}_{-1.3})\,\%$.	$S=1.3$	622
$\pi^+\pi^-2\pi^0$	$(6.6\,{}^{+1.5}_{-2.6})\,\%$	$S=1.4$	562
$K\overline{K}$	$(4.7 \pm 0.5)\,\%$	$S=3.0$	398
$2\pi^+2\pi^-$	$(2.8 \pm 0.4)\,\%$	$S=1.2$	559
$\eta\eta$	$(4.5 \pm 1.0) \times 10^{-3}$	$S=2.4$	323
$4\pi^0$	$(3.0 \pm 1.0) \times 10^{-3}$		564
$\gamma\gamma$	$(1.50 \pm 0.08) \times 10^{-5}$		637
$\eta\pi\pi$	$< 9 \times 10^{-3}$	CL=95%	473
$K^0 K^-\pi^+ +$ c.c.	$< 3.4 \times 10^{-3}$	CL=95%	292
e^+e^-	$< 9 \times 10^{-9}$	CL=90%	637

$f_1(1285)$ (was $D(1285)$) — $I^G(J^{PC}) = 0^+(1^{++})$

Mass $m = 1282 \pm 5$ MeV [r]
Full width $\Gamma = 24 \pm 3$ MeV [r]

$f_1(1285)$ DECAY MODES	Fraction (Γ_i/Γ)	Scale factor/ Confidence level	p (MeV/c)
4π	$(38 \pm 4)\,\%$	$S=1.1$	563
$\quad\rho\pi\pi$	dominates 4π		342
$\eta\pi\pi$	$(50 \pm 5)\,\%$	$S=1.1$	478
$a_0(980)\pi$	$(37 \pm 7)\,\%$		235
$K\overline{K}\pi$	$(11.9 \pm 1.4)\,\%$	$S=1.1$	308
$\phi\gamma$	$(10 \pm 4) \times 10^{-4}$		236
$\gamma\gamma^*$	$(11 \pm 3) \times 10^{-5}$		–
$4\pi^0$	$< 7 \times 10^{-4}$	CL=90%	568
$K\overline{K}^*(892)$	not seen		–

$\eta(1295)$ (was $\eta(1275)$) — $I^G(J^{PC}) = 0^+(0^{-+})$

Mass $m = 1295 \pm 4$ MeV
Full width $\Gamma = 35 \pm 6$ MeV

$\eta(1295)$ DECAY MODES	Fraction (Γ_i/Γ)	p (MeV/c)
$\eta\pi^+\pi^-$	seen	487
$a_0(980)\pi$	seen	245

$\pi(1300)$ — $I^G(J^{PC}) = 1^-(0^{-+})$

Mass $m = 1300 \pm 100$ MeV [r]
Full width $\Gamma = 200$ to 600 MeV

$\pi(1300)$ DECAY MODES	Fraction (Γ_i/Γ)	p (MeV/c)
$\rho\pi$	seen	407
$\pi(\pi\pi)_{S\text{-wave}}$	seen	612

$a_2(1320)$ (was $A_2(1320)$) — $I^G(J^{PC}) = 1^-(2^{++})$

Mass m (3π and $K^\pm K^0_S$ modes) $= 1318.4 \pm 0.7$ MeV $(S = 1.1)$
Full width Γ ($K^\pm K^0_S$ mode) $= 110 \pm 5$ MeV [r]

$a_2(1320)$ DECAY MODES	Fraction (Γ_i/Γ)	Scale factor/ Confidence level	p (MeV/c)
$\rho\pi$	$(70.1 \pm 2.7)\,\%$	$S=1.2$	420
$\eta\pi$	$(14.5 \pm 1.2)\,\%$		534
$\omega\pi\pi$	$(10.6 \pm 3.2)\,\%$	$S=1.3$	362
$K\overline{K}$	$(4.9 \pm 0.8)\,\%$		437
$\pi^\pm\gamma$	$(2.7 \pm 0.6) \times 10^{-3}$		652
$\gamma\gamma$	$(8.2 \pm 1.0) \times 10^{-6}$		659
$\pi^+\pi^-\pi^-$	$< 8\,\%$	CL=90%	622
$\eta'(958)\pi$	$< 1.0\,\%$	CL=95%	287
e^+e^-	$< 2.3 \times 10^{-7}$	CL=90%	659

$\omega(1390)$ [g] — $I^G(J^{PC}) = 0^-(1^{--})$

Mass $m = 1391 \pm 18$ MeV
Full width $\Gamma = 224 \pm 49$ MeV

$\omega(1390)$ DECAY MODES	Fraction (Γ_i/Γ)	p (MeV/c)
$\rho\pi$	seen	470
$\omega\pi\pi$	seen	419

$f_0(1400)$ (was $\epsilon(1300)$) — $I^G(J^{PC}) = 0^+(0^{++})$

Mass $m \sim 1400$ MeV
Full width $\Gamma = 150$ to 400 MeV

$f_0(1400)$ DECAY MODES	Fraction (Γ_i/Γ)	p (MeV/c)
$\pi\pi$	$(93.6\,{}^{+1.9}_{-1.5})\,\%$	686
$K\overline{K}$	$(7.5 \pm 0.9)\,\%$	496
$\eta\eta$	seen	435
e^+e^-	not seen	700

$f_1(1420)$ [g] (was $E(1420)$) — $I^G(J^{PC}) = 0^+(1^{++})$

Mass $m = 1425.3 \pm 1.3$ MeV
Full width $\Gamma = 55.3 \pm 3.0$ MeV

$f_1(1420)$ DECAY MODES	Fraction (Γ_i/Γ)	p (MeV/c)
$K\overline{K}\pi$	dominant	437
$\eta\pi\pi$	possibly seen	570
$a_0(980)\pi$	possibly seen	354

$\eta(1440)$ [g] (was $\iota(1440)$) — $I^G(J^{PC}) = 0^+(0^{-+})$

Mass $m = 1440 \pm 20$ MeV [r]
Full width $\Gamma = 60 \pm 30$ MeV [r]

$\eta(1440)$ DECAY MODES	Fraction (Γ_i/Γ)	p (MeV/c)
$K\overline{K}\pi$	seen	449
$\eta\pi\pi$	seen	579
$a_0(980)\pi$	seen	365

$\rho(1450)$ [g] — $I^G(J^{PC}) = 1^+(1^{--})$

Mass $m = 1450 \pm 8$ MeV
Full width $\Gamma = 237 \pm 16$ MeV

$\rho(1450)$ DECAY MODES	Fraction (Γ_i/Γ)	p (MeV/c)
$\pi\pi$	seen	711
4π	seen	657
e^+e^-	seen	725
$\eta\rho$	$< 4\,\%$	300

$f_1(1510)$ (was $D(1530)$) — $I^G(J^{PC}) = 0^+(1^{++})$

Mass $m = 1512 \pm 4$ MeV
Full width $\Gamma = 35 \pm 15$ MeV

$f_1(1510)$ DECAY MODES	Fraction (Γ_i/Γ)	p (MeV/c)
$K\overline{K}^*(892) +$ c.c.	seen	292

Meson Summary Table

$f_2'(1525)$
was $f'(1525)$

$$I^G(J^{PC}) = 0^+(2^{++})$$

Mass $m = 1525 \pm 5$ MeV [f]
Full width $\Gamma = 76 \pm 10$ MeV [f]

$f_2'(1525)$ DECAY MODES	Fraction (Γ_i/Γ)	p (MeV/c)
$K\overline{K}$	$(71.3\ ^{+2.1}_{-2.5})\ \%$	581
$\eta\eta$	$(27.9\ ^{+2.5}_{-2.1})\ \%$	529
$\pi\pi$	$(8.2 \pm 1.6)\times 10^{-3}$	750
$\gamma\gamma$	$(1.27^{+0.28}_{-0.25})\times 10^{-6}$	763

$f_0(1590)$

$$I^G(J^{PC}) = 0^+(0^{++})$$

Seen by one group only.
Mass $m = 1587 \pm 11$ MeV
Full width $\Gamma = 175 \pm 19$ MeV   (S = 1.3)

$f_0(1590)$ DECAY MODES	Fraction (Γ_i/Γ)	p (MeV/c)
$\eta\eta'(958)$	dominant	241
$\eta\eta$	large	573
$4\pi^0$	large	735

$\omega(1600)$ [g]

$$I^G(J^{PC}) = 0^-(1^{--})$$

Mass $m = 1594 \pm 12$ MeV
Full width $\Gamma = 100 \pm 30$ MeV

$\omega(1600)$ DECAY MODES	Fraction (Γ_i/Γ)	p (MeV/c)
$\rho\pi$	seen	602
$\omega\pi\pi$	seen	564
e^+e^-	seen	797

$\omega_3(1670)$

$$I^G(J^{PC}) = 0^-(3^{--})$$

Mass $m = 1668 \pm 5$ MeV
Full width $\Gamma = 166 \pm 15$ MeV [f]

$\omega_3(1670)$ DECAY MODES	Fraction (Γ_i/Γ)	p (MeV/c)
$\rho\pi$	seen	648
$\omega\pi\pi$	seen	614
$b_1(1235)\pi$	possibly seen	358

$\pi_2(1670)$
was $A_3(1680)$

$$I^G(J^{PC}) = 1^-(2^{-+})$$

Mass $m = 1665 \pm 20$ MeV [f]
Full width $\Gamma = 250 \pm 20$ MeV [f]

$\pi_2(1670)$ DECAY MODES	Fraction (Γ_i/Γ)	Confidence level	p (MeV/c)
$f_2(1270)\pi$	$(56.2 \pm 3.2)\ \%$		322
$\rho\pi$	$(31 \pm 4)\ \%$		646
$f_0(1400)\pi$	$(8.7 \pm 3.4)\ \%$		207
$K\overline{K}^*(892)$ + c.c.	$(4.2 \pm 1.4)\ \%$		448
$\eta\pi$	$< 5\ \%$	90%	735
$\pi^\pm 2\pi^+2\pi^-$	$< 5\ \%$	90%	732

$\phi(1680)$

$$I^G(J^{PC}) = 0^-(1^{--})$$

Not a well-established resonance.
Mass $m = 1680 \pm 50$ MeV [f]
Full width $\Gamma = 150 \pm 50$ MeV [f]

$\phi(1680)$ DECAY MODES	Fraction (Γ_i/Γ)	p (MeV/c)
$K\overline{K}^*(892)$ + c.c.	dominant	462
$K\overline{K}$	seen	680
e^+e^-	seen	840
$\omega\pi\pi$	possibly seen	621

$\rho_3(1690)$
was $g(1690)$

$$I^G(J^{PC}) = 1^+(3^{--})$$

J^P from the 2π and $K\overline{K}$ modes.
Mass m (2π and $K\overline{K}$ modes) $= 1691 \pm 5$ MeV [f]
Full width Γ (2π and $K\overline{K}$ modes) $= 215 \pm 20$ MeV [f]

$\rho_3(1690)$ DECAY MODES	Fraction (Γ_i/Γ)	Scale factor	p (MeV/c)
4π	$(71.1 \pm 1.9)\ \%$		787
$\pi\pi$	$(23.6 \pm 1.3)\ \%$		834
$K\overline{K}\pi$	$(3.8 \pm 1.2)\ \%$		628
$K\overline{K}$	$(1.58 \pm 0.26)\ \%$	1.2	686
$\eta\pi^+\pi^-$	seen		728

$\rho(1700)$ [g]

$$I^G(J^{PC}) = 1^+(1^{--})$$

Mass $m = 1700 \pm 20$ MeV [f]
Full width $\Gamma = 235 \pm 50$ MeV [f]

$\rho(1700)$ DECAY MODES	Fraction (Γ_i/Γ)	p (MeV/c)
$\rho\pi\pi$	dominant	641
$\rho^0\pi^+\pi^-$	large	641
$\rho^\pm\pi^\mp\pi^0$	large	642
$2(\pi^+\pi^-)$	large	792
$\pi^+\pi^-$	seen	838
$K\overline{K}^*(892)$ + c.c.	seen	479
$\eta\rho$	seen	533
$K\overline{K}$	seen	692
e^+e^-	seen	850

$f_2(1720)$
was $\theta(1690)$

$$I^G(J^{PC}) = 0^+(2^{++})$$
J needs confirmation.

Mass $m = 1713.2^{+1.9}_{-4.5}$ MeV
Full width $\Gamma = 138^{+12}_{-9}$ MeV

$f_2(1720)$ DECAY MODES	Fraction (Γ_i/Γ)	p (MeV/c)
$K\overline{K}$	$(38\ ^{+9}_{-19})\ \%$	700
$\eta\eta$	$(18.0\ ^{+3.0}_{-13.0})\ \%$	658
$\pi\pi$	$(3.90^{+0.20}_{-2.40})\ \%$	845
$\rho\rho$	possibly seen	379

$\phi_3(1850)$
was $X(1850)$
was $\phi_J(1850)$

$$I^G(J^{PC}) = 0^-(3^{--})$$

Mass $m = 1854 \pm 7$ MeV
Full width $\Gamma = 87^{+28}_{-23}$ MeV   (S = 1.2)

$\phi_3(1850)$ DECAY MODES	Fraction (Γ_i/Γ)	p (MeV/c)
$K\overline{K}$	seen	785
$K\overline{K}^*(892)$ + c.c.	seen	602

Meson Summary Table

$f_2(2010)$
was $g_T(2010)$

$I^G(J^{PC}) = 0^+(2^{++})$

Seen by one group only.

Mass $m = 2011^{+62}_{-76}$ MeV

Full width $\Gamma = 202^{+67}_{-62}$ MeV

$f_2(2010)$ DECAY MODES	Fraction (Γ_i/Γ)	p (MeV/c)
$\phi\phi$	seen	–

$f_4(2050)$
was $h(2030)$

$I^G(J^{PC}) = 0^+(4^{++})$

Mass $m = 2049 \pm 10$ MeV   (S = 1.2)

Full width $\Gamma = 203 \pm 12$ MeV

$f_4(2050)$ DECAY MODES	Fraction (Γ_i/Γ)	p (MeV/c)
$\omega\omega$	(25 ± 6) %	662
$\pi\pi$	(17.0 ± 1.5) %	1015
$K\overline{K}$	$(6.8^{+3.4}_{-1.8}) \times 10^{-3}$	898
$\eta\eta$	$(2.1 \pm 0.8) \times 10^{-3}$	865
$4\pi^0$	< 1.2 %	980

$f_2(2300)$
was $g'_T(2300)$

$I^G(J^{PC}) = 0^+(2^{++})$

Mass $m = 2297 \pm 28$ MeV

Full width $\Gamma = 149 \pm 41$ MeV

$f_2(2300)$ DECAY MODES	Fraction (Γ_i/Γ)	p (MeV/c)
$\phi\phi$	seen	529

$f_2(2340)$
was $g''_T(2340)$

$I^G(J^{PC}) = 0^+(2^{++})$

Mass $m = 2339 \pm 55$ MeV

Full width $\Gamma = 319^{+81}_{-69}$ MeV

$f_2(2340)$ DECAY MODES	Fraction (Γ_i/Γ)	p (MeV/c)
$\phi\phi$	seen	573

STRANGE MESONS
$(S = \pm 1, C = B = 0)$
$K^+ = u\overline{s}$, $K^0 = d\overline{s}$, $\overline{K}^0 = \overline{d}s$, $K^- = \overline{u}s$,   similarly for K^*'s

$K^\pm$

$I(J^P) = \frac{1}{2}(0^-)$

Mass $m = 493.646 \pm 0.009$ MeV

Mean life $\tau = (1.2371 \pm 0.0029) \times 10^{-8}$ s   (S = 2.2)

$c\tau = 370.9$ cm

Slope parameter g [h]

(See Full Listings for quadratic coefficients)

$K^+ \to \pi^+\pi^+\pi^- = -0.2154 \pm 0.0035$ (S = 1.4)

$K^- \to \pi^-\pi^-\pi^+ = -0.217 \pm 0.007$ (S = 2.5)

$K^\pm \to \pi^\pm\pi^0\pi^0 = 0.594 \pm 0.019$ (S = 1.3)

$K_{\ell 3}$ form factors [i]

$K^+_{\mu 3}$ $\lambda_+ = 0.033 \pm 0.008$ (S = 1.6)

$K^+_{\mu 3}$ $\lambda_0 = 0.004 \pm 0.007$ (S = 1.6)

$K^+_{e 3}$ $\lambda_+ = 0.028 \pm 0.004$

$K^+_{e 3}$ $|f_S/f_+| = 0.12^{+0.04}_{-0.05}$ (S = 1.3)

$K^+_{e 3}$ $|f_T/f_+| = 0.22^{+0.15}_{-0.13}$

$K^+_{\mu 3}$ $|f_T/f_+| = 0.02 \pm 0.12$

K^- modes are charge conjugates of the modes below.

K^+ DECAY MODES		Fraction (Γ_i/Γ)	Scale factor/ Confidence level	p (MeV/c)
$\mu^+ \nu_\mu$		(63.51 ± 0.19) %	S=1.2	236
$e^+ \nu_e$		$(1.55 \pm 0.07) \times 10^{-5}$		247
$\pi^+ \pi^0$		(21.17 ± 0.16) %	S=1.1	205
$\pi^+ \pi^+ \pi^-$		(5.59 ± 0.05) %	S=2.0	125
$\pi^+ \pi^0 \pi^0$		(1.73 ± 0.04) %	S=1.2	133
$\pi^0 \mu^+ \nu_\mu$		(3.18 ± 0.08) %	S=1.6	215
Called $K_{\mu 3}$.				
$\pi^0 e^+ \nu_e$		(4.82 ± 0.06) %	S=1.3	228
Called $K_{e 3}$.				
$\pi^0 \pi^0 e^+ \nu_e$		$(2.1 \pm 0.4) \times 10^{-5}$		206
$\pi^+ \pi^- e^+ \nu_e$		$(3.91 \pm 0.17) \times 10^{-5}$		203
$\pi^+ \pi^- \mu^+ \nu_\mu$		$(1.4 \pm 0.9) \times 10^{-5}$		151
$\pi^+ \gamma\gamma$	[j]	$< 8.4 \times 10^{-6}$	CL=90%	227
$\pi^+ 3\gamma$	[j]	$< 1.0 \times 10^{-4}$	CL=90%	227
$e^+ \nu_e \nu\overline{\nu}$		$< 6 \times 10^{-5}$	CL=90%	247
$\mu^+ \nu_\mu \nu\overline{\nu}$		$< 6.0 \times 10^{-6}$	CL=90%	236
$\mu^+ \nu_\mu e^+ e^-$		$(1.06 \pm 0.32) \times 10^{-6}$		236
$e^+ \nu_e e^+ e^-$		$(2.1^{+2.1}_{-1.1}) \times 10^{-7}$		247
$\mu^+ \nu_\mu \mu^+ \mu^-$		$< 4.1 \times 10^{-7}$	CL=90%	185
$\mu^+ \nu_\mu \gamma$	[j,k]	$(5.46 \pm 0.28) \times 10^{-3}$		236
$\mu^+ \nu_\mu \gamma$ (SD$^+$)	[l,m]	$< 3.0 \times 10^{-5}$	CL=90%	236
$\mu^+ \nu_\mu \gamma$ (SD$^+$INT)	[l,m]	$< 2.7 \times 10^{-5}$	CL=90%	236
$\mu^+ \nu_\mu \gamma$ (SD$^-$ + SD$^-$INT)	[l,m]	$< 2.6 \times 10^{-4}$	CL=90%	236
$e^+ \nu_e \gamma$ (SD$^+$)	[l,m]	$(1.52 \pm 0.23) \times 10^{-5}$		247
$e^+ \nu_e \gamma$ (SD$^-$)	[l,m]	$< 1.6 \times 10^{-4}$	CL=90%	247
$\pi^+ \pi^0 \gamma$	[j,k]	$(2.75 \pm 0.15) \times 10^{-4}$		205
$\pi^+ \pi^0 \gamma$ (DE)	[j,n]	$(1.8 \pm 0.4) \times 10^{-5}$		205
$\pi^+ \pi^+ \pi^- \gamma$	[j,k]	$(1.0 \pm 0.4) \times 10^{-4}$		125
$\pi^+ \pi^0 \pi^0 \gamma$	[j,k]	$(7.4^{+5.5}_{-2.9}) \times 10^{-6}$		133
$\pi^0 \mu^+ \nu_\mu \gamma$	[j,k]	$< 6.1 \times 10^{-5}$	CL=90%	215
$\pi^0 e^+ \nu_e \gamma$	[j,k]	$(2.72 \pm 0.19) \times 10^{-4}$		228
$\pi^0 e^+ \nu_e \gamma$ (SD)	[l,m]	$< 5.3 \times 10^{-5}$	CL=90%	228

$\Delta S = \Delta Q$ (SQ), Lepton number (L), Lepton Family number (LF) violating modes or Flavor-Changing neutral current (FC) modes

		Fraction (Γ_i/Γ)	Scale factor/ Confidence level	p (MeV/c)
$\pi^+ \pi^+ e^- \overline{\nu}_e$	SQ	$< 1.2 \times 10^{-8}$	CL=90%	203
$\pi^+ \pi^+ \mu^- \overline{\nu}_\mu$	SQ	$< 3.0 \times 10^{-6}$	CL=95%	151
$\pi^+ e^+ e^-$	FC	$(2.7 \pm 0.5) \times 10^{-7}$		227
$\pi^+ \mu^+ \mu^-$	FC	$< 2.3 \times 10^{-7}$	CL=90%	172
$\pi^+ \nu\overline{\nu}$	FC	$< 3.4 \times 10^{-8}$	CL=90%	227
$\mu^- \nu e^+ e^+$	LF	$< 2.0 \times 10^{-8}$	CL=90%	236
$\mu^+ \nu_e$	LF	$< 4 \times 10^{-3}$	CL=90%	236
$\pi^+ \mu^+ e^-$	LF	$< 2.1 \times 10^{-10}$	CL=90%	214
$\pi^\pm \mu^\mp e^+$	LF,L [o]	$< 7 \times 10^{-9}$	CL=90%	214
$\pi^- e^+ e^+$	L	$< 1.0 \times 10^{-8}$	CL=90%	227
$\mu^+ \overline{\nu}_e$	L	$< 3.3 \times 10^{-3}$	CL=90%	236
$\pi^0 e^+ \overline{\nu}_e$	L	$< 3 \times 10^{-3}$	CL=90%	228

K^0

$I(J^P) = \frac{1}{2}(0^-)$

50% K_S, 50% K_L

Mass $m = 497.671 \pm 0.031$ MeV

$m_{K^0} - m_{K^\pm} = 4.024 \pm 0.032$ MeV

K^0_S

$I(J^P) = \frac{1}{2}(0^-)$

Mean life $\tau = (0.8922 \pm 0.0020) \times 10^{-10}$ s

$c\tau = 2.675$ cm

CP-violation parameters [p]

$|\eta_{+-0}|^2 < 0.12$, CL = 90%

$|\eta_{000}|^2 < 0.1$, CL = 90%

K^0_S DECAY MODES		Fraction (Γ_i/Γ)	Scale factor/ Confidence level	p (MeV/c)
$\pi^+ \pi^-$		(68.61 ± 0.28) %	S=1.2	206
$\pi^0 \pi^0$		(31.39 ± 0.28) %	S=1.2	209
$\pi^+ \pi^- \gamma$	[j,k]	$(1.85 \pm 0.10) \times 10^{-3}$		206
$\gamma\gamma$		$(2.4 \pm 1.2) \times 10^{-6}$		249
$\pi^+ \pi^- \pi^0$		$< 4.9 \times 10^{-5}$	CL=90%	133
$3\pi^0$		$< 3.7 \times 10^{-5}$	CL=90%	139

Meson Summary Table

Left column

Flavor-Changing neutral current (FC) modes

$\mu^+\mu^-$	FC	< 3.2	$\times 10^{-7}$	CL=90%	225
e^+e^-	FC	< 1.0	$\times 10^{-5}$	CL=90%	249
$\pi^0 e^+e^-$	FC	< 4.5	$\times 10^{-5}$	CL=90%	231

K_L^0 $I(J^P) = \frac{1}{2}(0^-)$

$$m_{K_L} - m_{K_S} = (0.5351 \pm 0.0024) \times 10^{10} \ \hbar \ s^{-1}$$
$$= (3.522 \pm 0.016) \times 10^{-12} \ \text{MeV}$$

Mean life $\tau = (5.17 \pm 0.04) \times 10^{-8}$ s

$c\tau = 1550$ cm

Slope parameter g [h]

(See Full Listings for quadratic coefficients)
$$K_L^0 \rightarrow \pi^+\pi^-\pi^0 = 0.670 \pm 0.014 \quad (S = 1.6)$$

$K_{\ell 3}$ form factors [m]

$K_{\mu 3}^0$ $\lambda_+ = 0.034 \pm 0.005$ $(S = 2.3)$

$K_{\mu 3}^0$ $\lambda_0 = 0.025 \pm 0.006$ $(S = 2.3)$

K_{e3}^0 $\lambda_+ = 0.0300 \pm 0.0016$ $(S = 1.2)$

K_{e3}^0 $|f_S/f_+| < 0.04$, CL = 68%

K_{e3}^0 $|f_T/f_+| < 0.23$, CL = 68%

$K_{\mu 3}^0$ $|f_T/f_+| = 0.12 \pm 0.12$

CP-violation parameters [p]

$\delta = (0.327 \pm 0.012)\%$

$|\eta_{00}| = (2.253 \pm 0.024) \times 10^{-3}$ $(S = 1.1)$

$|\eta_{+-}| = (2.268 \pm 0.023) \times 10^{-3}$ $(S = 1.1)$

$|\eta_{00}/\eta_{+-}| = 0.9935 \pm 0.0032$ $(S = 1.3)$

$\epsilon'/\epsilon = (2.2 \pm 1.1) \times 10^{-3}$ [q] $(S = 1.3)$

$\phi_{+-} = (46.0 \pm 1.2)°$

$\phi_{00} = (48.5 \pm 3.1)°$ $(S = 1.3)$

$\Delta S = -\Delta Q$ in $K_{\ell 3}^0$ decay

Re $x = 0.006 \pm 0.018$ $(S = 1.3)$

Im $x = -0.003 \pm 0.026$ $(S = 1.2)$

K_L^0 DECAY MODES	Fraction (Γ_i/Γ)	Scale factor/ Confidence level	p (MeV/c)
$3\pi^0$	$(21.6 \pm 0.8)\%$	S=1.5	139
$\pi^+\pi^-\pi^0$	$(12.38 \pm 0.21)\%$	S=1.5	133
$\pi^\pm \mu^\mp \nu$ Called $K_{\mu 3}$.	[o] $(27.0 \pm 0.4)\%$	S=1.3	216
$\pi^\pm e^\mp \nu$ Called K_{e3}.	[o] $(38.7 \pm 0.5)\%$	S=1.4	229
2γ	$(5.70 \pm 0.27) \times 10^{-4}$	S=1.9	249
$\pi^0 2\gamma$	$< 2.7 \times 10^{-6}$	CL=90%	231
$\pi^0 \pi^\pm e^\mp \nu$	[o] $(6.2 \pm 2.0) \times 10^{-5}$		207
$(\pi\mu \text{ atom}) \nu$	$(1.05 \pm 0.11) \times 10^{-7}$		216
$\pi^\pm e^\mp \nu_e \gamma$	[j,k] $(1.3 \pm 0.8)\%$		229
$\pi^+\pi^-\gamma$	[j,k] $(4.41 \pm 0.32) \times 10^{-5}$		206

Charge conjugation × Parity (CP) or Lepton Family number (LF) violating modes, or Flavor-Changing neutral current (FC) modes

$\pi^+\pi^-$	CP	$(2.03 \pm 0.04) \times 10^{-3}$	S=1.2	206
$\pi^0\pi^0$	CP	$(9.09 \pm 0.35) \times 10^{-4}$	S=1.8	209
$e^\pm \mu^\mp$	LF	[o] $< 2.2 \times 10^{-10}$	CL=90%	238
$\mu^+\mu^-$	FC	$(6.3 \pm 1.1) \times 10^{-9}$		225
$\mu^+\mu^-\gamma$	FC	$(2.8 \pm 2.8) \times 10^{-7}$		225
$\pi^0\mu^+\mu^-$	FC	$< 1.2 \times 10^{-6}$	CL=90%	177
e^+e^-	FC	$< 3.2 \times 10^{-10}$	CL=90%	249
$e^+e^-\gamma$	FC	$(1.7 \pm 0.9) \times 10^{-5}$		249
$\pi^0 e^+e^-$	FC	$< 4 \times 10^{-8}$	CL=90%	231
$\pi^+\pi^- e^+e^-$	FC	$< 2.5 \times 10^{-6}$	CL=90%	206
$\mu^+\mu^- e^+e^-$	FC	$< 4.9 \times 10^{-6}$	CL=90%	225
$e^+e^- e^+e^-$	FC	$< 2.6 \times 10^{-6}$	CL=90%	249

Right column

$K^*(892)$ $I(J^P) = \frac{1}{2}(1^-)$

Mass $m = 891.83 \pm 0.24$ MeV   (Charged mode only)

Mass $m(K^*(892)^0) = 896.10 \pm 0.28$ MeV   (S = 1.4)

Full width $\Gamma = 49.8 \pm 0.8$ MeV   (Charged mode only)

$K^*(892)$ DECAY MODES	Fraction (Γ_i/Γ)	Confidence level	p (MeV/c)
$K\pi$	$\sim 100\ \%$		288
$K^0\gamma$	$(2.30 \pm 0.20) \times 10^{-3}$		310
$K^\pm \gamma$	$(1.01 \pm 0.09) \times 10^{-3}$		309
$K\pi\pi$	$< 7 \times 10^{-4}$	95%	216

$K_1(1270)$ was $Q(1280)$ $I(J^P) = \frac{1}{2}(1^+)$

Mass $m = 1270 \pm 10$ MeV [f]

Full width $\Gamma = 90 \pm 20$ MeV [f]

$K_1(1270)$ DECAY MODES	Fraction (Γ_i/Γ)	p (MeV/c)
$K\rho$	$(42 \pm 6)\%$	70
$K_0^*(1430)\pi$	$(28 \pm 4)\%$	−
$K^*(892)\pi$	$(16 \pm 5)\%$	299
$K\omega$	$(11.0 \pm 2.0)\%$	−
$K f_0(1400)$	$(3.0 \pm 2.0)\%$	−

$K^*(1370)$ was $K^*(1410)$ $I(J^P) = \frac{1}{2}(1^-)$

Mass $m = 1367 \pm 54$ MeV

Full width $\Gamma = 114 \pm 101$ MeV

$K^*(1370)$ DECAY MODES	Fraction (Γ_i/Γ)	Confidence level	p (MeV/c)
$K^*(892)\pi$	$> 40\ \%$	95%	375
$K\pi$	$(6.6 \pm 1.3)\%$		585
$K\rho$	$< 7\ \%$	95%	257

$K_1(1400)$ was $Q(1400)$ $I(J^P) = \frac{1}{2}(1^+)$

Mass $m = 1402 \pm 7$ MeV

Full width $\Gamma = 174 \pm 13$ MeV   (S = 1.6)

$K_1(1400)$ DECAY MODES	Fraction (Γ_i/Γ)	p (MeV/c)
$K^*(892)\pi$	$(94 \pm 6)\%$	401
$K\rho$	$(3.0 \pm 3.0)\%$	299
$K f_0(1400)$	$(2.0 \pm 2.0)\%$	−
$K\omega$	$(1.0 \pm 1.0)\%$	285

$K_0^*(1430)$ was $K_0^*(1350)$ was $\kappa(1350)$ $I(J^P) = \frac{1}{2}(0^+)$

Mass $m = 1429 \pm 6$ MeV

Full width $\Gamma = 287 \pm 23$ MeV

$K_0^*(1430)$ DECAY MODES	Fraction (Γ_i/Γ)	p (MeV/c)
$K\pi$	$(93 \pm 10)\%$	621

$K_2^*(1430)$ was $K^*(1430)$ $I(J^P) = \frac{1}{2}(2^+)$

Mass $m = 1425.4 \pm 1.3$ MeV   (S = 1.1)

Full width $\Gamma = 98.4 \pm 2.3$ MeV

The above mass and width are from the charged mode; $m^0 = 1432.4 \pm 1.3$.

$K_2^*(1430)$ DECAY MODES	Fraction (Γ_i/Γ)	Scale factor/ Confidence level	p (MeV/c)
$K\pi$	$(49.7 \pm 1.2)\%$		619
$K^*(892)\pi$	$(25.2 \pm 1.7)\%$		419
$K^*(892)\pi\pi$	$(13.0 \pm 2.3)\%$		369
$K\rho$	$(8.8 \pm 0.8)\%$	S=1.2	325

Meson Summary Table

			p (MeV/c)
$K\omega$	(2.9 ± 0.8) %		311
$K^+\gamma$	$(2.4\pm0.5)\times 10^{-3}$		627
$K\eta$	$(1.4^{+2.8}_{-0.9})\times 10^{-3}$	S=1.1	486
$K\omega\pi$	$< 7.2 \quad\times 10^{-4}$	CL=95%	102
$K^0\gamma$	$< 9 \quad\times 10^{-4}$	CL=90%	630

$K^*(1680)$ was $K^*(1790)$ $I(J^P) = \frac{1}{2}(1^-)$

Mass $m = 1678 \pm 64$ MeV
Full width $\Gamma = 454 \pm 270$ MeV

$K^*(1680)$ DECAY MODES	Fraction (Γ_i/Γ)	p (MeV/c)
$K\pi$	(38.7 ± 2.5) %	759
$K\rho$	$(31.4^{+4.7}_{-2.1})$ %	546
$K^*(892)\pi$	$(29.9^{+2.2}_{-4.7})$ %	592

$K_2(1770)$ [g] was $L(1770)$ $I(J^P) = \frac{1}{2}(2^-)$

Mass $m = 1768 \pm 14$ MeV   (S = 1.6)
Full width $\Gamma = 136 \pm 18$ MeV   (S = 1.2)

$K_2(1770)$ DECAY MODES	Fraction (Γ_i/Γ)	p (MeV/c)
$K_2^*(1430)\pi$	dominant	282
$K^*(892)\pi$	seen	650
$K f_2(1270)$	seen	16
$K\phi$	seen	437
$K\omega$	seen	604

$K_3^*(1780)$ was $K^*(1780)$ $I(J^P) = \frac{1}{2}(3^-)$

Mass $m = 1774 \pm 8$ MeV   (S = 1.2)
Full width $\Gamma = 164 \pm 17$ MeV   (S = 1.1)

$K_3^*(1780)$ DECAY MODES	Fraction (Γ_i/Γ)	Scale factor/ Confidence level	p (MeV/c)
$K\rho$	(45 ± 4) %	S=1.4	616
$K^*(892)\pi$	(27.3 ± 3.2) %	S=1.5	654
$K\pi$	(19.3 ± 1.0) %		812
$K\eta$	(8.0 ± 1.5) %	S=1.4	717
$K_2^*(1430)\pi$	$< 21 \quad$ %	CL=95%	288

$K_4^*(2045)$ was $K^*(2060)$ $I(J^P) = \frac{1}{2}(4^+)$

Mass $m = 2045 \pm 9$ MeV   (S = 1.1)
Full width $\Gamma = 198 \pm 30$ MeV

$K_4^*(2045)$ DECAY MODES	Fraction (Γ_i/Γ)	p (MeV/c)
$K\pi$	(9.9 ± 1.2) %	958
$K^*(892)\pi\pi$	(9 ± 5) %	800
$K^*(892)\pi\pi\pi$	(7 ± 5) %	764
$\rho K\pi$	(5.7 ± 3.2) %	743
$\omega K\pi$	(4.9 ± 3.0) %	736
$\phi K\pi$	(2.8 ± 1.4) %	591
$\phi K^*(892)$	(1.4 ± 0.7) %	363

CHARMED MESONS ($C = \pm 1$)

$$D^+ = c\overline{d}, \quad D^0 = c\overline{u}, \quad \overline{D}^0 = \overline{c}u, \quad D^- = \overline{c}d, \quad \text{similarly for } D^{*}\text{'s}$$

$D^\pm$ $I(J^P) = \frac{1}{2}(0^-)$

Mass $m = 1869.3 \pm 0.4$ MeV
Mean life $\tau = (10.62 \pm 0.28)\times 10^{-13}$ s
$c\tau = 0.0318$ cm

D^- modes are charge conjugates of the modes below.

D^+ DECAY MODES	Fraction (Γ_i/Γ)	Scale factor/ Confidence level	p (MeV/c)
Inclusive modes			
e^+ anything	$(19.2^{+1.7}_{-1.4})$ %		–
K^- anything	(16.2 ± 3.5) %		–
K^+ anything	(6.6 ± 2.8) %		–
K^0 any + $\overline{K}^0$ any	(48 ± 15) %		–
η anything	$[r] < 13 \quad$ %	CL=90%	–
Leptonic and semileptonic modes			
$\mu^+\nu_\mu$	$< 7.2 \quad\times 10^{-4}$	CL=90%	932
$K^-\pi^+ e^+\nu_e$	$< 5.7 \quad$ %	CL=90%	863
$\overline{K}^*(892)^0 e^+\nu_e$	(2.5 ± 0.5) %		720
$\quad \times B(\overline{K}^*(892)^0 \to K^-\pi^+)$			
$K^-\pi^+ e^+\nu_e$ (non-resonant)	$< 7 \quad\times 10^{-3}$	CL=90%	863
$\overline{K}^0\pi^+\pi^- e^+\nu_e$	$(2.2^{+5.0}_{-0.7})$ %		844
$K^-\pi^+\pi^0 e^+\nu_e$	$(4.4^{+5.2}_{-1.5})$ %		846
$\pi^+\pi^- e^+\nu_e$	$< 5.7 \quad$ %	CL=90%	924

A fraction of the following mode has already appeared above.

$\overline{K}^*(892)^0 e^+\nu_e$	(3.8 ± 0.7) %		720

D^+ DECAY MODES	Fraction (Γ_i/Γ)	Scale factor/ Confidence level	p (MeV/c)
Hadronic modes with one K			
$\overline{K}^0\pi^+$	(2.8 ± 0.4) %	S=1.1	862
$\overline{K}^0\pi^+\pi^0$	(8.3 ± 1.9) %		845
$\overline{K}^*(892)^0\pi^+$	(0.6 ± 0.3) %		712
$\quad \times B(\overline{K}^*(892)^0 \to \overline{K}^0\pi^0)$			
$\overline{K}^0\rho^+$	(6.6 ± 1.7) %		681
$\overline{K}^0\pi^+\pi^0$ (non-resonant)	$(1.2^{+1.0}_{-0.7})$ %		845
$K^-\pi^+\pi^+$	(7.7 ± 1.0) %	S=1.2	845
$\overline{K}^*(892)^0\pi^+$	(1.1 ± 0.5) %		712
$\quad \times B(\overline{K}^*(892)^0 \to K^-\pi^+)$			
$K^-\pi^+\pi^+$ (non-resonant)	(6.6 ± 1.1) %	S=1.2	845
$\overline{K}^0\pi^+\pi^+\pi^-$	(7.0 ± 1.5) %	S=1.2	814
$K^-\pi^+\pi^+\pi^0$	(4.2 ± 1.0) %	S=1.1	816
$\overline{K}^0\pi^+\pi^+\pi^-\pi^0$	$(4.4^{+5.2}_{-1.5})$ %		773
$K^-\pi^+\pi^+\pi^0\pi^0$	$(2.2^{+5.0}_{-0.9})$ %		775
$K^-\pi^+\pi^+\pi^+\pi^-$	$< 5 \quad$ %	CL=90%	772

A fraction of the following mode has already appeared above.

$\overline{K}^*(892)^0\pi^+$	(1.7 ± 0.8) %		712

D^+ DECAY MODES	Fraction (Γ_i/Γ)	Scale factor/ Confidence level	p (MeV/c)
Pionic modes			
$\pi^+\pi^0$	$< 5.3 \quad\times 10^{-3}$	CL=90%	925
$\pi^+\pi^+\pi^-$	$(2.8\pm 0.7)\times 10^{-3}$		908
$\rho^0\pi^+$	$< 1.2 \quad\times 10^{-3}$	CL=90%	769
$\pi^+\pi^+\pi^-$ (non-resonant)	$(2.1\pm 0.6)\times 10^{-3}$		908
$\pi^+\pi^+\pi^-\pi^0$	$< 3.1 \quad$ %	CL=90%	883
$\eta\pi^+ \times B(\eta \to \pi^+\pi^-\pi^0)$	$< 2.1 \quad\times 10^{-3}$	CL=90%	848
$\omega\pi^+ \times B(\omega \to \pi^+\pi^-\pi^0)$	$< 5 \quad\times 10^{-3}$	CL=90%	764
$\pi^+\pi^+\pi^+\pi^-\pi^-$	$< 1.5 \quad\times 10^{-3}$	CL=90%	845
$\pi^+\pi^+\pi^+\pi^-\pi^-\pi^0$	seen		799

Fractions of the following modes have already appeared above.

$\eta\pi^+$	$< 9 \quad\times 10^{-3}$	CL=90%	848
$\omega\pi^+$	$< 6 \quad\times 10^{-3}$	CL=90%	764

Meson Summary Table

Hadronic modes with two K's

Mode	Fraction	Scale factor/CL	p (MeV/c)
$\overline{K}^0 K^+$	$(8.4\pm 2.7)\times 10^{-3}$		792
$K^+ K^- \pi^+$	$(9.6\pm 1.6)\times 10^{-3}$	S=1.2	744
$\quad \phi\pi^+ \times B(\phi\to K^+K^-)$	$(2.9\pm 0.6)\times 10^{-3}$		647
$\quad \overline{K}^*(892)^0 K^+$	$(2.9\pm 0.7)\times 10^{-3}$		610
$\qquad \times B(\overline{K}^*(892)^0 \to K^-\pi^+)$			
$\quad K^+ K^- \pi^+$ (non-resonant)	$(3.9\pm 0.9)\times 10^{-3}$	S=1.1	744
$\phi\pi^+\pi^0 \times B(\phi\to K^+K^-)$	< 1.1 %	CL=90%	619
$K^+ K^- \pi^+\pi^0$ (non-ϕ)	< 1.9 %	CL=90%	682
$K^+ K^- \pi^+\pi^+\pi^-$ (non-res.)	< 3 %	CL=90%	600
$\phi\pi^+\pi^+\pi^- \times B(\phi\to K^+K^-)$	< 1 $\times 10^{-3}$	CL=90%	566

Fractions of the following modes have already appeared above.

Mode	Fraction	Scale factor/CL	p (MeV/c)
$\phi\pi^+$	$(5.7\pm 1.1)\times 10^{-3}$	S=1.1	647
$\overline{K}^*(892)^0 K^+$	$(4.3\pm 1.0)\times 10^{-3}$	S=1.1	610
$\phi\pi^+\pi^0$	< 2.2 %	CL=90%	619
$\phi\pi^+\pi^+\pi^-$	< 2 $\times 10^{-3}$	CL=90%	566

Lepton Family number (LF) violating, Flavor-Changing neutral current (FC), or Doubly Cabibbo suppressed (DC) modes

Mode		Fraction	Scale factor/CL	p (MeV/c)
$\pi^+ e^\pm \mu^\mp$	LF	< 3.8 $\times 10^{-3}$	CL=90%	926
$\pi^+ e^+ e^-$	FC	< 2.6 $\times 10^{-3}$	CL=90%	929
$\pi^+ \mu^+ \mu^-$	FC	< 2.9 $\times 10^{-3}$	CL=90%	917
$K^+\pi^+\pi^-$	DC	< 4 $\times 10^{-3}$	CL=90%	845

D^0 $I(J^P) = \tfrac{1}{2}(0^-)$

Mass $m = 1864.5 \pm 0.5$ MeV
$m_{D_1^0} - m_{D_2^0} < 1.3\times 10^{-4}$ eV, CL = 90% [s]
$m_{D^\pm} - m_{D^0} = 4.77 \pm 0.27$ MeV
Mean life $\tau = (4.21 \pm 0.10)\times 10^{-13}$ s
$\quad c\tau = 0.0126$ cm
$|\tau_{D_1^0}/\tau_{D_2^0}| < 0.17$, CL = 90% [s]
$\Gamma(K^+\pi^-\ (\text{via }\overline{D}^0))/\Gamma(K^-\pi^+) < 0.0037$, CL = 90%
$\Gamma(\mu^-\ \text{anything (via }\overline{D}^0))/\Gamma(\mu^+\ \text{anything}) < 5.6 \times 10^{-3}$, CL = 90%

$\overline{D}^0$ modes are charge conjugates of the modes below.

D^0 DECAY MODES	Fraction (Γ_i/Γ)	Scale factor/ Confidence level	p (MeV/c)
Inclusive modes			
e^+ anything	(7.7 ± 1.2) %	S=1.1	—
K^- anything	(43 ± 5) %		—
K^+ anything	$(6.4 ^{+2.6}_{-1.7})$ %		—
K^0 any + $\overline{K}^0$ any	(33 ± 10) %		—
η anything	[r] < 13 %	CL=90%	—
Semileptonic modes			
$K^- e^+ \nu_e$	(3.4 ± 0.4) %		867
$\pi^- e^+ \nu_e$	$(3.9 ^{+2.3}_{-1.2})\times 10^{-3}$		927
$K^-\pi^0(\pi^0)e^+\nu_e$	$(2.3 ^{+5.0}_{-0.6})$ %		861
$\overline{K}^0\pi^-\pi^-(\pi^0)e^+\nu_e$	$(7.9 ^{+6.9}_{-2.4})\times 10^{-3}$		842
Hadronic modes with one or three K's			
$\overline{K}^0\pi^0$	(2.7 ± 1.2) %		860
$K^-\pi^+$	(3.71 ± 0.25) %	S=1.1	861
$\overline{K}^0\pi^+\pi^-$	(5.3 ± 0.5) %	S=1.1	842
$\quad \overline{K}^0\rho^0$	$(4.3 ^{+3.1}_{-1.9})\times 10^{-3}$		677
$\quad K^*(892)^-\pi^+$	(3.1 ± 0.4) %		711
$\qquad \times B(K^*(892)^- \to \overline{K}^0\pi^-)$			
$\quad \overline{K}^0\pi^+\pi^-$ (non-resonant)	(1.8 ± 0.5) %		842
$K^-\pi^+\pi^0$	(11.9 ± 1.2) %		844
$\quad K^-\rho^+$	(7.8 ± 1.1) %	S=1.1	679
$\quad K^*(892)^-\pi^+$	(1.5 ± 0.2) %		711
$\qquad \times B(K^*(892)^- \to K^-\pi^0)$			
$\quad \overline{K}^*(892)^0\pi^0$	(1.3 ± 0.4) %		709
$\qquad \times B(\overline{K}^*(892)^0 \to K^-\pi^+)$			
$\quad K^-\pi^+\pi^0$ (non-resonant)	(1.2 ± 0.6) %	S=1.2	844
$K^-\pi^+\pi^+\pi^-$	[t] (7.8 ± 0.6) %	S=1.1	812
$\quad K^-\pi^+\pi^+\pi^-$ non-resonant	(1.9 ± 0.5) %		812
$\quad K^-\pi^+\rho^0$ 3-body	$(7 \pm 4)\times 10^{-3}$		613
$\quad \overline{K}^*(892)^0\pi^+\pi^-$ 3-body	(1.1 ± 0.4) %		683
$\qquad \times B(\overline{K}^*(892)^0 \to K^-\pi^+)$			
$\quad \overline{K}^*(892)^0\rho^0$	(1.1 ± 0.4) %		419
$\qquad \times B(\overline{K}^*(892)^0 \to K^-\pi^+)$			
$\quad K^- a_1(1260)^+$	(3.8 ± 0.8) %		—
$\qquad \times B(a_1(1260)^+ \to \pi^+\pi^+\pi^-)$			
$\quad K_1(1270)^-\pi^+$	(0.5 ± 0.3) %		—
$\qquad \times B(K_1(1270)^- \to K^-\pi^+\pi^-)$			
$K^-\pi^+\pi^0\pi^0$	(15 ± 5) %		815
$\overline{K}^0\pi^+\pi^-\pi^0(\pi^0)$			—
$\quad \overline{K}^0\omega \times B(\omega\to \pi^+\pi^-\pi^0)$	(3.3 ± 1.3) %		—
$K^-\pi^+\pi^+\pi^-\pi^0$	$(4.0 ^{+2.1}_{-1.5})$ %		771
$\overline{K}^0\pi^+\pi^+\pi^-\pi^-$	$(7 \pm 4)\times 10^{-3}$		768
$\overline{K}^0\pi^+\pi^+\pi^+\pi^-\pi^-\pi^-$	$(4.0 ^{+5.0}_{-3.0})\times 10^{-3}$		640
$\overline{K}^0 K^+ K^-$	(1.16 ± 0.21) %		544
$\quad \overline{K}^0\phi \times B(\phi\to K^+K^-)$	$(4.0 \pm 0.8)\times 10^{-3}$		—
$\quad \overline{K}^0 (K^+ K^-)$ non-resonant	$(7.6 ^{+2.0}_{-1.8})\times 10^{-3}$		544
$K^+ K^- \overline{K}^0\pi^0$	$(2.4 ^{+3.3}_{-1.7})$ %		435

Fractions of many of the following modes have already appeared above.

Mode	Fraction	Scale factor/CL	p (MeV/c)
$K^*(892)^-\pi^+$	(4.6 ± 0.6) %		711
$\overline{K}^*(892)^0\pi^0$	(2.0 ± 0.6) %		709
$K^- a_1(1260)^+$	(7.8 ± 1.5) %		289
$K^- a_2(1320)^+$	< 5 $\times 10^{-3}$	CL=90%	197
$\overline{K}^*(892)^0\pi^+\pi^-$	(1.7 ± 0.5) %		683
$\overline{K}^*(892)^0\rho^0$	(1.7 ± 0.6) %		419
$\overline{K}^*(892)^0\rho^0$ (S-wave$_\text{Transverse}$)	(1.7 ± 0.6) %		419
$\overline{K}^*(892)^0\rho^0$ (S-wave$_\text{Longitud.}$)	< 2.9 $\times 10^{-3}$	CL=90%	419
$\overline{K}^*(892)^0\rho^0$ (P-wave)	< 2.9 $\times 10^{-3}$	CL=90%	419
$K_1(1270)^-\pi^+$	(1.6 ± 0.8) %		485
$K^*(1370)^-\pi^+$	< 1.0 %	CL=90%	413
$K_1(1400)^-\pi^+$	< 1.0 %	CL=90%	386
$\overline{K}^0\omega$	(3.7 ± 1.5) %		670
$\overline{K}^0\eta$	< 2.4 %	CL=90%	771
$\overline{K}^*(892)^0\eta$	< 2.6 %	CL=90%	579
$\overline{K}^0\phi$	$(8.0 \pm 1.6)\times 10^{-3}$		520

Pionic modes

Mode	Fraction	Scale factor/CL	p (MeV/c)
$\pi^+\pi^-$	$(1.14\pm 0.31)\times 10^{-3}$		922
$\pi^+\pi^-\pi^0$	(1.2 ± 0.4) %		907
$\pi^+\pi^+\pi^-\pi^-$	$(3.5 ^{+1.4}_{-1.2})\times 10^{-3}$	S=1.5	879
$\pi^+\pi^+\pi^-\pi^-\pi^0$	$(4.8 ^{+2.8}_{-2.0})$ %		844
$\pi^+\pi^+\pi^+\pi^-\pi^-\pi^-$	$(4.0 \pm 3.0)\times 10^{-4}$		795

Hadronic modes with two K's

Mode	Fraction	Scale factor/CL	p (MeV/c)
$K^+ K^-$	$(4.5 \pm 0.7)\times 10^{-3}$		791
$\overline{K}^0 K^0$	< 4 $\times 10^{-3}$	CL=90%	788
$K^0_S K^0_S$	$(5 \pm 4)\times 10^{-4}$		788
$K^0 K^-\pi^+$ + c.c.			—
$\quad \overline{K}^*(892)^0 K^0$ + c.c	< 4 $\times 10^{-3}$	CL=90%	605
$\qquad \times B(\overline{K}^*(892)^0 \to K^-\pi^+)$			
$\quad K^*(892)^+ K^-$ + c.c	$(5 \pm 3)\times 10^{-3}$		609
$\qquad \times B(K^*(892)^+ \to K^0\pi^+)$			
$\quad K^0 K^-\pi^+$ (non-res.)+c.c.	< 1.2 %	CL=90%	739
$K^+ K^-\pi^0\pi^0$	seen		681
$\quad (K^+ K^-)\pi^+\pi^-$ non-res.	$(1.7 \pm 0.6)\times 10^{-3}$		676
$\quad \phi\pi^+\pi^- \times B(\phi\to K^+K^-)$	$(1.5 \pm 0.5)\times 10^{-3}$		—
$K^0 K^-\pi^+\pi^0$	seen		677

Fractions of the following modes have already appeared above.

Mode	Fraction	Scale factor/CL	p (MeV/c)
$\overline{K}^*(892)^0 K^0$ + c.c.	< 5 $\times 10^{-3}$	CL=90%	605
$K^*(892)^+ K^-$ + c.c.	$(8 \pm 4)\times 10^{-3}$		609
$\phi\pi^+\pi^-$	$(3.0 \pm 1.0)\times 10^{-3}$		614

Lepton Family number (LF) violating, Flavor-Changing neutral current (FC), decay via Mixing (MX), or Doubly Cabibbo suppressed (DC) modes

Mode		Fraction	Scale factor/CL	p (MeV/c)
$K^+\pi^-$	DC	< 6 $\times 10^{-4}$	CL=90%	861
$K^+\pi^-$ (via $\overline{D}^0$)	MX	< 1.4 $\times 10^{-4}$	CL=90%	861
$K^+\pi^+\pi^-\pi^-$	DC	< 1.8 %	CL=90%	812
$\mu^+\mu^-$	FC	< 1.1 $\times 10^{-5}$	CL=90%	926

Meson Summary Table

e^+e^-	FC		< 1.3	$\times 10^{-4}$ CL=90%	932
$\mu^\pm e^\mp$	LF	[o]	< 1.0	$\times 10^{-4}$ CL=90%	929
$\overline{K}^0 e^+e^-$	FC		< 1.7	$\times 10^{-3}$ CL=90%	866
$\rho^0 e^+e^-$	FC		< 4.5	$\times 10^{-4}$ CL=90%	774
$\rho^0 \mu^+\mu^-$	FC		< 8.1	$\times 10^{-4}$ CL=90%	757

$D^*(2010)^\pm$

$I(J^P) = \frac{1}{2}(1^-)$
I, J, P need confirmation.

Mass $m = 2010.1 \pm 0.6$ MeV
$m_{D^{*+}} - m_{D^0} = 145.44 \pm 0.06$ MeV
Full width $\Gamma < 1.1$ MeV, CL = 90%

$D^*(2010)^-$ modes are charge conjugates of the modes below.

$D^*(2010)^+$ DECAY MODES	Fraction (Γ_i/Γ)	p (MeV/c)
$D^0\pi^+$	(55 ± 4) %	40
$D^+\pi^0$	(27.2 ± 2.5) %	39
$D^+\gamma$	(18 ± 4) %	136

$D^*(2010)^0$

$I(J^P) = \frac{1}{2}(1^-)$
I, J, P need confirmation.

Mass $m = 2007.1 \pm 1.4$ MeV
$m_{D^{*0}} - m_{D^0} = 142.5 \pm 1.3$ MeV
Full width $\Gamma < 2.1$ MeV, CL = 90%

$\overline{D}^*(2010)^0$ modes are charge conjugates of modes below.

$D^*(2010)^0$ DECAY MODES	Fraction (Γ_i/Γ)	p (MeV/c)
$D^0\pi^0$	(55 ± 6) %	44
$D^0\gamma$	(45 ± 6) %	138

$D_1(2420)^0$

$I(J^P) = \frac{1}{2}(1^+)$
I, J, P need confirmation.

Mass $m = 2424 \pm 6$ MeV $(S = 2.2)$
Full width $\Gamma = 20^{+9}_{-5}$ MeV

$\overline{D}_1(2420)^0$ modes are charge conjugates of modes below.

$D_1(2420)^0$ DECAY MODES	Fraction (Γ_i/Γ)	p (MeV/c)
$D^*(2010)^+\pi^-$	seen	358

$D_2^*(2460)^0$

$I(J^P) = \frac{1}{2}(2^+)$
I, J, P need confirmation.

Mass $m = 2459.4 \pm 2.2$ MeV
Full width $\Gamma = 19 \pm 7$ MeV

$\overline{D}_2^*(2460)^0$ modes are charge conjugates of modes below.

$D_2^*(2460)^0$ DECAY MODES	Fraction (Γ_i/Γ)	p (MeV/c)
$D^+\pi^-$	seen	504
$D^*(2010)^+\pi^-$	seen	388

CHARMED STRANGE MESONS
$(C = S = \pm 1)$

$D_s^+ = c\bar{s}, \; D_s^- = \bar{c}s,$ similarly for D_s^*'s

$D_s^\pm$
was $F^\pm$

$I(J^P) = 0(0^-)$

Quantum numbers shown are favored but not yet confirmed.
Mass $m = 1968.8 \pm 0.7$ MeV $(S = 1.1)$
$m_{D_s^\pm} - m_{D^\pm} = 99.5 \pm 0.6$ MeV $(S = 1.1)$
Mean life $\tau = (4.45^{+0.35}_{-0.29}) \times 10^{-13}$ s
   $c\tau = 0.0133$ cm

D_s^- modes are charge conjugates of the modes below.

Values are all based on rough estimate of $D_s^\pm$ to total charm production. Only ratios of each fraction to the $\phi\pi^+$ mode are well known.

D_s^+ DECAY MODES	Fraction (Γ_i/Γ)		Confidence level	p (MeV/c)
$\phi\pi^+$	(2.7 ± 0.7) %			712
$\phi\pi^+\pi^+\pi^-$	(1.3 ± 0.6) %			640
$\rho^0\pi^+$	< 2.1	$\times 10^{-3}$	90%	828
$K^0\pi^+$	< 6	$\times 10^{-3}$	90%	916
$\overline{K}^0 K^+$	(2.6 ± 0.8) %			851
$\overline{K}^*(892)^0 K^+$	(2.6 ± 0.7) %			683
$K^*(892)^+ \overline{K}^0$	(3.2 ± 1.1) %			683
$K^+K^-\pi^+$ (non-resonant)	$(6.7 \pm 2.9) \times 10^{-3}$			805
$K^+K^-\pi^+\pi^-\pi^+$ (non-res.)	< 9	$\times 10^{-3}$	90%	673
$\mu^+\nu$	< 3	%		982
$\eta\pi^+$	< 4	%	90%	902
$\eta\pi^+\pi^+\pi^-$	possibly seen			856
$\eta'(958)\pi^+\pi^+\pi^-$	possibly seen			677
$\phi\rho^+$	possibly seen			409
$\eta'(958)\pi^+$	seen			744
$f_0(975)\pi^+$	$(7.5 \pm 3.4) \times 10^{-3}$			735
$\pi^+\pi^-\pi^+$	(1.2 ± 0.4) %			960
$\pi^+\pi^-\pi^+$ (non-resonant)	$(7.8 \pm 3.2) \times 10^{-3}$			960
$\pi^+\pi^-\pi^+\pi^-\pi^+$	< 8	$\times 10^{-3}$	90%	899
$\pi^+\pi^-\pi^+\pi^0$	< 9	%	90%	935
$\omega\pi^+$	< 1.3	%	90%	822
$\phi\pi^+\pi^0$	(6.4 ± 3.4) %			687
$K^+K^-\pi^+\pi^0$ (non-ϕ)	< 6	%	90%	748

D_s^*
was F^*

$I(J^P) = ?(?^?)$

Mass $m = 2110.3 \pm 2.0$ MeV $(S = 1.3)$
$m_{D_s^{*\pm}} - m_{D_s^\pm} = 141.5 \pm 1.9$ MeV $(S = 1.3)$
Full width $\Gamma < 4.5$ MeV, CL = 90%

$\overline{D}_s^*$ modes are charge conjugates of the modes below.

D_s^* DECAY MODES	Fraction (Γ_i/Γ)	p (MeV/c)
$D_s\gamma$	dominant	136

$D_{s1}(2536)^\pm$

$I(J^P) = 0(1^+)$
I, J, P need confirmation.

Mass $m = 2536.5 \pm 0.8$ MeV
Full width $\Gamma < 4.6$ MeV, CL = 90%

$D_{s1}(2536)^-$ modes are charge conjugates of the modes below.

$D_{s1}(2536)^+$ DECAY MODES	Fraction (Γ_i/Γ)	p (MeV/c)
$D^*(2010)^+ K^0$	seen	153
$D_s^*\gamma$	possibly seen	391

Meson Summary Table

BOTTOM MESONS
$(B = \pm 1)$

$B^+ = u\bar{b}$, $B^0 = d\bar{b}$, $\overline{B}^0 = \bar{d}b$, $B^- = \bar{u}b$,

similarly for B^*'s

$B^\pm$ $\qquad I(J^P) = \frac{1}{2}(0^-)$

I, J, P need confirmation. Quantum numbers shown are quark-model predictions.

Measurements which do not identify the charge state of B also appear here.

Mass $m = 5277.6 \pm 1.4$ MeV
Mean life $\tau = (11.8 \pm 1.1) \times 10^{-13}$ s
$c\tau = 0.035$ cm

B^- modes are charge conjugates of the modes below.

B^+ DECAY MODES	Fraction (Γ_i/Γ)	Scale factor/ Confidence level	p (MeV/c)
$B^+ \to \overline{D}^0 \pi^+$	$(2.9 \pm 1.4) \times 10^{-3}$	$S=1.5$	2307
$B^+ \to \overline{D}^0 \rho^+$	$(2.1 \pm 1.2)\,\%$		2237
$B^+ \to D^- \pi^+ \pi^+$	$(2.5\,^{+4.8}_{-2.4}) \times 10^{-3}$		2298
$B^+ \to \overline{D}^*(2010)^0 \pi^+$	$(3 \pm 4) \times 10^{-3}$		2255
$B^+ \to D^*(2010)^- \pi^+ \pi^+$	$(2.5\,^{+1.5}_{-1.3}) \times 10^{-3}$		2246
$B^+ \to D^*(2010)^- \pi^+ \pi^+ \pi^0$	$(4.3 \pm 2.9)\,\%$		2234
$B^+ \to J/\psi(1S) K^+$	$(8.0 \pm 2.8) \times 10^{-4}$		1682
$B^+ \to J/\psi(1S) K^+ \pi^+ \pi^-$	$(1.1 \pm 0.7) \times 10^{-3}$		1611
$B^+ \to \psi(2S) K^+$	$(2.2 \pm 1.7) \times 10^{-3}$		1283
$B^+ \to \pi^+ \pi^0$	$< 2.3 \times 10^{-3}$	CL=90%	2635
$B^+ \to \pi^+ \pi^+ \pi^-$	$< 1.7 \times 10^{-4}$	CL=90%	–
$B^+ \to \rho^0 \pi^+$	$< 1.5 \times 10^{-4}$	CL=90%	2581
$B^+ \to \pi^+ f_0(975)$	$< 1.2 \times 10^{-4}$	CL=90%	2547
$B^+ \to \pi^+ f_2(1270)$	$< 2.1 \times 10^{-4}$	CL=90%	2483
$B^+ \to \rho^0 a_1(1260)^+$	$< 5.4 \times 10^{-4}$	CL=90%	2426
$B^+ \to \rho^0 a_2(1320)^+$	$< 6.3 \times 10^{-4}$	CL=90%	2411
$B^+ \to K^0 \pi^+$	$< 9 \times 10^{-5}$	CL=90%	2613
$B^+ \to K^*(892)^0 \pi^+$	$< 1.3 \times 10^{-4}$	CL=90%	2561
$B^+ \to K^+ \pi^- \pi^+$ (no charm)	$< 1.7 \times 10^{-4}$	CL=90%	2608
$B^+ \to K^+ \rho^0$	$< 7 \times 10^{-5}$	CL=90%	2559
$B^+ \to K^+ \phi$	$< 8 \times 10^{-5}$	CL=90%	2515
$B^+ \to K^+ f_0(975)$	$< 7 \times 10^{-5}$	CL=90%	2524
$B^+ \to K^*(892)^+ \gamma$	$< 5.5 \times 10^{-4}$	CL=90%	2563
$B^+ \to K_1(1270)^+ \gamma$	$< 6.6 \times 10^{-3}$	CL=90%	2486
$B^+ \to K_1(1400)^+ \gamma$	$< 2.0 \times 10^{-3}$	CL=90%	2453
$B^+ \to K_2^*(1430)^+ \gamma$	$< 1.3 \times 10^{-3}$	CL=90%	2446
$B^+ \to K^*(1680)^+ \gamma$	$< 1.7 \times 10^{-3}$	CL=90%	2372
$B^+ \to K_3^*(1780)^+ \gamma$	$< 5 \times 10^{-3}$	CL=90%	2341
$B^+ \to K_4^*(2045)^+ \gamma$	$< 9.0 \times 10^{-3}$	CL=90%	2243
$B^+ \to p\overline{p}\pi^+$	$< 1.4 \times 10^{-4}$	CL=90%	2438
$B^+ \to p\overline{p}\pi^+ \pi^+ \pi^-$	$< 4.7 \times 10^{-4}$	CL=90%	2369
$B^+ \to p\overline{\Lambda}$	$< 5 \times 10^{-5}$	CL=90%	2429
$B^+ \to p\overline{\Lambda}\pi^+ \pi^-$	$< 1.8 \times 10^{-4}$	CL=90%	2367
$B^+ \to \overline{\Delta}^0 p$	$< 3.3 \times 10^{-4}$	CL=90%	2402
$B^+ \to \Delta^{++}\overline{p}$	$< 1.3 \times 10^{-4}$	CL=90%	2402

Flavor-Changing neutral current (FC) modes

B^+ DECAY MODES		Fraction (Γ_i/Γ)	Confidence level	p (MeV/c)
$B^+ \to K^+ \mu^+ \mu^-$	FC	$< 1.5 \times 10^{-4}$	CL=90%	2611
$B^+ \to K^+ e^+ e^-$	FC	$< 5 \times 10^{-5}$	CL=90%	2616

For the following modes, the charge of B was not determined.

DECAY MODES		Fraction (Γ_i/Γ)	Confidence level	p
$B \to \ell\nu$ hadrons		$(23.1 \pm 1.1)\,\%$		–
$B \to e^\pm \nu_e$ hadrons	[o]	$(12.1 \pm 0.6)\,\%$		–
$B \to \mu^\pm \nu_\mu$ hadrons	[o]	$(11.0 \pm 0.9)\,\%$		–
$B \to D^\pm$ anything	[o]	$(17 \pm 6)\,\%$		–
$B \to D^0/\overline{D}^0$ anything		$(39 \pm 6)\,\%$		–
$B \to D^*(2010)^\pm$ anything	[o]	$(22\,^{+8}_{-6})\,\%$		–
$B \to D_s^\pm$ anything	[o]	$(12.5 \pm 3.5)\,\%$		–
$B \to$ Charmed-baryon anything		$< 11.2\,\%$	CL=90%	–
$B \to J/\psi(1S)$ anything		$(1.12 \pm 0.18)\,\%$		–
$B \to \psi(2S)$ anything		$(4.6 \pm 2.0) \times 10^{-3}$		–
$B \to K^\pm$ anything		$(85 \pm 11)\,\%$		–
$B \to K^0/\overline{K}^0$ anything		$(63 \pm 8)\,\%$		–
$B \to \phi$ anything		$(2.3 \pm 0.8)\,\%$		–
$B \to K^*(892)\gamma$		$< 2.4 \times 10^{-4}$	CL=90%	–
$B \to K_1(1400)\gamma$		$< 4.1 \times 10^{-4}$	CL=90%	–
$B \to K_2^*(1430)\gamma$		$< 8.3 \times 10^{-4}$	CL=90%	–
$B \to K_3^*(1780)\gamma$		$< 3.0 \times 10^{-3}$	CL=90%	–
$B \to p$ anything		$(8.2\,^{+1.4}_{-1.1})\,\%$		–
$B \to p$ (direct) anything		$(5.5 \pm 1.6)\,\%$		–
$B \to \Lambda$ anything		$(4.2 \pm 0.8)\,\%$		–
$B \to \Xi^-$ anything		$(2.8 \pm 1.4) \times 10^{-3}$		–
$B \to$ baryons anything		$(7.6 \pm 1.4)\,\%$		–
$B \to p\overline{p}$ anything		$(2.50 \pm 0.28)\,\%$		–
$B \to \Lambda\overline{p}$ anything		$(2.3 \pm 0.5)\,\%$		–
$B \to \Lambda\overline{\Lambda}$ anything		$< 8.8 \times 10^{-3}$	CL=90%	–

Flavor-Changing neutral current (FC) modes

DECAY MODES		Fraction (Γ_i/Γ)	Confidence level	p
$B \to e^+ e^-$ any $+$ $\mu^+ \mu^-$ any	FC	$< 2.4 \times 10^{-3}$	CL=90%	–

B^0 $\qquad I(J^P) = \frac{1}{2}(0^-)$

I, J, P need confirmation. Quantum numbers shown are quark-model predictions.

Mass $m = 5279.4 \pm 1.5$ MeV
$|m_{B_1^0} - m_{B_2^0}| = (4.0 \pm 0.8) \times 10^{-10}$ MeV [s]
$m_{B^0} - m_{B^\pm} = 1.9 \pm 1.1$ MeV
$\tau_{B^0}/\tau_{B^+} = 0.44$ to 2.05, CL $= 90\%$
$\Gamma(\mu^-$ anything (via $\overline{B}^0))/\Gamma(\mu^\pm$ anything$) = 0.16 \pm 0.04$

$\overline{B}^0$ modes are charge conjugates of the modes below. Decays in which the charge of the B is not determined are in the $B^\pm$ section.

B^0 DECAY MODES		Fraction (Γ_i/Γ)	Confidence level	p (MeV/c)
$D^- \ell^+ \nu$ ($\ell = e$ or μ)		$(1.8 \pm 0.8)\,\%$		–
$D^*(2010)^- \ell^+ \nu$ ($\ell = e$ or μ)		$(9.8 \pm 1.5)\,\%$		–
$D^- \pi^+$		$(3.7 \pm 1.5) \times 10^{-3}$		2306
$D^- \rho^+$		$(2.2 \pm 1.5)\,\%$		2236
$\overline{D}^0 \pi^+ \pi^-$		$< 3.9\,\%$	90%	2301
$\overline{D}^0 \rho^0$		$< 3 \times 10^{-3}$	90%	2238
$D^*(2010)^- \pi^+$		$(3.3\,^{+1.2}_{-1.0}) \times 10^{-3}$		2255
$D^*(2010)^- \pi^+ \pi^0$		$(1.5 \pm 1.1)\,\%$		2247
$D^*(2010)^- \rho^+$		$(8\,^{+7}_{-4})\,\%$		2182
$D^*(2010)^- \pi^+ \pi^+ \pi^-$		$(3.3 \pm 1.8)\,\%$		2235
$J/\psi(1S) K^0$		$< 5 \times 10^{-3}$	90%	1683
$J/\psi(1S) K^+ \pi^-$		$< 1.3 \times 10^{-3}$	90%	1652
$J/\psi(1S) K^*(892)^0$		$(3.7 \pm 1.3) \times 10^{-3}$		1570
$\pi^+ \pi^-$		$< 9 \times 10^{-5}$	90%	2636
$\pi^\pm \rho^\mp$	[o]	$< 6.1 \times 10^{-3}$	90%	2582
$\pi^\pm a_1(1260)^\mp$	[o]	$< 5.7 \times 10^{-4}$	90%	2487
$\pi^\pm a_2(1320)^\mp$	[o]	$< 3.5 \times 10^{-4}$	90%	2473
$\rho^0 \rho^0$		$< 3.4 \times 10^{-4}$	90%	2525
$a_1(1260)^+ a_1(1260)^-$		$< 3.2 \times 10^{-3}$	90%	2320
$K^+ \pi^-$		$< 9 \times 10^{-5}$	90%	2615
$K^0 \rho^0$		$< 5.8 \times 10^{-4}$	90%	2559
$K^0 \phi$		$< 4.9 \times 10^{-4}$	90%	2516
$K^0 f_0(975)$		$< 4.2 \times 10^{-4}$	90%	2524
$K^*(892)^+ \pi^-$		$< 4.4 \times 10^{-4}$	90%	2562
$K^*(892)^0 \rho^0$		$< 6.7 \times 10^{-4}$	90%	2504
$K^*(892)^0 \phi$		$< 4.4 \times 10^{-4}$	90%	2459
$K^*(892)^0 f_0(975)$		$< 2.0 \times 10^{-4}$	90%	2468
$K^*(892)^0 \gamma$		$< 2.8 \times 10^{-4}$	90%	2564
$K_1(1270)^0 \gamma$		$< 7.8 \times 10^{-3}$	90%	2487
$K_1(1400)^0 \gamma$		$< 4.8 \times 10^{-3}$	90%	2454
$K_2^*(1430)^0 \gamma$		$< 4.4 \times 10^{-4}$	90%	2447
$K^*(1680)^0 \gamma$		$< 2.2 \times 10^{-3}$	90%	2373
$K_3^*(1780)^0 \gamma$		$< 1.1\,\%$	90%	2342
$K_4^*(2045)^0 \gamma$		$< 4.8 \times 10^{-3}$	90%	2244
$p\overline{p}$		$< 4 \times 10^{-5}$	90%	2467
$p\overline{p}\pi^+ \pi^-$		$(6.0 \pm 3.0) \times 10^{-4}$		2406
$p\overline{\Lambda}\pi^-$		$< 2.0 \times 10^{-4}$	90%	2401
$\Delta^0 \overline{\Delta}^0$		$< 1.8 \times 10^{-3}$	90%	2335
$\Delta^{++} \Delta^{--}$		$< 1.3 \times 10^{-4}$	90%	2335

Meson Summary Table

Lepton Family number (*LF*) violating, Flavor-Changing neutral current (*FC*), or decay via Mixing (*MX*) modes

Mode					
$\mu^+\mu^-$	FC		< 5	$\times 10^{-5}$	90%	2638
e^+e^-	FC		< 3	$\times 10^{-5}$	90%	2640
$K^0\mu^+\mu^-$	FC		< 4.5	$\times 10^{-4}$	90%	2612
$K^0 e^+e^-$	FC		< 6.5	$\times 10^{-4}$	90%	2616
$e^\pm\mu^\mp$	LF	[o]	< 4	$\times 10^{-5}$	90%	2639

Measurements which do not identify the charge state of B appear in the $B^\pm$ section.

$c\bar{c}$ MESONS

$\eta_c(1S)$ or $\eta_c(2980)$

$$I^G(J^{PC}) = 0^+(0^{-+})$$

Mass $m = 2979.6 \pm 1.6$ MeV $(S = 1.4)$
Full width $\Gamma = 10.3^{+3.8}_{-3.4}$ MeV

$\eta_c(1S)$ DECAY MODES	Fraction (Γ_i/Γ)	Scale factor/ Confidence level	p (MeV/c)
Decays involving hadronic resonances			
$\eta'(958)\pi\pi$	$(4.1 \pm 1.7)\ \%$		1320
$\rho\rho$	$(2.6 \pm 0.9)\ \%$		1276
$K^*(892)^0 K^-\pi^+ + $ c.c.	$(2.0 \pm 0.7)\ \%$		1274
$K^*(892)\overline{K}^*(892)$	$(9 \pm 5)\times 10^{-3}$		1193
$\phi\phi$	$(3.4 \pm 1.2)\times 10^{-3}$	$S=1.5$	1086
$a_0(980)\pi$	$< 2\ \%$	CL=90%	1323
$a_2(1320)\pi$	$< 2\ \%$	CL=90%	1193
$f_2(1270)\eta$	$< 1.1\ \%$	CL=90%	1143
$\omega\omega$	$< 3.1 \times 10^{-3}$	CL=90%	1268
Decays into stable hadrons			
$K\overline{K}\pi$	$(5.5 \pm 0.8)\ \%$		1379
$\eta\pi\pi$	$(5.0 \pm 1.1)\ \%$		1425
$\pi^+\pi^- K^+ K^-$	$(2.04 \pm 0.28)\ \%$		1343
$2(\pi^+\pi^-)$	$(1.17 \pm 0.28)\ \%$		1457
$p\overline{p}$	$(1.04 \pm 0.19)\times 10^{-3}$		1157
$K\overline{K}\eta$	$< 3.1\ \%$	CL=90%	1263
$\pi^+\pi^- p\overline{p}$	$< 1.2\ \%$	CL=90%	1024
Radiative decays			
$\gamma\gamma$	$(6\ ^{+6}_{-5})\times 10^{-4}$		1490

$J/\psi(1S)$ or $J/\psi(3097)$

$$I^G(J^{PC}) = 0^-(1^{--})$$

Mass $m = 3096.93 \pm 0.09$ MeV
Full width $\Gamma = 68 \pm 10$ keV
$\Gamma_{ee} = 4.72 \pm 0.35$ keV   (Assuming $\Gamma_{ee} = \Gamma_{\mu\mu}$)

$J/\psi(1S)$ DECAY MODES	Fraction (Γ_i/Γ)	Scale factor/ Confidence level	p (MeV/c)
hadrons	$(86.0 \pm 2.0)\ \%$		–
virtual $\gamma \to$ hadrons	$(17.0 \pm 2.0)\ \%$		–
e^+e^-	$(6.9 \pm 0.9)\ \%$		1548
$\mu^+\mu^-$	$(6.9 \pm 0.9)\ \%$		1545
Decays involving hadronic resonances			
$\rho\pi$	$(1.28 \pm 0.10)\ \%$		1450
$\rho^0\pi^0$	$(4.2 \pm 0.5)\times 10^{-3}$		1450
$a_2(1320)\rho$	$(9.2 \pm 1.1)\times 10^{-3}$		1126
$\omega\pi^+\pi^+\pi^-\pi^-$	$(8.5 \pm 3.4)\times 10^{-3}$		1392
$\omega\pi^+\pi^-$	$(7.0 \pm 0.7)\times 10^{-3}$		1435
$K^*(892)^0\overline{K}^*_2(1430)^0 + $ c.c.	$(6.7 \pm 2.6)\times 10^{-3}$		1005
$\omega K^*(892)\overline{K} + $ c.c.	$(5.3 \pm 2.0)\times 10^{-3}$		1098
$\omega f_2(1270)$	$(4.1 \pm 0.4)\times 10^{-3}$		1143
$K^+\overline{K}^*(892)^- + $ c.c.	$(3.8 \pm 0.7)\times 10^{-3}$	$S=2.0$	1373
$K^0\overline{K}^*(892)^0 + $ c.c.	$(3.7 \pm 0.8)\times 10^{-3}$	$S=2.1$	1371
$\omega\pi^0\pi^0$	$(3.4 \pm 0.8)\times 10^{-3}$		1436
$b_1(1235)^\pm\pi^\mp$	[u] $(3.0 \pm 0.5)\times 10^{-3}$		1299
$\omega K^\pm K^0_S\pi^\mp$	[u] $(2.9 \pm 0.7)\times 10^{-3}$		1210
$b_1(1235)^0\pi^0$	$(2.3 \pm 0.6)\times 10^{-3}$		1299
$\phi K^*(892)\overline{K} + $ c.c.	$(2.04 \pm 0.28)\times 10^{-3}$		969
$\omega K\overline{K}$	$(1.9 \pm 0.4)\times 10^{-3}$		1268
$\omega f_2(1720) \to \omega K\overline{K}$	$(4.8 \pm 1.1)\times 10^{-4}$		875
$\omega\eta$	$(1.71 \pm 0.22)\times 10^{-3}$		1394
$\phi 2(\pi^+\pi^-)$	$(1.60 \pm 0.32)\times 10^{-3}$		1318
$\Delta(1232)^{++}\overline{p}\pi^-$	$(1.6 \pm 0.5)\times 10^{-3}$		1030
$\phi K\overline{K}$	$(1.48 \pm 0.22)\times 10^{-3}$		1179
$\phi f_2(1720) \to \phi K\overline{K}$	$(3.6 \pm 0.6)\times 10^{-4}$		710
$p\overline{p}\omega$	$(1.30 \pm 0.25)\times 10^{-3}$	$S=1.3$	769
$\Delta(1232)^{++}\overline{\Delta}(1232)^{--}$	$(1.10 \pm 0.29)\times 10^{-3}$		938
$\Sigma(1385)^-\overline{\Sigma}(1385)^+$ (or c.c.)	[u] $(1.03 \pm 0.13)\times 10^{-3}$		688
$p\overline{p}\eta'(958)$	$(9 \pm 4)\times 10^{-4}$	$S=1.7$	596
$\phi f'_2(1525)$	$(8 \pm 4)\times 10^{-4}$	$S=2.7$	871
$\phi\pi^+\pi^-$	$(7.8 \pm 1.0)\times 10^{-4}$		1365
$\phi K^\pm K^0_S\pi^\mp$	[u] $(7.2 \pm 0.9)\times 10^{-4}$		1114
$\phi\eta$	$(7.14 \pm 0.30)\times 10^{-4}$		1320
$\omega f_1(1420)$	$(6.8 \pm 2.4)\times 10^{-4}$		1062
$\Xi(1530)^-\overline{\Xi}^+$	$(5.9 \pm 1.5)\times 10^{-4}$		597
$p K^-\overline{\Sigma}(1385)^0$	$(5.1 \pm 3.2)\times 10^{-4}$		645
$\omega\pi^0$	$(4.8 \pm 0.7)\times 10^{-4}$		1447
$\phi\eta'(958)$	$(3.8 \pm 0.4)\times 10^{-4}$	$S=1.6$	1192
$\phi f_0(975)$	$(3.2 \pm 0.5)\times 10^{-4}$	$S=1.3$	1184
$\Xi(1530)^0\overline{\Xi}^0$	$(3.2 \pm 1.4)\times 10^{-4}$		608
$\Sigma(1385)^-\overline{\Sigma}^+$ (or c.c.)	[u] $(3.1 \pm 0.5)\times 10^{-4}$		851
$\rho\eta$	$(1.93 \pm 0.32)\times 10^{-4}$		1398
$\omega\eta'(958)$	$(1.66 \pm 0.25)\times 10^{-4}$		1279
$\omega f_0(975)$	$(1.41 \pm 0.34)\times 10^{-4}$		1272
$\rho\eta'(958)$	$(9.6 \pm 1.8)\times 10^{-5}$	$S=1.2$	1283
$\phi f_1(1285)$	$(8 \pm 5)\times 10^{-5}$	$S=2.2$	1032
$p\overline{p}\phi$	$(4.5 \pm 1.5)\times 10^{-5}$		527
$a_2(1320)^\pm\pi^\mp$	[u] $< 4.3 \times 10^{-3}$	CL=90%	1263
$K\overline{K}^*_2(1430) + $ c.c.	$< 4.0 \times 10^{-3}$	CL=90%	1159
$K^*_2(1430)^0\overline{K}^*_2(1430)^0$	$< 2.9 \times 10^{-3}$	CL=90%	588
$K^*(892)^0\overline{K}^*(892)^0$	$< 5 \times 10^{-4}$	CL=90%	1263
$\phi f_2(1270)$	$< 3.7 \times 10^{-4}$	CL=90%	1037
$p\overline{p}\rho$	$< 3.1 \times 10^{-4}$	CL=90%	780
$\phi\eta(1440) \to \phi\eta\pi\pi$	$< 2.5 \times 10^{-4}$	CL=90%	932
$\omega f'_2(1525)$	$< 2.2 \times 10^{-4}$	CL=90%	1003
$\Sigma(1385)^0\overline{\Lambda}$	$< 2 \times 10^{-4}$	CL=90%	911
$\Delta(1232)^+\overline{p}$	$< 1 \times 10^{-4}$	CL=90%	1100
$\Sigma^0\overline{\Lambda}$	$< 9 \times 10^{-5}$	CL=90%	1032
$\phi\pi^0$	$< 6.8 \times 10^{-6}$	CL=90%	1377
Decays into stable hadrons			
$2(\pi^+\pi^-)\pi^0$	$(3.42 \pm 0.31)\ \%$		1496
$3(\pi^+\pi^-)\pi^0$	$(2.9 \pm 0.6)\ \%$		1433
$\pi^+\pi^-\pi^0$	$(1.50 \pm 0.15)\ \%$		1533
$\pi^+\pi^-\pi^0 K^+ K^-$	$(1.20 \pm 0.30)\ \%$		1368
$4(\pi^+\pi^-)\pi^0$	$(9.0 \pm 3.0)\times 10^{-3}$		1345
$\pi^+\pi^- K^+ K^-$	$(7.2 \pm 2.3)\times 10^{-3}$		1407
$K\overline{K}\pi$	$(6.1 \pm 1.0)\times 10^{-3}$		1440
$p\overline{p}\pi^+\pi^-$	$(6.0 \pm 0.5)\times 10^{-3}$	$S=1.3$	1107
$2(\pi^+\pi^-)$	$(4.0 \pm 1.0)\times 10^{-3}$		1517
$3(\pi^+\pi^-)$	$(4.0 \pm 2.0)\times 10^{-3}$		1466
$n\overline{n}\pi^+\pi^-$	$(4 \pm 4)\times 10^{-3}$		1106
$\Sigma\overline{\Sigma}$	$(3.8 \pm 0.5)\times 10^{-3}$		988
$2(\pi^+\pi^-)K^+ K^-$	$(3.1 \pm 1.3)\times 10^{-3}$		1320
$p\overline{p}\pi^+\pi^-\pi^0$	[v] $(2.3 \pm 0.9)\times 10^{-3}$	$S=1.9$	1033
$p\overline{p}$	$(2.16 \pm 0.11)\times 10^{-3}$		1232
$p\overline{p}\eta$	$(2.09 \pm 0.18)\times 10^{-3}$		948
$p\overline{n}\pi^-$	$(2.00 \pm 0.10)\times 10^{-3}$		1174
$\Xi\overline{\Xi}$	$(1.8 \pm 0.4)\times 10^{-3}$	$S=1.8$	818
$n\overline{n}$	$(1.8 \pm 0.9)\times 10^{-3}$		1231
$\Lambda\overline{\Lambda}$	$(1.35 \pm 0.14)\times 10^{-3}$	$S=1.2$	1074
$p\overline{p}\pi^0$	$(1.09 \pm 0.09)\times 10^{-3}$		1176
$\Lambda\overline{\Sigma}^-\pi^+$ (or c.c.)	[u] $(1.06 \pm 0.12)\times 10^{-3}$		948
$p K^-\overline{\Lambda}$	$(8.9 \pm 1.6)\times 10^{-4}$		876
$2(K^+ K^-)$	$(7.0 \pm 3.0)\times 10^{-4}$		1131
$p K^-\overline{\Sigma}^0$	$(2.9 \pm 0.8)\times 10^{-4}$		820
$K^+ K^-$	$(2.37 \pm 0.31)\times 10^{-4}$		1468
$\Lambda\overline{\Lambda}\pi^0$	$(2.2 \pm 0.7)\times 10^{-4}$		998
$\pi^+\pi^-$	$(1.47 \pm 0.23)\times 10^{-4}$		1542
$K^0_S K^0_L$	$(1.01 \pm 0.18)\times 10^{-4}$		1466
$\Lambda\overline{\Sigma} + $ c.c.	$< 1.5 \times 10^{-4}$	CL=90%	1032
$K^0_S K^0_S$	$< 5.2 \times 10^{-6}$	CL=90%	1466

Meson Summary Table

Radiative decays (continued)

Mode	Fraction (Γ_i/Γ)	Scale factor/Confidence level	p (MeV/c)
$\gamma\eta_c(1S)$	(1.3 ±0.4) %		115
$\gamma\pi^+\pi^-2\pi^0$	(8.3 ±3.1) × 10^{-3}		1518
$\gamma\eta\pi\pi$	(6.1 ±1.0) × 10^{-3}		1486
$\gamma\eta(1440) \to \gamma K\overline{K}\pi$	[w] (4.8 ±0.8) × 10^{-3}		1214
$\gamma\rho\rho$	(4.5 ±0.8) × 10^{-3}		1343
$\gamma\eta'(958)$	(4.2 ±0.4) × 10^{-3}		1400
$\gamma 2\pi^+2\pi^-$	(2.8 ±0.5) × 10^{-3}	S=1.9	1517
$\gamma f_4(2050)$	(2.7 ±0.7) × 10^{-3}		871
$\gamma\omega\omega$	(1.59±0.33) × 10^{-3}		1337
$\gamma\eta(1490) \to \gamma\rho^0\rho^0$	(1.4 ±0.4) × 10^{-3}		1191
$\gamma f_2(1270)$	(1.38±0.14) × 10^{-3}		1286
$\gamma f_2(1720) \to \gamma K\overline{K}$	(9.7 ±1.2) × 10^{-4}		1075
$\gamma\eta$	(8.6 ±0.8) × 10^{-4}		1500
$\gamma f'_2(1525)$	(6.3 ±1.0) × 10^{-4}		1173
$\gamma p\overline{p}$	(3.8 ±1.0) × 10^{-4}		1232
$\gamma\phi\phi$	(3.1 ±0.8) × 10^{-4}		1166
$\gamma\eta(2100) \to \gamma\rho^0\rho^0$	(2.4 $^{+1.5}_{-1.0}$) × 10^{-4}		834
$\gamma\eta(1760) \to \gamma\rho^0\rho^0$	(1.3 ±0.9) × 10^{-4}		1048
$\gamma\pi^0$	(3.9 ±1.3) × 10^{-5}		1546
$\gamma f_1(1285)$	< 6 × 10^{-3}	CL=90%	1283
$\gamma p\overline{p}\pi^+\pi^-$	< 7.9 × 10^{-4}	CL=90%	1107
$\gamma\gamma$	< 5 × 10^{-4}	CL=90%	1548
$\gamma\Lambda\overline{\Lambda}$	< 1.3 × 10^{-4}	CL=90%	1074
3γ	< 5.5 × 10^{-5}	CL=90%	1548

$\chi_{c0}(1P)$ or $\chi_{c0}(3415)$ [was $\chi(3415)$]

$$I^G(J^{PC}) = 0^+(0^{++})$$

Mass m = 3415.1 ± 1.0 MeV
Full width Γ = 14 ± 5 MeV

$\chi_{c0}(1P)$ DECAY MODES	Fraction (Γ_i/Γ)	Confidence level	p (MeV/c)
Hadronic decays			
$2(\pi^+\pi^-)$	(3.7±0.7) %		1679
$\pi^+\pi^-K^+K^-$	(3.0±0.7) %		1580
$\rho^0\pi^+\pi^-$	(1.6±0.5) %		1702
$3(\pi^+\pi^-)$	(1.5±0.5) %		1633
$K^+\overline{K}^*(892)^0\pi^- $ + c.c.	(1.2±0.4) %		1522
$\pi^+\pi^-$	(7.5±2.1) × 10^{-3}		1702
K^+K^-	(7.1±2.4) × 10^{-3}		1635
$\pi^+\pi^- p\overline{p}$	(5.0±2.0) × 10^{-3}		1320
$p\overline{p}$	< 9.0 × 10^{-4}	90%	1427
Radiative decays			
$\gamma J/\psi(1S)$	(6.6±1.8) × 10^{-3}		303
$\gamma\gamma$	< 1.5 × 10^{-3}	90%	1708

$\chi_{c1}(1P)$ or $\chi_{c1}(3510)$ [was $\chi(3510)$]

$$I^G(J^{PC}) = 0^+(1^{++})$$

Mass m = 3510.6 ± 0.5 MeV   (S = 1.3)
Full width Γ < 1.3 MeV, CL = 95%

$\chi_{c1}(1P)$ DECAY MODES	Fraction (Γ_i/Γ)	Confidence level	p (MeV/c)
Hadronic decays			
$3(\pi^+\pi^-)$	(2.2±0.8) %		1683
$2(\pi^+\pi^-)$	(1.6±0.5) %		1727
$\pi^+\pi^-K^+K^-$	(9 ±4) × 10^{-3}		1632
$\rho^0\pi^+\pi^-$	(3.9±3.5) × 10^{-3}		1659
$K^+\overline{K}^*(892)^0\pi^- $ + c.c.	(3.2±2.1) × 10^{-3}		1576
$\pi^+\pi^- p\overline{p}$	(1.4±0.9) × 10^{-3}		1381
$p\overline{p}$	(5.4–120)× 10^{-5}		1483
$\pi^+\pi^-$ + K^+K^-	< 1.7 × 10^{-3}	90%	–
Radiative decays			
$\gamma J/\psi(1S)$	(27.3±1.6) %		389
$\gamma\gamma$	< 1.5 × 10^{-3}	90%	1755

$\chi_{c2}(1P)$ or $\chi_{c2}(3555)$ [was $\chi(3555)$]

$$I^G(J^{PC}) = 0^+(2^{++})$$

Mass m = 3556.3 ± 0.4 MeV
Full width Γ = 2.6 $^{+1.2}_{-0.9}$ MeV

$\chi_{c2}(1P)$ DECAY MODES	Fraction (Γ_i/Γ)	Confidence level	p (MeV/c)
Hadronic decays			
$2(\pi^+\pi^-)$	(2.2±0.5) %		1751
$\pi^+\pi^-K^+K^-$	(1.9±0.5) %		1656
$3(\pi^+\pi^-)$	(1.2±0.8) %		1707
$\rho^0\pi^+\pi^-$	(7 ±4) × 10^{-3}		1683
$K^+\overline{K}^*(892)^0\pi^- $ + c.c.	(4.8±2.8) × 10^{-3}		1601
$\pi^+\pi^- p\overline{p}$	(3.3±1.3) × 10^{-3}		1410
$\pi^+\pi^-$	(1.9±1.0) × 10^{-3}		1773
K^+K^-	(1.5±1.1) × 10^{-3}		1708
$p\overline{p}$	(9.0$^{+4.5}_{-3.2}$) × 10^{-5}		1510
$J/\psi(1S)\pi^+\pi^-\pi^0$	< 1.5 %	90%	186
Radiative decays			
$\gamma J/\psi(1S)$	(13.5±1.1) %		430
$\gamma\gamma$	(1.1±0.6) × 10^{-3}		1778

$\psi(2S)$ or $\psi(3685)$

$$I^G(J^{PC}) = 0^-(1^{--})$$

Mass m = 3686.00 ± 0.10 MeV
Full width Γ = 243 ± 43 keV
Γ_{ee} = 2.14 ± 0.21 keV   (Assuming $\Gamma_{ee} = \Gamma_{\mu\mu}$)

$\psi(2S)$ DECAY MODES	Fraction (Γ_i/Γ)	Scale factor/Confidence level	p (MeV/c)
hadrons	(98.10±0.30) %		–
virtual $\gamma \to$ hadrons	(2.9 ±0.4) %		–
e^+e^-	(8.8 ±1.3) × 10^{-3}		1843
$\mu^+\mu^-$	(7.7 ±1.7) × 10^{-3}		1840
Decays into $J/\psi(1S)$ and anything			
$J/\psi(1S)$ anything	(55 ±7) %		–
$J/\psi(1S)$ neutrals	(22.6 ±2.9) %		–
$J/\psi(1S)\pi^+\pi^-$	(16.2 ±1.6) %		477
$J/\psi(1S)\pi^0\pi^0$	(8.6 ±1.2) %		481
$J/\psi(1S)\eta$	(2.7 ±0.4) %	S=1.6	196
$J/\psi(1S)\pi^0$	(9.7 ±2.1) × 10^{-4}		527
Hadronic decays			
$3(\pi^+\pi^-)\pi^0$	(3.5 ±1.6) × 10^{-3}		1746
$2(\pi^+\pi^-)\pi^0$	(3.1 ±0.7) × 10^{-3}		1799
$\pi^+\pi^-K^+K^-$	(1.6 ±0.4) × 10^{-3}		1726
$\pi^+\pi^- p\overline{p}$	(8.0 ±2.0) × 10^{-4}		1491
$K^+\overline{K}^*(892)^0\pi^- $ + c.c.	(6.7 ±2.5) × 10^{-4}		1673
$2(\pi^+\pi^-)$	(4.5 ±1.0) × 10^{-4}		1817
$\rho^0\pi^+\pi^-$	(4.2 ±1.5) × 10^{-4}		1751
$\overline{p}p$	(1.9 ±0.5) × 10^{-4}		1586
$3(\pi^+\pi^-)$	(1.5 ±1.0) × 10^{-4}		1774
$\overline{p}p\pi^0$	(1.4 ±0.5) × 10^{-4}		1543
K^+K^-	(1.0 ±0.7) × 10^{-4}		1776
$\pi^+\pi^-$	(8 ±5) × 10^{-5}		1838
$\pi^+\pi^-\pi^0$	(8 ±5) × 10^{-5}		1830
$\Lambda\overline{\Lambda}$	< 4 × 10^{-4}	CL=90%	1467
$\Xi^-\overline{\Xi}^+$	< 2 × 10^{-4}	CL=90%	1291
$\rho\pi$	< 8.3 × 10^{-5}	CL=90%	1760
$K^+K^-\pi^0$	< 2.96 × 10^{-5}	CL=90%	1754
$K^+\overline{K}^*(892)^- $ + c.c.	< 1.79 × 10^{-5}	CL=90%	1698
Radiative decays			
$\gamma\chi_{c0}(1P)$	(9.3 ±0.8) %		261
$\gamma\chi_{c1}(1P)$	(8.7 ±0.8) %		171
$\gamma\chi_{c2}(1P)$	(7.8 ±0.8) %		127
$\gamma\eta_c(1S)$	(2.8 ±0.6) × 10^{-3}		639
$\gamma\pi^0$	< 5.4 × 10^{-3}	CL=95%	1841
$\gamma\eta'(958)$	< 1.1 × 10^{-3}	CL=90%	1719
$\gamma\eta$	< 2 × 10^{-4}	CL=90%	1802
$\gamma\gamma$	< 1.8 × 10^{-4}	CL=90%	1843
$\gamma\eta(1440) \to \gamma K\overline{K}\pi$	[w] < 1.2 × 10^{-4}	CL=90%	1562

Meson Summary Table

$\psi(3770)$ $I^G(J^{PC}) = ?^?(1^{--})$

Mass $m = 3769.9 \pm 2.5$ MeV   (S = 1.8)
Full width $\Gamma = 23.6 \pm 2.7$ MeV   (S = 1.1)
$\Gamma_{ee} = 0.26 \pm 0.04$ keV   (S = 1.2)

$\psi(3770)$ DECAY MODES	Fraction (Γ_i/Γ)	Scale factor	p (MeV/c)
$D\overline{D}$	dominant		242
e^+e^-	$(1.12\pm0.17)\times10^{-5}$	1.2	1885

$\psi(4040)$ [x] $I^G(J^{PC}) = ?^?(1^{--})$

Mass $m = 4040.0 \pm 10.0$ MeV
Full width $\Gamma = 52.0 \pm 10.0$ MeV
$\Gamma_{ee} = 0.75 \pm 0.15$ keV

$\psi(4040)$ DECAY MODES	Fraction (Γ_i/Γ)	p (MeV/c)
e^+e^-	$(1.4\pm0.4)\times10^{-5}$	2020
$D^0\overline{D}^0$	seen	777
$D^*(2010)^0\overline{D}^0 +$ c.c.	seen	577
$D^*(2010)^0\overline{D}^*(2010)^0$	seen	228

$\psi(4160)$ [x] $I^G(J^{PC}) = ?^?(1^{--})$

Mass $m = 4159.0 \pm 20.0$ MeV
Full width $\Gamma = 78.0 \pm 20.0$ MeV
$\Gamma_{ee} = 0.77 \pm 0.23$ keV

$\psi(4160)$ DECAY MODES	Fraction (Γ_i/Γ)	p (MeV/c)
e^+e^-	$(10\pm4)\times10^{-6}$	2079

$\psi(4415)$ [x] $I^G(J^{PC}) = ?^?(1^{--})$

Mass $m = 4415 \pm 6$ MeV
Full width $\Gamma = 43 \pm 15$ MeV   (S = 1.8)
$\Gamma_{ee} = 0.47^{+0.10}_{-0.09}$ keV

$\psi(4415)$ DECAY MODES	Fraction (Γ_i/Γ)	p (MeV/c)
hadrons	dominant	–
e^+e^-	$(1.1\pm0.4)\times10^{-5}$	2207

$b\overline{b}$ MESONS

$\Upsilon(1S)$ or $\Upsilon(9460)$ $I^G(J^{PC}) = ?^?(1^{--})$

Mass $m = 9460.32 \pm 0.22$ MeV   (S = 2.5)
Full width $\Gamma = 52.1 \pm 2.1$ keV
$\Gamma_{ee} = 1.34 \pm 0.04$ keV

$\Upsilon(1S)$ DECAY MODES	Fraction (Γ_i/Γ)	Confidence level	p (MeV/c)
$\tau^+\tau^-$	(2.97 ± 0.35) %		4381
$\mu^+\mu^-$	(2.57 ± 0.07) %		4729
e^+e^-	(2.52 ± 0.17) %		4730
Hadronic decays			
$J/\psi(1S)$ anything	$(1.1\pm0.4)\times10^{-3}$		–
$\rho\pi$	$<2.1 \quad \times10^{-3}$	90%	4698
Radiative decays			
$\gamma\eta'(958)$	$<1.3 \quad \times10^{-3}$	90%	4682
$\gamma\eta$	$<3.5 \quad \times10^{-4}$	90%	4714
$\gamma f_2'(1525)$	$<1.35 \quad \times10^{-4}$	90%	4607
$\gamma f_2(1720) \to \gamma K\overline{K}$	$<6.4 \quad \times10^{-5}$	90%	4575
$\gamma f_2(1270)$	$<4.8 \quad \times10^{-5}$	90%	4644
$\gamma f_4(2220) \to \gamma K^+K^-$	$<1.5 \quad \times10^{-5}$	90%	4469

$\chi_{b0}(1P)$ [y] or $\chi_{b0}(9860)$ $I^G(J^{PC}) = ?^?(0$ preferred$^{++})$
J needs confirmation.

Mass $m = 9859.8 \pm 1.3$ MeV

$\chi_{b0}(1P)$ DECAY MODES	Fraction (Γ_i/Γ)	Confidence level	p (MeV/c)
$\gamma\Upsilon(1S)$	<6 %	90%	391

$\chi_{b1}(1P)$ [y] or $\chi_{b1}(9890)$ $I^G(J^{PC}) = ?^?(1^{++})$
J needs confirmation.

Mass $m = 9891.9 \pm 0.7$ MeV

$\chi_{b1}(1P)$ DECAY MODES	Fraction (Γ_i/Γ)	p (MeV/c)
$\gamma\Upsilon(1S)$	(35 ± 8) %	422

$\chi_{b2}(1P)$ [y] or $\chi_{b2}(9915)$ $I^G(J^{PC}) = ?^?(2^{++})$
J needs confirmation.

Mass $m = 9913.2 \pm 0.6$ MeV

$\chi_{b2}(1P)$ DECAY MODES	Fraction (Γ_i/Γ)	p (MeV/c)
$\gamma\Upsilon(1S)$	(22 ± 4) %	443

$\Upsilon(2S)$ or $\Upsilon(10023)$ $I^G(J^{PC}) = ?^?(1^{--})$

Mass $m = 10.02330 \pm 0.00031$ GeV
Full width $\Gamma = 43 \pm 8$ keV
$\Gamma_{ee} = 0.586 \pm 0.029$ keV

$\Upsilon(2S)$ DECAY MODES	Fraction (Γ_i/Γ)	Confidence level	p (MeV/c)
$\Upsilon(1S)\pi^+\pi^-$	(18.5 ± 0.8) %		475
$\Upsilon(1S)\pi^0\pi^0$	(8.8 ± 1.1) %		480
$\tau^+\tau^-$	(1.7 ± 1.6) %		4683
$\mu^+\mu^-$	(1.37 ± 0.26) %		5011
e^+e^-	(1.36 ± 0.26) %		5012
$\Upsilon(1S)\pi^0$	$<8 \quad \times10^{-3}$	90%	531
$\Upsilon(1S)\eta$	$<2 \quad \times10^{-3}$	90%	122
Radiative decays			
$\gamma\chi_{b1}(1P)$	(6.7 ± 0.9) %		131
$\gamma\chi_{b2}(1P)$	(6.6 ± 0.9) %		110
$\gamma\chi_{b0}(1P)$	(4.3 ± 1.0) %		162
$\gamma f_2(1720)$	$<5.9 \quad \times10^{-4}$	90%	4865
$\gamma f_2'(1525)$	$<5.3 \quad \times10^{-4}$	90%	4896
$\gamma f_2(1270)$	$<2.41 \quad \times10^{-4}$	90%	4931

$\chi_{b0}(2P)$ [y] or $\chi_{b0}(10235)$ $I^G(J^{PC}) = ?^?(0$ preferred$^{++})$
J needs confirmation.

Mass $m = 10.2353 \pm 0.0011$ GeV

$\chi_{b0}(2P)$ DECAY MODES	Fraction (Γ_i/Γ)	p (MeV/c)
$\gamma\Upsilon(2S)$	(7 ± 4) %	210
$\gamma\Upsilon(1S)$	(1.4 ± 1.0) %	746

$\chi_{b1}(2P)$ [y] or $\chi_{b1}(10255)$ $I^G(J^{PC}) = ?^?(1$ preferred$^{++})$
J needs confirmation.

Mass $m = 10.2552 \pm 0.0004$ GeV   (S = 1.2)

$\chi_{b1}(2P)$ DECAY MODES	Fraction (Γ_i/Γ)	p (MeV/c)
$\gamma\Upsilon(2S)$	(25 ± 8) %	229
$\gamma\Upsilon(1S)$	(6.1 ± 1.7) %	764

Meson Summary Table

$\chi_{b2}(2P)$ [y]
or $\chi_{b2}(10270)$

$I^G(J^{PC}) = ?^?(2 \text{ preferred}^{++})$
J needs confirmation.

Mass $m = 10.2690 \pm 0.0007$ GeV   (S = 2.2)

$\chi_{b2}(2P)$ DECAY MODES	Fraction (Γ_i/Γ)	p (MeV/c)
$\gamma \Upsilon(2S)$	(19 $\pm$7) %	243
$\gamma \Upsilon(1S)$	(6.3$\pm$1.8) %	777

$\Upsilon(3S)$
or $\Upsilon(10355)$

$I^G(J^{PC}) = ?^?(1^{--})$

Mass $m = 10.3553 \pm 0.0005$ GeV
Full width $\Gamma = 24.3 \pm 2.9$ keV
$\Gamma_{ee} = 0.44 \pm 0.03$ keV

$\Upsilon(3S)$ DECAY MODES	Fraction (Γ_i/Γ)	p (MeV/c)
$\Upsilon(2S)$ anything	(10.1 $\pm$1.7) %	–
$\Upsilon(2S)\pi^+\pi^-$	(2.2 $\pm$0.5) %	177
$\Upsilon(1S)\pi^+\pi^-$	(3.63$\pm$0.31) %	814
$\mu^+\mu^-$	(1.81$\pm$0.17) %	5177
e^+e^-	(1.81$\pm$0.25) %	–
Radiative decays		
$\gamma\chi_{b2}(2P)$	(12.8 $\pm$2.9) %	86
$\gamma\chi_{b1}(2P)$	(12.0 $\pm$2.6) %	100
$\gamma\chi_{b0}(2P)$	(4.8 $\pm$1.4) %	119

$\Upsilon(4S)$
or $\Upsilon(10580)$

$I^G(J^{PC}) = ?^?(1^{--})$

Mass $m = 10.5800 \pm 0.0035$ GeV
Full width $\Gamma = 23.8 \pm 2.2$ MeV
$\Gamma_{ee} = 0.24 \pm 0.05$ keV   (S = 1.7)

$\Upsilon(4S)$ DECAY MODES	Fraction (Γ_i/Γ)	p (MeV/c)
e^+e^-	$(1.01\pm0.21) \times 10^{-5}$	5290

$\Upsilon(10860)$

$I^G(J^{PC}) = ?^?(1^{--})$

Mass $m = 10.865 \pm 0.008$ GeV   (S = 1.1)
Full width $\Gamma = 110 \pm 13$ MeV
$\Gamma_{ee} = 0.31 \pm 0.07$ keV   (S = 1.3)

$\Upsilon(10860)$ DECAY MODES	Fraction (Γ_i/Γ)	p (MeV/c)
e^+e^-	$(2.8\pm0.7) \times 10^{-6}$	5432

$\Upsilon(11020)$

$I^G(J^{PC}) = ?^?(1^{--})$

Mass $m = 11.019 \pm 0.008$ GeV
Full width $\Gamma = 79 \pm 16$ MeV
$\Gamma_{ee} = 0.130 \pm 0.030$ keV

$\Upsilon(11020)$ DECAY MODES	Fraction (Γ_i/Γ)	p (MeV/c)
e^+e^-	$(1.6\pm0.5) \times 10^{-6}$	5509

HEAVY QUARK SEARCHES

Searches for Top and Fourth Generation Hadrons

T — hadron with t quark
  Mass $m > 77$ GeV, CL = 95%
    ($m > 45.8$ GeV, CL = 95% from e^+e^- collisions)
B' — hadron with b' quark (4th generation)
  Mass $m > 72$ GeV, CL = 95%
    ($m > 46$ GeV, CL $\approx$ 95% from e^+e^- collisions)

See the beginning of this summary table for *general* notes.

[a] See the Note on $\pi^\pm \to \ell^\pm\nu\gamma$ and $K^\pm \to \ell^\pm\nu\gamma$ Form Factors in the Full Listings for definitions and details.

[b] See the Full Listings for the energy limits used in this measurement; low-energy γ's are not included. Thus we consider the third and fourth modes to be subreactions of the first and second modes, respectively, and let $[\Gamma(\mu^+\nu_\mu) + \Gamma(e^+\nu_e)]/\Gamma_{total} = 100\%$.

[c] See the Note on the Decay Rate $\Gamma(\eta \to \gamma\gamma)$ in the Full Listings.

[d] See the Note on η Decay Parameters in the Full Listings.

[e] The e^+e^- branching fraction is from $e^+e^- \to \pi^+\pi^-$ experiments only. The $\omega\rho$ interference is then due to $\omega\rho$ mixing only, and is expected to be small. If $e\mu$ universality holds, $\Gamma(\rho^0 \to \mu^+\mu^-) = \Gamma(\rho^0 \to e^+e^-) \times 0.99785$.

[f] This is only an educated guess; the error given is larger than the error on the average of the published values. (See the Meson Full Listings for the latter.)

[g] See Meson Full Listings.

[h] The definition of the slope parameter g of the $K \to 3\pi$ Dalitz plot is as follows (see also note in the Full Listings):
$$|M|^2 = 1 + g(s_3 - s_0)/m_{\pi^+}^2 + \cdots .$$

[i] For more details and definitions of parameters see the Full Listings.

[j] See the Full Listings for the energy limits used in this measurement.

[k] Most of this radiative mode, the low-momentum γ part, is also included in the parent mode listed without γ's.

[l] Structure-dependent part with positive (SD$^+$) and negative (SD$^-$) photon helicity. Interference terms between structure-dependent parts and inner bremsstrahlung (SD$^+$INT and SD$^-$INT).

[m] See the Note on $\pi^\pm \to \ell^\pm\nu\gamma$ and $K^\pm \to \ell^\pm\nu\gamma$ Form Factors in the $\pi^\pm$ Full Listings for definitions and details.

[n] Direct-emission branching fraction.

[o] Value is for the sum of the charge states indicated.

[p] The CP-violation parameters are defined as follows (see also note in the Full Listings):
$$\eta_{+-} = |\eta_{+-}|e^{i\phi_{+-}} = \frac{A(K_L^0 \to \pi^+\pi^-)}{A(K_S^0 \to \pi^+\pi^-)} = \epsilon + \epsilon'$$
$$\eta_{00} = |\eta_{00}|e^{i\phi_{00}} = \frac{A(K_L^0 \to \pi^0\pi^0)}{A(K_S^0 \to \pi^0\pi^0)} = \epsilon - 2\epsilon'$$
$$\delta = \frac{\Gamma(K_L^0 \to \pi^-\ell^+\nu) - \Gamma(K_L^0 \to \pi^+\ell^-\nu)}{\Gamma(K_L^0 \to \pi^-\ell^+\nu) + \Gamma(K_L^0 \to \pi^+\ell^-\nu)},$$
$$|\eta_{+-0}|^2 = \frac{\Gamma(K_S^0 \to \pi^+\pi^-\pi^0)^{CP \text{ viol.}}}{\Gamma(K_L^0 \to \pi^+\pi^-\pi^0)},$$
$$|\eta_{000}|^2 = \frac{\Gamma(K_S^0 \to \pi^0\pi^0\pi^0)}{\Gamma(K_L^0 \to \pi^0\pi^0\pi^0)}.$$

[q] Derived from $|\eta_{00}|$ and $|\eta_{+-}|$ measurements using theoretical input on phases. See note in the Full Listings.

[r] This is a weighted average of $D^\pm$ (44%) and D^0 (56%) branching fractions. See $D^\pm$ section for $D^\pm$ and $D^0 \to \eta$.

[s] $D_1^0 - D_2^0$ limits inferred from limit on $D^0 \to \overline{D}^0 \to K^+\pi^-$. $B_1^0 - B_2^0$ value inferred from $B^0 \to \overline{B}^0 \to \mu^-$ anything.

[t] The whole is less than the sum of the parts due to interference effects; see ADLER 90.

[u] Value is for the sum of the charge states indicated.

[v] Includes $p\overline{p}\pi^+\pi^-\gamma$ and excludes $p\overline{p}\eta$, $p\overline{p}\omega$, $p\overline{p}\eta'$.

[w] See $\eta(1440)$ mini-review.

[x] J^{PC} known by production in e^+e^- via single photon annihilation. I^G is not known; interpretation of this state as a single resonance is unclear because of the expectation of substantial threshold effects in this energy region.

[y] Spectroscopic labeling for these states is theoretical, pending experimental information.

Baryon Summary Table

This Summary Table only includes established baryons. The Full Listings include evidence for other baryons. The masses, widths, and branching fractions for the resonances in this Table are Breit-Wigner parameters. The Full Listings also give, where available, pole parameters. (See, in particular, the *Note on N and Δ Resonances*.)

For most of the resonances, the parameters come from various partial-wave analyses of more or less the same sets of data, and it is not appropriate to treat the results of the analyses as independent or to average them together. Furthermore, the systematic errors on the results are not well understood. Thus, we usually only give ranges for the parameters. We then also give a best guess for the mass (as part of the name of the resonance) and for the width.

The *Note on N and Δ Resonances* and the *Note on Λ and Σ Resonances* in the Full Listings review the partial-wave analyses and show the Argand diagrams from which come most of the evidence for these resonances.

When a quantity has "(S = ...)" to its right, the error on the quantity has been enlarged by the "scale factor" S, defined as $S = \sqrt{\chi^2/(N-1)}$, where N is the number of measurements used in calculating the quantity. We do this when $S > 1$, which often indicates that the measurements are inconsistent. When $S > 1.25$, we also show in the Full Listings an ideogram of the measurements. For details and qualifications on this procedure, see Section IV.C of the Introduction.

A decay momentum p is given for each decay mode. For a 2-body decay, p is the momentum of each decay product in the rest frame of the decaying particle. For a 3-or-more-body decay, p is the largest momentum any of the products can have in this frame. For any resonance, the *nominal* mass is used in calculating p. A dagger ("†") in this column indicates that the mode is forbidden when the nominal masses of resonances are used, but is in fact allowed due to the nonzero widths of the resonances.

$$\boxed{\begin{array}{c} \textbf{N BARYONS} \\ (S = 0,\ I = 1/2) \\ p,\ N^+ = uud;\quad n,\ N^0 = udd \end{array}}$$

$\boxed{p}$ $I(J^P) = \frac{1}{2}(\frac{1}{2}^+)$

Mass $m = 938.27231 \pm 0.00028$ MeV [a]
$\qquad = 1.007276470 \pm 0.000000012$ u
Magnetic moment $\mu = 2.792847386 \pm 0.000000063\ \mu_N$
Electric dipole moment $d = (-3.7 \pm 6.3) \times 10^{-23}$ e-cm
$|q_p + q_e| < 1.0 \times 10^{-21}\ e$ [b]
Mean life $\tau > 1.6 \times 10^{25}$ years   (independent of modes)
$\qquad > 10^{31} - 5 \times 10^{32}$ years [c]   (mode dependent)

For N decays, p and n distinguish proton and neutron partial lifetimes.

p DECAY MODES	Partial mean life (10^{30} years)	Confidence level	p (MeV/c)
$N \to e^+$ anything	>0.6 (n, p)	90%	–
$N \to \mu^+$ anything	>12 (n, p)	90%	–
$N \to e^+ \pi^0$ anything	>0.6 (n, p)	90%	–
$N \to e^+ \pi$	>130 (n), >310 (p)	90%	459
$N \to \mu^+ \pi$	>100 (n), >270 (p)	90%	453
$N \to \nu \pi$	>100 (n), >25 (p)	90%	459
$N \to e^+ K$	>1.3 (n), >150 (p)	90%	339
$N \to \mu^+ K$	>1.1 (n), >120 (p)	90%	329
$N \to \nu K$	>86 (n), >100 (p)	90%	339
$N \to e^+ \rho$	>58 (n), >75 (p)	90%	153
$N \to \mu^+ \rho$	>23 (n), >110 (p)	90%	119
$N \to \nu \rho$	>19 (n), >27 (p)	90%	153
$p \to e^+ \omega$	>45	90%	142
$p \to \mu^+ \omega$	>57	90%	104
$n \to \nu \omega$	>43	90%	144
$p \to e^+ \eta$	>140	90%	309
$p \to \mu^+ \eta$	>69	90%	296
$n \to \nu \eta$	>54	90%	310
$p \to e^+ K^*(892)$	>52	90%	45
$N \to \nu K^*(892)$	>22 (n), >20 (p)	90%	45
$p \to e^+ \gamma$	>460	90%	469
$p \to e^+ e^+ e^-$	>510	90%	469
$p \to \mu^+ \gamma$	>380	90%	463
$p \to \mu^+ \mu^+ \mu^-$	>190	90%	439
$n \to \nu \gamma$	>9	90%	470
$n \to e^+ e^- \nu$	>45	90%	470
$n \to \mu^+ \mu^- \nu$	>16	90%	458
$n \to 3\nu$	>0.0005	90%	470
$p \to e^+ \mu^+ \mu^-$	>5.0	90%	457
$p \to e^- \mu^+ \mu^+$	>6.0	90%	457
$p \to e^- \pi^+ \pi^+$	>2.0	90%	448
$p \to \mu^+ \pi^+ \pi^-$	>3.3	90%	425
$p \to \mu^- \pi^+ \pi^+$	>7.8	90%	425
$n \to e^- \pi^+$	>65	90%	459
$n \to \mu^- \pi^+$	>49	90%	453
$n \to e^- K^+$	>0.23	90%	340
$n \to \mu^- K^+$	>4.7	90%	330
$n \to e^- \rho^+$	>62	90%	154
$n \to \mu^- \rho^+$	>7	90%	120

$\boxed{n}$ $I(J^P) = \frac{1}{2}(\frac{1}{2}^+)$

Mass $m = 939.56563 \pm 0.00028$ MeV [a]
$\qquad = 1.008664904 \pm 0.000000014$ u
$m_n - m_p = 1.293318 \pm 0.000009$ MeV
$\qquad = 0.001388434 \pm 0.000000009$ u
Mean life $\tau = 888.6 \pm 3.5$ s   (S = 1.3)
$\qquad c\tau = 2.66 \times 10^8$ km
Magnetic moment $\mu = -1.91304275 \pm 0.00000045\ \mu_N$
Electric dipole moment $d < 12 \times 10^{-26}$ e-cm, CL = 95%
Electric polarizability $\alpha = (1.1^{+0.4}_{-0.6}) \times 10^{-3}$ fm^3
Charge $q = (-0.4 \pm 1.1) \times 10^{-21}\ e$
Mean time for $n\bar{n}$ oscillations $> 1.2 \times 10^8$ s, CL = 90% [d]

Coupling constant ratios [e]

$p e^- \bar{\nu}_e \qquad g_A/g_V = -1.261 \pm 0.004$
$\quad$ " $\qquad \phi_{AV} = (180.07 \pm 0.18)°$

n DECAY MODES	Fraction (Γ_i/Γ)	Confidence level	p (MeV/c)
$p e^- \bar{\nu}_e$	100 %		1.19
Charge conservation (Q) violating mode			
$p \nu_e \bar{\nu}_e$	Q $< 9 \times 10^{-24}$	90%	1.29

$\boxed{N(1440)\ P_{11}}$ $I(J^P) = \frac{1}{2}(\frac{1}{2}^+)$

Mass $m = 1400$ to 1480 MeV
Full width $\Gamma = 120$ to 350 MeV
$\qquad \approx 200$ MeV
$P_{beam} = 0.61$ GeV/c $\qquad 4\pi\lambda^2 = 31.0$ mb

N(1440) DECAY MODES	Fraction (Γ_i/Γ)	p (MeV/c)
$N\pi$	50–70 %	397
$N\pi\pi$	30–50 %	342
$\Delta\pi$	10–20 %	143
$N\rho$	10–15 %	†
$N(\pi\pi)^{I=0}_{S\text{-wave}}$	5–20 %	–
$p\gamma$	0.08–0.10 %	414
$n\gamma$	0.01–0.06 %	413

$\boxed{N(1520)\ D_{13}}$ $I(J^P) = \frac{1}{2}(\frac{3}{2}^-)$

Mass $m = 1510$ to 1530 MeV
Full width $\Gamma = 100$ to 140 MeV
$\qquad \approx 125$ MeV
$P_{beam} = 0.74$ GeV/c $\qquad 4\pi\lambda^2 = 23.5$ mb

N(1520) DECAY MODES	Fraction (Γ_i/Γ)	p (MeV/c)
$N\pi$	50–60 %	456
$N\eta$	~ 0.1 %	149
$N\pi\pi$	40–50 %	410
$\Delta\pi$	20–30 %	228
$N\rho$	15–25 %	†
$N(\pi\pi)^{I=0}_{S\text{-wave}}$	<5 %	–
$p\gamma$	0.43–0.57 %	470
$n\gamma$	0.34–0.51 %	470

Baryon Summary Table

$N(1535)\ S_{11}$ $\qquad I(J^P) = \frac{1}{2}(\frac{1}{2}^-)$

Mass m = 1520 to 1560 MeV
Full width Γ = 100 to 250 MeV
$\approx$ 150 MeV
P_{beam} = 0.76 GeV/c $\qquad 4\pi\lambdabar^2$ = 22.5 mb

$N(1535)$ DECAY MODES	Fraction (Γ_i/Γ)	p (MeV/c)
$N\pi$	35–50 %	467
$N\eta$	45–55 %	182
$N\pi\pi$	~ 10 %	422
$\quad \Delta\pi$	<5 %	242
$\quad N\rho$	~ 5 %	†
$\quad N(\pi\pi)_{S\text{-wave}}^{I=0}$	~ 5 %	–
$p\gamma$	0.1–0.2 %	481
$n\gamma$	0.15–0.35 %	480

$N(1650)\ S_{11}$ $\qquad I(J^P) = \frac{1}{2}(\frac{1}{2}^-)$

Mass m = 1620 to 1680 MeV
Full width Γ = 100 to 200 MeV
$\approx$ 150 MeV
P_{beam} = 0.96 GeV/c $\qquad 4\pi\lambdabar^2$ = 16.4 mb

$N(1650)$ DECAY MODES	Fraction (Γ_i/Γ)	p (MeV/c)
$N\pi$	55–65 %	547
$N\eta$	~ 1.5 %	346
ΛK	~ 8 %	161
$N\pi\pi$	20–35 %	511
$\quad \Delta\pi$	<10 %	344
$\quad N\rho$	5–30 %	†
$\quad N(\pi\pi)_{S\text{-wave}}^{I=0}$	<15 %	–
$p\gamma$	0.04–0.16 %	558
$n\gamma$	0–0.17 %	557

$N(1675)\ D_{15}$ $\qquad I(J^P) = \frac{1}{2}(\frac{5}{2}^-)$

Mass m = 1660 to 1690 MeV
Full width Γ = 120 to 180 MeV
$\approx$ 155 MeV
P_{beam} = 1.01 GeV/c $\qquad 4\pi\lambdabar^2$ = 15.4 mb

$N(1675)$ DECAY MODES	Fraction (Γ_i/Γ)	p (MeV/c)
$N\pi$	35–40 %	563
$N\eta$	~ 1 %	374
ΛK	~ 0.1 %	209
$N\pi\pi$	60–65 %	529
$\quad \Delta\pi$	55–60 %	364
$\quad N\rho$	<10 %	†
$\quad N(\pi\pi)_{S\text{-wave}}^{I=0}$	<5 %	–
$p\gamma$	~ 0.01 %	575
$n\gamma$	0.07–0.12 %	574

$N(1680)\ F_{15}$ $\qquad I(J^P) = \frac{1}{2}(\frac{5}{2}^+)$

Mass m = 1670 to 1690 MeV
Full width Γ = 110 to 140 MeV
$\approx$ 125 MeV
P_{beam} = 1.01 GeV/c $\qquad 4\pi\lambdabar^2$ = 15.2 mb

$N(1680)$ DECAY MODES	Fraction (Γ_i/Γ)	p (MeV/c)
$N\pi$	55–65 %	567
$N\eta$	<1 %	379
ΛK	not seen	218
$N\pi\pi$	35–45 %	532
$\quad \Delta\pi$	10–15 %	369
$\quad N\rho$	10–20 %	†
$\quad N(\pi\pi)_{S\text{-wave}}^{I=0}$	15–20 %	–
$p\gamma$	0.21–0.30 %	578
$n\gamma$	0.02–0.05 %	577

$N(1700)\ D_{13}$ $\qquad I(J^P) = \frac{1}{2}(\frac{3}{2}^-)$

Mass m = 1670 to 1730 MeV
Full width Γ = 70 to 120 MeV
$\approx$ 100 MeV
P_{beam} = 1.05 GeV/c $\qquad 4\pi\lambdabar^2$ = 14.5 mb

$N(1700)$ DECAY MODES	Fraction (Γ_i/Γ)	p (MeV/c)
$N\pi$	5–15 %	580
$N\eta$	~ 4 %	400
ΛK	~ 0.2 %	250
$N\pi\pi$	80–90 %	547
$\quad \Delta\pi$	15–70 %	385
$\quad N\rho$	<20 %	†
$\quad N(\pi\pi)_{S\text{-wave}}^{I=0}$	<70 %	–
$p\gamma$	~ 0.01 %	591

$N(1710)\ P_{11}$ $\qquad I(J^P) = \frac{1}{2}(\frac{1}{2}^+)$

Mass m = 1680 to 1740 MeV
Full width Γ = 90 to 130 MeV
$\approx$ 110 MeV
P_{beam} = 1.07 GeV/c $\qquad 4\pi\lambdabar^2$ = 14.2 mb

$N(1710)$ DECAY MODES	Fraction (Γ_i/Γ)	p (MeV/c)
$N\pi$	10–20 %	587
$N\eta$	~ 25 %	410
ΛK	~ 15 %	264
ΣK	2–10 %	138
$N\pi\pi$	<50 %	554
$\quad \Delta\pi$	10–20 %	393
$\quad N\rho$	5–35 %	48
$\quad N(\pi\pi)_{S\text{-wave}}^{I=0}$	5–35 %	–

$N(1720)\ P_{13}$ $\qquad I(J^P) = \frac{1}{2}(\frac{3}{2}^+)$

Mass m = 1690 to 1800 MeV
Full width Γ = 125 to 250 MeV
$\approx$ 200 MeV
P_{beam} = 1.09 GeV/c $\qquad 4\pi\lambdabar^2$ = 13.9 mb

$N(1720)$ DECAY MODES	Fraction (Γ_i/Γ)	p (MeV/c)
$N\pi$	10–20 %	594
$N\eta$	~ 3.5 %	420
ΛK	~ 5 %	278
ΣK	2–5 %	162
$N\pi\pi$	<75 %	561
$\quad \Delta\pi$	<15 %	401
$\quad N\rho$	<75 %	104
$\quad N(\pi\pi)_{S\text{-wave}}^{I=0}$	<20 %	–

$N(2190)\ G_{17}$ $\qquad I(J^P) = \frac{1}{2}(\frac{7}{2}^-)$

Mass m = 2120 to 2230 MeV
Full width Γ = 200 to 500 MeV
$\approx$ 350 MeV
P_{beam} = 2.07 GeV/c $\qquad 4\pi\lambdabar^2$ = 6.21 mb

$N(2190)$ DECAY MODES	Fraction (Γ_i/Γ)	p (MeV/c)
$N\pi$	~ 14 %	888
$N\eta$	~ 3 %	790
ΛK	~ 0.3 %	712

Baryon Summary Table

$N(2220)\ H_{19}$		$I(J^P) = \frac{1}{2}(\frac{9}{2}^+)$

Mass m = 2150 to 2300 MeV
Full width Γ = 300 to 500 MeV
$\approx$ 400 MeV
P_{beam} = 2.14 GeV/c $4\pi\lambda^2$ = 5.97 mb

$N(2220)$ DECAY MODES	Fraction (Γ_i/Γ)	p (MeV/c)
$N\pi$	$\sim$ 18 %	905
$N\eta$	$\sim$ 0.5 %	811
ΛK	$\sim$ 0.2 %	732

$N(2250)\ G_{19}$		$I(J^P) = \frac{1}{2}(\frac{9}{2}^-)$

Mass m = 2130 to 2270 MeV
Full width Γ = 200 to 500 MeV
$\approx$ 300 MeV
P_{beam} = 2.21 GeV/c $4\pi\lambda^2$ = 5.74 mb

$N(2250)$ DECAY MODES	Fraction (Γ_i/Γ)	p (MeV/c)
$N\pi$	$\sim$ 10 %	923
$N\eta$	$\sim$ 2 %	831
ΛK	$\sim$ 0.3 %	754

$N(2600)\ h_{1,11}$		$I(J^P) = \frac{1}{2}(\frac{11}{2}^-)$

Mass m = 2580 to 2700 MeV
Full width Γ = >300 MeV
$\approx$ 400 MeV
P_{beam} = 3.12 GeV/c $4\pi\lambda^2$ = 3.86 mb

$N(2600)$ DECAY MODES	Fraction (Γ_i/Γ)	p (MeV/c)
$N\pi$	$\sim$ 5 %	1125

Δ BARYONS
$(S=0, I=3/2)$
$\Delta^{++} = uuu, \quad \Delta^+ = uud, \quad \Delta^0 = udd, \quad \Delta^- = ddd$

$\Delta(1232)\ P_{33}$		$I(J^P) = \frac{3}{2}(\frac{3}{2}^+)$

Mass m = 1230 to 1234 MeV
Full width Γ = 110 to 120 MeV
$\approx$ 115 MeV
P_{beam} = 0.30 GeV/c $4\pi\lambda^2$ = 94.8 mb

$\Delta(1232)$ DECAY MODES	Fraction (Γ_i/Γ)	p (MeV/c)
$N\pi$	99.4 %	227
$N\gamma$	0.56–0.66 %	259

$\Delta(1620)\ S_{31}$		$I(J^P) = \frac{3}{2}(\frac{1}{2}^-)$

Mass m = 1600 to 1650 MeV
Full width Γ = 120 to 160 MeV
$\approx$ 140 MeV
P_{beam} = 0.91 GeV/c $4\pi\lambda^2$ = 17.7 mb

$\Delta(1620)$ DECAY MODES	Fraction (Γ_i/Γ)	p (MeV/c)
$N\pi$	25–35 %	526
$N\pi\pi$	65–75 %	488
$\quad\Delta\pi$	60–70 %	318
$\quad N\rho$	10–20 %	†
$N\gamma$	$\sim$ 0.03 %	538

$\Delta(1700)\ D_{33}$		$I(J^P) = \frac{3}{2}(\frac{3}{2}^-)$

Mass m = 1630 to 1740 MeV
Full width Γ = 190 to 300 MeV
$\approx$ 250 MeV
P_{beam} = 1.05 GeV/c $4\pi\lambda^2$ = 14.5 mb

$\Delta(1700)$ DECAY MODES	Fraction (Γ_i/Γ)	p (MeV/c)
$N\pi$	10–20 %	580
$N\pi\pi$	80–90 %	547
$\quad\Delta\pi$	50–90 %	385
$\quad N\rho$	<35 %	†
$N\gamma$	0.14–0.33 %	591

$\Delta(1900)\ S_{31}$		$I(J^P) = \frac{3}{2}(\frac{1}{2}^-)$

Mass m = 1850 to 2000 MeV
Full width Γ = 130 to 300 MeV
$\approx$ 150 MeV
P_{beam} = 1.44 GeV/c $4\pi\lambda^2$ = 9.71 mb

$\Delta(1900)$ DECAY MODES	Fraction (Γ_i/Γ)	p (MeV/c)
$N\pi$	5–15 %	710
ΣK	not seen	410

$\Delta(1905)\ F_{35}$		$I(J^P) = \frac{3}{2}(\frac{5}{2}^+)$

Mass m = 1890 to 1920 MeV
Full width Γ = 250 to 400 MeV
$\approx$ 300 MeV
P_{beam} = 1.45 GeV/c $4\pi\lambda^2$ = 9.62 mb

$\Delta(1905)$ DECAY MODES	Fraction (Γ_i/Γ)	p (MeV/c)
$N\pi$	5–15 %	713
ΣK	<3 %	415
$N\pi\pi$	<75 %	687
$\quad\Delta\pi$	$\sim$ 25 %	542
$\quad N\rho$	<50 %	421
$N\gamma$	0.01–0.05 %	721

$\Delta(1910)\ P_{31}$		$I(J^P) = \frac{3}{2}(\frac{1}{2}^+)$

Mass m = 1850 to 1950 MeV
Full width Γ = 200 to 330 MeV
$\approx$ 220 MeV
P_{beam} = 1.46 GeV/c $4\pi\lambda^2$ = 9.54 mb

$\Delta(1910)$ DECAY MODES	Fraction (Γ_i/Γ)	p (MeV/c)
$N\pi$	15–25 %	716
ΣK	not seen	421
$N\pi\pi$	<75 %	691
$\quad\Delta\pi$	small	545
$\quad N\rho$	small	426
$N(1440)\pi$	large	393

$\Delta(1920)\ P_{33}$		$I(J^P) = \frac{3}{2}(\frac{3}{2}^+)$

Mass m = 1860 to 2160 MeV
Full width Γ = 190 to 300 MeV
$\approx$ 250 MeV
P_{beam} = 1.48 GeV/c $4\pi\lambda^2$ = 9.38 mb

$\Delta(1920)$ DECAY MODES	Fraction (Γ_i/Γ)	p (MeV/c)
$N\pi$	15–20 %	722
ΣK	$\sim$ 5 %	431

Baryon Summary Table

$\Delta(1930)\ D_{35}$ $\qquad I(J^P) = \frac{3}{2}(\frac{5}{2}^-)$

Mass m = 1890 to 1960 MeV
Full width Γ = 150 to 350 MeV
$\qquad \approx$ 250 MeV
P_{beam} = 1.50 GeV/c $\qquad 4\pi\lambda^2$ = 9.21 mb

$\Delta(1930)$ DECAY MODES	Fraction (Γ_i/Γ)	p (MeV/c)
$N\pi$	5–15 %	729
ΣK	not seen	441
$N\pi\pi$	not seen	704

$\Delta(1950)\ F_{37}$ $\qquad I(J^P) = \frac{3}{2}(\frac{7}{2}^+)$

Mass m = 1910 to 1960 MeV
Full width Γ = 200 to 340 MeV
$\qquad \approx$ 240 MeV
P_{beam} = 1.54 GeV/c $\qquad 4\pi\lambda^2$ = 8.91 mb

$\Delta(1950)$ DECAY MODES	Fraction (Γ_i/Γ)	p (MeV/c)
$N\pi$	35–45 %	741
ΣK	not seen	460
$N\pi\pi$	<40 %	716
$\quad \Delta\pi$	~ 30 %	574
$\quad N\rho$	<10 %	469
$N\gamma$	0.08–0.17 %	749

$\Delta(2420)\ H_{3,11}$ $\qquad I(J^P) = \frac{3}{2}(\frac{11}{2}^+)$

Mass m = 2380 to 2450 MeV
Full width Γ = 300 to 500 MeV
$\qquad \approx$ 300 MeV
P_{beam} = 2.64 GeV/c $\qquad 4\pi\lambda^2$ = 4.68 mb

$\Delta(2420)$ DECAY MODES	Fraction (Γ_i/Γ)	p (MeV/c)
$N\pi$	5–15 %	1023

Λ BARYONS
$(S=-1, I=0)$
$\Lambda^0 = uds$

Λ $\qquad I(J^P) = 0(\frac{1}{2}^+)$

Mass m = 1115.63 ± 0.05 MeV $\quad$ (S = 1.4)
Mean life τ = (2.632 ± 0.020)× 10^{-10} s $\quad$ (S = 1.6)
$\qquad c\tau$ = 7.89 cm
Magnetic moment μ = −0.613 ± 0.004 μ_N
Electric dipole moment d < 1.5 × 10^{-16} e-cm, CL = 95%

Decay parameters [f]

$p\pi^-$	α_- = 0.642 ± 0.013
"	ϕ_- = (−6.5 ± 3.5)°
"	γ_- = 0.76
"	Δ_- = (8 ± 4)°
$n\pi^0$	α_0 = +0.65 ± 0.05

Coupling constant ratios [e]

$pe^-\overline{\nu}_e$	g_A/g_V = −0.718 ± 0.015

Λ DECAY MODES	Fraction (Γ_i/Γ)	p (MeV/c)
$p\pi^-$	(64.1 ±0.5) %	101
$n\pi^0$	(35.7 ±0.5) %	104
$n\gamma$	(1.02±0.33) × 10^{-3}	162
$p\pi^-\gamma$	[g] (8.5 ±1.4) × 10^{-4}	101
$pe^-\overline{\nu}_e$	(8.34±0.14) × 10^{-4}	163
$p\mu^-\overline{\nu}_\mu$	(1.57±0.35) × 10^{-4}	131

$\Lambda(1405)\ S_{01}$ $\qquad I(J^P) = 0(\frac{1}{2}^-)$

Mass m = 1400 to 1410 MeV
Full width Γ = 45 to 65 MeV
$\qquad$ Below $\overline{K} N$ threshold

$\Lambda(1405)$ DECAY MODES	Fraction (Γ_i/Γ)	p (MeV/c)
$\Sigma\pi$	100 %	152

$\Lambda(1520)\ D_{03}$ $\qquad I(J^P) = 0(\frac{3}{2}^-)$

Mass m = 1519.5 ± 1.0 MeV [h]
Full width Γ = 15.6 ± 1.0 MeV [h]
P_{beam} = 0.395 GeV/c $\qquad 4\pi\lambda^2$ = 82.3 mb

$\Lambda(1520)$ DECAY MODES	Fraction (Γ_i/Γ)	p (MeV/c)
$N\overline{K}$	45 ± 1%	244
$\Sigma\pi$	42 ± 1%	267
$\Lambda\pi\pi$	10 ± 1%	252
$\Sigma\pi\pi$	0.9 ± 0.1%	152
$\Lambda\gamma$	0.8 ± 0.2%	351

$\Lambda(1600)\ P_{01}$ $\qquad I(J^P) = 0(\frac{1}{2}^+)$

Mass m = 1560 to 1700 MeV
Full width Γ = 50 to 250 MeV
$\qquad \approx$ 150 MeV
P_{beam} = 0.58 GeV/c $\qquad 4\pi\lambda^2$ = 41.6 mb

$\Lambda(1600)$ DECAY MODES	Fraction (Γ_i/Γ)	p (MeV/c)
$N\overline{K}$	15–30 %	343
$\Sigma\pi$	10–60 %	336

$\Lambda(1670)\ S_{01}$ $\qquad I(J^P) = 0(\frac{1}{2}^-)$

Mass m = 1660 to 1680 MeV
Full width Γ = 25 to 50 MeV
$\qquad \approx$ 35 MeV
P_{beam} = 0.74 GeV/c $\qquad 4\pi\lambda^2$ = 28.5 mb

$\Lambda(1670)$ DECAY MODES	Fraction (Γ_i/Γ)	p (MeV/c)
$N\overline{K}$	15–25 %	414
$\Sigma\pi$	20–60 %	393
$\Lambda\eta$	15–35 %	64

$\Lambda(1690)\ D_{03}$ $\qquad I(J^P) = 0(\frac{3}{2}^-)$

Mass m = 1685 to 1695 MeV
Full width Γ = 50 to 70 MeV
$\qquad \approx$ 60 MeV
P_{beam} = 0.78 GeV/c $\qquad 4\pi\lambda^2$ = 26.1 mb

$\Lambda(1690)$ DECAY MODES	Fraction (Γ_i/Γ)	p (MeV/c)
$N\overline{K}$	20–30 %	433
$\Sigma\pi$	20–40 %	409
$\Lambda\pi\pi$	~ 25 %	415
$\Sigma\pi\pi$	~ 20 %	350

$\Lambda(1800)\ S_{01}$ $\qquad I(J^P) = 0(\frac{1}{2}^-)$

Mass m = 1720 to 1850 MeV
Full width Γ = 200 to 400 MeV
$\qquad \approx$ 300 MeV
P_{beam} = 1.01 GeV/c $\qquad 4\pi\lambda^2$ = 17.5 mb

$\Lambda(1800)$ DECAY MODES	Fraction (Γ_i/Γ)	p (MeV/c)
$N\overline{K}$	25–40 %	528
$\Sigma\pi$	seen	493
$\Sigma(1385)\pi$	seen	345
$N\overline{K}^*(892)$	seen	†

Baryon Summary Table

$\Lambda(1810)\ P_{01}$ $I(J^P) = 0(\tfrac{1}{2}^+)$

Mass $m = 1750$ to 1850 MeV
Full width $\Gamma = 50$ to 250 MeV
    ≈ 150 MeV
$P_{beam} = 1.03$ GeV/c $4\pi\lambda^2 = 17.0$ mb

$\Lambda(1810)$ DECAY MODES	Fraction (Γ_i/Γ)	p (MeV/c)
$N\overline{K}$	20–50 %	537
$\Sigma\pi$	10–40 %	501
$\Sigma(1385)\pi$	seen	356
$N\overline{K}^*(892)$	30–60 %	†

$\Lambda(1820)\ F_{05}$ $I(J^P) = 0(\tfrac{5}{2}^+)$

Mass $m = 1815$ to 1825 MeV
Full width $\Gamma = 70$ to 90 MeV
    ≈ 80 MeV
$P_{beam} = 1.06$ GeV/c $4\pi\lambda^2 = 16.5$ mb

$\Lambda(1820)$ DECAY MODES	Fraction (Γ_i/Γ)	p (MeV/c)
$N\overline{K}$	55–65 %	545
$\Sigma\pi$	8–14 %	508
$\Sigma(1385)\pi$	5–10 %	362

$\Lambda(1830)\ D_{05}$ $I(J^P) = 0(\tfrac{5}{2}^-)$

Mass $m = 1810$ to 1830 MeV
Full width $\Gamma = 60$ to 110 MeV
    ≈ 95 MeV
$P_{beam} = 1.08$ GeV/c $4\pi\lambda^2 = 16.0$ mb

$\Lambda(1830)$ DECAY MODES	Fraction (Γ_i/Γ)	p (MeV/c)
$N\overline{K}$	3–10 %	553
$\Sigma\pi$	35–75 %	515
$\Sigma(1385)\pi$	>15 %	371

$\Lambda(1890)\ P_{03}$ $I(J^P) = 0(\tfrac{3}{2}^+)$

Mass $m = 1850$ to 1910 MeV
Full width $\Gamma = 60$ to 200 MeV
    ≈ 100 MeV
$P_{beam} = 1.21$ GeV/c $4\pi\lambda^2 = 13.6$ mb

$\Lambda(1890)$ DECAY MODES	Fraction (Γ_i/Γ)	p (MeV/c)
$N\overline{K}$	20–35 %	599
$\Sigma\pi$	3–10 %	559
$\Sigma(1385)\pi$	seen	420
$N\overline{K}^*(892)$	seen	233

$\Lambda(2100)\ G_{07}$ $I(J^P) = 0(\tfrac{7}{2}^-)$

Mass $m = 2090$ to 2110 MeV
Full width $\Gamma = 100$ to 250 MeV
    ≈ 200 MeV
$P_{beam} = 1.68$ GeV/c $4\pi\lambda^2 = 8.68$ mb

$\Lambda(2100)$ DECAY MODES	Fraction (Γ_i/Γ)	p (MeV/c)
$N\overline{K}$	25–35 %	751
$\Sigma\pi$	~ 5 %	704
$\Lambda\eta$	<3 %	617
ΞK	<3 %	483
$\Lambda\omega$	<8 %	443
$N\overline{K}^*(892)$	10–20 %	514

$\Lambda(2110)\ F_{05}$ $I(J^P) = 0(\tfrac{5}{2}^+)$

Mass $m = 2090$ to 2140 MeV
Full width $\Gamma = 150$ to 250 MeV
    ≈ 200 MeV
$P_{beam} = 1.70$ GeV/c $4\pi\lambda^2 = 8.53$ mb

$\Lambda(2110)$ DECAY MODES	Fraction (Γ_i/Γ)	p (MeV/c)
$N\overline{K}$	5–25 %	757
$\Sigma\pi$	10–40 %	711
$\Lambda\omega$	seen	455
$\Sigma(1385)\pi$	seen	589
$N\overline{K}^*(892)$	10–60 %	524

$\Lambda(2350)\ H_{09}$ $I(J^P) = 0(\tfrac{9}{2}^+)$

Mass $m = 2340$ to 2370 MeV
Full width $\Gamma = 100$ to 250 MeV
    ≈ 150 MeV
$P_{beam} = 2.29$ GeV/c $4\pi\lambda^2 = 5.85$ mb

$\Lambda(2350)$ DECAY MODES	Fraction (Γ_i/Γ)	p (MeV/c)
$N\overline{K}$	~ 12 %	915
$\Sigma\pi$	~ 10 %	867

Σ BARYONS
$(S = -1, I = 1)$
$$\Sigma^+ = uus, \quad \Sigma^0 = uds, \quad \Sigma^- = dds$$

Σ^+ $I(J^P) = 1(\tfrac{1}{2}^+)$

Mass $m = 1189.37 \pm 0.07$ MeV $(S = 2.1)$
Mean life $\tau = (0.799 \pm 0.004)\times 10^{-10}$ s
    $c\tau = 2.40$ cm
Magnetic moment $\mu = 2.42 \pm 0.05\ \mu_N$ $(S = 3.1)$
$\Gamma(\Sigma^+ \to n\ell^+\nu)/\Gamma(\Sigma^- \to n\ell^-\overline{\nu}) < 0.043$

Decay parameters [f]

$p\pi^0$	$\alpha_0 = -0.980^{+0.017}_{-0.015}$
"	$\phi_0 = (36 \pm 34)^\circ$
"	$\gamma_0 = 0.16$
"	$\Delta_0 = (187 \pm 6)^\circ$
$n\pi^+$	$\alpha_+ = 0.068 \pm 0.013$
"	$\phi_+ = (167 \pm 20)^\circ$ $(S = 1.1)$
"	$\gamma_+ = -0.97$
"	$\Delta_+ = (-73^{+133}_{-10})^\circ$
$p\gamma$	$\alpha_\gamma = -0.83 \pm 0.12$

Σ^+ DECAY MODES		Fraction (Γ_i/Γ)	Confidence level	p (MeV/c)
$p\pi^0$		(51.57 ± 0.30) %		189
$n\pi^+$		(48.30 ± 0.30) %		185
$p\gamma$		$(1.25 \pm 0.07) \times 10^{-3}$		225
$n\pi^+\gamma$	[g]	$(4.5 \pm 0.5) \times 10^{-4}$		185
$\Lambda e^+ \nu_e$		$(2.0 \pm 0.5) \times 10^{-5}$		71

$\Delta S = \Delta Q\ (SQ)$ or Flavor-Changing neutral current (FC)
violating modes

$n e^+ \nu_e$	SQ	< 5	$\times 10^{-6}$	90%	224
$n \mu^+ \nu_\mu$	SQ	< 3.0	$\times 10^{-5}$	90%	202
$p e^+ e^-$	FC	< 7	$\times 10^{-6}$		225

Baryon Summary Table

Σ^0 — $I(J^P) = 1(\frac{1}{2}^+)$

J^P not measured; assumed to be the same as for the Σ^+ and Σ^-.
Mass $m = 1192.55 \pm 0.10$ MeV (S = 1.4)
$m_{\Sigma^-} - m_{\Sigma^0} = 4.89 \pm 0.08$ MeV (S = 1.2)
$m_{\Sigma^0} - m_\Lambda = 76.92 \pm 0.10$ MeV (S = 1.4)
Mean life $\tau = (7.4 \pm 0.7) \times 10^{-20}$ s
  $c\tau = 2.2 \times 10^{-9}$ cm
Transition magnetic moment $|\mu_{\Sigma\Lambda}| = 1.61 \pm 0.08\ \mu_N$

Σ^0 DECAY MODES	Fraction (Γ_i/Γ)	Confidence level	p (MeV/c)
$\Lambda\gamma$	100 %		74
$\Lambda\gamma\gamma$	< 3 %	90%	74
$\Lambda e^+ e^-$	[f] 5×10^{-3}		74

 Σ^- — $I(J^P) = 1(\frac{1}{2}^+)$

Mass $m = 1197.43 \pm 0.06$ MeV (S = 1.6)
$m_{\Sigma^-} - m_{\Sigma^+} = 8.07 \pm 0.09$ MeV (S = 1.9)
Mean life $\tau = (1.479 \pm 0.011) \times 10^{-10}$ s (S = 1.3)
  $c\tau = 4.43$ cm
Magnetic moment $\mu = -1.157 \pm 0.025\ \mu_N$ (S = 1.7)

Decay parameters [f]

$n\pi^-$	$\alpha_- = -0.068 \pm 0.008$
"	$\phi_- = (10 \pm 15)^\circ$
"	$\gamma_- = 0.98$
"	$\Delta_- = (249^{+12}_{-120})^\circ$

Coupling constant ratios [e]

$ne^-\overline{\nu}_e$	$g_A/g_V = 0.340 \pm 0.017$
$\Lambda e^-\overline{\nu}_e$	$g_V/g_A = 0.01 \pm 0.10$ (S = 1.5)
"	$g_{WM}/g_A = 2.4 \pm 1.7$

Σ^- DECAY MODES	Fraction (Γ_i/Γ)	p (MeV/c)
$n\pi^-$	(99.848 ± 0.005) %	193
$n\pi^-\gamma$	[g] $(4.6 \pm 0.6) \times 10^{-4}$	193
$ne^-\overline{\nu}_e$	$(1.017 \pm 0.034) \times 10^{-3}$	230
$n\mu^-\overline{\nu}_\mu$	$(4.5 \pm 0.4) \times 10^{-4}$	210
$\Lambda e^-\overline{\nu}_e$	$(5.73 \pm 0.27) \times 10^{-5}$	79

$\Sigma(1385)\ P_{13}$ — $I(J^P) = 1(\frac{3}{2}^+)$

$\Sigma(1385)^+$ mass $m = 1382.8 \pm 0.4$ MeV (S = 2.0)
$\Sigma(1385)^0$ mass $m = 1383.7 \pm 1.0$ MeV (S = 1.4)
$\Sigma(1385)^-$ mass $m = 1387.2 \pm 0.5$ MeV (S = 2.2)
$\Sigma(1835)^+$ full width $\Gamma = 35.8 \pm 0.8$ MeV
$\Sigma(1835)^0$ full width $\Gamma = 36 \pm 5$ MeV
$\Sigma(1835)^-$ full width $\Gamma = 39.4 \pm 2.1$ MeV (S = 1.7)
  Below $\overline{K}N$ threshold

$\Sigma(1385)$ DECAY MODES	Fraction (Γ_i/Γ)	p (MeV/c)
$\Lambda\pi$	88 ± 2 %	208
$\Sigma\pi$	12 ± 2 %	127

$\Sigma(1660)\ P_{11}$ — $I(J^P) = 1(\frac{1}{2}^+)$

Mass $m = 1630$ to 1690 MeV
Full width $\Gamma = 40$ to 200 MeV
  ≈ 100 MeV
$P_{beam} = 0.72$ GeV/c $4\pi\lambda^2 = 29.9$ mb

$\Sigma(1660)$ DECAY MODES	Fraction (Γ_i/Γ)	p (MeV/c)
$N\overline{K}$	10–30 %	405
$\Lambda\pi$	seen	439
$\Sigma\pi$	seen	385

$\Sigma(1670)\ D_{13}$ — $I(J^P) = 1(\frac{3}{2}^-)$

Mass $m = 1665$ to 1685 MeV
Full width $\Gamma = 40$ to 80 MeV
  ≈ 60 MeV
$P_{beam} = 0.74$ GeV/c $4\pi\lambda^2 = 28.5$ mb

$\Sigma(1670)$ DECAY MODES	Fraction (Γ_i/Γ)	p (MeV/c)
$N\overline{K}$	7–13 %	414
$\Lambda\pi$	5–15 %	447
$\Sigma\pi$	30–60 %	393

$\Sigma(1750)\ S_{11}$ — $I(J^P) = 1(\frac{1}{2}^-)$

Mass $m = 1730$ to 1800 MeV
Full width $\Gamma = 60$ to 160 MeV
  ≈ 90 MeV
$P_{beam} = 0.91$ GeV/c $4\pi\lambda^2 = 20.7$ mb

$\Sigma(1750)$ DECAY MODES	Fraction (Γ_i/Γ)	p (MeV/c)
$N\overline{K}$	10–40 %	486
$\Lambda\pi$	seen	507
$\Sigma\pi$	<8 %	455
$\Sigma\eta$	15–55 %	81

$\Sigma(1775)\ D_{15}$ — $I(J^P) = 1(\frac{5}{2}^-)$

Mass $m = 1770$ to 1780 MeV
Full width $\Gamma = 105$ to 135 MeV
  ≈ 120 MeV
$P_{beam} = 0.96$ GeV/c $4\pi\lambda^2 = 19.0$ mb

$\Sigma(1775)$ DECAY MODES	Fraction (Γ_i/Γ)	p (MeV/c)
$N\overline{K}$	37–43%	508
$\Lambda\pi$	14–20%	525
$\Sigma\pi$	2–5%	474
$\Sigma(1385)\pi$	8–12%	324
$\Lambda(1520)\pi$	17–23%	198

$\Sigma(1915)\ F_{15}$ — $I(J^P) = 1(\frac{5}{2}^+)$

Mass $m = 1900$ to 1935 MeV
Full width $\Gamma = 80$ to 160 MeV
  ≈ 120 MeV
$P_{beam} = 1.26$ GeV/c $4\pi\lambda^2 = 12.8$ mb

$\Sigma(1915)$ DECAY MODES	Fraction (Γ_i/Γ)	p (MeV/c)
$N\overline{K}$	5–15 %	618
$\Lambda\pi$	seen	622
$\Sigma\pi$	seen	577
$\Sigma(1385)\pi$	<5 %	440

$\Sigma(1940)\ D_{13}$ — $I(J^P) = 1(\frac{3}{2}^-)$

Mass $m = 1900$ to 1950 MeV
Full width $\Gamma = 150$ to 300 MeV
  ≈ 220 MeV
$P_{beam} = 1.32$ GeV/c $4\pi\lambda^2 = 12.1$ mb

$\Sigma(1940)$ DECAY MODES	Fraction (Γ_i/Γ)	p (MeV/c)
$N\overline{K}$	<20 %	637
$\Lambda\pi$	seen	639
$\Sigma\pi$	seen	594
$\Sigma(1385)\pi$	seen	460
$\Lambda(1520)\pi$	seen	354
$\Delta(1232)\overline{K}$	seen	410
$N\overline{K}^*(892)$	seen	320

Baryon Summary Table

$\Sigma(2030)\ F_{17}$ — $I(J^P) = 1(\frac{7}{2}^+)$

Mass m = 2025 to 2040 MeV
Full width Γ = 150 to 200 MeV
$\approx$ 180 MeV
P_{beam} = 1.52 GeV/c $4\pi\lambda^2$ = 9.93 mb

$\Sigma(2030)$ DECAY MODES	Fraction (Γ_i/Γ)	p (MeV/c)
$N\overline{K}$	17–23 %	702
$\Lambda\pi$	17–23 %	700
$\Sigma\pi$	5–10 %	657
ΞK	<2 %	412
$\Sigma(1385)\pi$	5–15 %	529
$\Lambda(1520)\pi$	10–20 %	430
$\Delta(1232)\overline{K}$	10–20 %	498
$N\overline{K}^*(892)$	<5 %	438

$\Sigma(2250)$ — $I(J^P) = 1(?^?)$

Mass m = 2210 to 2280 MeV
Full width Γ = 60 to 150 MeV
$\approx$ 100 MeV
P_{beam} = 2.04 GeV/c $4\pi\lambda^2$ = 6.76 mb

$\Sigma(2250)$ DECAY MODES	Fraction (Γ_i/Γ)	p (MeV/c)
$N\overline{K}$	<10 %	851
$\Lambda\pi$	seen	842
$\Sigma\pi$	seen	803

Ξ BARYONS
$(S = -2,\ I = 1/2)$
$\Xi^0 = uss,\quad \Xi^- = dss$

Ξ^0 — $I(J^P) = \frac{1}{2}(\frac{1}{2}^+)$

P not yet measured; + is the quark model prediction.
Mass m = 1314.9 $\pm$ 0.6 MeV
$m_{\Xi^-} - m_{\Xi^0}$ = 6.4 $\pm$ 0.6 MeV
Mean life τ = $(2.90 \pm 0.09) \times 10^{-10}$ s
$c\tau$ = 8.69 cm
Magnetic moment μ = $-1.250 \pm 0.014\ \mu_N$

Decay parameters [f]

$\Lambda\pi^0$	$\alpha = -0.411 \pm 0.022$ (S = 2.1)
"	$\phi = (21 \pm 12)°$
"	$\gamma = 0.85$
"	$\Delta = (218^{+12}_{-19})°$
$\Lambda\gamma$	$\alpha = +0.43 \pm 0.44$
$\Sigma^0\gamma$	$\alpha = 0.20 \pm 0.32$

Ξ^0 DECAY MODES	Fraction (Γ_i/Γ)		Confidence level	p (MeV/c)
$\Lambda\pi^0$	100	%		135
$\Lambda\gamma$	(1.06 ± 0.16) $\times 10^{-3}$			184
$\Sigma^0\gamma$	($3.6\ \pm0.4$) $\times 10^{-3}$			117
$\Sigma^+ e^- \overline{\nu}_e$	< 1.1	$\times 10^{-3}$	90%	120
$\Sigma^+ \mu^- \overline{\nu}_\mu$	< 1.1	$\times 10^{-3}$	90%	64

$\Delta S = \Delta Q\ (SQ)$ or $\Delta S = 2\ (\Delta S)$ violating modes

$\Sigma^- e^+ \nu_e$	SQ < 9	$\times 10^{-4}$	90%	112
$\Sigma^- \mu^+ \nu_\mu$	SQ < 9	$\times 10^{-4}$	90%	49
$p\pi^-$	ΔS < 4	$\times 10^{-5}$	90%	299
$p e^- \overline{\nu}_e$	ΔS < 1.3	$\times 10^{-3}$		323
$p \mu^- \overline{\nu}_\mu$	ΔS < 1.3	$\times 10^{-3}$		309

Ξ^- — $I(J^P) = \frac{1}{2}(\frac{1}{2}^+)$

P not yet measured; + is the quark model prediction.
Mass m = 1321.32 $\pm$ 0.13 MeV
Mean life τ = $(1.639 \pm 0.015) \times 10^{-10}$ s
$c\tau$ = 4.91 cm
Magnetic moment  μ = $-0.679 \pm 0.031\ \mu_N$

Decay parameters [f]

$\Lambda\pi^-$	$\alpha = -0.456 \pm 0.014$ (S = 1.8)
"	$\phi = (4 \pm 4)°$
"	$\gamma = 0.89$
"	$\Delta = (188 \pm 8)°$

Coupling constant ratios [e]

$\Lambda e^- \overline{\nu}_e$ $g_A/g_V = -0.25 \pm 0.05$

Ξ^- DECAY MODES	Fraction (Γ_i/Γ)		Confidence level	p (MeV/c)
$\Lambda\pi^-$	100	%		139
$\Sigma^- \gamma$	(2.3 ± 1.0) $\times 10^{-4}$			118
$\Lambda e^- \overline{\nu}_e$	(5.5 ± 0.3) $\times 10^{-4}$			190
$\Lambda \mu^- \overline{\nu}_\mu$	(3.5 ± 3.5) $\times 10^{-4}$			163
$\Sigma^0 e^- \overline{\nu}_e$	(8.7 ± 1.7) $\times 10^{-5}$			122
$\Sigma^0 \mu^- \overline{\nu}_\mu$	< 8	$\times 10^{-4}$	90%	70
$\Xi^0 e^- \overline{\nu}_e$	< 2.3	$\times 10^{-3}$	90%	6

$\Delta S = 2\ (\Delta S)$ violating modes

$n\pi^-$	ΔS < 1.9	$\times 10^{-5}$	90%	303
$n e^- \overline{\nu}_e$	ΔS < 3.2	$\times 10^{-3}$	90%	327
$n \mu^- \overline{\nu}_\mu$	ΔS < 1.5	%	90%	314
$p\pi^- \pi^-$	ΔS < 4	$\times 10^{-4}$	90%	223
$p\pi^- e^- \overline{\nu}_e$	ΔS < 4	$\times 10^{-4}$	90%	304
$p\pi^- \mu^- \overline{\nu}_\mu$	ΔS < 4	$\times 10^{-4}$	90%	250

$\Xi(1530)\ P_{13}$ — $I(J^P) = \frac{1}{2}(\frac{3}{2}^+)$

$\Xi(1530)^0$ mass m = 1531.80 $\pm$ 0.32 MeV   (S = 1.3)
$\Xi(1530)^-$ mass m = 1535.0 $\pm$ 0.6 MeV
$\Xi(1530)^0$ full width Γ = 9.1 $\pm$ 0.5 MeV
$\Xi(1530)^-$ full width Γ = $9.9^{+1.7}_{-1.9}$ MeV

$\Xi(1530)$ DECAY MODES	Fraction (Γ_i/Γ)	Confidence level	p (MeV/c)
$\Xi\pi$	100 %		152
$\Xi\gamma$	<4 %	90%	200

$\Xi(1690)$ — $I(J^P) = \frac{1}{2}(?^?)$

Mass m = 1690 $\pm$ 10 MeV [h]
Full width Γ < 50 MeV

$\Xi(1690)$ DECAY MODES	Fraction (Γ_i/Γ)	p (MeV/c)
$\Lambda\overline{K}$	seen	240
$\Sigma\overline{K}$	seen	51

$\Xi(1820)\ D_{13}$ — $I(J^P) = \frac{1}{2}(\frac{3}{2}^-)$

Mass m = 1823 $\pm$ 5 MeV [h]
Full width Γ = 24^{+15}_{-10} MeV [h]

$\Xi(1820)$ DECAY MODES	Fraction (Γ_i/Γ)	p (MeV/c)
$\Lambda\overline{K}$	large	400
$\Sigma\overline{K}$	small	320
$\Xi\pi$	small	413
$\Xi(1530)\pi$	small	234

$\Xi(1950)$ — $I(J^P) = \frac{1}{2}(?^?)$

Mass m = 1950 $\pm$ 15 MeV [h]
Full width Γ = 60 $\pm$ 20 MeV [h]

$\Xi(1950)$ DECAY MODES	Fraction (Γ_i/Γ)	p (MeV/c)
$\Lambda\overline{K}$	seen	522
$\Sigma\overline{K}$	possibly seen	460
$\Xi\pi$	seen	518

Baryon Summary Table

$\Xi(2030)$

$I(J^P) = \frac{1}{2}(\geq \frac{5}{2}?)$

Mass $m = 2025 \pm 5$ MeV [h]
Full width $\Gamma = 20^{+15}_{-5}$ MeV [h]

$\Xi(2030)$ DECAY MODES	Fraction (Γ_i/Γ)	p (MeV/c)
$\Lambda \overline{K}$	~ 20 %	589
$\Sigma \overline{K}$	~ 80 %	533
$\Xi \pi$	small	573
$\Xi(1530) \pi$	small	421
$\Lambda \overline{K} \pi$	small	501
$\Sigma \overline{K} \pi$	small	430

Ω BARYONS
$(S = -3, I = 0)$
$\Omega^- = sss$

Ω^-

$I(J^P) = 0(\frac{3}{2}^+)$

J^P not yet measured; $\frac{3}{2}^+$ is the quark model prediction.
Mass $m = 1672.43 \pm 0.32$ MeV
Mean life $\tau = (0.822 \pm 0.012) \times 10^{-10}$ s
$c\tau = 2.46$ cm

Decay parameters

ΛK^-	$\alpha = -0.026 \pm 0.026$
$\Xi^0 \pi^-$	$\alpha = +0.09 \pm 0.14$
$\Xi^- \pi^0$	$\alpha = +0.05 \pm 0.21$

Ω^- DECAY MODES	Fraction (Γ_i/Γ)	Confidence level	p (MeV/c)
ΛK^-	(67.8 ± 0.7) %		211
$\Xi^0 \pi^-$	(23.6 ± 0.7) %		294
$\Xi^- \pi^0$	(8.6 ± 0.4) %		290
$\Xi^- \pi^+ \pi^-$	$(4.3^{+3.4}_{-1.3}) \times 10^{-4}$		190
$\Xi(1530)^0 \pi^-$	$(6.4^{+5.1}_{-2.0}) \times 10^{-4}$		17
$\Xi^0 e^- \overline{\nu}_e$	$(5.6 \pm 2.8) \times 10^{-3}$		319
$\Xi^- \gamma$	$< 2.2 \times 10^{-3}$	90%	314
$\Delta S = 2$ (ΔS) violating modes			
$\Lambda \pi^-$	$\Delta S < 1.9 \times 10^{-4}$	90%	449

$\Omega(2250)^-$

$I(J^P) = 0(?^?)$

Mass $m = 2252 \pm 9$ MeV
Full width $\Gamma = 55 \pm 18$ MeV

$\Omega(2250)^-$ DECAY MODES	Fraction (Γ_i/Γ)	p (MeV/c)
$\Xi^- \pi^+ K^-$	seen	531
$\Xi(1530)^0 K^-$	seen	437

CHARMED BARYONS
$(C = +1)$

$\Lambda_c^+ = udc$, $\Sigma_c^{++} = uuc$, $\Sigma_c^+ = udc$, $\Sigma_c^0 = ddc$,
$\Xi_c^+ = usc$, $\Xi_c^0 = dsc$, $\Omega_c^0 = ssc$

Λ_c^+

$I(J^P) = 0(\frac{1}{2}^+)$

J not yet measured; $\frac{1}{2}$ is the quark model prediction.
Mass $m = 2285.2 \pm 1.2$ MeV $(S = 1.5)$
Mean life $\tau = (1.91^{+0.17}_{-0.13}) \times 10^{-13}$ s
$c\tau = 0.0057$ cm

Λ_c^+ DECAY MODES	Fraction (Γ_i/Γ)	p (MeV/c)
$p \overline{K}^0$	(1.6 ± 0.6) %	872
$p K^- \pi^+$	(2.8 ± 0.8) %	822
$p \overline{K}^*(892)^0$	[J] $(6.0 \pm 3.1) \times 10^{-3}$	684
$\Delta(1232)^{++} K^-$	$(5.7 \pm 2.8) \times 10^{-3}$	709

	Fraction (Γ_i/Γ)	p (MeV/c)
$p \overline{K}^0 \pi^+ \pi^-$	(8.1 ± 3.5) %	753
$p K^- \pi^+ \pi^0$	seen	758
$p K^*(892)^- \pi^+$	seen	579
$\Delta(1232) \overline{K}^*(892)$	seen	417
Λ anything	(27 ± 9) %	–
$\Lambda \pi^+$	seen	863
$\Lambda \pi^+ \pi^+ \pi^-$	(1.9 ± 0.7) %	806
$\Sigma^0 \pi^+$	seen	824
$\Sigma^\pm$ anything	(10 ± 5) %	–
$\Sigma^+ \pi^+ \pi^-$	(10 ± 8) %	803
e^+ anything	(4.5 ± 1.7) %	–
$p e^+$ anything	(1.8 ± 0.9) %	–
Λe^+ anything	(1.1 ± 0.8) %	–

$\Sigma_c(2455)$

$I(J^P) = 1(\frac{1}{2}^+)$

J^P not confirmed; $\frac{1}{2}^+$ is the quark model prediction.
$\Sigma_c(2455)^{++}$ mass $m = 2453.0 \pm 1.2$ MeV $(S = 1.4)$
$\Sigma_c(2455)^+$ mass $m = 2453.2 \pm 3.2$ MeV
$\Sigma_c(2455)^0$ mass $m = 2452.7 \pm 1.3$ MeV $(S = 1.4)$

$\Sigma_c(2455)$ DECAY MODES	Fraction (Γ_i/Γ)	p (MeV/c)
$\Lambda_c^+ \pi$	100 %	93

Ξ_c^+

$I(J^P)$ not confirmed; $\frac{1}{2}(\frac{1}{2}^+)$ is the quark model prediction.
Mass $m = 2466.8 \pm 2.4$ MeV
Mean life $\tau = (3.0^{+1.0}_{-0.6}) \times 10^{-13}$ s $(S = 1.1)$
$c\tau = 0.009$ cm

Ξ_c^+ DECAY MODES	Fraction (Γ_i/Γ)	p (MeV/c)
$\Lambda K^- \pi^+ \pi^+$	seen	786
$\Sigma^0 K^- \pi^+ \pi^+$	seen	734
$\Xi^- \pi^+ \pi^+$	seen	850
$\Sigma^+ K^- \pi^+$	seen	810

Ξ_c^0

$I(J^P)$ not confirmed; $\frac{1}{2}(\frac{1}{2}^+)$ is the quark model prediction.
Mass $m = 2473.0 \pm 2.0$ MeV
$m_{\Xi_c^0} - m_{\Xi_c^+} = 6.2 \pm 2.6$ MeV
Mean life $\tau = (0.82^{+0.59}_{-0.30}) \times 10^{-13}$ s
$c\tau = 0.002$ cm

Ξ_c^0 DECAY MODES	Fraction (Γ_i/Γ)	p (MeV/c)
$\Xi^- \pi^+$	seen	876
$p K^- \overline{K}^*(892)^0$	seen	416

Baryon Summary Table

See the beginning of this summary table for *general* notes.

[a] The masses of the p and n are most precisely known in u (unified atomic mass units). The conversion factor to MeV, $1\ u = 931.49432 \pm 0.00028$ MeV, is less well known than are the masses in u.

[b] The limit is from neutrality-of-matter experiments; it assumes $q_n = q_p + q_e$. See also the charge of the neutron.

[c] First limit is geochemical and independent of decay mode. Second limit assumes that the dominant decay modes are among those investigated. For antiprotons the best mean life limit, inferred from the observation of cosmic ray $\overline{p}$'s is $\tau_{\overline{p}} > 10^7$ yrs, the cosmic ray storage time.

[d] There is some controversy about whether nuclear physics and model dependence can complicate the analysis for bound neutrons (from which the best limit comes). For free neutrons the best limit is $> 10^6$.

[e] The parameters g_A, g_V, and g_{WM} for semileptonic modes are defined by $\overline{B}_f[\gamma_\lambda(g_V + g_A\gamma_5) + i(g_{WM}/m_{B_i})\,\sigma_{\lambda\nu}\,q^\nu]B_i$, and ϕ_{AV} is defined by $g_A/g_V = |g_A/g_V|e^{i\phi_{AV}}$. See the Note on Baryon Decay Parameters in the neutron Full Listings.

[f] The decay parameters γ and Δ are calculated from α and ϕ using

$$\gamma = \sqrt{1-\alpha^2}\,\cos\phi \qquad \tan\Delta = -\frac{1}{\alpha}\,\sqrt{1-\alpha^2}\,\sin\phi$$

See the Note on Baryon Decay Parameters in the neutron Full Listings.

[g] See the Full Listings for the pion momentum range used in this measurement.

[h] The error given here is only an educated guess. It is larger than the error on the weighted average of the published values.

[i] A theoretical value using QED; see the Full Listings.

[j] Corrected for the $\overline{K}^*(892)^0 \to \overline{K}^0\pi^0$ mode.

(Tabelle aus Phys. Lett. **B239** (1990) 1; mit freundlicher Genehmigung des Verlags)

Tabelle der wichtigsten Clebsch-Gordan Koeffizienten. Die Notation folgt dem Schema:

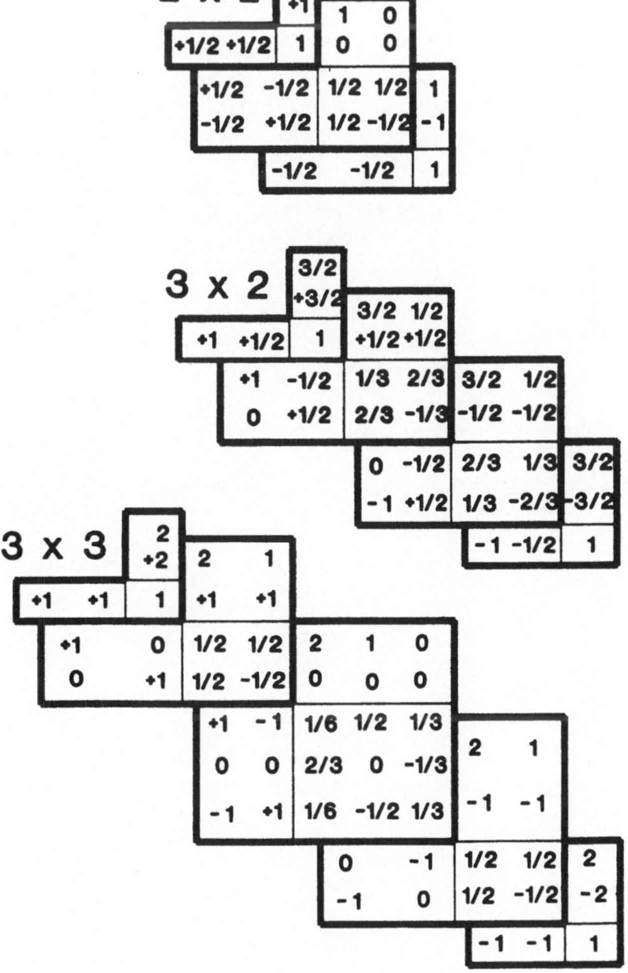

Jeder Koeffizient ist mit einem Wurzelzeichen zu versehen, also wird z.B. $-1/2$ zu $-\sqrt{1/2}$.

Tabelle der Kugelflächenfunktionen.
Es gilt die Symmetrierelation

$$Y_l^{-m} = (-1)^m Y_l^{*m}$$

l	m	Y_l^m
0	0	$\frac{1}{\sqrt{4\pi}}$
1	0	$\sqrt{\frac{3}{4\pi}}\cos\Theta$
1	1	$-\sqrt{\frac{3}{8\pi}}\sin\Theta e^{i\phi}$
2	0	$\sqrt{\frac{5}{4\pi}}\left(\frac{3}{2}\cos^2\Theta - \frac{1}{2}\right)$
2	1	$-\sqrt{\frac{15}{8\pi}}\sin\Theta\cos\Theta e^{i\phi}$
2	2	$\sqrt{\frac{15}{32\pi}}\sin^2\Theta e^{i2\phi}$

Tabelle der $d^J_{\lambda\mu}$-Funktionen. Es gelten die Symmetrierelationen

$$d^J_{\lambda\mu} = (-1)^{\mu-\lambda} d^J_{\mu\lambda}$$

und

$$d^J_{\lambda\mu} = d^J_{-\mu-\lambda}\ .$$

J	λ	μ	$d^J_{\lambda\mu}$
0	0	0	1
$\frac{1}{2}$	$\frac{1}{2}$	$\frac{1}{2}$	$\cos\frac{\Theta}{2}$
$\frac{1}{2}$	$\frac{1}{2}$	$-\frac{1}{2}$	$-\sin\frac{\Theta}{2}$
1	0	0	$\cos\Theta$
1	1	0	$-\frac{1}{\sqrt{2}}\sin\Theta$
1	1	1	$\frac{1}{2}(1+\cos\Theta)$
1	1	-1	$\frac{1}{2}(1-\cos\Theta)$
$\frac{3}{2}$	$\frac{3}{2}$	$\frac{3}{2}$	$\frac{1}{2}(1+\cos\Theta)\cos\frac{\Theta}{2}$
$\frac{3}{2}$	$\frac{3}{2}$	$\frac{1}{2}$	$-\frac{\sqrt{3}}{2}(1+\cos\Theta)\sin\frac{\Theta}{2}$
$\frac{3}{2}$	$\frac{3}{2}$	$-\frac{1}{2}$	$\frac{\sqrt{3}}{2}(1-\cos\Theta)\cos\frac{\Theta}{2}$
$\frac{3}{2}$	$\frac{3}{2}$	$-\frac{3}{2}$	$-\frac{1}{2}(1-\cos\Theta)\sin\frac{\Theta}{2}$
$\frac{3}{2}$	$\frac{1}{2}$	$\frac{1}{2}$	$\frac{1}{2}(3\cos\Theta - 1)\cos\frac{\Theta}{2}$
$\frac{3}{2}$	$\frac{1}{2}$	$-\frac{1}{2}$	$-\frac{1}{2}(3\cos\Theta + 1)\sin\frac{\Theta}{2}$
2	2	2	$\frac{1}{4}(1+\cos\Theta)^2$
2	2	1	$-\frac{1}{2}(1+\cos\Theta)\sin\Theta$
2	2	0	$\frac{\sqrt{6}}{4}\sin^2\Theta$
2	2	-1	$-\frac{1}{2}(1-\cos\Theta)\sin\Theta$
2	2	-2	$\frac{1}{4}(1-\cos\Theta)^2$
2	1	1	$\frac{1}{2}(1+\cos\Theta)(2\cos\Theta - 1)$
2	1	0	$-\sqrt{\frac{3}{2}}\sin\Theta\cos\Theta$
2	1	-1	$\frac{1}{2}(1-\cos\Theta)(2\cos\Theta + 1)$
2	0	0	$\frac{3}{2}\cos^2\Theta - \frac{1}{2}$

Sachverzeichnis

H. Haken, H. C. Wolf, Universität Stuttgart

Atom- und Quantenphysik

Einführung in die experimentellen und theoretischen Grundlagen

4. erw. Aufl. 1990. XVI, 470 S. 268 Abb. 27 Tab. (Springer-Lehrbuch)
Brosch. DM 58,– ISBN 3-540-52198-4
Geb. DM 78,– ISBN 3-540-52348-0
Ursprünglich monographisch erschienen

Dieses Lehrbuch wendet sich an Studenten der Physik, der Naturwissenschaften oder der Elektrotechnik ab 3. Semester. Die Atomphysik und die dazugehörige Quantenphysik bilden die Grundlage für viele moderne Gebiete der Physik, der Chemie, Biologie wie auch der Elektrotechnik. Es führt sorgfältig und leicht verständlich in die Ergebnisse und Methoden der empirischen Atomphysik ein. Gleichzeitig wird dem Leser das Rüstzeug der Quantentheorie vermittelt, wobei die Wechselwirkung zwischen Experiment und Theorie besonders herausgearbeitet wird. Die Autoren haben die neuesten Resultate mit berücksichtigt und behandeln insbesondere auch die für Grundlagenforschung und Anwendung gleichermaßen wichtige Laserphysik und nichtlineare Spektroskopie.
Auch die jetzt vorliegende 4. Auflage wurde weiter verbessert und ergänzt. So wurden die Abbildungen atomarer Strukturen durch das Rastertunnelmikroskop und der Einfang einzelner Ionen in der Paul-Falle behandelt. Auch enthält diese Auflage wieder eine große Anzahl von Übungsaufgaben einschließlich der Lösungen zur Vertiefung und zum Selbststudium.

English Edition:

H. Haken, H. C. Wolf, **Atomic and Quantum Physics.** 2nd ed. 1987.
ISBN 3-540-17702-7

Preisänderungen vorbehalten

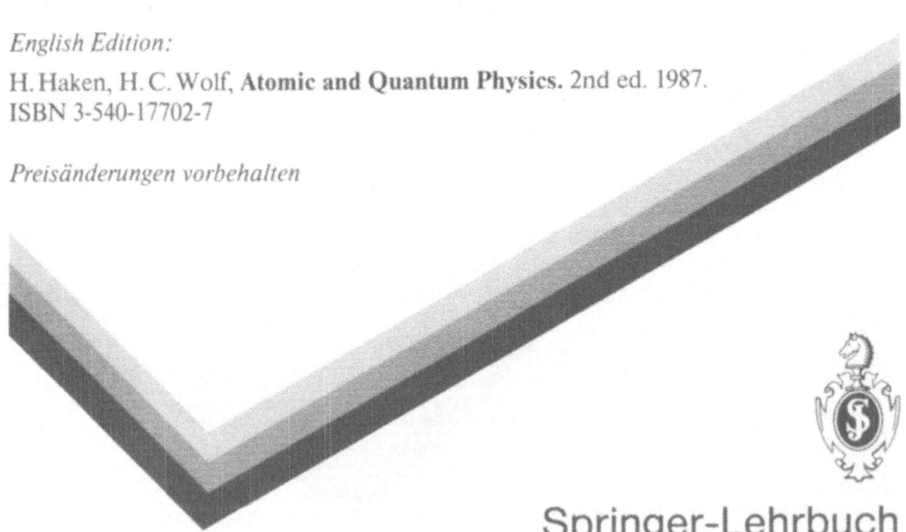

Springer-Lehrbuch